Hydrogeologie

Von

Prof. Dr. A. Thurner
Institut für Geologie und Paläontologie der Universität Graz

Mit 187 Textabbildungen

1967
Springer-Verlag Wien GmbH

ISBN 978-3-7091-7595-8 ISBN 978-3-7091-7594-1 (eBook)
DOI 10.1007/978-3-7091-7594-1

Ursprünglich erschienen bei Springer-Verlag/Wien 1967
Softcover reprint of the hardcover 1st edition 1967

Library of Congress Catalog Card Number 67–17 124

Titel Nr. 9200

Meiner Frau Erna
in Liebe und Dankbarkeit
gewidmet

Vorwort

Die Lebensnotwendigkeit des Wassers führte dazu, daß die unterirdische Wasserführung frühzeitig auch in der Literatur Beachtung fand, und zwar zunächst in den Lehrbüchern der Geologie, wo die Haupttypen der Quellen und das Grundwasser in Lockergesteinen in Wort und Bild dargestellt wurden. Doch erst im Jahre 1912 erschienen die grundlegenden Bücher von K. KEILHACK, „Lehrbuch der Grundwasser- und Quellenkunde", und von H. HÖFER, „Grundwasser und Quellen". Beide enthalten wertvolle Erkenntnisse, die vielfach heute noch Gültigkeit haben. Ihnen folgten Werke von O. LUEGER und R. WEYRAUCH (1914), von W. KOEHNE (1928) und von PRINZ-KAMPE (1934), in denen sich bereits die Spezialisierung anbahnt und die notwendige Zusammenarbeit mit dem Techniker hervorgehoben wird.

J. STINI aber blieb es vorbehalten, zum erstenmal in seinem Buch „Die Quellen" (1933) auf die Mannigfaltigkeit der Quellen aufmerksam zu machen und besonders die Bedeutung der unterirdischen Wasserwege zu betonen.

Während des zweiten Weltkrieges und unmittelbar darnach vermittelten die zahlreichen neu erbauten Hohlgänge und Wasserversorgungsanlagen neue Erkenntnisse. Heute steht weniger die Quelle selbst im Vordergrund der Untersuchungen als vielmehr die gesamte Wasserführung in einem Gesteinskörper. Wichtig sind die Zusammenhänge von Einzugsgebiet, unterirdischer Wasserführung und Austrittsstelle, so daß der Mechanismus der unterirdischen Wasserbewegungen als Gesamtheit erfaßt wird.

Bei meiner langjährigen geologischen Aufnahmsarbeit in den Ostalpen konnte ich reichliche Erfahrungen über diese Zusammenhänge sammeln und sie während des zweiten Weltkrieges erweitern, als ich Gelegenheit hatte, die verschiedensten Wasserführungen im In- und Ausland kennenzulernen und zu studieren.

Für meine Vorlesungen über angewandte Geologie an der Universität Graz habe ich die „Hydrogeologie" gründlich bearbeitet und durch zahlreiche Exkursionen, gutachtliche Begehungen und Untersuchungen vertieft und erweitert. So hat sich im Laufe der Zeit ein umfangreiches Manuskript angesammelt und meine Hörer sowie Bekannte der technischen, chemischen und hygienischen Richtung drängten mich, es zu veröffentlichen. Besonders mein Freund Oberbaurat Dipl.-Ing. Dr. W. TRONKO, dem ich für viele Ratschläge, gemeinsame Begehungen und Aussprachen zu großem Dank verpflichtet bin, ermunterte mich, meine „Hydrogeologie" als Buch herauszugeben.

Herzlichen Dank schulde ich auch Herrn Professor Dr. KARL METZ, Vorstand des Institutes für Geologie und Paläontologie der Universität Graz, mit dem ich viele Probleme besprochen habe. Danken möchte ich ebenso Herrn Professor Dr. H. FLÜGEL und Herrn Dr. W. GRÄF, die mich stets in freundschaftlicher Weise unterstützten und mir besonders durch die modernen sedimentgeologischen Untersuchungen wertvolle Anregungen gaben. Ferner gilt mein Dank Herrn Professor Dr. F. Hölzl und Herrn Dipl.-Ing. L. Zwitnig für die Durchsicht des chemischen Teiles und Herrn Ing. R. Sperlich für die Beschreibung der Meßeinrichtung.

Dem Verlag möchte ich herzlichst für die gute Ausstattung des Buches und für die Unterstützung bei der gesamten Herstellung danken.

Vielen lieben Dank sage ich an dieser Stelle meiner Frau, die die Maschinenschrift besorgt und bei den Korrekturen mitgearbeitet hat.

Ich übergebe nun diese Arbeit der Öffentlichkeit. Sie möge den Geologen ein wertvoller Wegweiser sein, den Technikern, Chemikern und Hygienikern die Zusammenarbeit erleichtern, der Wirtschaft dienen und unserem Vaterlande nützen.

Graz, Frühjahr 1967

Glück auf!

A. Thurner

Inhaltsverzeichnis

Erster Teil

Einführung in die Grundbegriffe

Zweiter Teil

Das unterirdische Wasser und die Quellen

Dritter Teil

Das Porengrundwasser mit Grundwasserspiegel

Vierter Teil

Mineralwasser — Heilwasser

Erster Teil

Einführung in die Grundbegriffe

A. Die Aufgaben der Hydrogeologie

Die Hydrogeologie ist die Lehre vom unterirdischen Wasser, das in den verschiedenen Hohlräumen der Gesteine vorhanden ist.

Das unterirdische Wasser stammt zum größten Teil von den Niederschlägen, die in den Boden und Untergrund versickern und in den verschiedensten Hohlräumen der Gesteine der Schwerkraft folgend nach abwärts wandern.

Die *wissenschaftliche Hydrogeologie* erforscht die Zusammenhänge zwischen Einzugsgebiet, unterirdischen Wasserwegen und Austrittsstellen. Sie untersucht die Beziehungen des Wassers zum Gestein und dessen Lagerung und stellt die Veränderungen fest, die es beim Durchgang durch die unterirdischen Wasserwege erleidet (Chemismus, physikalische Veränderungen). Sie sammelt Beobachtungen über die unterirdische Wasserführung, die im Stollenbau, Bergbau, bei Bohrungen usw. gewonnen werden und versucht, das Verhalten des Wassers in der Tiefe zu ergründen.

Ausgehend von den wissenschaftlichen Erkenntnissen erfolgt die *praktische Anwendung*. Bei der Trinkwasserversorgung geht es weniger um das Aufsuchen von Quellen, sondern um die unterirdische Wasserführung und um die unterirdischen Wasservorräte. Die geologische Forschung gibt einen Einblick in den Aufbau der Berge und des Untergrundes. Auf Grund der Gesteine und deren Lagerung erkennt man die verschiedenen Hohlräume, die Wasser führen können, und erhält einen Überblick über die Wasservorräte, so daß sie allenfalls künstlich aufgeschlossen werden können.

Obwohl das Wasser einen Bodenschatz darstellt, ist die Abschätzung der im Gestein enthaltenen Mengen anders zu bewerten als bei Erzen; denn das Wasser ist in Bewegung, es wird durch die versickernden Niederschläge ständig erneuert, zeigt jedoch auf der anderen Seite einen natürlichen veränderlichen Abfluß, wozu oft noch eine künstliche Entnahme kommt. Die Zusammenhänge von Einzugsgebiet, unterirdischen Wasserwegen und Abfluß sind richtig zu erkennen, denn daraus ergeben sich die notwendigen Folgerungen über die Wasserergiebigkeit, Wasserbeschaffenheit und die Erschließung.

Die hydrogeologischen Arbeiten benützen heute vielfach Methoden, die denen der Erdölgeologie ähnlich sind, so daß mit stratigraphischen, petrographischen und tektonischen Erkenntnissen die unterirdischen Vorräte ermittelt werden können.

In erster Linie findet die Hydrogeologie bei der *Trinkwasserbeschaffung* Anwendung. Die betreffenden Vorarbeiten geben nicht nur Auskunft über die Wasservorräte, sondern auch über die Aufschluß- und Fassungsanlagen sowie über Schutzgebietfragen.

Hydrogeologische Arbeiten liefern aber auch dem *Stollen- und Tunnelbau* wichtige Anhaltspunkte über die Wasserführung. Die vielen Erfahrungen im Tunnel- und Stollenbau haben gezeigt, daß oft gewaltige, unvorhergesehene Wassereinbrüche schwere Schäden verursachen können. Wenn auch diese nicht verhindert werden können, so kann doch durch hydrogeologische Untersuchungen auf solche Gefahren aufmerksam gemacht werden, so daß rechtzeitig Vorkehrungen getroffen werden.

Mit besonders schwierigen Wasserproblemen hat der *Bergbau* zu kämpfen. Das Wasser in den Stollen hat schon viele Bergbaue zur Einstellung gezwungen, Wassereinbrüche verursachten oft schwere Unglücksfälle und verteuerten den Abbau. Durch die vielen Bergbaue im Erz, in den Kohlen- und Salzlagerstätten bekam man einen Einblick in die verschiedenartigste Wasserführung. Manchmal handelt es sich um Gesteine mit Hohlräumen, daß also die Ursache der Wasserführung im Gestein selbst zu suchen ist, dann wieder haben wir es mit Hohlräumen zu tun, die durch die Tektonik geprägt wurden, mit Klüften, Spalten, Bruchzonen usw., die angeschlagen größere Wassermassen zuführen konnen.

Wenn auch der Bergbau oft nicht imstande ist, dem unterirdischen Wasser auszuweichen, können doch durch das rechtzeitige Erkennen der Wege Katastrophen verhütet werden.

Durch hydrogeologische Untersuchungen können auch die Ursachen von *Bodenbewegungen* (Rutschungen, Bergstürzen, Setzungen) geklärt werden, so daß oft rechtzeitig z. B. beim Straßenbau, Vorkehrungen getroffen werden konnen; doch auch bei großen Rutschungen, die langsam vor sich gehen, konnten mehrmals schon katastrophale Verwüstungen verhindert werden (Fetan in der Schweiz, HEIM 1923).

Auch bei der Beurteilung des *Baugrundes*, bei Kanalbauten, Flußregulierungen usw. bedarf die unterirdische Wasserführung einer Untersuchung, denn durch künstliche Eingriffe können oft Veränderungen in ihr entstehen, die nachteilige Folgen nachziehen.

Die Hydrogeologie ist heute auf Grund der wissenschaftlichen Erkenntnisse der wichtigste Teil der praktischen Geologie und damit grundlegend für den Tiefbau geworden.

Sie ist heute ein Spezialgebiet der Geologie. Doch benötigt der Hydrogeologe eine umfassende geologische Ausbildung, denn er hat nicht nur mit dem Wasser zu tun, sondern auch mit den Gesteinen, welche die unterirdischen Wasserwege enthalten, mit der Lagerung und den gesamten Zusammenhängen. Er muß den geologischen Bau in der Gesamtheit erkennen und sich über die Wasserbewegungen eine Vorstellung machen.

B. Das unterirdische Wasser

I. Begriff Grundwasser

Früher sprach man von *Quellwasser* und *Grundwasser*. Vom hydrogeologischen Standpunkt besteht aber zwischen beiden Arten kein Unterschied; es handelt sich um unterirdisches Wasser; kommt dieses irgendwo zutage, so liegt eine Quelle vor.

Wohl aber hat das Grundwasser verschiedene Bedeutung. Die meisten Forscher, wie KEILHACK, WEYRAUCH-LUEGER, KELLER, ZUNKER und STINI definieren: „*Grundwasser ist alles Wasser, das die Gesteinshohlräume zusammenhängend erfüllt und unter Ruhedruck sich leicht bewegen kann*“ (STINI 1933, S. 23). Das gesamte unterirdische Wasser, das sich bewegen kann, wird damit als Grundwasser bezeichnet.

DIN 4049 definiert: „*Grundwasser ist jenes Wasser, das die Hohlräume des Erdinneren zusammenhängend ausfüllt und der Schwere unterliegt.*“

Wenn man jedoch in Österreich von Grundwasser spricht und auch viele Arbeiten von Deutschland liest, so denkt man an Pumpbrunnen und an jenes Wasser, das in den Poren von Schottern und Sanden enthalten ist.

Die Quellen werden gefaßt und das Wasser mit einer Schwerkraftleitung den Orten (Siedlungen) zugeführt. Das Grundwasser wird jedoch mittels Brunnen aufgeschlossen und durch Pumpen an Ort und Stelle gebracht. Da es in Österreich viel mehr Wasserversorgungen aus Quellen gibt als Pumpbrunnen, hat sich der Unterschied von Quellwasser und Grundwasser eingebürgert.

Daher wird in Österreich das Grundwasser nach *Önorm B 2400* mit folgender Definition charakterisiert:

„Wasser, das die kleinen zusammenhängenden Hohlräume des Bodens lückenlos erfüllt und dessen Bewegungszustand ausschließlich oder nahezu ausschließlich von der Schwerkraft und den durch die Bewegung selbst ausgelösten Reibungskräften bestimmt wird, ist Grundwasser. Das Wasser in Spalten und Klüften (Kluftwasser) sowie das in seinem Bewegungszustand zum größten Teil oder fast ausschließlich von Kapillarkräften beherrschte Wasser soll nicht als Grundwasser bezeichnet werden.“ (Nach DACHLER.)

Obwohl gegen diese Definition manches einzuwenden wäre, ist sie als einmal festgelegt in Betracht zu ziehen.

Ähnliche Definitionen geben KAMPE in REDLICHS Ingenieur-Geologie (1929, S. 563), KOEHNE (1928, S. 281), HÖFER (1912, S. 13), PRINZ (1919).

Es wird damit eine Unterscheidung gemacht zwischen unterirdischem Wasser, das in Klüften, Spalten, Schichtflächen, Karsthohlräumen auftritt und Grundwasser, das in zusammenhängenden Poren vorhanden ist.

Vom hydrogeologischen Standpunkt aus besteht jedoch kein prinzipieller Unterschied, denn die Poren sind ebenso Hohlräume wie Klüfte, Spalten usw. Ferner bildet sich ein zusammenhängendes Grundwasser nicht nur in porenreichen Gesteinen (Schotter, Sanden), sondern auch in stark zerklüfteten, bei welchen die Klüfte untereinander in Verbindung stehen. Und auch dieses Wasser kann in Quellen zum Vorschein kommen.

Es ist daher der Definition in DIN 4049 der Vorzug zu geben; nur wäre es vielleicht vorteilhafter gewesen, wenn man statt von Grundwasser vom unterirdischen Wasser oder Grundwasser im allgemeinen gesprochen hätte und als *spezifisches* (= echtes) *Grundwasser* (*Porengrundwasser*) jenes bezeichnet hätte, das die Poren zusammenhängend ausfüllt und einen Grundwasserspiegel bildet (THURNER).

Obwohl diese Trennung — und dies sei nochmals betont — vom hydrogeologischen Standpunkt nicht erforderlich ist, erweist sie sich jedoch für Techniker und Juristen als notwendig. Ich will daher in einem besonderen Abschnitt dieses spezielle (echte) Grundwasser oder Porengrundwasser behandeln.

II. Die Herkunft des unterirdischen Wassers

Das unterirdische Wasser stammt von den Niederschlägen, die im Boden und Untergrund versickern. Es wird auch als *vadoses* Wasser bezeichnet, zum Unterschied vom *juvenilen* Wasser, das aus dem Erdinnern stammt und noch nicht im Kreislauf des Wassers eingeschaltet war. Es kann sein, daß dieses zeitweise bei Vulkanen als Wasserdampf in Erscheinung tritt und auch in manchen Thermalwässern und Säuerlingen enthalten ist, doch praktisch kommt es nicht in Betracht.

Als eine besondere Art muß das *fossile* Wasser angesehen werden, das zwar von den Niederschlägen herrührt, jedoch in der Tiefe in Gesteinen eingeschlossen ist, so daß es mehr oder minder unbeweglich ist und nicht mehr am Kreislauf des Wassers teilnimmt. Es ist vor Jahrtausenden in die Tiefe versickert und füllt tief liegende Spalten, Hohlräume und Poren aus, von denen es keinen Ausweg mehr findet. Das Alter des fossilen Wassers wurde durch radioaktive Methoden bestimmt.

Die fossilen Wässer, die wahrscheinlich in größeren Tiefen ziemlich häufig zu treffen sind, haben in letzter Zeit in niederschlagsarmen Gebieten (z. B. Ägypten) eine gewisse Bedeutung erlangt, wo es gelungen ist, durch Tiefbohrungen ansehnliche Mengen zu gewinnen (Knetsch 1962).

Doch das sind Ausnahmen. Von Bedeutung für das unterirdische Wasser sind immer wieder die Niederschläge, die neue Mengen in die Tiefe bringen. Wo daher genügend Niederschläge auftreten, besteht auch die Möglichkeit, unterirdisches Wasser zu finden. Sie bilden demnach den Ausgangspunkt für das unterirdische Wasser.

C. Die Niederschläge

I. Die Niederschlagsarten

Die Niederschläge kommen als *Regen*, *Schnee*, *Hagel*, *Tau* und *Reif* auf den Boden.

Diese Niederschläge nehmen ihren Ausgang von der Luftfeuchtigkeit, von dem in der Luft enthaltenen Wasserdampf.

Die Luft kann nun bei einer bestimmten Tcmpcratui hul eine bestimmte Menge Wasserdampf aufnehmen; ist diese Grenze erreicht, so ist sie mit Wasserdampf gesättigt. Es zeigt sich nun, daß die Luft bei höherer Temperatur mehr Wasserdampf aufnehmen kann als bei niedriger.

Einige Beispiele.
Dampfdruck in mm ist ungefahr die Anzahl Gramm in 1 m³ bei gesättigter Luft.

		Taupunkt
–10 °C	2 mm = 2 g in 1 m³	–10°
– 5 °C	3 mm = 3 g in 1 m³	– 5°
0 °C	4,6 mm = 4,6 g in 1 m³	0°
5 °C	6,5 mm = 6,5 g in 1 m³	5°
10 °C	9,2 mm = 9,2 g in 1 m³	10°
15 °C	12,7 mm = 12,7 g in 1 m³	15°
20 °C	17,4 mm = 17,4 g in 1 m³	20°
25 °C	23,5 mm = 23,5 g in 1 m³	25°
30 °C	31,6 mm = 31,6 g in 1 m³	30°

Bei Abkühlung der mit Wasserdampf gesättigten Luft wird dieser ausgeschieden, er kondensiert und es entstehen die verschiedenen Niederschläge.

Wenn auch für das unterirdische Wasser in erster Linie Regen und Schnee in Betracht kommen, so dürfen auch der Tau und Reif nicht vernachlässigt werden. Sie bewirken zwar keine Versickerung, wohl aber eine Durchfeuchtung der obersten Bodenzone.

Die Taumenge ist verhältnismäßig gering, sie beträgt 10 bis 40 mm jährlich; in München konnte man im zweijährigen Durchschnitt 30 mm Tau feststellen. Sie ist in unseren Breiten ungefähr 4 bis 5% der Jahresregenhöhe.

II. Die Niederschlagsmengen

In erster Linie stellen Regen und Schnee die im Untergrund vorhandenen Wassermengen. Die jährliche Niederschlagsmenge, die auf ein Gebiet niederfällt, bildet daher den Ausgangspunkt für den Haushalt des unterirdischen Wassers.

Die Regenmenge wird in besonders konstruierten *Regenmessern* oder *Ombrometern* gemessen und in mm Regenhöhe zum Ausdruck gebracht.

Die Messungen nimmt man in den meteorologischen Stationen täglich vor und übermittelt sie der meteorologischen Zentralanstalt. Die Mengen in einem Monat bezeichnet man als *monatliche Niederschlagshöhe*, die eines Jahres als *Jahresniederschlagshöhe*. Die gefallenen Schneemengen werden in Schmelzwasser angegeben.

Einige Angaben über die Niederschlagsmengen in Österreich im Jahr 1960 (in mm)

	Salzburg	Graz	Klagenfurt	Bregenz	Innsbruck	Wien	Linz	Eisenstadt
Januar	98	22	22	104	46	46	42	25
Februar	68	24	45	104	39	8	34	8
März	96	77	78	86	82	41	107	44
April	59	36	46	85	50	25	50	63
Mai	105	75	35	161	45	54	75	53
Juni	174	86	106	184	95	79	96	44
Juli	157	112	157	170	149	87	151	66
August	161	78	103	214	118	71	148	112
September	102	141	133	194	148	52	94	80
Oktober	41	74	108	208	57	63	61	89
November	71	61	102	43	48	18	43	48
Dezember	31	70	115	72	98	27	19	35
Jahressumme	1163	856	1048	1673	975	571	920	667

Mit Hilfe der Regenhöhe kann man nun die auf ein bestimmtes Gebiet niedergehende Wassermenge berechnen.

Ein Beispiel: Jahresregenhöhe = 700 mm, d. h. auf 1 mm^2 Bodenfläche fällt eine Regenhöhe von 700 mm.

1 mm^2	700 mm^3 Wasser
1 cm^2	70 cm^3
1 dm^2	7 dm^3 = 7 l
1 m^2	700 dm^3 = 700 l

Liegt z. B. eine Fläche von 16 ha vor mit einer Regenhöhe von 840 mm, so beträgt der Niederschlag (= N).

$$N = \text{Fläche} \cdot \text{Regenhöhe}$$

Fläche = 160000 m², Regenhöhe auf 1 m² ··· 840 l

$$N = 160000 \cdot 840\,\text{l} = 134400000\,\text{l} = 134400\,\text{m}^3/\text{Jahr}.$$

Aus der Tabelle auf S. 5 ersehen wir, daß die Niederschläge übers Jahr recht verschieden verteilt sind. Schon die landläufige Auffassung kennt regenreiche und regenärmere Monate.

Für die unterirdische Wasserführung ist die Verteilung auf die einzelnen Monate von Wichtigkeit, weil davon vielfach die Schwankungen in der Ergiebigkeit der Quellen abhängen.

Die jährlichen Niederschlagshöhen sind nun nicht gleichbleibende Zahlen. sondern weisen bedeutende Schwankungen auf, die um 15 bis 30% um den mittleren Niederschlagswert liegen.

Folgende Tabelle zeigt die Niederschlagshöhen einiger Orte in den Jahren 1958 bis 1960.

Die jährlichen Niederschlagsmengen in verschiedenen Jahren (in mm)

	1958	1959	1960
Innsbruck	973	731	1017
Feldkirch	1213	998	1262
Salzburg	1249	1311	1163
Amstetten	1099	1056	834
Wien	693	796	571
Bruck/Mur	896	815	850
Hörsching	943	809	855
Graz	969	872	856
Klagenfurt	1144	904	1048

Der Schnee zeigt beim Niederfall eine recht verschiedene Beschaffenheit und die gleiche Menge frisch gefallenen Schnees gibt daher auch verschiedene Wassermengen. Im allgemeinen nimmt man an, daß 10 bis 12 cm Neuschnee 1 cm³ Wasser ergeben.

Von Bedeutung ist jedoch die *Schneedichte*, die nicht nur bei frisch gefallenem Schnee verschieden ist, sondern sich besonders bei Altschnee durch das Zusammensetzen verändert. Unter Schneedichte versteht man den Quotienten aus dem Wasserwert des Schnees und der Schneehöhe.

$$\text{Schneedichte} = \frac{\text{Wasserwert}^{1}}{\text{Schneehöhe}}$$

Ist der Wasserwert 1 cm, die Schneehöhe 10 cm, so ist die Schneedichte *0,1*.

In den metereologischen Stationen wird die Schneemenge *in Schmelzwasser ausgedrückt.*

[1] Statt Wasserwert wird auch der Ausdruck Wasseräquivalent gebraucht.

Die Niederschlagshöhen werden in Österreich in den „*Jahrbüchern der Zentralanstalt für Metereologie und Geodynamik*“ und im „*Hydrographischen Jahrbuch von Österreich*“ ausgewiesen.

Folgende Tabelle enthält die Niederschlagshöhen einiger Orte. Die durchschnittliche Niederschlagsmenge in Österreich beträgt 740 mm, in Deutschland 620 mm.

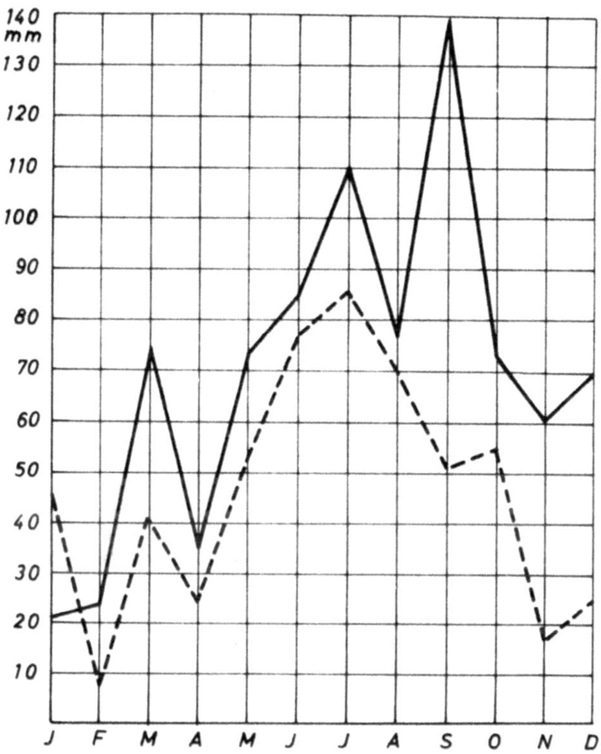

Abb 1. Graphische Darstellung der Niederschlagsmengen in mm vom Jahre 1960;
——— Graz - - - - - - Wien

Regenhöhe 1960 in mm

Bregenz 436 m S. H.	1673	Bad Aussee 640 m S. H.	1460
Schruns 690 m S. H.	1383	Bad Ischl 490 m S. H.	1563
Langen a. Arlberg 1216 m S. H.	2031	Gmünd 425 m S. H.	1123
Bludenz 567 m S. H.	1588	Wels 315 m S. H.	1091
Zurs 1720 m S. H.	1857	Linz 260 m S. H.	920
Seefeld 1204 m S. H.	1116	St. Pölten 282 m S. H.	622
Fernpaß 1210 m S. H.	1404	Horn 300 m S. H.	849
Imst 785 m S. H.	796	Hollabrunn 230 m S. H.	540
Innsbruck 582 m S. H.	975	Semmering 985 m S. H.	997
Kufstein 495 m S. H.	1331	Gloggnitz 490 m S. H.	768
Badgastein 973 m S. H.	1335	Lienz 676 m S. H.	1242
Bischofshofen 556 m S. H.	943	Heiligenblut 1380 m S. H.	1231
Hallein 450 m S. H.	1364	Millstatt 575 m S. H.	1245
Untersberg 1670 m S. H.	1352	Kanzelhöhe 1500 m S. H.	1744

Villach 504 m S. H.	1483	Graz 377 m S. H.	856
Wolfsberg 460 m S. H.	974	Weiz 480 m S. H.	814
St. Veit a. Glan 490 m S. H.	1079	Vorau 690 m S. H.	824
Murau 825 m S. H.	1083	Birkfeld 623 m S. H.	929
Oberwölz 830 m S. H.	974	Fürstenfeld 240 m S. H.	733
Judenburg 730 m S. H.	922	Oberwart 320 m S. H.	736
Bruck a. Mur 485 m S. H.	850	Schlaining 470 m S. H.	817
Mürzzuschlag 660 m S. H.	866	Eisenstadt 187 m S. H.	667
Frohnleiten 440 m S. H.	772		

Die Niederschlagshöhen bringt man übersichtlich in einer Schaulinie zur Darstellung, was besonders zum Vergleich mit der Ergiebigkeit der Quellen zu empfehlen ist (Abb. 1).

III. Regendichte, Regenhäufigkeit, Regendauer

Unter *Regendichte* versteht man die in der Zeiteinheit (Minute, Stunde) niederfallende Regenmenge. Schon im landläufigen Sinn unterscheidet man: Nieseln, leichter Regen, Landregen, starker Regen, Regenguß und Wolkenbruch.

Es gibt Wolkenbrüche, die in wenigen Minuten mehr Regen geben, als normalerweise in einem Monat fällt. Diese starken Regengüsse fließen jedoch rasch oberflächlich ab und kommen meist nur zum geringen Teil dem unterirdischen Wasser zugute. Hingegen versickern bei leichtem Landregen oft ansehnliche Mengen.

Um jedoch genauere Angaben über die Stärke der Niederschläge zu erhalten, benützt man folgende Angaben (Wechmann 1965).

Schwacher Regen	2,5 mm/h
Mäßiger Regen	2,6 bis 7,5 mm/h
Starker Regen	über 7,5 mm/h

In folgender Tabelle sind einige Zahlen über die Regendichte bei Sturz- und Platzregen angegeben (nach Strele 1950).

	Regendichte	in der Minute
Stiftingtal bei Graz (Wolkenbruch am 13. 7. 1913)	180 Min. 670 mm	3,7 mm
bei Gmunden (10. 6. 1898)	30 Min. 49,7 mm	1,66 mm
Kreuzen bei Villach (28. 5. 1904)	45 Min. 167 mm	3,7 mm
Breitensee bei Wien (21. 7. 1902)	30 Min. 50 mm	1,67 mm

Einige Angaben von Starkregen aus dem Jahre 1960

	Dauer Min.	Gesamtwert mm	Minutenwert mm
Feldkirch: 6. 7.	4	7,7	1,93
Kufstein: 5.—6. 8.	7	7,1	1,01
Braunau: 26.—27. 6.	30	31,2	1,04
Grieskirchen: 19. 7.	10	19,3	1,93
Lunz a. See: 11. 5.	10	11,7	1,17
Enzersdorf: 15. 8.	6	13,3	2,22
Lienz: 28. 8.	3	5,5	1,83
Oberwölz: 14. 6.	5	5,5	1,10

Einige Angaben aus anderen Jahren

	Dauer Min.	Gesamtwert mm	Minutenwert mm
Schaueregg, Oststeiermark: 10. 8. 1915	120	650	5,42
Laaerberg bei Wien: 1. 8. 1896	60	82	1,37
Mistelbach, N. Ö.: 9. 5. 1927	30	80	2,67
Wien: 7. 6. 1894	20	40	2,00
Neustadt a. Haardt (Rheinebene): 7. 9. 1886	60	98	1,63

Alle Angaben nach Strele, Wildbachverbauung.

Zum Vergleich werden einige Zahlen über die Regendichte bei eintägigem Landregen angeführt.

		Regenhohe mm	Regendichte mm/h
14. 6. 1910	Bregenz	176	7,33
13. 9. 1899	München	125,3	5,21
21. 6. 1886	Klosterneuburg	175	7,29
12. 5. 1885	Hadersdorf b. Wien	195	8,12
26. 5. 1928	Altaussee	216	9,00
12. 9. 1899	Hallstätter Salzbergwerk	224,8	9,37
12. 9. 1899	Mühlau b. Admont	287,5	11,98

Die Regenhäufigkeit gibt die Zahl der Regentage innerhalb einer bestimmten Zeit an (z. B. Monate, Jahr). Als Regentage gelten jene, die mindestens 0,1 mm Niederschlag liefern. Die Zahl der Regentage in den einzelnen Jahren zeigt große Schwankungen. Die nachfolgende Tabelle gibt einige Beispiele.

Durchschnittliche Niederschlagstage von 1864 bis 1900

	Bad Gastein	Ischl	St. Anton	Zell am See
Januar	7,1	13,6	8,8	6,4
Februar	6,9	13,2	9,0	6,6
März	9,3	17,1	11,5	8,8
April	10,6	16,9	12,5	10,0
Mai	14,7	18,2	13,6	13,5
Juni	17,9	20,8	17,3	16,5
Juli	18,0	20,6	18,1	17,6
August	16,3	18,1	16,0	15,0
September	12,1	14,8	12,9	11,6
Oktober	10,5	15,0	11,5	9,2
November	7,3	14,1	9,1	7,0
Dezember	8,2	15,5	10,7	7,7
Jahresdurchschnitt	138,9	197,9	150,0	129,9

Für genaue Untersuchungen der Ergiebigkeit von unterirdischen Wassermengen ist manchmal auch die *Regendauer* in Betracht zu ziehen.

Manche Quellen reagieren schon auf Regen, die nur stundenlang dauern, andere wieder sprechen erst nach tagelangem Regen an. Berücksichtigt man diese Angaben, so lassen sich oft wichtige Schlüsse auf das Verhalten des Wassers im Untergrund ableiten.

IV. Die Abhängigkeit der Niederschläge

Die Niederschläge zeigen örtlich oft große Abweichungen (siehe Tabelle S. 7); dies ist bedingt durch die *Höhenlage*, durch die *Morphologie* in Verbindung mit der Windrichtung und vielfach auch durch die *Waldbedeckung*.

Im allgemeinen nimmt die Niederschlagsmenge mit der Seehöhe zu, wie z. B. folgende Zahlen zeigen:

1960

Dalaas 880 m	1781 mm	Kitzbühler Haus 1970 m	1252 mm
Langen a. Arlberg 1218 m	2031 mm	Zell a. See 754 m	1169 mm
Damüls 1430 m	2419 mm	Ferleiten 1150 m	1368 mm
Bregenz 436 m	1673 mm	Sonnblick 3106 m	1882 mm
Innsbruck 582 m	975 mm	Dienten a. Hochkönig 1200 m	1155 mm
Brenner 1385 m	1249 mm	Bad Gastein 973 m	1335 mm
Obergurgl 1430 m	1121 mm	Ischl 480 m	1729 mm
St. Anton a. Arlberg 1290 m	1167 mm	Bad Aussee 640 m	1460 mm
Matrei a. Brenner 990 m	1009 mm	Krippenstein 2050 m	2421 mm
Kitzbühel 760 m	1185 mm	Salzburg 435 m	1163 mm
Hahnenkamm 1665 m	1217 mm		

Die Regenhöhe nimmt durchschnittlich je 100 m Höhe um 50 bis 90 mm zu; doch gibt es immer wieder Ausnahmen. Für übersichtliche Annahmen von Regenhöhen gelten folgende Zahlen:

Im Hügelland nördlich der Alpen	600— 900 mm	Regenhöhe
Im Alpenvorland	850—1800 mm	,,
Alpen unter 1000 m Höhe	1400—1800 mm	,,
Alpen über 1000 m Höhe	1800—2500 mm	,,

(Aus Grahmann-Keller 1956)

Die Zunahme der Regenhöhe mit der Seehöhe kommt besonders vom Rheintal zum Schwarzwald zum Ausdruck.

Karlsruhe 125 m	756 mm	Regenhöhe
Gegenbach 182 m	992 mm	,,
Baden-Baden 214 m	1097 mm	,,
Bühlerhöhe 762 m	1693 mm	,,
Kniebeis 904 m	1679 mm	,,
Unterstmatt 929 m	2110 mm	,,
Ruhestein 918 m	2136 mm	,,

Die Niederschlagsmengen werden wesentlich durch die *Morphologie* und durch die *Windrichtung* beeinflußt. Die meist aus SW bis W herziehenden mit Wasserdampf beladenen Luftmassen dringen in die Täler ein und steigen an den Gebirgsketten in die Höhe, wo eine Abkühlung erfolgt und die Niederschläge ausgeschieden werden. Auf der entgegengesetzten Seite (Regenschattenseite) findet ein

Absteigen des schon zum größten Teil seines Wasserdampfes beraubten Luftstromes statt; es werden weniger Niederschläge zur Geltung kommen.

Vergleichen wir daher die jährlichen Niederschlagshöhen in den Alpen, so sind diese Unterschiede meist auf die morphologischen Verhältnisse zurückzuführen.

Sehr deutlich kommt die Verschiedenheit der Niederschläge am Hunsrück, Höcherberg und Westrich durch die regenbringenden SW-Winde zum Ausdruck. So zeigen die Orte auf der Saar—Mosel-Linie geringe Jahresniederschläge (Trier 714 mm, Peil 791 mm, Saarlouis 703 mm). Bei Annäherung an Hunsrück und Höcherberg nehmen sie zu (Neuenkirchen 879 mm, Losheim 894 mm, Hermeskeil 979 mm). Im Regenschatten des Hunsrück nehmen die Niederschläge nach Osten wieder ab (Birkfeld 877 mm, Baumholder 816 mm).

Die Regenhöhe wird sicher auch durch die Waldbedeckung beeinflußt. Durch den Wald verdunstet mehr Wasser als in waldfreien Gebieten. Es wird daher die Regenbildung im Waldgebiet gefordert, und es zeigen sich höhere Niederschlagsmengen als in kahlen Gebieten.

In Westpreußen und Posen betrug die Niederschlagsvermehrung durch den Wald 12%. Auch in Indien beobachtete man, daß durch die Bewaldung die Niederschläge um etwa 170 mm gestiegen sind.

D. Die Verteilung der Niederschläge auf dem Boden

I. Die Verteilung

Die Niederschläge, die auf den Boden niederfallen, zeigen nun verschiedenes Verhalten.

Ein Teil fließt oberflächlich ab, er bildet den *Abfluß* (= A); ein anderer Teil *verdunstet* (= V), der Rest versickert in den Boden (= *Versickerung* = S).

Neumann (1964) gibt folgende Formel an:

$$N = A + V + (R - B)$$

A = Abfluß, N = Niederschlagsmenge, V = Verdunstung, R = Rücklage (Retention), B = Aufbruch (= Wasser für die Pflanzen).

Der Unterschied (U) zwischen Niederschlag und Abfluß (A) gibt uns dann den Wert für die Verdunstung, Rücklage und Aufbruch an.

$$U = V + (R - B).$$

Doch all diese Formeln können auf Genauigkeit keinen Anspruch erheben, so lange nicht genaue Angaben bekannt sind. Für Überschlagsrechnungen eignet sich jedoch immer noch am besten die Formel: $N = A + V + S$.

Nach den alten Ansichten war man der Meinung, $^1/_3$ fließe oberflächlich ab, $^1/_3$ verdunste und $^1/_3$ versickere. Von einer so gleichmäßigen Verteilung kann keine Rede sein, es stellen sich örtlich stets große Verschiedenheiten ein. Auch müssen gar nicht alle drei Komponenten vorhanden sein. Es gibt z. B. Gebiete, wo der oberflächliche Abfluß gänzlich oder nahezu fehlt (z. B. Dachsteinplateau). Wenn die Luft mit Wasserdampf gesättigt ist, fehlt auch zeitweise die Verdunstung.

Ebenso kann die Versickerung fehlen, wenn ein undurchlässiger Boden vorliegt, in den kein Wasser eindringen kann.

Auf jeden Fall zeigen die Komponenten A, V, S örtlich große Verschiedenheiten.

II. Der Abfluß

1. Begriff

Der Abfluß setzt sich vor allem aus jenem Wasser zusammen, das nicht in den Boden versickert, sondern oberflächlich abfließt. Dieser Fall tritt im wahren Sinne des Wortes nur dort ein, wo keine Versickerungsmöglichkeiten bestehen, also an Steilhängen mit Felsen, an Hängen mit festen Tongesteinen oder bei sehr schweren Niederschlägen.

Wir müssen daher zwischen direktem und indirektem Abfluß unterscheiden. Der *direkte Abfluß* umfaßt die Niederschläge, die nicht in den Boden versickern, sondern sofort an der Oberfläche abfließen; sie kommen meist nur bei Wolkenbrüchen oder lang andauernden Regenfällen in Betracht.

Der *indirekte Abfluß* setzt sich aus dem Abfluß aus Quellen zusammen; die Niederschläge versickern und kommen meist nach Zurücklegung einer Strecke in den unterirdischen Wasserwegen als Quelle zum Vorschein.

Der indirekte Abfluß speist die Bäche, die auch dann fließen, wenn keine Niederschläge (direkter Abfluß) niedergehen. Wenn z. B. ein Bach an der Mündung einen Abfluß von 200 l/sec aufweist, so ist damit das gesamte, auch aus Quellen austretende Wasser inbegriffen.

2. Messen des Abflusses

(Beitrag von Ing. R. Sperlich)

Um den Abfluß einer Quelle meßbar zu machen, bedient man sich verschiedener Verfahren, wobei jedes seinen bestimmten Anwendungsbereich hat, für den es sich besonders eignet.

a) Messen mit Eimern

Die zuverlässigste aller Meßarten besteht im Eichen des Abflusses, indem in einem *Gefäß der gesamte Zufluß* während einer genau zu messenden Zeit aufgefangen wird. Für solche kleineren Wassermengen bedient man sich eines Eimers oder Fasses und einer Stoppuhr.

Man baut an der Austrittsstelle der Quelle eine Rinne ein und leitet so das gesamte Wasser in das Auffanggefäß, dessen Inhalt bekannt ist. Mit der Stoppuhr bestimmt man die Zeit, die bis zur Füllung notwendig ist. Dividiert man die in das Gefäß abfließende Wassermenge durch die Anzahl der Sekunden, so erhält man die Ergiebigkeit in Liter/sec.

$$Q = \frac{V}{t} \qquad \text{(l/sec)}$$

worin Q = Anzahl der Liter in der Sekunde,
V = Volumen des Gefäßes,
t = Zeit in Sekunden

ausdrückt.

b) Thompson-Überfall (Abb. 2)

Dieser wird als Dreiecksüberfall aus Messingblech mit geschärften Kanten mit einem Spitzenwinkel von 90° ausgeführt. Anwendungsbereich dieses Meßüberfalles für Wassermengenmessungen zwischen 5 und 30 l/sec.

Maßgebend für die Wahl des Dreieckūberfalles ist der Umstand, daß für die Abfuhr von kleinen Wassermengen der Dreiecküberfall dem rechteckigen überlegen ist, da ersterer eine bedeutend größere Überfallhöhe bedingt und damit den Meßfehler herabsetzt. Dieses Abflußbild ist besonders wertvoll für kleinere

a

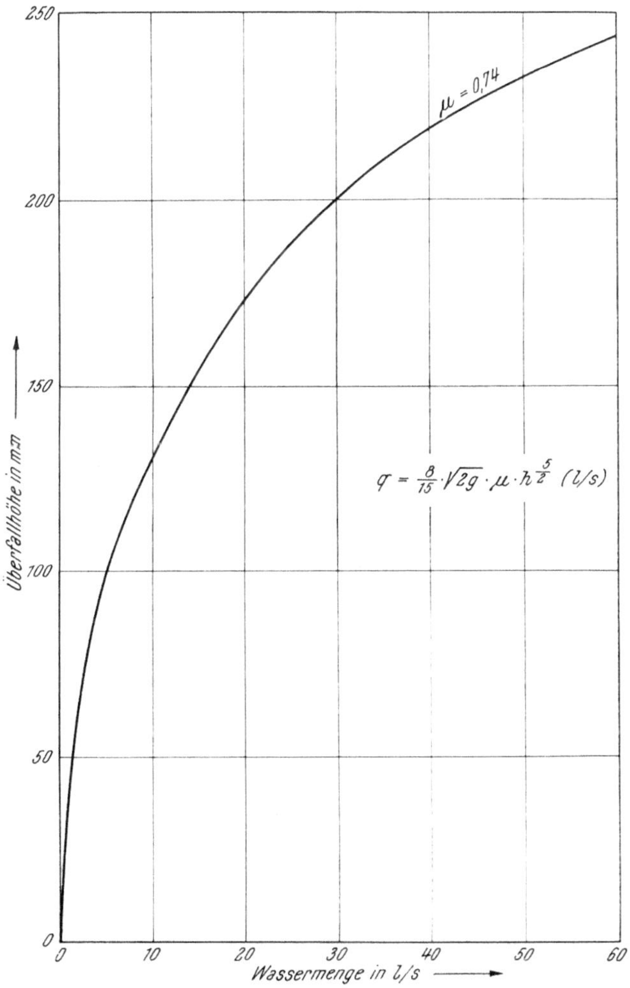

b

Abb. 2 Thompson-Überfall mit Meßkurve

Wassermengen, da für d e Bestimmung des Einschnürungsbeiwertes μ nur die Kenntnis der Wassermenge q, der Überfallhöhe h erforderlich ist und dieser Einschnürungsbeiwert auf einfache Weise durch Nacheichung unter Zugrundelegung der Formel

$$q = \frac{8}{15} \cdot \sqrt{2g} \cdot \mu \cdot h^{5/2} \qquad \text{(l/sec)}$$

ermittelt werden kanr. Rechnete man ursprünglich mit der Wasserspiegelbreite b, so ist sie hier ausgeschaltet und scheint deshalb hier die Potenz 5/2 der Überfallhöhe bei einem Spitzenwinkel von 90° (gleichschenklig) auf. Abweichungen der berechneten und beobachteten Wassermengen bleiben innerhalb der Grenzen von $\pm 0{,}5\%$, Fehler also, die selbst für die genaueste Wassermengenmessung in Kauf genommen werden müssen.

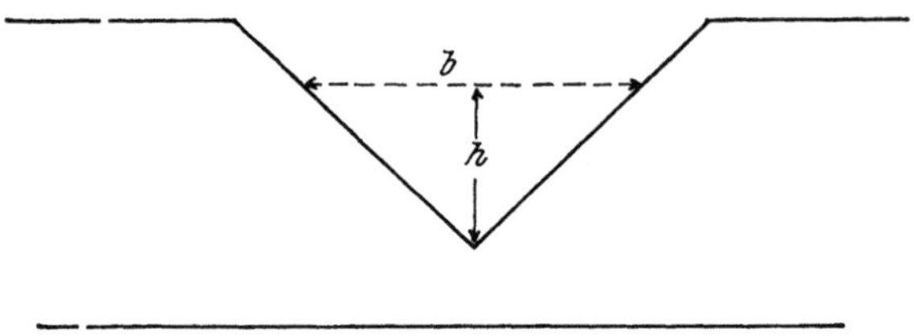

Abb. 3. Thompson-Überfall (schematisch)

In der Abb. 2 kann die Abflußmenge aus dem Verlauf der Kurve sofort abgelesen werden.

Bei Berücksichtigung der Wasserspiegelbreite b kann auch folgende Formel angewendet werden (Abb. 3):

$$Q = 0{,}73\, b\, h^{5/2}.$$

c) Rehbockscher Meßüberfall (Abb. 4)

Ist ein scharfkantiges, belüftetes *Überfallwehr* ohne seitliche Strahleinzwängung (Strahleinschnürung) mit rechteckigem Ausschnitt (Abb. 4). Das Charakteristikum dieser Überfallsform, die kurzweg als Rehbockscher Überfall bezeichnet wird, bildet die Verbindung einer seitlichen Strahleinzwängung, was mittels parallel geführter Seitenwände erreicht wird.

Dieser Meßüberfall ist als Norm-Überfall bekannt, dessen Berechnungsformel für ein belüftetes, lotrechtes, 1000 mm langes und 560 mm hohes Wehr mit scharfer Kante und freiem Strahl ohne seitliche Strahleinzwängung gilt. Die Überfallmengen werden mit selbst für Feinmessungen genügender Genauigkeit bestimmt. Die Wassermengen q ermittelt man aus der Formel

$$q = \frac{2}{3}\left(0{,}605 + \frac{1}{1050 \cdot h - 3} + 0{,}08\,\frac{h}{w}\right) \cdot h \cdot \sqrt{2gh} \qquad \text{(l/sec)},$$

worin q = gesuchte Wassermenge in l/sec,
h = Überfallhöhe in m (diese wird etwa 2 bis 4 h oberhalb des Meßüberfalles gemessen),
w = Wehrhöhe (Mindesthöhe) in m (= 560 mm).

Bei einem solchen Meßüberfall sollen vergleichende Messungen zur Bestimmung der Wassermenge mit einem Meßflügel durchgeführt werden, die die Richtigkeit der Berechnungen bestätigen.

Zusammenstellung der bei einem 1000 mm langen und 560 mm hohen Rehbockschen Überfalle bei gelüftetem Strahl und freiem Fuße überfließenden Wassermengen

Überfall-hohe in mm	Wasser-menge in sl
20	5,5
30	9,9
40	15,0
50	20,9
60	27,3
70	34,4
80	42,0
90	50,2
100	58,8
110	67,7
120	77,4
130	87,0
140	97,6
150	108,3
160	119,6
170	131,2
180	143,4
190	156,2
200	169,1
210	182,9
220	196,9
230	211,1
240	225,6
250	240,3
260	255,2
270	270,7
280	286,1
290	302,2
300	318,4
310	335,1

a

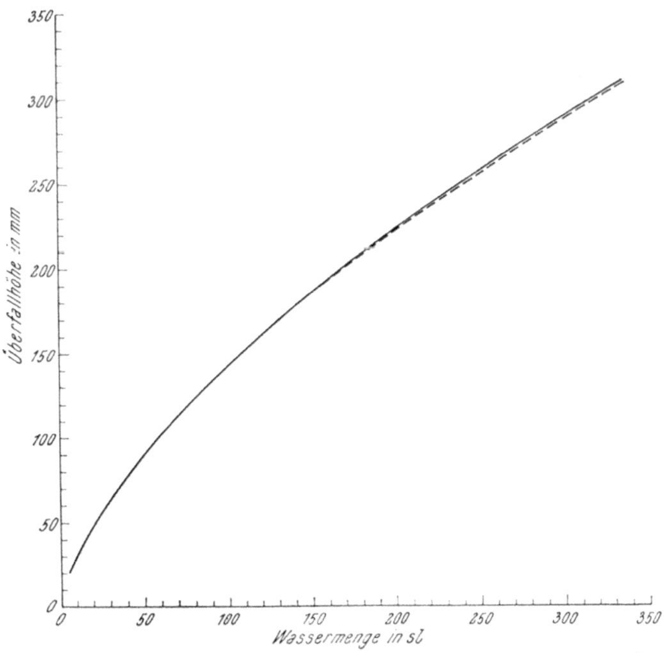

b

Abb. 4. Rehbock-Überfall; a) Lichtbild mit eingebautem Rehbock-Überfall, b) Wassermengenlinie, ——— nach der Formel, - - - - - nach der Eichung

Der zur Ablesung der Wasserhohe h eingebaute Lattenpegel oder Maßstab soll mit einem Nivellierinstrument auf Nullhöhe eingemessen werden. Aus der Abb. 4 kann man sofort die Abflußmenge ablesen.

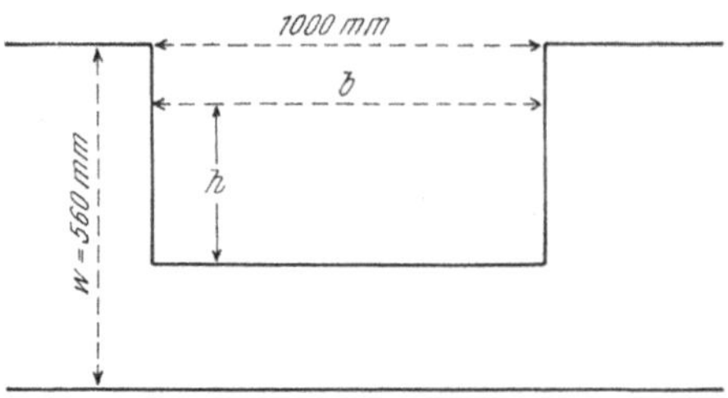

Abb. 5. Rehbock-Überfall (schematisch)

Vereinfacht gilt auch folgende Formel (Abb. 5):

$$Q = 2/3\mu \quad b h \sqrt{2gh},$$
$$2/3\mu = 0{,}442;$$

b = Breite des Überfalles,
h = Höhe des Überfalles.

Diese Formel findet für *Meßkisten* (Abb. 6) Anwendung, die man in den Abfluß einbauen kann.

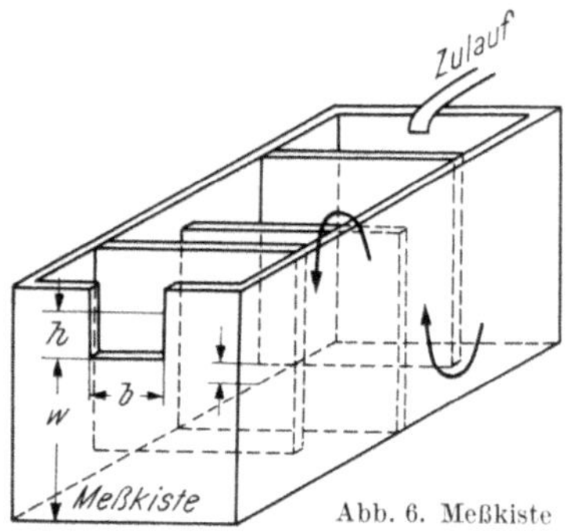

Abb. 6. Meßkiste

Überlauf-Tabelle

$$Q = {}^2/_3\,\mu\; b.\; h \sqrt{2\,g\,h}$$

$${}^2/_3\,\mu = 0{,}442$$

b Breite des Überlaufes
h Höhe des Überlaufes

h	b = 100 mm	b = 150 mm	b = 200 mm	b = 300 mm	h	b = 100	b = 150	b = 200	b = 300
m/m	Sek. lt.	Sek lt	Sek. lt.	Sek. lt.	m/m	Sek lt.	Sek. lt.	Sek. lt.	Sek. lt.
5	0,07	0,10	0,14	0,21	180	14,95	22,40	29,90	44,80
10	0,20	0.30	0,40	0,60	185	15,50	23,25	31,00	46,50
15	0,36	0,55	0,72	1,10	190	16,20	24,30	32,40	48,60
20	0,55	0,80	1,10	1,65	195	16,80	25,20	33,60	50,40
25	0,80	1,20	1,55	2,40	200	17,50	26 25	35,00	52,50
30	1,00	1,50	2,00	3,00	205	18,10	27,15	36,20	54,30
35	1,30	1,95	2.60	3,90	210	18,85	28,25	37,70	56,50
40	1,55	2,35	3,10	4,65	215	19,50	29 25	39,00	58,50
45	1,87	2,80	3,74	5,60	220	20,20	30,30	40,40	60,60
50	2,20	3,30	4,40	6,60	225	20,90	31,35	41,80	62,70
55	2,50	3,75	5,00	7,50	230	21,55	32,30	43,10	64,60
60	2,90	4,35	5,80	8,70	235	22,20	33,30	44,40	66,60
65	3,25	4,90	6,50	9,75	240	23,00	34,50	46,00	69,00
70	3,60	5,40	7,20	10,80	245	23,70	35,55	47,40	71,10
75	4,00	6,00	8,00	12,00	250	24,45	36,65	48,90	73,30
80	4,40	6,60	8,80	13,20	255	25,20	37,80	50,40	75,60
85	4,85	7,25	9,70	14,55	260	25,95	38,90	51,90	77,80
90	5,30	7,95	10,60	15,90	265	26,70	40,00	53,40	80,10
95	5,80	8,70	11,50	17,40	270	27,45	41,15	54,90	82,30
100	6,20	9,30	12,40	18,60	275	28,20	42,30	56,40	84,60
105	6,65	10,00	13,30	20,00	280	29,00	43,50	58,00	87,00
110	7,15	10,75	14,30	21,45	285	29,80	44,65	59,60	89,40
115	7,65	11,50	15,25	23,00	290	30,55	45,90	61,10	91,65
120	8,10	12,15	16,20	24,30	295	31,30	47,00	62,60	93,90
125	8,65	13,00	17,30	26,00	300	32,10	48,25	64,20	96,30
130	9,20	13,80	18,40	27,60	305	33,00	49,50	66,00	99,00
135	9,70	14,55	19,40	29,10	310	33,80	50,70	67,60	101,40
140	10,25	15,40	20,50	30,75	315	34,60	51,90	69,20	103,80
145	10,80	16,20	21,60	32,40	320	35,50	52,20	70,90	106,35
150	11,35	17,00	22,70	34,00	325	36,25	54,40	72,50	108,75
155	11,90	17,85	23,80	35,70	330	37,10	55,65	74,20	111,30
160	12,50	18,75	25,00	37,50	335	37,95	56,90	75,90	113,85
165	13,50	19,70	26,25	39,40	340	38,80	58,20	77,60	115,40
170	13,70	20,55	27,40	41,10	345	39,65	59,50	79,30	118,95
175	14,30	21,45	28,60	42,90	350	40,50	61,00	81,00	121,50

d) Messen der Abflußmenge eines Baches

Um die Abflußmenge eines Baches oder Flusses übersichtlich zu erfahren, bedient man sich der Formel

$$Q = F \cdot v \quad (\mathrm{m^3/sec}),$$

F = Querschnittsfläche des Gewässers in einem bestimmten Profil in m^2,

v = mittlere Wassergeschwindigkeit in m/sec, gemessen mit einem Meßflügel.

Die Genauigkeit der Messungen hängt wesentlich von der Ermittlung von F und v ab; die Messungen selbst fallen jedoch schon in das Arbeitsgebiet des Hydrologen.

Die meisten Quellen zeigen nun nicht eine gleichmäßige Schüttung, sondern weisen sehr unterschiedliche Schwankungen der Wassermenge auf. Die Messungen sind daher für eine Quelle, die für eine Wasserversorgung herangezogen werden soll, möglichst oft und regelmäßig alle 8 Tage durchzuführen; gleichzeitig sollen auch laufende Messungen der Luft- und Wassertemperatur ausgeführt und gemeinsam mit den ermittelten Wassermengen in ein Protokollbuch eingetragen werden. Man ersieht daraus nach der Auftragung in einem Diagramm die Mindest- und Höchstergiebigkeit der untersuchten Quelle und auch die Zusammenhänge mit den Niederschlägen.

3. Die Abflußmenge

Der Abfluß von einem begrenzten Gebiet (= Einzugsgebiet) setzt sich demnach aus dem direkten und indirekten Abfluß (aus Quellen) zusammen. Er wird an Bächen und Flüssen vom hydrogeologischen Landesdienst gemessen bzw. berechnet und im „Hydrogeologischen Jahrbuch" veröffentlicht.

Es werden meist Zahlen für den kleinsten, mittleren und größten Abfluß von den einzelnen Monaten und vom Jahresdurchschnitt angegeben.

z. B. Mürz bei Bruck a. d. Mur:

Einzugsgebiet	1506,2	km^2
Kleinster Abfluß	3,49	m^3/sec
Mittlerer Abfluß	23,6	m^3/sec
Größter Abfluß	240	m^3/sec

Aus diesen Zahlen läßt sich die *spezifische Abflußmenge* (= q) berechnen, d. i. jene Wassermenge in l oder m^3, die aus 1 km^2 des Einzugsgebietes in einer Sekunde abfließt:

$$q = \frac{Q}{F}$$

z. B. mittlere Abflußmenge der Mürz bei Bruck an der Mur:

$$23{,}6\ \mathrm{m^3/sec};\quad \text{Einzugsgebiet} = 1506{,}2\ \mathrm{km^2};$$

$$q = 23600\ \mathrm{l} : 1506{,}2 = 15{,}6\ \mathrm{l/sec},$$

d. h. von 1 km^2 Einzugsgebiet beträgt der durchschnittliche Abfluß 15,6 l/sec.

Folgende Zahlen geben Auskunft über die mittlere kleinste Abflußmenge und über den spezifischen Abfluß.

	Einzugsgebiet km²	Mittlerer Kleinstabfluß l/sec	Spezifischer Abfluß l/sec
Mur			
bei Stadl	1169	6990	5,9
bei Leoben	4391,9	22100	5,0
bei Landscha	8339,6	41500	4,9
Rantenbach bei Murau	191,8	840	4,3
Thörlbach			
bei Kapfenberg	356,4	830	2,3
Schwarze Sulm			
bei Schwanberg	79,5	950	11,8
Enns			
bei Schladming	648,8	5940	9,1
bei Liezen	2116,6	16600	7,8
bei Großreifling	4054	31400	7,8
Sölkbach			
bei Stein a. d. Enns	283,2	1150	4
Paltenbach bei Selzthal	368,7	2910	7,9
Salzach			
bei St. Johann	2594,8	20300	7,8
bei Salzburg	4427,3	46300	10,4
Fuscher Ache bei Bruck	162,0	1210	7,4
Inn bei Innsbruck	5794,3	32500	5,6
Ötztaler Ache bei Tump	790,5	3130	3,9
Donau			
bei Linz	79490,1	569000	7,0
bei Wien	101700	760000	7,4

Aus diesen Zahlen geht deutlich hervor, daß die spezifische Abflußmenge große Verschiedenheiten aufweist, die verschiedene Ursachen haben.

Wichtige Zahlen ergeben sich aus dem Vergleich der auf ein Einzugsgebiet niederfallenden *Niederschläge* mit der *Abflußmenge*. Folgendes Beispiel bringt daher entsprechende Zahlen.

Fröschnitzbach (Seitental des Mürztales)

Einzugsgebiet	96,7	km²
Mittelwassermenge	1550	l/sec ($q = 16$ l/sec)
Jahresniederschlag	1110	mm

Daraus ergibt sich folgende Rechnung:

auf 1 m²	fallen im Jahr	1110 l
auf 1 km²	„ „ „	1110000000 l
auf 96,7 km²	„ „ „	1110000000 l · 96,7
auf 96,7 km²	„ in einem Tag	$\frac{1110000000 \cdot 96{,}7}{360}$
auf 96,7 km²	„ in einer Sekunde	$\frac{1110000000 \cdot 96{,}7}{360 \cdot 86400}$

Auf 96,7 km² fallen 3450 l/sec Niederschlagswasser.

Wir sehen auf dem gleichen Einzugsgebiet einen Niederschlag von 3450 l/sec und eine Abflußmenge von 1550 l/sec. Der Abfluß beträgt demnach 45% des Niederschlages. 1900 l/sec = 55% sind durch Verdunstung, Versickerung in größere Tiefe und Zurückhaltung verlorengegangen.

Ähnliche Rechnungen kann man auch in Verbindung mit der spezifischen Abflußmenge und den Niederschlägen in 1 sec (= spezifischer Niederschlag) ausführen (1 Tag = 86400 sec).

$$\text{Die spezifische Niederschlagsmenge} = \frac{N \text{ auf } 1 \text{ km}^2}{360 \cdot 86400}.$$

$$\text{Niederschlag auf } 1 \text{ km}^2 \text{ in } 1 \text{ sec} = \frac{1110000000}{360 \cdot 86400} = 35{,}6 \text{ l/sec}.$$

Einem spezifischen Abfluß von 16 l/sec steht ein spezifischer Niederschlag von 35,6 l/sec gegenüber, es besteht somit ein Verlust von 19,6 l. Der spezifische Abfluß (16 l/sec) beträgt 45% vom spezifischen Niederschlag; 55% sind hiermit verlorengegangen.

Wir ersehen daraus, daß der Abfluß nur einen Teil des Niederschlages darstellt.

Im allgemeinen fließen bei mittleren Jahresniederschlägen folgende Mengen ab:

1. Nach SINGER (1922) für kleinere Einzugsgebiete in Österreich

Flachland bis 150 m Seehöhe	
500 bis 600 mm Niederschlag	Abfluß 25%
Mittelgebirge bis 900 m Seehöhe	
700 bis 1000 mm Niederschlag	Abfluß 40%
Hochgebirge über 1500 m Seehöhe	
1000 bis 2500 mm Niederschlag	Abfluß 77%

2. Mitteldeutschland um 700 mm Niederschlag — Abfluß etwa 37%
3. Norddeutschland — Abfluß etwa 30%

4. Die Abhängigkeit des direkten Abflusses

a) Von der Größe des Einzugsgebietes

Die Abflußmenge hängt von der Größe des Einzugsgebietes ab. Je größer dieses ist, desto größer ist auch — vorausgesetzt daß die gleichen Boden- und Untergrundverhältnisse vorliegen und die gleichen Niederschlagshöhen — der Abfluß.

	Niederschlag	Einzugsgebiet	Mittlere Wassermenge	Auf 1 km² entfallen an Abfluß
Pretulbach	1080 mm	20,3 km²	0,444 m³/sec	21 l/sec
Trabachgraben	1050 mm	18,8 km²	0,340 m³/sec	18 l/sec

Das Einzugsgebiet dieser Bäche (südliche Seitenbäche der Mürz) ist ziemlich gleich aufgebaut, es besteht zum größten Teil aus Phylliten und zeigt meist ähnliche morphologische Stellung.

b) Von der Niederschlagshöhe

Der Abfluß hängt auch von der Niederschlagshöhe und besonders von der Regendichte und Regenhäufigkeit ab. Je mehr Niederschläge zu Boden fallen, desto größer ist der Abfluß. Bäche mit großen Jahresniederschlägen im Einzugsgebiet haben ergiebigere Abflüsse als solche mit kleinen.

Von Bedeutung ist vor allem die *Regendichte.* Wolkenbrüche, Platzregen bringen in kurzer Zeit große Wassermengen; der Boden ist nicht imstande, diese aufzunehmen, und es kommt daher zu einem gesteigerten Abfluß. Bei einem normalen, nicht zu lange andauernden Landregen besteht meist genügend Zeit für die Versickerung, die Ergiebigkeit der Bäche nimmt nur langsam zu.

Auch die Regenhäufigkeit wirkt sich auf den Abfluß aus. Viele Regentage begünstigen ihn, einzelne Regentage zeigen meist eine geringe Auswirkung.

c) Von der Morphologie

Der Abfluß hängt wesentlich von der Morphologie des Gebietes ab. Steilhänge über 30% Neigung und Felsen fördern ihn. Das Wasser kann nirgends verweilen und langsam versickern, weil die Schwerkraft die Wasserfäden rasch nach abwärts führt.

Die steilen Seitenbäche in den Ötztaler Alpen, in den Niederen Tauern usw. bringen die Niederschläge rasch ins Tal; sie schwellen sofort an und leiten fast die gesamten Wassermengen talwärts, so daß die Bachbette bei Trockenzeiten ohne Wasser sind.

Die vielen Schrunsen, welche die Hänge zerschneiden, können bei Wolkenbrüchen von sehr unangenehmen Wildbächen erfüllt werden.

Unterbrechungen der Steilhänge durch Ebenheiten, flachere Hangneigungen, Kare usw. hemmen den Abfluß, es kann teilweise zu Versickerungen kommen, und die Ergiebigkeit des Abflusses wird verringert.

Von großer Bedeutung sind die Kleinformen, buckelige Geländeformen, Mulden, Geländeknicke, Furchen, Viehtritte, Steige, Wurzelausdehnungen usw. Die Geschwindigkeit des abfließenden Wassers wird verringert, es verweilt in den Vertiefungen und versickert zum Teil, so daß die Abflußmenge eine Verminderung erfährt.

d) Von der Pflanzendecke

Der Abfluß wird auch durch die Pflanzendecke wesentlich beeinflußt. Der Wald, das Gebüsch, die Erlen- und Latschenbestände wirken hemmend. Der Wald hält schon in den Kronen viel Wasser zurück und hemmt den Regenfall. Der Boden, von Wurzeln durchzogen, nimmt viel Wasser auf, so daß eine bedeutende Verminderung des Abflusses entsteht. Ebenso hemmen die Latschen- und Erlenbestände den Abfluß.

Große Kahlschlägerungen verursachen oft eine Vergrößerung des Abflusses.

Bei der Hochwasserkatastrophe in der Breitenau (1958 — Steiermark) hatte man vielfach den Eindruck, daß auch der Wald gegen gewaltige Niederschläge keinen Schutz des Bodens gewährt, da von den steilen Hängen Streifen mit Wald vom Wasser mitgerissen wurden. Doch waren dies Ausnahmen. Die Untersuchung zeigte, daß die Bodenschichte direkt auf dem Felsboden auflag, es fehlte der Verwitterungsschutt, der sich auf den Steilhängen nicht gehalten hatte (Clar 1958).

Die auffallend kräftig aufschlagenden Niederschläge drangen bis zum Fels ein und unterwuschen den Zusammenhang zwischen Fels und Humus, so daß das Erdreich mit den Bäumen abrutschte. Das Abgleiten wurde oft noch dadurch begünstigt, daß die Schichtflächen hangauswärts fallen.

Doch darf dieser Fall keineswegs als Beweis herangezogen werden, daß der Wald keinen hinreichenden Schutz vor dem Wasserabfluß gewährt. Es muß unbedingt betont werden, daß die Waldungen weitgehend abflußhemmend wirken. Auch die anderen Pflanzenbestände wie Schläge, Wiesen, Äcker beeinflussen den Abfluß und können besonders dann, wenn der Boden durch Kleinformen unterbrochen wird, die abfließenden Wassermengen vermindern.

e) Von den bodenkundlichen und geologischen Verhältnissen

Von größter Bedeutung für den Abfluß sind die bodenkundlichen und geologischen Verhältnisse des Untergrundes.

α) Schon im großen gesehen begünstigt Felsboden den Abfluß, während ihn Verwitterungsboden hemmt. Doch zeigt auch der Felsboden große Unterschiede. Außer den Neigungsverhältnissen, Oberflächenformen und Kleinformen spielt die Durchlässigkeit des Gesteins eine wichtige Rolle. Obwohl absolut undurchlässige Gesteine kaum in Erscheinung treten, fließt das Niederschlagswasser aus schwer durchlässigen Gesteinen rascher ab.

Als schwer durchlässige Gesteine gelten Tone, Mergel, Tonschiefer, Glimmerschiefer. Gesteine mit Klüften und Spalten ermöglichen oft ein Versickern größerer Niederschlagsmengen und verursachen eine Verminderung des Abflusses, vorausgesetzt, daß entsprechende morphologische Verhältnisse vorliegen.

Im breitwelligen Hügelland des Granitplateaus im Mühlviertel versickert verhältnismäßig viel Wasser, die Abflüsse sind gering. In den steilen Granitkämmen der Niederen und Hohen Tauern kann infolge großer Neigung der Hänge wenig Wasser versickern.

In den Plateaubergen der Kalkalpen (Dachstein, Hochschwab, Steinernes Meer) fehlen die Abflüsse fast zur Gänze; die Niederschläge versickern rasch längs der Spalten und Klüfte in die Tiefe. Wo jedoch die Kalkgesteine kammartige Formen mit steilen Abfällen bilden (Karwendel, Miemingergebirge), kommen die Niederschlagswasser rasch und stoßartig zu Tal, so daß bei Trockenzeiten meist keine Reserven mehr vorhanden sind und die Rinnsale und Bäche trocken liegen.

Auch die *Lagerung der Gesteine* beeinflußt oft den Abfluß. Zeigen die Schicht- oder Schieferungsflächen ungefähr die gleiche Neigung wie der Hang, so wird der Abfluß gefördert. Das Abfließen auf Schichtköpfen vermindert den Abfluß, ebenso flache Lagerungen.

Auch Falten können bei entsprechender Verbindung mit den Oberflächenformen den Abfluß vergrößern oder hemmen.

β) Der *Verwitterungsboden* wirkt im allgemeinen hemmend auf den Abfluß.

Über dem Fels bilden sich größere und kleinere Gesteinstrümmer, die die Verwitterungskruste bilden, welche allmählich in den Boden übergeht. Es handelt sich um porenreiche Gesteine, die viel Wasser aufnehmen können und so in Verbindung mit der Oberflächengestaltung und der Pflanzenbedeckung wesentlich zur Verminderung des direkten Abflusses beitragen.

Wo der Verwitterungsschutt allmählich nach abwärts gleitet, entsteht der Hangschutt, der sich am Fuß des Hanges meist in größerer Mächtigkeit als Hangfußschutt ansammelt. Da die Mächtigkeit gegen abwärts zunimmt, wird das Wasseraufnahmevermögen immer größer und der Abfluß verringert.

Wenn auch die Oberflächenwässer nicht direkt in den Betrachtungskreis der Hydrogeologie gehören, so sind sie trotzdem zu beachten; sie geben uns Anhaltspunkte für das Vorhandensein von unterirdischen Wässern.

Die Formel $N = A + V + S$ zeigt deutlich die Beziehungen an. Es ist daher notwendig, daß wir bei jeder Beurteilung von unterirdischen Wässern auch den Abfluß in Betracht ziehen und alle damit zusammenhängenden Punkte berücksichtigen.

Zusammenfassung

Der Abfluß stellt einen Teil der Niederschlagsmenge dar. Das Messen der Abflußmengen erfolgt durch verschiedene Methoden. Die Abflußzahlen geben wichtige Anhaltspunkte für die unterirdische Wasserführung.

Der Abfluß wird durch verschiedene Einwirkungen beeinflußt (Regenhöhe. Einzugsgebiet, Morphologie, Pflanzenbedeckung, Bodenschicht. Untergrund). Er ist bei allen hydrogeologischen Fragen in Erwägung zu ziehen.

III. Die Verdunstung

Im großen Kreislauf des Wassers führt die Verdunstung immer wieder große Wassermengen der Atmosphäre zu. Die auf den Boden niederfallenden Niederschläge kommen daher nur zum Teil dem unterirdischen Wasser zugute; ein großer Teil geht durch die Verdunstung verloren. Es verdunstet jedoch nicht nur das Wasser über dem Boden, sondern auch das bereits in die Verwitterungskruste eingesickerte wird oft durch die Verdunstung dem Boden wieder entzogen; der Boden trocknet aus. Auch die Pflanzen entziehen dem Erdreich das Wasser, das durch Transpiration der Luft zugeführt wird.

Für den Wasserhaushalt ist es nun von Wichtigkeit, wieviel Wasser im Verhältnis zu den Niederschlägen durch Verdunstung verlorengeht; denn kennen wir diesen Betrag, dann läßt sich auf Grund der Beziehung $N = A + V + S$ die Menge, die in den Boden versickert, berechnen.

Sichere Zahlen über die Verdunstung zu ermitteln, ist unglaublich schwierig. sind doch all die Bedingungen, welche sie fördern oder hemmen, zeitlich und örtlich sehr verschieden, so daß Messungsergebnisse (mittels Lysimeter) nur mit Vorsicht auf ein größeres Gebiet übertragen werden können.

1. Die Abhängigkeit der Verdunstung

a) Die Verdunstung ist vom *Sättigungsgrad* der Luft abhängig. Je weniger Wasserdampf in der Luft enthalten ist, oder je größer die Differenz bis zum Sättigungsgrad ist, desto mehr Wasser kann verdunsten.

Nun ist der Sättigungsgrad wieder abhängig von den Temperaturen, wie die Zahlen S. 4 zeigen.

b) Die Verdunstung wird durch die *Temperatur* beeinflußt. Bei höherer Temperatur kann mehr Wasser verdunsten als bei niedriger. Sie ist daher jahreszeitlich verschieden, im Sommer verdunstet mehr Wasser als im Winter.

c) Eine wesentliche Rolle bei der Verdunstung spielt der *Wind*, der die feuchte Luft wegführt und neue zubringt. An den Windseiten verdunstet mehr Wasser, der Boden trocknet rascher aus als an den Windschattenseiten, die meist bessere und ergiebigere Quellen enthalten.

d) Die Verdunstung hängt wesentlich von der Lage des Bodens zur *Sonnenbestrahlung* ab. Auf sonnenseitigen Hängen verdunstet mehr als auf schattseitigen. Die Nordhänge bleiben länger feucht als die Südhänge, die rasch austrocknen.

e) Auch der *Pflanzenwuchs* beeinflußt die Verdunstung. Wenn auch die Pflanzen, besonders der Wald, viel Niederschläge zurückhalten und den Abfluß verringern, so verbrauchen sie selbst wieder große Mengen von Wasser, die dem Boden verlorengehen.

f) Die *Beschaffenheit des Bodens* wirkt sich ebenfalls auf die Verdunstung aus. Lockerer Boden (aufgebrochener, gepflügter Boden) weist eine geringere Verdunstung auf als fester, bei dem immer wieder Kapillarwasser aufsteigt, das in den Verdunstungsbereich kommt. Auch dicht gelagerte Streudecken, Nadeldecken, verfilzte Wurzeln usw. verringern die Verdunstung.

g) Auf *Felsboden* beeinflussen vielfach die *Rauhigkeit* und die Farbe die Verdunstung. Auf rauhen Felsen verdunstet mehr Wasser als auf glatten. Auch auf dunklen Gesteinen ist die Verdunstung im allgemeinen größer als auf hellen.

Wir sehen daher, daß die Verdunstung von den verschiedensten Faktoren abhängig ist und deshalb große Schwankungen aufweist; es ist demnach sehr schwierig, für ein Gebiet verläßliche Zahlen darüber zu erhalten.

2. Zahlenangaben über die Verdunstung

a) Rechnerisch

Anhaltspunkte für den Verdunstungsbetrag erhält man aus den Zahlen über die Niederschläge und über den Abfluß eines Gebietes.

Beispiel:

Fröschnitzbach (Seitental des Mürztales)

Einzugsgebiet 96,7 km²; Abfluß (Mittelwassermenge) 1550 l/sec; Niederschlag 1110 mm.

Auf das Einzugsgebiet fallen 3440 l/sec Niederschlag, der Abfluß aus diesem Gebiet beträgt 1550 l. Es gehen somit 1890 l verloren.

Niederschlag	3440 l/sec	100%
Abfluß	1550 l/sec	45%
Abgang (Verdunstung)	1890 l/sec	55%

Da die Quellen, welche den Abfluß speisen, aus der Verwitterungsschicht kommen, in den Untergrund, der aus Phyllit und Granitgneis besteht, wenig Wasser in die Tiefe versickert, so ist der Abgang fast zur Gänze auf die Verdunstung zurückzuführen. Wir können demnach sagen, daß in diesem Gebiet rund 50 bis 55% Wasser verdunsten.

b) Die Lysimeter-Versuche

Mit Hilfe der Lysimeter werden Verdunstungsmessungen vorgenommen. Die Lysimeter bestehen aus Kasten, die in den Boden eingesetzt und mit möglichst naturgetreuen Bodenschichten gefüllt werden. Die Lysimeterkasten sollen mindestens eine Tiefe von 150 cm haben, damit die Wurzeln ein ungehindertes Wachstum erhalten.

Die Messungen werden meist mittels der Waage durchgeführt. Die Apparate wurden in letzter Zeit derart verbessert, daß sicher brauchbare Werte entstehen. Mögen die Lysimeter auch eine Reihe von Mängeln aufweisen, so bekommt man damit doch Vergleichswerte, die von Bedeutung sind.

Einige Beispiele:

Die *Lysimeteranlage in Dortmund* weist 4 Meßstellen auf, von denen jede 4 m² mißt. Es wurden Versuche auf Sand mit Heidekraut, Löß mit Grasdecke und Aulehmen durchgeführt (Friedrich 1954).

1. 12. – 30. 11.	Niederschlag	Versickerung in			Unterschied in		
		Sand	Loß	Aulehm	Sand	Loß	Aulehm
1952	922	522	377	315	400 = 44%	545 = 60%	607 = 67%
1953	612	450	396	347	162 = 27%	215 = 35%	265 = 44%
Mittel	767	486	387	331	281	380	436

Wir ersehen aus diesen Versuchen, daß bei Sand 44%, bei Löß 60%, bei Aulehm 67% durchschnittlich verdunsten (Mittelwerte).

Bei Versuchen in *Castricum* (*Holland*) erhielt man folgende Ergebnisse (W. Friedrich 1954).

	1942–1947			1950–1951		
	Niederschlag mm	Versickerung mm	Verdunstung mm	Niederschlag mm	Versickerung mm	Verdunstung mm
Unbewachsen	791	606	185 = 24%	1021	786	235
Dünenweg	791	468	323 = 40%	1021	506	515
Laubholz	791	525	266 = 33%	1021	525	496
Nadelholz	791	520	271 = 34%	1021	412	609

Diese Zahlen zeigen, daß die Verdunstung im Waldgebiet größer ist als in weniger bewachsenen Flächen.

Lysimeterversuche bei *Wasserwerk Hinkelstein bei Frankfurt/M.*
Die Lysimeter haben eine Auffangfläche von 5 m² und 2 m Tiefe.

	Niederschlag mm	Versickerung mm	Verdunstung mm
1954	557	197	360 = 64%
1955	616	335	381 = 61%
1956	795	406	289 = 36%

Mittlere Jahresverdunstung = 344 mm; durch Versickerung = 312 mm = 10 l/sec

c) Angaben über die Verdunstung

Vom *Grazerfeld* (Südwerk) bringt KREWETZ (1956) monatliche Zahlen über Niederschlag, Verdunstung und Grundwasseranfall. Der Jahresdurchschnitt ergibt 876 mm Niederschlag und 346 mm Verdunstung (= 39 bis 40%).

Verdunstungszahlen aus Kärnten

	Niederschlag mm	Abfluß mm	Verdunstung mm
Gurktal	942	379	563 = 60%
Isel bei Lienz	1175	965	210 = 17,5%
Lieser bei Spital	2114	805	409 = 19%

(STEINHAUSER 1962)

Um *München* liegt eine mittlere jahrliche Verdunstungshöhe von 500 mm vor (Niederschlag 923 mm).

Beispiele über Verdunstung und Abfluß bringt KOEHNE (1928).

Weserquellgebiet nach K. FISCHER

Niederschlag	721 mm im Jahr
Abfluß	269 mm
Verdunstung	452 mm = 62%

Havelgebiet nach KELLER und KOEHNE

Niederschlag	577 mm
Abfluß	123 mm
Verdunstung	454 mm = 79%

Vom *Donaugebiet* in Bayern

Niederschlag	940 mm
Verdunstung	480 mm = 51%
Abfluß	210 mm = 23%
Versickerung	250 mm = 26%

(Nach VÖLK 1960)

Vom *Illergebiet* bei Immenstadt

Jahresniederschlag	1840 mm
Gesamtabfluß	1553 mm
Verdunstung	287 mm = 15%

(Nach SCHMIDT-THOMÉ 1956)

Von *Bayern* insgesamt

Niederschlag	880 mm
Abfluß	210 mm = 24%
Verdunstung	480 mm = 55%
Versickerung	190 mm = 21%

(Nach VÖLK 1960)

Maingebiet

Niederschlag	715 mm
Verdunstung	475 mm = 60%
Abfluß	165 mm = 23%
Versickerung	75 mm = 11%

(Nach VÖLK 1960)

Fur Überschlagsrechnungen gelten im *Alpengebiet* folgende Verdunstungszahlen:

Waldboden	25—40%
Schläge	30—35%
Wiesen	35—40%

In *Deutschland* verdunstet von der Jahresniederschlagsmenge im Mittel nach PREST (1960):

im Winter	7,8%	im Sommer	39,8%
im Frühjahr	31,8%	im Herbst	20,6%

IV. Die Versickerung

1. Allgemeines

Die Versickerung hängt wesentlich von der Beschaffenheit des Bodens ab. Im allgemeinen unterscheidet man

a) Versickerung auf unverwitterten Unterlagen (Felsboden) und
b) Versickerung auf verwittertem Boden mit oder ohne Pflanzenbedeckung.

Die Versickerung auf Fels kann an Klüften, Spalten, Schichtflächen, Zerrüttungszonen erfolgen, wenn für die niederfallenden Niederschläge Haltepunkte vorhanden sind, von denen aus das Wasser allmählich eindringen kann. Es ist dies meist ein langsamer Vorgang, nur wo weite Öffnungen, wie Spalten, Fugen. Aushöhlungen, Löcher, Dolinen, Karstschlote, Wurzelaushebungen usw., vorliegen, geht die Versickerung rasch vor sich. Auf den Kalkplateaus der Nördlichen Kalkalpen fließt das Niederschlagswasser in Bodenvertiefungen, Mulden, zusammen und versickert dort in kurzer Zeit.

Das Wasser, das in den Klüften, Spalten, Schichtfugen, Schläuchen und Schloten eindringt, sickert oder fließt meist zur Gänze in die Tiefe. An den Wänden bleibt wohl etwas Haftwasser (Adhäsionswasser) hängen; in besonders engen Klüften kann sich auch Kapillarwasser bilden, doch sind diese Mengen meist von geringer Bedeutung. Die Versickerung auf Verwitterungsböden, die reich an Poren sind, gestaltet sich jedoch komplizierter.

Fallen die Niederschläge auf ausgetrockneten Boden, so versickert das Wasser je nach dem Krümelgefüge mehr oder minder langsam durch die Poren und durchfeuchtet ihn. Nimmt man eine solche durchfeuchtete Bodenprobe heraus, so wird kein Tropfen Wasser ausfließen. Es bleibt an den Erdkrümelchen hängen, es haftet durch molekulare und Adhäsionskräfte. Dieses Wasser hat verschiedene Namen erhalten. BOGOMOLOW (1958) bezeichnet dieses um die Krümelchen, Sandkörnchen anliegende Wasser als ***hygroskopisches Wasser***; darüber legt sich als feine Haut das ***Häutchenwasser***. Es wird dann noch vielfach das ***Porenwinkelwasser*** unterschieden und das ***Kapillarwasser***. Praktisch ist eine Unterscheidung des hygroskopischen, Häutchen- und Porenwinkelwassers schwer möglich; es handelt sich um Wasser, das nicht der Schwerkraft unterliegt und daher allgemein als Haftwasser bezeichnet werden kann (Abb. 7).

Um die Menge dieses Haftwassers zu bestimmen, nimmt man eine frisch durchfeuchtete Bodenprobe, trocknet sie bei 100 bis 110° und bestimmt das Gewicht der durchfeuchteten (G) und der trockenen Probe (G_1).

$$W = G - G_1,$$

$$W\% = \frac{(G - G_1) \cdot 100}{G_1}$$

Für das hygroskopische Wasser gibt BOGOMOLOW (1958) folgende Werte an:

Sand	0,36%	Wasser	des	Trockengewichts
Staubsand	4,6 %	,,	,,	,,
Quartärer Decklehm	6,53%	,,	,,	,,
Äolischer Löß	7,0 %	,,	,,	,,
Toniger Sandstein	10,34%	,,	,,	,,
Tertiärer Ton	17,6 %	,,	,,	,,

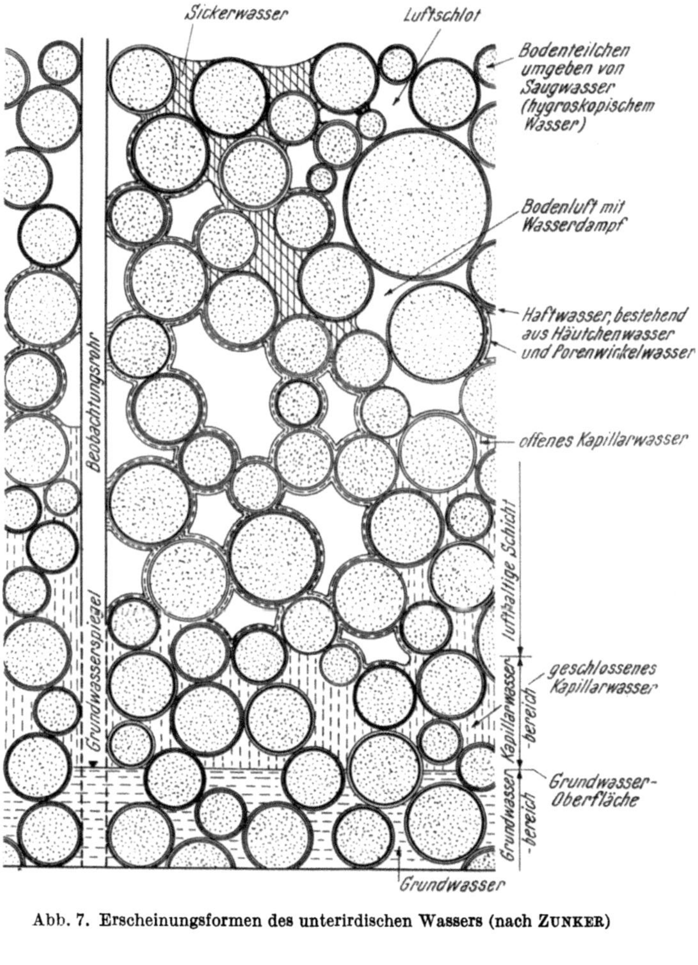

Abb. 7. Erscheinungsformen des unterirdischen Wassers (nach ZUNKER)

Im allgemeinen kann man sagen, daß in 1 dm³ erdigem, ausgetrocknetem Boden etwa 30 bis 40 cm³ Wasser haftenbleiben, d. h. daß also in der Bodenschicht verhältnismäßig viel Wasser gebunden ist. Erst dann, wenn dieser Boden durchfeuchtet ist, beginnt die Versickerung in tiefere Schichten. Das Wasser versickert nur langsam in der Verwitterungsschicht, wo jedoch wieder Haftwasser, doch bedeutend weniger, verbraucht wird. Sickert weiterhin Wasser nach, dann folgt eine Änderung. Sind in der Unterlage entsprechende Öffnungen — Wasserwege — vorhanden, wie Klüfte, Zerrüttungszonen, Schichtfugen, Gesteinsporen, dann kann das Wasser langsam in die Tiefe versickern.

Sind jedoch diese Wasserwege versperrt, durch Ton und Lehm verschmiert, oder nur zum Teil zugänglich, dann sucht es seiner Schwerkraft folgend einen Ausweg, den es meist zwischen der Unterlage und der Verwitterungsschicht in Poren findet, wobei jedoch immer wieder Haftwasser an die Gesteinsteilchen abgegeben wird.

Ähnliche Vorgänge spielen sich auch ab, wenn das Wasser in Sand-, Kies- oder Schotterböden versickert; auch dort werden die feinen Körner von Haftwasser umgeben, und Kapillarwasser bleibt haften.

Wir sehen, daß also das Versickern ein sehr komplizierter Vorgang ist, der im einzelnen noch viel zu wenig bekannt ist, doch wir erkennen daraus, daß nicht die gesamte versickernde Wassermenge dem unterirdischen Wasser zugute kommt.

Außerdem dürfen wir nicht vergessen, daß bedeutende Mengen des versickernden Wassers von den Pflanzen aufgenommen und dem Boden entzogen werden (= Aufbruch).

2. Die Abhängigkeit der Versickerung

Die meisten Umstände, die den Abfluß fördern, hemmen die Versickerung. Schwache, andauernde Niederschläge sind für die Versickerung günstiger als Wolkenbrüche, Platzregen, deren Wässer rasch abfließen. Langsame Schneeschmelze auf ungefrorenem Boden bringt mehr Wasser in das Erdreich als rasche Schneeschmelze.

Die *Morphologie* übt einen bedeutenden Einfluß auf die Versickerung aus. Flachhänge, Ebenheiten, Mulden, Kleinformen verschiedenster Art (Unebenheiten, Furchen, Vertiefungen, Viehtritte, Wurzelaushebungen usw.) begünstigen die Versickerung. Ebenso wirkt sich auch die Pflanzenbedeckung günstig auf die Versickerung aus. Besonders im Wald, wo in den Kronen der Regenfall gebremst wird, ergeben sich meist günstige Versickerungsmöglichkeiten, ausgenommen es besteht eine festgelagerte Laub- und Nadelschicht, die ein Eindringen erschwert.

Die Versickerung hängt nun wesentlich von der *Gesteinsunterlage* ab. Sie geht auf Hartgesteinen recht verschieden vor sich. Viele Gesteine, wie Erstarrungsgesteine, kristalline Schiefer, Tonschiefer, Tone, Mergel, Lehme gelten im allgemeinen als wasserundurchlässig; doch auch in diesen gibt es immer Möglichkeiten der Versickerung. Es sind vor allem die Klüfte und Spalten, die Wasser in die Tiefe führen. Schichtfugen, Brüche geben ebenfalls Versickerungsmöglichkeiten ab. Die Lagerung spielt dabei oft eine wichtige Rolle. In den Kalken und Dolomiten erfolgt die Versickerung ebenfalls längs der Klüfte und Spalten.

Gute Versickerungsmöglichkeiten bestehen meist auf den *aufgelockerten Verwitterungsböden*, die als Verwitterungsschutt oder Hangschutt in Erscheinung treten. Sie erreichen in den Alpen, besonders im Waldgebiet, oft Mächtigkeiten bis zu 6 m und haben ein Porenvolumen bis zu 30%. Diese Böden nehmen große Mengen von Niederschlägen auf und zeigen nur bei Wolkenbrüchen, lang andauernden Niederschlägen und Schneeschmelzen einen direkten Abfluß. Die Hangschuttmassen sind daher für die Versickerung von größter Bedeutung.

Auf tonigen Gesteinen (Tone, Mergel, Lehme) bilden sich aufgelockerte Hanglehme aus, die vielfach ein Porenvolumen von 40% haben und zum Unterschied von der fast undurchlässigen Unterlage ebenfalls die Versickerung begünstigen.

Sehr gute Versickerungsmöglichkeiten bestehen auf Sand- und Schotterschichten, welche in den Poren ein Einsickern ermöglichen. Wenn eine genügende Verweildauer gegeben ist, können auch in porenreichen Sandsteinen Versickerungen vor sich gehen.

Die Versickerung ändert sich bei gleicher Unterlage auch im Laufe des Jahres. Gefrorener Boden wirkt wasserundurchlässig, der Laubwald mit und ohne Laub, Wiesen vor und nach der Heumahd zeigen verschiedene Versickerungsmöglichkeiten. Auch ausgetrocknete und durchnäßte Böden verhalten sich verschieden.

3. Zahlen über die Versickerung

Da die Versickerung unglaubliche Verschiedenheiten zeigt, ist die Menge der versickernden Wassermenge direkt nicht bestimmbar. Sie kann in der Beziehung

$$N = A + V + S$$

annähernd ermittelt werden.

Rechnerisch kann man den Versickerungsbetrag aus der spezifischen Abflußmenge und der spezifischen Niederschlagsmenge berechnen: vorausgesetzt daß die Abflußmenge aus Quellen stammt und nicht auf direkten Abfluß zurückzuführen ist

Zum Beispiel Pretulbach (Seitenbach der Mürz)

Einzugsgebiet	Jährlicher Niederschlag	Spezifischer Niederschlag auf 1 km²	Abfluß	Spezifischer Abfluß auf 1 km²
20,3 km²	1080 mm	34 l/sec	444 l	21 l/sec

Aus dieser Aufstellung ist ersichtlich, daß auf 1 km² 34 l/sec Wasser niederfallen und 21 l/sec aus Quellen abfließen; das gibt, in % ausgedrückt:

Niederschlag 34 l/sec		100 %
Spezifischer Abfluß (aus Quellen)	21 l	61,8%
Verlust durch Verdunstung, Abfluß in die Tiefe des des Untergrundes	13 l	38,2%

Wir können daher annehmen, daß in diesem Gebiet durchschnittlich 61,8% versickern. Wenn auch diese Zahl auf Genauigkeit keinen Anspruch erhebt, so kann damit annähernd für ein bestimmtes Einzugsgebiet die Ergiebigkeit einer Quelle berechnet werden.

Im östlichen Teil des *Hochschwabgebietes* besteht vom Plateau aus kein oberflächlicher Abfluß. Die Niederschläge versickern zum größten Teil rasch längs der Spalten in die Tiefe und ein Teil verdunstet. Die am Nordrand austretenden Quellen geben demnach einen Wert der Versickerung an. ZÖTL (1961) bringt einige Zahlen von der Brunngrabenquelle und von der Kläfferquelle.

Jahr	Niederschlag in mm	Kläfferquelle		Brunngrabenquelle	
		Unterirdischer Abfluß in mm	% des Abflusses vom Niederschlag	Unterirdischer Abfluß in mm	% des Abflusses vom Niederschlag
1954	1659	871	52,4	969	58
1955	1430	1205	84,2	1066	75
1956	1534	959	62,7	1148	75
1957	1422	997	70,2	1150	81
1958	1512	1025	67,8	1129	75
1959	1408	1076	76,3	1185	85
Mittel	1460	990	67,8	1078	74

Es würde demnach die Versickerung am Hochschwabplateau durchschnittlich 50 bis 80% betragen; die Verdunstung ist mit 20 bis 50% anzusetzen.

Dieser Aufstellung haftet jedoch ein Fehler an, weil der unterirdische Abfluß im Karstgebiet nicht mit der Größe des Einzugsgebietes verglichen werden kann, denn die Brunngraben- und die Kläfferquelle liegen in tektonisch bevorzugten Zonen, die aus einem großen Gebiet die versickernden Wasser sammeln und der Austrittsstelle zuführen.

Die Versickerung auf der Stolzalpe bei Murau (Regenhöhe = 1119 mm) zeigt auf Grund des geologischen Aufbaues große Unterschiede. Im oberen Teil der Bergkuppe, etwa über 1100 m Höhe, liegen nahezu wasserundurchlässige Metadiabase und Tonschiefer in flach muldenförmiger Lagerung. Die Versickerung erfolgt nur in der Verwitterungskruste, und die obersten Bachmulden sammeln das Wasser aus Schuttquellen. Die Versickerung beträgt etwa 20 bis 25% der Regenhöhe. Der Unterbau unter 1100 m Höhe besteht vielfach aus Kalken, die im Süden eine Mächtigkeit von 300 bis 400 m besitzen. Die oberflächlichen Abflüsse im Kalkgebiet sind verschwindend klein und liegen zeitweise trocken. Die Versickerung beträgt in diesem Raum 40 bis 50%.

Im *Grazer Schotterfeld*, das nahezu keine oberflächlichen Abflüsse aus den Seitenhängen aufweist und auch nur stellenweise lehmige Überdeckungen zeigt, beträgt die Versickerung durchschnittlich 30 bis 40% der Niederschläge.

Im *Münchener Schotterfeld* wird sie auf 38% der Niederschläge geschätzt.

Im *Niederrheinischen Tiefland* (Gebiet von Moes) beträgt bei 722 mm Niederschlag der Verdunstungswert bei 450 mm (= 62%), die Versickerung 272 mm (= 38%).

In den *Halterner Sanden* (Westfalen) beträgt die jährliche Niederschlagshöhe 750 mm, die Verdunstungshöhe 500 mm (= 66%), die Versickerung 250 mm (= 24%).

4. Die Beziehungen zwischen Wald und Grundwasser

Der Wald vermindert und fördert die Bildung von Grundwasser.

Verminderungen:

a) Die Bäume verbrauchen durch Verdunstung große Wassermengen. Tiefwurzelige Bäume wie Kiefern, Ulmen reichen oft bis ins Grundwasser.

Es kann daher im Waldgebiet der Grundwasserspiegel tiefer liegen als im unbewaldeten Gebiet.

b) Geringe Niederschläge erreichen nicht den Waldboden, sie bleiben an Blättern und Ästen hängen und verdunsten zum größten Teil.

c) Das abfallende Laub bzw. die Nadeln erzeugen oft eine dichte, verfilzte Schicht, welche die Versickerung hemmt.

Auf der anderen Seite begünstigt der Wald die Grundwasserbildung.

a) Der Laubwald und auch der Nadelwald verhindern die direkte Sonnenbestrahlung und vermindern die Bodenverdunstung.

b) Die Windeinwirkung auf den Boden ist gering, daher wird die Verdunstung gemildert.

c) In den Wintermonaten ist der Eigenverbrauch des Waldes an Wasser herabgesetzt.

d) Der Wald vermindert den direkten Abfluß, fördert im allgemeinen die Versickerung.

E. Die Zusammenhänge: Einzugsgebiet — unterirdische Wasserwege — Austrittsstelle

Die Niederschläge, die in den Boden versickern, suchen, der Schwerkraft folgend, in den verschiedenen unterirdischen Hohlräumen einen Weg. Diese unterirdischen Wasserwege bestimmen den Verlauf. Sie können weit in die Tiefe gehen, sie können jedoch irgendwo wieder zutage treten und das Wasser an die Oberfläche bringen. Diese Austrittsstellen — Quellen — stellen für ein bestimmtes Gebiet einen Sammelpunkt der unterirdischen Wässer dar. Doch hat jede Quelle nur eine beschränkte Wassermenge, die durch das Einzugsgebiet begründet ist.

Wir erkennen demnach bei den unterirdischen Wässern die Zusammenhänge.

Einzugsgebiet, *unterirdische Wasserwege,* *Austrittsstellen.*

I. Das Einzugsgebiet

Darunter versteht man jene Fläche, welche die Niederschläge aufnimmt und sie oberirdisch oder unterirdisch gesammelt ableitet.

Man unterscheidet das *Einzugsgebiet für Oberflächengewässer und für unterirdische Wässer.*

1. Das Einzugsgebiet für oberirdisches Wasser (Abb. 8)

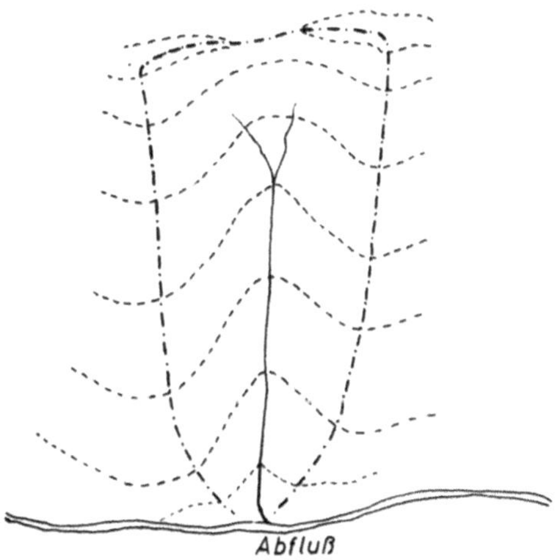

Abb. 8. Das Einzugsgebiet eines Baches

Es wird durch morphologische Grenzen, und zwar durch die Wasserscheiden bestimmt. Jedes Flußgebiet besitzt daher ein durch die Wasserscheiden umgrenztes Einzugsgebiet, so daß die Zusammenhänge von Einzugsgebiet, Niederschlägen und Abfluß ersichtlich sind (Abb. 8). Es ergeben sich dabei sicher oft Schwierigkeiten, wie z. B. bei Karstwässern, deren Einzugsgebiet nicht mit den Wasserscheiden zusammenhängt.

Die Angaben über die Abflußmengen in Verbindung mit dem Einzugsgebiet werden von den hydrographischen Ämtern auf Grund zahlreicher Messungen festgehalten und in den amtlichen Nachrichten veröffentlicht (S. 18).

Einige Angaben aus dem Hydrographischen Jahrbuch 1960

	Einzugsgebiet km²	Abflußmenge[1] m³/sec
Mürz bei Bruck a. d. Mur	4706,5	19,1 / 87,2 /333
Liesing bei St. Michael	335,5	0,50/ 5,71/ 21
Möll bei Möllbrücke	1096,2	5,84/ 43,3 / 20,5
Lavant bei Lavamünd	967,9	7,26/ 14,8 / 58
Enns bei Enns	6070,4	19,8 /171 /680,3
Traun bei Wels	3498,6	40,6 /115 /500
Salzach bei Salzburg	4427,3	36,5 /171 /833

[1] Die erste Zahl bedeutet die kleinsten, die zweite Zahl die mittleren und die dritte Zahl die größten Abflüsse.

2. Das Einzugsgebiet für unterirdisches Wasser

Das Einzugsgebiet für unterirdisches Wasser umfaßt jene Fläche, welche es zu einer natürlichen (Quelle) oder künstlichen Entnahmestelle (z. B. Brunnen) ableitet. Jede unterirdische Wasseransammlung besitzt demnach ein Einzugsgebiet. Die Abgrenzung desselben erfolgt entweder nach morphologischen oder tektonischen Gesichtspunkten.

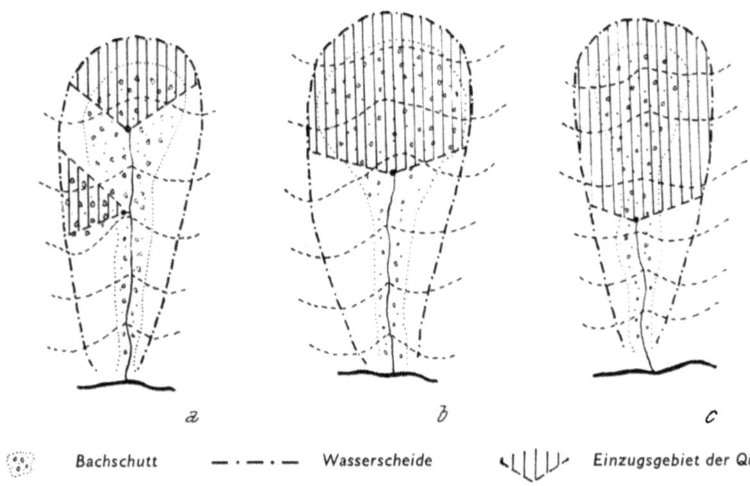

Abb. 9. Das Einzugsgebiet von Quellen in einer Bachmulde

Das *morphologische Einzugsgebiet* umfaßt jenes Gebiet, in dem die unterirdischen Wässer der natürlichen Geländegestaltung entsprechend abfließen. Die Grenzen bestimmen die Linien der Wasserscheiden, also gleich wie bei den Oberflächenwässern. (Es wird auch orographisches Einzugsgebiet genannt.)

In Abb. 9a, b, c liegen im oberen Teil eines Grabens breite Mulden bis zum Kamm (Wasserscheide) vor, die am unteren Ende eine Schuttquelle enthalten. Das Einzugsgebiet wird durch Fallinien zur Quelle bestimmt. Das morphologische Einzugsgebiet steht demnach in klarer Beziehung zur Ergiebigkeit der Quelle.

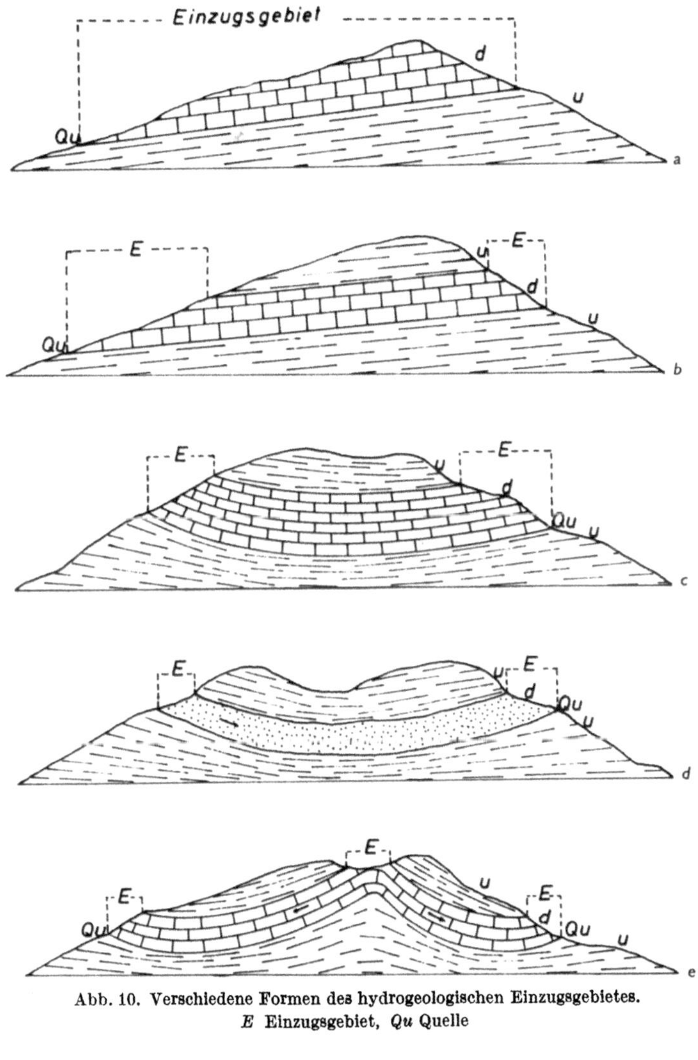

Abb. 10. Verschiedene Formen des hydrogeologischen Einzugsgebietes. *E* Einzugsgebiet, *Qu* Quelle

Die Abgrenzung auf Grund der Lagerung (= *tektonisches* oder *hydrogeologisches Einzugsgebiet*) kommt dort in Frage, wo die Niederschläge auf durchlässige Gesteine auffallen (Kalke, Dolomite, Sandsteine, Konglomerate, Sand, Schotter u. a.), deren Grenzen nicht mit den Wasserscheiden zusammenfallen (Abb. 10).

Das Einzugsgebiet wird in Abb. 10a durch die Umgrenzung der Kalkplatte (bzw. durchlässigen Schicht) bestimmt; die Niederschläge versickern nicht nur auf der der Quelle zugeneigten Hangfläche, sondern auch auf der anderen und kommen ihr trotzdem zugute.

Es kann jedoch auch der Fall eintreten, daß eine Quelle nur von Wasser gespeist wird, das auf der anderen Hangseite versickert, wie dies die Abb. 10b, c zeigen. Verschiedene Möglichkeiten zeigen die Abb. 10d, e, f.

Während das tektonische Einzugsgebiet durch die Umgrenzung der wasserführenden Schichten klar abzugrenzen ist, ergeben sich oft in Karstgebieten große Schwierigkeiten. Das unterirdische Wasser kommt aus Gegenden, die weder morphologisch noch tektonisch sicher abgrenzbar sind. Eine Karstquelle erhält oft Niederschlagswasser aus entfernten Gebieten, die man weder morphologisch noch tektonisch in Betracht ziehen würde. Um in solchen Fällen das Einzugsgebiet zu bestimmen, sind Färb-, Salzungs- oder Triftversuche notwendig.

3. Die Größe des Einzugsgebietes

Das Einzugsgebiet wird auf einer topographischen Karte 1 : 25000 oder 1 : 50000 mit Bleistift umgrenzt und auf Transparentpapier aufgetragen. Die Pause legt man nun auf einen Planimeterraster mit dem entsprechenden Maßstab und zählt die innerhalb der Umgrenzungslinie liegenden Knotenpunkte. Im Maßstab 1 : 25000 bedeutet jeder Punkt 0,1 km² (Abb. 11).

Aus den Angaben über die Größe des Einzugsgebietes und der Regenhöhe läßt sich die auf diese Fläche niederfallende Wassermenge ausrechnen und die Beziehungen zur Ergiebigkeit der Entnahmestelle feststellen.

Die auf eine Fläche niederfallende Niederschlagsmenge ($= Q$) wird berechnet, indem man die Größe des Einzugsgebietes in m² ($= F$) mit der Niederschlagshöhe ($= N$) multipliziert.

$$Q = F \cdot N.$$

Beispiel: Einzugsgebiet = 6 ha, Regenhöhe = 800 mm.

$$Q = 60000 \cdot 800\,\text{l} = 48000000\,\text{l} = 48000\ \text{m}^3/\text{sec}.$$

$$Q_{\text{l/sec}} = \frac{48000000}{360 \cdot 86400} = 1{,}6\ \text{l/sec}.$$

Um diese Menge mit der Quellergiebigkeit, die in Liter/Sekunden ausgedrückt wird, in Beziehung zu bringen, dividiert man das Jahresergebnis durch 360 und 86400 (= Anzahl der Sekunden in einem Tag).

Diese Überschlagsrechnungen geben wichtige Anhaltspunkte für die Berechnungen der Ergiebigkeit der Quellen. *Einige Beispiele* mögen dies aufzeigen.

1. Einzugsgebiet = 15 ha, Regenhöhe = 1200 mm, Ergiebigkeit der Quelle = 2,5 l/sec. Über der Quelle besteht kein oberflächlicher Abfluß.

$$Q_{\text{l/sec}} = \frac{150000 \cdot 1200\,\text{l}}{360 \cdot 86400} = 5{,}7\ \text{l/sec}.$$

Vergleicht man die Ergiebigkeit der Quelle 2,5 l/sec mit der Niederschlagsmenge in l/sec = 5,7, so ergibt sich eine Differenz von 3,2 l/sec, d. h. sie beträgt 43% der Niederschlagsmenge.

Nachdem kein oberflächlicher Abfluß besteht, gehen hiemit 57% durch Verdunstung oder Zurückhaltung (Retention) oder durch Ableitung auf anderen Wegen verloren.

In einem solchen Fall ist in Erwägung zu ziehen, ob nicht durch künstliche Aufschließung, Vergrößerung der Austrittstellen, die Ergiebigkeit vermehrt werden könnte.

2. Einzugsgebiet = 2,4 km², Regenhöhe 800 mm, Verdunstung 40%. Wie groß kann die Ergiebigkeit einer Quelle sein, die man durch eine Grabung aufschließen könnte?

$$Q_{\mathrm{l/sec}} = \frac{2400000 \cdot 800\,\mathrm{l}}{360 \cdot 86400} = 61{,}7\ \mathrm{l/sec}\ \text{Niederschläge.}$$

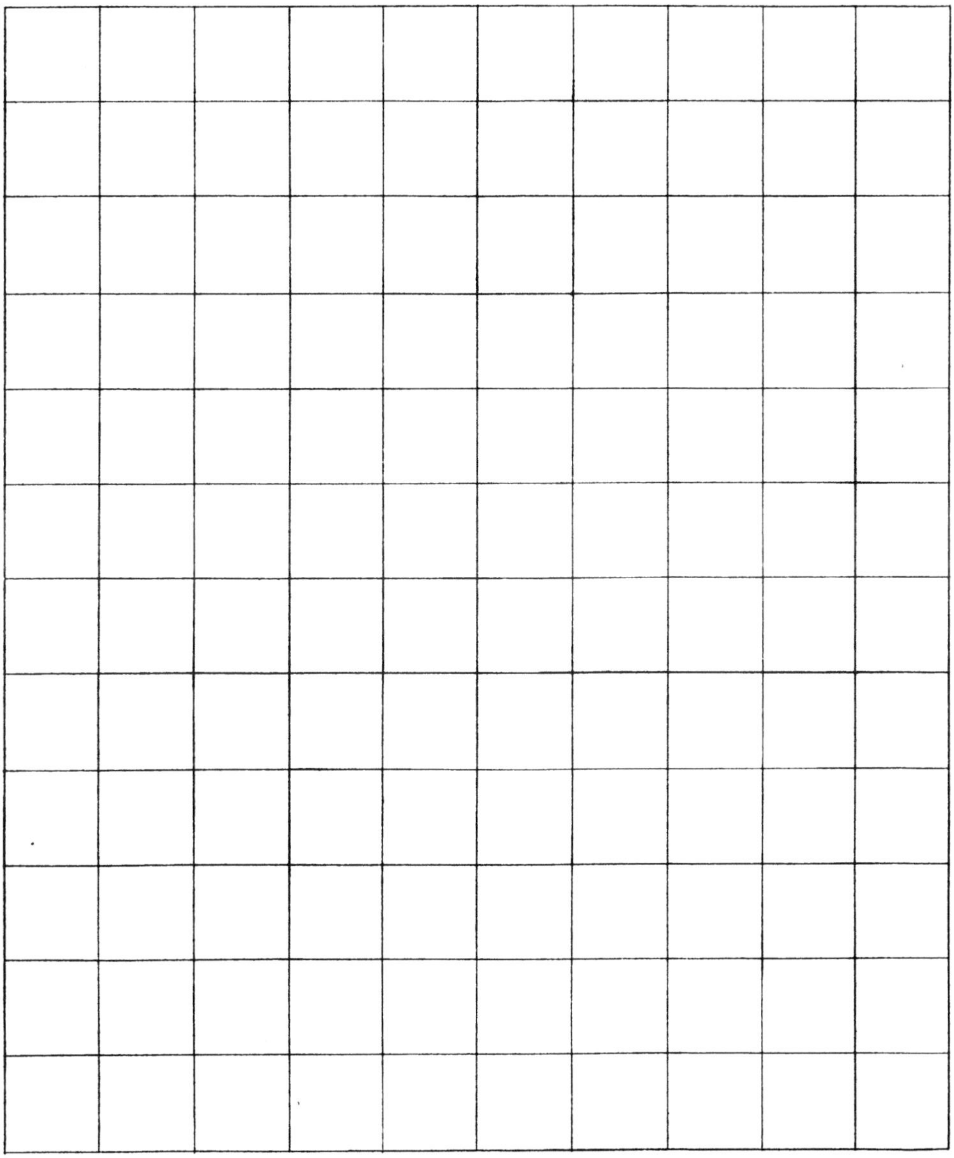

Abb. 11. Planimeterraster nach KREPS 1:25000. Eine Einheit = $(12{,}65\,\mathrm{mm})^2$.
Man zeichnet die Umrisse der zu planimetrierenden Fläche auf durchsichtiges Papier, legt dieses über den Raster und zählt die innerhalb der Umgrenzungslinie liegenden Knotenpunkte. Jeder Punkt bedeutet 0,1 km²

Bei 40% Verdunstung ergeben sich 60% Versickerung.

Die Ergiebigkeit dieser Quelle sollte daher betragen $\frac{61,7 \cdot 40}{100} = 37,02$ l/sec.

Theoretisch müßte sie also eine Ergiebigkeit von 37 l/sec aufweisen.

Wenn auch die Rechnungen Überschlagsergebnisse darstellen, genaue Resultate rechnerisch selten zu ermitteln sind, so erhält man immerhin *Anhaltspunkte* für die Ergiebigkeit der Quellen bzw. über die Zusammenhänge zwischen Einzugsgebiet und Ergiebigkeit.

II. Die unterirdischen Wasserwege

1. Allgemeines

Die in den Boden eindringenden Niederschlagswasser suchen in den verschiedenen Hohlräumen der Schwere folgend den Weg nach abwärts. Fast alle Gesteine weisen irgendwelche Hohlräume auf, doch vielfach treten doch Gesteine auf, die praktisch als wasserundurchlässig aufzufassen sind.

Wasserundurchlässig wirken meist tonige Gesteine, Tone, Lehme, Tonschiefer, Mergel, Phyllite, doch können auch andere Gesteine, wie Erstarrungsgesteine, kristalline Schiefer, tonige Sandsteine u. a., als undurchlässig wirken, wenn die unterirdischen Wasserwege (Klüfte, Spalten, Zerrüttungszonen) durch Lehm, Ton verschmiert sind und kein Wasser einzudringen vermag. Auch Kalkgesteine sind als Gestein undurchlässig, sie erhalten ihre Wegsamkeit durch die Klüftung.

Die meisten Gesteine besitzen Hohlräume von verschiedener Form und Größe. die jedoch nur dann wirksam sind, wenn Zusammenhänge bestehen, so daß sich das Wasser darin bewegen kann. Isolierte Hohlräume können zwar Wasser aufnehmen, doch ist die Weiterleitung unterbunden.

Im allgemeinen unterscheidet man folgende unterirdische Hohlräume (= Wasserwege):

Klüfte und Spalten,
Schichtflächen,
tektonische Störungszonen (Zerrüttungszonen — Bruchzonen),
Schläuche, Röhren, Höhlen,
Poren.

2. Die Formen der Wasserwege

Diese Wasserwege haben verschiedenes Ausmaß. Von vielen Metern weiten Höhlen, klaffenden Spalten bis zu feinsten Haarrissen gibt es alle Übergänge. Man unterscheidet daher *engwegige* und *weitwegige* Wasserwege, wobei diejenigen, die schmäler als 0,2 mm sind, als engwegig und die über 0,2 mm als weitwegig bezeichnet werden (Stini 1933).

Auch die Verbindung untereinander zeigt große Verschiedenheiten. So gibt es mehr oder weniger *geradlinig verlaufende, zickzackverlaufende* und vielfach *gewundene* Wasserwege usw.

Sehr oft verändert sich im Verlauf die Weite. Weitwegige werden engwegig und umgekehrt. Spalten gehen in Klüfte und Haarrisse über, schlauchförmige Gebilde leiten in Röhren und Höhlen über. Auch die Lage im Raum zeigt große Verschiedenheiten. Die Wasserwege können von der *Senkrechten* bis zur *flachen Neigung* alle Winkel einnehmen.

Von Bedeutung ist jedoch, daß man die Stellung der Wasserwege nicht nur linien- und flächenhaft, im Profilschnitt, erfaßt, sondern sich auch die Stellung im Raum, im gesamten Gesteinskörper, vergegenwärtigt. Man unterscheidet dann *einbahnige* und *mehrbahnige* Wasserwege. Bei einbahnigen Wasserwegen besteht ein einheitliches Hohlraumsystem, in dem sich das Wasser ohne Verzweigungen bewegen kann. Liegt eine große einheitliche Gesteinsspalte vor oder ein Höhlenschlauch ohne Abzweigungen, so spricht man von einbahnigen Wasserwegen.

Stellen sich jedoch bei den unterirdischen Wasserwegen Verzweigungen ein, eng benachbarte Hohlräume, wie z. B. in einem Kluftsystem, so liegen *mehrbahnige Wasserwege* vor, die oft ein seitliches Entweichen ermöglichen. Das Erkennen von ein- und mehrbahnigen Wasserwegen ist besonders bei der Fassung von Quellen zu beachten.

Von der Form und Lage der unterirdischen Wasserwege hängt nun aufs innigste die *Durchfließgeschwindigkeit* ab. Man spricht von *„durchschwitzbaren"* Gesteinen, das sind Gesteine, die in Baugruben, Stollen angeschnitten nur zu „schwitzen" scheinen, nasse Flecken bis kleine Tropfen zeigen. STINI gibt an, daß aus solchen Gesteinen binnen 24 Stunden 100 bis 900 g Wasser austreten. Tonige Gesteine (Tone, Lehme, Mergel), die sehr enge unterirdische Wasserwege (feinste Poren, Haarrisse, feine Rutschspuren) aufweisen, geben sehr geringe Wassermengen ab. Nur in seltenen Fällen kann daraus etwas Trinkwasser gewonnen werden. Einzelne Bauernhöfe in der Oststeiermark bekommen auf diese Art etwas Wasser. Auch im Moränengebiet in Kärnten (Klopeiner See, Zablatnigsee) sammelt man in Schachtbrunnen etwas Wasser.

Durchsickerbar werden jene Wasserwege genannt, die in Tröpfchenform oder feinsten Wasserfäden Wasser abgeben. Wir finden solche in tonigen Gesteinen mit Rutschflächen, aufgelockerten Hanglehmen, auf Schichtflächen und auch auf Klüften, die besonders eng beisammen liegen. In Schollen kann man aus Klüften durchsickerbares Wasser beobachten.

Durchrieselbar nennt man jene Wasserwege, die bereits einen ununterbrochenen Wasseraustritt ermöglichen, doch sind die Bewegungen mit großem Widerstand verbunden. Wir sehen solche Wässer in Schottern und Sanden, in zickzackförmigen Klüften und Zerrüttungszonen usw.

Durchfließbar sind jene Wasserwege, in denen das Wasser frei wie in offenen Gewässern oder Leitungsrohren durchfließt. Wir begegnen solchem Wasser in Spalten, Röhren und Höhlen.

Diese Ausdrücke: durchsickerbar, durchrieselbar und durchfließbar stellen nun keine präzisen Angaben dar. Um jedoch brauchbare Zahlenwerte zu erhalten, sind entsprechende Messungen erforderlich. Die Durchfließgeschwindigkeit wird mit der Formel $V = \frac{s}{t}$ berechnet.

V = Geschwindigkeit in einer Sekunde, s = Weglänge zwischen Einzugsgebiet und Austrittsstelle, t = Zeit in Sekunden, die vergeht, bis das Wasser vom Einzugsgebiet zur Austrittsstelle gelangt.

Für solche Messungen sind meist Färb-, Salzungs- oder Triftversuche erforderlich. Manchmal läßt sich die Geschwindigkeit auch an der Auswirkung größerer Niederschläge erkennen.

Die errechnete Geschwindigkeit stellt jedoch selten den wahren Wert dar, denn die Weglänge ist nur selten eine Gerade, sondern meist, besonders bei engen Wasserwegen (Klüften, Poren), eine vielfach gewundene und zickzackförmig verlaufende Bahn. Sie ist jedoch trotzdem von Bedeutung, weil man daraus die *Verweildauer* des unterirdischen Wassers erkennt.

Heftige Niederschläge im Hochschwabgebiet wirken sich an den großen Quellen bei Weichselboden oft schon nach 24 Stunden aus. Im Hammerbach (Lurgrotte) äußern sich große Niederschläge schon nach 4 Stunden (Maurin, Zötl 1959).

3. Die Auswirkung der Wasserwege auf das Wasser

Die unterirdischen Wasserwege beeinflussen
die *Temperatur*,
die *Seihbarkeit*,
den *Chemismus* und
das *Speichervermögen*.

a) Temperatur

Das Wasser paßt sich der Temperatur in der Tiefe an. Je seichter es unter dem Boden dahinfließt, um so mehr steht es unter dem Einfluß der Oberflächentemperatur. Liegt es unter 10 m Tiefe, dann sind die Oberflächeneinwirkungen gering und hören bei 20 m Tiefe meist ganz auf. Die Temperatur paßt sich der des Gesteins an; die Schwankungen treten kaum in Erscheinung. Wasser unter 20 m Tiefe ist bereits zunehmend der Erdwärme ausgesetzt (s. Kapitel Temperatur S. 65).

b) Seihung

Die unterirdischen Wasserwege kohnen eine seihende (filtrierende) Wirkung ausüben. Die mechanischen und biologischen Verunreinigungen können je nach der Weite der Wasserwege zurückgehalten werden. Enge Wasserwege haben daher meist eine gut seihende Wirkung, weite Wasserwege hingegen üben eine geringe Seihung aus.

Stini unterscheidet:

Feinseihende Wasserwege, mechanische Verunreinigungen (Feinsand, Bodenkrümelchen, Tonteilchen), Schwebestoffe und auch Bakterien werden zurückgehalten.

Im allgemeinen sind Poren in Sanden, Sandsteinen, feinen Klüften und Schichtflächen feinseihend.

Seihende Wasserwege halten mechanische Verunreinigungen und Schwebestoffe zurück, Bakterien jedoch unsicher.

Diese Wirkung üben vielfach Klüfte, Schichtflächen, Poren in Grobsanden aus.

Grobseihende Wasserwege halten grobe mechanische Verunreinigungen zurück. Bakterien werden nicht zurückgehalten.

So wertvoll diese Bezeichnungen für die ersten Begutachtungen von Wasserwegen sind, so stellen sie jedoch keine verläßliche Beurteilung dar. Entscheidend für die Seihkraft der unterirdischen Wasserwege ist stets die hygienische Untersuchung des Wassers.

Die unterirdischen Wasserwege üben auf die versickernden Niederschläge, die oft stark verunreinigt sind, eine biologisch abbauende Wirkung aus. Besonders die Verwitterungskruste (Humus) verursacht mit Hilfe der Boden-Mikroorganismen den Abbau verschiedener Verunreinigungen.

c) Chemismus

Das Wasser *löst* beim Durchgang durch die unterirdischen Wasserwege *mineralische Stoffe auf*. Je nach der Löslichkeit der Gesteinskomponenten (Mineralien) und nach der Lösungskraft (mit oder ohne CO_2) werden verschiedene mineralische Stoffe in verschiedenen Mengen in Lösung gebracht.

Die chemische Untersuchung der Wässer gibt darüber ein Bild. Für die Hydrogeologie ergeben sich daraus wertvolle Hinweise auf die Gesteine, durch die die unterirdischen Wasserwege führen.

Wie wichtig die chemische Analyse fur die Geologie ist, beweist folgendes Beispiel:

In der Weststeiermark kommen aus den Stainzer Plattengneisen mineralarme Wasser. Eines Tages wurde eine Quelle mit 5 l/sec aufgeschlossen, die auffallend viel Kalk aufgelost enthielt, obwohl in diesem Gebiet keiner bekannt war. Die Untersuchung ergab, daß in der Nahe ein Kalkzug ansteht, der bis zur Quelle reichte. Aufgrabungen ergaben den Austritt aus dem Kalk. Diese Tatsache war für die Fassung und fur die Abgrenzung des Schutzgebietes von Wichtigkeit.

Die gelösten mineralischen Stoffe geben oft auch *Anhaltspunkte für die Verweildauer*. Das Wasser, das rasch durchfließt, löst meist weniger Stoffe auf. Es ist daher auffallend, daß Wasser aus Karst-Höhlenröhren oft wenig Kalk gelöst enthält; ein Beweis dafür, daß es rasch durchfließt.

d) Das Speichervermögen oder die Retention

Aus dem Zusammenhang von Niederschlag und Ergiebigkeit einer Quelle ist ersichtlich, daß die versickernde Wassermenge erst nach einiger Zeit der Quelle zugute kommt. Es gibt viele Quellen, die trotz Trockenheit jahraus und jahrein die gleiche Ergiebigkeit aufweisen. Dieses stete Fließen ist bedingt durch das Speichervermögen (Rückhaltevermögen) oder die Retention in den unterirdischen Wasserwegen.

Eine Zurückhaltung der Niederschläge findet bereits in der Pflanzendecke, besonders in Waldbeständen, statt. So hat Hoppe (1902) durch Messungen im Wienerwald folgende Werte gefunden:

	Fichten — Fohren
bei Regen von 0— 5 mm Stärke	1 —2,2%
bei Regen von 5—10 mm „	2 —4 %
bei Regen von 10—15 mm „	2,6—5,2%
bei Regen von 15—20 mm „	4,1—5,4%
bei Regen über 20 mm „	5,9—6,6%

ENGLER und BURGER (1922) haben in der Schweiz festgestellt, daß in Fichten- und Tannenwäldern 19%, in Föhrenwäldern etwa 27%, in Buchenwäldern hingegen nur 5% der Jahresregenmenge nicht auf den Boden gelangen.

Die Niederschlagsmenge, die durch das Kronendach der Bäume oder durch andere oberirdische Vegetationsformen zurückgehalten wird und verdunstet, nennt man Interception (WECHMANN 1965). Das Wasser verdunstet zum Teil oder es tropft an den Blättern zu Boden und fließt am Stamm ab (= Stammabfluß). Folgende Zahlen geben darüber Auskunft.

<table>
<tr><th rowspan="3">Bestand</th><th colspan="3">Freilandniederschlag
in mm</th><th colspan="6">Von den Kronen abgetropfter Niederschlag
in mm und %</th></tr>
<tr><th rowspan="2">Winter</th><th rowspan="2">Sommer</th><th rowspan="2">Jahr</th><th colspan="2">Winter</th><th colspan="2">Sommer</th><th colspan="2">Jahr</th></tr>
<tr><th>mm</th><th>%</th><th>mm</th><th>%</th><th>mm</th><th>%</th></tr>
<tr><td>Fichte</td><td rowspan="2">587</td><td rowspan="2">629</td><td rowspan="2">1216</td><td>465</td><td>79</td><td>428</td><td>68</td><td>893</td><td>74</td></tr>
<tr><td>Buche</td><td>465</td><td>79</td><td>457</td><td>73</td><td>922</td><td>76</td></tr>
</table>

Von großerer Bedeutung ist jedoch die Zurückhaltung (Speicherung) des Wassers in den unterirdischen Wasserwegen. Sie ist vor allem durch die Hindernisse bedingt, welche die Wässer beim Durchfließen der unterirdischen Wasserwege erleiden. Die Geschwindigkeit wird gehemmt, und dies erfolgt durch enge Wasserwege und durch die Verlängerung des Abflußweges.

In vielen unterirdischen Wasserwegen, wie in Klüften, auf Schichtflächen und besonders in porenreichen Gesteinen, ist der Weg vielfach geschlängelt, zickzackformig, oft mit Sackwegen versehen, so daß lange Wege entstehen und die Niederschläge viel Zeit benötigen, bis sie zum Ziele kommen.

Es kann auch vorkommen, daß große Hohlräume vorliegen, z. B. in Zerrüttungszonen — Bruchzonen —, die aber einen sehr engen und daher langsamen Abfluß besitzen.

Auch in den Karsthohlräumen können sich oft große Mengen von Wasser ansammeln, die durch enge Wasserwege nur langsam abgegeben werden.

Von größter Bedeutung für die Retention sind jedoch die Verwitterungsprodukte, der Boden und der Verwitterungsschutt, die ein Porenvolumen von 30 bis 40% aufweisen. Sie leiten das Wasser in vielfach gewundenen Wegen ab. Hangabwärts, wo der Verwitterungsschutt in Hangschutt übergeht, der allmählich nach abwärts wandert, entstehen durch Vereinigung der feinsten Wasserfäden feine Wassersträhne, die, sich verzweigend oder vereinigend wie ein feines Adernetz, vielfach schlängelnd nach abwärts führen. Am Hangfuß, wo sich der Hangschutt durch das langsame Abwärtswandern in größerer Mächtigkeit ansammelt und den Hangfußschutt bildet, konzentrieren sich all diese vielen Wasserfäden, erfüllen zum größten Teil alle Poren, und es erfolgt dann die langsame Abgabe entweder direkt in den Bach oder in das Grundwasser der Talschotter (THURNER 1965).

Diese Verwitterungsprodukte stellen die wichtigsten Speichergesteine dar, sie garantieren vor allem den ständigen Austritt in Quellen und die Wassermenge unserer Bäche.

Für die Speicherung kommen auch Sumpfstellen und Moore in Frage, die wie ein Schwamm viel Wasser aufnehmen und an einzelne Quellen langsam abgeben.

Ein großes Speichervermögen besitzen die großen eiszeitlichen Schotterfelder, welche vielfach unsere Täler begleiten, unter die Flußsohle hinabreichen, so daß die Abgabe in den Fluß eine geringe ist.

Die *Speicherfähigkeit* kann man zahlenmäßig durch Vergleich mit Ergiebigkeitsschwankungen der Austrittsstellen erfassen.

Große Speicherfähigkeit liegt dann vor, wenn die Ergiebigkeitsschwankungen einer Quelle bis 30% betragen.

Mittlere Speicherfähigkeit besteht bei Ergiebigkeitsschwankungen zwischen 30 und 60%.

Geringe Speicherfähigkeit ist dann gegeben, wenn die Ergiebigkeitsschwankungen zwischen 60 und 100% betragen.

4. Die Erneuerung der unterirdischen Wasservorräte

Das unterirdische Wasser ist meist in Bewegung und besitzt irgendwo einen Abfluß. (Es wird sicher unterirdische Wässer geben, die in der Tiefe eingeschlossen sind und keinen Ausweg mehr finden; z. B. in tief hinabreichenden Klüften.)

Die in Bewegung befindlichen Wasservorräte werden, wenn keine Niederschläge in den Untergrund nachfolgen, allmählich aufgebraucht, der Abfluß geht dann zu Ende.

Durch die Niederschläge erfolgt jedoch eine ständige Erneuerung. Es ist daher das Verhältnis von Erneuerung und unterirdischem Abfluß in Betracht zu ziehen. Dabei ergeben sich drei Möglichkeiten:

a) Die Erneuerung ist gleich dem Abfluß, d. h. die versickernde Niederschlagsmenge kommt nach einer gewissen Zeit dem Abfluß in ungefähr gleicher Menge zugute. Die Ausgabe stimmt mit der Einnahme überein.

b) Die Erneuerung ist größer als der Abfluß. Die versickernden Niederschläge können gespeichert werden und geben weniger ab. Die Ergiebigkeit der Quelle — des Abflusses — ist gesichert, und es stehen Reserven zur Verfügung.

c) Die Erneuerung ist geringer als der Abfluß. Dies kann der Fall sein, wenn unterirdisch große Wasservorräte vorhanden waren (z. B. in großen Schotter-Sandfeldern, Sandhorizonten mit artesisch gespanntem Wasser, Kluftwasser), aus denen mehr entnommen wurde als erneuert wird. Dann wird der unterirdische Wasservorrat allmählich verringert und es kann zu einem Nachlassen des Abflusses kommen.

5. Die unterirdischen Wasserwege

a) Klüfte und Spalten

Die Klüfte und Spalten sind mehr oder minder ebene Flächen, die ein Gestein nach verschiedenen Richtungen zerteilen. Bei der *Klüftung* bleiben die Wände beisammen, es besteht kein sichtbarer offener Raum. Die Spalten lassen jedoch einen deutlich offenen, klaffenden Raum erkennen (Abb. 12).

Die *Spalten* gehen oft in die Tiefe zu in Klüfte über. Die *Haarrisse* sind im Gestein als feine Striche erkennbar. Beim Zerschlagen erfolgt meist ein Abspringen nach diesen Linien.

Die Erstreckung der Klüfte ist äußerst verschieden. Von Zentimetern bis einige Metern langen gibt es alle Übergänge; doch im allgemeinen zerschlagen die Klüfte und Spalten das Gestein nur höchstens einige Meter und werden dann von benachbarten abgelöst.

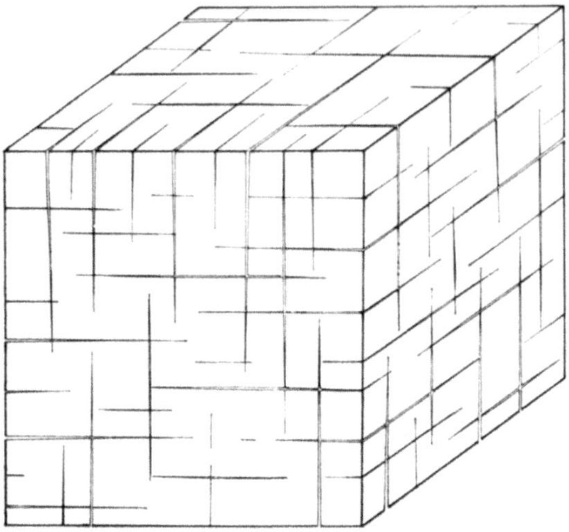

Abb. 13. Kluftrose

Abb. 12. Klüfte und Spalten im Granit

In gebankten und geschichteten Gesteinen trennt eine Kluft meist nur die Dicke einer Bank oder einer Schicht.

Die Klüfte und Spalten zeigen häufig bestimmte Richtungen von verschiedener Auswirkung. Die *Hauptkluft* ist durch auffallende Länge und ebene Kluftflächen gekennzeichnet. Sie besitzt in der Richtung meist die großte Bestandigkeit. Die

Abb. 14. Kluftung im Dolomit (Aufnahme THURNER)

Nebenklüfte sind kürzer, haben oft unebene splitterartige Kluftflächen und neigen zu Abweichungen. Die Klüftung in den einzelnen Gesteinen zeigt große Verschiedenheit. Sie hängt nicht nur vom Material, sondern auch von der tektonischen

Beanspruchung ab. Die Abb. 14, 15, 16, 17 geben eine Vorstellung von der Klüftung in verschiedenen Gesteinen.

Das Messen der Klüfte mit Hilfe des Kompasses (Streichen und Fallen) erweist sich oft als notwendig, weil man daraus die Richtung dieser unterirdischen Wasserwege erkennen kann. Die bildliche Darstellung der Klüfte erfolgt entweder durch die *Kluftrose* (Abb. 13) oder mit Hilfe des SCHMIDTschen Netzes.

Abb. 15. Kluftung im Amphibolit (Aufnahme THURNER)

Die Klüfte und Spalten bedingen den Zerfall in *Kluftkörper*, die je nach der Lage der Schnittflächen verschiedene Formen ergeben (Abb. 14 bis 17). Ferner ist die Zahl der Klüfte auf einer bestimmten Länge zu beachten. Es gibt Gesteine, die oft so eng geklüftet sind, daß beim Schlagen nur kleine Stücke entstehen (z. B. Dolomite, Quarzite); engklüftig sind auch Gesteine, deren Hauptklüfte

Abb 16. Kluftung im Basalttuff auf der Riegersburg (Aufnahme THURNER)

einen Abstand bis zu 3 dm haben. Weitklüftige Gesteine zeigen oft einen Kluftabstand bis zu 3 und 4 m. Je weiter die Klüfte auseinanderstehen, desto größere Blöcke kann man gewinnen. Die Zahl der Klüfte drückt man in der *Klüftungsziffer* (STINI 1933) aus. Man gibt an, wieviel Klüfte auf den laufenden Meter entfallen, wobei man auch die Nebenklüfte berücksichtigt.

Abb. 17. Kluftung im Serpentin von Kraubath (Landesbildstelle Graz)

Von größter Bedeutung ist die körperliche Erfassung der Klüfte in einem Gesteinskörper. Betrachten wir z. B. an einem Granitaufschluß die Klüftung, so sehen wir, daß eine Hauptkluft nur 1 bis 2 m in die Tiefe reicht und dann durch eine benachbarte abgelöst wird. Ebenso verhalten sich die Haupt- und Nebenklüfte in anderen Gesteinen, so daß ein Kluftnetz entsteht, das einen blockartigen Zerfall bewirkt (Kluftkörper Abb. 18).

Diese verschieden gerichteten Klüfte können nun mehr oder minder in Verbindung stehen, jedoch auch isoliert sein. Das Wasser, das eindringt, geht daher selten einen kurzen Weg längs eines Kluftsystems in die Tiefe, sondern meist einen vielfach gewundenen, zackigen. Es kann jedoch vorkommen, daß das Wasser nicht mehr weiter kann und den Hohlraum ausfüllt. Es findet erst dann wieder einen Ausweg, wenn der Wasserspiegel in der Kluft, die wie eine Sackgasse wirkt, steigt, so daß an einer anderen ein Absickern erfolgen kann. Die Wasserwege in geklüfteten Gesteinen stellen daher meist ein sehr kompliziertes System dar. Labyrinthartig verzweigen und vereinigen sie sich, so daß das Wasser oft lange Strecken zurücklegt.

Ist seitlich kein Austritt und Abfließen nach außen gegeben, so sickert das Wasser so weit in die Tiefe, bis die Klüfte vollständig geschlossen sind und ein weiteres Versickern nicht mehr möglich ist. Sie sind dann mit Wasser gefüllt. Ob nun dieses tiefe Kluftwasser dauernd in den Klüften verbleibt, also fossiles Wasser darstellt, oder doch noch durch Konvektionsströme (Zufuhr von Erdwärme) in Bewegung kommt, läßt sich schwer entscheiden. Vereinzelt kommt es jedoch, wie die Thermalquellen zeigen, an die Oberfläche.

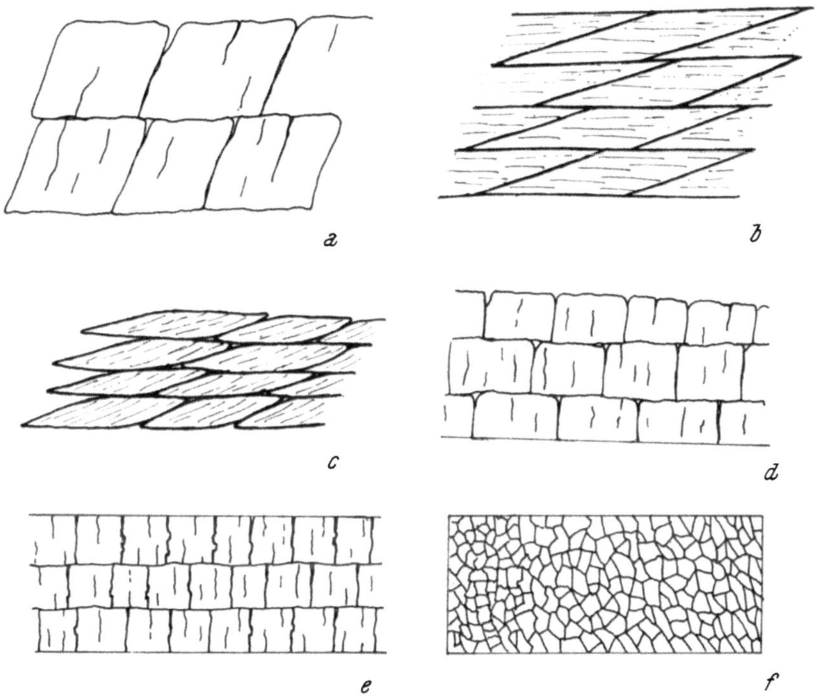

Abb. 18. Kluftkorper; a) im Gneis, b) im Glimmerschiefer, c) im Phyllit, d) in gebankten Kalken, e) in Quarziten, f) im Wettersteindolomit

Sind die Gesteine so geklüftet, daß alle Klüfte zum größten Teil in Verbindung stehen, also ein System von kommunizierenden Gefäßen vorliegt, dann entsteht über undurchlässigen Schichten ein Stau, und die Hohlräume sind bis zur gleichen Höhe mit Wasser gefüllt. Es bildet sich ein Wasserspiegel aus, der *Kluftwasserspiegel* genannt wird.

Wird solch ein gefülltes Kluftsystem durch eine Bohrung, durch einen Schacht oder Stollen angeschnitten, dann strömt das Wasser von allen Seiten zu, und bedeutende Mengen können durch Pumpen wie bei einem Brunnen gewonnen werden.

Die Klüfte reichen oft in große Tiefen hinab. In den Alpentunneln, die 2000 bis 3000 m Überlagerung aufweisen, fand man noch wasserführende Klüfte und Spalten. Wie weit sie wirklich in die Tiefe reichen, ist unbekannt, doch werden Tiefen bis zu 6000 m angenommen. Gegen die Tiefe findet jedoch eine Verringerung der Klüfte und ein Zusammenlaufen statt, wodurch sie wasserreicher werden, so daß beim Anschneiden größere Wassermengen austreten können.

Die Klüftung in den verschiedenen Gesteinen. *Erstarrungsgesteine* sind deutlich geklüftet. Hauptkluft deutlich entwickelt, Nebenklüfte stets vorhanden. Engklüftige Gesteine nur einzeln in Zonen vorhanden.

Kristalline Schiefer: Gneise und Amphibolite verhalten sich ähnlich wie Erstarrungsgesteine. Hauptklüfte meist unter einem Winkel, der kleiner als 90° ist, verlaufend. Glimmerschiefer zeigen oft Klüfte mit 45° Neigung, häufig durch Glimmermineralien verschmiert. Marmor stark geklüftet.

Absatzgesteine: Kalke und Dolomite stark zerklüftet. Sandsteine meist weitständig geklüftet, Tonschiefer weitständig und kurz geklüftet. Konglomerate, Breccien-Klüftung je nach den Erdzeitaltern. Paläozoische und mesozoische Konglomerate und Breccien weisen meist eine weitständige Klüftung auf. Nebenklüfte undeutlich entwickelt.

b) Zerrüttungszonen

Zerrüttungszonen (= Mylonitzonen) sind Gesteinsstreifen, die durch tektonische Vorgänge besonders in Mitleidenschaft gezogen wurden. Die Gesteine wurden zerbrochen, zerdrückt, so daß ein Trümmerwerk oder eine Breccie entsteht. Oder sie wurden längs der Schichtflächen zerrissen, so daß ein linsig abgequetschtes Gefüge verbleibt. Es kann auch vorkommen, daß dünnblättrige Gesteine wirr gefaltet, verknittert und verwalzt wurden (Abb. 19a bis d).

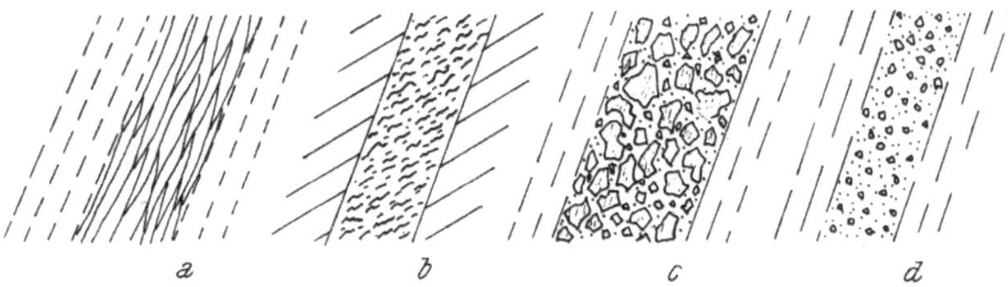

Abb. 19. Zerrüttungszonen; a) Aufblätterung, b) zerdrückte Schichten, c) grobe Zerreibungsprodukte, d) feinkörnige Zerreibungsprodukte (Mylonit)

Zerrüttungszonen können sich längs von Brüchen oder an Überschiebungen bilden. In diesen Zerrüttungsstreifen, die verschiedene Breite haben können ($^1/_2$ bis 5 m und mehr), entstehen oft Hohlräume, Poren, klaffende Spalten, in denen sich das Wasser bewegen und aus denen es auch entnommen werden kann. Es handelt sich meist um enge Wasserwege, in denen das Wasser nur hindurchsickert. Nicht alle Zerrüttungsstreifen sind wasserführend, denn oft sind sie durch lehmige, tonige Abscheidungen derart verklebt, daß sie kein Wasser durchlassen.

Die Zerrüttungsstreifen stellen körperliche Gebilde dar und sind daher in der Breite, Länge und Tiefe zu erfassen, so daß man eine Vorstellung vom Volumen erhält und damit auch eine von der Wasserführung.

Einen guten Einblick in Zerrüttungszonen geben oft *Stollen*. Es kann sich dabei um längere durchlaufende Streifen handeln, die viel Wasser abgeben können. Manchmal stellen sich linsenförmige Gebilde ein, die anfangs Wasser abgeben, jedoch bald leerlaufen.

Über die Wasserführung selbst können wenig allgemeine Angaben gemacht werden, weil große Verschiedenheiten auftreten. Die Weite der Wasserwege, die

Verbindung untereinander, zeigen derart große Unterschiede, so daß jeder Fall besonders zu untersuchen ist.

c) Die Brüche (Verwerfungen) als Wasserwege

Die Brüche stellen Schnittflächen dar, welche Gesteinsstöße auf einer längeren Strecke zerschneiden und oft Verstellungen verursachen. Je nach der Lage der

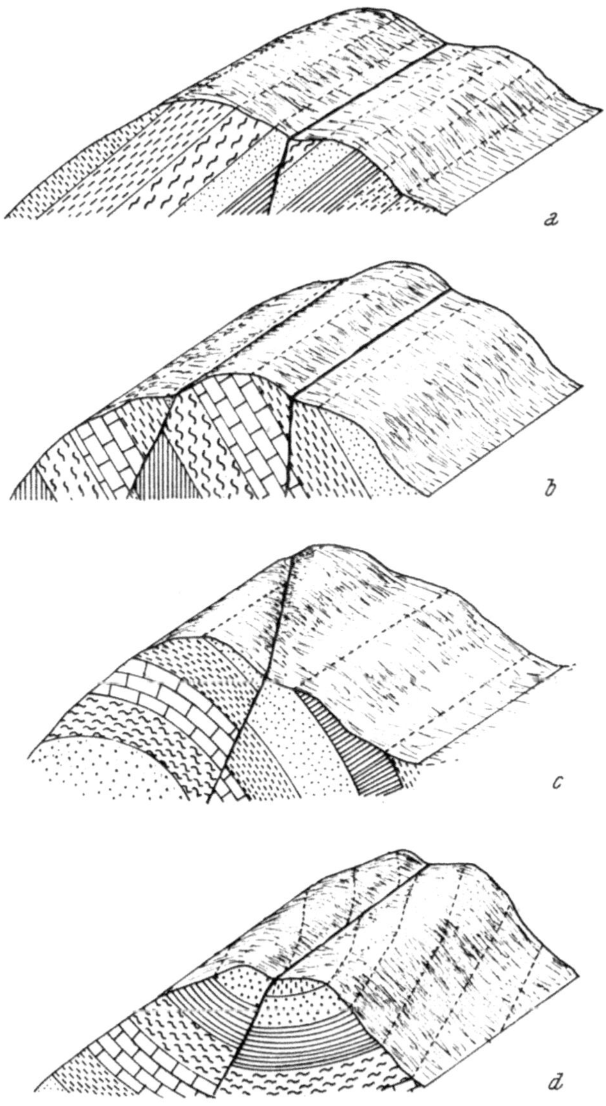

Abb. 20. Verschiedene Brüche

Bruchflächen und der angrenzenden Gesteine entstehen die verschiedensten Lagerungsformen, die in den geologischen Lehrbüchern schematisch abgebildet sind. Einige charakteristische Bruchformen zeigt schematisch Abb. 20a bis d.

Ein Bruch stellt jedoch selten eine mehr oder minder ebene Trennungsfläche dar, sondern meist einen breiten Streifen, der von engen Klüften und Spalten, von Harnischflächen, Zerrüttungszonen (Myloniten) begleitet wird.

Die Bruchzone ist daher meist ein wasserwegiger Streifen, der das Durchsickern von Wasser begünstigt. Es kommt freilich vor, daß sie verlehmt ist oder mit Kluftletten verstopft, so daß kein Wasser durchdringen kann.

Da Bruchzonen oft eine große Längserstreckung besitzen, die vielfach morphologisch durch Sättel, Einmuldungen, Täler gekennzeichnet ist, so steht gewöhnlich ein großes Einzugsgebiet zur Verfügung.

Brüche sind in allen Gebirgsarten weit verbreitet und stellen markante Einschnitte im Gebirgsbau dar. Ich erinnere an die Lavanttaler Störung, die vom Mieslingtal längs des Lavanttales über den Obdacher Sattel zu verfolgen ist und sich weiter ins Pölstal fortsetzt. Auch die Görtschitztal-Bruchzone reicht von S über das Murtal bis ins Katschtal.

Die mächtigen Kalkschichtstöße in den Nördlichen Kalkalpen werden vielfach von auffallenden Bruchzonen zerteilt. Die unterirdischen Wasserwege in ihnen können sehr verschieden gestaltet sein. Oft treten lange klaffende Spalten auf, dann wieder dicht nebeneinander liegende enge Kluftzonen, auch unregelmäßige größere und kleinere Hohlräume stellen sich ein; in zerriebenen Partien entstehen Poren. Weit- und engwegige Hohlräume können in verschiedenen Ausmaßen zur Geltung kommen.

Die Hohlräume können untereinander wie kommunizierende Gefäße in Verbindung stehen, so daß Anschnitten viel Wasser zuströmt; es können auch Unterbrechungen, Sackgassen, vorliegen, so daß beim Anschlagen einer solchen Zone nur Teile abfließen können.

Im allgemeinen herrschen günstige Speichermöglichkeiten; auch die Temperaturen zeigen geringe Schwankungen. Die Ergiebigkeiten hängen aufs innigste mit der Größe des Einzugsgebietes zusammen. Brüche in Kalkgebieten weisen aber meist eine geringe Speicherfähigkeit auf.

d) Die Schichtflächen

1. **Die Schichtflächen zwischen gleichartigen Gesteinen.** Sie können als ebene Flächen in parallelen Lagen eng übereinander liegen. Die Wasserführung ist in diesem Fall sehr gering und hat praktisch fast keine Bedeutung.

Die gebankten Gesteine zeigen meist zwischen den Bänken Schichtfugen, die jedoch Verwitterungserscheinungen darstellen, wodurch die weicheren meist etwas tonigen Zwischenlagen nahe der Oberfläche entfernt wurden. In den Fugen kann zwar das Wasser eindringen, doch ein tieferes Einsickern ist selten vorhanden (Abb. 21).

Vielfach stellen sich unebene Schichtflächen ein, die flach buckelig wellig aussehen. Die Schichtflächen von Sandsteinen zeigen häufig Rippelmarken, die bei tektonischer Beanspruchung zu Fugen geöffnet werden. Auch Knollenkalke, Hornsteinkalke bilden stellenweise feine Hohlräume, die Wasser führen können (Abb. 22a bis c).

Durch Faltungen, Biegungen von geschichteten Gesteinen entstehen ebenfalls deutliche Fugen, in die Wasser eintreten kann (Abb. 23, 24). Meist handelt es sich um enge Wasserwege, die das Wasser nur langsam und vielfach auf geschlängelten Umwegen durchlassen. Es verteilt sich auf große Flächen, die Austrittstellen an den Schnittflächen bringen daher meist nur wenig Wasser zutage.

Abb. 21. Gebankter Dachsteinkalk (Totes Gebirge) führt auf den Schichtflächen manchmal Wasser (Landesbildstelle Graz)

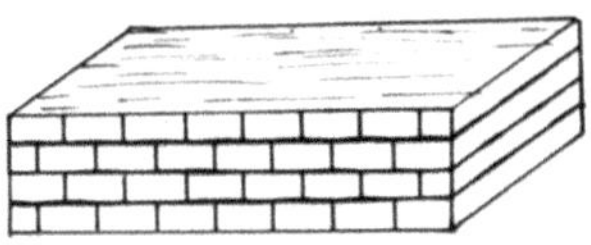

a

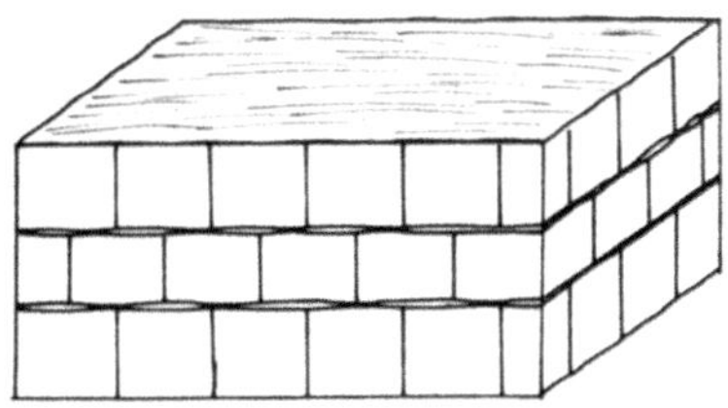

b

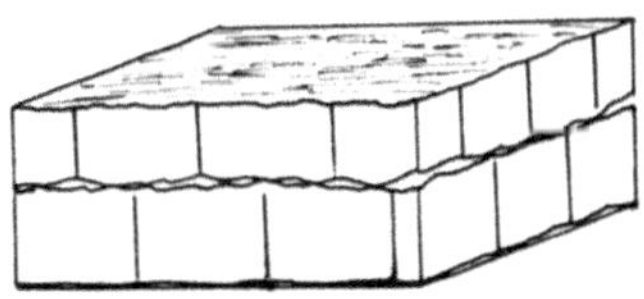

c

Abb. 22. Wasserwege in Schichtgesteinen; a) ungestörte Schichtflächen in Kalken, und Sandsteinen bilden selten Wasserwege, b) gebankte Kalke führen auf den Bankflächen manchmal etwas Wasser, c) unebene Schichtflächen erzeugen manchmal Wasserwege

Wesentlich hängt aber die Wasserführung von der Lagerung zum Einzugsgebiet ab. In geneigten bis steil stehenden Schichten vermag mehr Wasser einzudringen als in flach liegenden.

Ähnlich verhalten sich Schieferungsflächen (= *s*-Flächen) in kristallinen Schiefern. Besonders in Gesteinen, die Linsenstruktur aufweisen (z. B. manche

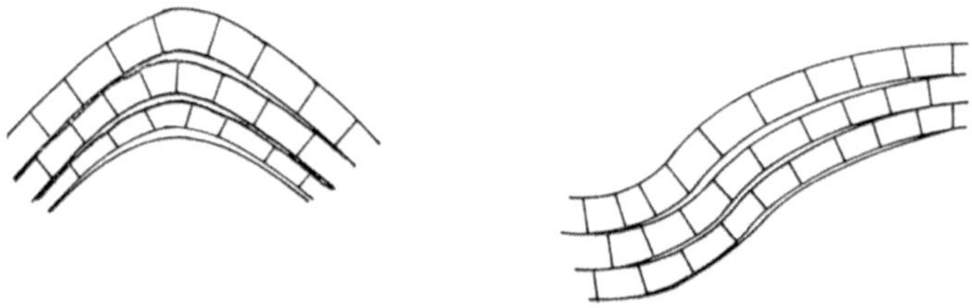

Abb. 23. Gefaltete Schichten zeigen oft Fugen, die Wasser führen

Abb. 24. Falten erzeugen Schichtfugen, die Wasser führen (Landesbildstelle Graz)

Glimmerschiefer, Phyllite), können manchmal feine Wasserfäden aufscheinen, die jedoch selten von praktischer Bedeutung sind. Auch Faltungen in diesen Gesteinen erzeugen oft Hohlräume, die Wasser führen können.

2. **Schichtflächen in ungleichartigen Gesteinen** (= Schichtgrenzflächen). Sehr häufig besteht ein Schichtstoß aus wasserdurchlässigen und wasserundurchlässigen Gesteinen (z. B. Kalke und Dolomite in Tonschiefern, Sandsteine und Tonschiefer, Sande und Tone).

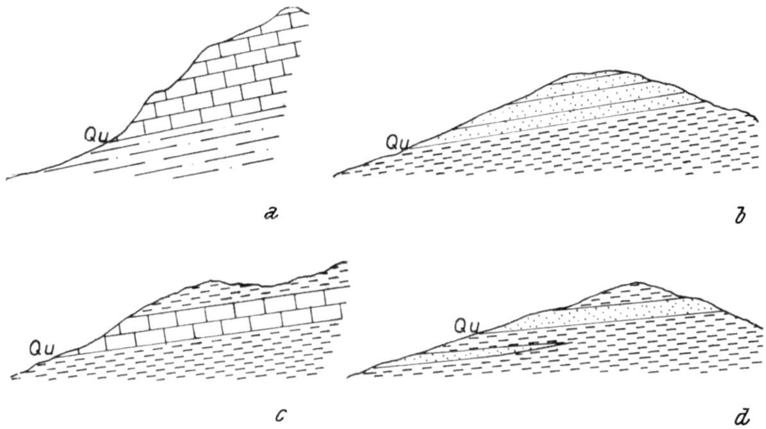

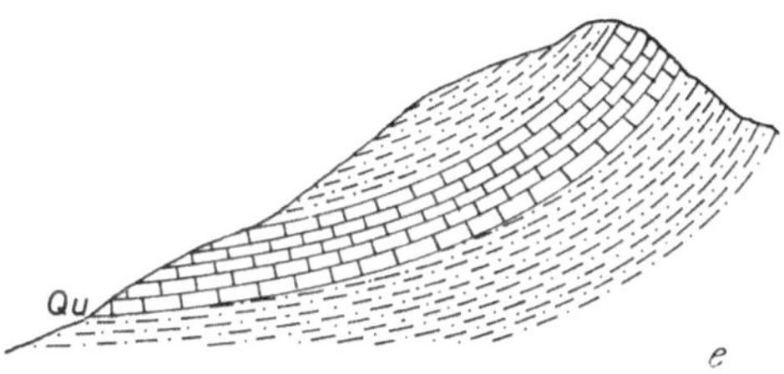

Abb. 25. Durchlässige Schichten liegen über undurchlässigen. Es entstehen Schichtstauwasser; a) Kalke oder Dolomite liegen über tonigen Schichten, b) Sandsteine liegen über Tonen oder Mergeln, c) Kalklagen zwischen Tonschiefern, d) Sande zwischen Tonen oder Lehmen, e) Marmor zwischen Granatglimmerschiefern

Liegen nun durchlässige Gesteine (Kalke, Sandsteine) auf wasserundurchlässigen, so sickert das Wasser in Klüften und Spalten in die Tiefe und wird dort gestaut. Längs der Schichtflächen kann aber meist nur wenig Wasser anfließen. Der größere Teil des gestauten Wassers wird nahe über den undurchlässigen Schichten längs der Klüfte und Spalten der Schichtneigung folgend abfließen.

Solche unterirdischen Wässer (= Schichtstauwässer) sind eine häufige Erscheinung. Die Werfener Schichten in den Ostalpen stauen die Wässer, die aus den darüberliegenden Kalk-Dolomitschichtstößen kommen und führen sie der Neigung entsprechend nach außen. Auch tonige Schichten der karnischen Stufe bewirken häufig eine Stauung der aus dem Kalk absickernden Wässer (Abb. 25).

Im Tertiär der Steiermark bilden oft Sand- und Kalkhorizonte (Leithakalke) über lehmig tonigen Schichten wichtige Wasserstauer.

In der germanischen Trias sehen wir im Buntsandstein häufig wasserführende Sandsteine über Ton- und Mergellagen. Im Muschelkalk überlagert der Hauptmuschelkalk oft undurchlässige Tone und Mergel. Ähnliche Verhältnisse finden wir im Keuper und Jura, wo immer wieder wasserführende Kalke und Dolomite über undurchlässigen Schichten zu liegen kommen.

Diese Erkenntnis der Schichtstauwasser ist von größter Bedeutung für die Wasserversorgung. Ihnen verdanken wir nicht nur wichtige Quellaustritte (z. B.

Wiener Hochquellenleitung; Schwäbische Alb), sondern auch Wasservorräte in der Tiefe, die durch Bohrungen und Schächte erschlossen werden können.

Wenn daher der Schichtbestand und die Lagerung bekannt sind, lassen sich Wassererschließungen mit größter Wahrscheinlichkeit durchführen. Wir ersehen daraus, wie notwendig die Erkenntnisse über den geologischen Aufbau sind.

e) Rutschflächen (Abb. 26)

Durch Rutschungen, Gleitungen in tonigen Gesteinen (Lehmen, Tonen, Mergeln) entstehen oft durchlaufende Trennungsflachen, die häufig eine geringe Wasserführung ermöglichen, so daß am Ende der Rutschflächen Naßstellen,

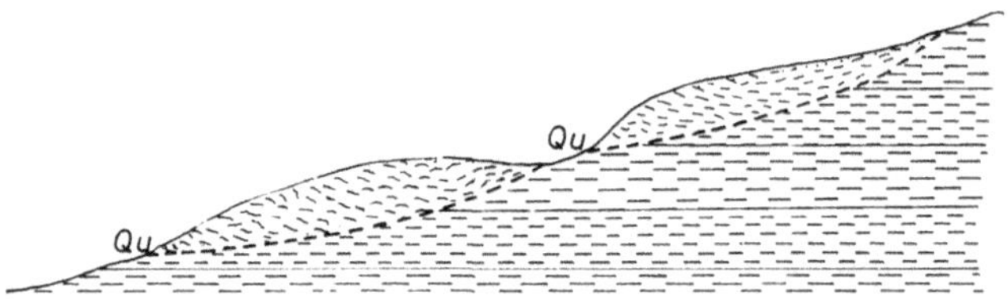

Abb. 26. Rutschflachen erzeugen Wasserwege

Sumpfwiesen entstehen. Es handelt sich nur um geringfugige Wassermengen, die in wasserarmen Gegenden (z. B. Oststeiermark) gelegentlich — primitiv gefaßt — für kleine Bauernhöfe Verwendung finden.

Da es sich um engwegige Wasserwege handelt, liegt meist gut geseihtes Wasser vor, doch ist die Retention gering, so daß diese Quellen bei längerer Trockenzeit oft versiegen.

f) Schläuche, Röhren, Hohlen als unterirdische Wasserwege (Karsterscheinungen)

In den Kalk-Dolomitgesteinen, auch in Gips- und Steinsalzlagern und vereinzelt in Lavagesteinen entstehen verschieden große Hohlräume, die für die Wasserführung in Betracht zu ziehen sind. Von Bedeutung sind vor allem die Hohlräume in den Karbonatgesteinen, die *Hohlen, Schlauche, Röhren* und *Spalten,* zu denen sich oft charakteristische Oberflächenformen wie Karren, Schlote, Dolinen, Poljen gesellen. All diese Erscheinungen werden als *Karsterscheinungen* zusammengefaßt.

Sie entstehen vor allem durch die zersetzenden Vorgänge (Korrosion) der Niederschläge, die in Verbindung mit Kohlensäure (CO_2) eine auflösende Wirkung auf die Karbonatgesteine ausüben. Es kommt jedoch, besonders durch die fließenden Gewässer, auch die Auswaschung, Ausnagung (= Erosion) zur Geltung.

Den Ausgangspunkt für die Bildung der Karstformen bilden die *Klüfte und Spalten* (Abb. 27), Zerrüttungszonen und Bruche, deren Bildung mit tektonischen Vorgängen zusammenhängt. Es sind dies Hohlräume, die zum größten Teil bereits vor der Bildung der Karsthohlräume bestanden. Sie wurden durch die chemische und mechanische Einwirkung des unterirdischen Wassers erweitert und vergrößert.

Obwohl die Klüfte und Spalten an und für sich keine Karsthohlräume darstellen, so werden sie jedoch in den Kalk- und Dolomitgesteinen zu diesen Formen gestellt, weil sie meist durch die Wässer entsprechend erweitert wurden.

Wie bereits bei den Klüften und Spalten erwähnt wurde, haben diese Trennungsflachen meist bestimmte Richtungen, es sind Haupt- und Nebenklüfte erkennbar, die in verschiedenen Abständen folgen, so daß Kluftkörper von verschiedener Form und Größe entstehen. In geschichteten Kalken (z. B. Dachstein-Kalke) verlaufen sie meist regelmäßig und durchschneiden eine Bank; in ungeschichteten massigen Kalken tritt die Regelmäßigkeit nicht immer auffallend in Erscheinung, sie bewirken oft, so wie in Dolomitgesteinen, einen kleinstückigen Zerfall.

Abb. 27. Spalte im Dachsteinkalk in der Koppenbruhler Hohle (nach einer kauflichen Karte)

Diese Spalten und Klüfte stellen kompliziert verlaufende unterirdische Wasserwege dar, von denen man sich im einzelnen kein genaues Bild machen kann. Sie verlaufen nicht nur senkrecht, sondern auch schräg mit verschiedenen Fallwinkeln, sie ändern die Richtungen, so daß mannigfaltige Zickzackwege möglich sind. Sie stehen oft miteinander in Verbindung, können jedoch auch isolierte Wege bilden.

Stellt man sich einen großen Kalkkorper, z. B. den Dachstein, körperlich vor und projiziert dorthinein die Klüfte und Spalten, welche das Wasser in die Tiefe führen, so kann man sich ungefähr einen Begriff von den komplizierten Wasserwegen machen.

Da die Klüfte und Spalten im Kalk-Dolomitgebiet durch die Wirkung des Wassers vielfach erweitert wurden, stellen sie meist *weite Wasserwege* dar, so daß eine große Durchfließgeschwindigkeit besteht. Das bedingt jedoch weiter, daß Verunreinigungen nicht zurückgehalten werden, also eine mangelhafte Seihung vorhanden ist (Abb. 27).

Treten in Kalk-Dolomitschichtstößen *Bruche* auf, so können diese durch die Einwirkungen des Wassers erweitert werden, so daß stellenweise bedeutende Hohlräume entstehen, sich sogar Hohlen bilden. Sie können wirkungsvolle unterirdische Wasserwege darstellen. Oft sind sie jedoch mit Gesteinstrümmern, Lehm und Sand gefüllt und tragen dann zu mechanischen Verunreinigungen (Trübungen) bei.

Zu den typischen Karstformen gehören die *Höhlen, Röhren, Schläuche, Schlucklöcher* und *Poljen.*

Die eindrucksvollsten Gebilde sind die *Höhlen* (Abb. 28), d. h. große Hohlräume, die *aufrecht* begehbar sind. Sie haben meist große Ausmaße, weisen Höhen

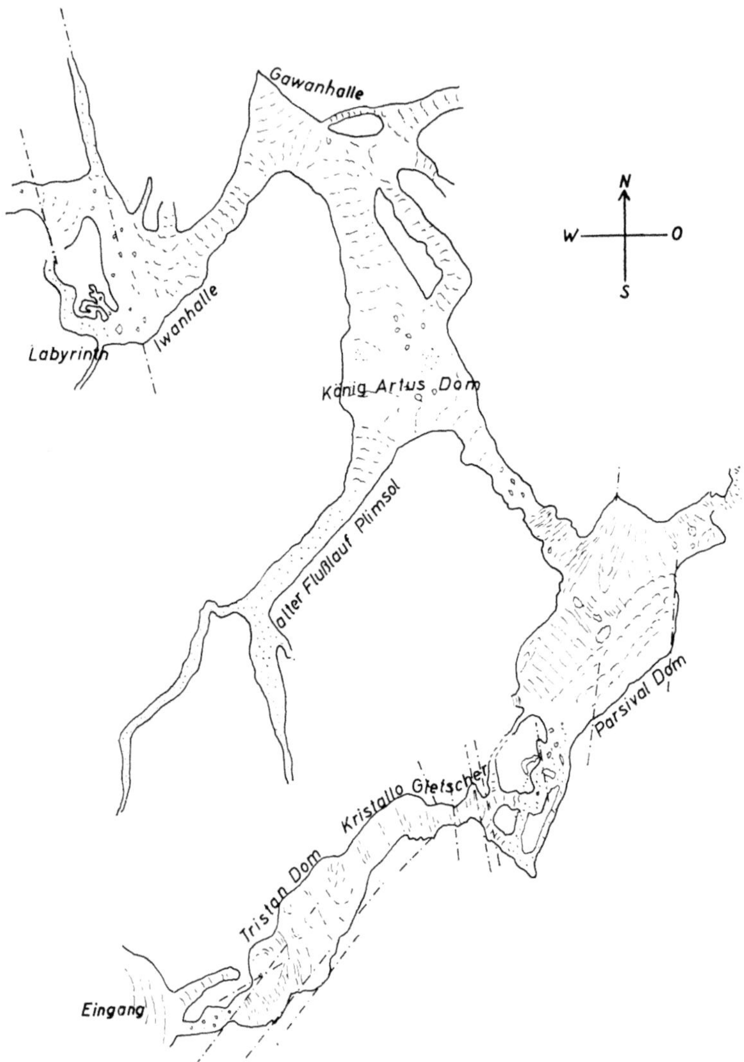

Abb. 28. Rieseneishöhle im Dachsteingebirge (nach BOCK)

von 10 m und mehr auf und zeigen auch in der Länge und Breite bedeutende Ausdehnungen. Sie werden oft als „Dome" bezeichnet. Haben diese Hohlräume solche Ausmaße, daß die Tiefe die Breite übersteigt, so spricht man von *Abbrüchen.*

Die Höhlen verengen sich häufig und gehen in mehr oder minder *röhrenförmige Gebilde* über, die unregelmäßige rundliche, ovale oder verschieden ausgebuchtete Querschnitte zeigen. Sie sind *bekriechbar.*

In der Fortsetzung schließen sich Hohlgänge an, die als *Schläuche* bezeichnet werden und *nicht mehr bekriechbar* sind. Sie gehen oft in Spalten und Klüfte über.

Sehr häufig sind damit mehr oder minder senkrecht verlaufende Hohlgänge verbunden, die oft bis an die Oberfläche reichen. Sie werden als *Tauchlöcher* —

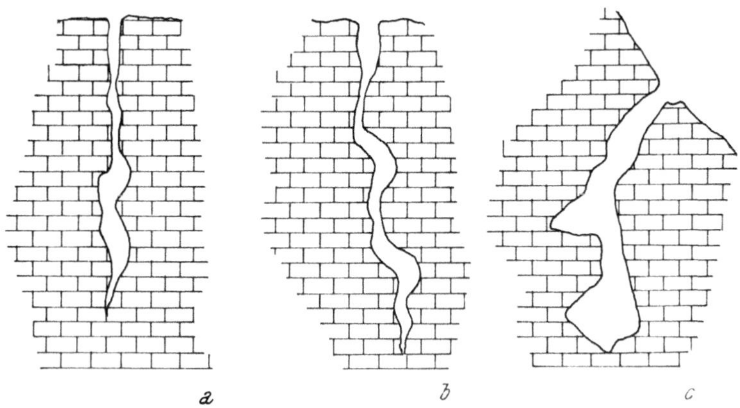

Abb. 29. Schlote

Schwinden — bezeichnet, wenn oberflächliche Wasserläufe darin versinken. *Schlucklöcher*, *Schlote* stellen Hohlräume dar, die trocken sind und nur Niederschlagswasser in die Tiefe leiten (Abb. 29).

Solche Schlote können oft eine beträchtliche Tiefe erreichen; so ist die Kacnagrube im Karst von Istrien bei Triest 304 m tief. Die Schlucht Buso de la Lume bei Belluno in Norditalien soll 460 m tief sein; der Schlot bei Chouun-Martin in den Französischen Alpen bei Grenoble mißt über 500 m. Zahlreiche solche Schlote weist das Tote Gebirge auf (Abb. 30).

All diese verschieden weiten Hohlräume bilden ein kompliziertes *Höhlensystem* mit verschiedenen Abzweigungen, Verbindungen und blind endenden Gängen. Die Grundrisse von Höhlenplänen (Abb. 28) geben davon eine Vorstellung; doch sind meistens immer noch Hohlräume vorhanden, die noch nicht erfaßt sind.

Die Aufrisse der Höhlenpläne geben ein Bild von den Höhen der Hohlräume; wir sehen immer wieder einen Wechsel von besonders großen Höhen und von Engstellen. Außerdem erhalten wir eine Vorstellung vom Gefälle und sehen, wie flache Höhlenstrecken mit steileren Abfällen wechseln.

Vielfach zeigen diese Hohlräume einen Verlauf, der mit Hauptkluftrichtungen oder mit Brüchen übereinstimmt. Wenn auch im einzelnen oft Abweichungen vorkommen, so läßt sich doch der Zusammenhang mit Störungen erkennen. So treten z. B. in der Dachstein-Mammuthöhle O—W- und N—S-Richtungen deutlich hervor (Bock 1913). In der Dachstein-Rieseneishöhle bei Obertraun läßt sich die Verbindung mit NW—SO- und mit NO—SW-gerichteten Spalten erkennen.

Die Lurgrotte bei Graz verläuft im großen betrachtet ONO mit einer scharfen Abbiegung nach NW—SO, woraus ebenfalls auf eine Abhängigkeit von Spalten geschlossen werden kann.

An der Erforschung der Höhlen haben die Höhlenforschervereine großen Anteil. Uneigennützig untersuchten die Mitglieder viele Höhlen und deren Zusammenhänge und stellten Höhlenpläne durch genaue Vermessungen her. Die Wissenschaft schuldet ihnen viel Dank.

An der Oberfläche von Karstgebieten erkennt man oft tiefe, scharfkantige Einschnitte, die durch schmale und scharfe Aufragungen getrennt sind. Diese

Abb. 30. Eingang in einen Schlot (Brieglerberg im Toten Gebirge) (Landesbildstelle Graz)

Bildungen werden *Karre* genannt. Sie entstehen durch die chemische Einwirkung des Regenwassers, wobei die Klüftung meist den Ausgangspunkt bildet (Abb. 31a, b).

Auf den Karstplateaus bilden sich häufig trichterförmige Vertiefungen, die *Dolinen* (Abb. 32) genannt werden. Sie haben gewöhnlich rundliche Grundrisse mit einem Durchmesser von einigen Metern bis 400 bis 500 m; meist jedoch nur von 20 bis 50 m. Die Tiefe beträgt 5 bis 10 m. Der Dolinenboden kann geschlossen sein und ist oft von Verwitterungsprodukten (Lehm, Humus, Kalkstücken) bedeckt. Die offenen Dolinen gehen durch Schächte, Schläuche und Spalten in die Tiefe.

Die Dolinen bilden oft dicht nebeneinanderliegende Vertiefungen, die manchmal auch eine reihenförmige Anordnung erkennen lassen. Im Dinarischen Karst liegen auf 1 km² 40 bis 50 Dolinen, manchmal auch bis zu 100. Zahlreiche Dolinen weisen das Tote Gebirge, der Dachstein und einzelne Gebiete des Hochschwabs auf.

Eine besondere Karstform stellen die *Poljen* (Abb. 33) dar; es sind dies langgestreckte, oft 10 bis 12 km lange Vertiefungen, die auch als Kesseltäler bezeichnet werden. Man begegnet ihnen in Krain (Zirknitzer See), in Bosnien und in Dalmatien. Der Boden ist haufig mit Schlucklöchern und Dolinen versehen und die ganze Polje ist zeitweise mit Wasser gefüllt.

Über Gipslagen entstehen sehr oft durch Auslaugung Hohlräume, die zu Nachbrüchen führen und an der Oberfläche Vertiefungen, Löcher, dolinenartige Gebilde erzeugen und allgemein als *Erdfälle* bezeichnet werden. Wird der Gips von oben her aufgelöst, so entstehen schlauch- bis trichterförmige Gebilde, die meist nachträglich von Verwitterungsschutt gefüllt sind. Sie werden *geologische Orgeln* genannt und begünstigen den Eintritt der Niederschläge.

Abb. 31. Karre (Aufnahme nach ZÖTL)

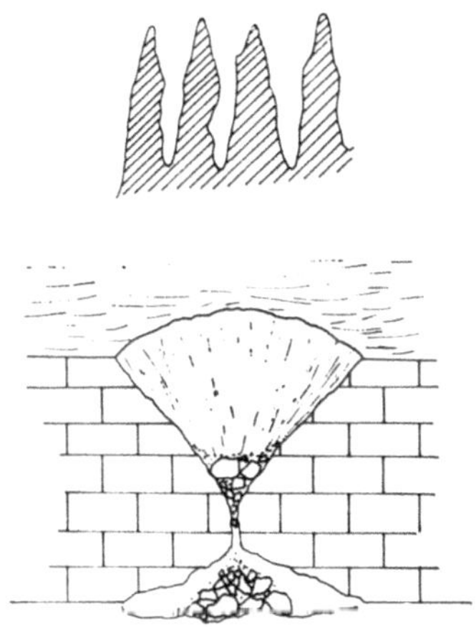

Abb. 32. Karre, Doline

Die Karsterscheinungen haben im Kalk-Dolomitgestein der verschiedensten Altersstufen weite Verbreitung. Bekannt sind die Höhlen im Karstgebiet von Krain, Istrien und Dalmatien; in den Französischen Alpen bei Grenoble; in den paläozoischen Kalken des Grazer Berglandes, in den Nördlichen Kalkalpen

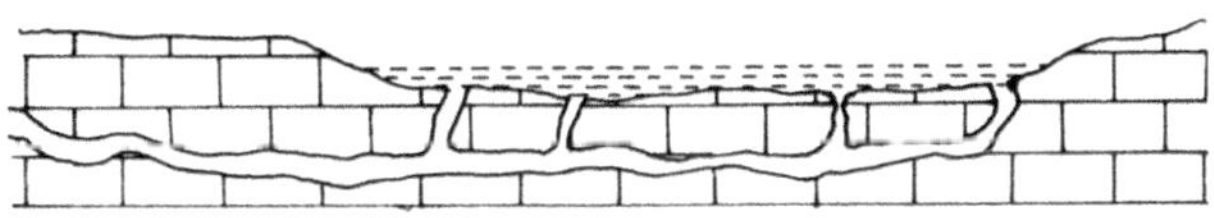

Abb. 33. Poljen

(Tennengebirge, Dachstein, Hochschwab usw.); in Mähren (Macocha) usw.; die größten unterirdischen Hohlräume findet man im Kohlenkalk von West-Kentucky (USA), wo 60000 Höhlen gefunden wurden; die großte, die Mammuthöhle, hat eine Länge von 48 km und eine Bodenfläche von 12,5 km^2.

Überblicken wir all diese unterirdischen Karsthohlräume, die Höhlen, Röhren, Schläuche, Spalten, so haben wir es vor allem mit weiten Wasserwegen zu tun, in denen sich das Wasser fließend durchbewegt und oft einem offenen Gewässer ähnelt.

Die Geologie und die Karstwässer. Bei der Erforschung der Höhlen berücksichtigte man die geologischen Verhältnisse leider zu wenig. Das Hauptgewicht wurde auf die Gestalt des Höhlensystems und auf die Zusammenhänge der unterirdischen Wässer gelegt.

Von Bedeutung sind aber die Kluft-, Spalten- und Bruchsysteme, die oft eine Regelmäßigkeit erkennen lassen. Sie sind die primären Wasserwege, aus denen sich allmählich das Höhlensystem entwickelte. Wenn auch die Übereinstimmung der Hohlraumrichtung mit denen der Klüfte, Spalten und Brüche nicht immer genau ist, so kann man doch in vielen Fällen erkennen, daß diese Richtungen im großen eingehalten werden. Sie geben vielfach den Verlauf des unterirdischen Wassers an.

Wertvolle Hinweise über die Stellung des Hohlraumsystems gewährt die Lagerung der wasserundurchlässigen Schicht und des Kalk-Dolomitschichtstoßes.

Im allgemeinen ist für die Gestaltung des Hohlraumsystems die wasserundurchlässige Schicht von geringer Bedeutung, denn die Karstwasser fließen in den Hohlgängen in den verschiedensten Höhenlagen des Kalkschichtstoßes. Sie haben mit Stauungen durch eine wasserundurchlässige Schicht im allgemeinen (es gibt Ausnahmen) nichts zu tun.

Nur wenn das Karstwasser bis zur wasserstauenden Schicht versickert, bestimmt die Lagerungsform den Verlauf des Schichtstauwassers. Die Spalten im Kalk werden durch die Erosion des austretenden Wassers erweitert, so daß höhlenartige Gebilde (Schläuche, erweiterte Spalten) entstehen können.

Für die Ausbildung des Höhlensystems ist jedoch oft die Gesamtlagerung des Kalkschichtstoßes maßgebend. Sie ist meist ein Abbild der Formung des Wasserstauers. Die Lagerungsform beeinflußt wesentlich die Kluft- und Spaltenrichtung und damit den Verlauf der Karsthohlräume. Wenn die wasserundurchlässigen Schichten einen Sattel bilden, so wirkt dieser wie eine Wasserscheide, die auch in den Wasserbewegungen der Karsthohlräume zum Ausdruck kommt.

Es fehlen leider noch Untersuchungen über die Zusammenhänge der Tektonik mit dem Höhlensystem, doch im großen kann man z. B. im Dachstein-, Hochschwab- und Schneealpengebiet deutlich erkennen, daß starke Karstwässer an bevorzugten Stellen austreten, die mit tektonischen Besonderheiten verbunden sind.

g) Die Poren

Fast alle Gesteine besitzen kleine Hohlräume — Poren —, die jedoch für die Wasserführung nur dann in Betracht kommen, wenn sie untereinander in Verbindung stehen und eine Wasserbewegung ermöglichen.

Die Hartgesteine (Erstarrungsgesteine, kristalline Schiefer und auch die Kalke und Dolomite) besitzen im Handstück nur ein sehr geringes Porenvolumen von 0,5 bis 3%. Da diese Poren meist isoliert sind, besteht auch keine Wasserbewegung. Sie können daher für praktische Wasserführung nicht in Betracht gezogen werden.

Unter den Hartgesteinen gibt es manchmal Sandsteine, die ein Porenvolumen von 5 bis 15% aufweisen, wobei die Poren miteinander in Verbindung stehen und in Schächten Wasser abgeben (z. B. manche Typen des Buntsandsteines und der Flyschsandsteine).

Auch aus den vulkanischen Tuffen, die ein Porenvolumen bis 20% aufweisen können, kann man manchmal Wasser gewinnen.

Die porenreichen Rauhwacken (löcherige Kalke und Dolomite) enthalten mitunter gewinnbares Wasser. Beim Bau des Bosrucktunnels schnitt man in den Werfener Schichten mehrere Lagen von Rauhwacken an, die ansehnliche Wassermengen lieferten.

Von besonderer Bedeutung sind jedoch die nichtverfestigten Lockergesteine, die je nach ihrer Entstehung eckig oder rundlich sind. Nach der Korngröße unterscheidet man (Önorm B 5150):

Kornungsgruppe mm	Benennung bei der Hauptkornform: rund	Benennung bei der Hauptkornform: eckig	Sinnfallige Bezeichnung
über 100	Gerolle	Blocke	kopfgroß
100 —20	Grobkies	Schotter	faust- bis nußgroß
20 — 2	Feinkies	Riesel	nuß- bis erbsengroß
2 — 1	Sand		hirsekorngroß
1 —0,2	Feinsand		—
0,2 —0,02	Mehlsand		—
0,02—0,002	Schluff		—
unter 0,002	Rohton		—

Das Porenvolumen beträgt 25 bis 35%. Meist besteht eine Ablagerung nicht aus einer Kornart, sondern es liegen Gemenge verschiedener Korngrößen vor, z. B. sandige Kiese, tonige Sande usw. (Einzelheiten im 2. Teil).

Eckige Bestandteile findet man im Hangschutt, Schutthalden, Bergsturzmassen. Gerundete Körner lagern im Talschutt und in Moränen.

Die bindigen Lockergesteine (Tone, Lehme, Mergel) haben meist ein Porenvolumen von 40 bis 50%, doch die Poren sind derart klein, daß sich das Wasser nur schwer bewegen kann, so daß keine oder nur eine sehr geringe Wasserabgabe (Schwitzwasser) möglich ist.

Die Eigenschaften der Schotter, Kiese und Sande (Korngröße, Porenvolumen, Kornform, Kornoberfläche, petrographischer Befund usw.) werden im Abschnitt „Spezielles Grundwasser" besprochen.

6. Zusammenfassung der unterirdischen Wasserwege

Unterirdische Wasserwege sind: *Klüfte*, *Spalten*, *Zerrüttungszonen*, *Brüche*, *Schichtflächen*, *Karsthohlräume* und *Poren*.

In folgender Tabelle sind die Beziehungen zur Seihbarkeit, Durchlässigkeit, Temperatur und Retention dargestellt.

	Seihung	Durchlässigkeit	Temperatur	Retention
Klüfte	meist gut	durchsickerbar engwegig	wenig schwankend	günstig
Spalten	nicht seihend	durchfließbar weitwegig	schwankend	schlecht
Schichtflächen	seihend	durchsickerbar engwegig	wenig schwankend	günstig
Zerrüttungs- *Bruchzonen*	verschieden	durchsickerbar bis durchfließbar verschieden weite Wasserwege	wenig schwankend	verschieden
Karsthohlräume	nicht seihend	durchfließbar weitwegig	schwankend	schlecht
Poren	meist seihend grob bis fein seihend	durchsickerbar durchrieselbar engwegig	wenig schwankend	günstig

Übersicht über die unterirdischen Wasserwege in den Gesteinen

Erstarrungsgesteine	Klüfte, Spalten, Zerrüttungszonen, Brüche
Kristalline Schiefer	Klüfte, Spalten, Zerrüttungszonen, Brüche, Schieferungsflächen
Absatzgesteine	
Kalke und Dolomite	Klüfte, Spalten, Zerrüttungszonen, Brüche, Höhlen, Röhren, Schläuche, Schichtflächen
Sandsteine	Klüfte, Spalten, Bruchzonen, Poren, Schichtflächen
Schotter, Kiese, Sande	Poren
Tone, Mergel, Lehme	Poren — ohne Wasserbewegung

Als Wasserstauer wirken vielfach Erstarrungsgesteine, kristalline Schiefer, Tone, Mergel, Sande.

III. Die Austrittsstellen des unterirdischen Wassers

Die unterirdischen Wässer erreichen meist irgendwo an den Hängen, in den Tälern und Ebenen — oft weit entfernt vom Einzugsgebiet — die Oberfläche. Diese natürlichen Austrittstellen werden *Quellen* genannt. Man kann auch die unterirdischen Wasserwege künstlich durch Aufschließung freilegen, so daß das Wasser austreten kann. Durch Stollenbauten werden vielfach wasserführende Hohlräume angeschnitten, so daß diese Wasseraustritte ebenfalls Quellen gleichkommen.

Unter Quellen versteht man Austrittstellen des Wassers, das aus unterirdischen Wasserwegen in freies Fließen übergeht. Hohlenbäche, die aus dem Berginnern zutage treten, bezeichnet man als Höhlen- oder Karstquellen.

Im Felsgebiet sind die Austrittstellen meist deutlich erkennbar, man sieht, wie das Wasser aus Spalten, aus Hohlräumen im Kalk, aus Schichtflächen austritt. Vielfach ist jedoch die Austrittstelle verwachsen, durch Gesteinsstücke, Geröll, Sand und Erdteilchen verlegt und nur durch Naßstellen, kleine Rinnsale, Sumpfstellen usw. erkennbar. Um daher die Quelle richtig zu erkennen, muß sie aufgeschlossen werden. Sie wird so weit aufgegraben, daß man die Austrittstellen aus den unterirdischen Wasserwegen erkennen kann.

Die Untersuchung einer Quelle erstreckt sich auf folgende Punkte:

1. Morphologische Kennzeichen der Quelle,
2. Größe und Form der Austrittstelle — Zusammenhang mit den unterirdischen Wasserwegen und dem Einzugsgebiet,
3. Ergiebigkeit der Quelle,
4. Temperatur der Quelle,
5. Probeentnahme für die chemische und bakteriologische Untersuchung des Wassers,
6. Fassungsart der Quelle.

1. Morphologische Kennzeichen einer Quelle

Die Austrittstellen sind vielfach durch Quellnischen gekennzeichnet. Es sind halbkreisförmige Vertiefungen mit ebenem Boden und 1 bis 2 m hohen Rückwänden. Die Quelle entspringt am Boden der Nische (Abb. 34).

Abb. 34. Quellnische

Die Ausmaße sind verschieden und hängen von der Ergiebigkeit der Quelle ab. Sie entstehen durch Erosionswirkung; die abfließenden Wasser reißen Gesteinsteilchen mit, so daß es zum Nachbrechen und Nachrutschen der lockeren Bodenteile kommt.

Kleine Geländeknicke mit Naßstellen und wasserliebenden Pflanzen (Sumpfdotterblumen, Brunnenkresse u. a.), auch Mulden, flache Bodenvertiefungen (Senken) weisen oft auf Quellaustritte hin. In rundlichen Löchern, die mit Wasser gefüllt sind, zeigen sich häufig aufwallende Quellen. Vielfach sind die Quellaustritte durch Kalktuffablagerungen gekennzeichnet.

2. Die Austrittsöffnungen (Größe und Form)

Um diese wirklich zu erkennen, sind meist Aufschlußarbeiten — Grabungen — erforderlich. Die Verwitterungsprodukte, der Hangschutt mit dem Boden, sind zu entfernen, so daß die Austrittstellen sichtbar werden.

Die Spalten bilder schlitzförmige Öffnungen. Häufig liegen mehrere Öffnungen dicht nebeneinander, aus denen dann das Wasser austritt.

Die Schichtfugen weisen dicke, meist liegende, linsenformige Öffnungen auf, die in verschiedenen Aoständen sich perlenschnurartig aneinanderreihen. Liegen darüber stark geklüftete Gesteine, so tritt das Wasser aus den anschließenden Spalten aus, die meist senkrecht angeordnet sind.

Die Röhren und Schläuche zeigen rundliche bis ovale, scharf umgrenzte Öffnungen, aus denen das Wasser frei abfließen kann Treten Hohlenbache aus Felsen aus, so seher wir häufig torähnliche Öffnungen, die einige Meter breit sein können.

Die Austrittstellen aus Poren (Sanden — Kiesen — Schottern) wirken wie ein Sieb, so daß das Wasser aus zahlreichen kleinen Öffnungen hervorquillt.

Die Stellung des aus der Quelle austretenden Wassers zum Oberflächenwasser bezeichnet man als *Vorfluter*. Liegt eine Quelle unmittelbar neben dem Bach, so besteht ein schlecnter Vorfluter. Herrscht zwischen Quelle und Bach aber eine deutliche Niveaudifferenz, so liegt ein günstiger Vorfluter vor. Die Stellung des Vorfluters muß besonders bei Fassungen in Betracht gezogen werden.

Die wasserführenden Austrittöffnungen geben nicht immer ein richtiges Bild vom unterirdischen Abfluß; es kann zeitweise vorkommen, daß von eng nebeneinanderliegender Öffnungen (Klüfte, Spalten, Fugen) nur einzelne Wasser führen; es werden nur bestimmte Bahnen benützt, andere sind hingegen wasserleer.

In Grobschuttablagerungen (= mehrbahnigen Wasserwegen) verläuft das Wasser meist in einzelnen Strähnen und kommt bei einem Geländeanschnitt an einer Stelle als starke Quelle zum Vorschein. Bei stärkerem Wasserandrang werden oft neue Bahnen eingeschlagen bzw. wegsam gemacht, die dann zu bleibenden Austrittstellen werden, während die alten versiegen.

Überlegt man die Zusammenhänge von unterirdischen Wasserwegen und Austrittstellen, so muß man zwischen *einbahnigen und mehrbahnigen* Wasserwegen unterscheiden.

Bei *einbahnigen* bewegt sich das Wasser in einem einheitlichen Wasserweg ohne Abzweigungen dahin. Wir finden sie vielfach bei Karstwasser (Rohren, Schläuche), bei auffallenden großen Spalten, die meist mit Bruchzonen zusammenfallen.

Die *mehrbahnigen* weisen dicht nebeneinander liegende Wasserwege auf, die durch Abzweigungen, Querverbindungen in Zusammenhang stehen. Das Wasser benützt oft nur eine Bahn und hat eine Austrittstelle. Es können aber, besonders bei größerem Wasserandrang, die benachbarten Bahnen mitbenützt und mit der Zeit zu Hauptwasserwegen ausgearbeitet werden. Solchen Änderungen in den Wasserwegen begegnet man bei Klüften, Zerrüttungszonen, Schichtfugen und in großporigen Schotterablagerungen, wo das Wasser in Strahnen dahinfließt.

Das Erkennen der Zusammenhänge von mehrbahnigen Wasserwegen mit den Austrittstellen ist besonders für die Errichtung der Fassungsanlage wichtig.

3. Die Ergiebigkeit (Schüttung)

Nach dem Aufschließen der Quelle, wodurch ein ungehinderter Abfluß entsteht, erfolgt das Messen der Ergiebigkeit in Sekundenlitern (l/sec).

Bei kleineren Mengen bis 20 bis 30 l mißt man sie mit Hilfe eines Gefäßes. Es wird die Zeit mittels Stoppuhr festgestellt, die zur Füllung des Gefäßes (Volumen in l) nötig ist.

$$q = \frac{V}{t}$$

t = Zahl der zur Fullung nötigen Sekunden; q = l/sec.

Um die Messung einwandfrei durchzuführen, ist eine Abflußrinne so einzubauen, daß das gesamte Wasser in dieser abfließen kann.

Großere Mengen werden mittels des Überfallbrettes gemessen (s. S. 14).

Um die dauernde Ergiebigkeit zu ermitteln, sind Messungen über eine längere Zeitdauer (mindestens über ein Jahr) etwa alle 10 bis 14 Tage durchzuführen, so daß man die Ergiebigkeitsschwankungen in den verschiedenen Jahreszeiten erkennen kann. Die Niederschlagsmengen sind dabei in Betracht zu ziehen.

Soll eine Quelle für eine größere Wasserversorgung herangezogen werden, so sind die Messungen über ein Jahr unbedingt erforderlich, damit man die Auswirkungen der Trocken- und Regenzeiten, der Schneebedeckung, Winterkälte und Schneeschmelze erkennen kann. Im Sommer sind Messungen knapp nach Wolkenbrüchen zu empfehlen. Ausschlaggebend ist für die Beurteilung einer Quelle ihre Mindestergiebigkeit.

Die Ergiebigkeiten sind mit dem Datum schriftlich festzuhalten und allenfalls graphisch darzustellen.

Wenn die notwendigen Daten vorliegen, kann man die monatlichen Niederschläge vermerken, so daß die Verzögerungen im Abfluß ersichtlich sind.

Auf die Ergiebigkeitsangaben von Einheimischen soll man sich nicht verlassen. Die Schätzungen sind meist ungenau und selten verwertbar.

Auf Grund der Ergiebigkeitsangaben lassen sich Schlüsse auf die Wasserführung ziehen.

Geringe Ergiebigkeitsschwankungen besagen, daß günstige Speicherungsmöglichkeiten und enge unterirdische Wasserwege vorliegen und daher auch die Seihung eine gute sein kann.

Große Ergiebigkeitsschwankungen hingegen, besonders die rasche Auswirkung von Niederschlägen, lassen auf geringe Retention und auf weitwegige Wasserwege schließen. Die Seihung ist unsicher.

In folgender Zusammenstellung sind einige Zahlen über Mindest- und Höchstergiebigkeiten von einigen Quellen angeführt.

	Hochstergiebigkeit l/sec	Mindestergiebigkeit l/sec	Schwankungsziffer
Kaiserbrunnen (Rax)	2046	233	8,8
Aachquelle (Baden)	25000	2500	10
Kaufbeurenquelle (Bayern)	46,8	22,4	2
Turracherhöhe			
Prießquelle	10,35	0,93	11
Kohrquelle	14,4	4,0	3,8
Sagquelle bei Klachau (Salzkammergut)	2000	300	6
Pießling-Ursprungquelle	bis 2 m^3/sec		—
Schuttquellen am Ringkogel	2,2	0,02	110
bei Hartberg	2,5	0,02	125

Das Verhältnis der Mindestergiebigkeit zur Höchstergiebigkeit bezeichnet man als *Schwankungsziffer*. Sie beträgt z. B. beim Kaiserbrunnen

$$2046:233 = 8{,}8.$$

Große Ergiebigkeitsschwankungen zeigen Karstwässer, Wässer aus Spalten und Schuttablagerungen.

4. Die Temperatur des Wassers

Die Messungen erfolgen unmittelbar an der Austrittstelle. Bei Quelltümpeln (Quelltöpfen) versenkt man das Thermometer möglichst tief, um die Einwirkung der Außentemperatur zu verhindern. Zum Messen benützt man Thermometer, die das Ablesen von $^1/_{10}$ bis $^1/_5$°C ermöglichen. Meist verwendet man dafür besonders konstruierte Thermometer mit einer Metallfassung.

Jede Messung soll zweimal erfolgen, um Fehler auszuschalten. Gleichzeitig mißt man die Lufttemperatur, damit allfällige Zusammenhänge erkannt werden.

Die Temperaturen sind im Laufe eines Jahres möglichst oft zu messen — alle 8 bis 14 Tage —, um die Schwankungen zu erkennen, aus denen wichtige Schlüsse abgeleitet werden können.

Es ist jedoch sehr empfehlenswert und notwendig, daß auch in bereits gefaßten Quellen die Messungen regelmäßig aufgezeichnet werden, weil allfällige auffallende Schwankungen Änderungen im unterirdischen Zufluß bedeuten konnen. Es können neue unterirdische Bahnen entstehen, die anderes Wasser (Fluß-, Bachwasser) zum Quellwasser bringen.

Erfrischendes Trinkwasser soll eine Temperatur von 7 bis 10°C haben. Wasser unter 7 °C wirkt kalt und ist für den Magen nicht immer zuträglich. Wasser über 12 °C schmeckt schal und übt keine erfrischende Wirkung aus. Die Temperatur hängt von der Tiefenlage der unterirdischen Wasserwege, von der Durchfließgeschwindigkeit und der Höhenlage des Einzugsgebietes ab.

Das in die Tiefe versickernde Wasser paßt sich allmählich der Temperatur in der Tiefe an. Bis zu Tiefen von 2 m können größere tägliche Temperaturschwankungen etwas verzögert zum Ausdruck kommen. Der *Frost* wirkt in Mitteleuropa 1 bis $1^1/_2$ m tief, meist jedoch nur 80 bis 100 cm. In Tiefen zwischen 2 und 5 m stellt man größere monatliche Schwankungen fest. Die Außentemperaturen dringen stark verzögert bis 5 m tief ein. Von 5 bis 15 m machen sich jahreszeitliche Schwankungen abgeschwächt und verzögert bemerkbar.

In Tiefen von 15 bis 20 m können noch Schwankungen von 1 bis 3 °C auftreten.

Von einer bestimmten Tiefe an, die örtlich verschieden ist, stellt sich die *Zone der konstanten Temperatur* oder *die neutrale Zone* ein, die Temperatur bewegt sich um das Jahresmittel.

Die neutrale Zone liegt in den Alpenländern um 20 m Tiefe, in Paris um 27 m. in Belgrad 14 m, Odessa 20 m.

Unter der Zone der konstanten Temperatur wirkt sich die Erdwärme aus. Das Wasser paßt sich in der Tiefe — durchschnittlich unter 20 m — der Erdwärme an, die in der geothermischen Tiefenstufe ihren Ausdruck findet.

Durchschnittlich beträgt die geothermische Tiefenstufe 30 bis 35 m, zeigt jedoch örtlich große Verschiedenheiten:

Berlin	33,7 m	Oeynhausen	22,0 m
Paris	31,9 m	Feldbach	22—23 m
Moskau	45,4 m	Fürstenfeld	19,9 m

Um die Temperatur des Wassers unter 20 m zu berechnen, benützt man folgende Formel:

$$tm = t_0 + \frac{m - h}{l}$$

tm = Temperatur in der zu bestimmenden Tiefe, t_0 = mittlere Jahrestemperatur. m = Tiefe der Schicht, für die die Wassertemperatur bestimmt wird, h = Tiefe der neutralen Zone, l = geothermische Tiefenstufe.

Die Einwirkung der Erdwärme macht sich besonders in Tunnels mit großer Überdeckung und in Bohrlöchern bemerkbar. Einige Angaben:

	Überdeckung m	Temperatur °C
Gotthardtunnel	1706	30,8
Arlbergtunnel	720	18,5
Simplontunnel	2135	56
Lötschbergtunnel	1673	34
Bohrloch in Oklahoma	5090	148
Bohrloch in Kalifornien	4500	149
Bohrloch in der Sahara	1167	41,5

Faktoren, die die Temperatur beeinflussen. a) Je geringer die Temperaturschwankungen des Wassers sind, desto geringer sind die Einwirkungen der Lufttemperatur. Dies läßt den Schluß zu, daß das Wasser entsprechend tief liegt, so daß sich die Oberflächentemperaturen kaum mehr auswirken. Befindet sich das Wasser also entsprechend tief unten und bewegt es sich langsam, so ist genügend Zeit zur Anpassung an die Temperatur der Tiefe gegeben. Diese Tatsache spricht ferner für eine längere Verweildauer und für eine günstige Seih- und Speicherwirkung.

Temperaturmessungen geben daher wertvolle Anhaltspunkte über die Tiefenlage des Wassers. Je größer die Schwankungen der Wassertemperatur sind, desto seichter liegt es unter der Oberfläche. Machen sich tägliche Temperaturänderungen ähnlich wie in der Lufttemperatur erkennbar, dann liegt das Wasser nur 1 bis $1^1/_2$ m tief. Zeigt es jedoch Temperaturänderungen, die der Lufttemperatur nachhinken, dann kann eine tiefere Lage angenommen werden.

b) Eine wesentliche Rolle spielt die *Durchfließgeschwindigkeit.* Bewegt sich das Wasser in den unterirdischen Wasserwegen sehr langsam weiter, so ist genügend Zeit vorhanden, daß es die Temperatur des umgebenden Gesteins annehmen kann. Die Temperaturschwankungen werden im allgemeinen gering sein.

Bewegt es sich aber in weiten Wasserwegen, so besteht eine große Durchfließgeschwindigkeit, es findet nicht die Zeit, die Temperatur der Umgebung anzunehmen; es werden je nach der Lufttemperatur größere Temperaturschwankungen auftreten.

Ausnahmen zeigen jedoch oft die Karstwässer, die in weiten Wasserwegen lange Strecken in horizontaler und senkrechter Richtung rasch durchfließen.

c) Die Temperatur des Wassers an der Quelle wird häufig durch die *Seehöhe im Einzugsgebiet* beeinflußt. Besteht zwischen der Seehöhe der Quelle und dem Einzugsgebiet ein Höhenunterschied von mehr als 300 m, so fließen der Quelle Niederschläge (Schmelzwasser) zu, die aus Gebieten mit niedrigeren Jahreslufttemperaturen stammen und bei ihrem raschen Abfluß niedrigere Temperaturen an der Quelle verursachen können (KERNER 1903).

d) Die Temperatur von Quellwässern kann auch durch das Eindringen von *Wasser aus offenen Gewässern* (Bäche, Flüsse) beeinflußt werden. Im Laufe der Zeit können neue unterirdische Wasserwege ausgearbeitet werden, die ein Eindringen von Oberflächenwasser ermöglichen. Die Temperaturmessungen können darauf aufmerksam machen, so daß rechtzeitig die Verunreinigungsgefahr beseitigt werden kann.

Für die Ergiebigkeits- und Temperaturmessungen ist folgende Tabelle zu empfehlen:

Datum	Bezeichnung der Quelle	Ergiebigkeit l/sec	Temperaturen		Witterung	Name der Messenden
			Luft	Wasser		

Aus der graphischen Darstellung von Niederschlag und Ergiebigkeit bzw. Lufttemperatur und Wassertemperatur lassen sich die Zusammenhänge leicht erkennen.

F. Die chemisch-bakteriologischen Eigenschaften des Wassers

I. Der chemisch-bakteriologische Befund

Das versickernde Niederschlagswasser nimmt aus der Luft, von der Oberfläche, von der Humusschicht und beim Durchgang durch die unterirdischen Wasserwege verschiedene organische und anorganische Stoffe auf, die aus gesundheitlichen und technischen Gründen zu beachten sind.

Vom hygienischen Standpunkt sind daher chemisch-bakteriologische Untersuchungen erforderlich. Diese werden von den Hygienischen Instituten der Universitäten oder von den staatlichen Lebensmittelanstalten durchgeführt.

Die Entnahme der Wasserprobe erfolgt im allgemeinen durch Amtspersonen. Die Gefäße (Flaschen mit 1 l Inhalt) sind vorher gründlich mehrmals mit heißem Wasser zu reinigen und an Ort und Stelle mit dem zu untersuchenden Wasser auszuspülen. Die Entnahme erfolgt aus dem dauerfließenden Abfluß in unmittelbarer Nähe der Austrittstelle. Gleichzeitig ist die Luft- und Wassertemperatur zu messen.

Der *chemische Befund* enthält Angaben über den pH-Wert, über Ammoniak, Nitrate, Nitrite, Chlor, Eisen, über die Härte und über den Verbrauch an Kaliumpermanganat, der über den Gehalt organischer Stoffe Auskunft gibt.

Der *bakteriologische Befund* gibt die Keimzahl (Bakterien im allgemeinen) und den Gehalt an Bacterium coli an.

Der Befund enthält dann noch eine Zusammenfassung über die Eignung des Wassers als Trinkwasser.

Da der Chemismus und der bakteriologische Inhalt im Laufe des Jahres Schwankungen unterworfen ist (Jahreszeiten, Düngung, Wiese usw.) sind mehrere Untersuchungen zu verschiedenen Zeiten erforderlich.

Aus technischen und hydrogeologischen Gründen sind jedoch ausführliche *quantitative große chemisch-technische Analysen* angezeigt.

Alle unterirdischen Wässer enthalten mehr oder weniger viel mineralische Stoffe gelöst. Sie sind bis zu einem gewissen Grade wertvoll, wirken geschmacksverbessernd, doch stellen sich auch unangenehme Einwirkungen ein (Verkrustungen der Rohre, Kesselstein, aggressive Wirkung). Diese Analysen sind besonders dann notwendig, wenn die Wässer einer Aufbereitung bedürfen und wenn solche aus verschiedenen Entnahmestellen vermischt werden.

Für den Hydrogeologen geben die Analysen Anhaltspunkte über die Beschaffenheit der unterirdischen Wasserwege und des Einzugsgebietes.

Sie sind jedoch auch für den Arzt von Bedeutung, der vielleicht aus dem Chemismus auf die Verbreitung von Krankheiten schließen kann.

II. Einfache chemische Untersuchungsmethoden

Im allgemeinen werden die chemischen Untersuchungen vom Chemiker ausgeführt. Der Geologe soll sich damit nicht befassen, doch ist es manchmal notwendig, daß an Ort und Stelle einige qualitative Untersuchungen durchgeführt werden.

Es gelten folgende Anleitungen:

Das Buch Klut—Olszewski: *Untersuchung des Wassers an Ort und Stelle* (Springer-Verlag) bildet hierfür einen wertvollen Behelf.

1. Sinnesprüfung

a) Klarheit und Durchsichtigkeit

Trinkwasser soll klar und durchsichtig sein. Feine Sandkörnchen, Humus-, Tonteilchen, feinste Faserstoffe, Pilzfäden usw. verursachen oft Trübungen. Durch Luftzutritt erscheint das Wasser milchig getrübt, nach kurzer Zeit entweichen jedoch die Luftbläschen.

Zur Bestimmung der Klarheit nimmt man ein farbloses Glasgefäß mit 1 bis 2 l Inhalt, füllt es mit der Wasserprobe und hält es gegen das Licht. Als Grad der Klarheit wählt man folgende Bezeichnungen:

klar, schwach opalisierend, opalisierend, schwach trübe, trübe, stark trübe.

b) Farbe

Das Wasser erscheint in dünnen Schichten farblos, in dickeren blau. Farbtöne, die ins Gelbliche, Graue gehen, lassen auf Beimengungen schließen (Eisen, feine tonige Teilchen).

Die Farbe beobachtet man im Standglas (25 cm lichte Weite, 40 bis 60 cm Höhe) mit einer weißen Unterlage. Zum Vergleich nimmt man die Probe mit überdampftem reinen Wasser.

c) Geruch

Gutes Trinkwasser soll geruchlos sein.

Wasser aus Sümpfen und Mooren hat oft einen muffigen Geruch. Stark eisenhaltige Wässer besitzen einen modrigen Geruch, Schwefelwasser einen solchen nach faulen Eiern, auch den Gehalt an Abwässern kann man mitunter schon an dem Geruch erkennen.

Wenn auch der Geruch kein sicheres Kennzeichen von Verunreinigungen ist, so weist er doch auf Stoffe hin, die allenfalls schädlich sein können.

Um den Geruch des Wassers festzustellen, ist es manchmal vorteilhaft, das Wasser in einer größeren weithalsigen Flasche (1 l) bis 40 bis 50 °C unter kräftigem Schütteln zu erhitzen; dadurch werden oft Gerüche frei, die bei normaler Temperatur nicht spürbar sind.

d) Geschmack

Man nimmt einen Schluck Wasser in den Mund, drückt die Zunge darauf und prüft — ähnlich wie bei einer Weinkostprobe — den Geschmack. Wasser bei 7 bis 11 °C soll angenehm erfrischend schmecken.

Erhält man einen auffallenden Beigeschmack, der besonders bei Wässern aus Sümpfen, humusreichem Boden, eisenreichen Sanden und aus solchen mit geringen Beimengungen von Abwasser, Benzin, Ölen usw. auftritt, ist Vorsicht geboten.

Ortsbewohner, die ständig solch ein Wasser trinken, empfinden selten den Beigeschmack, sie haben sich daran gewöhnt; deshalb ist auch ihr Urteil mit Vorsicht aufzunehmen.

Die Geschmacksprobe ist stets an dem an Ort und Stelle frisch entnommenen Quellwasser vorzunehmen, da eine später durchgeführte Kostprobe vielfach durch Verlust von Sauerstoff und durch die Temperaturänderungen kein richtiges Bild mehr gibt.

2. Die chemische Untersuchung

a) Die Reaktion des Wassers

Das natürlich vorkommende Wasser kann *sauer*, *alkalisch* oder *neutral* sein.

Die Prüfung dieser Eigenschaften ist notwendig, weil saure Wässer z. B. die Eisenrohre angreifen können.

Eine rohe Feststellung kann mit dem Lackmuspapier erfolgen. Saures Wasser färbt Lackmuspapier rot, alkalische Wasser färben es blau.

Meist prüft man jedoch den pH-Wert mit dem Universal-Indikator (flüssig) von Merck. Man gibt Wasser in ein Porzellanschälchen und einige Tropfen des Indikators hinzu. An der beigegebenen Farbskala liest man den pH-Wert ab

neutral	pH = 7
sauer	pH = kleiner als 7
basisch	pH = größer als 7

Bei welchem pH-Wert ein Wasser im Gleichgewicht ist, d. h. weder Werkstoffe angreift, noch seine gelösten Salze ausfällt, hängt von der Kalkhärte ab; daher sind aus den pH-Werten keine voreiligen Schlüsse zu ziehen (Chemiker heranziehen!).

b) Ammoniak (NH_3)

Der Gehalt an Ammoniak weist oft auf Abbauprodukte hin, die von menschlichen oder tierischen Abfallstoffen stammen und daher auch Krankheitskeime führen können.

Der Nachweis erfolgt mittels der Neßlerschen Lösung (2,5 g Kaliumjodid, 3,5 g Quecksilberjodid, 3,0 g destilliertes Wasser und 100 g 15%ige Kalilauge), die käuflich erhältlich ist.

Man gibt 4 bis 6 Tropfen der Losung in 10 g der Wasserprobe, bei Anwesenheit von NH_3 entsteht lebhafte Gelbfärbung, bei reichlichem Gehalt an NH_3 bildet sich ein dunkelgelber bis braunroter Niederschlag.

Im hygienischen Befund spricht man von „Spuren", „deutlichem" oder „starkem" und „sehr starkem" Gehalt. Wenn das Wasser mehr als „Spuren" enthält, dann ist die mengenmäßige Prüfung durch den Chemiker notwendig.

c) Salpetrige Säure (N_2O_3)

N_2O_3 ist in sehr geringen Mengen (0,01 bis 1 mg im Liter) verhältnismäßig häufig.

Nitrite können unter Mitwirkung von Mikroorganismen aus organischen Stickstoffverbindungen oder aus Ammoniak entstehen.

Durch Zersetzung organischer Stoffe (menschlicher oder tierischer Abfallstoffe) können die leicht löslichen Nitrite ins Wasser gelangen.

Auch bei Sprengüngen mit Dynamit in Brunnen oder Brunnenstollenanlagen können Nitrite entstehen und ins Wasser gelangen, verschwinden jedoch wieder nach längerem Abfließen.

Wenn also im Wasser Nitrite vorhanden sind, so ist stets der Ursache nachzugehen. Stammen sie von menschlichen oder tierischen Abfällen, dann ist Vorsicht am Platze.

Der Nachweis kann auf mehrere Arten erfolgen. Am einfachsten gestaltet sich die Prüfung mit *Jodzinkstärkelösung*.

Man füllt ein Reagenzglas bis zu drei Vierteln mit Wasser, fügt 3 bis 5 Tropfen 25% Phosphorsäurelösung hinzu und darauf 10 bis 12 Tropfen Jodzinkstärkelösung. Ist salpetrige Säure vorhanden, so tritt je nach Menge sogleich oder nach einiger Zeit Blaufärbung ein.

1 l Flüssigkeit enthält N_2O_3:

blaut sich sofort	0,50 mg oder mehr
blaut sich nach 10 Sek.	0,30 mg
blaut sich nach 30 Sek.	0,20 mg
blaut sich nach 60 Sek.	0,15 mg
blaut sich nach 3 Min.	0,10 mg
blaut sich nach 8 Min.	0,05 mg
blaut sich nach 10 Min.	Spuren

(Nicht im direkten Sonnenlicht arbeiten!)

Für den Geologen ist der Befund von Wichtigkeit, denn er muß den Ursachen. dem Verunreinigungsherd, nachgehen.

Liegt z. B. im Einzugsgebiet eine Holzknechthütte, Schutzhütte oder eine Weidefläche, so treten oft nur zeitweise die Verunreinigungen auf. In Schuttquellen, die weite Wasserwege besitzen, können auch Wildfütterungsstellen den N_2O_3-Gehalt bewirken.

d) Salpetersäure-Nitrate

Salpetersäure kann durch Oxydation stickstoffhaltiger organischer Stoffe entstehen. Salpetersäure bzw. die Nitrate sind an und für sich ungefährlich, doch das Vorhandensein weist auf Verunreinigungen durch organische Stoffe hin.

Der Nachweis erfolgt durch *Diphenylamin.*

In eine sorgfältig mit konzentrierter Schwefelsäure gereinigte weiße Porzellanschale bringt man 1 cm^3 der Wasserprobe und setzt einige Kriställchen von Diphenylamin hinzu und darauf in kurzen Zwischenräumen zweimal je 0,5 cm^3 reine konzentrierte Schwefelsäure. Erfolgt Blaufärbung, so ist Salpetersäure vorhanden.

e) Chlorid

Chlorid ist in den meisten Wässern in Spuren enthalten; es sollen jedoch nicht mehr als 30 mg im Liter vorhanden sein.

Stammt das Chlor aus chlorhaltigen Gesteinen (z. B. Steinsalz, Flußspat u. a.), dann ist der Gehalt in der oben angeführten Menge unbedenklich. Besteht jedoch der Verdacht, daß es nicht aus den Gesteinen kommt, dann liegt die Möglichkeit vor, daß es aus organischen Stoffen (Reste von Lebewesen oder ihrer Ausscheidung) herrührt und damit ist dann eine Gefährdung des Wassers gegeben.

Der Nachweis: Die Wasserprobe zeigt nach Zugabe einiger Tropfen Silbernitrat bei Anwesenheit von Chlor eine weißliche Trübung.

f) Calciumsulfat ($CaSO_4$) — Schwefelsäure (H_2SO_4)

Calciumsulfat kann aus Gips- und Anhydritgesteinen stammen. Durch Zersetzung von Eisenkies und anderen Sulfiden kann sich Schwefelsäure bilden und den Kalk in Gips umwandeln.

Wasser aus den Werfener Schichten (Trias), die oft Gipslinsen enthalten, oder Wasser aus dem Muschelkalk und Keuper lösen beim Durchgang vielfach Gips auf. Diese Wasser finden dann oft als Heilwasser Verwendung (z. B. Wörschach: Bad Einöd).

Der Nachweis erfolgt mit einer Bariumchloridlösung (Vorsicht, giftig!), die einen weißen Niederschlag erzeugt. Die genaue Bestimmung kann nur im Laboratorium erfolgen.

g) Schwefelwasserstoff (H_2S)

ist meist schon durch den Geruch nach faulen Eiern und schon in Mengen unter 1 mg/l erkennbar. Er kann aus Pyrit und auch aus Sulfaten entstehen. Er kann sich aber auch aus organischen Stoffen bilden, besonders aus Eiweißstoffen. und ist dann gesundheitsschädlich.

h) Eisen

Sehr viele unterirdische Wässer, besonders Grund- und artesische Wässer, Wässer aus tertiären Ablagerungen, enthalten *Eisenverbindungen*, die vielfach eine leichte Gelbfärbung verursachen.

Das Eisen ist meist als Ferrobikarbonat ($2\,Fe(HCO_3)_2$) gelöst enthalten; durch Zutritt von Luft verwandelt es sich in Eisenhydroxyd, das in gelbbraunen Flöckchen ausgeschieden wird. Sehr häufig bilden eisenhaltige Wasser eine ölartige Schwimmschicht oder eine opalisierende Oberfläche. (Bei Sumpfwiesen oft deutlich erkennbar.)

Eisenhaltiges Wasser hat oft einen dumpfig-moorigen Geruch, einen faden Geschmack und meist einen Stich ins Gelbliche bis Gelblichbraune.

Der Eisengehalt ist im allgemeinen nicht gesundheitsschädlich, doch wird die Appetitlichkeit wesentlich herabgesetzt und es stellen sich verschiedene wirtschaftliche und technische Schwierigkeiten ein.

Die Wasserleitungsrohre verlegen sich, es bildet sich ein flockiger Belag, der das Durchfließen hemmt. Die Wäsche erhält einen gelblichen Stich oder Rostflecken. Viele gewerbliche Betriebe wie Bleichereien, Gerbereien, Brauereien, Färbereien, Zeugdruckereien, Papierfabriken, photographische Betriebe können eisenhaltiges Wasser nicht gebrauchen, es können schon Mengen von 0,1 mg Fe im Liter unangenehm sein.

Auch Molkereien, Glas- und Tonwarenfabriken brauchen möglichst eisenfreies Wasser.

Es erhebt sich die Frage: woher kommt das Eisen?

In Moor- und Sumpfböden bilden sich im Humus aus verschiedenen Verwitterungsprodukten leicht lösliche Eisenverbindungen, die vom Wasser allmählich abgeführt werden.

Wasser aus Sumpf- und Moorböden sind vielfach eisenhältig. Tertiäre Sande und Schotter, die aus altkristallinen Schiefern stammen (Granatglimmerschiefer, Gneise, Amphibolite) zeigen deutlich rostige Verwitterungsrinden- oder -flecken, die vom Wasser gelöst werden. Das Eisen stammt von Mineralien, die Fe enthalten (z. B. Granate, Biotite, Eisenkies).

Manche Gebiete am Ostalpenrand zeigen auffallende Roterdeverwitterung, auch manche Kalkbrüche (z. B. Weiz, Stattegg bei Graz, Linegg bei Mariatrost) sind tief hinein mit roten Krusten versehen. Es handelt sich meist um pliozäne Verwitterungsbildungen, die auch zur Entstehung eisenhaltiger Wässer beitragen können.

Auch artesische Wässer, die aus tertiären Sandhorizonten kommen, enthalten oft Eisen. Untersucht man diese Sande, so zeigen sie feine, rostige Häutchen.

Eisenhaltiges Wasser lagert oft an der Quelle eine braune bis gelbbraune Kruste ab; häufig handelt es sich dabei um Kalksinter, der durch Eisenwasser eine braune Färbung erhielt.

Der chemische Nachweis des Eisens. a) *Für dreiwertiges Eisen* (*Ferrisalze*). Man versetzt etwa 100 ml der Probe, die luftfrei entnommen wird, mit 2 ml Schwefelsäure und fügt einige Tropfen Kaliumrhodanidlösung hinzu. Je nach Gehalt erfolgt schwach-rosa bis tiefrote Färbung.

b) *Für 2- und 3wertiges Eisen zusammen.* 100 ml Wasser werden mit 5 Tropfen Kaliumbromatlösung (5%ig) und 1 ml Salzsäure versetzt. Nach einigen Minuten werden 5 ml 10%ige Kaliumrhodanidlösung zugesetzt. Es erfolgt schwache Rosafärbung (= rund 0,2 mg/l Fe), tiefrote Färbung (= rund 5 mg/l Fe).

Beträgt der Eisengehalt 0,2 bis 0,5 mg/l, dann bezeichnet man ihn als gering. Für die Trinkwasserversorgung muß jedoch dieses Wasser bereits aufbereitet werden.

0,5 bis 1,0 mg/l Fe	erhöhter Eisengehalt
1,0 bis 3,0 mg/l Fe	hoher Eisengehalt
3,0 bis 20 mg/l Fe	sehr hoher Eisengehalt

Die mengenmäßige Untersuchung überläßt man dem Fachchemiker, sie ist besonders aus technischen Gründen unbedingt erforderlich.

Eisenhaltige Wässer können durch Einrichtungen enteisent werden, doch die Errichtung solcher Anlagen soll von Fachleuten durchgeführt werden.

i) Die Härte des Wassers

Die im Wasser gelösten Verbindungen mit Erdalkalien (Ca, Mg) bestimmen die Härte des Wassers.

Man unterscheidet:

1. Die *Gesamthärte*, sie umfaßt alle im Wasser gelösten Verbindungen von Ca, Mg (allenfalls auch Barium, Strontium), die als Karbonate, Sulfate usw. auftreten können.

2. *Die Karbonathärte*, sie umfaßt alle Karbonate und Hydrogen-Karbonate von Ca und Mg.

Diese Karbonate werden beim Kochen aus dem Wasser als Kesselstein ausgeschieden.

3. Die *bleibende oder permanente Härte* setzt sich aus Sulfaten, Nitraten, Chloriden, Phosphaten und Silikaten des Kalziums zusammen.

4. Manchmal unterscheidet man noch die *Kalkhärte*, die sämtliche Ca-Salze umfaßt und als CaO ausgedrückt wird.

5. Die *Magnesiumhärte*, die sämtliche Mg-Salze angibt.

Die Härte wird mit *deutschen Härtegraden* bezeichnet. 1 dH = 10 mg CaO in 1 l Wasser. Demnach bezeichnet man Wasser mit

0 bis 4 dH	als sehr weich	12 bis 18 dH	etwas hart
4 bis 8 dH	weich	18 bis 30 dH	hart
8 bis 12 dH	mittelhart	über 30 dH	sehr hart

Zum Vergleich sei nur angeführt, daß einige andere Länder etwas abweichende Bezeichnungen benutzen.

1 frz. Härtegrad	= 10 mg $CaCO_3$ in 1 l Wasser
0,8 dH	= 1,43 fr. H
1 dH	= 1,8 fr. H
1 engl. Härtegrad	= 10 mg $CaCO_3$ in 0,7 l Wasser
1 dH	= 1,25 engl. H
1 amerik. Härtegrad	= 1 mg $CaCO_3$ in 1 l Wasser
0,8 dH	= 14,3 amerik. H

Die Härtebestimmung. Die Karbonathärte wird mit normaler Salzsäure bestimmt. Nach KLUT: „Man füllt aus einem Meßkolben 100 cm³ Wasser in einen Erlenmeyerkolben, gibt 2 Tropfen Methylorangelösung hinzu und läßt unter Bewegung des Erlenmeyerkolbens aus der mit $n/10$ Salzsäure gefüllten Bürette vorsichtig so lange Säure zufließen (am Schlusse tropfenweise) bis der Umschlag von Gelb ins Bräunlichgelb eintritt.

Man lese nun die verbrauchten Kubikzentimeter Säure an der Bürette ab und multipliziert diese Zahl mit 2. Das Ergebnis zeigt die Karbonathärte des Wassers in deutschen Härtegraden an.“

Die Gesamthärte wird nach der Methode Schwarzenbach oder Blocher im Labor vom Fachchemiker bestimmt.

Mit Hilfe des *Durognostverfahrens* (nach FLASCHKA) ist die Schnellbestimmung der Gesamthärte zur groben Orientierung möglich.

Die Bedeutung der Härte. Zahlreiche Untersuchungen haben ergeben, daß im allgemeinen die *Härte des Wassers* auf die Gesundheit nicht schädigend wirkt. Weder bei sehr hartem Wasser (bis zu 100°dH) noch bei sehr weichem hat man Schädigungen sicher feststellen können.

Es muß wohl ausdrücklich vermerkt werden, daß wir die größte Menge nicht direkt als Trinkwasser aufnehmen, sondern im gekochten Zustande mit dem Essen, wodurch bereits ein großer Teil der Karbonate ausfällt.

Der Geschmack wird jedoch durch die Härtegrade beeinflußt. Hartes Wasser schmeckt im allgemeinen gut, beim weichen (gleiche Temperatur) erhält man oft den Eindruck, daß es geschmacklich nicht besonders hervortritt, es schmeckt „leer“ (fad).

Sind jedoch größere Mengen von Chloriden enthalten, z. B. Magnesiumchloride, so kann sich ein bittersalziger Geschmack einstellen.

Wichtig ist die Härte für Wirtschaftszwecke, fürs Kochen, Waschen und für viele gewerbliche Betriebe.

Im harten Wasser lassen sich Hülsenfrüchte, Fleisch schwer weichkochen, bei Kaffee, Kakao und Tee leidet der Wohlgeschmack.

Harte Wässer erfordern einen größeren Seifenverbrauch als weiche, weil die Kalk- und Magnesiasalze mit den Fettsäuren der Seife unlösliche Verbindungen eingehen, die unwirksam bleiben.

So gehen bei 20 Härtegraden im Liter rechnerisch 2,4 g, im m³ 2,4 kg Seife verloren.

Unangenehm wirkt sich hartes Wasser in den Leitungsrohren, in Warmwasserleitungen, Dampfkesselanlagen u. a. aus, weil durch Abscheidung von Kalziumkarbonat einerseits erhebliche Rohrverengungen, anderseits durch die Kesselsteinbildungen unangenehme Verkrustungen entstehen.

Auch viele gewerbliche Betriebe wie Brauereien, Färbereien, Papierfabriken u. a. müssen die Härte des Wassers berücksichtigen.

Verbreitung harter und weicher Wasser. In Gegenden, wo das Wasser aus Kalk- und Dolomitgesteinen austritt, ist es meist hart. In den Nördlichen Kalkalpen entspringt daher vor allem hartes Wasser, doch gibt es da oft große Unterschiede. Die Karstquellen im Dachsteingebiet (meist Spaltquellen) zeigen eine Gesamthärte von 7 bis 8 °dH. Im Hochschwabgebiet zeigen Wässer aus dem Kalkgebiet bis 7°dH; aus dem Dolomitgebiet 8,5 bis 10,5°dH und aus dem Schuttgebiet 9 bis 12°dH (nach ZÖTL 1961). Der Unterschied der Härte zwischen Kalkwasser und Dolomitwasser ist in der Struktur zu suchen. Die Dolomitgesteine sind viel stärker geklüftet als die Kalke, das Wasser fließt langsamer und kann mehr Karbonate auflösen als in den weiten Klüften des Kalkes. Stellenweise kann auch die Vegetationsdecke eine Erhöhung der Karbonathärte bewirken, da diese Wässer reicher an CO_2 sind und eine größere Lösungskraft besitzen.

Auffallend hartes Wasser tritt im Schwäbischen und Fränkischen Jura auf. In Württemberg gilt als obere Grenze der Härte im allgemeinen 35°dH. Im Muschelkalk scheinen Quellen mit 20 bis 35°dH auf, im Keuper mit 15 bis 25°dH, im weißen Jura bleibt die Härte meist unter 20°dH.

Weiches Wasser trifft man meist in Gebieten, die aus kristallinen Schiefern bestehen. In Steiermark sind die Wasser aus dem Kor-, Stub- und Gleinalpenbereich meist sehr weich, sie enthalten 2 bis 6°dH, doch gibt es in der Nähe von Marmoreinlagerungen Ausnahmen.

Die Gesamthärte des Trinkwassers einiger Orte Österreichs[1]

	Deutsche Härtegrade
Baden bei Wien	11
Bad Ischl	7,7—11,5
Bregenz	11 —14,7
Dornbirn	9 —13
Eisenstadt	18 —19
Feldkirch	9 —14
Graz-Andritz	13
Graz-Südwest	21
Innsbruck	7,5— 8,7
Klagenfurt	12 —18
Krems (Grundwasser)	21
Leoben (St. Peter)	10,6
Linz	17 —18
Salzburg	6 — 8
St. Pölten	15 —16
Villach	10 —12
Wien	
1. Wiener Hochquellenleitung	11,3
2. Wiener Hochquellenleitung	6

[1] Nach Technischem Taschenbuch von R. ANDRE (Firma Aumann-Keller-Pichler Wasserversorgung).

j) Ermittlung organischer Verunreinigungen im Wasser

Die organischen Stoffe, die im Wasser gelöst enthalten sind, können menschlicher, tierischer oder pflanzlicher Herkunft sein und damit auch Krankheitserreger enthalten.

Die Untersuchung erfolgt mittels *Kaliumpermanganatlösung* und drückt die Menge der organischen Stoffe durch die Angabe des verbrauchten Kaliumpermanganates in mg/Liter aus.

Im allgemeinen sind Wässer mit einem Kaliumpermanganatverbrauch bis 12 mg/l als zulässig zu bezeichnen; darüber hinaus ist Vorsicht geboten. Es gibt jedoch Fälle, daß Wässer mit über 12-mg/l-Verbrauch noch als einwandfrei bezeichnet werden; dies ist besonders bei solchen aus moorigem Gebiet der Fall, die viel Humussubstanz enthalten.

Der Analysenvorgang ist in: KLUT „Untersuchung des Wassers an Ort und Stelle" angegeben.

Ungefähr kann man den Gehalt an organischen Stoffen durch kräftiges Schütteln in einem Reagenzglas erkennen. Bei Vorhandensein von organischen Stoffen bilden sich Blasen und Schaum; doch ist eine frische Probe zu entnehmen und die Prüfung an Ort und Stelle durchzuführen. Moorwasser schäumt ebenfalls — muß jedoch deshalb nicht verschmutzt sein.

Um die Blasenbildung deutlich zu erkennen, kann man der Probe vor dem Schütteln 2 Tropfen Methylen-Blaulösung oder 2 Tropfen Alizarintinte hinzufügen.

Ist der Befund negativ, entstehen kleine Blasen, die nach 1 bis 2 Sekunden verschwinden. Bei positivem Befund entwickeln sich größere Blasen, die mehrere Sekunden bleiben.

k) Der Sauerstoffgehalt

Der Sauerstoffgehalt ist im allgemeinen für Trinkzwecke belanglos; er spielt nur eine untergeordnete Rolle; doch für verschiedene technische Zwecke ist er von Wichtigkeit. Weiche Wasser mit hohem Sauerstoffgehalt greifen Metalle, besonders Eisen, an. Zentralheizungsanlagen, Kessel usw. können Schaden leiden. Umgekehrt kann in eisernen Leitungsrohren sauerstoffarmes Wasser Eisen auflösen, so daß oft von der Herkunft des Eisengehaltes des Wassers eine falsche Vorstellung entsteht.

Vielfach kommt es vor, daß der Sauerstoffgehalt an Ort und Stelle der Entnahme größer ist als nach der längeren Aufbewahrung (24 bis 27 Stunden) in gut verschlossenen Gefäßen. Die Differenz ergibt die Sauerstoffzehrung, die besonders bei stark verschmutztem, keimhaltigen Wasser zu beobachten ist.

KLUT schreibt: „Das Sauerstoffdefizit gibt an, wieviel organische, zersetzungsfähige Abwässer einen Vorfluter geschädigt haben."

l) Die Kohlensäure (CO_2)

Sie kommt als gebundene und freie CO_2 vor. Gebunden ist sie im Kalzium- und Magnesiumkarbonat bzw. im Ca- und Mg-Hydrokarbonaten. Die freie Kohlensäure ist im Wasser als Gas oder als H_2CO_3 gelöst enthalten.

Sie bedingt vor allem, daß die Karbonate in Lösung bleiben (Zugehörige CO_2). Nimmt der CO_2-Gehalt ab, so werden Karbonate ausgeschieden. Ist jedoch mehr CO_2 enthalten als zur Aufrechterhaltung der Lösung der Karbonate notwendig ist, dann wirkt die Kohlensäure aggressiv, sie greift Metalle, Mörtel und Gesteine an.

m) Die elektrische Leitfähigkeit

Die elektrische Leitfähigkeit des Wassers hängt von der Menge der gelösten Stoffe ab. Je mehr Stoffe gelöst sind, desto geringer ist der elektrische Widerstand. Durch die Messung des Leitvermögens kann man daher die Menge der gelösten Stoffe ungefähr bestimmen, nicht aber die chemische Zusammensetzung. Es sind immer noch chemische Analysen notwendig.

Für die Messung der Leitfähigkeit gibt es handliche tragbare Apparate, die an Ort und Stelle benutzt werden können.

n) Angreifendes oder aggressives Wasser

Manches Wasser greift Metallrohre, Mörtel und Gesteine an, man nennt es aggressives Wasser.

Folgende chemische Eigenschaften können aggressive Wirkung ausüben:

1. Wasser mit freier Kohlensäure,
2. Weiches Wasser,
3. Wasser mit Luftsauerstoff,
4. Wasser mit höherem Anteil an Salzen starker Säuren wie Chloride, Sulfate, Nitrate, Schwefelwasserstoff und Sulfide.

Aggressives Wasser verursacht bei Mörtel, Beton eine Auslaugung des Kalkes und der Alkalien bzw. Kristallumwandlungen, wodurch sie zum Zerfall kommen.

Metalle (Blei, Eisen) werden durch aggressives Wasser aufgelöst, es bilden sich die entsprechenden Verbindungen, die in Lösung gehen.

Die Wirkung auf Eisen kommt durch folgende chemische Gleichung zum Ausdruck:

$$Fe + 2H_2O + 2CO_2 = Fe(HCO_3)_2 + H_2$$

$$4Fe(HCO_3)_2 + O_2 = 4Fe(OH)_3 + 8CO_2.$$

Das Ferrikarbonat wird zu Eisenhydroxyd (= Rest) oxydiert.

3. Beeinflussung des Chemismus

Der Chemismus des Wassers wird beeinflußt:

durch die mit den *Niederschlägen* aus der Luft entnommenen Stoffe,

durch die *Pflanzendecke*,

durch die *Kohlensäure*,

durch die *mineralischen Stoffe*, die beim Durchgang durch die unterirdischen Wasserwege gelöst werden,

durch die verschiedenen natürlichen *Fäulnis- und Verwesungsstoffe*, die mit den Niederschlägen in den Boden gelangen,

durch die verschiedenen *Abwässer* von Siedlungen, gewerblichen Betrieben, Treibstoffanlagen usw.,

durch *Oberflächenwasser*.

Die *Niederschläge* bestehen selten aus vollständig reinem Wasser, sondern enthalten häufig Nitrate und Kohlensäure.

In Paris wurde das Regenwasser laufend untersucht und festgestellt, daß 1 l Regenwasser zeitweise 20 mg Stickstoff in Form von Ammoniak und 0,7 mg in Form von salpetriger Säure enthält.

In der Nähe des Meeres findet sich in den Niederschlägen oft Kochsalz, das der Wind tropfenweise aus den Wellen entnimmt.

Die *Pflanzen* können Veränderungen des Chemismus im Nitrat- und Kohlensäuregehalt bewirken.

Bei der Pforzheimer Wasserversorgung bemerkte RÖHRER (1933) merkwürdige Unterschiede und Schwankungen im Nitratgehalt der einzelnen Quellen. RÖHRER konnte die Ursache in bodenbiologischen Verhältnissen finden. Die Wasser, die aus einem Einzugsgebiet mit podsolierten Böden stammen, hatten nur Spuren von Nitrat. Die Wasser, die aus Waldböden mit nitratabgebenden Pflanzen kamen, enthielten jedoch höheren Nitratgehalt, der jahreszeitlich zur Auswirkung kam.

Wesentlich wird der Chemismus durch den *Kohlensäuregehalt* des Bodens beeinflußt. Im Boden wird durch die Atmung der Wurzeln und der Bodenmikroben Kohlensäure frei. Man rechnet, daß etwa $^1/_3$ der Boden-Kohlensäure auf Rechnung der Wurzeln und $^2/_3$ von der Mikrobenwelt stammen. Nun hängt der CO_2-Gehalt wieder vom Bodentyp und von der Pflanzengesellschaft ab. Es kommen daher mit den versickernden Niederschlägen bereits verschiedene Mengen von CO_2 ins Grundwasser und damit erklären sich auch oft die unter gleichen Gesteinsverhältnissen verschiedenen Karbonathärten, denn die Menge des in einem Grundwasser vorhandenen Kalzium- bzw. Magnesiumhydrokarbonates ist von der Menge der gelösten Kohlensäure abhängig.

Es ist daher auch verständlich, daß der CO_2-Gehalt des Wassers Schwankungen unterworfen ist, daß in Wachstumszeiten ein höherer Gehalt bemerkbar ist als in den Wintermonaten. Dies haben die Untersuchungen der freien Kohlensäure im Heidelberger Wasserwerk gezeigt. Sie ergaben in den Wintermonaten November bis Februar ein Minimum, in den Sommer- und Herbstmonaten ungefähr dreimal soviel (15 mg/l gegenüber 5 mg/l). (BECKSMANN Z. d. D. G. G. 106 B. 1954.)

Der *Kohlensäuregehalt* im Wasser ist von besonderer Bedeutung. Wird die gesamte Kohlensäure für Auflösung verbraucht, dann steht das Wasser im Kalk–Kohlensäure-Gleichgewicht. Es kann weder Kalk aufgelöst noch ausgeschieden werden. Liegt jedoch ein Überschuß an CO_2 vor, dann wirkt die Kohlensäure aggressiv, greift Eisenrohre, Beton usw. an. Besteht jedoch Kohlensäuremangel und ist im Wasser Bikarbonat in zu großer Menge vorhanden, dann wird Kalk ausgeschieden, er setzt sich an den Rohren, in Wasserbehältern usw. an.

In der Analyse wird daher der Wert für gebundene, freie und aggressive Kohlensäure in mg/l angegeben. Besteht ein Überschuß an freier Kohlensäure, dann liegt aggressives Wasser vor.

Der Chemismus wird durch die *mineralischen Stoffe*, die beim Durchgang durch die unterirdischen Wasserwege aufgenommen werden, beeinflußt. Vor allem werden Kalk- und Dolomitgesteine, also Karbonate, aufgelöst (Karbonathärte); sehr leicht fallen Steinsalz- und Gipsgesteine der Auflösung zum Opfer; aus stark verwitterten Gneisen, Glimmerschiefern und Amphiboliten werden vielfach Eisenverbindungen aufgelöst. Trotz der schweren Löslichkeit der Silikatgesteine sind oft davon geringe Mengen im Wasser enthalten. Feldspatführende Gesteine können Kalium- und Natriumverbindungen dem Wasser zuführen. Die in ihm gelösten mineralischen Salze geben oft Hinweise auf seine Herkunft.

Die im Boden befindlichen *Verwesungs- und Fäulnisstoffe* können oft unterirdische Wässer verunreinigen. Tierkadaver, Wildfütterungsstellen, Muren mit vermorschtem Holz, Schlamm usw. können in kleinen Einzugsgebieten die Güte des Wassers gefährden. Auch Wässer aus Mooren, Sumpfstellen können bedeutende chemische Veränderungen hervorrufen, die im Nitrat-, Ammoniak-, Schwefel- und Eisengehalt und im Kaliumpermanganatverbrauch zur Auswirkung kommen.

Besonders Schuttquellen, die eine ungenügende Seihbarkeit aufweisen, reagieren oft rasch auf solche kleine, örtliche Verunreinigungen.

Vielfach kann das unterirdische Wasser durch die verschiedenen *Abwässer aus Siedlungen* verunreinigt werden. Gelangen die Abwässer aus Abortanlagen, den Düngerstätten, den verschiedenen Verbrauchswässern (Detergenzien, Waschen, Reinigung), die Wässer von Ablagerungsgruben hinein, so zeigt sich dies meist in einem erhöhten Kaliumpermanganatverbrauch. Gleichzeitig besteht die Gefahr, daß Krankheitserreger ins Wasser kommen.

Solches Wasser stellt stets eine Gefährdung der Gesundheit dar. Leider bestehen — besonders bei bäuerlichen Wasserversorgungsanlagen — noch vielfach Gefahren durch solche Verunreinigungen, obwohl sie leicht zu beheben wären.

Große Gefahrenherde stellen vor allem die verschiedenen *Treibstoffe* (Benzin, Öle) dar. Es sind zahlreiche Fälle bekannt, wo von Tankstellen, durch Transportunfälle, von Lagerplätzen u. ä. Treibstoffe in den Boden kamen und das Grundwasser ungenießbar machten.

Die gesamte Wasserwirtschaft bemüht sich daher, diese Gefahrenquellen zu mildern. Es werden nicht nur entsprechende Sicherungsbauten bei Tankstellen vorgeschrieben, sondern auch den Schutzgebieten erhöhte Aufmerksamkeit gewidmet.

Vielfach wird das unterirdische Wasser vom *Oberflächenwasser* beeinflußt. Schuttquellen werden häufig von Bachwasser gespeist, Flußwasser versickert ins Grundwasser. Nun sind unsere Flüsse durch die verschiedenen Abwässer derart verschmutzt, daß die Verunreinigungen auch schon bis ins Grundwasser kommen und daher eine Gefährdung der Gesundheit besteht.

Der Chemismus des Wassers ist nicht etwas Gleichbleibendes, sondern zeigt teilweise große Änderungen, die mit der Jahreszeit, mit den Niederschlägen und mit künstlichen Veränderungen der Oberfläche in Verbindung stehen.

Eine einzige chemische Untersuchung des Wassers gibt daher nicht immer das richtige Bild, sondern es sind vor der Fassung einer Quelle mindestens drei Untersuchungen von Wasserproben, die zu verschiedenen Zeiten entnommen wurden, erforderlich.

4. Die bakteriologische Untersuchung

Die versickernden Niederschläge bringen vielfach Mikroorganismen in das unterirdische Wasser. Viele von diesen Kleinlebewesen, die eine Größe von 0,03 mm haben oder noch kleiner sind, leben in der Bodenschicht und sind für das gesamte Bodenleben von größter Bedeutung. Sie bewirken auch den Abbau von organischen Stoffen (Harn, Exkremente, Fäulnis- und Verwesungsstoffe) Vielfach sind jedoch auch Mikroorganismen (= Bakterien) im Wasser enthalten, die im Menschen Krankheiten verursachen können, wie Typhus, Ruhr, Cholera und noch viele andere. *Die bakteriologische Untersuchung ist daher für jede Trinkwasserversorgung von unbedingter Notwendigkeit.*

Die Untersuchung wird vom Hygieniker bzw. von den zuständigen amtlichen Untersuchungsstellen durchgeführt. Der Geologe soll sich damit nicht befassen.

Die Probeentnahme für die bakteriologische Untersuchung muß mit besonderer Sorgfalt erfolgen. Es sind nicht nur gründlich gereinigte Flaschen zu verwenden, sondern auch der Auslauf bei der Quelle muß so beschaffen sein, daß oberflächliche Verunreinigungen absolut vermieden werden.

Die Untersuchungsergebnisse führen meist die Keimzahl und den Gehalt an Bacterium coli an.

Die Keimzahl gibt die in einem cm^3 enthaltenen Bakterien an, gleich ob es sich um schädliche oder unschädliche handelt. Eine genaue Bestimmung der wirklich schädlichen Krankheitserreger würde zu viel Zeit in Anspruch nehmen und in den meisten Fällen auch zu teuer kommen.

Im allgemeinen nimmt man an, daß bis 100 Keime im cm^3 noch keine schädliche Wirkung hervorrufen, doch besteht immerhin die Möglichkeit, daß sich gesundheitsschädigende Bakterien darunter befinden.

Sichere Anhaltspunkte für gesundheitsschädliche Verunreinigungen gibt der Nachweis von *Bacterium coli*, das im Darm der Menschen und Tiere vorkommt, also durch Exkremente ins Wasser gelangt. Damit können auch verschiedene Krankheitserreger ins Wasser kommen.

Wird also im Wasser Bacterium coli nachgewiesen, so ist dies ein Beweis, daß das Wasser mit menschlichen oder tierischen Abfallstoffen in Berührung kommt. Schon der Gehalt von 1 bis 3 Bacterium coli muß bereits bedenklich erscheinen.

Günstige und ungünstige Werte für Leitungswasser (nach HÖLLER)

	Günstig			Noch zulässig	Ungünstig			
Ammoniak, mg/l NH_4	0	0,1		0,2	0,3	0,4	0,5	u. mehr
Nitrite, mg/l NO_2	0	0,025		0,05	0,1	0,15	0,2	u. mehr
Nitrate, mg/l NO_3	0	10,0	20,0	30,0	40,0	50,0	60,0	u. mehr
Chloride, mg/l Cl	0	10,0	20,0	30,0	40,0	50,0	60,0	u. mehr
Organische Stoffe — mg/l Kaliumpermanganatverbrauch, mg/l MnO_4	0	6,0		12,0	20,0	30,0	40,0	u. mehr
Urochrom, mg/l	0			0,1		1—50		
Phosphate, mg/l PO_4	0	0,01		0,02	0,1	0,15	0,2	u. mehr
Sulfate, mg/l SO_4	0	25,0		50,0	75,0	100,0	125,0	u. mehr
Eisen, mg/l Fe	0	0,05		0,1	0,15	0,3	0,5	u. mehr
Mangan, mg/l Mn	0	0,01		0,03	0,1	0,15	0,2	u. mehr
Gesamthärte, °d H	3,5°	5,0°		10,0°	15,0°	20,0°	30,0°	u. mehr
				0°	1,0°	2,0°	3,0°	u. mehr
Karbonathärte, °d H	2,0°	5,0°		8,0°	15,0°	20,0°	25,0°	u. mehr
				0°	1,0°	1,5°		
Nichtkarbonathärte, °d H	0°	5,0°		10,0°	15,0°	20,0°	25,0°	u. mehr
Kalk, mg/l CaO	20,0	50,0		100,0	150,0	200,0	250,0	u. mehr
				0	10,0	15,0	20,0	u. mehr
Magnesium, mg/l MgO	10,0	50,0		100,0	150,0	200,0	250,0	u. mehr
p_H-Wert, alkalisch	7,1	7,5		8,0	8,5	9,0	10,0	u. mehr
sauer					3,0	0,5	7,0	u. mehr
Überschuß-Kohlensäure (aggressive Kohlensäure)								
a) bei weichen Wässern				1,0	3,0	5,0	10,0	u. mehr
b) bei harten Wässern	1,0	2,0		3,0	10,0	20,0	30,0	u. mehr
Schwefelwasserstoff, mg/l H_2S				0	1,0	2,0	3,0	u. mehr
Sauerstoff, mg/l O_2	4,0	5,0		10,0	11,0	12,0		
Abdampfrückstand, mg/l	500,0			1000,0	1500,0	2000,0	3000,0	u. mehr

Der bakteriologische Befund ist auch für den Geologen von Bedeutung. Er weist vor allem darauf hin, daß im Einzugsgebiet Verunreinigungsherde liegen und die unterirdischen Wasserwege keine sichere Seihung ermöglichen.

Die Abgrenzung des Schutzgebietes bedarf daher einer besonderen Beachtung. Liegen im Einzugsgebiet Gehöfte, Weideplätze, Dungstätten, so stellen diese oft ständige Gefahrenherde dar.

Von Wichtigkeit ist es, daß von einer Quelle, die für die Trinkwasserversorgung herangezogen wird, nicht eine bakteriologische Untersuchung durchgeführt wird, sondern mindestens drei zu verschiedenen Zeiten. Es kommt oft vor, daß zeitweise Quellwasser hygienisch vollständig einwandfrei ist und dann plötzlich einen schlechten bakteriologischen Befund liefert.

Um die Verbindung von Einzugsgebiet, unterirdischer Wasserweg und Quelle zu erkennen, ist es manchmal notwendig, Farbversuche mit Uranin oder Eosin durchzuführen.

Gewissenhafte Untersuchungen erfordern das Zusammenarbeiten von Hygieniker und Hydrogeologen. Aus vorstehender Tabelle, s. S. 79 (nach HÖLLER), ist ersichtlich, wieviel mg der verschiedenen Stoffe für das Trinkwasser zulässig und nicht zulässig sind.

Zweiter Teil

Das unterirdische Wasser und die Quellen

A. Die Einteilung

Nach Stini

In den Lehrbüchern der Geologie und in den älteren Büchern über Quellen- und Grundwasserkunde werden meist nur die Grundtypen der Quellen, die Schicht-, Kluft-, Überfall- und Wallerquellen besprochen. STINI (1933) beschreitet in dem Buch „Die Quellen" neue Wege und bringt zahlreiche Quelltypen, die wie folgt gegliedert und bezeichnet werden.

1. Freifließende Quellen (Rieselquellen, Fließquellen)
   Auslaufquellen
   a) Grenzflächen-Fließquellen
      Höhlen-, Röhren-, Schlauchquellen
      Spaltquellen
      Störungsstreifenquellen
      Lavaquellen
      Haldenquellen
      Gehängeschuttquellen
      Schwemmkegelquellen
      Gehängemoorquellen
      Sinterquellen
   b) Kerbquellen (Ritzquellen, Zapfquellen)
      Verschneidungsquellen
      Furchenquellen
      Talquellen
      Gerinnequellen
      Prallstellenquellen
2. Überlaufquellen
   Geländemuldenquellen
   Kraterquellen
   Baumuldenquellen
   Grabsenkenquellen
   Verwerfungsbarrenquellen
   Sackquellen
3. Wallerquellen
   Ruhedruckfließende Quellen, wallende Quellen, Waller, Steigquellen
   a) Wallerquellen aus weiten Wasserbahnen
      Aufwallen der Spaltenquellen
      Aufsteigen der Schlauchquellen

b) Wallquellen aus Verteiltgrundwasser in mehr oder minder geschlossenen Behältern
Kniefaltensteigquellen
Schenkelsteigquellen
Muldensteigquellen
Linsensteigquellen
Sacksteigquellen

c) Wallquellen aus Verteiltgrundwasser in freien Körpern infolge Querschnittsverengung des Grundwasserkörpers
Spornquellen
Inselbergquellen

4. Besondere Quellen
Aussetzende Quellen
Heilquellen
Untertagsquellen

Diese Gliederung stellt sicher einen großen Fortschritt dar. Es kommt damit die Mannigfaltigkeit zum Ausdruck. Es zeigte sich jedoch, daß vom hydrogeologischen und technischen Standpunkt aus diese Einteilung nicht immer durchführbar ist.

Ich lege nun in meiner Einteilung das Hauptgewicht nicht auf die Quellen, sondern auf die unterirdische Wasserführung in einem Gesteinskörper. Es sollen daher die Zusammenhänge vom Einzugsgebiet, unterirdischen Wasserwegen und Austrittsstellen (= Quelle) zum Ausdruck kommen. Es handelt sich weniger um eine Quellenkunde, sondern vielmehr um eine Darstellung des Wassers im Inneren eines Gesteinskörpers, wobei die Quellen entsprechend berücksichtigt werden.

Einteilung des unterirdischen Wassers (Grundwasser im allgemeinen) nach Thurner

I. *Wasser und Quellen in Hartgesteinen*

1. Wasser in Klüften, Spalten, auf Schichtflächen und Karsthohlräumen
   a) Wasser in Klüften und Spalten (Kluft- und Spaltquellen)
   b) Wasser auf Schichtflächen (Schichtquellen, Schichtstauquellen)
   c) Wasser in Karsthohlräumen (Karstquellen)

2. *Wasser in unterirdischen Wasserwegen, die mit Lagerungsformen in Verbindung stehen*
   a) Wasser in Zerrüttungszonen (Zerrüttungsstreifenquellen)
   b) Wasser in Bruch- und Verwerfungszonen (Bruch- und Verwerfungsquellen)
   c) Wasser in gefalteten Schichten
      a) in Längsfalten (Muldenstauquellen)
      b) Überfließwasser in schüsselförmigen Mulden (Überfließquellen)
      d) Aufsteigende Quellen (Wallerquellen)

II. *Wasser und Quellen in Lockergesteinen*

1. Wasser, welches die Poren zusammenhängend ausfüllt und einen Grundwasserspiegel bildet (spezielles Grundwasser); Besprechung erfolgt in einem besonderen Abschnitt

2. Wasser, welches die Poren nicht vollständig ausfüllt (Hangschutt-, Schutthalden-, Bergsturz-, Moränenschuttquellen)

III. *Wasser mit verschiedenen Wasserwegen*

Folgequellen

Anhang: Quellen nach morphologischen Gesichtspunkten

Eine besondere Behandlung erfahren die *Heilwässer*, die vor allem durch den Chemismus gekennzeichnet sind und in den verschiedensten Wasserwegen auftreten.

I. Wasser und Quellen in Hartgesteinen

1. Wasser in Klüften, Spalten, auf Schichtflächen und in Karsthohlräumen

a) Wasser in Klüften und Spalten

Die Klüfte und Spalten stellen unterirdische Wasserwege dar, die einen Gesteinskörper nach verschiedenen Richtungen durchschneiden (s. S. 42). Es entsteht dadurch eine Vielzahl von flächenförmigen, mehrbahnigen Wasserwegen, die eine Bewegung des Wassers zulassen. Für die Wasserführung ergeben sich die mannigfaltigsten Möglichkeiten.

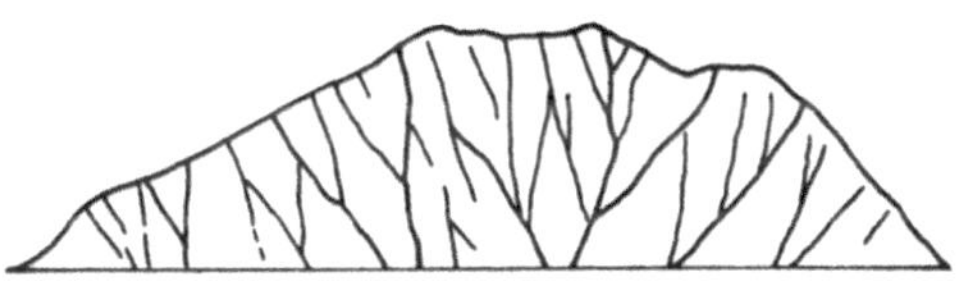

Abb. 35. Klüfte und Spalten laufen nach abwärts vielfach zusammen und bewirken eine verstärkte Wasserführung

Es können alle Klüfte und Spalten Wasser enthalten und dieses nach abwärts führen, oder es bewegt sich nur in einigen Klüften und Spalten, benachbarte können ohne Wasser sein. Die Wasserführung kann sich im Laufe der Zeit ändern; trockene Klüfte und Spalten können zeitweise Wasser enthalten, in anderen kann es versiegen.

Die Klüfte und Spalten können unterirdisch mehr oder minder in Verbindung stehen, so daß kommunizierende Gefäße entstehen.

In die Tiefe zu ist häufig eine Vereinigung in eine geringe Anzahl von Klüften und Spalten erkenntlich, so daß die Wege oft ergiebiger an Wasser werden (Abb. 35).

An der Oberfläche, an Hängen, Felswänden, kann man stellenweise Quellen aus Klüften austreten sehen.

Die an der Oberfläche austretenden Kluftquellen weisen meist eine kleine Ergiebigkeit auf, weil die wasserführenden Klüfte nur auf kurze Erstreckungen angeschnitten werden.

In Stollen und Hohlgängen hingegen treten aus Klüften und Spalten oft ansehnliche Mengen von Wasser aus, besonders dann, wenn diese Hohlräume untereinander in Verbindung stehen, so daß von allen Seiten das Wasser zuströmt.

Das Einzugsgebiet für die Kluft- und Spaltquellen ist nicht immer mit Sicherheit bestimmbar. Liegen auffallende Hauptklüfte vor, so kann die Verlängerung dieser Richtung bis an die Oberfläche oft Anhaltspunkte geben, auch engscharige Kluftzonen können an der Oberfläche erkennbar sein.

Sehr häufig liegt aber ein weitverzweigtes Kluftsystem vor und die Wässer können von weither einer bestimmten Kluft zufließen. In so einem Fall können Salzungs-, Färb- und Triftversuche eine Abgrenzung des Einzugsgebietes ermöglichen.

Die *Durchfließgeschwindigkeit* in den *Klüften* ist meist sehr gering, es liegen doch enge Wasserwege vor, die vielfach zickzackförmig verlaufen, daher besteht auch eine günstige Seihbarkeit und Retention die besonders durch viele Zickzackwege, durch „Sackgassen" gefördert wird. Die Mineralisation hängt wesentlich von der Löslichkeit der gesteinsbildenden Minerale ab.

Die *Temperatur* dieser Kluftwasser zeigt im allgemeinen geringe Schwankungen.

Liegen jedoch *Spalten* vor, die zwar häufig in Klüfte übergehen, dann kann das Wasser rasch durchfließen, die Seihbarkeit ist gering. Auch die Retention und die Mineralisation kann zu wünschen übrig lassen, und die Temperatur weist jahreszeitliche Schwankungen auf.

Kluft- und Spaltwasser kann in allen Hartgesteinen auftreten. Die Erstarrungsgesteine (Granite, Diorite, Porphyre, Basalte usw.) besitzen meist ein ausgeprägtes Hauptkluftsystem und Nebenklüfte. Die *Granitgneise* im Tauerntunnel brachten aus Klüften und Spalten stellenweise ansehnliche Wassermengen (bis 60 l/sec). Aus den Granitgneisen im Vermuntstollen (Reithofer 1951) flossen zwischen Stollenmeter 927 bis 933 aus Klüften 40 bis 50 l/sec Wasser aus, das jedoch bald auf 1 l/sec zurückging (Abb. 36). Hingegen war der Stollen im Phyllit bei Prutz (Tirol) fast trocken und lieferte stellenweise nur etwas Schwitzwasser (Schmidegg 1966).

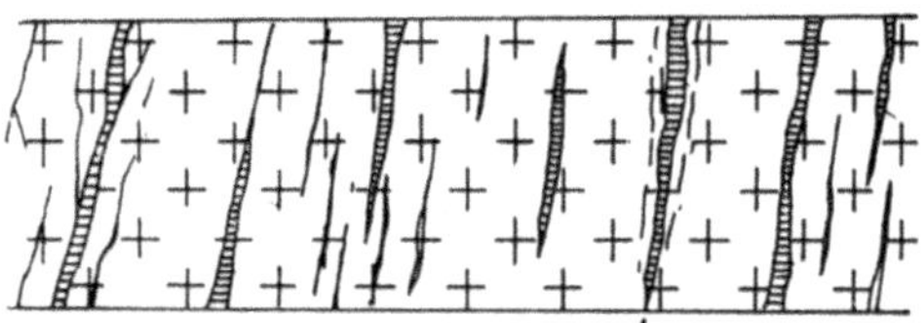

Abb. 36. Klüfte und Spalten in kristallinen Schiefern führen oft Wasser

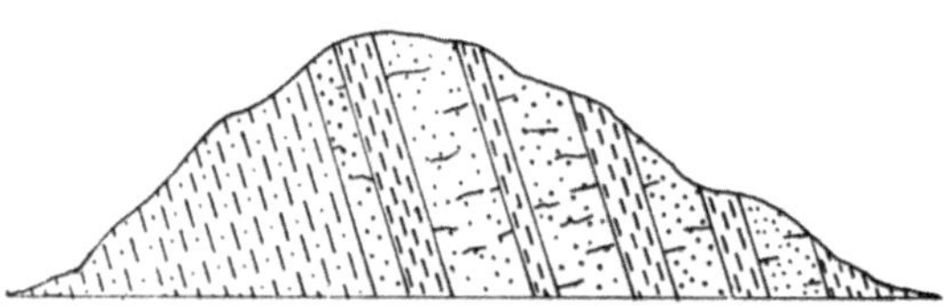

Abb. 37. Die Klüfte in Quarziten, die zwischen tonigen Schichten liegen, speichern oft Wasser (z. B. im Taunus)

Quarzite sind meist engklüftig und führen, wenn eine entsprechende Lagerung vorhanden ist, oft bedeutende Wassermengen. So beziehen die Städte Wiesbaden und Homburg ihr Wasser aus steil gestellten Quarziten, die von Tonschiefern begleitet werden (Abb. 37). Dieser Schichtstoß wurde durch Stollen aufgeschlossen, so daß das Wasser aus den Klüften und Spalten auslaufen konnte. Um die rasche Entleerung zu verhindern, wurden Stautüren eingebaut, die eine Speicherung bewirken. Aus 11442 m Gesamtstollenlänge bezog man im Jahre 4450000 m^3 Wasser (Michels 1933).

Auch die Klüfte und Spalten im Quarzit von Fischbach führen Wasser, das im mächtigen Hangschutt als Folgequelle zum Austritt kommt.

Sandsteine zeigen meist eine deutliche weitständige Klüftung, die Wasser führen kann. So konnten beim Bau der Stollen am Westwall im Buntsandstein (Pfälzerwald) oft Spalten angetroffen werden, die 5 bis 10 l/sec Wasser führten, welche Ergiebigkeit jedoch bald zurückging und oft vollständig aufhörte.

Ergiebigkeitsschwankungen von Spaltquellen im fränkischen Buntsandstein

Frammersbach	6 –26,7 l/sec
Partenstein bei Lohr	3 –49 l/sec
Oberthulba	8 –43 l/sec
Aura	4,3–12,3 l/sec

(Nach GRAHMANN 1957, Seite 45)

Recht unangenehm wirkt sich oft das Kluftwasser im *Bergbau* aus; so mußte z. B. der berühmte Silberbergbau in Röhrerbühel (westlich Kitzbühel) wegen großen Wasserandranges im 16. Jahrhundert eingestellt werden.

Die größten Wassermassen kommen jedoch aus den Spalten der *Kalk-* und *Dolomitgesteine.* Sie zeigen oft Karsterscheinungen und werden daher im Abschnitt „Karstwasser" näher besprochen.

Bei der Errichtung von *Sperrmauern,* die auf klüftigem Gestein aufsitzen, sind die *Kluftwässer* besonders zu beachten. Da die Klüfte mehr oder minder zusammenhängen, so steht das Wasser unter hydrostatischem Druck, der sich im Laufe der Zeit auf die Mauer unangenehm auswirken kann. Es kann zur Lockerung des Gefüges in der Mauer kommen, was durch aggressives Wasser noch verstärkt werden kann. MÜLLER (1964) macht auf diese Erscheinungen besonders aufmerksam.

Eine besondere Art stellen die *Gipfelquellen* (Abb. 38) dar, die man durch Ansammlung von Tauwasser zu erklären versuchte. Im kristallinen Gebirge und auch im Granitgebiet sind die Quellen mit der Klüftung und dem anschließenden Zerfall in Blöcke in Zusammenhang zu bringen. In den Klüften sammelt sich etwas Wasser an; steigt es, so fließt es zwischen den darüberliegenden Blöcken aus (z. B. am Zirbitz). Bei St. Pankrazen (NW Graz) liegen auf einer flachen Kuppe zwei 3 bis 4 m tiefe Brunnen in den Gosaumergeln. Die Pumpversuche zeigten, daß diese nahe beieinander liegenden Brunnen auf der höchsten Stelle des Rückens vollständig voneinander unabhängig sind. Das Wasser sammelt sich in den Spalten der Gosaumergel an und kann in geringen Mengen durch Pumpen gehoben werden.

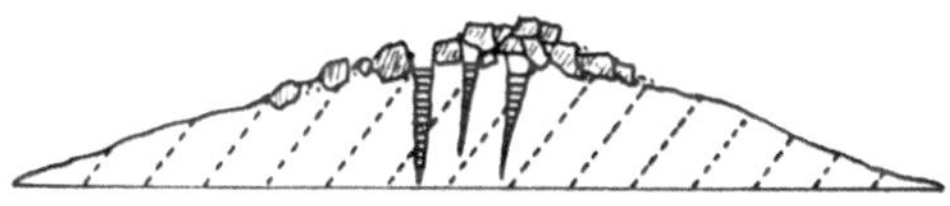

Abb. 38. Gipfelquelle. Sind die Klüfte mit Wasser gefüllt, so treten aus dem Blockwerk Quellen aus

Die Fassung der Kluft- und Spaltquellen. Die Austrittstellen an der Oberfläche sind nach Freilegung meist durch aufrecht stehende Spalten gekennzeichnet. Das Wasser kann aus einer oder aus mehreren nebeneinander liegenden Öffnungen austreten. Bei größerem Wasserandrang können benachbarte Spalten, die sonst trocken liegen, Wasser führen.

Bei der Fassung ist die Kluftzahl (engklüftig — weitklüftig) zu berücksichtigen. Sie soll stets auch die benachbarten Klüfte und Spalten umfassen, damit ein seitliches Ausweichen vermieden wird.

Die Wasserergiebigkeit läßt sich manchmal durch Stollenaufschlüsse längs der wasserführenden Kluft vergrößern, so daß eine größere Zahl von Klüften angeschnitten wird. Besonders bei kluftreichen Zonen ist ein Stollenaufschluß zu empfehlen.

Sollten wasserführende Kalke zwischen undurchlässigen Schichten (z. B. Stubalpe) aufgeschlossen werden, so können, wenn die Terraingestaltung günstig ist, Brunnenschächte oder Bohrungen zum Ziele führen.

b) Wasser auf Schichtflächen (Schichtquellen und Schichtstauquellen, Grenzflächenquellen)

Die Wasserwege zwischen gleichartigen Schichten sind meist eng und durch die unebenen buckeligen Schichtflächen bedingt, aus denen nur geringe Wassermengen austreten. Die gebankten Dachsteinkalke zeigen manchmal solche Wasseraustritte, auch aus dünnblättrigen Phylliten sickern stellenweise zwischen Schieferungsflächen geringe Wassermengen aus.

Abb. 39. Aus gefalteten Schichten tritt aus den Fugen vielfach Wasser aus

Stärkere Wasseraustritte beobachtet man stellenweise aus verbogenen und gefalteten Schichten, wo deutliche Fugen auftreten, die Wasser führen können (Abb. 39).

Praktisch kommen solche echte Schichtquellen selten in Betracht, weil die Ergiebigkeiten zu gering sind und die langen Schlitzfassungen längs der Schichtgrenzen zu teuer zu stehen kommen. Die *Durchfließgeschwindigkeit* ist meist gering, es bestehen geringe Ergiebigkeits- und Temperaturschwankungen.

Viel häufiger und ergiebiger sind jedoch die Schichtgrenzflächen- und Schichtstauquellen. Wasserdurchlässige Schichten (Kalke, Dolomite, Sandsteine, Sande, Schotter) liegen über undurchlässigen, so daß das Wasser unmittelbar über diesen

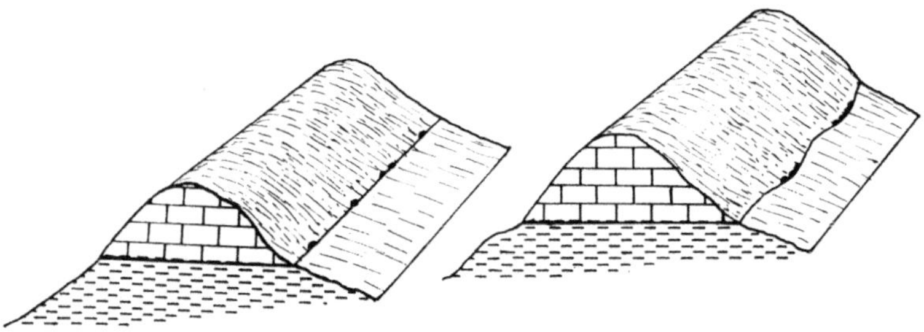

a b

Abb. 40. Geklüftete Gesteine über undurchlässigen Schichten erzeugen oft Schichtstauwasser; a) ebene Schichtflächen – Reihenquellen, b) flach wellig verbogene Schichten – Quellen treten in den Mulden aus

aus Klüften, Spalten und Poren der Neigung entsprechend abfließt. Längs der Schichtgrenze stellen sich die Wasseraustritte ein, die als *Reihenquellen* bezeichnet werden (Abb. 40a).

Vielfach kann man jedoch beobachten, daß die Quellen nur streckenweise auftreten, obwohl die gleichen Gesteinsverhältnisse vorliegen. Verfolgt man nämlich die Schichtgrenze, so erkennt man häufig im Verlauf des Streichens, daß diese nicht wie ein Pult gleichmäßig abfällt, sondern flache Wellungen, Mulden und Sättel aufweist; in den Mulden wird das Wasser gesammelt und nach außen abgeführt (Abb. 40b). Es kann auch vorkommen, daß durch einen Talanschnitt die Schichtgrenze nach rückwärts verlegt wird und dadurch eine Konzentration der Wassersträhne erfolgt.

Schichtstauquellen entstehen besonders, wenn kluft- und spaltenreiche Kalke und Dolomite von *wasserundurchlässigen Schichten unterlagert* werden oder solche zwischengelagert sind (Abb. 41a).

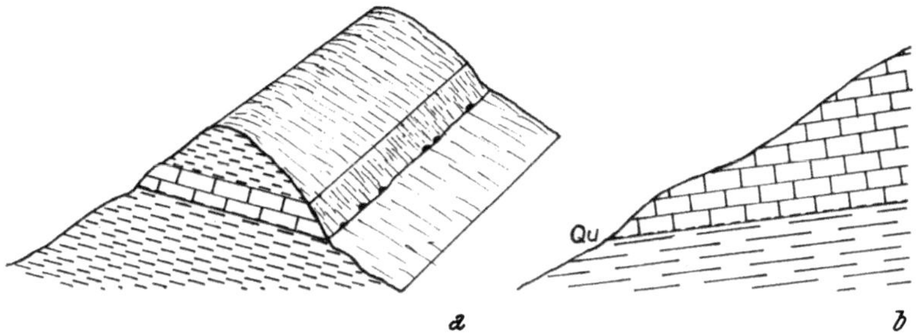

Abb. 41. a) Geklüftete Kalke zwischen undurchlässigen Schichten. An den Grenzflächen entstehen Schichtstauquellen
b) Wettersteinkalke über Werfener Schichten (z. B. Hochschwab N), es tritt Schichtstauwasser aus

In den Nördlichen Kalkalpen bilden die Werfener Schichten unter den mächtigen Kalk- und Dolomitschichten den stauenden Horizont. Die großen Quellen am Nordabfall des Hochschwabs verdanken dieser Lagerung ihre Entstehung (Abb. 41b).

Auch die tonigen *Reingrabner Schiefer* (Karnische Stufe) veranlassen häufig die Austritte von Wasser aus den darüber liegenden Kalken (z. B. Aflenzer Bürgeralpe, Unterwildalpe, Grabneralpe bei Admont), doch handelt es sich hier meistens um kleine Quellen mit einer Ergiebigkeit von 0,5 bis 1 l/sec.

Wenn *Liasfleckenmergel* von Hauptdolomit überlagert werden (*Überschiebung*), so stellen sich am Rande der Überschiebungsbahn, wenn entsprechende Lagerungen vorliegen, Quellen ein (z. B. Lechtaler Alpen; Abb. 42). Auch die Gosausandsteine über Gosaumergel können zu Quellaustritten Anlaß geben.

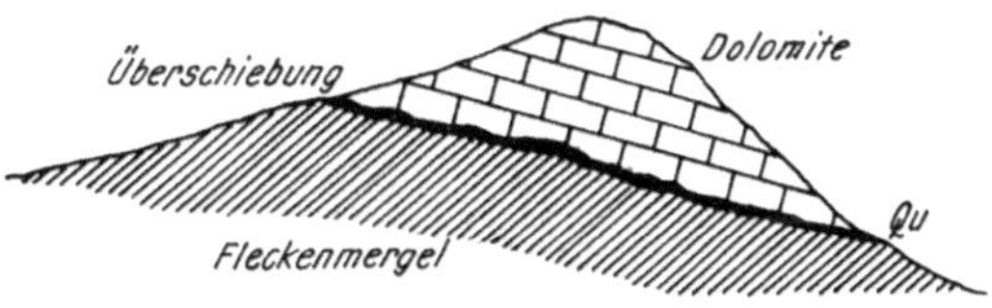

Abb. 42. An Überschiebungen entstehen häufig Schichtstauquellen

Zahlreiche Schichtstauquellen gibt es im *Schwäbisch-Fränkischen Jura*, wo Kalkhorizonte zwischen undurchlässigen Schichten liegen (Abb. 43). Besonders der Hauptmuschelkalk und die Kalke im Jura liefern oft ergiebige Quellen (GRAHMANN 1955 — Abb. 43 schematisch).

An der *Basis von Basaltplatten* treten häufig Quellen auf, wenn sie von wasserstauenden Schichten (z. B. Tonen) unterlagert werden (Abb. 44). Das Wasser versickert in den Spalten des Basalts und kommt über den tonigen Schichten zum Austritt. Auf der Westseite des Stradner Kogels (Oststeiermark) erscheinen an der Basis der Basaltplatte auf der gleichen Höhe über den sarmatischen Lehmen kleine Quellen mit 0,1 bis 0,5 l/sec.

Ansehnliche Quellen treten oft unter den Basaltplatten von Vogelsberg und Rhön auf. Die Wasser versickern längs der Spalten und Klüfte. Besonders an größeren Störungszonen erscheinen starke Quellgebiete. Es werden Ergiebigkeiten bis 10000 m³ im Tag im kleinen Raum angegeben (z. B. Queckborn, Grünberg). Im Rhöngebiet kennt man Quellen aus dem Basalt mit 6 bis 20 l/sec Ergiebigkeit. Die Basaltwasser sind in der Regel weich.

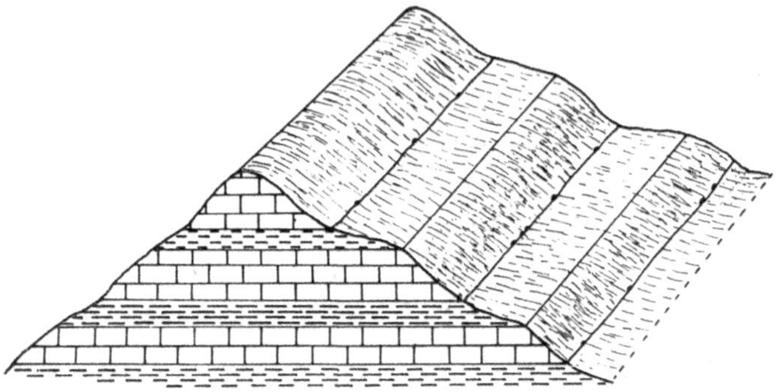

Abb. 43. Geklüftete Kalke zwischen wasserundurchlässigen Schichten erzeugen an den Grenzflächen Schichtstauquellen (z. B. Schwäbische Alb)

Die meisten Wässer aus Basalt wurden durch Quellfassungen erschlossen, es hat sich jedoch in letzter Zeit ergeben, daß Bohrungen oft größere Ergiebigkeiten bringen (Udluft-Nöring 1957, S. 63).

Schichtstauquellen entstehen häufig im *Tertiärgebiet* der Steiermark, wo Leithakalk oder Sande von tonigen Gesteinen unterlagert werden. Im Gebiet von Wildon und Leibnitz kommen die *Leithakalke*, die oft karstartige Formen (Dolinen) enthalten, über Tonen oder Mergel zu liegen. An der Basis treten dann an den Klüften stellenweise ansehnliche Quellen mit 2 bis 5 l/sec aus, doch zeigt dieses Wasser auffallende Ergiebigkeitsschwankungen und sehr geringe Seihung (Abb. 45).

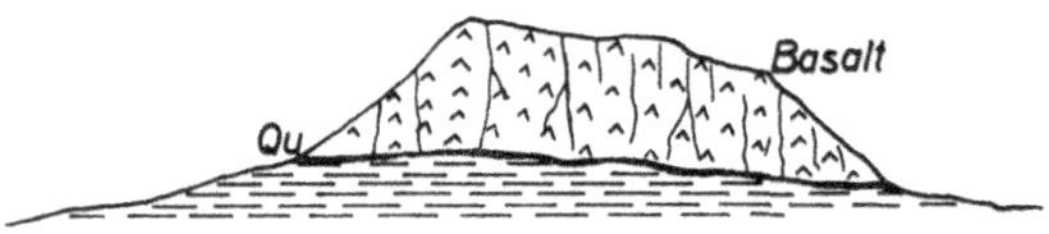

Abb. 44. An der Basis der Basaltdecken treten oft Quellen aus

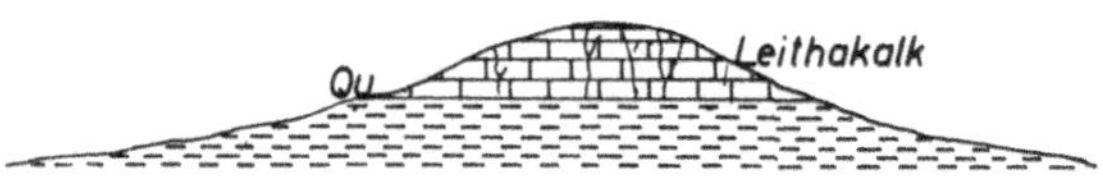

Abb. 45. Leithakalkplatten über tonig-mergeligen Gesteinen erzeugen Quellaustritte

In der wasserarmen Gegend des Platsch (südwestlich Ehrenhausen) stellen sich über Mergel 10 bis 20 m mächtige geklüftete Leithakalke ein, die nach Niederschlägen den Quellen Wasser mit 0,5 bis 1 l/sec liefern; doch fehlt die Speicherung, und einige Stunden nach den Niederschlägen versiegen die meisten der Quellen.

In den pannonischen Schichten der Oststeiermark liegen zwischen den tonigen Ablagerungen sandige Lagen von 2 bis 4,0 m Mächtigkeit, aus denen stellenweise kleine Quellen mit 0,1 bis 0,5 l/sec austreten. Die tonigen Schichten wirken als Wasserstauer (Abb. 46).

Im Raume der *Flyschzone* liegen vielfach poröse, geklüftete Sandsteine zwischen mergeligen Ablagerungen. Bei entsprechend günstiger Lagerung treten an der Grenzfläche kleine Quellen auf, die als Schichtstauquellen aufzufassen sind.

Marmorlagen im kristallinen Gebirge erscheinen häufig zwischen Glimmerschiefern oder in Begleitung von Amphiboliten (Abb. 47). Die Marmore sind meist sehr stark geklüftet, so daß es bei günstiger Lagerung an den Grenzflächen zum Austritt von Schichtstauquellen kommt (z. B. Plettental bei Pusterwald, Stubalpe).

Das *Einzugsgebiet* für solche Schichtstauquellen ist selten durch die Wasserscheiden erfaßbar, sondern hangt mit der Verbreitung der wasserdurchlässigen Schicht (tektonisches Einzugsgebiet) zusammen. In stark geklüfteten Gebieten sind vielfach Farb-, Salzungs- oder Triftversuche nötig, um den Zusammenhang zu erkennen.

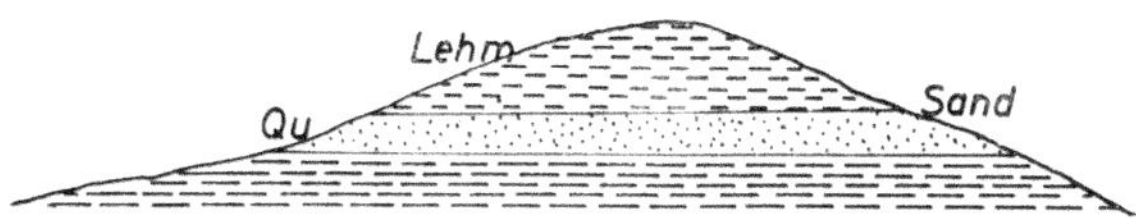

Abb. 46. Sandlagen zwischen tonigen Gesteinen bedingen den Austritt von Quellen

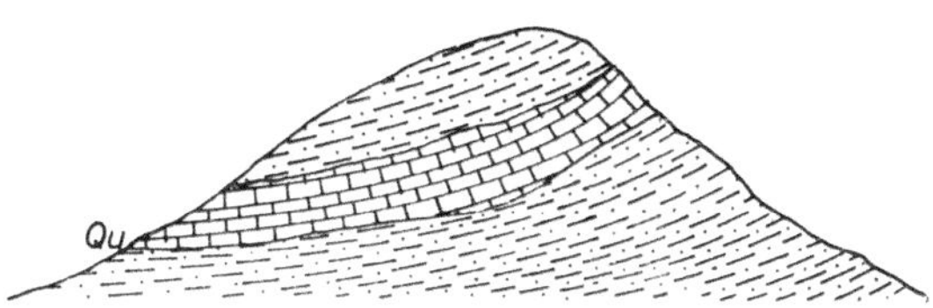

Abb. 47. Marmore zwischen Glimmerschiefern zeigen an den Grenzflachen oft Quellen

Die *Ergiebigkeit der Schichtstauquellen* hängt von der Größe des Einzugsgebietes ab, doch spielen auch Lagerungsformen eine Rolle. Zeigt die undurchlässige Schicht eine gleichmaßig geneigte Lagerung, die durchlässige eine gleichmäßige Klüftung, dann fließt das Wasser verteilt über der wasserundurchlässigen Schicht aus den Klüften ab. An der Grenzfläche müßten durchlaufend Reihenquellen auftreten, was aber selten der Fall ist.

Meist liegen kluftreiche Zonen über muldenförmigen Einsenkungen, die auch im Einzugsgebiet durch Senken zum Ausdruck kommen. Die unterirdischen Wasser konzentrieren sich auf diese Zonen, und es stellen sich dann nur einzelne ergiebige Wasseraustritte ein.

Das ist besonders deutlich am Nordabfall des Hochschwab erkennbar, wo in der Kläfferquelle, die über Werfener Schichten austritt, eine auffallend starke Konzentration des unterirdischen Wassers ersichtlich ist.

Die *Seihung bei Schichtstauquellen* ist in den meisten Fällen, wo die unterirdischen Wasserwege durch Spalten gegeben sind, äußerst ungünstig. Oft besteht nicht einmal eine solche für mechanische Beimengungen. Nach starken Niederschlägen stellen sich Trubungen ein. Sie haben große Ähnlichkeit mit dem Karstwasser.

Wenn jedoch enge Wasserwege wie Klüfte vorliegen, besteht eine geringe Durchfließgeschwindigkeit, und damit kann eine bessere Filtrierbarkeit verbunden sein.

Die Kalke weisen meist weite Spalten auf und leiten das Wasser rasch ohne Seihwirkung ab. Die Dolomite haben hingegen ein enges Kluftsystem; sie leiten das Wasser langsamer ab und können auch eine gewisse Seihung bewirken.

Liegen aber über den undurchlässigen Schichten porenreiche Sande, dann können sich günstige Seihwirkungen einstellen.

Die *Temperatur* zeigt, wenn eine rasche Durchfließgeschwindigkeit besteht (Klüfte — Spalten), meist Schwankungen, die zwar bei mächtigen Kalk-Dolomitstößen gering sind, doch wirken sich die kalten Schmelzwasser in Temperaturerniedrigungen aus. Die *Mineralisation* hängt wesentlich von der Aufenthaltsdauer und vom Gestein ab.

Bei der *Fassung* dieser Quellen ist die Lage der undurchlässigen Schicht und die Beschaffenheit der unterirdischen Wasserwege (Klüfte, Spalten) in Betracht zu ziehen. Treten Reihenquellen auf, sind schlitzförmige Fassungen notwendig, die so lang sein müssen, daß auch bei starkem Wasserandrang ein seitliches Ausweichen verhindert wird.

Sind die Austrittstellen auf eine kurze Strecke konzentriert, dann muß bei der Fassung die größte anfallende Ergiebigkeit berücksichtigt werden, denn sonst besteht Gefahr, daß neue Wasserwege eingeschlagen werden und die Wässer seitlich ausweichen.

Die Fassungen sind auf die wasserundurchlässige Schicht aufzubauen, so daß auch unterhalb ein Abfließen verhindert wird.

Da vielfach die Schichtstauquellen in Kalken und Dolomiten auftreten, zeigen die Spalten oft karstartige Formen (Erweiterungen durch Korrosion), so daß diese Quellen auch bei den Karsterscheinungen besprochen werden.

c) Rutschflächenquellen (Abb. 48)

Diese trifft man häufig im Tertiärgebiet, wo tonige Ablagerungen abgerutscht sind. Die Rutschmasse ist durch eine oder mehrere Rutschflächen vom Untergrund getrennt und weist wasserdurchlässige feine Fugen auf. Die Abrißstelle

Abb. 48 An der Basis der verrutschten Schichten treten oft Rutschflächenquellen aus

bildet meist ein günstiges Einzugsgebiet, in dem die Niederschlagswasser sich ansammeln und langsam eindringen können.

Es handelt sich um kleine Ergiebigkeiten (600 bis 1000 l/Tag). Bei großer Trockenheit und im Winter bei andauernder Kälte versiegen diese Quellen meist. Die austretenden Wässer erzeugen Naß- und Sumpfstellen. Diese Quellen finden vereinzelt für Bauernhöfe und Viehtränken Verwendung.

d) Wasser in Karsthohlräumen (Karstquellen)

In den Kalk-Dolomitschichtstoßen kommen vor allem die *Klüfte, Spalten, Brüche, Hohlen, Rohren* und *Schläuche* als unterirdische Wasserwege in Betracht. Die Versickerung auf der Kalk-Dolomitoberfläche ist keine gleichmäßige, so daß jeder Regentropfen sofort in den Untergrund verschwindet, sondern geht entsprechend der Oberflachenformen vor sich. Diese weist stets verschiedene Unebenheiten, wie flache Hange, Mulden, Vertiefungen, Dolinen usw., auf. Die Niederschlage fließen nach kurzem, oberflächlichen Abfluß in die Vertiefungen und versickern dort längs der Spalten oder in den Dolinen, Schloten in die Tiefe. Es kann auch vorkommen, daß Oberflächenwasser (Bache) in Schlundlocher (Schwinden) einfließen und in die Tiefe verschwinden.

Der Verlauf im Innern. Die Klufte und Spalten führen das Wasser in verschiedenen Zickzackwegen in die Tiefe (Abb. 49).

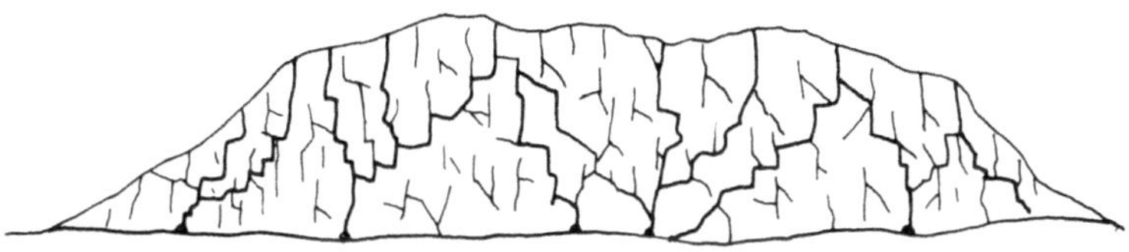

Abb. 49. Klufte und Spalten erzeugen in einem Kalk-Dolomitschichtstoß verschiedene Zickzackwege (schematisch)

Von diesen weit verzweigten Wegen kann man sich einen Begriff machen, wenn man die Auswirkungen von Färb- und Triftversuchen überblickt. So kam z. B. im Schneeberggebiet das gefärbte Wasser von der Einspeisestelle in Quellen, die rings um den Schneeberg zutage treten, bis zu 20 km Entfernung zum Vorschein (Dosch 1956). Auch im Dachsteingebiet traten Sporen von der Einspeisestelle nach allen Richtungen in Quellen bis zu 18 km Entfernung zutage (Zötl 1960).

Die Bewegungen des Wassers erfolgen in den Klüften und Spalten mit verschiedener Geschwindigkeit. In breiten Spalten fließt es durch, in engen Wasserwegen finden oft Stauungen statt. Die Wege verlaufen nicht nur senkrecht nach abwärts, sondern vielfach schräg und nach verschiedenen Richtungen.

Über die *Durchfließgeschwindigkeiten* geben Färbversuche Auskunft; doch die Zahlen zeigen nicht die wirkliche Geschwindigkeit, sondern stellen nur Durchschnittszahlen dar, weil die Weglänge in einer Luftlinie zwischen Einspeisestelle und Quelle gemessen wird. Der tatsachliche Weg, der in komplizierten Zickzacklinien verläuft, ist nicht meßbar.

Einige Beispiele vom Dachsteingebiet, Abb. 88 (Zötl 1961):

Einspeisestelle	Schuttung der Quelle l/sec	Fallhohe m	Entfernung km	Geschwindigkeit m/Std.
Dachstein F_1	1	590	13,3	106
Dachstein F_2	0,5	610	13,6	50
Dachstein F_3	12	780	15	161
Dachstein F_e	1200	974	17,2	91
Dachstein C_5	3	1170	5,4	225
Dachstein D_2	uber 50	1480	6,2	64
Dachstein D_1	uber 100	1210	7,6	51

Nicht alle Klüfte und Spalten fuhren Wasser. Die Tunnelaufschlusse in Kalk- und Dolomitgebieten zeigen oft Spalten, die kein oder nur zeitweise Wasser fuhren. Wasserfreie Spalten liegen oft eng neben wasserführenden. Vielfach treten aus Spalten beim Anschnitt große Wassermengen aus, die jedoch bald versiegen, ein Beweis, daß in diesem Hohlraum ein Wasservorrat vorhanden war, der nach vollständigem Ausfließen nur langsam wieder ergänzt wird.

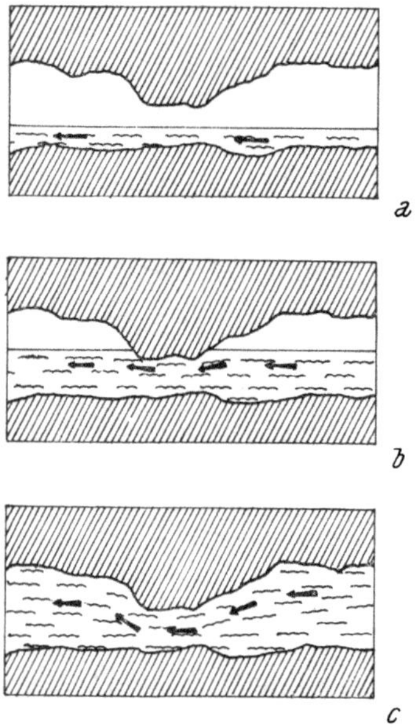

Abb. 50. Siphon (nach KETTNER), a) Siphon bei niedrigem Wasserstand. Das Wasser fließt frei durch, b) Siphon bei normalem Wasserstand, es entsteht eine geringe Stauung, c) Siphon bei hohem Wasserstand, es kommt zur Stauung

Man gewinnt aus den Aufschlussen in Tunnel und Stollen oft den Eindruck, daß die Verteilung der versickernden Wässer keine gleichmäßige ist, sondern neben besonders begünstigten Zonen immer wieder auch gekluftete Gesteinspartien vorliegen, die wenig oder gar kein Wasser in die Tiefe führen.

Kluftreiche Zonen, die oft in Verbindung mit Bruchen stehen, bewirken eine Konzentration der Wasser, die aus vielen Kluften und Spalten zusammenstromen.

Die Ursache der verschiedenen Verteilung der unterirdischen Wasser in den Spalten und Klüften lassen sich nicht immer mit Sicherheit erkennen; doch hängen sie vielfach mit der tektonischen Formung des Kalk-Dolomitschichtstoßes zusammen.

Die Wasserführung in Höhlen, Röhren und Schläuchen. Diese Hohlraume erhalten ihr Wasser vielfach aus Klüften und Spalten; doch treten oft offene Gewasser (Bache) in Schwinden (Schlucklöcher) ein, verschwinden in die Tiefe und fließen dann in den vorgezeichneten Hohlräumen (Höhlen, Röhren, Schlauchen) wie offene Gewässer (Bäche) dahin. Sie fließen mitten in den Kalk- und Dolomitgesteinen und werden nicht durch wasserundurchlässige Schichten gestaut. Sie konnen daher in allen Höhenlagen des Kalk-Dolomitschichtstoßes zum Austritt an die Oberfläche kommen.

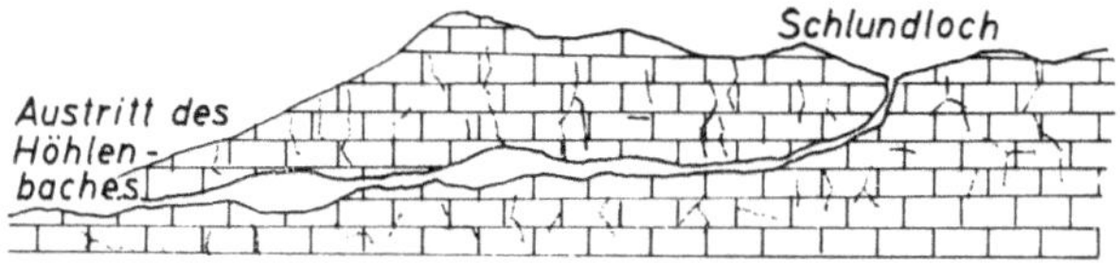

Abb. 51. Ein Bach verschwindet in einem Schlundloch und kommt als Hohlenbach zum Vorschein

Doch nicht alle Höhlen führen Wasser; vielfach sind die Höhlenwässer in tiefere Hohlräume abgesunken, so daß die Hohlen selbst trocken sind (z. B. Drachenhöhle bei Mixnitz; Tennengebirgseishohlen). Auch Hebungsvorgänge können die Trockenlegung verursacht haben.

Die in den Höhlen fließenden Gewässer zeigen oft recht verschiedenen Verlauf. Sie fließen stellenweise wie offene dahin, in Erweiterung konnen seenartige Ansammlungen entstehen. In Engstellen vermag das Wasser nicht sofort einzudringen, es treten Stauungen auf, die als *Siphone* bezeichnet werden (Abb. 50).

Auch das Gefälle in den Höhlen zeigt meist große Unterschiede. Neben Strecken mit geringem Gefälle schalten sich oft steile Gerinne ein, in denen das Wasser wie in einem Wasserfall herabstürzt.

Der Verlauf eines in eine Schwinde einfließenden Baches im Innern des Höhlensystems ist nicht immer sicher zu erkennen. Um daher die Zusammenhänge von Schwinde, Höhlengewässer und Austrittstelle (Quelle) richtig zu erfassen, sind Salzungs-, Färb- oder Triftversuche erforderlich (Abb. 51). Einige Beispiele:

Der Lurbach verschwindet bei Semriach in einem Schluckloch mit durchschnittlich 75 l/sec. Die Zusammenhänge mit den großen Karstquellen am Fuße der Peggauer Wand (Schmelzbach, Hammerbach) waren unsicher. Salzungs- und Triftversuche von MAURIN (1952) und MAURIN-ZOTL (1959) ergaben, daß die Lurlochschwinde und die Hammerbachquelle durch einen „Höhlenfluß" in Verbindung stehen. Das Wasser benötigt für das Durchfließen durch das 3 km lange Höhlensystem (nicht begehbar, Luftlinie) bei einem Höhenunterschied von 320 m 33 Stunden. Die Stundengeschwindigkeit beträgt 99 m.

Abb. 52. Die Donauversickerung

Die Donau versickert zwischen Immendingen und Möhringen. Die Versickerung beginnt mit dem Eintritt ins Jurakalkgebiet bei Geisingen. Sie verliert besonders zwischen Immendingen und Möhringen große Wassermengen, die 12 bis 20 km südlich in der Aachquelle zum Vorschein kommen (Abb. 52).

So gehen zwischen Kirchhausen und Möhringen im Malmkalk 7 bis 10 m³/sec Wasser verloren, und die Aachquelle zeigt 8,7 bis 11,7 m³/sec Ergiebigkeit. Bei Hochwasser verliert die Donau zwischen Immendingen und Möhringen 50 bis 60 m³/sec, und die Aachquelle schüttet 14 bis 21 m³/sec. Auch bei Fridingen geht noch Wasser der Donau in Schwinden verloren, das in der Aachquelle zum Vorschein kommt. Über die Durchfließgeschwindigkeit Donau—Aachquelle geben folgende Zahlen Auskunft:

Versickerung	Höhenunterschied m	Gerader Abstand km	Gefälle %	Geschwindigkeit m/sec
Donau zwischen Immendingen und Möhringen	175	12	14,6	0,055
Donau unterhalb Fridingen	133	20	0,7	0,028

(Nach LEHMANN 1932, S. 132.)

Eindrucksvollen Bachschwinden begegnet man im Karstgebiet von Krain, Bosnien und Dalmatien. In Krain unweit von Laibach verschwindet die Poik, die 5700 m entfernt als Unz zum Vorschein kommt. Es mussen daher weite unterirdische Hohlräume bestehen, welche diese Wassermassen weiterführen.

Im ehemaligen Gottscheer-Land (Krain) wurden von A. E. FORSTER zwischen Schwinden und Wiederaustritten Färbversuche durchgeführt, die folgende Ergebnisse zeigten:

Einspeisestelle	Hohenunterschied zwischen Schwinde- und Wiederaustritt m	Gerader Abstand km	Gefalle ‰	Geschwindigkeit m/sec
I Krokarca 324	5	1,7	3	0,024
II Mocilebach 419	94,8	3,5	27	0,22
III Sicabach	52	6	9	0,024
IV Podpecer Grottenbach	248	20,8	12	0,17
V Zlibicerbach 505	82	4,2	20	0,074
VI Rakitnitzbach 477	307	20,055	15	0,3

(Aus LEHMANN: Die Hydrographie des Karstes; 1932.)

Große Verschiedenheiten treten durch Änderungen der Wassermenge ein. Durch lang andauernde Niederschläge, Wolkenbrüche, Schneeschmelze können oft große Massen von Wasser in die Hohle gelangen, die nicht nur die Hohlräume vollständig ausfüllen, in Engstellen Siphone erzeugen und in Nebengänge eindringen, es können auch aufsteigende Hohlräume mit Wasser gefüllt werden, die zeitweise Höhlenwässer an die Oberfläche abgeben. Sie werden *intermittierende* oder Vaucluse-Quellen (nach der Quelle Vaucluse bei Avignon benannt) genannt (Abb. 53).

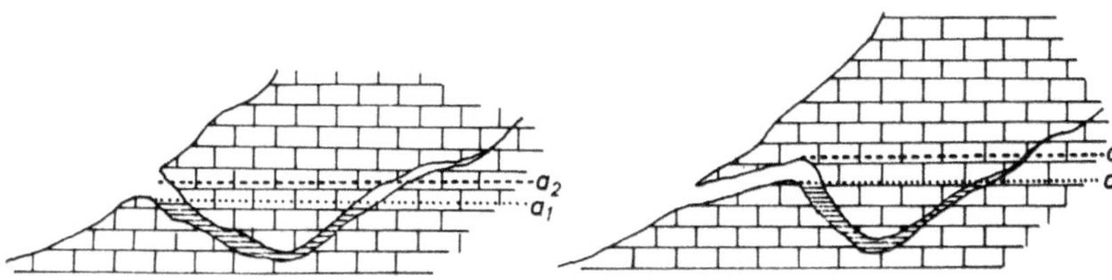

Abb. 53. Intermittierende Wasser

Es besteht bei diesen unterirdischen Wasserwegen ein aufsteigender und absteigender Ast (Schlauch, Röhre). Steht im absteigenden Ast das Wasser tiefer als die Ausflußöffnung, so fließt keines aus. Steigt es jedoch im absteigenden Ast über die Austrittsöffnung, so kommt es zutage. Diese Quellen fließen nur zeitweise, besonders dann, wenn starke Niederschläge versickern.

Obwohl die Karsterscheinungen in allen Gebieten einander sehr ähnlich sind (Spalten, Höhlen, Schläuche, Dolinen, Poljen usw.), so zeigen die einzelnen Gebiete doch gewisse Unterschiede.

Wenn Höhlensysteme stockwerkartig ubereinanderliegen, wie z. B. in der *Schwäbischen Alb*, entsteht oft eine Wasserfuhrung, die in den einzelnen Stockwerken große Verschiedenheiten aufweist. Es tritt dann haufig der Fall ein, daß das Wasser in den höher gelegenen Hohlräumen stark verunreinigt ist, in tiefer gelegenen jedoch bessere Eigenschaften aufweist.

Auch die *Leithakalke im Tertiär* der Steiermark (Torton, Sarmat) weisen oft Karsterscheinungen (Dolinen, erweiterte Spalten) auf, die an der Basis Wasseraustritte zeigen können. Wegen der geringen Machtigkeit bestehen meist große Ergiebigkeitsschwankungen, so daß diese Quellen nur selten eine dauernde Wasserspende geben.

Abb. 54. DieKoppenbruhlerquelle am Dachstein (nach einer kauflichen Karte)

Den Wildoner Kogel bauen 50 bis 100 m mächtige Leithakalke auf, die auf den Höhen prachtvoll ausgebildete Dolinen aufweisen. An den Ostabfällen liegen einige Quellen, die Schwankungen von 1 bis 5 l/sec zeigen. Bei starken Niederschlägen ist das Wasser vielfach durch mechanische Beimengungen getrubt, so daß es fur die Trinkwasserversorgung nicht in Betracht kommt.

Im *dinarischen Karst* begegnet man flachliegenden Kalk-Dolomit-Platten mit zahlreichen Dolinen und Poljen, die oft weite Gebiete einnehmen. Auch die unterirdischen Hohlräume sind vielfach weitläufiger und großartiger ausgebildet als bei uns. Die Karstwasserfuhrung umfaßt daher große Flachen, meist mit auffallend großen Ergiebigkeiten.

In den *Nordlichen Kalkalpen* sind Hohlenbildungen durchaus nicht uberall vorhanden, sondern treten besonders in den Plateaubergen (Steinernes Meer, Tennengebirge, Dachstein, Hochschwab, Rax und Schneeberg) in Erscheinung.

Der Abfluß (Quellen). Das Wasser in den Karsthohlräumen strebt nach abwarts; werden diese Wasserwege von der Oberflache angeschnitten, so kommen sie zutage. Diese Quellaustritte zeigen keine bestimmte Höhenlage, sie konnen in einem Kalk-Dolomitschichtstoß in verschiedenen Hohen zum Vorschein kommen. So kann man an den Steilabfallen des Hochschwabs, Grimmings, Dachsteins usw. oft aus Spalten Wasseraustritte erkennen Auch aus rundlichen Öffnungen (Röhren, Schläuche) tritt oft mitten aus einer Felswand Wasser zutage. Diese Austritte sind nicht an eine wasserstauende Schicht gebunden.

Vielfach kommen jedoch die Karstwässer am Fuß eines Kalk-Dolomitschichtstoßes zum Austritt (Koppenbruhlerquelle am Dachstein, Pießlingursprung bei

Windischgarsten, Abb. 54, 55). Die unterirdischen Wasserwege bringen das Wasser bis zur wasserstauenden Schicht, so daß es aus den darüber liegenden spaltenreichen Kalk-Dolomitgesteinen austritt. Die Austrittsöffnungen zeigen oft rundliche, ovale bis torähnliche Formen. Die Ergiebigkeit der einzelnen Quellen ist jedoch sehr verschieden. Neben Quellen mit großer Ergiebigkeit, die 100 und mehr Liter in der Sekunde beträgt, kommen auch kleine Quellen mit wenigen Litern in der Sekunde zum Austritt. Diese Verschiedenartigkeit in der Ergiebigkeit der Karstquellen weist darauf hin, daß in manchen unterirdischen Wasserwegen eine Konzentration stattfindet, die Spalten und anderen Hohlräume laufen zusammen und bringen von weither das Wasser. Quellen, die wenig Wasser führen, zeigen wieder, daß zwischen Einsickerung und Quelle nur wenig Wasserwege die Verbindung herstellen.

Abb. 55. Die Pießling-Ursprungquelle bei Windischgarsten (nach einer käuflichen Karte)

Vielfach münden Karstschläuche in *Tümpeln* des Talbodens (Abb. 56), in denen das austretende Karstwasser aufwallt (=Wallerquellen; Andritz-Ursprungquelle bei Graz; Ursprungquelle bei Zeutschach in der Nahe von Neumarkt/Steiermark).

Sehr häufig treten Karstquellen als Folgequellen unter *Schutthalden* aus (Abb. 56e). Das Wasser kommt aus den Felsen, da jedoch die Austrittstelle von Schutt bedeckt ist, so gelangt es nicht an die Oberflache, sondern rieselt im Schutt nach abwärts und täuscht eine Schuttquelle vor.

Es kann auch vorkommen, daß Hohlenschläuche dem *Grundwasser* im Talschutt Wasser zuführen. So hat MAURIN (1958) im Gradenertal bei Koflach (Steiermark) den Austritt von Karstwasser ins Grundwasser nachgewiesen und durch Färbversuche bestätigt gefunden (Abb 56f). Auch im kohlenführenden Tertiär von Köflach, das von paläozoischen Kalken unterlagert wird, treten Karstwässer in den Bergbau ein.

Bei Regensburg munden die oft verunreinigten Karstwässer des Fränkischen Juras in die mächtigen, grundwasserführenden Schotter des Donautales ein und erfahren dort in den Sanden und Schottern eine Seihung (Abb. 56g).

Nahezu sicher kann angenommen werden, daß ins Grundwasser des Murtales zwischen Frohnleiten und Weinzötlbrücke bei Graz stellenweise in der Tiefe aus den Kalkfelsen wasserführende Karsthohlräume einmünden und damit eine Erhöhung der Ergiebigkeit bewirken.

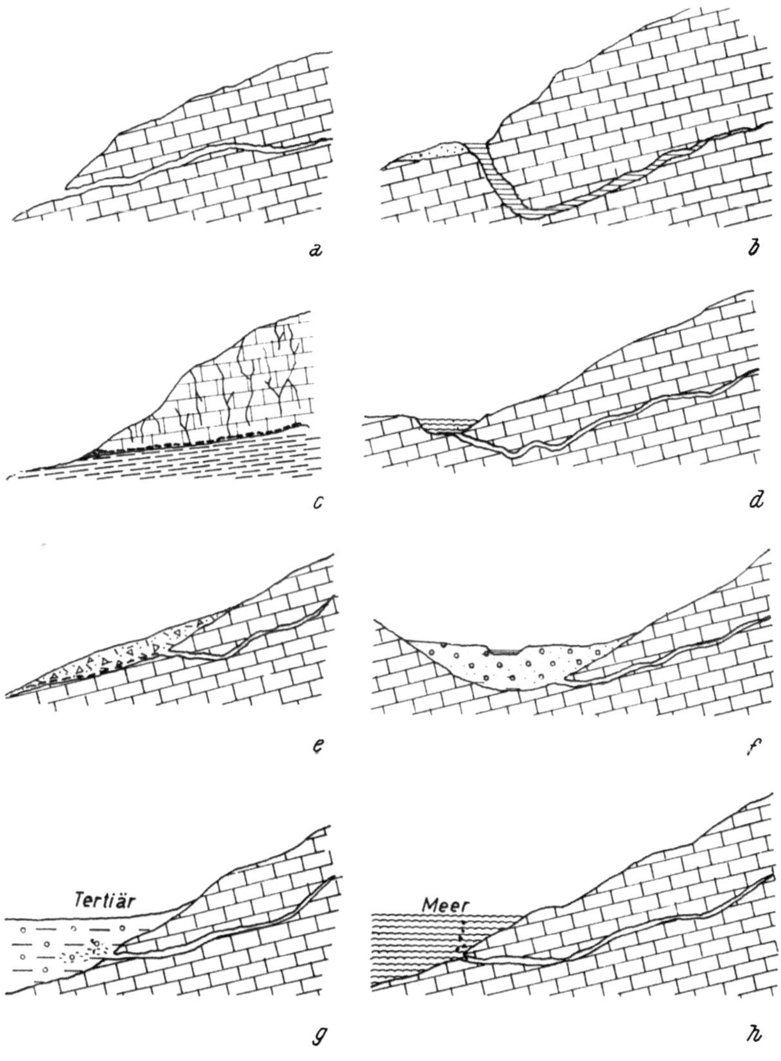

Abb. 56. Austritte von Karstwasser; a) Freier Abfluß eines Höhlenbaches, b) intermittierender Abfluß, c) Austritt von Karstwasser uber einer wasserundurchlässigen Schichte, d) Austritt in einen Tümpel, e) Austritt in eine Schutthalde, f) Austritt in den Talschutt, g) Austritt in tertiäre Ablagerungen, h) Austritt ins Meer

Es kann auch der Fall eintreten, daß Karstwasser ins *Meerwasser* einfließt und dann an der Oberfläche erscheint, so daß aufsteigende Süßwasserquellen entstehen. So strömt die Aurisinaquelle bei Triest mit täglich 20000 m³ Wasser ins Meer. Auch bei Kephalonia (Jonische Inseln) haben Maurin und Zötl solche Karstwasseraustritte an der Meeresküste untersucht (Lehmann 1932, Maurin-Zötl 1964).

Überblickt man in einem Karstkörper die vorhandenen Austrittstellen (Quellen), so besteht keine Regelmäßigkeit; sie treten oft dicht nebeneinander auf, oft in weiten Abständen. Wir ersehen daraus, daß die Verteilung und die Zusammenhänge der unterirdischen Wasserwege sehr verschieden sind. Es lassen sich im großen dann oft besonders begünstigte Zonen (kluftreiche Partien, Brüche) erkennen, dann wieder Geländestreifen, die weniger vom Wasser begangen werden.

Reichen die Kalke und Dolomite unter die Talsohle und wird die Unterlage durch wasserundurchlässige Schichten gebildet, so besteht die Möglichkeit, daß in den Spalten, Klüften und anderen Hohlräumen das Wasser gespeichert wird, so daß es durch Brunnen aufgeschlossen werden kann. Das ist jedoch nur dann möglich, wenn die Hohlräume untereinander verbunden sind und beim Pumpen das Wasser von allen Seiten herbeiströmt. Auf diese Art hat man vielfach im Schwäbisch-Fränkischen Jura aus der Tiefe bedeutende Wassermengen entnommen.

Es gibt jedoch auch viele Karstwässer, von denen man noch nicht mit Sicherheit sagen kann, wohin sie abfließen. Sie gehen oft unterirdische Wege, die der Beobachtung verborgen sind. So zeigen z. B. die Mitteralpe (Hochschwab) oder die Aflenzer Staritzen breite Plateauformen mit Dolinen und Mulden, in denen sicher bedeutende Niederschläge versickern. Der Rand unter den Steilabfällen ist jedoch arm an Quellen, und es ist noch nicht bekannt, wohin diese Wässer abfließen.

Karstwasser in Kalk-Dolomitlagen. Außer in den zusammenhängenden großen Kalk-Dolomitgebieten (Nördliche Kalkalpen, Grazer Bergland) kommen verkarstete Gesteine auch in einzelnen Lagen vor. So treten häufig in den *kristallinen Gesteinen Marmore* mit verschiedener Mächtigkeit auf, die in den Spalten Wasser führen, das oft auch als Quelle zum Vorschein kommt. Es handelt sich hier ebenfalls bereits um Karsterscheinungen, weil die Spalten fast stets durch die Lösungskraft des Wassers erweitert wurden. Vereinzelt stellen sich auch höhlenartige Formen ein (z. B. Bischofsloch am Preber). Wir finden solche Wässer in den Marmoren der Stubalpe, der Niederen Tauern (z. B. Pusterwald, Bretstein). Die Quellen liefern infolge der Lagerung meist wenig Wasser, es entstehen vielfach nur Überfließquellen; doch besteht immerhin die Möglichkeit, daß der in die Tiefe reichende Marmor in den Spalten bedeutende Mengen von Wasser führt, das durch Brunnen oder Stollen erschlossen werden kann.

Die Zusammenhänge von Einzugsgebiet, unterirdischen Wasserwegen und Abfluß. *1. Das Einzugsgebiet.* Wie Färb- und Triftversuche von MAURIN, ZÖTL, DOSCH gezeigt haben, weisen die versickernden Niederschläge nach der Tiefe zu oft eine auffallende Streuung in die Breite auf. Von den Einspeisungsstellen werden weit entfernte Quellen gespeist.

Die Abgrenzung des Einzugsgebietes für eine bestimmte Quelle ist daher nach morphologischen (Wasserscheide) oder nach tektonischen Grenzen selten möglich.

Für die Quellen der 1. Wiener Hochquellen-Leitung gilt nicht ein bestimmter Teil des Schneeberges als Einzugsgebiet, sondern der gesamte Kalkschichtstoß dieses Gebietes.

Auch für die Koppenbrühlerquelle am Dachstein kann man nicht das unmittelbar anschließende Gebiet als Einzugsgebiet annehmen, sondern das gesamte Dachsteinplateau.

Das Einzugsgebiet kann daher nur durch umfangreiche Färb- und Triftversuche bestimmt werden, wobei besonders zu empfehlen wäre, daß die Einspeisungen von verschiedenen Punkten erfolgen sollten, damit man die bevorzugten unterirdischen Wasserwege erkennen kann.

Einfacher gestaltet sich meist die Festlegung des Einzugsgebietes für Höhlenwasser, das durch Schlucklöcher in die Tiefe kommt. Dann ist das Einzugsgebiet durch das des Baches bestimmt; doch darf nicht außer acht gelassen werden, daß von der Oberfläche her immer noch durch Klüfte und Spalten Wasser eindringen kann.

2. Niederschlagsmenge — Abfluß. Die Oberfläche der Karstgebiete zeichnet sich meist durch große Trockenheit aus, obwohl genügend Niederschläge vorhanden sind; so zeigt das Tote Gebirge gegen 1600 mm, der Hochschwab gegen 1500 mm, die Schwäbische Alb 800 bis 900 mm jährliche Niederschläge. Oberflächliche Abflüsse (direkte Abflüsse) fehlen in den meisten Fällen.

Die Niederschläge, die in einem verkarsteten Gebiet niederfallen, kommen daher rasch zur Versickerung, es geht lediglich durch Verdunstung ein Teil verloren, der mit 25 bis 40% angenommen wird. Es versickern große Mengen in die Tiefe, die jedoch nicht einer Quelle zugute kommen, sondern sich meist auf viele Quellen verteilen. Die Formel $A = N - V$ ist daher kaum durchführbar, höchstens übersichtlich für ein zusammengehöriges Gebiet, nicht aber für eine einzelne Quelle.

Die versickernde Wassermenge kommt jedoch nicht in vollem Ausmaß zum Austritt (Abfluß), denn es ist durch die unterirdischen Wasserwege stets ein gewisser Rückhalt gegeben. Abgesehen vom Haftwasser, Kapillarwasser, das an den Kluft- und Spaltflächen hängenbleibt, gibt es stets Hohlräume (Spalten, Schläuche u. a.), die zwar Wasser aufnehmen, jedoch keines abgeben, weil sie am Ende geschlossen sind, so daß eine Verbindung mit benachbarten Wegen fehlt.

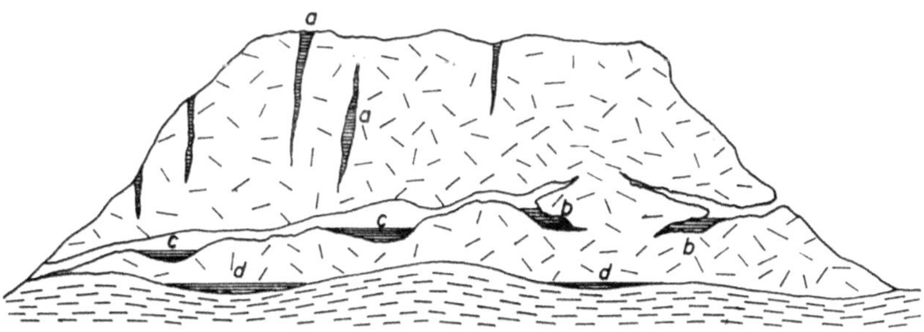

Abb. 57. Die Speicherung von Wasser in Karsthohlräumen, schematisch; a) in Spalten, b) in Schläuchen und Röhren, c) in Vertiefungen der Höhlen, d) in Mulden des Wasserstauers

Auch in Höhlen treten vielfach Vertiefungen, verbogene Röhren und Schläuche auf, die wohl Wasser aufnehmen, doch regelmäßig keines abgeben (Abb. 57).

Ebenso bilden an der Basis des verkarsteten Schichtstoßes die wasserstauenden Schichten oft muldenartige Verbiegungen, die Wasseransammlungen bedingen. Diese Schichten bilden unter dem Kalk-Dolomitschichtstock oft Lagerungsformen, die eine Wasserscheide bewirken.

Wir sehen demnach, daß die versickernden Wässer durchaus nicht alle den Quellen zugute kommen, sondern daß im Innern von Karstkörpern meist mit aufgespeichertem Wasser zu rechnen, also eine Retention, eine Speicherung vorhanden ist.

Fast alle Karstwässer zeigen große Ergiebigkeitsschwankungen, doch liefern sie auch nach längeren Trockenzeiten noch immer beträchtliche Wassermengen (z. B. Kaiserbrunnquelle am Schneeberg größte Schüttung 2200 l/sec, kleinste 140 l/sec), das zeigt deutlich, daß Speicherungen vorhanden sind.

Mit dieser Tatsache muß besonders im Tunnelbau gerechnet werden. Werden solche abflußlose Wasserbehälter angeschnitten, so kann es zum Austritt von großen Wassermengen kommen, die jedoch meist nach kurzer Zeit (Erschöpfung des Vorrates) zurückgehen.

Die Eigenschaften der Karstwässer. Die Geologie der Karstwässer zeigte vor allem, daß das Einzugsgebiet selten genau abzugrenzen ist. Es erfolgt in der Tiefe eine breitflächige Verteilung längs der nach verschiedenen Richtungen verlaufenden Spalten.

Die unterirdischen Wasserwege (Klüfte, Spalten, Schläuche, Brüche) sind meist weitwegig; sie ermöglichen ein rasches Durchfließen durch den Karstkörper, bedingen daher eine geringe Seihung und große Ergiebigkeitsschwankungen. Die Retention ist jedoch stets mit verschiedener Wirkung vorhanden.

Folgende Eigenschaften werden besprochen.

1. *Die Ergiebigkeit der Karstquellen.* Die meisten Karstquellen zeigen große Ergiebigkeitsschwankungen. Die weiten Wasserwege ermöglichen ein rasches Versickern und Abfließen der Niederschläge.

Bründlquelle bei Graz	6 l/sec — 300 l/sec
Andritz-Ursprungquelle bei Graz	50 l/sec — 200 l/sec
Baumühlquelle bei Weiz	100 l/sec — 350 l/sec — 800 l/sec
Brunngrabenquelle bei Gußwerk	240 l/sec — 460 l/sec
Kläfferbrunnen (Hochschwab bei Weichselboden)	800 l/sec — 9800 l/sec
Kaiserbrunnquelle (Schneeberg)	320 l/sec — 1015 l/sec
Stixensteinquelle	204 l/sec — 436 l/sec
Aachquelle (Württemberg)	800 l/sec — 9000 l/sec
Vauclusequelle	4500 /lsec — 120000 l/sec
Juraquelle bei La Doux (Schweiz)	180 l/sec — 40000 l/sec

Einige Angaben von Quellen im Schwabischen Jura (nach GRAHMANN 1955):

Lauterquelle bei Wipplingen	Quellen aus Weißjura mit 150 l/sec, 450 l/sec, 4000 l/sec
Blautal am Fuße des Mähringer Berges	Durch einen 10,5 m tiefen Brunnen wurde Karstwasser mit 180 l/sec angeschnitten
Schwarzer Kocher bei Oberkocher	Aus Weißjurakalk 280 l/sec — 1200 l/sec
Egauquelle bei Dischingen	Aus Jurakalk 550 l/sec — 1200 l/sec
Blautopf bei Blaubeuren	Aus Jurakalk 350 l/sec — 25000 l/sec
Brenztopf bei Königsbrunn	150 l/sec — 900 l/sec

Die großen Ergiebigkeitsschwankungen hängen mit den Niederschlägen und der Schneeschmelze zusammen. In den meisten Fällen wirken sich heftige Niederschläge in den Quellen schon nach 12 bis 36 Stunden aus. So zeigt der Kläfferbrunnen solche schon nach 24 Stunden in einer höheren Ergiebigkeit an, die

Brunngrabenquelle hingegen reagiert erst nach 36 bis 48 Stunden. Die Hammerbachquelle zeigt sie schon nach 10 bis 15 Stunden an.

Nun gibt es auch Fälle, daß die jährliche Niederschlagsmenge mit der jährlichen Abflußmenge in keiner Beziehung steht. So hat Zötl für die Kläfferquelle und Brunngrabenquelle folgende Zahlen angegeben:

		Niederschlag	Schüttung im Jahr
Kläfferquelle	im Jahre 1954	1659 mm	87181200 m³
	im Jahre 1955	1430 mm	120562600 m³
Brunngrabenquelle	im Jahre 1954	1659 mm	9694300 m³
	im Jahre 1955	1430 mm	10657900 m³

Wir sehen aus diesen Zahlen, daß die jährliche Niederschlagsmenge im Jahre 1955 um 14% niedriger war als im Jahre 1954. Die Ergiebigkeit der Kläfferquelle jedoch im Jahre 1955 um 38%, die der Brunngrabenquelle um 10% höher war als im Jahre 1954 (Zötl 1961).

Die täglichen Schwankungen bei diesen Quellen zeigen sicher eine direkte Beeinflussung durch die Niederschläge an. Die Jahresabflußmenge wird nach Zötl wesentlich durch die Schneeschmelze beeinflußt. Er schreibt (1961, S. 157): „Je ausgeprägter der Hauptabfluß der Schneeschmelze in den Frühsommer fällt (Kläfferquelle Mai, Brunngrabenquelle Juni), desto mehr Prozent der auffallenden Sommerniederschläge fließen ab, und zwar unabhängig von der absoluten Höhe der Jahresniederschläge."

Eine wesentliche Rolle bei diesen auffallenden Beziehungen zwischen Niederschlag und Abfluß spielt sicher die Retention, die im einzelnen schwer zu erkennen ist.

Der Abfluß wird auch oft wesentlich durch die Gesteine beeinflußt. Karstwasser aus Dolomitgesteinen zeigt meist geringere Schwankungen und meist auch kleinere Ergiebigkeiten als Wasser aus Kalkgesteinen. Die Dolomite haben zwar meist eine enge Klüftung, doch selten weite Spalten. Die Kalke hingegen weisen öfter weite Wasserwege auf.

2. *Die Durchfließgeschwindigkeit.* Die Spalten und höhlenartigen Gebilde stellen meist weite Wasserwege dar und ermöglichen eine rasche Durchfließgeschwindigkeit. Große Teile der versickernden Niederschläge haben demnach eine kurze unterirdische Verweildauer.

Einige Beispiele:

Einspeisestelle	Ergiebigkeit l/sec	Talhöhe m	Entfernung km	Geschwindigkeit m/Std.
Wurzenkar (Dachstein)	1200 (Hinterer Gosausee)	974	17,2	91
Maisenberg (Dachstein)	400 (Luserbach)	1000	6,5	90
Formarinsee	3000 (oberer Lech)	170	6,5	90
Schnittler Moos (Tauplitz)	über 1000 (Sagtümpel)	600	3,8	123
Lurbachschwinde bei Semriach	160 (Hammerbachquelle)	220	3	99
Donau bei Fridingen	Aachquelle	133	20	100,8
Krokarca (Unterkrain)	—	5	1,7	86,4

3. *Die Temperatur* der Karstwässer zeigt im allgemeinen geringe Schwankungen. In Dolomitgebieten liegen meist etwas höhere Temperaturen als in Kalkgebieten vor. Die Temperatur wird wesentlich durch die Höhenlage des Einzugsgebietes beeinflußt, sie liegt einige Grade über der Jahrestemperatur.

Einige Beispiele:

		Lufttemperatur Jahresmittel
Kalkgebiete:		
Dachsteingebiet	5 –5,5 °C	3,5 °C
Totes Gebirge	4,8–5,5 °C	3,5 °C
Hochschwab	4,7–5,8 °C	4,5 °C
Dolomitgebirge:		
Totes Gebirge	über 7,7 °C	
Hochschwab	7 –8 °C	
Voralpen	8 –8,5 °C	

(Alle Angaben nach ZÖTL.)

Die Sommertemperatur der Karstwässer (ZÖTL 1961, S. 104) ist im Kalkgebiet meist um 1,5 bis 2,6 °C, im Dolomitgebiet um 2 bis 3 °C über dem Jahresmittel der Lufttemperatur der mittleren Höhe des Einzugsgebietes.

4. Wegen der weiten Wasserwege ist die *Seihbarkeit* häufig sehr gering; in den Höhlen, Schläuchen, Röhren werden oft auch mechanische Teilchen wie Sand, Schlamm, Erde usw. mitgeführt. Etwas besser ist die Seihung in den Klüften und Spalten, besonders dann, wenn lange, zickzackförmige Wasserwege vorliegen; doch eine absolute Sicherheit besteht nicht, es muß auf jeden Fall mit Verunreinigungen gerechnet werden. Auch hier zeigt sich, daß die Dolomite eine bessere Seihung bewirken als die Kalke.

Die Verunreinigungsmöglichkeit ist jahreszeitlich sehr verschieden. Im Winter, wenn das Einzugsgebiet mit Schnee bedeckt ist, versickern mit dem Wasser fast keine Verunreinigungen; im Sommer jedoch ist die Möglichkeit der Verunreinigung durch Weidevieh, Bergwanderer, Schutzhütten gegeben.

5. *Der Chemismus des Karstwassers.* Beim Durchgang des unterirdischen Wassers durch die Kalk- und Dolomitgesteine werden vor allem Ca- und Mg-Karbonate aufgelöst, die in der Karbonathärte zum Ausdruck kommen. Andere Salze (Sulfate, Chloride usw.) sind meist in geringen Mengen enthalten, so daß der Unterschied zwischen Karbonat- und Gesamthärte gering ist.

Einige Beispiele:

	Karbonathärte	Gesamthärte
Hammerbach	7,6 °dH	9,8 °dH
Dachsteingebiet	meist gleich der Gesamthärte	5–6,8 °dH
Hochschwabgebiet	um etwa 0,5 °dH weniger	5,9–9 °dH
Schwäbische Alb (Weißjura)	etwa 12–15 °dH	etwa. 15–16 °dH

Auffallend ist, daß die Karstwässer eine verhältnismäßig geringe Härte haben, was wieder ein Beweis ist, daß die Verweildauer eine kurze ist.

In Dolomitgesteinen ist die Härte meist etwas höher. Es liegen engklüftige Gesteine vor, die ein langsames Durchfließen bewirken, so daß mehr Karbonate aufgenommen werden können. Etwas höhere Werte treffen wir auch in jenen Gebieten, in denen das Einzugsgebiet eine Vegetationsbedeckung (Wald) aufweist. Die Niederschläge nehmen in der Bodenschicht mehr Kohlensäure auf, so daß die Lösungskraft erhöht wird. Es entstehen dadurch Unterschiede bis zu 3 °dH und mehr.

Die Ergiebigkeitsschwankungen (Erhöhung der Niederschläge) verursachen nur geringe Änderungen der Härte, die innerhalb eines Härtegrades liegen.

Die Bedeutung des Karstwassers. *Wasserversorgung.* Obwohl das Karstwasser stets eine unsichere Seihung aufweist, wird es vielfach für Wasserversorgungen herangezogen. So bezieht die 1. Wiener Hochquellen-Leitung das Wasser aus dem verkarsteten Wettersteinkalk des Schneeberges. Die 2. Wiener Hochquellen-Leitung entnimmt es aus mehreren Quellen am Nordabfall des Hochschwabs.

Salzburg faßte Karstquellen im Wettersteinkalk des Untersberges.

Weiz in der Steiermark besitzt eine ansehnliche Karstquelle (Baumühlquelle) im Norden der Stadt, die aus dem Südflügel der aus Schöckelkalk bestehenden Mulde des Weizer Berglandes austritt.

Kindberg und *St. Lorenzen* im Mürztal faßten Karstquellen in dem schmalen Kalk-Dolomitzug (Semmeringmesozoikum), der zwischen den Mürztaler Grobgneisen und den Gneisen des Troiseck eingeschaltet ist. Auch *Mürzzuschlag* und *Langenwang* entnehmen teilweise ihr Wasser aus den Kalken des Semmeringmesozoikums. *Admont* faßte in einer Schlucht am Westabfall der Hochplanmauer (SO von Admont) eine Spaltquelle mit 5 bis 15 l/sec Ergiebigkeit.

Viele ergiebige Karstquellen in den Nördlichen Kalkalpen, so z. B. die Quelle am Erzbach, bei Hieflau, die Pießling-Ursprungquelle, die Quelle am obersten Riedlbach (Nordabfall des Dachsteins südlich Mitterdorf) u. a. sind noch nicht ausgenützt. Es muß jedoch betont werden, daß nicht alle Quellen im Kalkgebiet Karstquellen darstellen. Vielfach handelt es sich auch um Schuttquellen, die nicht als Folgequellen gedeutet werden können.

Zahlreiche Karstquellen treten aus den Weißjura-Kalken in der Schwäbischen und Fränkischen Alb aus. Die Kalke im Weißjura sind durch wasserundurchlässige Schichten voneinander getrennt und fallen flach gegen SO. Sie werden von zahlreichen Spalten durchzogen, die zu Höhlen erweitert wurden. Die Niederschläge versickern auf der Oberfläche rasch in die Tiefe und füllen, durch die Stauung an der wasserundurchlässigen Schicht bedingt, mehr oder weniger die Hohlräume mit Wasser. Werden die Schichtgrenzflächen durch die Täler angeschnitten, so treten stellenweise starke Quellen aus, die für die Trinkwasserversorgung herangezogen werden.

Wenn auch bei den Karstquellen mit Verunreinigungen zu rechnen ist, die durch die Aufstellung von Schutzgebieten nie vollständig behoben werden, so sind sie für die Wasserversorgung in Betracht zu ziehen. Es sind jedoch wirksame Aufbereitungsanlagen erforderlich.

Karstwasser und Hohlgangsbauten

Werden Kalke und Dolomite durch Hohlgangsbauten (Tunnel, Stollen) angeschnitten, dann stellen sich sehr oft größere oder kleinere Zuflüsse aus Spalten, Karströhren und Schläuchen ein. Treten größere Mengen von Wasser aus, so spricht man von Wassereinbrüchen. Einige Zahlen geben darüber Auskunft.

Bosrucktunnel aus Gutensteinkalk	1100 l/sec
Simplontunnel aus Marmor	1300 l/sec
Weißensteintunnel aus Jurakalken	400—70 l/sec
Mont-d'Or-Tunnel	bis 3000 l/sec
Grenchenbergtunnel	800—300 l/sec

Besonders gefährlich können Wassereinbrüche aus Karströhren und Schläuchen werden. Ohne vorherige Anzeichen strömen beim Anschlagen oft gewaltige Wassermassen in den Tunnel (z. B. Mont-d'Or-Tunnel).

Gefährliche *Wassereinbrüche* entstehen, wenn verkarstete, schief gestellte Kalkschichten von undurchlässigen Schichten unterlagert sind, so daß Wasseransammlungen durch Stauungen entstehen (z. B. Simplontunnel). Auch im Bosrucktunnel wirkten die Werfener Schichten als Wasserstauer.

Marmore zwischen kristallinen Schiefern enthalten fast stets in den Klüften bedeutende Wassermengen; sie können also bei Tunnel- und Stollenbauten gefährliche Wassereinbrüche bewirken. Besondere Vorsicht ist bei der Durchörterung von Kalken und Dolomiten geboten, die muldenförmig gelagert sind.

Die Wassereinbrüche in Stollen und Tunnel zeigen häufig rasch wechselnde Ergiebigkeiten. Es kann vorkommen, daß sie zeitweise sogar versiegen, wenn die Vorräte erschöpft sind; man muß jedoch immer wieder damit rechnen, daß Wassernachschübe eintreten.

Wie rasch die Ergiebigkeiten wechseln, zeigte der Mont-d'Or-Tunnel. Es brachen einmal 3000 l/sec ein, die Schneeschmelze verursachte eine Zunahme auf 7000 l/sec. Nach einer Abnahme stieg der Wasserausfluß auf 3600 l/sec, nach einiger Zeit sank er sogar auf 700 l/sec ab. Im *Weißensteintunnel* schüttete eine Karstquelle im Stollen anfangs 80 l/sec; im trockenen Sommer ging die Menge auf 1,5 l/sec zurück.

Obwohl die Wasserführung in den Kalken und Dolomiten stets eine Gefährdung bedeutet, gibt es in diesen Gesteinen auch mehr oder minder lange Strecken, die völlig trocken sind, obwohl spaltenreiche Zonen vorliegen. Die Ursachen dafür liegen meist in der Lagerungsform, die ein Abfließen des Wassers nach einer anderen Richtung bedingt.

Die Erfahrungen aus der Tunnelgeologie zeigen nun immer wieder, daß auch in Karstkörpern mit einer regelmäßigen Verteilung der unterirdischen Wässer nicht zu rechnen ist. Die Vorhersage von Wassereinbrüchen in Karstgebieten ist daher selten mit Genauigkeit anzugeben. Detaillierte Untersuchungen über die Klüftung, über Bruchzonen und über die Lage der wasserstauenden Schichte können Anhaltspunkte geben.

Wichtige Vorarbeiten für die Ausnützung von Karstwasser für die Trinkwasserversorgung. Soll irgendeine ergiebige Karstquelle für die Trinkwasserversorgung Verwendung finden, so sind vor der Fassung entsprechende Vorarbeiten notwendig.

1. Die Grundlagen bilden *regelmäßige Ergiebigkeits- und Temperaturmessungen* in kurzen Zeitabschnitten (alle 8 bis 14 Tage) über mindestens zwei Jahre; gleichzeitig sind Niederschlagsmessungen erforderlich, so daß die Zusammenhänge erkannt werden können.

2. Im gesamten Bereich des geographisch und geologisch erkennbaren Karstkörpers, aus dem die zu fassende Quelle entspringt, sind *sämtliche Quellen aufzunehmen* und die Ergiebigkeiten und die Temperaturen zu messen.

3. *Chemisch-bakteriologische Untersuchungen* an der Hauptquelle und bei verschiedenen Schüttungen und zu verschiedenen Jahreszeiten sind erforderlich.

Man ersieht daraus, ob das Wasser überhaupt als Trinkwasser zu gebrauchen und mit welchen Verunreinigungen zu rechnen ist. Stichproben sind auch von den übrigen Quellen durchzuführen.

4. Die geologische Untersuchung stellt den Schichtbestand und die Lagerung fest. Die geologische Karte mit den Profilen ist in möglichst großem Maßstab (1 : 10000) auszufertigen. Auf die tektonischen Besonderheiten (Brüche, Zerrüttungszonen, Faltungen, Überschiebungen) ist besonders zu achten. Mit größter Sorgfalt sind die Kluftrichtungen einzumessen. Alle diese geologischen Ergebnisse sind mit der Morphologie (Karsterscheinungen) in Beziehung zu bringen.

Man erhält aus dieser Aufnahme ein Bild über die unterirdischen Wasserwege und eine Vorstellung vom Einzugsgebiet.

5. *Färb- oder Triftversuche*, die von verschiedenen Einspeisestellen vorgenommen werden und alle Quellen in die Beobachtung einbeziehen sollen, ergeben ein Bild über die Zusammenhänge von Einzugsgebiet und Quellen. Man ersieht daraus die Verbreitung der zusammenhängenden und der besonders bevorzugten Wasserwege. Diese Versuche sind grundlegend für die Abgrenzung des Schutzgebietes.

6. Die Zusammenfassung dieser Untersuchungen ergibt wichtige *Anhaltspunkte für die Fassung der Quelle*. Es kann die Möglichkeit erörtert werden, ob durch Vergrößerung der Austrittsstelle oder durch Stollen eine Erhöhung der Ergiebigkeit erreicht werden kann. Außerdem können im Einzugsgebiet jene Stellen, die besonders durch Verunreinigungen gefährdet sind, saniert werden.

2. Wasser in unterirdischen Wasserwegen in Verbindung mit Lagerungsformen

a) Wasser in Zerrüttungsstreifen

(Zerrüttungsstreifenquellen)

Die körperlich erfaßbaren Zerrüttungsstreifen mit Länge, Breite und Tiefe enthalten das unterirdische Wasser verteilt in verschieden geformten Hohlräumen (Poren, Spalten, Klüften), die untereinander in Verbindung stehen können oder getrennte Wasserwege bilden. In der Natur werden die Zerrüttungsstreifen durch Hänge, Taleinschnitte meist nur zum Teil angeschnitten.

Die an der Oberfläche austretenden Quellen bringen daher häufig nur wenig Wasser zutage. Nur wenn Zerrüttungsstreifen durch einen Taleinschnitt oder Stollen im Streichen angezapft werden, können günstige Austritte vorliegen. Für die Trinkwasserversorgung finden daher Zerrüttungsstreifenquellen verhältnismäßig selten Verwendung. Die Ergiebigkeit könnte jedoch oft durch Stollenbauten, die längs der Zerrüttungszone verlaufen, erhöht werden. Sie hängt dann wesentlich von der Tiefenlage des Einbaues ab; denn gegen die Tiefe zu findet vielfach eine Vereinigung der Wasserwege statt. Da die meisten Zerrüttungsstreifen gegen die Tiefe zu enden, entstehen Wasserstauungen, die oft bis hoch hinauf die Hohlräume mit Wasser füllen.

Bei Tunnel- und Hohlgangsbauten dringen aus den Zerrüttungsstreifen oft ansehnliche Wassermengen ein. Wenn die Überdeckung gering ist, kann der Wasservorrat sich erschöpfen. Bei tief hinabreichenden Streifen bestehen größere Vorräte, und es kann sogar vorkommen, daß durch kommunizierende Wirkung der Hohlräume aufsteigendes Wasser entsteht.

Das *Einzugsgebiet* ist durch die streichenden Ausbisse an die Oberfläche gegeben. Da diese oft morphologisch durch Ebenheiten, Mulden, Sättel hervortreten, so liegt meist eine günstige Versickerungsmöglichkeit vor.

Die *Fassung* des Wassers in Zerrüttungsstreifen kann durch Stollen erfolgen; bei entsprechend breiten Zonen, die hoch hinauf mit Wasser gefüllt sind und poren- oder kluftreiche Gesteine enthalten, läßt sich mit Pumpbrunnen das Wasser gewinnen.

Einige Beispiele:

Nördlich der Donau im Mühlviertel wurde bei *Partenstein* ein $5^1/_2$ km langer Druckstollen erbaut, der grobkörnigen Granit bis Granitgneis und Pöckinger Granite durchörterte. Diesen Gesteinen sind mehrere Störungszonen eingelagert, die als Zerreibungs- und Mylonitzonen ausgebildet sind. Sie streichen NW bis SO und fallen mittel bis steil gegen NO und sind im Landschaftsbild deutlich zu erkennen. Sie haben eine Breite von mehreren Metern bis 20 m.

Durch das Anfahren dieser Mylonitzone wurden die Brunnen des Ortes Kleinzell, der 110 m über dem Stollen liegt, trockengelegt, und im Stollen selbst, der meist trocken war, machte sich ein stärkerer Wasserandrang bemerkbar.

In der Zerreibungszone konnte sich zwischen den Poren das Niederschlagswasser ansammeln, das durch Brunnen für Kleinzell Verwendung fand. Durch den Stollenbau sank es in die Tiefe, und die Brunnen versiegten. Kleinzell mußte eine vollständige neue Wasserversorgungsanlage erhalten (nach Kölbl, L., G. Beurle, Jb. d. G. B. 1925).

Im neuen *Semmeringtunnel*, der 1957 erbaut wurde, durchörterte man Semmeringquarzite, die jedoch stellenweise völlig zu Sand zerrieben und mit Wasser gefüllt waren.

Auch im Druckstollen von Vermunt konnte Reithofer (1951) im Muskovitgranitgneis Zerreibungszonen mit Wasseraustritten feststellen. Bei Stollenmeter 927 und 933 erfolgte ein Wassereinbruch mit 40 bis 50 l/sec, der allmählich auf 1 l/sec zurückging. Bei 1445 m ereignete sich ein zweiter Einbruch mit 8 bis 10 l/sec, der sich bis auf etwa 2 l/sec verminderte.

Diese Erkenntnis, daß Zerrüttungsstreifen Wasser führen, ist besonders in Granitgebieten, die meist arm an Wasser sind, zu beachten. Wenn eine entsprechende Länge und Breite vorliegt, kann es durch Brunnen gewonnen werden; doch ist darauf zu achten, daß diese entsprechend tief angelegt werden, weil mit Schwankungen zu rechnen ist.

Auch bei Kraftwerksbauten (Sperrmauern) ist auf die Zerrüttungszonen besonders zu achten, nicht nur weil sie Schwächezonen darstellen, sondern weil bei größerer Erstreckung durch die Kommunikationswirkung aus der höher gelegenen Nachbarschaft aufsteigendes Wasser auftreten kann.

In den *altpaläozoischen Schichten* des *Rheinischen Schiefergebirges* (Phyllite, Serizitgneise, Grünschiefer usw.), die an und für sich wasserarm sind, treten Querstörungen auf, die mit zertrümmertem Quarz erfüllt sind (z. B. in der Hornau—Kehlheimer Bucht). Durch Bohrungen hat man im Main-Taunus-Kreis in diesen quarzdurchtrümmerten Phylliten in 120 m Tiefe 11 l/sec Wasser angetroffen. Auch bei Königstein im Taunus stieß man in solchen Zertrümmerungszonen auf 8 l/sec Wasser (Erläuterungen zum Blatt Frankfurt; Udluft S. 31). Die Schwierigkeit bei diesem aus Zerrüttungszonen gewonnenen Wasser liegt darin, daß der Wasserhaushalt selten mit Sicherheit festgestellt werden kann. Es besteht Gefahr, daß durch Pumpversuche ein falsches Bild vorgetäuscht wird, es kann dabei mehr Wasser entnommen werden als zufließt.

b) Wasser in Bruch- und Verwerfungszonen
(Bruch- und Verwerfungsquellen)

Brüche mit oder ohne Verwerfungen enthalten oft verschieden ausgebildete Hohlräume wie Klüfte, Spalten, linsenförmige Öffnungen, Poren, die miteinander in Verbindung stehen, jedoch auch mehr oder minder isoliert sein können. Es liegt

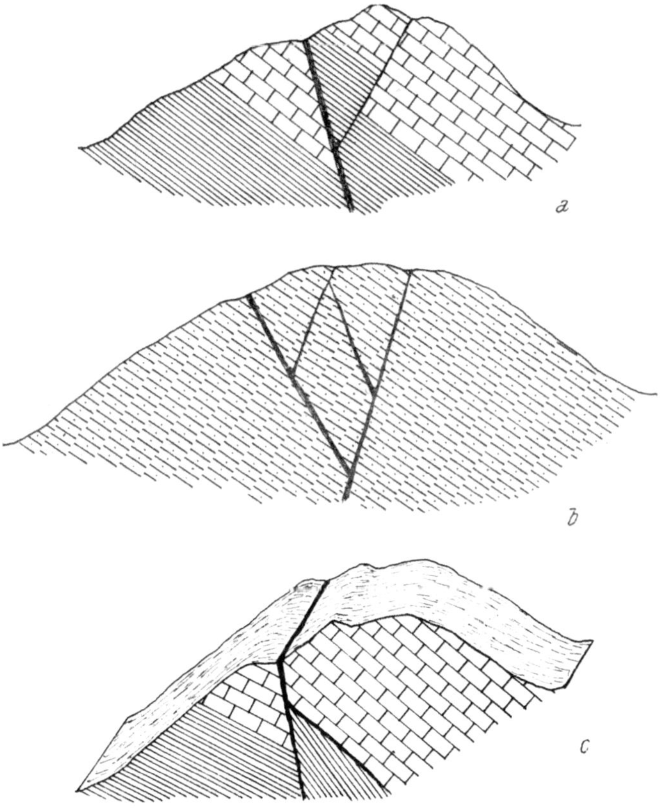

Abb. 58. Wasser in Verwerfungen; a) in den Hauptbruch mündet ein wasserfuhrender Nebenbruch; die Wasserführung wird verstärkt, b) Brüche laufen in der Tiefe zusammen, die Wasserführung wird vergrößert, c) der Hauptbruch zerteilt sich in Nebenbrüche, die Wasserführung wird verringert

selten, wie in Lehrbüchern abgebildet, eine einfache Trennungsfläche vor, sondern meist eine verschieden breite Zone, die durch engscharige Klüftung, Harnische, Zerreibungen usw. ausgezeichnet ist (Abb. 58).

Um die Bedeutung einer Bruchzone für die Wasserführung zu erfassen, ist vor allem die *körperliche Stellung* des Bruches, also seine Länge, Breite, Tiefe, die Sprunghöhe und die Beziehung zur Oberfläche (= Einzugsgebiet) festzustellen.

Vergegenwärtigt man sich die Bruchzone, so wird man meist erkennen, daß die versickernden Niederschläge in die Tiefe abfließen, wobei es vielfach zu Vereinigungen, jedoch auch zu Verteilungen kommen kann. Sehr häufig findet aber gegen die Tiefe zu eine Verschmälerung der Bruchzone statt und ein Erlöschen, so daß die Hohlräume von unten aus mit Wasser gefüllt sind.

Im allgemeinen treten aus Bruchzonen an der Oberfläche nur kleine Quellen aus, da meist nur kurze Stücke der Störung angeschnitten werden. Vereinzelt lassen sich im Gebirge bei Steilbächen, an Felswänden, die in Bruchzonen liegen, Quellaustritte erkennen, z. B. an den Steilabfällen des Dachsteins, des Hochschwabs, des Toten Gebirges.

Viele Haupttäler in den Alpen (Teile des Enns-, Mur-, Mürz- und Inntales) verlaufen längs bedeutender Bruchzonen. Es dürften hier in der Tiefe sicher große Wasservorräte sein, doch ist die Aufschließung kostspielig und der Ansatzpunkt für die Bohrungen nicht immer mit Sicherheit zu geben.

Wenn auch Bruchzonen oft günstige Hoffnungsgebiete für die Trinkwasserversorgung darstellen, so finden sie selten Verwendung, denn wenn man die darin vorhandenen Wassermengen zum größten Teil erfassen will, sind umfangreiche Aufschlußarbeiten (Stollen) erforderlich.

Hingegen spielt die *Wasserführung in Bruchzonen im Stollen- und Bergbau* eine große Rolle. Durch das Anschlagen dieser Störungen in der Tiefe können große Wassereinbrüche erfolgen, besonders dann, wenn die Wege untereinander verbunden sind, so daß von allen Seiten das Wasser eindringen kann.

Wenn man eine Bruchzone körperlich vollständig erfassen kann, so zeigt sich oft, daß der Bruch in den Streichungsrichtungen allmählich erlischt, so daß er ein Gefäß darstellt, das von den Enden aus gegen die Mitte zu absinkt. Das Wasser sickert daher der Tiefe zu und füllt dort aufsteigend die Hohlräume aus.

Wird demnach der Bruch in dieser Tiefenzone angeschnitten, so ist mit besonders großem Wasserandrang und vielleicht sogar mit aufsteigendem Wasser zu rechnen.

Durch die Brüche können oft recht komplizierte Wasserwege entstehen, die schwer zu entziffern sind. Durch den Bergbau erhielt man einen Einblick in diese Lagerungsformen. In Abb. 58a, b trifft auf die Hauptverwerfung eine kleinere, so daß in der Tiefe die Wasserführung bedeutend vergrößert wird.

Es kann auch der umgekehrte Fall eintreten, daß von einem Hauptbruch ein Nebenbruch abzweigt, wodurch eine Verminderung der Wassermenge eintreten kann (Abb. 58c).

Das *Einzugsgebiet* für das Wasser in einer Bruchzone ist meist durch den Verlauf an der Oberfläche gegeben. Es ist daher die gesamte Längserstreckung des Bruches mit dem umgrenzenden Einzugsgebiet in Betracht zu ziehen.

Das Wasser an Verwerfungszonen zeigt recht verschiedene *Eigenschaften*. Werden Verwerfungen mit geringer Überlagerung angeschnitten, so erfolgt oft ein Nachlassen der Ergiebigkeit; in tieferen Lagen ist aber meist mit geringen Schwankungen zu rechnen. In Kalk- und Dolomitgebieten ähnelt das Wasser der Verwerfungen dem Karstwasser; es besteht eine rasche Durchfließgeschwindigkeit und damit große Ergiebigkeitsschwankungen. Die Temperatur hängt vielfach mit der Überlagerungshöhe zusammen, und es kann auch die Erdwärme zur Geltung kommen. Die Thermalwässer von Aachen, Wiesbaden, Baden bei Wien sind an Bruchzonen gebunden.

Für Trinkwasserversorgungen findet dieses Wasser wegen der *teuren Fassungsanlagen* selten Verwendung, wohl aber treten in Stollenbauten und Bergbauen an Verwerfungszonen oft große Wassermengen aus, die sogar zur Einstellung der Gruben führen konnten (Oberzeiring alter Silber-Bergbau, Röhrerbüchel bei Kitzbühel alter Gold-Silber-Bergbau). Die großen Karstquellen im Hochschwabgebiet (Kläfferbrunnen) und Dachsteingebiet (Koppenbrühlerquelle) hängen mit Bruchzonen zusammen.

c) Wasser in gefalteten Schichten

α) Wasser in Falten. Durch die Faltung von Schichten werden die unterirdischen Wasserbewegungen wesentlich beeinflußt. Sie werden vor allem durch die Formung der wasserundurchlässigen Schichten bestimmt. Die *Muldenformen* verursachen meist eine Konzentration des Wassers, die Sättel hingegen eine Verteilung (Abb. 59); doch selten treten so regelmäßige Verhältnisse auf, es stellen sich oft bedeutende Abweichungen ein; besonders dann, wenn die Faltenachsen nicht waagerecht liegen, sondern geneigt sind, so daß in die Mulde ein Abfließen nach dem Fallen der Muldenachse stattfindet. Verläuft sie z. B. längs eines Tales und wird die Grenzfläche durch die Erosion angeschnitten, so können zu beiden Seiten Schichtstauquellen austreten (Abb. 60).

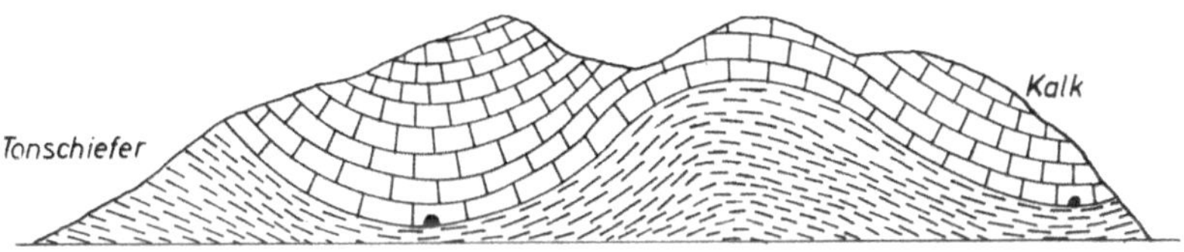

Abb. 59. Die Wasserführung in einem gefalteten Kalkschichtstoß

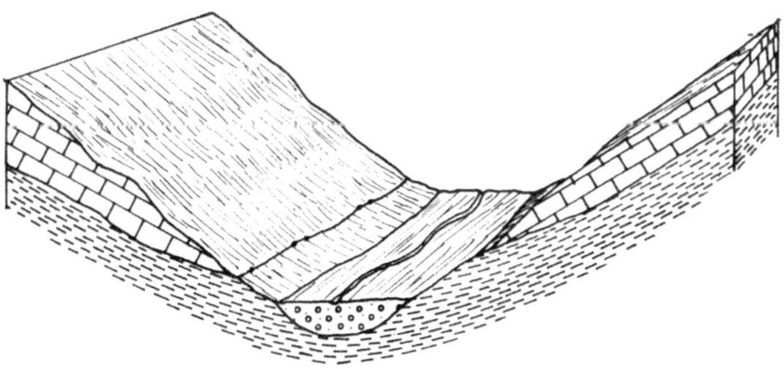

Abb. 60. Eine Kalkmulde wird durch ein Tal angeschnitten. Es entstehen Schichtstauquellen

Liegt eine zusammenhängende Faltenzone mit Sätteln und Mulden vor, so bestimmt die Lage der undurchlässigen Schicht zu der durchlässigen den Verlauf des Wassers in den Klüften und Spalten (Abb. 61). Im allgemeinen wird es den Mulden zufließen und von den Sätteln abströmen, sich verteilen, doch ergeben sich bei den verschiedenen Faltenformen recht mannigfaltige Wasserführungen.

Das Bild wird meist noch komplizierter, wenn *mehrere wasserdurchlässige Schichtstöße* (Kalke) durch wasserundurchlässige voneinander getrennt sind, wie z. B. im Schweizer Jura. Die durchlässigen Schichten nehmen an der Oberfläche das Wasser auf und leiten es in Klüften bis zur undurchlässigen, die es der Lagerung entsprechend ableitet. In einem Quertal erscheinen dann die Quellen am tiefsten Punkt, dort wo die wasserführende Schicht wieder an die Oberfläche tritt (Abb. 61). Es treten vor allem Quellen im Muschelkalk, in Doggerkalken, besonders starke Quellen im Malmkalk und in den Kreidekalken auf. Sie fließen in der

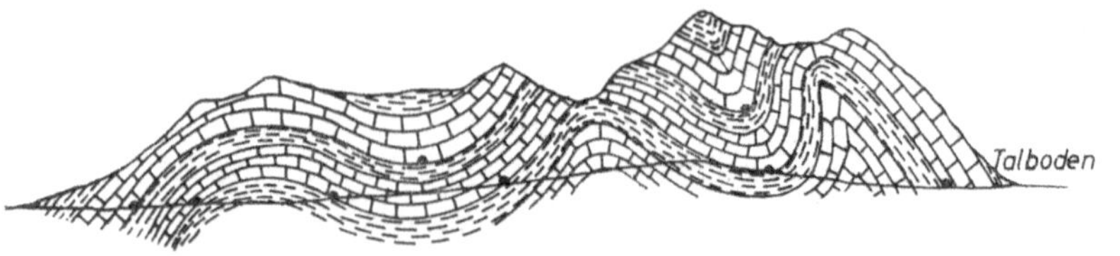

Abb. 61. Gefaltete durchlässige und undurchlässige Schichten werden durch ein Tal quer durchgeschnitten; es entstehen Schichtstauquellen (nach HEIM)

Richtung des Streichens aus und sind um so ergiebiger, je mächtiger der Schichtkomplex ist, der das Einzugsgebiet bildet, wobei jedoch die Achsenlage von Wichtigkeit ist. In Mulden ist meist der Kalk in den Klüften mit Wasser gefüllt, so daß Überfließquellen entstehen. Der Schweizer Jura ist reich an großen Quellen; HEIM (1923) gibt gegen 50 an.

Besonders werden erwähnt: Doubs-Quelle, Orb-Quelle, La Diaz, le Flaurier, le Dessoubre u. a. Eine der schönsten davon ist La Doubs. Sie erscheint im Hintergrund eines kreisrunden Kessels von St. Sulpice als Hauptquelle des Areuseflusses. Sie ist eine Art von Überfließquelle.

Die Ergiebigkeiten:

Minimum	180 l/sec
Mittelergiebigkeit	3500 l/sec
Normales Maximum	40000 l/sec
Außerordentliches Maximum	100000 l/sec

Die Schüttungszahl beträgt 1 : 130. Die Veränderungen erfolgen rasch. In 24 Stunden kann die Quelle ihren Ertrag verhundertfachen. Nach einem Gewitter wirkt sich die Schüttung schon nach 12 Stunden aus.

β) Überfließquellen aus schüsselförmigen Mulden. Liegen stark zerklüftete Kalke oder Sandsteine *schüsselförmig* über undurchlässigen Schichten, so sammelt sich in der Muldentiefe in den Klüften das Wasser an. Sind sie alle untereinander

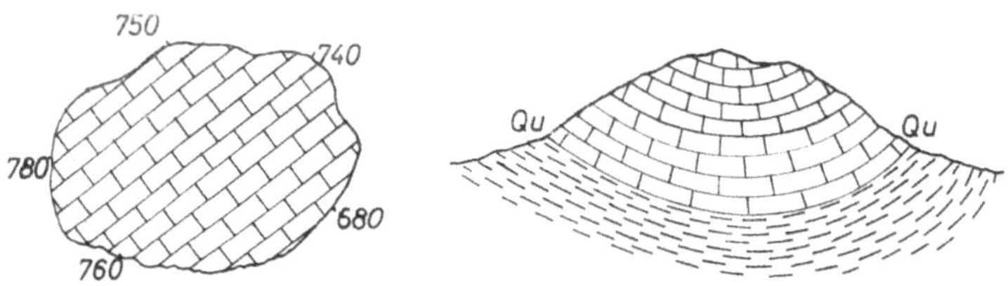

Abb. 62. Wasser in einer schüsselförmigen Mulde, es entstehen Überfließquellen

verbunden, so bildet sich ein Wasserspiegel aus, der eine flach gewölbte Oberfläche aufweist. Erreicht dieser die Schichtgrenze, so kommt es zum Austritt von Quellen die *Überfließquellen* genannt werden (Abb. 62).

Liegt die Schichtgrenze überall gleich hoch, was selten der Fall ist, dann treten längs der gesamten Grenzlinie Quellen aus. Meist ist sie aber verschieden hoch und dann erfolgt der Austritt zuerst an der tiefsten Stelle und erst bei genügendem Wasserinhalt kommen auch noch höhere Grenzpunkte für das Ausfließen in Betracht.

Wenn die Schüssel innerhalb Unregelmäßigkeiten aufweist, z. B. sekundäre Wellungen, entstehen oft recht komplizierte Wasserführungen.

Obschon in diesen schüsselförmig gelagerten Mulden oft viel Wasser enthalten ist, so sind die Quellen nicht immer günstig; das Wasser tritt nur aus, wenn es über die Grenzlinie ansteigt. Sinkt der Wasserspiegel, versiegen sie. Diese Überfließquellen führen daher selten ganzjährig Wasser, sondern nur zeitweise. Dadurch sind sie für die Wasserversorgung selten geeignet.

Durch künstliche Aufschlüsse, durch die man die Gesteinsgrenze tiefer legt, (allenfalls auch durch Stollen) kann man günstigere Abflußverhältnisse erreichen.

Als *Einzugsgebiet* (tektonisches Einzugsgebiet) kommt die gesamte Fläche des durchlässigen Gesteins in Frage. Verunreinigungsmöglichkeiten beachten!

Die unterirdischen Wasserwege richten sich nach dem Gestein. Kalke, Dolomite, Sandsteine, Quarzite enthalten Klüfte; Sandsteine, Konglomerate, Sande, Schotter führen das Wasser in Poren. Die Austrittstellen entsprechen den unterirdischen Wasserwegen, wobei die undurchlässige Schicht als Wasserstauer wirkt.

Beispiele:

Am *Hauenstein* (östliches Schöckelgebiet) liegt über wasserundurchlässigen Schiefern Schockelkalk, der am Rande Überfließquellen aufweist.

Am *Eibelberg* nordöstlich Turnau ist eine isolierte Kalkscholle der Nördlichen Kalkalpen uber Werfener Schichten erhalten geblieben. Am Ostrand treten an der Grenzfläche zeitweise Überfließquellen aus.

Am *Flachenberg* nordwestlich Bischofshofen liegen über flach muldenförmigen Werfener Schichten Gutensteiner Kalke, die am Grenzhorizont einzelne Überfließquellen besitzen.

γ) Überfließquellen in Mulden mit Längsachsen. Überfließquellen können sich auch dort bilden, wo porenreiche Gesteine, wie Sandsteine, Schotter, Sande oder stark geklüftete Kalke, Dolomite in wasserundurchlässige Schichten (Tonschiefer,

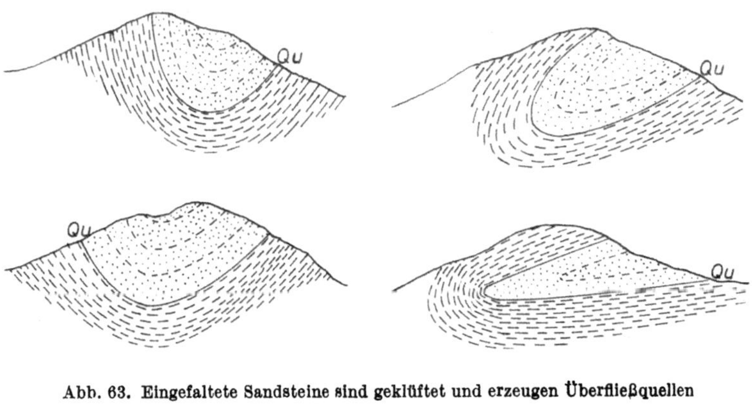

Abb. 63. Eingefaltete Sandsteine sind geklüftet und erzeugen Überfließquellen

Tone, Mergel u. a.) eingefaltet sind, wodurch verschiedene Formen entstehen können (Abb. 63). Im Flysch sind häufig Sandsteine in Mergel eingefaltet, auch im Tertiär stellen sich manchmal eingefaltete Sande und poröse Sandsteine ein.

Wenn die wasserführenden Gesteine mit Wasser gefüllt sind, so kann es an tiefer liegenden Ausbißstellen zeitweise zu Quellaustritten kommen. Da es sich meist um kleine Mengen handelt, die nur zeitweise ausfließen, haben diese Überfließquellen praktisch geringe Bedeutung. Es ist jedoch möglich, daß man durch Bohrungen, Schächte und Brunnen das Wasser aus diesen poren- und kluftreichen

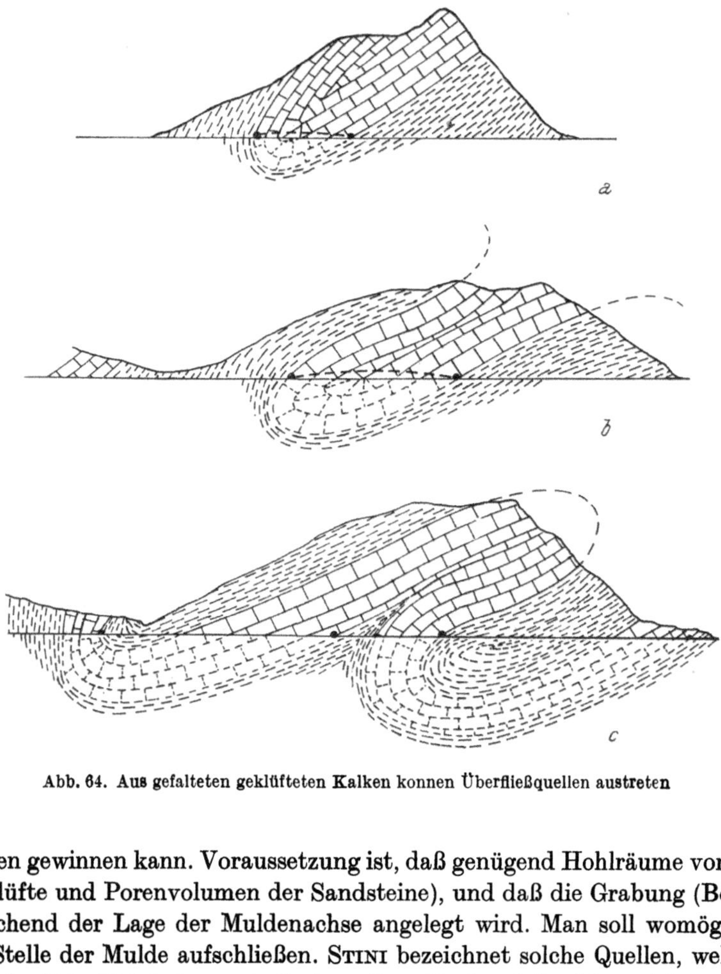

Abb. 64. Aus gefalteten geklüfteten Kalken konnen Überfließquellen austreten

Gesteinen gewinnen kann. Voraussetzung ist, daß genügend Hohlräume vorhanden sind (Klüfte und Porenvolumen der Sandsteine), und daß die Grabung (Bohrung) entsprechend der Lage der Muldenachse angelegt wird. Man soll womöglich die tiefste Stelle der Mulde aufschließen. Stini bezeichnet solche Quellen, welche die Form wie Abb. 63d haben, als Sackquellen. Es handelt sich meist um gering mächtige Einlagerungen mit kurzen Erstreckungen.

Besondere Verhältnisse stellen sich aber ein, wenn mächtige Kalk-Dolomitschichtstöße *langgestreckte Muldenform* aufweisen. Das Wasser sammelt sich über dem Wasserstauer in den Klüften und Spalten an und kann an den Schichtgrenzen als Überfließquelle austreten. Diese Quellen haben jedoch praktisch selten Bedeutung, weil sie meist nur zeitweise Wasser spenden.

Wenn jedoch solche Mulden durch ein Quertal angeschnitten werden, so können aus solchen Formen durch künstliche Aufschlüsse (Bohrungen, Brunnen) manchmal größere Wassermengen entnommen werden (Abb. 64).

Die Wasserführung hängt wesentlich von der *Lage der Muldenachse* ab. Das unterirdische Wasser wird vor allem der Neigung der Muldenachse entsprechend der tiefsten Stelle zufließen. In Quertälern ergeben sich demnach verschiedene Möglichkeiten (Abb. 65a, b, c):

1. Die tiefste Stelle der wasserdurchlässigen Schicht liegt *unter dem Talboden.* Vorausgesetzt, daß die Achsenneigung günstig ist, wird das in die Mulde einströmende Wasser längs der Klüfte der Fallrichtung der Achse entsprechend der tiefsten Stelle zufließen (Abb. 65a). An und für sich ist dieses Wasser selten zu erfassen, weil der Kluft-Wasserspiegel großen Schwankungen unterworfen ist; doch kann in diesem Fall eine Bohrung, ein Brunnenschacht, bis zur undurchlässigen Schicht ergiebige Wassermengen liefern. Von Wichtigkeit ist jedoch, daß man die Bohrung möglichst an der tiefsten Stelle der Muldenachse ansetzt und daß unter der Talsohle eine entsprechende Mächtigkeit durchlässiger Schichten vorhanden ist.

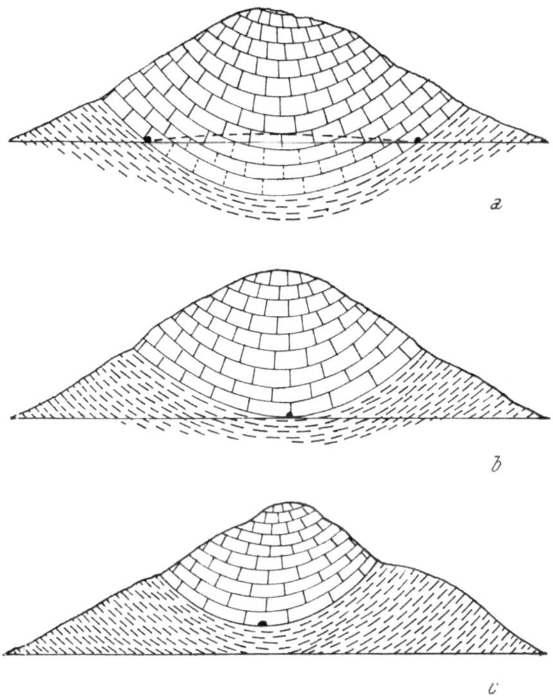

Abb. 65. Mulden in verschiedener Stellung zum Geländeanschnitt; a) die Mulde reicht unter die Talsohle, es entstehen Überfließquellen, b) der Muldenscheitel erreicht den Talboden. Wasseraustritte erfolgen am tiefsten Punkt, c) der Muldenscheitel liegt über dem Talboden. Das Wasser kann bei entsprechender Achsenlage im Scheitel der Mulde austreten

Solche Wasserhoffnungsgebiete liegen am Südabfall des Hochschwabs vor, wo sich von Trenchtling bis zum Seewiesental eine breite Mulde von mächtigen Kalken und Dolomiten über Werfener Schichten aufbaut. Sie wird durch das Ilgner- und Seewiesental durchschnitten, wo Ansatzpunkte für die Wassererschließung liegen. Als Einzugsgebiet kommt je nach der Achsenlage das Gebiet Trenchtling bis Hochanger in Betracht (Abb. 66).

Ähnliche Verhältnisse finden sich am Südabfall des Reichensteins und am Nordabfall des Gößecks, wo die mächtigen Kalke eine N—S streichende Mulde bilden, die im Gößgraben angeschnitten wird.

2. Die tiefste Stelle der wasserdurchlässigen Schicht liegt *im Talboden* oder nahe am Talboden (Abb. 65b).

Wenn die Achsenlage günstig ist, so kann ein Abfließen längs derselben stattfinden und es kommen im Talboden und unmittelbar darüber Quellen zum Vorschein. Diese können oft sehr ergiebig sein, besonders wenn sich längs der aufsteigenden Achse ein großes Einzugsgebiet erstreckt. Die Ausnutzung hängt wesentlich von der Terraingestaltung ab; auch die Hochwassergefahr ist zu beachten.

3. Die tiefste Stelle der wasserdurchlässigen Schicht liegt *über dem Talboden* (Abb. 65c).

Auch in diesem Fall können bei günstiger Lage der Muldenachse gute Quellen austreten. Soll dieses Wasser erschlossen werden, so ist die Untersuchung auf die ganze Muldenzone auszudehnen, um ein richtiges Bild von deren Achse zu erhalten.

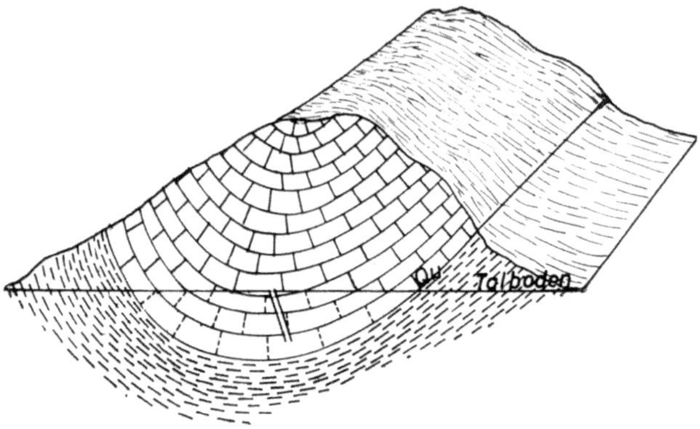

Abb. 66. Die Wettersteinkalke am Südrand des Hochschwabs bilden eine Mulde, die unter die Talsohle reicht. Die Klüfte in der Tiefe sind mit Wasser gefüllt

Die *Beachtung der Muldenachse* ist besonders bei Stollen- und Tunnelbauten von Wichtigkeit. Beim Bau des Weißensteintunnels war man der Auffassung, daß dieser die wasserführende Schicht nicht mehr erreicht; man vermutete sie über

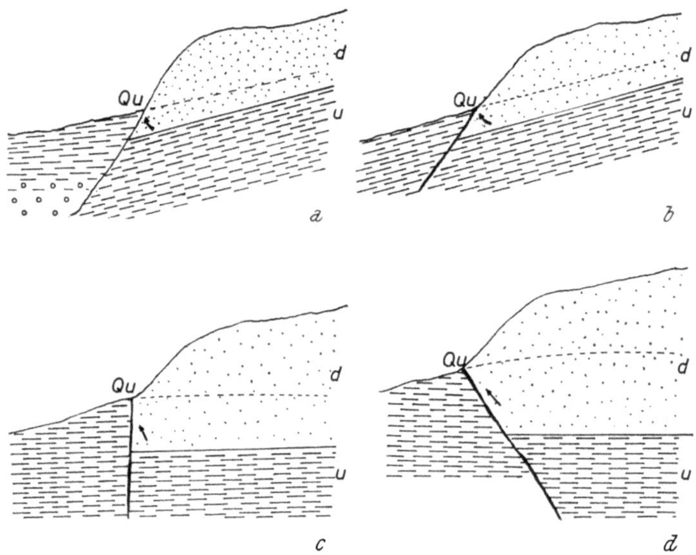

Abb. 67. Verschiedene Formen von Überfließquellen (nach STINI); a) angelagerte Lehme bedingen den Austritt einer Quelle, b, c, d) Brüche verursachen Überfließquellen (*u* undurchlässig, *d* durchlässig)

ihm. Sie wurde jedoch angeschnitten und es gab einen Wassereinbruch. Die Ursache der Fehldiagnose lag darin, daß man das Abfallen der Muldenachse nicht beachtet hatte.

Überfließquellen konnen auch durch Verwerfungen entstehen. STINI bringt eine Abbildung mit den verschiedenen Möglichkeiten (Abb. 67).

Solche Fälle müssen nicht unbedingt durch Brüche bedingt sein, sondern auch dadurch, daß sich an einem wasserfuhrenden Abfall wasserundurchlässige Schichten (Lehme) anlagern, wodurch es zu einer Stauung kommt, so daß das Wasser aufsteigt und zum Ausfließen kommt (Abb. 67a).

STINI bringt noch Abbildungen von Grabenbrüchen, die zum Austritt von Überfließquellen fuhren können; doch auch diese haben selten praktische Bedeutung.

d) Aufsteigendes Wasser (Wallerquellen)

Diese Quellen entstehen, wenn unterirdisches Wasser in meist einbahnigen Wasserwegen unter Druck an die Oberfläche tritt, so daß aufsteigende Bewegungen zustande kommen. Hier herrscht in den meisten Fällen das Prinzip der

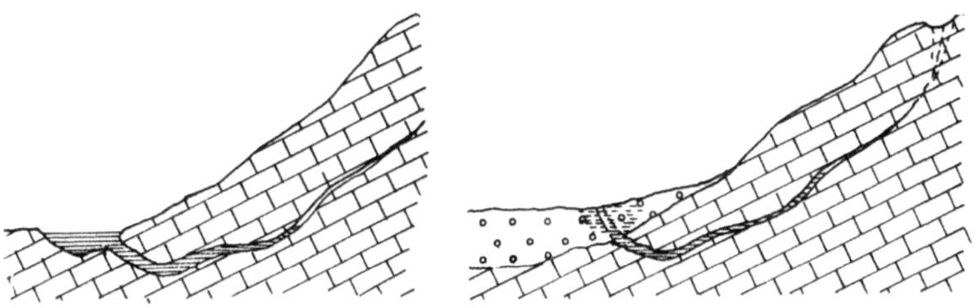

a b

Abb. 68. Aufsteigendes Karstwasser (Wallerquelle)

kommunizierenden Gefäße. Sie werden vielfach auch als aufsteigende Quellen zusammengefaßt oder als *Wallerquellen* bezeichnet. Sie können mit den verschiedensten unterirdischen Wasserwegen, mit Karsthohlräumen, Klüften, Schichtflächen, Spalten und Poren zusammenhängen. Die Austrittstellen sind meist eng begrenzt.

1. *Aufsteigende Schlauchquellen* bilden sich, wenn Karstschläuche das Wasser von einem längeren absteigenden Ast in einen kürzeren aufsteigenden leiten, so daß dort wie bei kommunizierenden Gefäßen infolge der Druckwirkung ein Aufwallen entsteht (Abb. 68a, b). Die Mündung erfolgt entweder in einem Wassertümpel oder ins Grundwasser von Schotterfeldern.

Die Andritz-Ursprungquelle bei Graz, die Ursprungquelle bei Zeutschach (Neumarkt, Steiermark), die Quelle bei Langenwang im Mürztal (Semmeringkalk) und eine Quelle bei Allerheiligen (Semmeringkalke) bieten hierfür gute Beispiele. Auch die Warmquelle bei Villach dürfte nach STINI (1933) eine Wallerquelle darstellen.

Die Verwendung von Wallerquellen für Trinkwasser hängt von der Beschaffenheit des Einzugsgebietes und der Austrittstelle ab. Die Andritz-Ursprungquelle erhalt ihr Wasser vom Schöckelgebiet. Im Bereich des Einzugsgebietes, im Raum Kalkleitenmöstel—Leber liegen Dolinen und Bauernhöfe, die eine Verunreinigungsgefahr bedeuten. Das Wasser kann daher nur nach einer gründlichen Reinigung (Aufbereitung) als Trinkwasser Verwendung finden.

Die Ursprungquelle bei Zeutschach bekommt ihr Wasser aus dem Kalkgebiet der Grebenze, wo keine Siedlungen bestehen. Die Quelle liegt in eiszeitlichen Schotter-Sandablagerungen, aus denen in einem Tümpel das Wasser aufwallend zum Durchbruch kommt. Es besteht dadurch eine Filtrierungsmöglichkeit (Abb. 69).

In Langenwang liegt die Austrittstelle im Semmeringkalk und ist von grundwasser führendem Talschutt bedeckt, so daß Vermischungen dieser Wässer

Abb. 69 Eine Wallerquelle bei Zeutschach, unweit Neumarkt-Steiermark (nach THURNER)

möglich sind. Da das Talgrundwasser durch die Abwasser von Siedlungen verunreinigt werden kann, ist bei der Fassung dieser Quelle besondere Vorsicht geboten.

Im Allerheiligengraben liegt die Wallerquelle im Talboden knapp neben dem Bach, so daß von dort Wasser hinzufließen kann. Um dies zu vermeiden, sind bei der Fassung besondere Einbauten erforderlich

2. *Aufwallende Spaltquellen* (Abb. 70). Die Spalten (Klüfte) fuhren das Wasser in verschiedenen Zickzackwegen in die Tiefe. Es kann nun vorkommen, daß ein Spaltensystem nach unten geschlossen ist, so daß ein Abfließen nicht mehr erfolgt; wohl aber besteht die Möglichkeit, daß das Wasser in benachbarten Spalten aufsteigt. Liegen nun die Spaltöffnungen im aufsteigenden Ast tiefer als im absteigenden, können an der Oberfläche Wallerquellen auftreten

Diese Spalt-Wallerquellen sind meist schwer erkennbar, weil sie vielfach vom Hangschutt bedeckt sind und als Folgequellen aufscheinen. Sie zeigen auch selten eine dauernde Ergiebigkeit, denn wenn der Kluftwasserspiegel im absteigenden Ast unter die Austrittöffnung des aufsteigenden sinkt, hort die Quelle auf zu fließen. Bei Staumauern ist auf diese Spalt-Wallerquellen besonders zu achten.

3. *Verwerfungswaller* konnen an Bruchzonen entstehen. Das Wasser kann längs einer Bruchzone absinken (= absteigender Ast) und an einem benachbarten Bruch oder an anderen Wasserwegen (Spalten, Schichtflächen) zum Aufstieg kommen (Abb. 71).

Es kann auch der umgekehrte Fall eintreten. Der absteigende Ast ist durch Spalten, Schichtflächen gegeben und der aufsteigende durch eine Bruchzone (Abb. 72). Manche Thermalquellen (Baden bei Wien, Aachen, Wiesbaden) sind auf diese Art erklarbar.

4. *Schichtstauwaller* bilden sich, wenn muldenförmig gelagerte wasserführende Schichten wie Kalke, Sandsteine einen längeren absteigenden und einen kurzen und tiefliegenden Muldenschenkel aufweisen (Abb. 73).

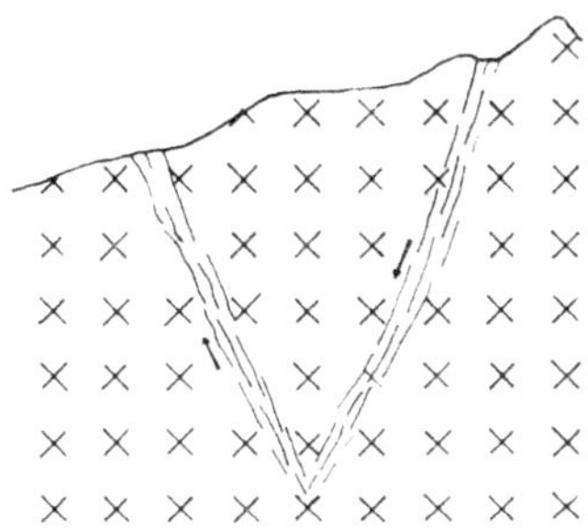

Abb. 70. Aufsteigendes Wasser aus Spalten (Wallerquelle)

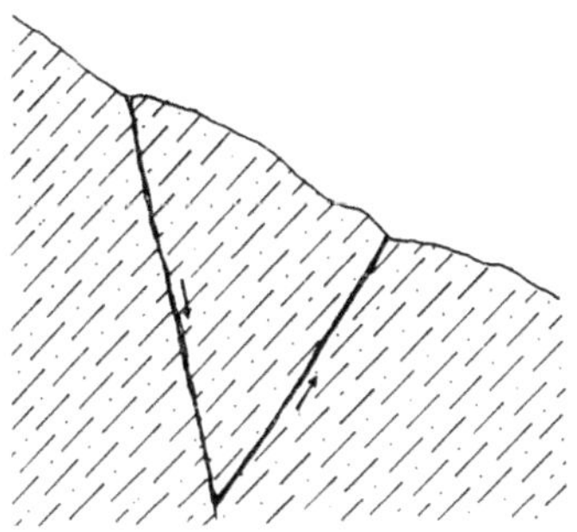

Abb. 71. Aufsteigendes Wasser aus Verwerfungen

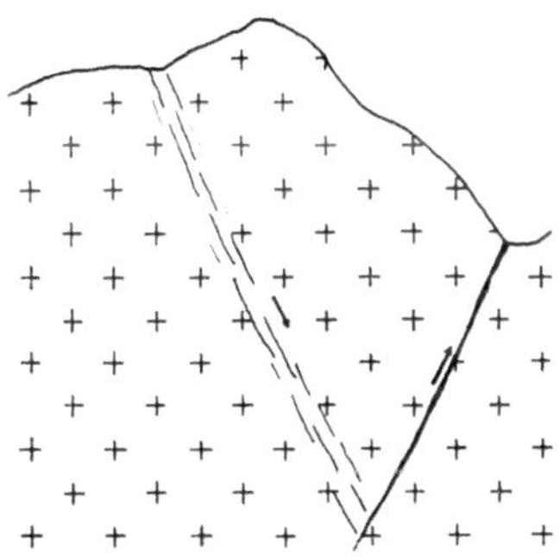

Abb. 72. Aufsteigende Quellen aus Spalten und Verwerfungen (Wallerquellen)

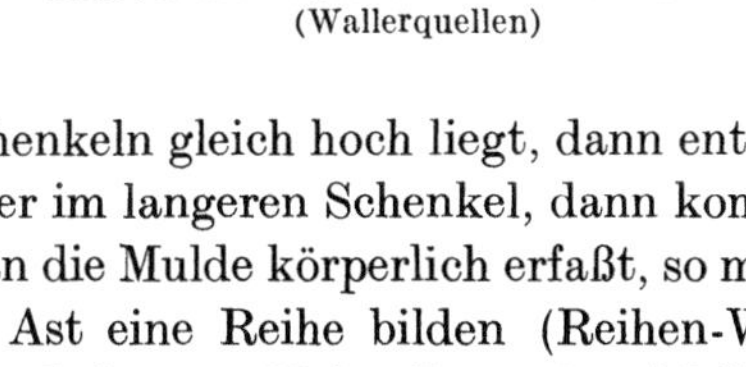

Abb. 73. Aufsteigendes Wasser aus Mulden (Wallerquellen)

Wenn der Wasserspiegel in beiden Schenkeln gleich hoch liegt, dann entstehen Überfließquellen. Steigt jedoch das Wasser im langeren Schenkel, dann kommt es zur Bildung von Wallerquellen. Wenn man die Mulde körperlich erfaßt, so müßten eigentlich die Waller am aufsteigenden Ast eine Reihe bilden (Reihen-Wallerquellen); solche Fälle sind jedoch nicht bekannt. Meist liegt eine Mulde mit geneigter *B*-Achse vor, so daß der Waller an der tiefsten Stelle des absteigenden Astes zum Austritt gelangt. Auch Einengungen des wasserführenden Körpers konnen den Austritt von Wallerquellen bedingen.

5. *Grundwasserwaller in Lockergesteinen.* In Lockergesteinen (Schottern — Grobkiesen) fließt das Wasser oft in Strähnen dahin, die sich verzweigen, wieder vereinigen. Es konnen nun ab- und aufsteigende Hohlräume entstehen, die zur Bildung von Wallerquellen fuhren.

Südlich von Klagenfurt bei Strachwitz liegen mehrere Wallerquellen, die für die Wasserversorgung von Klagenfurt nutzbar gemacht wurden. Das Wasser kommt aus dem Sattnitzkonglomerat, fließt in schlauchartigen Hohlräumen nach abwärts und steigt wieder im Talboden empor.

Zu flächenförmigem Auftrieb kann es auch in Grundwasserfeldern kommen, wenn der Grundwasserspiegel infolge der Aufragungen des Untergrundes oder Kornverfeinerungen an der Oberflache zum Austritt gelangt; doch kann man in diesem Fall kaum mehr von Wallerquellen sprechen.

Die Fassung der Wallerquellen bedarf einer sehr sorgfältigen Planung. Sie ist bei Schlauch-, Spalt-, Verwerfungswallerquellen auf den Fels aufzubauen und so einzurichten, daß benachbartes Grund- oder Bachwasser, das vielleicht verunreinigt ist, nicht zur Quelle gelangt. Da der Druck und die Ergiebigkeit nachlassen können, sind vor dem Ausbau langfristige Beobachtungen (Ergiebigkeits- und Temperaturmessungen) erforderlich.

II. Wasser in Lockergesteinen (spezielles Grundwasser oder Porengrundwasser)

Die Lockerablagerungen wie Gerolle, Kiese, Sand enthalten Poren, die mehr oder minder in Verbindung stehen und Wasser führen können.

1. Porengrundwasser mit einem Grundwasserspiegel

Es gibt nun viele Lockergesteinsablagerungen, in denen alle Poren bis zu einer gewissen Höhe (Grundwasserspiegel) mit Wasser gefüllt sind. Ich bezeichne dieses Wasser als spezielles Grundwasser oder Porengrundwasser mit einem Grundwasserspiegel. Da es sich hydrologisch anders verhält als das in den Klüften, Schichtflächen, und auch technisch andere Fassungen erfordert, folgt darüber ein besonderer Abschnitt (S. 149).

2. Porengrundwasser ohne Grundwasserspiegel

Nun gibt es auch Lockerablagerungen, in denen nicht alle Poren mit Wasser gefüllt sind, sondern dies nur in Strähnen, Adern und feinen Fäden durch die Hohlräume fließt. Es handelt sich um Porengrundwasser ohne Grundwasserspiegel. Hierher gehören die unterirdischen Wässer im Verwitterungsboden, Gehängeschutt, im Gehängefußschutt, in Block- und Bergsturzmassen, Schuttkegeln und vielfach auch in Moränen.

Meist handelt es sich um grobporige Gesteine, die auf steiler Unterlage auflagern, so daß durch das Gefälle, durch das Relief und die weiten Wasserwege bedingt, kein geschlossener Grundwasserspiegel entstehen kann, sondern sich mehr oder minder starke Wasserfäden ausbilden, die vielfach gewunden nach abwärts verlaufen.

a) Wasser in Verwitterungs- und Gehängeschutt

Über den Untergrund (gewachsenen Boden) entstehen durch Verwitterung der Verwitterungsschutt und Verwitterungslehm. Diese Bildungen wandern allmählich hangabwärts und werden dann als Hangschutt und Hanglehm bezeichnet. In den Alpen bilden sie oft meterdicke (3 bis 6 m) machtige Ablagerungen. Es handelt sich vielfach um periglaziale Bildungen, die im Diluvium (Eiszeit) außerhalb des Gletschergebietes durch wiederholtes Gefrieren und Wiederauftauen des Bodens (Frostboden) entstanden sind (Abb. 74).

Diese Ablagerungen haben ein Porenvolumen von 20 bis 30%. Die Niederschläge versickern daher in den meisten Fällen ziemlich rasch und rieseln längs der Poren in gewundenen Bahnen nach abwärts. Durch das Relief oder durch Hindernisse im Innern bedingt, sammelt sich das Wasser in kleinen Wasserfäden,

Abb. 74. Hangfußschutt

die sich vereinigen, oft wieder zerteilen und wie ein Adernetz nach abwärts ziehen. Der Hangschutt weist daher zahlreiche solche Wassersträhne auf, die an Geländeknicken, Bachmulden, Weganschnitten als kleine Quellen zum Vorschein kommen (= Hangschuttquellen — Abb. 75). Die Ergiebigkeit ist meist gering, meist nur 0,1 bis 2 l/sec; auch Ergiebigkeits- und Temperaturschwankungen treten wegen der seichten Lage oft deutlich in Erscheinung. Die Seihung muß als unsicher bezeichnet werden.

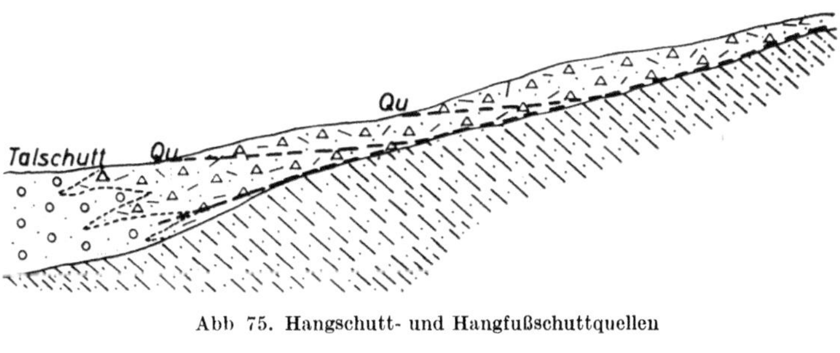

Abb. 75. Hangschutt- und Hangfußschuttquellen

Trotzdem finden diese Quellen vielfach Verwendung. Viele Bauernhöfe entnehmen das Wasser solchen Hangschuttquellen. Auch viele kleine Ortswasserversorgungen haben durch Zusammenfassung mehrerer Hangschuttquellen die erforderliche Menge zusammengebracht. So hat z. B. Hartberg (Steiermark) die erste Wasserleitung um die Jahrhundertwende mit dem Wasser aus zahlreichen kleinen Hangschuttquellen am Ringkogel gespeist. Auch Bruck a. d. Mur und Murau faßten zuerst Hangschuttquellen.

Diese *Hangschuttquellen* haben auch für die Speisung der Bache Bedeutung, denn der größte Teil der Gerinne wird in den Alpen, besonders im Waldgebiet, durch zahlreiche kleine Quellen, die aus dem Hangschutt austreten gespeist. Wenn auch die Retention nicht besonders groß ist, so liefern sie doch bestandig Wasser, so daß die Bäche auch nach langer Trockenheit noch fließen.

Auf den tonigen Ablagerungen des tertiaren Hugellandes in der Steiermark breiten sich oft 3 bis 5 m mächtige aufgelockerte Lehmschichten aus, die ebenfalls meist *periglaziale Bildungen* darstellen. Sie konnen etwas Wasser speichern, so daß kleine Quellen zum Austritt kommen. Sie haben stets kleine Ergiebigkeiten, zeigen große Ergiebigkeitsschwankungen und versiegen sogar zeitweise. Manchmal wird dieses unterirdische Wasser in den Wassermangelgebieten durch 3 bis 5 m tiefe Brunnen erschlossen; sie liefern aber nur 600 bis 1000 l/Tag.

Für die Fassung dieser Hangschuttquellen ist das Aufschließen meist bis zum Felsboden erforderlich und der Einbau ist so durchzuführen, daß ein seitliches Ausweichen verhindert wird. Setzt man die Fassung nicht auf den Fels auf, so kann es vorkommen, daß das Wasser unterhalb entweicht.

In *Granitgebieten* bildet sich gerne eine tiefreichende grusige *Verwitterungsschicht*, die Grundwasser führt, welches durch Brunnen nutzbar gemacht werden kann. Im Harz hat man im Granit stellenweise ansehnliche Wassermengen aus den vergrusten Verwitterungsschichten gewonnen. Auch die Porphyre in Sachsen weisen ähnliche Vergrusungen mit Wasserführung auf (Hohl 1960). Ebenso liegen im Oberpfälzer Wald solche Verwitterungsschwarten (Zersatzdecken) vor, die oft eine Mächtigkeit von 25 bis 40 m haben und je Brunnen 2 bis 3 l/sec Wasser spenden.

Am Hangfuß oder an Verebnungen sammelt sich der Hangschutt in größerer Mächtigkeit und bildet den *Hangfußschutt*, der alle vom Hang ablaufenden Wasserfäden aufnimmt, so daß eine auffallend starke Durchfeuchtung bemerkbar ist. Stellenweise treten Quellen aus, vielfach aber versickert dieses Wasser in das Grundwasser des Talbodens oder direkt in den Bach.

Wenn auch diese aus dem Hangfußschutt austretenden Quellen für die Wasserversorgung selten in Frage kommen, weil sie oft durch das Hochwasser gefährdet sind, so stellen sie wichtige Wasserspeicher dar, die ständig Wasser an das Oberflächengewässer abgeben.

Manchmal kommt es vor, daß der Verwitterungsschutt fehlt, die Bodenschicht auf Fels liegt, was häufig bei steilen Hängen der Fall ist, wo der Schutt abgeschwemmt wurde; dann treten kleine Wasserfäden zwischen Felsboden und Humusschichten aus. Diese Quellen werden als *Humusquellen* bezeichnet. Bei starken Niederschlagen kommt es oft zu Rutschungen, so daß die Bodenschicht mit den Bäumen in Bewegung kommt.

Im Ursprunggebiet der kleinen Seitenbäche in den Alpen bilden sich oft breite Mulden aus, die mit Schutt bedeckt sind und unterirdisch zahlreiche Wasserfäden enthalten. Sie alle streben der Muldeneinengung zu und kommen als Quellen zum Vorschein. Es handelt sich um typische Schuttquellen, die jedoch wegen der Form als *Muldenschuttquellen* bezeichnet werden. Haufig sind am unteren Ende der Mulde mehrere Quellen vorhanden und unmittelbar uber diesen Sumpfstellen. Solche Quellen werden gerne fur die Trinkwasserversorgung kleiner Orte gefaßt.

Die Fassung ist jedoch so auszufuhren, daß möglichst viele Wasseraustritte in diese einbezogen werden, denn sonst besteht Gefahr, daß bei starken Niederschlägen ein seitliches Ausweichen eintritt und neue Wasserwege gangbar gemacht werden.

Es kann auch vorkommen, daß solche Mulden am unteren Ende keine Quellen führen, sondern daß das Wasser erst tiefer im Bachschutt zum Vorschein kommt. Dann kann man mit Sicherheit oberhalb der Quelle durch künstliche Aufschlüsse (Quergraben) die unterirdischen Wassersträhne erfassen.

b) Wasser in Schutthalden (Schutthaldenquellen)

Die Schutthalden, die von den Felswänden nach abwärts führen und meist aus großblockigem Material mit großen Poren bestehen, führen unterirdisch die versickernden Wasser in zahlreichen Fäden nach abwärts. Vielfach kommen Vereinigungen zustande, so daß Strähne von größerer Ergiebigkeit entstehen (Abb. 76).

In vielen Fällen kommen diese Wasserfäden nicht zutage, sondern münden direkt in den Bach ein. Stellenweise treten sie aber als Quellen aus, rinnen als offenes Gewässer weiter oder versickern wieder. Die Ergiebigkeit zeigt große Schwankungen, im Winter versiegen sie zumeist, da kein Nachschub und eine geringe Retention bestehen. Die Temperatur wird durch die Oberflächentemperatur beeinflußt. Die Seihung ist schlecht, das Wasser kann besonders im Almgebiet leicht verunreinigt werden. Es findet für Viehtränken und für die Wasserversorgung von Almhütten Verwendung. Die Ergiebigkeit richtet sich nach der Größe der Schutthalde (= Einzugsgebiet).

Die unterirdischen Wasserwege in Schutthalden sind nichts Stabiles, sondern können sich ändern. Besonders bei starken Niederschlägen werden oft neue Bahnen frei gemacht, so daß es auch zum Versiegen der alten kommen kann. Diese Tatsache ist bei der Fassung dieser Quellen zu beachten.

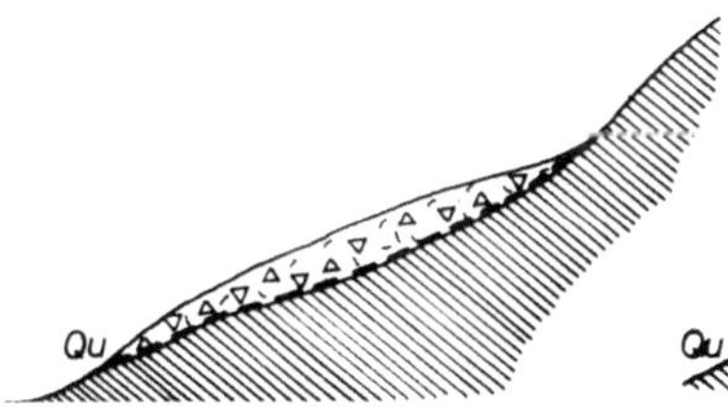

Abb. 76. Schutthaldenquellen

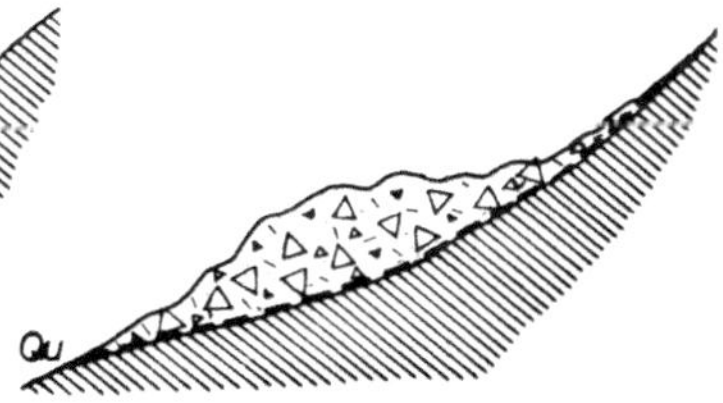

Abb. 77. Bergsturzquellen

c) Schuttkegelquellen

Die Schuttkegelquellen verhalten sich ähnlich wie die Schutthaldenquellen. Das Bachwasser, das vor der Enge in den Schuttkegel eintritt, versickert zum Teil und fließt in verschieden starken Strähnen nach abwärts dem Hauptbach zu. Vereinzelt können auch Quellen am Schuttkegel selbst austreten. Die meisten Wasserfäden liegen jedoch derart tief, daß ein Aufschließen unrentabel ist und außerdem unsicher, weil man selten mit Sicherheit den Wasserstrang erfaßt.

d) Bergsturzquellen

Die Bergsturzquellen (Abb. 77) führen ebenfalls meist in der Tiefe einzelne Wasserstrahne, die häufig an der Stirn der Bergsturzmasse austreten; sie können aber auch direkt ins Talgrundwasser einmünden.

Für die Wasserversorgung kommen nur naturliche Quellen in Betracht. Eine künstliche Aufschließung durch Bohrungen oder Brunnen ist bei der großen Mächtigkeit zu riskant, da der Verlauf der unterirdischen Wasserfäden nicht sicher erkannt werden kann.

e) Talschuttquellen

Der Talboden in den engen Seitentälern der Alpen wird meist von Schutt begleitet, in dem der Bach eingeschnitten ist (Abb. 78). Dieser Talbodenschutt führt in den Poren Wasser, Grundwasser, das mit dem Fluß oder Bach in Verbindung steht. Stellenweise kann man am Ufer, besonders bei niedrigem Wasser-

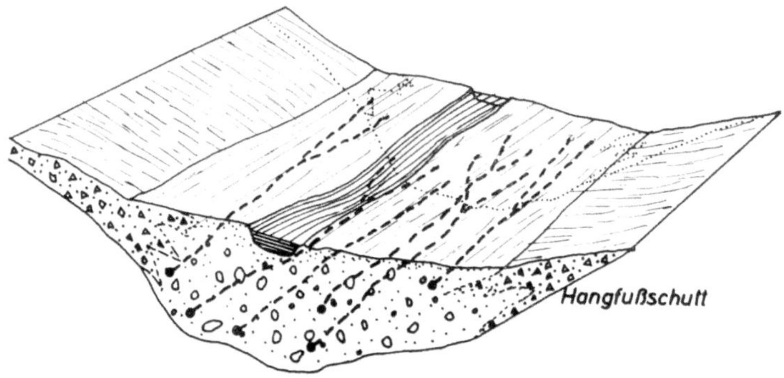

Abb. 78. Talschutt mit Wasserstrahnen

stand, das austretende Grundwasser beobachten. Man spricht von *Grundwasserquellen*. Stellenweise kann es vorkommen, daß die Grenzfläche zwischen wasserundurchlässiger Schicht und Schotter angeschnitten wird, so daß dort Quellen austreten; sie werden auch als *Kerbquellen* bezeichnet. Solche Kerbquellen entstehen auch dann, wenn ein Grundwasserkörper (Schotter — Sande) durch einen künstlich angelegten Graben angeschnitten wird.

In schmalen Tälern mit größerem Gefälle bestehen die Talschotter vielfach aus großblockigem Material und das Grundwasser füllt nicht mehr alle Poren aus, sondern zieht nur in einzelnen Wasserfäden bzw. -strähnen durch, die nicht nur am Grund verlaufen, sondern auch mitten im Schotterbereich auftreten konnen. Die Aufgrabungen für die Wildbachstaumauern haben gute Einblicke dafür geboten. Diese Wassersträhnen verzweigen sich, vereinigen sich wieder, so daß ein Netzwerk von „Adern" entsteht. Sie andern auch ihre Richtung; besonders bei größeren Niederschlägen werden neue Wasserwege eingeschlagen, die entweder wieder versiegen, oder auch weiterhin ständig Wasser führen können. Bei Geländeknicken kommen manchmal solche Wasserfaden als Quellen zum Vorschein; sie werden *Talschuttquellen* genannt.

Diese Talschuttquellen zieht man haufig für die Trinkwasserversorgung heran, doch bestehen dagegen eine Reihe Bedenken. Sie haben meist große Ergiebigkeitsschwankungen, denn die Niederschlagswasser versickern im Talschuttgebiet auffallend schnell und da ein geringes Rückhaltevermogen vorhanden ist, nimmt die Ergiebigkeit rasch zu (oft schon nach mehreren Stunden). Dementsprechend groß ist auch die Verunreinigungsgefahr, besonders wenn talaufwärts Siedlungen und Viehweiden liegen (Abb. 79).

Auch die Fassung bereitet oft Schwierigkeiten. Zieht man in diese nur einen Wasserstrang ein, den man an einer natürlichen Quelle vorfand, oder durch eine Grabung aufschloß, so besteht große Gefahr, daß bei großerem Wasserandrang ein seitliches Ausweichen erfolgt. Auch brunnenartige Fassungen zeigen nicht immer günstige Ergebnisse, da selten die Wasserfaden richtig erfaßt werden. Die unterirdische Verbindung von mehreren Brunnen durch durchlochte Rohre ist nur dann wirksam, wenn die Poren in dieser Höhe mit Wasser erfüllt sind; wenn jedoch nur einzelne Strahne durchlaufen, kann leicht ein Ausweichen stattfinden. Die besten

Abb. 79. Grundwasserquellen

Ergebnisse erzielt man durch eine vollständige Abschließung der Talschotter mittels einer Staumauer, vorausgesetzt, daß das Schotterfeld nur eine Breite von 5 bis 20 m hat.

Das Schutzgebiet für Talschuttquellen muß talaufwärts ziemlich groß gewählt werden; es sind die Korngrößen der Schotter und Sande, die Durchfließgeschwindigkeit und die Seihbarkeit zu berücksichtigen.

f) Moränenschuttquellen

Ergiebige Wasserspender bilden oft die Moränen. Die Quellaustritte liegen meist an ihrer Stirn und sind durch die Auflagerung von Schutt und Blöcken über mehr oder minder undurchlässigen Schichten bedingt. Je nach der Mächtigkeit und Beschaffenheit des Materials zeigen die Quellen Unterschiede in der Ergiebigkeit und in der Seihbarkeit. Viele Quellen in den Karen der Niederen Tauern, Seetaler Alpen, Gurktaler Alpen weisen gleichbleibende Ergiebigkeiten von 3 bis 10 l/sec auf; andere wieder sind durch größere Schwankungen gekennzeichnet.

In Oberbayern, wo die Moranenablagerungen große Gebiete bedecken, treten aus diesen an vielen Stellen Quellen aus, die jedoch eine recht verschiedene Schuttung aufweisen, wie einige Beispiele zeigen:

	Schuttung in l/sec	
Landkreis Starnberg	geringst	Mittel
0,5 km ostlich Berg	10	13
0,2 km westlich Garatshausen	12	17
0,4 km SOS Oberalling Kaiserquelle	20	23
0,3 km SO Percha	22	
2,0 km SW Starnberg	30	33
Landkreis Wolfratshausen		
0,5 km SO Obermuhlen	35	40
3,0 km SSW Wolfratshausen	12	16
0,7 km SSO Muhldorf	11,5	
1,0 km NO Hallerbach	200	
Landkreis Miesbach		
Gotzinger Hangquellfassung	590	900
Muhltaler Hangquellfassung	760	900
Kaltenbachquelle	600	—

Aus GRAHMANN, Blatt Munchen, S. 31.)

Auch in Ober- und Niederosterreich kann man im Alpenvorland oft Quellaustritte zwischen den wasserundurchlässigen Schlier- und den eiszeitlichen Terrassenschottern erkennen. Sie werden vielfach als Hangquellen bezeichnet (Abb. 80).

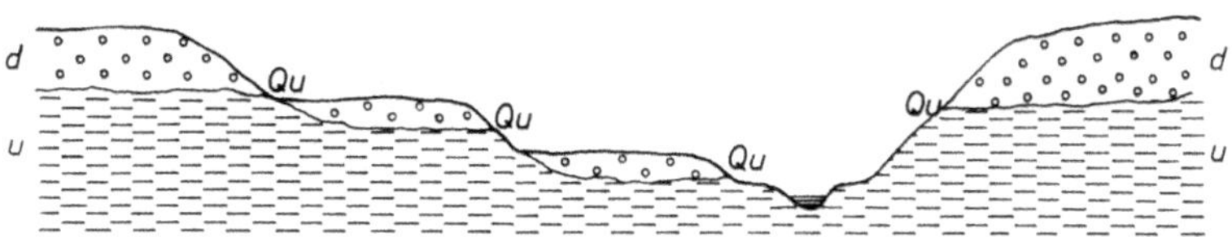

Abb 80 Hangquellen (nach STINI)

III. Wasser mit verschiedenen Wasserwegen

1. Kombinierte Quellen, Folgequellen

Sehr häufig findet man unterirdische Wässer, die verschiedene Wasserwege durchlaufen; sie werden als Folgequellen bezeichnet. Diese entstehen häufig dadurch, daß Wasser aus Felsgesteinen in Lockergesteine fließt. So kommt es aus *Schichtstauquellen* oder aus *Karstschläuchen in Schutthalden* oder in Talschutt (Abb. 81a, b, c), wo dann die Austrittstellen den Eindruck von Schuttquellen machen. Es kann auch der umgekehrte Fall eintreten, daß Wasser aus Lockerablagerungen in Klüfte und Karsthohlraume von Hartgesteinen eindringt (Abb. 81d). Im oststeirischen Tertiar entstehen oft Quellen aus Sandlagen. Diese treten jedoch nicht immer direkt zutage, sondern verschwinden unter der aufgelockerten Verwitterungsschichte, wodurch Rutschungen entstehen können (Abb. 81f).

Recht verwickelte Wege konnen im Innern von Gesteinskorpern durch die Verbindung von Schichtstauwasser mit Verwerfungen hervorgerufen werden. In

Abb. 81e gelangt das Wasser längs einer Verwerfung in die Tiefe und steigt an einer Schichtfläche in den Klüften aufwärts. Es kann auch der umgekehrte Fall eintreten, daß Schichtstauquellen an Bruchzonen in die Tiefe absinken. In gefalteten Schichten können Brüche oft bedeutende Änderungen im Verlauf des Wassers bewirken.

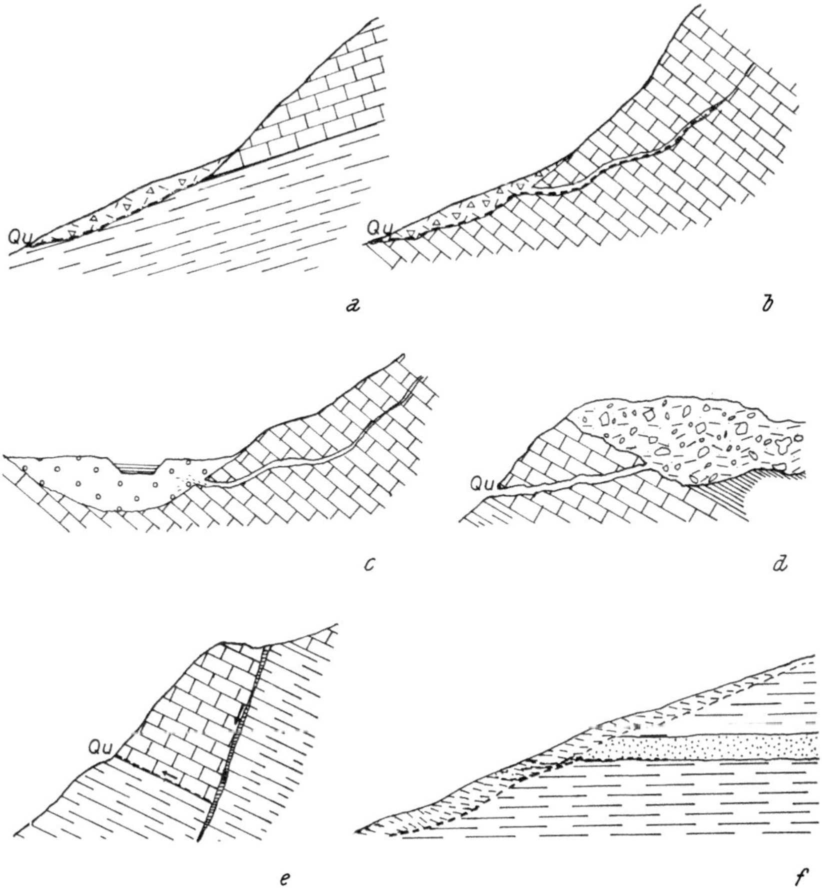

Abb 81 Folgequellen, a) Schichtstauwasser fließt in eine Schutthalde, b) Karstwasser fließt in eine Schutthalde, c) Karstwasser fließt in Talschutt, d) Wasser einer Morane fließt in einen Karstschlauch, e) Wasser in einer Verwerfung fließt uber einer Schichtflache aus, f) Wasser aus einer Sandlage fließt unter Hanglehmen ab

Das Erkennen der Folgequellen ist nicht immer leicht. Vielfach können Ergiebigkeits- und Temperaturmessungen Anhaltspunkte geben. Reine Schuttquellen zeigen große Ergiebigkeits- und Temperaturschwankungen, auch läßt sich die Schüttung auf Grund des klar umgrenzten Einzugsgebietes mit ziemlicher Genauigkeit berechnen. Zeigt nun solch eine aus Schutt austretende Quelle eine großere Ergiebigkeit als dem Gebiet zusteht und treten verhältnismäßig geringe Temperaturschwankungen auf, dann kann man auf Wasser schließen, das aus den Felsen kommt. Auch der Chemismus kann manchmal die Zusammenhänge klären.

2. Quellen nach morphologischen Gesichtspunkten

Es sind oft Namen von Quellen in Gebrauch, welche die Oberflächenformen berücksichtigen wie z. B. Kerb-, Hang-, Windungs-, Prallstellen-, Verschneidungs-, Furchen- und Muldenquellen (nach STINI 1933). Es handelt sich meist um Quellen, die dadurch entstehen, daß unterirdische Wasserstrahne in verschiedenen Lockerablagerungen durch die Oberflachengewässer angeschnitten werden. Vom hydrogeologischen Standpunkt aus erweisen sich diese Namen nicht immer als günstig, weil die unterirdischen Wasserwege keine Berücksichtigung finden. Einige dieser Quellen werden jedoch erörtert.

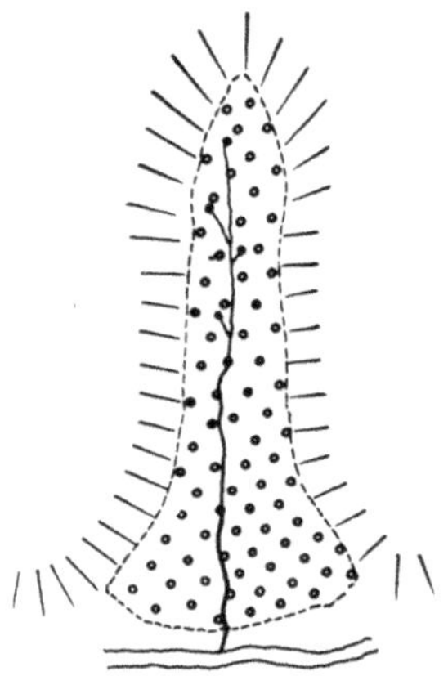

Abb 82. Kerbquellen

Hangkerbquellen entstehen dadurch, daß die Wasserstrahne im Hangschutt durch Gelandeknicke, Wege, Bäche usw. angeschnitten werden. Je nach der Form der Kerbe unterscheidet STINI (1933):

Verschneidungsquellen, sie kommen dann zutage, wenn ein Hang quer zum Abfall angeschnitten wird.

Werden Schotterstreifen, welche die Hangfurche begleiten, durch die Erosion angenagt, so treten Quellen aus, die als *Furchenquellen* bezeichnet werden. Sie sind in unseren Alpentälern unglaublich zahlreich, doch handelt es sich meist um kleine Quellen, welche die Speisung der Bäche bedingen. Praktisch kommen sie selten in Frage, weil starke Niederschläge oft Hochwasser verursachen, welche die Quelle weitgehend zerstoren konnen. Es handelt sich im Grunde genommen um Hangschuttquellen (Abb. 82).

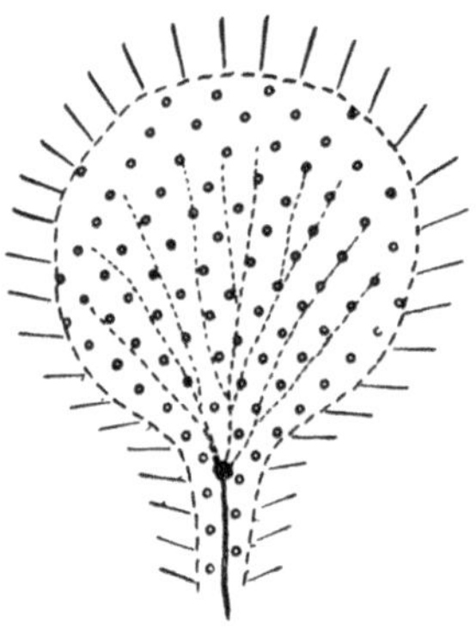

Abb. 83. Muldenquellen

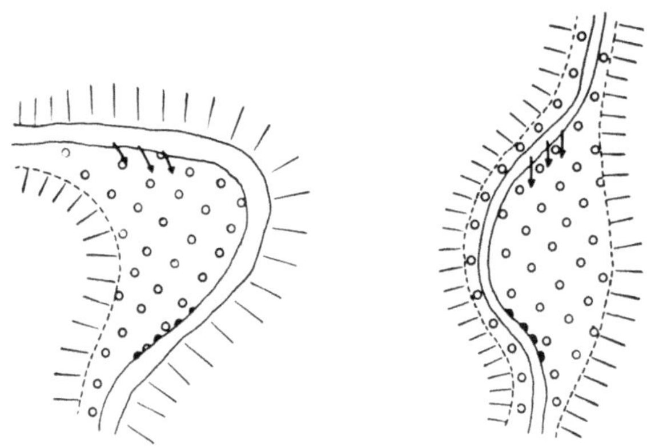

Abb. 84. Windungsquellen

Die *Muldenquellen* (Abb. 83) erscheinen meist im oberen Teil der Täler, wo in den Mulden mächtige Hangschuttablagerungen vorliegen. Die Wassersträhne treten am unteren Teil oder noch tiefer als Quellen auf. Zieht man daher oberhalb der Quelle quer zur Mulde einen Graben, der meist 2 bis 4 m tief sein muß, dann erreicht man die Wasserstrahne, die zusammengefaßt oft gunstige Ergiebigkeiten aufweisen.

Als *Windungsquellen* (Schleifenquellen, Prallstellenquellen) bezeichnet STINI (1933) Quellen, die an Prallstellen (Krümmungen) aus den Talschottern austreten. Die Speisung derselben erfolgt meist durch den Fluß (bzw. Bach), dessen Wasser oberhalb der Schlinge in den Schotter eindringt (Abb. 84). Oft entstehen Reihenquellen. Solche Quellen sind in den schmalen Alpentälern verhältnismäßig haufig. Sie erscheinen meist in Talerweiterungen, die von Schotter bedeckt sind. Praktisch

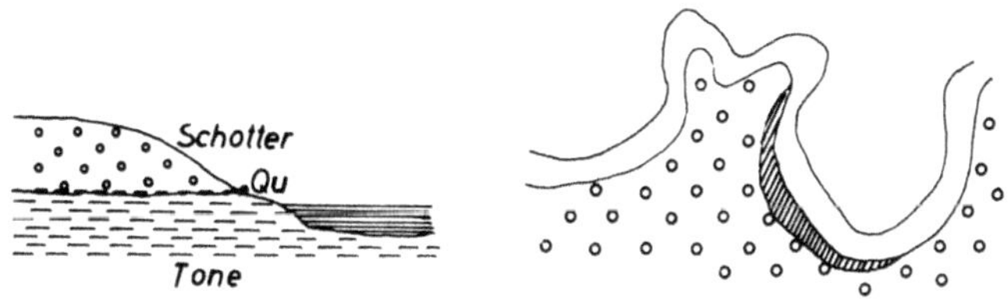

Abb. 85. Unechte Windungsquellen

haben diese Quellen selten Bedeutung, denn sie liegen im Hochwasserbereich und können leicht verunreinigt werden. HÖFER (1912) macht auf sie aufmerksam.

Unechte Windungsquellen (Abb. 85) entstehen dort, wo ein Bach oder Fluß unter einer Schotterlage wasserundurchlässige Schichten anschneidet, so daß an der Grenzschicht Quellen zum Vorschein kommen (STINI 1933). So sieht man ostlich von Judenburg Quellenreihen, die sogenannten „Siebenbrunnen", die über tertiären Tonen unter dem Schotter ausfließen. Es handelt sich um Schichtstauquellen, so daß der Name unechte Windungsquelle nicht notwendig ist.

Durch die Morphologie sind *Sumpf- und Moorquellen* bedingt. Im Gebirge breiten sich auf langgestreckten Verebnungen Moore und Sumpfwiesen aus. Sie werden meist durch kleine, von den anschließenden Hängen kommende Rinnsale oder durch direkte Niederschläge gespeist und weisen einen ziemlich gleichbleibenden Abfluß auf, der am tiefer gelegenen Ende aus einer oder mehreren Quellen austritt (= Moorquellen). Diese Moore stellen wichtige Wasserspeicher dar, starke Niederschlage kommen selten zur vollen Auswirkung, da ein großes Rückhaltevermogen besteht. Es ist daher nicht immer vorteilhaft, diese Sumpf- und Moorflächen zu entwassern.

Das Wasser dieser Quellen schmeckt etwas moorig, doch wenn sie entsprechend aufgegraben und moglichst tief gefaßt sind, verliert sich oft dieser Geschmack.

Solche Moorquellen findet man z. B. auf der Turracherhöhe. Die Moore liegen in langgestreckten Wannen und haben eine Tiefe von 2 bis 4 m. Die Austrittstellen verteilen sich auf eine Länge von 6 bis 8 m und durch Aufgrabungen und Zusammenleiten konnen ergiebige Wassermengen gewonnen werden. Auch im Wadschobergebiet ostlich Tamsweg (Lungau) breiten sich in mehreren Stufen übereinander langgestreckte Moore aus. Sie zeigen vielfach ergiebige Quellaustritte, deren Wasser jedoch bedenklich ist.

Sinterquellen. Der Quellaustritt kann manchmal durch Kalkausscheidungen (Kalktuff, Kalksinter) verstopft werden, so daß das Wasser unter der Sinterkruste abfließt und am Ende der Ablagerung wieder zum Vorschein kommt. Die ursprüngliche Quelle war meist eine Schichtquelle oder Schuttquelle. Nach der Ablagerung erfolgt der Abfluß unter dem Sinterbelag. Solche Wässer enthalten meist sehr viel Kalk (harte Wässer) und konnen, da der Sinter oft sehr poros und gering mächtig ist, leicht verunreinigt werden.

Sinterquellen treten z. B. auf einem Wiesenhang nördlich St. Georgen ob Murau und südlich Ranten aus. Die austretenden Quellen, es sind meist mehrere Austritte festzustellen, weil das Wasser in mehreren Strähnen durchfließt, erzeugen nasse Wiesen und oft Rutschhänge; die besondere Bezeichnung „Sinterquelle" halte ich jedoch nicht für notwendig.

3. Quellen mit volkstümlichen Namen

Quellen, die nur zeitweise fließen, werden als Hunger-, Teuerungsquellen bezeichnet. Zahlreiche Hangschuttquellen, die im geringmächtigen Verwitterungsschutt liegen, auch Überfließquellen, gehören hierher.

Sogenannte *Jahresquellen* schütten meist nur in niederschlagsreichen Jahren. Die Sommer-, Mai- und Fruhlingsquellen fließen nur in diesen Zeiten und hängen vielfach mit der Schneeschmelze oder mit Gewitterregen zusammen. Auch Stundenquellen treten im Hochgebirge auf und schütten nur kurze Zeit nach Niederschlägen. Auch von Elfer- und Zwolferquellen spricht man, wenn Quellen im Hochgebirge um diese Zeit Wasser abgeben. Es hängt dies meist mit dem Schmelzwasser zusammen.

Der Name Fels-, Wald-, Wiesen-, Bachquellen ruhrt von der Beschaffenheit der Oberfläche her. Gerne wird der Name Hochgebirgsquelle verwendet, obwohl damit keine Gütebezeichnung zum Ausdruck kommen kann.

Auch Namen wie Kaltequelle, Bauchwehbrünnle, Goldbrünnle sind üblich. Manche Quellen stehen mit Sagen in Verbindung und haben Namen wie Jungfrauquelle, Marienquelle, Augenbrunnquelle u. a.

IV. Zusammenfassung der unterirdischen Wässer

Es wurde das Hauptgewicht auf die unterirdische Wasserführung und auf die Zusammenhänge von Einzugsgebiet, unterirdischen Wasserwegen und Austrittsstellen gelegt, woraus man ersieht, daß die Quelle nur dann verständlich wird, wenn die Verbindung mit dem Wasser im Gesteinskorper erfolgt.

Wenn wir körperlich den geologischen Aufbau eines Gebietes mit den Gesteinen und der Lagerungsformen erfassen, so können wir uns gleichzeitig ein Bild von dem Verlauf der unterirdischen Wasserwege machen. Wir erhalten damit Anhaltspunkte für das Auftreten von Wassern im Inneren, die für Hohlgangsbauten von Bedeutung sind und die für die Aufschließung von Quellen für die Wasserversorgung in Betracht kommen.

Umgekehrt wieder erfordert eine sichtbare Quelle die Verbindung mit dem Mechanismus der unterirdischen Wasserführung.

Es genugt demnach nicht, wenn man von einer Quelle nur die Ergiebigkeit, die Temperatur und den Chemismus bestimmt, sondern es sind die Verbindungen mit den unterirdischen Wasserwegen und dem Einzugsgebiet aufzuzeigen. Es handelt sich um geologische Arbeiten, die nicht durch Wunschelruten-Begehungen ersetzt werden konnen.

B. Die Untersuchungsmethoden für die Zusammenhänge von unterirdischen Wässern

Das Einzugsgebiet beeinflußt wesentlich die Beschaffenheit der unterirdischen Wässer. Das Erkennen der Zusammenhänge — Einzugsgebiet — unterirdische Wasserwege — Austrittstelle — ist daher von größter Bedeutung. Da jedoch diese oft aus den morphologischen und geologischen Erkenntnissen nicht immer sicher feststellbar sind, verwendet man verschiedene Methoden wie

I. Salzungs-, Färb-, Triftmethoden und Messungen mit Radio-Isotopen

Über diese Versuche findet man bereits eine umfassende Literatur. Eine gute übersichtliche Darstellung geben MAURIN und ZÖTL in dem Buch: „Die Untersuchungen der Zusammenhänge unterirdischer Wässer mit besonderer Berücksichtigung der Karstverhältnisse."

Die obengenannten Methoden — besonders die mit Salz und Farbstoffen — fanden vor allem bei Karstwässern Anwendung; es kann damit ihre Herkunft und ihre Durchfließgeschwindigkeit festgestellt werden. Bald jedoch wandte man sie auch bei anderen Quellen an, besonders in Gebieten, wo Gefahr bestand, daß Flußwasser ins Grundwasser gelangt oder verunreinigtes Wasser zu Quellen hinfließt.

1. Die Färbmethoden

Für Färbversuche verwendet man hauptsächlich Fluoreszin, Fuchsin, Uranin und Eosin. Von anderen Farbstoffen wie Lackmus, Anilinviolett und Alizarin werden vielfach große Mengen (bis zu 80%) in Schlammstoffen zurückgehalten. Uranin besitzt ein sehr großes Färbevermögen und ist bei einer Verdünnung von $1 \cdot 10^{-7}$ mit freiem Auge noch erkennbar; bei einer Verdünnung von $1 \cdot 10^{-10}$ mit der Quarzlampe.

Es sind vor Beginn der Färbung eine Reihe von Vorbereitungsarbeiten nötig, die G. LUKAS in dem Buche von MAURIN und ZÖTL (Die Untersuchung der Zusammenhänge ... 1959) genau beschreibt und die hier kurz wiedergegeben werden.

a) *Untersuchung des Wassers auf Trübung und Reaktion.* Bestimmen der Ergiebigkeit an der Ein- und Austrittstelle.

Bei starker Trübung des Wassers ist die Färbung oft schwer erkennbar. Gewässer mit stark saurer Reaktion schließen die Verwendung von Uranin aus, dann verwendet man Fuchsin.

b) *Menge des Farbstoffes.* Als Anhaltspunkte für die Menge des Farbstoffes gilt die Formel

$$M = W \cdot \mathrm{m^3/sec};$$

M = Menge des Farbstoffes in kg; W = die unterirdische Weglänge (Luftlinie); $\mathrm{m^3/sec}$ = Ergiebigkeit des Wassers.

Es ist empfehlenswert, die Menge um ein Drittel bis zur Hälfte des errechneten Wassers zu erhöhen.

c) *Technische Vorbereitung.* Bereitstellen der notwendigen Gerätschaften und des sonstigen Materials; Festlegung und Errichtung der Stationen im Gelände; Transport der Geräte; Einteilung der Mitarbeiter.

d) *Durchführung des Färbversuches.* Einweisung der Mitarbeiter in die Arbeiten; Einspeisung zeitlich genau festhalten; Probeentnahmen zeitlich aufzeichnen; alle Beobachtungen, wie Ergiebigkeits- und Temperaturänderungen, Niederschläge eintragen.

e) *Auswertung der Ergebnisse.* Es kann vor allem festgestellt werden, welche Entnahmestellen positive Ergebnisse aufweisen, d. h. wo im Wasser Verfärbungen auftraten. Es läßt sich dann die Zeitdauer und damit die Geschwindigkeit des

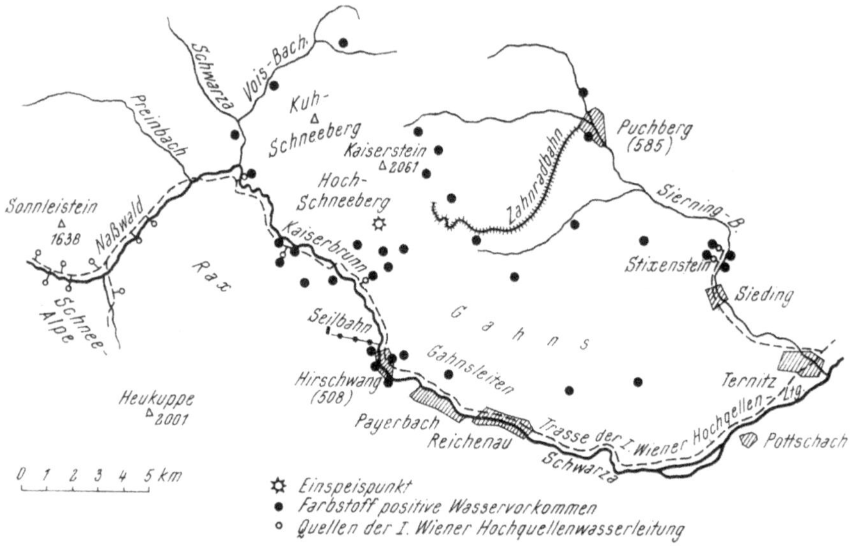

Abb. 86. Die Ergebnisse des Färbversuches am Hochschneeberg (nach DOSCH)

Durchganges feststellen. Die Darstellung in einer Kurve (Ordinate mg Uranin im l; Abszisse Zeitdauer in Stunden) zeigt deutlich den Beginn, das Maximum und das Abklingen der Verfärbung an.

Uranin: grünlich gelbliche Färbung.

Fluorescin: gelbrötliche gering fluoreszierende Färbung.

Durch Färbversuche konnte das Einzugsgebiet für die 1. Wiener Hochquellenwasserleitung am Schneeberg genau festgestellt werden. Die Versuche wurden von DOSCH (1955) im Juni/Juli 1955 ausgeführt (Abb. 86).

Es wurden in der Doline auf der Hochfläche des Ochsenbodens in 1800 m Höhe 9,5 kg Uranin eingespeist und 56 Wasseraustritte beobachtet. In 35 verschiedenen Wasservorkommen rund um den Schneeberg wurde der Farbstoff beobachtet. 10 Quellen lagen im Bereich des Kaiserbrunnens (Hauptquelle für die Wiener Hochquellenleitung), sie sind von der Einspeisungsstelle 2 ungefähr 6,4 km Luftlinie entfernt; fünf Quellen lagen um Hirschwang, vier im Bereich des Gahns und der Gahnsleiten, acht um Stixenstein und Puchberg, fünf Quellen am NO-Abfall des Hochschneebergs und vier im Bereich der Vois.

Die Quellen von Stixenstein waren am weitesten entfernt — Luftlinie 12,5 km. Der Farbstoff erschien in 48 Stunden. Die Farbbeimengungen hielten stellenweise bis zu 22 Tagen an.

Diese Versuche waren für die Abgrenzung des Einzugsgebietes von besonderer Wichtigkeit. Es zeigte sich, daß von einer Stelle aus alle Quellen rings um den Schneeberg den Farbstoff aufwiesen, d. h. daß das Wasser nicht ein besonderes Kluftsystem begünstigt, sondern nach allen Seiten abfließt. Es kann daher für den Kaiserbrunnen nicht eine kleine Fläche als Schutzgebiet dienen, sondern das gesamte Plateau muß als Einzugsgebiet gewertet werden.

Das heißt jedoch weiter, daß die Klüftung nach allen Richtungen verläuft, so daß das Wasser überallhin abfließen kann.

2. Die Salzungsmethoden

Man verwendet hierzu Kochsalz (Viehsalz — NaCl), das im gelösten Zustand in die Einspeisungsstelle eingeführt wird. Der Nachweis erfolgt mit Silbernitrat, das bei Chlorgehalt einen milchig trüben Niederschlag erzeugt, oder durch elektrische Widerstandsmessungen.

Für diese Methode benötigt man meist bedeutende Mengen von Kochsalz. So hat Kyrle (1952) bei der Lurlochchlorierung 800 kg, Maurin im Buchkogelgebiet 500 kg Kochsalz benötigt. Die großen Mengen erschweren in oft ungünstig gelegenen Gebieten den Transport.

Im Buch „Die Untersuchungen der Zusammenhänge unterirdischer Wässer mit besonderer Berücksichtigung der Karstverhältnisse" von Maurin und Zötl (1959) gibt Lukas genaue Anleitung. Ich greife die wichtigsten Punkte heraus:

Vorbereitung: a) Untersuchung des Wassers vor der Einspeisung auf allfälligen Chlorgehalt nach Menge und Konstanz.

b) Festlegung der Analysenmethode, ob qualitativ oder quantitativ.

Oft genügt nur qualitative Untersuchung, um lediglich im großen die Zusammenhänge zu erkennen. Sind jedoch genaue Werte über Durchlaufzeit, Ansteigen und Abfall des Chlorgehaltes zu erkennen, sind quantitative Methoden notwendig.

c) Bestimmung der Kochsalzmenge auf Grund der durchlaufenden Wassermenge, der Länge des unterirdischen Wasserweges und der Durchlaufzeit. Meist stehen hierfür nur Schätzungen zur Verfügung (Schätzung der Durchlaufzeit durch Hochwasserbeobachtung).

d) Bestimmen des Kochsalztransportes.

e) Auswahl der Einspeisungsstelle und Vorbereitung der Ausrüstung (Kochsalz, Benzinbarrel oder Faß für Wasser zum Auflösen des Kochsalzes; 1 Barrel zu 200 l für je 50 kg Salz).

f) Einrichtung der Entnahmestelle oder -stellen.

Für qualitative Untersuchungen verwendet man 5%ige Silbernitratlösung, die mit 20%iger Salpetersäure angesäuert wird.

Die quantitative Bestimmung ist etwas umständlicher und erfordert genauere Arbeiten (s. Lukas in Maurin-Zötl 1959).

Die Einspeisung. Das Kochsalz wird vollständig aufgelöst als gesättigte Lösung in die Einmündungstelle des Wassers in die Tiefe auf einmal hineingeschüttet. Zeit und Menge werden genau notiert.

Die Probeentnahme. An der Entnahmestelle werden vor der Beschickung des Wassers und dann laufend bis zum Auftreten des Salzes Wasserproben entnommen und die Mengen gemessen.

Die Proben werden im Feldlabor entweder qualitativ mit Silbernitrat untersucht oder quantitativ nach der Methode MOHR (s. LUKAS S. 107).

Sehr bewährt hat sich die *elektrische Widerstandsmessung* (SCHOUPPE 1952). Chemisch reines Wasser leitet den Strom sehr schlecht. Sind jedoch im Wasser irgendwelche Salze gelöst, so tritt eine Verkleinerung des Widerstandes ein. Mit Hilfe von Tabellen kann man recht genau die Quantität bestimmen. Die entsprechenden Apparate beschreibt LUKAS.

MAURIN (1959) hat mit Hilfe von Kochsalzlösung die Verbindung des Lurhöhlensystems geklärt. Die Aufgabe bestand darin, die Zusammenhänge zwischen Lurbachschwinde im Becken von Semriach und den großen Karstquellen am Fuße der Peggauer Wand im Murtal zu klären. Der erste Versuch von KYRLE verlief negativ. MAURIN erbrachte jedoch den Nachweis, daß zwischen der Lurbachschwinde und der Hammerbachquelle im Murtal Zusammenhänge bestehen.

MAURIN führte die Untersuchung im Mai 1952 durch. Es wurden in die Lurbachschwinde 800 kg mit Gentianaviolett gefärbtes Gewerbesalz eingespeist. Vier Entnahmestellen (Schmelzbachursprung, Laurinsquelle, Hammerbachquelle und Badlbach) wurden besetzt und viertelstündig Widerstandsmessungen durchgeführt und eine Chlorkontrollprobe gezogen. 33 Stunden nach der Einspeisung zeigte das im Hammerbach eingebaute Ohmmeter fallende Tendenz und die Chlorprobe erhöhte Werte; nach abermals 33 Stunden war der Hauptdurchgang beendet. Die Gesamtuntersuchung dauerte vom 10. Mai 6.20 Uhr bis 15. Mai 14 Uhr.

Damit war der Nachweis erbracht, daß der Hammerbach bei Nieder- und Mittelwasser mit der Lurbachschwinde in Verbindung steht.

Die Durchlaufzeit für die über 3 km (Luftlinie) lange Strecke betrug 33 Stunden bei einem Höhenunterschied von 220 m. Diese verhältnismäßig lange Zeit läßt auf große Stauräume im Innern schließen.

3. Messungen mit Radio-Isotopen

Mit Hilfe radioaktiver Substanzen, die in einer Flüssigkeit gelöst sind, können ebenfalls die unterirdischen Zusammenhänge nachgewiesen werden, doch ist dabei größte Vorsicht am Platze, und die Durchführung muß von geschultem Personal erfolgen. Radioaktive Stoffe sind gefährlich und können schwere Gesundheitsschädigungen bewirken.

Es sind vor allem kurzlebige Isotopen mit Halbzeitwerten zwischen 10 Stunden und 2 Monaten in Verwendung, damit bei einer etwaigen Ansammlung des Isotops an bestimmten Stellen keine Gefährdung eintritt. Verwendung finden hauptsächlich Na^{24} in NaCl-Lösung, Br^{82} in NH_4Br-Lösung und J^{131} in NaJ-Lösung.

Der Nachweis an der Entnahmestelle erfolgt nicht direkt durch Einbringen eines Tauchzählrohres in das Gerinne, sondern an dem Niederschlag des Isotops mittels der Zählrohre. Es ist daher notwendig, das Isotop als Niederschlag aus dem zu untersuchenden Wasser zu extrahieren.

Genaue Anweisungen über diese Arbeiten sind enthalten in:

MOSER, NEUMAIER und RAUERT: Die Anwendung radioaktiver Isotopen in der Hydrogeologie. Atomkernenergie II, 1957.

MAIRHOFER, J.: Grundwasseruntersuchungen mit Hilfe radioaktiver Isotope. Steirische Beiträge zur Hydrogeologie 1963/64.

Mit Hilfe dieser Methode lassen sich sehr genaue Resultate erzielen, man kann nicht nur die Zusammenhänge feststellen, sondern auch die Verteilung des Wassers auf verschiedene Austrittstellen und die Strömungsgeschwindigkeit.

Die Methode ist sicher kompliziert und kostspielig, doch die Ergebnisse sind wesentlich genauer als bei Salzungs- und Färbversuchen.

4. Die Sporentriftmethode

Man verwendet Triftmethoden mit Bärlappsporen und mit Bakterien (nichtpathogene Keime).

Die Triftung mit Bärlappsporen (Lycopodium clavatum):

Zum erstenmal hat A. Mayr (1953, 1954) diese im Offenseegebiet (Oberösterreich) zum Nachweis unterirdischer Zusammenhänge von Karstwässern mit Erfolg benützt. J. Zötl (1953) wandte dann diese Methode im Köflacher und Grazer Gebiet an. Er baute den Vorgang weiter aus, verwendete gefärbte Sporen, so daß die Zusammenhänge zwischen Einspeisungsstelle und Entnahmestelle einwandfrei festgestellt werden konnten. Zötl hat seine Erfahrungen in dem Buch „Die Untersuchungen der Zusammenhänge unterirdischer Wässer mit besonderer Berücksichtigung der Karstverhältnisse" (V. Maurin und J. Zötl 1959) genau dargestellt. Ich verweise auf diese Arbeit und bringe hier nur einige wesentliche Punkte.

Diese Methode hat große Vorteile; das Gewicht der zur Einspeisung verwendeten Sporen ist gering (5 bis 10 kg); zur Durchführung sind nur wenige Personen (1 bis 3) notwendig; die Errichtung eines Labors bei der Entnahmestelle ist nicht unbedingt notwendig, weil die Proben in Flaschen verwahrt werden und später untersucht werden konnen. Die Entnahmestelle braucht nicht wie beim Salzungsversuch eine ständige Besetzung, sondern es können mehrere Stationen von einer Person bedient werden, weil die Sporen im Planktonnetz zurückgehalten werden.

Nachteilig wird vermerkt, daß nie alle Sporen durchfließen, sondern immer welche zurückgehalten werden, die später vielfach bei größerer Ergiebigkeit abgeschwemmt werden und bei folgenden Kontrollbestimmungen ein falsches Bild ergeben konnen; doch diese Fehlerquellen werden verringert, wenn man verschieden gefärbte Sporen verwendet.

Die Einspeisung. Die Lycopodiumsporen haben eine Größe von 30 Mikron. Vor der Einspeisung wird das Lycopodiumpulver in Wasser aufgeschlämmt. Es werden anfangs etwa 250 g in ungefähr 2 l Wasser unter Beifügung einer Handvoll Abwaschmittel (z. B. Presto) in einem Kübel zu einem Brei verrührt; dann werden wieder 250 bis 500 g des trockenen Pulvers unter Zusatz von Wasser nachgeschüttet und mit der Hand durchgeknetet, bis die erforderliche Menge vorhanden ist. Die gefärbten Sporen können ohne Zusatzmittel aufgeschlämmt werden. Um krümeliges, verpapptes Material gründlich aufzulösen, empfiehlt es sich, den angerührten Brei durch ein engmaschiges Sieb zu passieren.

Liegt an der Einspeisungstelle ein starkes Gerinne mit etwa 1 l/sec vor, dann kann der Sporenbrei direkt in dieses entleert werden; ist die abfließende Wassermenge kleiner, so führt man den Brei mittels eines Schlauches ein und spült mit mehreren Kübeln Wasser nach. Auf diese Art können auch trockene Karstschlote beschickt werden.

Über die zu verwendenden Mengen bestehen keine rechnerisch festgelegten Werte, sondern nur Beispiele aus verschiedenen Triftversuchen.

Im Dachsteingebiet verwendete Zötl 12 kg, im Raume des Buchkogels bei Graz 2 bis 3 kg. Die Menge hängt von der Länge des unterirdischen Wasserweges und von der Wassermenge ab.

Die Entnahme an der Austrittstelle (Quelle, Vorfluter) erfolgt mittels Planktonnetzes aus feinster Schweizer Mullergaze. Die Maschenweite beträgt 50 bis 60 Mikron, die zwar etwas größer als der Durchmesser der Sporen (30 Mikron) ist, doch verhindern die Fasern des Gewebes ein Durchschlüpfen. Das Gewebe wird trichterförmig eingespannt mit 12 cm oberem Durchmesser und 28 bis 30 cm

Abb. 87. Planktonnetz nach Zötl (Länge 40 cm, Durchmesser 14 cm, Holzrahmen 20 × 20 × 40 cm)

Tiefe, auch größere Netze mit 30 cm Durchmesser und 60 cm Tiefe wurden verwendet. Das spitze Endes des Trichters mundet in einen Glastrichter, an dem ein Gummischlauch mit einem Quetschhahn befestigt ist.

Die Netztrichter werden in einem Holzrahmen befestigt, so daß die Aufstellung an der Entnahmestelle erleichtert wird (Abb. 87).

Die Rahmen mit den Netzen werden in das Gerinne eingelegt und mittels Schnüren so verankert, daß sie durch das ausfließende Wasser nicht weggerissen werden.

Die Netze werden vor der Einspeisung eingehängt, auch die 1. Probeentnahme erfolgt noch vorher (ungefahr eine Stunde), damit festgestellt werden kann, ob das Wasser frei von Sporen ist.

Das Abziehen der Proben: Das Netz mit dem Rahmen wird in senkrechte Stellung gebracht, so daß das Wasser durch dasselbe abfließen kann. Dann wird das untere Ende des Gummischlauches in ein Medizinflaschchen (30 cm³) eingefuhrt, der Quetschhahn geoffnet und die im Glastrichter gesammelte Probe in das Fläschchen abgezogen, das rasch verkorkt wird. Die Fläschchen werden sofort etikettiert und mit Orts- und Zeitangaben, laufenden Probenummern beschriftet. Im Arbeitsbuch werden die Proben genau notiert, so daß eine Kontrolle vorhanden ist.

Die Proben werden durchschnittlich alle zwei bis drei Stunden entnommen und die Untersuchung so lange fortgesetzt, bis ein deutliches Abklingen ersichtlich ist. Die mikroskopische Untersuchung wird entweder an Ort und Stelle (Feldlabor) oder zu Hause im Labor durchgefuhrt.

Die Triftversuche im Dachsteingebiet (Abb. 88). Sehr eindrucksvolle und aufschlußreiche Triftuntersuchungen im Dachsteingebiet hat Zötl (1961) durchgeführt. Das Dachsteinplateau stellt ein großes Einzugsgebiet dar, dessen östlicher Teil eine Fläche von 284 km² einnimmt. An zahlreichen Stellen treten auf allen Seiten, im Gosautal, Trauntal, Ödsee, Salzstausee und im S zahlreiche Quellen von verschiedener Ergiebigkeit auf. Über die Zusammenhänge dieser mit dem Einzugsgebiet war man vollig im Unklaren. Zötl speiste an vier Stellen gefärbte Sporen ein. Im Zentrum des ostlichen Dachsteingebietes bei der Schwinde des Maisenberges wurden 12 kg blaugefärbte Bärlappsporen eingebracht. Es wurden 14 Quellen um das ganze östliche Massiv beobachtet; 11 Quellen enthielten blaue Sporen, 3 waren negativ. Die Entfernung zwischen Einspeisung und Quellen betrug 5,5 bis 13 km Luftlinie, die Fallhöhe 620 bis 1330 m. Die Quellen, die 5 bis 7 km Luftlinie von der Schwinde entfernt waren, führten bereits 3 Tage nach der Einspeisung Sporen, die 13 km entfernt waren, erst am 4. Tag. Im Durchschnitt lag eine Durchgangsgeschwindigkeit von 100 m pro Stunde vor.

Es wurden dann noch an anderen Stellen Einspeisungen mit Sporen vorgenommen und Verbindungen nach verschiedenen Richtungen erkannt.

Diese Untersuchungsergebnisse sind von großem praktischem Wert, denn man ersieht daraus, welches Gebiet besonders geschützt werden müßte, wenn diese Quellen für Wasserversorgungsanlagen benützt werden.

5. Die Triftung mit Bakterien (nicht pathogenen Keimen)

Für die Hygieniker war es von jeher von Wichtigkeit, ob die unterirdischen Wasserwege Bakterien zurückhalten können oder nicht. Es ist für sie weniger von Bedeutung, die Zusammenhänge zu kennen, als die Tatsache, ob Keime weiter geführt werden oder nicht. Um diese Untersuchungsmethoden hat sich besonders Gärtner (1915) bemüht:

Als Testkeime werden benützt:

Chromobact. violaceum	violette Kolonie
Bact. prodigiosum	karmesinrote Kolonie
Bact. coli	

Die Untersuchungen sollen von Personen durchgeführt werden, die mit der bakteriologischen Arbeit vertraut sind. Die Bakterien werden in Kulturen hergestellt.

In die Entnahmestelle werden Filtervorrichtungen (Spezialmembranfilter) eingebaut und alle drei Stunden die Proben entnommen. Nach entsprechender Abdeckung der Filterplatten werden die Proben möglichst rasch der mikroskopischen Untersuchung zugeführt.

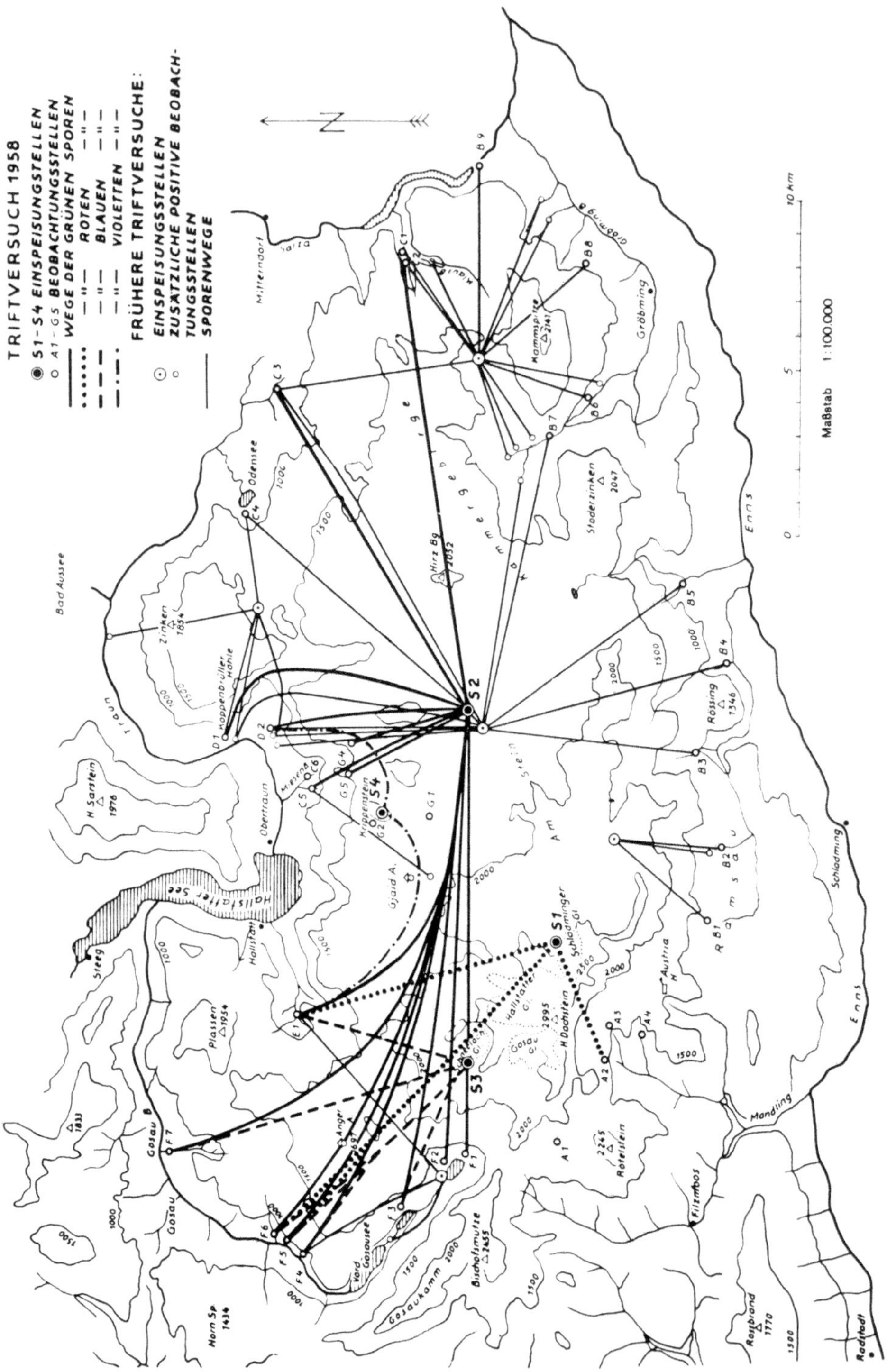

Abb. 88. Die Ergebnisse des Sporentriftversuches im Dachsteingebiet nach ZÖTL

II. Das Aufsuchen von Quellen und unterirdischem Wasser

Im allgemeinen denkt man bei der Beschaffung von Trinkwasser an Quellen, also an sichtbare Austrittstellen des unterirdischen Wassers. Es gibt jedoch viele unterirdische Wasservorräte, die nicht in Quellen aufscheinen, sondern erst durch Grabarbeiten aufgeschlossen werden müssen. Und es ist dann die Aufgabe des Geologen, solche Stellen ausfindig zu machen; hierzu sind jedoch entsprechende geologische Kenntnisse erforderlich.

1. Aufsuchen von Quellen

Vielfach sind Quellen nicht sofort erkennbar, sie sind oft stark verwachsen oder durch Verwitterungsprodukte etwas verdeckt. Morphologische und *botanische Beobachtungen* geben oft Anhaltspunkte für Wasseraustritte.

Naßstellen und Sumpfwiesen regen die Frage an, woher kommt das Wasser. Es kann Niederschlagswasser sein, das auf wasserundurchlässigem Boden (Lehm, Ton) nicht versickert, es kann sich auch bei Schotter- und Sandboden um aufsteigendes Grundwasser handeln. Die Untersuchung der geologischen Verhältnisse (durch Aufgrabungen) werden zeigen, ob richtige Quellen vorhanden sind.

Sehr haufig führen *wasserliebende Pflanzen* zum Auffinden von Quellen hin; so Sumpfdotterblume, Sumpfvergißmeinnicht, Brunnenkresse, Wollgras, Pestwurz, feigwurzeliger Hahnenfuß u. a. Auch Erlen und einzelne Sträucher lassen oft auf starke Durchfeuchtung durch Quellen schließen.

Morphologische Gesichtspunkte, besonders *Kleinformen*, lassen auch das Austreten von Quellen erkennen. Kleine Geländeknicke, Nischen, Vertiefungen, Rutschbeulen, Mulden usw. werden häufig von Quellen begleitet.

Sehr wertvolle Anhaltspunkte erhält man, wenn man das zu untersuchende Gebiet übersichtlich von einem günstigen Aussichtspunkt überblickt und sich die Verteilung und Abflußverhältnisse der Niederschläge betrachtet. Man erkennt meist, wo die versickernden Niederschläge verlaufen können und wo schließlich großere Konzentrationen zu erwarten sind. Auch Luftbildaufnahmen können wertvolle Dienste leisten.

Verfolgt man im Gebirge einen Bach bis zum Ursprung, so erkennt man Quellen, die am unteren Rande einer Mulde austreten. Im Winter sind sie meist durch das rasche Ausapern gekennzeichnet, denn das austretende Wasser, das über 0 °C aufweist, verursacht ein schnelles Abschmelzen des Schnees.

Anhaltspunkte für das Aufsuchen von Quellen geben die *geologischen Verhältnisse*. Eine wichtige Grundlage bilden hierfür die geologischen Karten, aus denen man vielfach das allfällige Vorhandensein von Quellen ablesen kann. Schon die Gesteine an und für sich weisen darauf hin, welche unterirdischen Wasserwege vorliegen können. Die Lagerung gibt weitere Hinweise. Wenn wasserdurchlässige Schichten über undurchlässigen liegen, so können bei günstiger Lagerung Schichtstauquellen auftreten. Bruch- und Zerrüttungszonen lassen ebenfalls Quellaustritte vermuten. Die Schuttablagerungen (Schutthalden, Schuttkegel, Hangfußschutt, Muldenschutt usw.) zeigen fast immer an irgendeiner Stelle Quellen.

Da auf den *geologischen Karten* Einzelheiten vielfach nicht dargestellt werden können, so ist das Gebiet stets von diesen Gesichtspunkten aus zu betrachten.

Der Verwitterungs- und Hangschutt gibt wichtige Anhaltspunkte; Kalktuffablagerungen, starke Eisenoxydausscheidungen lassen ebenfalls auf Quellaustritte schließen.

Wenn man ein Gebiet nach Quellen absucht, so ist es empfehlenswert, wenn man sich bei Ortsansässigen erkundigt, wo solche bekannt sind Die Angaben, besonders über die Ergiebigkeit, bedürfen jedoch stets einer Überprufung.

Im allgemeinen kann man behaupten, daß das Aufsuchen von Quellen, wenn all die genannten Erkenntnisse berücksichtigt werden, klare Ergebnisse erzielt. Das soll aber nicht heißen, daß unbedingt Quellen gefunden werden, denn es gibt immer wieder Gebiete, wo keine auftreten.

Doch auch ein negatives Ergebnis stellt einen Erfolg dar, denn wenn die gesamten morphologischen und geologischen Verhältnisse Quellaustritte unmöglich machen, so können unnütze Grab- und Bohrarbeiten vermieden und dadurch oft viel Geld erspart werden.

Auch in den Alpen, wo doch große Niederschläge zu verzeichnen sind, gibt es immer wieder Gebiete, wo Quellen fehlen, z. B. im Kalkgebiet. Am Westabfall des Schockels bei Graz liegt die Siedlung Kalkleitenmöstl. Die Höfe versorgen sich meist mit Regenwasser, das in Zisternen gesammelt wird. Auch in der Ost- und Weststeiermark, wo hauptsächlich Lehme und Tone den Untergrund aufbauen, sind nur wenige Quellen vorhanden, und es besteht großer Wassermangel.

2. Aufsuchen von unterirdischem Wasser, das nicht durch Quellen gekennzeichnet ist

a) Die petrographische Methode

Grundlegend für das Aufsuchen von unterirdischem Wasser sind die unterirdischen Wasserwege, die für jede Gesteinsgruppe charakteristisch sind.

Die *Erstarrungsgesteine* und ein großer Teil der kristallinen Schiefer (besonders Gneise, Amphibolite, Quarzite) besitzen Klüfte, Spalten, Zerruttungszonen und Bruchzonen, die Wasser führen können; auch tiefergreifende Verwitterungskrusten können in Betracht gezogen werden.

Die Auffindung von großeren Wassermengen in diesen Gesteinen ist nicht immer mit Sicherheit gegeben. Das Wasser ist meist zu stark verteilt und weist demnach in künstlichen Aufschlüssen nur geringe Ergiebigkeiten auf. Engmaschige Kluftzonen sind zu berücksichtigen. Zerrüttungs- und Bruchzonen können in Stollen größere Mengen erfassen.

In *Phylliten und Glimmerschiefern* kann aus Kluften etwas Wasser austreten, doch die Wahrscheinlichkeit, größere Mengen zu gewinnen, ist gering.

Die *Kalke und Dolomite* zeigen in den meisten Fällen günstige Wasserwege in Form von Klüften, Spalten, Schläuchen, Rohren und Höhlen. Werden nun diese Gesteine von undurchlässigen Schichten unterlagert, so staut sich das Wasser, es kommt entweder zum Austritt von Schichtstauquellen oder, wenn der Schichtstoß in der Tiefe liegt, so daß ein seitliches Austreten nicht möglich ist, zur Ansammlung in den Hohlräumen, aus denen es dann durch Bohrungen, Brunnen, gehoben werden kann.

Die *Sandsteine* können manchmal in Poren oder in Klüften und Spalten Wasser führen. Konglomerate und Breccien zeigen jedoch je nach der Verfestigung große Verschiedenheit.

Die *Tongesteine* gelten im allgemeinen als wasserundurchlässig; geringe Wassermengen (Schwitzwasser) können stellenweise aus sandig-tonigen Gesteinen oder aus verrutschten tonigen Gesteinen gewonnen werden.

Wichtige Wasserführer stellen die *Sande*, *Kiese* und *Schotter* dar, die in den Poren Wasser speichern. Mit ziemlicher Sicherheit kann man in den verschiedensten Lockerablagerungen wie Gehängeschutt, Muldenschutt, Gehängefußschutt, Schutthalden, Talbodenschutt, eiszeitlichen Schotterfeldern, tertiären Sand-Schotterlagen u. a. Wasser finden. Je nach der Ablagerungsform zeigen die unterirdischen Wasser verschiedene Wege in den Poren. Es kann ein zusammenhängender Grundwasserstrom vorliegen, es konnen aber auch nur feine Fäden, Wassersträhne, durchziehen, so daß sich die Aufschlußarbeiten verschieden gestalten.

Wir ersehen daher, daß man aus der Gesteinsbeschaffenheit schon vielfach auf unterirdische Wasservorkommen schließen kann.

b) Die tektonische Methode

Sehr haufig ist es notwendig, die unterirdischen Wasserwege eines Gesteins mit den Lagerungsformen in Verbindung zu bringen, weil man daraus den Verlauf des Wassers erkennen kann.

Durch die Faltungen von Kalken, Dolomiten, Sandsteinen wird das Wasser in den Schichten gezwungen, bestimmte Wege zu begehen. Es fließt im allgemeinen den Mulden zu; die Sättel sind arm an Wasser. Die Ansammlung in den Mulden wird jedoch wieder durch die Lage der Faltenachse bestimmt, d. h. das Wasser wird dem Muldengefalle folgen. Bei der Erschließung von Wasser in Mulden ist daher die tiefste Stelle derselben zu bestimmen, weil dort die große Wahrscheinlichkeit besteht, genügende Mengen zu erfassen.

Die körperliche Vorstellung der Lagerung ist daher von großer Bedeutung, denn nur dann, wenn man sich die Formung der wasserführenden Schicht vergegenwärtigen kann, wird man die richtige Stelle für die Wassererschließung erhalten.

Auch die Zerrüttungs- und Bruchzonen gelten vielfach als Wasserhoffnungsgebiete, doch spielen dabei nicht nur die Gesteinsverhaltnisse eine Rolle, sondern die gesamte Erstreckung; die Länge, Breite und der Tiefgang. Erst dann, wenn man diese tektonischen Erscheinungen in der Gesamtheit erfaßt, lassen sich Angaben über die Wasserführung und über die Art der Aufschließung (Stollen, Bohrungen, Brunnen) machen.

c) Die stratigraphische Methode

In vielen Gebieten liegt eine Schichtfolge vor, die stratigraphisch genau bestimmt ist. Man kennt die Übereinanderfolge der Schichten und deren petrographische Beschaffenheit und damit die unterirdischen Wasserwege. Die geologischen Karten geben daruber Auskunft.

Es ist damit aber nicht nur die Schichtfolge über der Talsohle bekannt, sondern auch die unterhalb liegende, und man kann mit ziemlicher Sicherheit angeben, welche Gesteine in der Tiefe folgen müssen.

Im *Grazer Paläozoikum* ist die Gesteinsfolge meist gut erforscht (H. FLUGEL 1963). Man kennt die wasserdurchlässigen Schichten und deren Wasserwege und die wasserstauenden (Diabaslagen, tonige Schichten, Phyllite, Quarzite). Die Untersuchungen der Quellen im Raume des Garracher Waldes (MAURIN 1958) und im Gebiet des Plabutsch (ZÖTL 1958) zeigen deutlich die Abhängigkeit von stratigraphisch erkennbaren, wasserundurchlässigen Ablagerungen.

Die Schichtenfolge in den *Nördlichen Kalkalpen* zeigt meist eine bestimmte Folge. Es liegt von unten nach oben oft der in Abb. 89 dargestellte Schichtstoß vor. Die Wasserführung ergibt sich aus der Gesteinsart. Die Werfener Schichten an der Basis treten als Wasserstauer auf. Bei günstiger Lagerung erscheinen darüber Schichtstauquellen. Wenn die karnische Stufe tonige Gesteine enthält, konnen ebenfalls Schichtstauquellen auftreten. Vielfach muß bei den kalkigen Gesteinen (Wettersteinkalk, Dachsteinkalk) mit Karstwasser gerechnet werden.

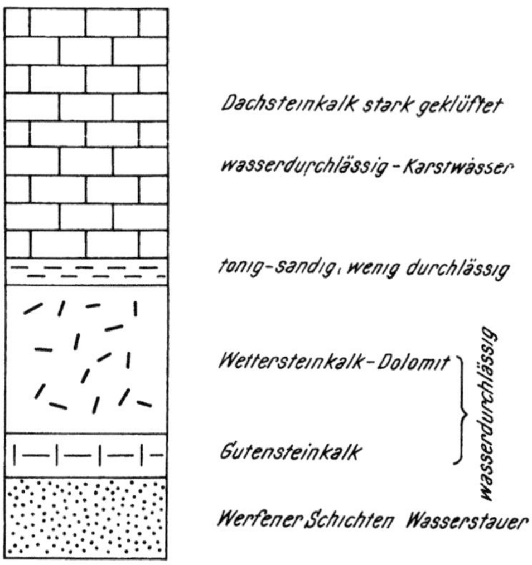

Abb. 89. Die Schichten der Trias in den Nordlichen Kalkalpen (vereinfacht)

Vergegenwärtigen wir uns z. B. den mesozoischen Schichtstoß im *Fränkisch-Schwäbischen Jura*, so treten einige wasserführende Horizonte, wie z. B. der Hauptmuschelkalk, der Keupersandstein, die weißen Jurakalke besonders hervor. Liegen nun solche wasserfuhrende Schichten unter dem Talboden, so kann man auf Grund der stratigraphischen Folge mit ziemlicher Sicherheit die Tiefe der wasserführenden Horizonte angeben (Abb. 90).

Freilich gibt es gelegentlich Ausnahmen, unvorhergesehene Abweichungen, doch im allgemeinen weist die Stratigraphie den richtigen Weg.

Sehr wertvoll erwies sich die stratigraphische Methode in tertiären Ablagegerungen. Durch verschiedene Bohrungen gewann man einen Einblick in die Folge und in die Gesetzmäßigkeiten; man erkannte, daß vielfach wasserführende Sande und Kiese in bestimmten Horizonten auftreten, so daß man mit Sicherheit solche Schichten für die Wassergewinnung heranziehen kann.

Zusammenfassung. Das Aufsuchen von Quellen erfolgt auf Grund von morphologischen, botanischen und geologischen Gesichtspunkten.

Für die Auffindung von unterirdischen Wasservorräten gelten petrographische, tektonische und stratigraphische Tatsachen.

Das Aufsuchen von Großwasservorkommen (z. B. über 100 l/sec) in Grundwasserfeldern, hoffnungsreichen Zerrüttungs- und Bruchzonen, in Karstgebieten erfordert gründliche Vorarbeiten, auf die später noch besonders eingegangen wird.

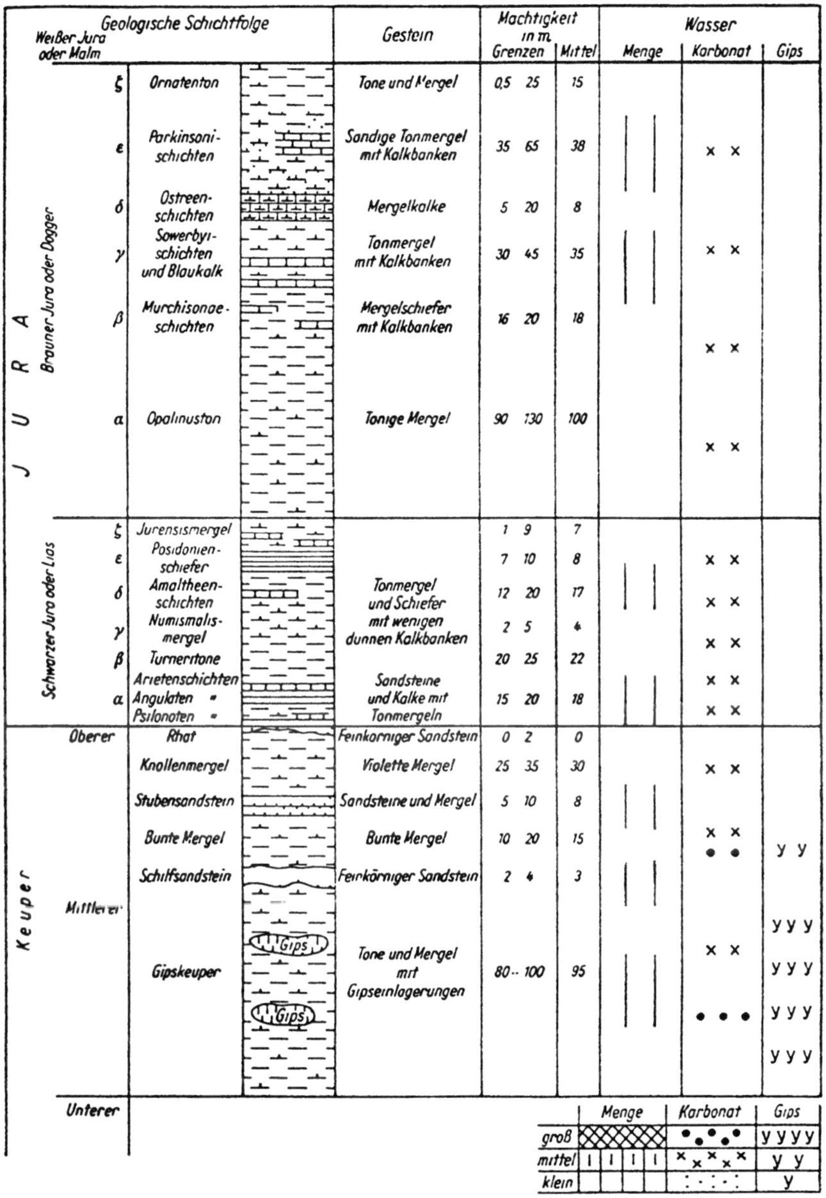

Abb. 90. Vereinfachte Schichtfolge und Grundwasserführung in der Schwäbischen Alb (nach CARLÉ und D. PFEIFER)

d) Physikalische Methoden

Mit Hilfe *elektrischer und seismischer Messungen* kann man auf Unregelmäßigkeiten des Untergrundes schließen. Man ersieht lediglich daraus, daß der Untergrund aus verschiedenen Gesteinen besteht, und es hängt von der Auslegung bzw. vom Vergleich mit bekannten Bohrergebnissen ab, welche Schichten als wasserführend angesehen werden können. Diese Untersuchungen geben daher Anhaltspunkte über das Vorkommen von Wasser.

Die elektrischen und seismischen Untersuchungen finden hauptsächlich in mächtigen, horizontal gelagerten und wenig gestörten tertiären Ablagerungen Anwendung und haben besonders für Erdöllagerstätten wertvolle Angaben geliefert.

Sie werden auch in grundwasserführenden Schotterfeldern angewandt, um die Mächtigkeit und das Relief der Sohle zu erkennen. Im Gebirge haben sie für das Aufsuchen von Wasser keine Verwendung gefunden.

Die *Wünschelrute* stellt kein verläßliches Instrument zum Aufsuchen des Wassers dar. Eine Astgabel oder Drahtschlinge oder Spirale wird in einer bestimmten Haltung mit beiden Händen umfaßt.

Bei der Wehrgeologie wurden in Pirmasens zahlreiche Versuche angestellt und dabei folgende Ergebnisse erzielt: Die Wünschelrute schlägt an bestimmten Stellen aus; diese Ausschläge können nicht geleugnet werden. Die Ergebnisse wurden durch Bohrungen überprüft, und es konnte festgestellt werden, daß auch Ausschläge eintraten, wenn kein Wasser vorhanden war und daß in einem geschlossenen Grundwasserfeld, wo der Grundwasserspiegel $1^1/_2$ m unter Terrain lag, stellenweise keine Ausschläge eintraten. Es konnte ferner die Beobachtung gemacht werden, daß die Wünschelrute bei gleicher Bodenbeschaffenheit in ziemlich regelmäßigen Abständen von 10 bis 20 m Ausschläge zeigte. Viele Personen erlernten das Gehen mit der Wünschelrute in wenigen Minuten, andere wieder haben nie irgendwelche Ausschläge erreicht.

In Verbindung mit Elektroingenieuren kam man damals zu dem Ergebnis, daß wahrscheinlich die atmosphärische Elektrizität in Verbindung mit den elektrischen Körperströmen die Ausschläge bewirkt. Das elektrische Ausgleichsfeld zwischen Atmosphäre und Boden ist einem ständigen Wechsel unterworfen. Es hängt einesteils von der Bodenbeschaffenheit (Pflanzenbedeckung, Dicke der Humusschichte, Gesteinsunterlage, Feuchtigkeitsgehalt usw.), andernteils von der Luft (Temperatur, Feuchtigkeitsgehalt, Luftdruck) ab. Wird nun dieses elektrische Feld vom menschlichen Körper, in dem elektrische Ströme fließen, durchschnitten, so entstehen Induktionsströme, die direkt auf die Bewegungsnerven wirken und die Rute bewegen, ohne daß diese Bewegung zum Bewußtsein kommt. Die Rute schlägt also auf Grund der Änderungen des elektrischen Feldes aus. Da jedoch diese Änderungen viele Ursachen haben können, auch einmal die Wasserführung, so ist die Wahrscheinlichkeit, damit unterirdische Wasservorräte vorhersagen zu können, äußerst gering. Es hat sich bei diesen Versuchen gezeigt, daß Unregelmäßigkeiten des Bodens nur bis höchstens 10 m Tiefe das elektrische Feld beeinflussen.

Alle Vorhersage über die Tiefenlage und die Ergiebigkeit des Wassers erwies sich stets als unhaltbar und entspringt der Phantasie oder ist ein Zufallstreffer.

Es kann auch sein, daß beim Ausschlag physiologische Einwirkungen eine Rolle spielen.

Tatsache ist auf jeden Fall, daß die Wünschelrute zum Aufsuchen des Wassers ungeeignet ist. Es werden meist nur „Treffer“ bekannt, aber die vielen Versager werden totgeschwiegen.

III. Hydrogeologische Untersuchung von Quellen

Es gibt in der Literatur zahlreiche Arbeiten über Quellen, doch die meisten beschränken sich auf Ergiebigkeits- und Temperaturmessungen und auf chemische Angaben, selten aber wird etwas über die unterirdischen Wasserwege, über das Einzugsgebiet, über die Speicherung, Seihung, also über die Geologie der Quelle berichtet.

Um einen Einblick in eine Quelle zu erhalten, muß sie entsprechend aufgeschlossen werden. Man geht gewöhnlich vom bestehenden Abfluß (Vorfluter) aus und gräbt diesen entlang, teilt den Graben, so daß man durch den Querschlitz die Austritte erkennen kann. In den Abfluß baut man eine Rinne zum Messen der Ergiebigkeit ein.

Man sieht, in welcher Breite und aus welchem Gestein das Wasser ausfließt, man sieht entweder, daß es aus den Poren des Verwitterungsschuttes quillt, oder allenfalls aus Schichtflächen und Klüften usw.

An der Quelle mißt man die Ergiebigkeit und die Temperatur und erteilt gleichzeitig den Auftrag, diese Messungen in Zeitabständen von 8 bis 14 Tagen zu wiederholen. Es ist auch empfehlenswert, Proben für die chemische und bakteriologische Untersuchung zu entnehmen, die jedoch unbedingt später zu wiederholen ist.

Die nächste Frage betrifft nun die geologischen Verhältnisse des gesamten Einzugsgebietes der Quelle. Die vorhandenen geologischen Karten geben gewisse Grundlagen, doch wegen des kleinen Maßstabes sind selten die notwendigen Details enthalten. Es sind daher unbedingt Begehungen durchzuführen, um die Geologie im einzelnen kennenzulernen; damit erhält man ein Bild über die unterirdischen Wasserwege. Wir beachten den Verwitterungs- bzw. Hangschutt, die anstehenden Gesteine und deren Lagerung, so daß ein klares Profil über die Zusammenhänge zwischen Einzugsgebiet, unterirdischen Wasserwegen und Austrittstelle entsteht, das zeichnerisch dargestellt wird. Auch die Pflanzendecke (Wald, Wiese, Weide) und Siedlungen, Verkehrwege sind zu beachten.

In Verbindung mit der Ergiebigkeit sind die Niederschläge, der oberflächliche Abfluß, die Verdunstung zu berücksichtigen, so daß auch Anhaltspunkte für die Erneuerung gegeben werden können.

Die Ergiebigkeits- und Temperaturschwankungen geben ein Bild über die Speicherung, Seihung, Tiefenlage der Quelle, welche Angaben auch für den Hygieniker von Bedeutung sind.

C. Das Schutzgebiet — Schongebiet

Bei jeder Trinkwasser-Entnahmestelle ist die Aufstellung eines Schutzgebietes bzw. Schongebietes zu beachten.

Es hat die Aufgabe, das Wasser vor *Verunreinigungen* und vor *unbefugter Entnahme* in der Nachbarschaft, die zu Ergiebigkeitsabnahme führen kann, zu schützen.

I. Verunreinigungen

Zwischen Einzugsgebiet und Entnahmestelle können mit den Niederschlägen verschiedene Verunreinigungen in das unterirdische Wasser gelangen. Es kommen in Betracht: die Abwässer von Menschen und Tieren, die Düngerstätten, die gedüngten Wiesen und Äcker, die Abwässer von gewerblichen Betrieben und Fabriken, Lagerplätze von Kohlen, Teeren, Treibstoffen und Ölen, Tankstellen usw. Gelangen diese Stoffe in das Wasser, so können gesundheitliche Schäden hervorgerufen werden.

Das Wasser kann auch beim Durchgang durch die unterirdischen Wasserwege Stoffe auflösen, die bei einem bestimmten Gehalt für das Trinkwasser nicht mehr zuträglich sind; z. B. große Mengen von Kochsalz, von Eisen, Säuren (saures Wasser) und Kalk.

Durch die Aufstellung des Schutzgebietes soll nun vor allem vermieden werden, daß in dem gefährdeten Gebiet irgendwelche Einrichtungen geschaffen werden, die Verunreinigungen verursachen können. Liegen dort bereits Baulichkeiten (Höfe, Häuser, Tankstellen) vor, von denen Verunreinigungen ausgehen, so ist entweder die Trinkwasseranlage an dieser Stelle nicht möglich, oder die Gefahrenstellen müssen beseitigt werden.

II. Richtlinien für die Abgrenzung der Schutzgebiete bei Quellen

Die Abgrenzung erfolgt in Zusammenarbeit von Geologen, Hygieniker und Techniker.

Der Geologe umgrenzt das Einzugsgebiet, charakterisiert die unterirdischen Wasserwege (weitwegig, engwegig; seihend, nicht seihend), bestimmt deren Tiefenlage, die Beschaffenheit der Oberfläche (Pflanzenbedeckung, Dicke der Humusschichte) und die menschlichen Einrichtungen (Siedlungen, Wege — Straßen, Bergbaue, Steinbrüche, Sandgruben usw.).

Für die Wasserwege gelten folgende Richtlinien:

Höhlen, Röhren, Schläuche, Spalten	Weite Wasserwege — rasches Durchfließen, keine Seihung
Klüfte, feine Spalten	Enge Wasserwege, fein-grob seihend, mechanische Beimengungen werden zurückgehalten, Kleinlebewesen jedoch unsicher
Schichtflächen	Enge Wasserwege — seihend, auch Mikroorganismen werden zurückgehalten
Schichtstauquellen	Seihung unsicher
Poren	
Grobschotter, Blöcke	Weite Poren, Seihung ungünstig
Schotter mit Sand	Seihung möglich, mechanische Beimengungen werden zurückgehalten
Sand (grob-fein)	Günstige Seihung

Wichtige Unterlagen bilden die Ergiebigkeitsmessungen und die Zusammenhänge mit den Niederschlägen und die Temperaturmessungen. Geringe Ergiebigkeits- und Temperaturschwankungen lassen auf günstige Wasserwege und meist auf gute Seihung schließen. Große Ergiebigkeitsschwankungen, rasches Auswirken der Niederschläge weisen auf ein rasches Durchfließen hin. Auch die Durchfließgeschwindigkeit und die unterirdische Verweildauer sind zu berücksichtigen. Färbversuche werden manchmal erforderlich sein.

Der Hygieniker stützt sich vor allem auf die chemischen und bakteriologischen Untersuchungsergebnisse. Wobei aber ausdrücklich betont wird, daß *ein* Befund noch kein verläßliches Urteil abgibt, es sind unbedingt drei von verschiedenen Jahreszeiten erforderlich.

Über die höchstzulässigen Beimengungen im Trinkwasser s. S. 79.

Im bakteriologischen Befund wird vor allem in der Untersuchung der Gehalt an Bacterium coli angegeben. Das Wasser gilt als einwandfrei, wenn keine Coli enthalten sind.

Der Techniker erläutert bei der Festlegung des Schutzgebietes die Fassungsanlagen, aus denen man ersehen muß, daß in der nächsten Umgebung keine Verunreinigungen möglich sind. Die Austrittstellen sind derart wasserdicht abzuschließen, daß kein Sickerwasser eindringen kann. Auch die Tiefe der Leitung und allfällige Einstiegschächte sind zu beachten. Überquert sie gefährdete Stellen (Straßen, Siedlungen usw.), sind besondere Sicherungsvorkehrungen notwendig.

III. Schutz vor unbefugter Entnahme

Es wurde bisher das Schutzgebiet nur von der Verunreinigungsseite her besprochen. Es hat aber auch die Aufgabe, die Ergiebigkeit zu schützen, damit nicht in unmittelbarer Nähe das gleiche unterirdische Wasser angeschnitten und gefaßt wird. Es ist daher auch die Bestimmung aufzunehmen, daß im Schutzgebiet die Aufschließung und Entnahme von Wasser durch andere Personen oder Körperschaften untersagt ist.

IV. Die Größe des Schutzgebietes

Früher hat man meist die Schutzgebiete durch eine kreisförmige Fläche mit einem Radius von 100 bis 500 m umgrenzt. Heute paßt man sie jedoch dem Einzugsgebiet an. Die Grenzen werden von der Wasserrechtskommission nach Angaben der Fachverständigen (Geologen, Hygieniker, Techniker) festgelegt und nach dem Katasterblatt mit den Parzellennummern eingetragen.

Meist wird das Schutzgebiet in ein engstes, weiteres und in ein Schongebiet geteilt und für jeden Teil bestimmte Vorschriften erlassen. Zum Beispiel das *engste Schutzgebiet* ist einzuzäunen und darf von Unbefugten nicht betreten werden. Düngungen und landwirtschaftliche Nutzung sind auf dieser Fläche untersagt.

Im *weiteren Schutzgebiet* sind z. B. alle Grabarbeiten, die Errichtung von Bauten, Wegen, Steinbrüchen, Sand- und Schottergruben, Straßen, Abfallplätzen, Tankstellen, Treibstofflagern untersagt. Düngung und landwirtschaftliche Nutzung kann erlaubt werden.

Im *Schongebiet* bedürfen alle Eingriffe in den Boden der Genehmigung durch die Wasserrechtsbehörde.

Über die Ausmaße der Schutzgebiete in Quellgebieten bestehen keine einheitlichen Auffassungen. Es ist verhältnismäßig leicht, ein großes Schutzgebiet aufzustellen, um vorsichtshalber alle Möglichkeiten einer Verunreinigung auszuschalten, doch darf man nicht vergessen, daß dadurch oft wertvoller Boden der Wirtschaft verlorengeht.

Für die Aufstellung des engsten Schutzgebietes bestehen meist keine Zweifel. Es wird die gesamte Fassungsanlage und besonders der darüberliegende Teil in einem den morphologischen Verhältnissen entsprechenden Umkreis von 10 bis 40 m Radius durch eine Umzäunung abgegrenzt.

Für die Grenze des weiteren Schutzgebietes und des Schongebietes sind dann alle geologischen und hygienischen Gesichtspunkte in Betracht zu ziehen.

Bei Karstquellen, Schichtstauquellen geben die Ergebnisse der Färb- und Triftversuche wertvolle Hinweise. Es kann oft (z.B. Rax, Hochschwab — 2. Wiener Hochquellenleitung) zur Aufstellung eines großen Schutzgebietes kommen, in dem die Errichtung von Schutzhütten verboten wird. Für mulden- und dolinenreiche Gebiete können auch Viehweide und Begehungen verboten werden.

Bei Kluftquellen mit geringer Ergiebigkeit (1 bis 5 l/sec) und bei ständig einwandfreiem chemischem und bakteriologischem Befund genügt es, wenn das direkt anschließende morphologisch auffallende Gebiet als Schutzgebiet erklärt wird.

Werden aus Zerrüttungs- oder Bruchzonen große Wassermengen entnommen, dann ist der gesamte Störungsstreifen, der geologisch nachzuweisen ist, ins Schutzgebiet einzubeziehen (erweitertes Schutzgebiet).

Bei allen Arten von Schuttquellen ergibt meist die Morphologie der Schuttablagerungen (Mulde, Schutthalde, Schuttkegel) die Grenzen, wobei immer wieder die geologischen und hygienischen Befunde zu berücksichtigen sind. Liegen in diesem Bereich Wiesen und Äcker, sind strengere Maßnahmen erforderlich wie in Wald und Buschgebiet. Bei diesen Quellen ergeben sich oft streifenförmige Schutzgebiete, die meist ohne Schwierigkeiten zu erreichen sind, besonders im Waldgebiet, wo die Holznutzung gestattet ist. Freilich erweist es sich manchmal als notwendig, daß Kahlschlägerungen untersagt werden.

Ist trotz eines Schutzgebietes eine Verunreinigungsmöglichkeit gegeben, jedoch die Wasserspende unbedingt erforderlich, dann ist das Wasser einer künstlichen Reinigung (Aufbereitung) zu unterziehen.

Öfter ergeben sich für die Abgrenzung des Schutzgebietes Besonderheiten. In der Abb. 91a liegt eine geneigte Kalkplatte vor, die von wasserundurchlässigen Schichten unter- und überlagert wird und am unteren Rande Austritte von Schichtstauquellen aufweist.

In diesem Fall sind auch die Schichtausbisse auf der entgegengesetzten Bergseite ins Schutzgebiet einzubeziehen, während die Kuppe mit der wasserundurchlässigen Schicht mit gewissen Einschränkungen (Abwässer) nicht hineinfällt.

Einen ähnlichen Fall beschreibt Dienemann (1954). Durch einen Brunnen wurde eine wasserführende Kalkschicht erschlossen. Die Kalke kommen an die Oberfläche, und es können von dort die Verunreinigungen durch die Klüfte und Spalten in den Brunnen eindringen (Abb. 91b). In diesem Fall muß die Kalkplatte ins Schutzgebiet einbezogen werden.

Dienemann erwähnt noch einen anderen Fall (Abb. 91c). Es liegt eine muldenförmig gelagerte verkarstete Kalkplatte des Turonpläners vor, die einen Grundwasserstrom von 20 km Länge führt. Die Verbindung zwischen den Versickerungsstellen unterhalb Langelsheim und den Quellen von Bad Deckenstedt ist durch die Färbversuche nachgewiesen. Die Fließgeschwindigkeit beträgt 2,4 m im Tag.

Das Schutzgebiet müßte bis zu den Quellen also 20 km lang sein; dieseForderung ist selbstverständlich unmöglich zu erfüllen. Es kann daher nur der Ortsbereich durch Ableitung der Abwässer saniert werden, doch das Wasser ist sorgfältig zu entkeimen.

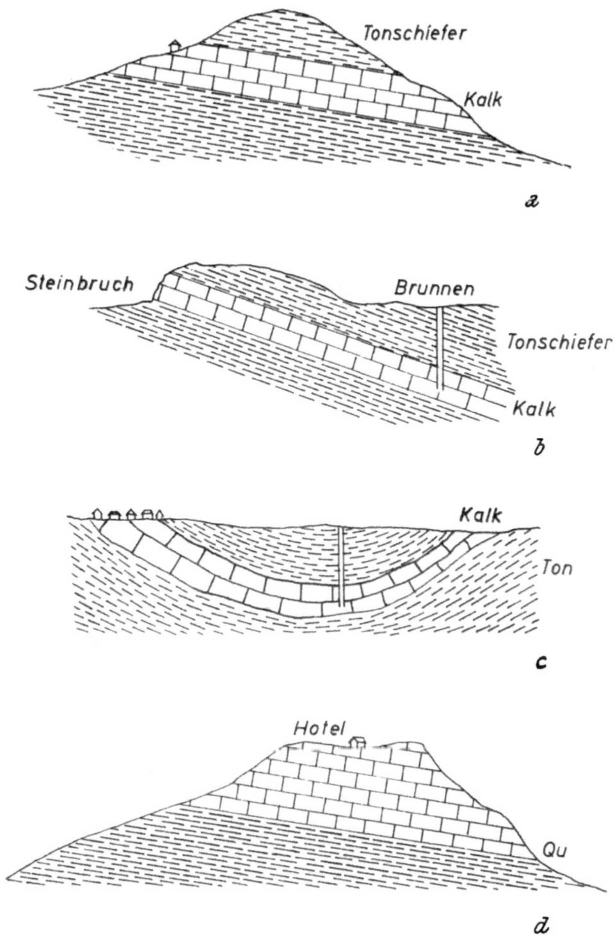

Abb. 91. Besondere Fälle für die Abgrenzung der Schutzgebiete; a) die Verunreinigung geht von der anderen Hangseite aus, b) das Quellwasser kann durch einen Steinbruch verunreinigt werden, c) die Abwässer einer Siedlung verunreinigen das Grundwasser, d) die Abwässer des Hotels können das Wasser im Kalk verunreinigen (teils nach DIENEMANN 1954)

Besondere Beachtung erfordern im Einzugsgebiet liegende Steinbrüche, Sand- und Schottergruben und Verkehrswege; es können dadurch leicht Treibstoffe, Öle usw. ins unterirdische Wasser gelangen.

Zusammenfassung: Wenn auch Schutzgebiete selten mit einwandfreier Genauigkeit festgelegt werden können, so ermöglichen doch die geologischen, chemischen und bakteriologischen Untersuchungsergebnisse eine Abgrenzung, die besondere Gefahrenherde ausschaltet.

D. Ein geologisches Gutachten über eine Quelle

Ein geologisches Gutachten über eine Quelle soll im allgemeinen folgende Punkte umfassen:

I. Der Wasserbedarf. Es sind dabei zu berücksichtigen: Einwohnerzahl, Zahl der Schulkinder, Gewerbebetriebe (Gasthäuser, Bäckereien, Fleischhauereien, Wäschereien, Autoreparaturwerkstätten usw.).

Der Gesamtbedarf wird in l/sec umgerechnet.

II. Die Quelle. 1. Geographische Lage, Entfernung vom Ort, Höhenlage. Oberflächengestaltung, Pflanzenbedeckung.

2. Beschreibung der Quelle, Größe der Austrittstelle, Bodenverhältnisse (Nische, Naßstelle).

3. Allfällige Aufschlußarbeiten mit Angabe der Grabarbeiten, Einbau der Meßrinne.

4. Ergiebigkeits- und Temperaturmessungen mit dem Hinweis, daß die Messungen zu wiederholen sind.

5. Erste vorläufige Entnahme der Wasserprobe für die chemische und bakteriologische Untersuchung.

Diese Untersuchungen sind jedoch nach entsprechenden Aufschlußarbeiten zu wiederholen.

III. Charakterisierung des Einzugsgebietes und der unterirdischen Wasserwege. Geologie des Gebietes mit Karten- und Profilzeichnungen, allenfalls Ergebnisse von Färbversuchen (Durchfließgeschwindigkeit). Morphologische und botanische Beschaffenheit des Einzugsgebietes (Siedlungen, Äcker, Straßen, Steinbrüche u. a.).

IV. Wasserhaushalts-Berechnung. Niederschläge im Einzugsgebiet, Versickerung, Verdunstung — Ergiebigkeit der Quelle.

V. Empfehlungen für die Fassung der Quelle und der weiteren Arbeiten (Messungen, Schutzgebietfrage u. a.).

VI. Zusammenfassung der Ergebnisse. Dem Gutachten sind womöglich eine geologische Karte, Profile, Skizzen über Aufschlußarbeiten beizulegen

Dritter Teil

Das Porengrundwasser mit Grundwasserspiegel

A. Grundlegende Eigenschaften

I. Definition und Grundbegriffe

1. Definition

Unter speziellem Grundwasser (Porengrundwasser) versteht man jenes Wasser, das die Poren der Gesteine zusammenhängend ausfüllt, beweglich ist und einen Grundwasserspiegel bildet.

Dieses Wasser findet man in den Poren der Lockerablagerungen (Geröllen, Kiesen und Sand), in porenreichen Sandsteinen, Rauhwacken und vulkanischen Tuffen.

Die Abgrenzung von jenem Porengrundwasser, das in einzelnen Strähnen, Streifen, die porenreichen Gesteine (Schotter, Blockhalden, Hangschutt usw.) durchfließt, ist nicht immer klar gegeben, es stellen sich oft zeitweise Übergänge in Wässer ein, die alle Poren zusammenhängend ausfüllen.

Wie schon auf S. 3 ausgeführt, besteht prinzipiell mit dem Grundwasser in Klüften, Karsthohlräumen usw. kein Unterschied; doch zeigt das Porengrundwasser ein besonderes hydrogeologisches Verhalten (z. B. Grundwasserspiegel, k-Werte, Grundwasserhöhenlinie usw.), so daß eine besondere Darstellung notwendig ist. Auch vom technischen Standpunkt ergibt sich dies, weil wesentlich andere Fassungsmethoden Anwendung finden.

Von grundlegender Bedeutung ist das *Porenvolumen*, das in den Lockergesteinen (Schotter — Sand) 25 bis 35% beträgt. Porenreiche Hartgesteine wie Sandsteine, Rauhwacken, Tuffe) haben ein Porenvolumen von 3 bis 7%, vereinzelt 10 bis 15%.

2. Grundbegriffe (Abb. 92)

Gräbt man in Schotter-Sandablagerungen einen Schacht bis zur wasserundurchlässigen Sohle, so erkennt man die undurchlässige Schicht, die *Wasserstauer* genannt wird. Die wasserführenden Schotter-Sande bezeichnet man als *Grundwasserleiter*.

Das Wasser in den Poren der Lockerablagerungen nimmt eine bestimmte Höhe ein und bildet den *Grundwasserspiegel*, der eine mehr oder minder horizontale Fläche darstellt.

Den Abstand zwischen Grundwasserstauer und Grundwasserspiegel bezeichnet man als *Grundwasserabstand* oder *Grundwassermächtigkeit*.

Die Zone über dem Grundwasserspiegel nennt man *Überwasserspiegelzone*, die unterhalb als *Unterwasserspiegelzone.*

Über den Schotter- und Sandablagerungen liegen häufig mehr oder minder wasserundurchlässige Schichten, welche als *Deckschichten* bezeichnet werden. Den Abschluß bildet die Verwitterungsschicht, die allgemein als Boden bezeichnet wird.

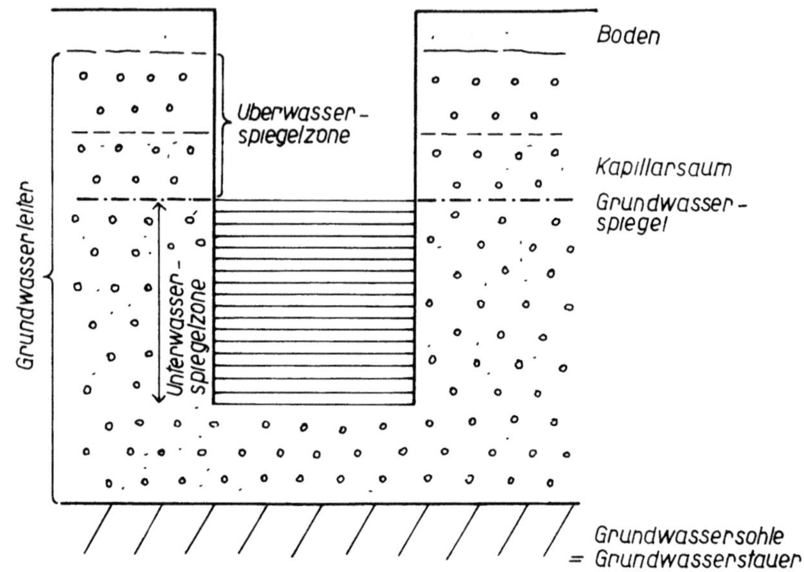

Abb. 92. Grundbegriffe fur das Grundwasser

In DIN 4049 werden dann noch die Begriffe *Sickerwasser* und *Sinkwasser* gebraucht.

„Sickerwasser — in engen Hohlraumen (5.31 = Poren, Klufte, Hohle) des Erdreiches sich abwärts bewegende unterirdische Wasser, soweit es nicht als Grundwasser zu bezeichnen ist.“ „Sinkwasser — in weiten Hohlraumen (5.31 — Poren, Klufte, Hohlen) des Erdreiches sich abwarts bewegende Wasser, soweit es nicht als Grundwasser zu bezeichnen ist.“

Da diese Definitionen äußerst unklar sind (enge — weite Hohlraume, Erdreich?), stehe ich auf dem Standpunkt, diese Ausdrucke nicht zu gebrauchen.

Der Kapillarsaum. Über dem Grundwasserspiegel stellt sich häufig eine feuchte Zone ein, die kein Wasser abgibt, sondern durch den kapillaren Aufstieg feucht erhalten wird. Es ist dies der *Kapillarsaum.* Das Wasser steigt in den feinsten Poren infolge der Oberflächenspannung und der Adhäsion nach oben. Die Steighöhe (*h*) ist abhängig von der Größe der Poren, der Korngröße, der Oberflächenbeschaffenheit der Korner, der Temperatur und vom Chemismus des Wassers. Sie kann an ungestorten Bodenproben im Laboratorium mit dem Kapillarimeter (nach Beskov) bestimmt werden.

Sie betragt im Sandboden etwa 20 bis 30 cm. Nach Bendel (1948) betragt die Steighohe:

Kornung	Steighohe
0,01—0,02 mm	485 mm in 24 Stunden
0,02—0,05 mm	1153 mm in 24 Stunden
0,05—0,1 mm	530 mm in 24 Stunden

Nach ATTERBERG (1936) werden folgende Steighohen angegeben:

Korngroßen in mm	Hohlraum in %	Steighohe in cm
0,02–0,05	41	200
0,05–0,1	41	105,5
0,1–0,2	40,4	42,8
0,2–0,5	40,5	24,6
0,5–1	41,8	13,1
1–2	40,4	6,5
2–5	40,1	2,5

Das Kapillarwasser ist vielfach für die Pflanzen von Wichtigkeit, da die Wurzeln es erreichen können.

Der Kapillarsaum ist auch fur die Beurteilung des Baugrundes von Bedeutung — er zeigt an, daß das Grundwasser in der Nähe ist.

3. Das Grundwasserfeld

Darunter versteht man die horizontale Verbreitung der grundwasserführenden Schichten. Diese können bis an die Oberfläche reichen, sie können jedoch auch in der Tiefe liegen, also oberflächlich nicht erkennbar, weil sie von wasserundurchlässigen Schichten (Tonen, Lehmen) überdeckt sind.

Am deutlichsten erkennt man diese Grundwasserfelder längs der Täler; z. B. längs des Rhein-, Elbe- und Donautales. Das Murtal in Steiermark wird stellenweise von breiten Schotterfeldern begleitet; besonders das Aichfeld zwischen Judenburg und Knittelfeld und das Grazerfeld heben sich deutlich heraus.

Diese Grundwasserfelder — Schotterfelder — stellen eine geologische Einheit dar, die deutlich von der Umgebung durch die ansteigenden Hänge abgegrenzt wird. Sie bilden das direkte Einzugsgebiet für das Grundwasser.

Der Fluß, welcher das Grundwasserfeld durchschneidet, bildet jedoch keine Grenze für das Grundwasser, denn in den meisten Fallen gehen die Lockerablagerungen unter der Flußsohle durch und damit auch das Grundwasser.

Auf diese Tatsache muß besonders hingewiesen werden, weil vielfach die Meinung besteht, die Grundwasserfelder zu beiden Seiten des Flusses seien getrennt und weisen unterirdisch keine Verbindung auf.

In tertiären Ablagerungen sind die wasserführenden Lockerablagerungen oft von tonig-lehmigen Schichten überdeckt. Die Abgrenzung kann dann nur durch Bohrungen festgestellt werden.

4. Der Grundwasserstauer

Das Grundwasser sammelt sich in den Poren und zusammenhängenden Hohlräumen nur dann an, wenn ein mehr oder weniger wasserundurchlässiger Untergrund vorliegt.

Die Wasserstauung muß nicht immer eine vollständige sein, oft gehen geringe Wassermengen in dem Untergrund verloren; besonders wenn die Sohle aus Kalk oder Dolomit besteht, kann ein Verlust von Grundwasser eintreten. Meist wird jedoch eine solche Sohle mit der Zeit durch feinste Gesteinsteilchen verlegt, so daß sie auch bei geklüftetem Gestein undurchlässig wird.

Die *Tiefenlage* und die Beschaffenheit der Sohle bestimmt man durch Bohrungen. Die *Gesteinsbeschaffenheit des Untergrundes* laßt sich haufig aus der Geologie der angrenzenden Hänge feststellen. Stehen zu beiden Seiten des Schotterfeldes die gleichen Gesteine an, dann kann man ziemlich mit Sicherheit schließen, daß auch die Sohle daraus besteht; doch gibt es oft Überraschungen, besonders wenn längs des Schotterfeldes eine tektonische Storung verlauft (Abb. 93b) oder wenn die Ablagerungsvorgänge Verschiedenheiten erzeugten. So zeigt das Quer-

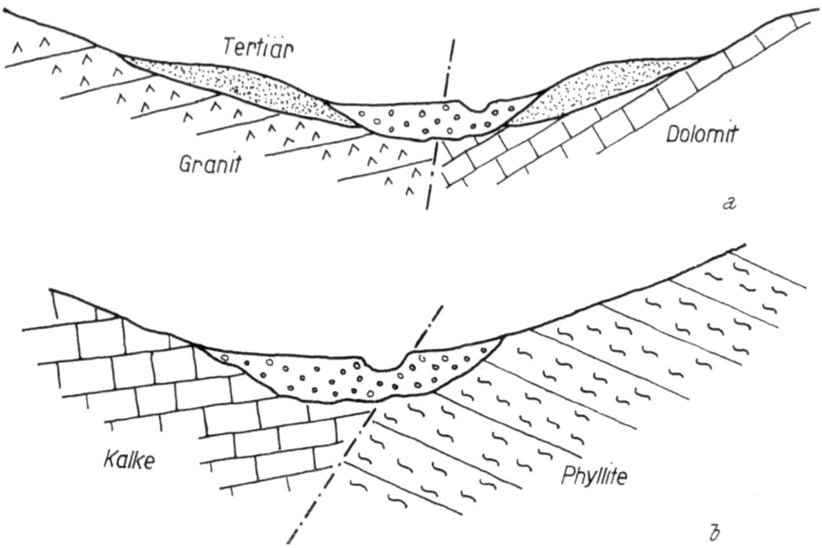

Abb. 93. a) das Relief des Grundwasserstauers zeigt tektonische Storungen, b) das Relief des Grundwasserstauers wurde durch die Erosion geformt

profil bei Krieglach im Murztal anschließend an das grundwasserführende Schotterfeld tertiäre Ablagerungen (Lehme, Sande, Schotter). Man vermutete daher auch im Untergrund tertiäre Schichten. Eine Bohrung auf der Nordseite ergab in 20 m Tiefe Granit. Die tertiären Ablagerungen wurden vollständig abgetragen (Abb. 93a).

Das Relief des Wasserstauers. Die Sohle der Grundwasserstauer stellt nicht immer eine ebene Fläche dar, sondern zeigt oft ein Relief, das durch die Erosion des Wassers oder durch tektonische Vorgänge geschaffen wurde. Es treten verschiedene Unebenheiten mit Buckeln und Vertiefungen auf. In der Stromungsrichtung des Grundwassers erscheinen häufig Schwellen und Rinnen von verschiedenem Ausmaß (Abb. 94). Seitentaler erzeugten Querfurchen. Auch tektonische Vorgänge, wie Faltungen, Verwerfungen, bedingen manchmal Reliefformen.

Unebenheiten im Relief der Sohle begegnet man haufig in den Schotterfeldern der Alpen, deren Lockerablagerungen auf dem erodiertem Untergrund zur Ablagerung kamen

Fur die Anlage von Großwasserversorgungen ist daher die *Untersuchung des Reliefs von größter Bedeutung.* Sie kann durch Bohrungen erfolgen Der Querschnitt eines Grundwasserfeldes wird in entsprechenden Abständen bis zur wasserundurchlässigen Sohle abgebohrt.

Erst wählt man größere Abstände von 100 bis 200 m, so daß man Anhaltspunkte für das Relief erhält. Und dann führt man dort, wo man den Abfall zur Rinne vermutet, in kleineren Abständen weitere Bohrungen durch.

Sehr gut haben sich für die Bestimmung des Reliefs die *seismischen* und *elektrischen Methoden* bewährt. Besonders bei felsigem Untergrund, der sowohl für

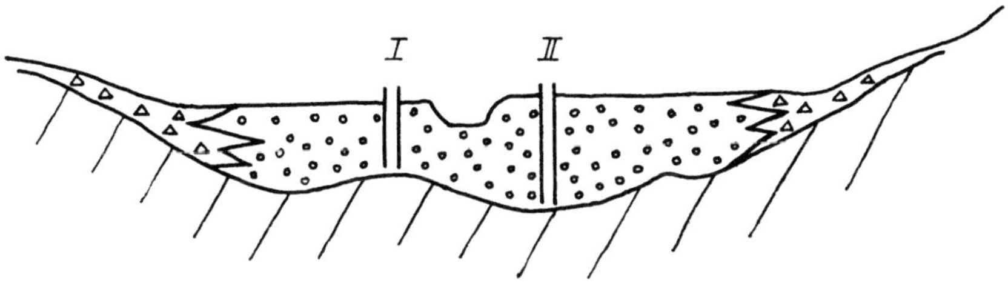

Abb. 94. Das Relief des Grundwasserstauers zeigt Schwellen und Senken

den elektrischen Widerstand, wie auch für die seismischen Wellen eine deutlich erkennbare Grenze bilden, entstanden gute Ergebnisse. Trotzdem sind noch 1 bis 2 Kontrollbohrungen zu empfehlen. Es gibt jedoch auch bei diesen Methoden immer Ergebnisse, die nicht mit Sicherheit zu deuten sind, besonders dann, wenn unter feinsandigen Ablagerungen sandige Lehme liegen, so daß keine auffallenden Kurven entstehen.

Bedeutende Reliefformen im Untergrund erkannte man im Grazer Schotterfeld und an vielen Stellen längs der Mur. Auch im Schotterfeld von München und in der niederrheinischen Bucht stellte man Rinnen — also deutliche Reliefformen — fest.

Die Reliefformen des Untergrundes sind auch für den Brückenbau von Wichtigkeit. Die Schwellen bieten günstige Stellen für die Verankerung an der Sohle; doch ist dabei Vorsicht geboten, da diese hervorragenden Felsen oft starke Verwitterungsschäden aufweisen, so daß nicht immer ein absolut sicherer Baugrund vorliegt.

5. Der Grundwasserleiter

Die mit Wasser gefüllten Poren der Schotter-Sande bilden den *Grundwasserleiter*.

Durch eine Bohrung oder durch eine Schacht- (= Brunnen)-Aushebung erhält man einen Einblick in die Zusammensetzung und in die Mächtigkeit der Lockerablagerungen. Man erreicht die Tiefenlage des Grundwasserspiegels und aus der Materialbeschaffenheit kann man auf die Entstehung der Ablagerungen schließen.

Der Bohr- oder Brunnenmeister verzeichnet auf Grund seiner Kenntnisse die ausgehobenen Proben und hält die Ergebnisse der Tiefe entsprechend im Bohrbuch fest (s. S. 239). Auch die Tiefe des Grundwasserspiegels wird vermerkt. Da die Angaben über die Bodenproben meist nur grobe, beiläufige Bezeichnungen darstellen, sind solche unbedingt nicht nur von allen Verschiedenheiten, sondern bei gleichbleibender Beschaffenheit alle Meter zu entnehmen. Sie werden in Kistchen oder Blechdosen in Mengen von 3 bis 5 kg aufbewahrt und im Laboratorium einer Spezialuntersuchung unterzogen. Tunlich ist es auch, wenn stellenweise ungestörte Bodenproben entnommen werden (Porenvolumen, Durchlassigkeitswerte).

An den Bodenproben sind folgende Eigenschaften zu untersuchen:

- Porenvolumen
- Korngrößen
- Kornform
- Kornoberfläche
- Petrographischer Bestand
- Durchlässigkeitswert (k-Wert)
- Wasserentzug
- Skelettkorn-Distanzkorn
- Entstehung — Alter

a) Das Porenvolumen

Das Porenvolumen wird auf folgende Weise bestimmt:

1. Die ungestörte Bodenprobe wird getrocknet und gewogen ($= G$).
2. In diese ausgetrocknete Probe wird langsam Wasser bis zur Oberfläche gefüllt und wieder das Gewicht bestimmt (Gw).

Gewicht der Probe mit Wasser $= Gw$
P (Wassergehalt) $= Gw - G$ (in g/cm³)
Porenvolumen $= n$ in %

$$100\% \ldots\ldots\ldots\ldots Gw$$

$$n = \frac{(Gw - G) \cdot 100}{Gw}$$

Beispiel: $G = 1800$ g; $Gw = 2340$ g; $P = 540$ cm³; $n = 540:\ 18 = 30\%$

Das Porenvolumen wird vielfach durch die Porenziffer zum Ausdruck gebracht (n = Porenvolumen in %):

$$\text{Porenziffer} = \frac{n}{100 - n}$$

Bei 40% Porenvolumen:

$$\text{Porenziffer} = \frac{40}{60} = 0{,}667$$

Porenvolumen	Porenziffer	Porenvolumen	Porenziffer
5%	0,053	25%	0,333
10%	0,111	30%	0,429
15%	0,177	45%	0,814
20%	0,250	50%	1,000

Das Porenvolumen ist von der Korngröße, der Kornform, Kornoberfläche und von der Packungsart abhängig. Je dichter das Korn gelagert ist, desto kleiner ist das Porenvolumen. Rein theoretisch ergibt sich bei kugelförmigen Körnern eine Anordnung mit folgenden Porenvolumen (Abb. 95).

Viererpackung:	66 %	Porenvolumen
Sechserpackung:	47,64%	Porenvolumen
Achterpackung:	39,10%	Porenvolumen
Zehnerpackung:	30,10%	Porenvolumen
Zwolferpackung:	25,95%	Porenvolumen

Über die Größe der Poren bestehen verhältnismäßig wenig präzise Angaben. Im allgemeinen erzeugen Körner von gleicher Größe und glatter Oberfläche ein kleines Porenvolumen (Abb. 96a), rauhe Oberfläche vergrößert es (Abb. 96b), ebenso unregelmäßige Kornformen mit sperriger Lagerung (Abb. 96c). Einlagerungen von kleinen Körnern vermindern das Porenvolumen (Abb. 96d).

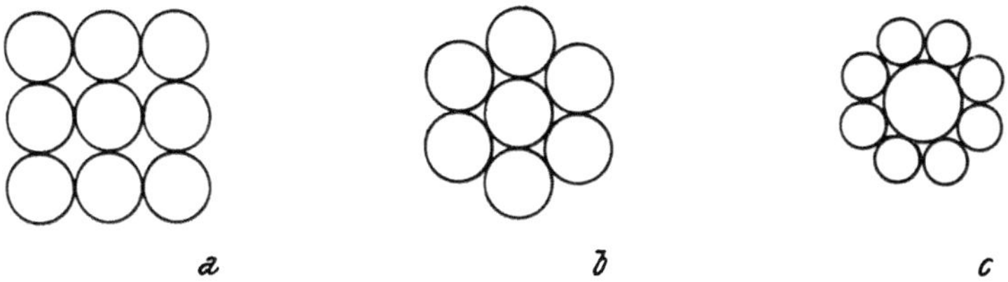

Abb. 95. Packungsarten von Sandkornern; a) Vierer-, b) Sechser-, c) Achterpackung

Abb. 96. Das Porenvolumen wird durch die Korngroße, Kornform und Lagerung beeinflußt, a) gleich große Korner mit glatter Oberflache erzeugen kleine Poren, b) Korner mit rauher Oberflache vergroßern das Porenvolumen, c) Korner mit sperriger Lagerung vergroßern das Porenvolumen, d) kleine Korner zwischen großeren verkleinern das Porenvolumen

Auch das *Alter der Ablagerungen* beeinflußt das Porenvolumen. Tertiäre Sande und Kiese sind meist viel dichter gelagert, als pleistozäne und die wieder dichter als rezente Ablagerungen. Der Überlagerungsdruck und die Auswirkung der Zeit kommen dabei zur Geltung.

Das Profil einer Bohrung in pleistozänen Schottern und Sanden bei Leoben zeigte bis 50 m Schotter und Sande mit verschiedenen Korngrößen. Bis 36 m Tiefe konnte das Material mittels Bohrer gehoben werden. Ab 36 m Tiefe war Meißelbohrung notwendig, weil die Teilchen derart fest gelagert waren. Mit dieser festen Lagerung hörte auch der Wasserzufluß auf.

b) Die Korngrößen

Nach DIN 4022 unterscheidet man:

Steine, auch kleine und große Blöcke	über 60	mm
Grobkies	60 — 20	mm
Feinkies	20 — 2	mm
Grobsand	2 — 0,6	mm
Mittelsand	0,6 — 0,2	mm
Feinsand	0,2 — 0,06	mm
Schluff	kleiner als 0,06	mm

Nach Önorm B 3150 unterscheidet man:

über 100 mm	Gerölle	Blockwerk
100 — 70 mm	Grobkies	Schotter
2 — 1 mm	Sand	
1 — 0,2 mm	Feinsand	
0,2 — 0,02 mm	Mehlsand	
0,02 — 0,002 mm	Schluff	

Die Lockerablagerungen bestehen selten aus einer Korngröße, meist sind verschiedene beteiligt. Die Benennung erfolgt nach der Hauptkornart mit Beifügung der nächst kleineren Korngröße, z. B. sandiger Kies, Grobkies mit Gerollen. Unter der *wirksamen Korngröße* versteht man diejenige, welche zu 10% im Sand enthalten ist.

Die Korngroßenbestimmung erfolgt mittels der *Sieb- oder Schlemmanalyse.* Mittels der Siebanalyse werden Korngrößen bis zu 0,063 mm bestimmt.

Es werden nach DIN 4188 Siebsätze von folgenden Maschenweiten benützt:

25; *20*, 18; 16; 12,5; 10; 8; 6,3; 5, 4; 3,15; 2,5; *2*; 1,6; 1,25; 1; 0,8; 0,63; *0,5*; 0,4; 0,315; *0,250*; 0,2; 0,160; 0,125; 0,1; 0,090; 0,080; 0,071; *0,063*; 0,056; 0,050; 0,045; 0,040; 0,036; 0,032; 0,028; 0,025 mm.

Im allgemeinen genügt jedoch ein Siebsatz mit funf Sieben:

fur Grobkies	mit 20	mm
fur Feinkies	mit 2	mm
fur Grobsand	mit 0,5	mm
fur Mittelsand	mit 0,25	mm
für Feinsand	mit 0,063	mm

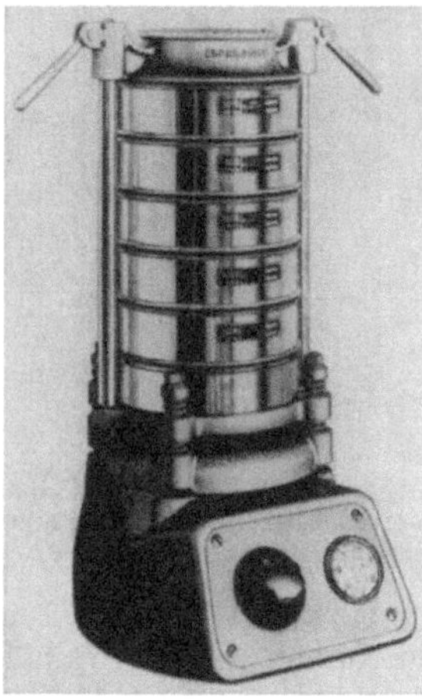

Abb. 97. Siebsatz (von der Firma Haver & Boecker, Oelde/Westfalen)

Als sehr geeignet hat sich der Siebsatz der Firma Haver & Boecker in Oelde/Westfalen erwiesen (Abb. 97)[1].

Für die Siebanalyse verwendet man 80 bis 200 g lufttrockene Lockergesteinsproben. Man beginnt mit dem gröbsten Sieb und ruttelt bis zum feinsten. Der Rückstand auf jedem Sieb wird genau gewogen. Die Summe aller Rückstände + Rest der feinsten Teilchen unter 0,063 mm ergibt das Gesamtgewicht.

Zum Beispiel 200 g Kies-Sandgemisch:

18 g	bis 20	mm	9%
24 g	bis 2	mm	12%
80 g	bis 0,5	mm	40%
62 g	bis 0,25	mm	31%
10 g	bis 0,063	mm	5%
6 g	Rest		3%
200 g			100%

c) Die Kornverteilungskurve

Auf der Ordinate werden die Korngrößen in logarithmischen Abständen, auf der Abszisse die %-Anteile aufgetragen und die erhaltenen Punkte durch eine Kurve verbunden (= Kornverteilungskurve). In Abb. 98 sind einige häufig vorkommende Sandproben in Kornverteilungskurven dargestellt

[1] Fur die Überlassung der Abbildung danke ich herzlich.

ABWESER (1912) gibt auf Abb. 99 ebenfalls zahlreiche Proben von Kornverteilungskurven, wovon einige als überwiegend (= *ü*), andere als häufig (*h*) und als selten (*s*) bezeichnet werden.

Aus der Kornverteilungskurve lassen sich sofort die Anteile der Feinstbestandteile (Sande bis 2 mm), der Kiese (bis 60 mm) und der Grobbestandteile (Gerölle über 60 mm) erkennen. Daraus erhält man übersichtlich ein Bild über die Seihbarkeit (Sande!), über die Durchfließbarkeit und über den Wasserentzug.

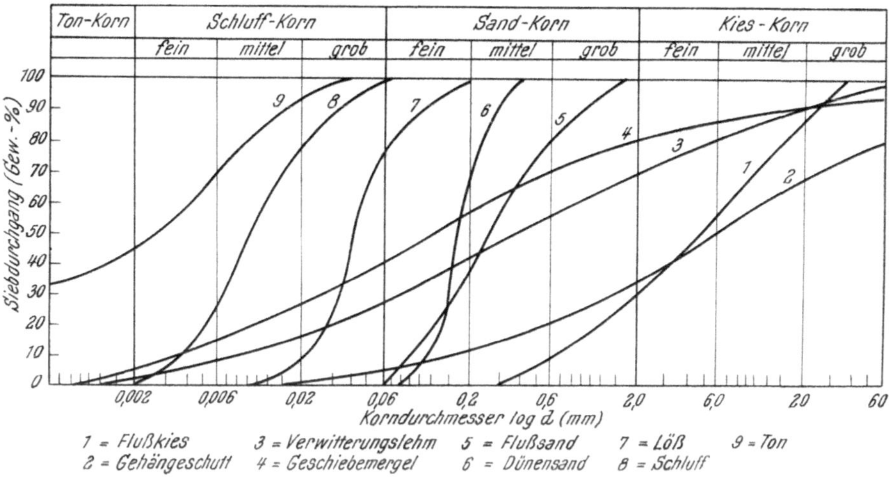

Abb. 98. Kornverteilungskurven (aus NEUMANN 1964)

d) Die Kornform

Sie bestimmt man mittels des Binokularmikroskopes bei auffallendem Licht. Man unterscheidet meist folgende Kornformen:

kugelig
würfelig
zylindrisch
prismatisch
flach rundlich plattig
blättrig-schuppig

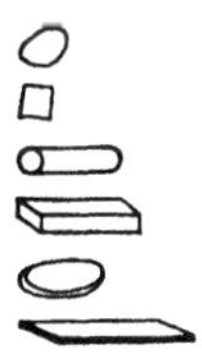

Die Kornform beeinflußt sicher den Gehalt an Haftwasser, vielleicht auch den Wasserentzug, doch spielt sie selten bei der Wasserentnahme eine besondere Rolle. Besteht jedoch ein Grundwasserträger nur aus Sand (Grobsand — Feinsand), der einen sehr ungünstigen Wasserentzug und *k*-Wert besitzt, dann kann vielleicht die Ursache in der Kornform und Kornpackung liegen. Durch künstliche Auflockerungen lassen sich dann manchmal Erfolge erzielen.

e) Die Kornoberfläche

Die Kornoberfläche untersucht man mit dem Binokularmikroskop.
Man unterscheidet:

kantig-splitterige Oberflache
glatte Oberfläche
rauhe Oberfläche

Sie spielt sicher für das Haftwasser (hygroskopisches Wasser) und Kapillarwasser eine Rolle, doch praktisch findet sie wenig Beachtung.

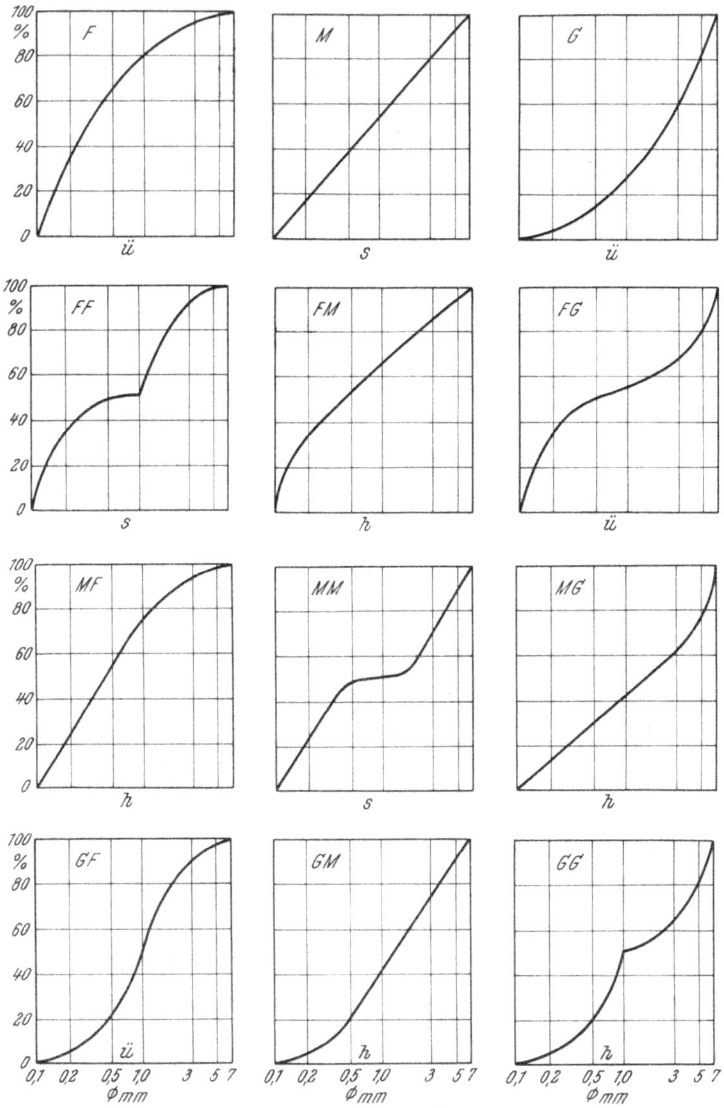

Abb. 99. Kornverteilungskurven (nach ABWESER)

f) Untersuchung des petrographischen Bestandes

Diese Untersuchung wird meist vernachlässigt, sie gibt jedoch wertvolle Anhaltspunkte für den *Chemismus* und über die *Herkunft* des Wassers.

Bei Lockergesteinen, die größer als 2 mm sind, führt man die petrographische Untersuchung mit *freiem Auge*, bzw. mit *der Lupe* durch. Wenn genaue Arbeiten erforderlich sind, werden auch Dünnschliffuntersuchungen mittels des Polarisationsmikroskopes nötig sein.

Untersuchungen von Körnern unter 2 mm erfolgen mittels Binokularmikroskopes bei auffallendem Licht. Auf verwitterte Körner (rostig) ist besonders zu achten. Empfehlenswert ist es, die Prozentanteile der verschiedenen Gesteine graphisch aufzutragen (Abb. 100).

Wenn man die Bohrproben von verschiedenen Stellen in einem größeren Grundwasserfeld vergleicht, so stellen sich häufig deutliche Änderungen in der

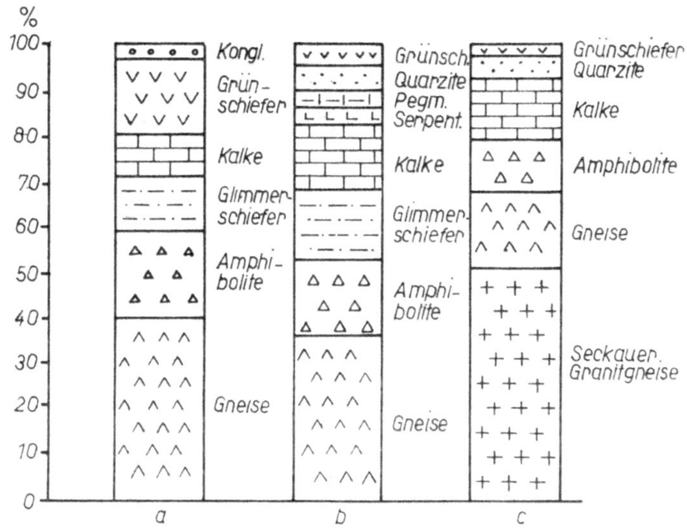

Abb. 100. Petrographische Kornanalyse von Bohrungen; a) von St. Georgen ob Judenburg, b) von Kraubath, c) von Hinterberg bei Leoben

petrographischen Zusammensetzung und im Chemismus des Wassers ein. Es kann vorkommen, daß aus einem Seitengraben (Kalkgebiet) härteres Wasser zuströmt, so daß im Haupt-Grundwasserfeld plötzlich ein höherer Gehalt an Karbonat auffällt.

Das Grundwasser zwischen St. Michael und Leoben hat 11 bis 12 Gesamthärtegrade, das oberhalb St. Michael nur 7 bis 8. Die Untersuchung der Schotter ergab, daß ab Leoben in den Lockergesteinsablagerungen viel mehr Kalke auftreten als oberhalb St. Michael. Es besteht ab dort ein verstärkter Zuzug von Gesteinen aus der Grauwackenzone des Liesingtales.

g) Der Durchlässigkeitswert (*k*-Wert)

Darunter versteht man einen Beiwert, der den Widerstand (Reibung) beim Durchfließen durch die Poren zum Ausdruck bringt. Rechnerisch ergibt er sich aus der Formel von Darcy (S. 233). Der *k*-Wert wird in cm/sec angegeben. Mit eigenen Apparaten (Abb. 101) läßt er sich an ungestörten Bodenproben im Laboratorium bestimmen.

Einige Durchlässigkeitswerte:

Kies 4—8 mm	3,5 cm/sec
Kies 2—4 mm	2,5—3 cm/sec
Grober Sand	1,0—0,01 cm/sec
Feiner Sand	0,02—0,0004 cm/sec

(Nach KEIL).

Schotter—Sand gemischt	
mit 90% Körnern über 3 mm	0,008 cm/sec
mit 80% Körnern über 3 mm	0,006 cm/sec

BOGOMOLOW (1958) gibt folgende Werte an:

Gut durchlässiger Boden (Geröllagerung)	100 m/24 Stunden = 0,1 cm/sec
Grobkörniger Sand (wasserdurchlässig)	100—10 m/24 Stunden = 0,1—0,01 cm/sec
Schwachdurchlässiger Boden (Sand, Staubsand, Lehm)	10—0,1 m/24 Stunden = 0,01—0,0001 cm/sec
Äußerst schwach durchlässiger Boden (Lehm, Ton)	0,1—0,001 m/24 Stunden = 0,0001—0,000001 cm/sec

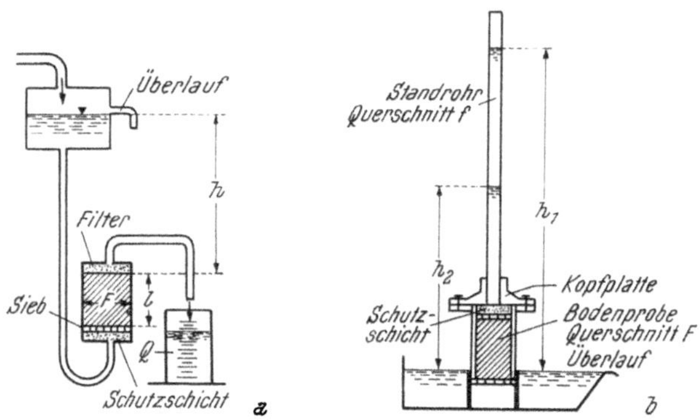

Abb. 101. Versuchsanordnung zur Bestimmung des Wasserdurchlässigkeits-Beiwertes (k) für sandige Böden (nach NEUMANN 1964); a) bei konstanter Druckhöhe und Durchströmen von unten nach oben, b) bei abnehmender Druckhöhe von oben nach unten

Doch alle diese Werte sind mit Vorsicht zu verwenden. Für rechnerische Zwecke ist der k-Wert stets neu zu bestimmen. Das kann in Zusammenhang mit dem Pumpversuch (S. 230) oder in eigenen Apparaten im Laboratorium erfolgen. Es genügt jedoch nicht eine k-Wert-Bestimmung, denn die Zusammensetzung eines Grundwasserleiters ist selten von oben bis unten gleichmäßig, sondern zeigt große Verschiedenheiten. So hat z. B. SCHÖNBRUNNER (1954) von einem Profil, das aus einem Sand-Kies-Schottergemisch besteht, vier verschiedene k-Werte erhalten.

$$k_1 = 0{,}00038 \text{ cm/sec}$$
$$k_2 = 0{,}00281 \text{ cm/sec}$$
$$k_3 = 0{,}00892 \text{ cm/sec}$$
$$k_4 = 0{,}04211 \text{ cm/sec}$$

h) Der Wasserentzug

Eine Schotter-Sandprobe, die mit Wasser gefüllt ist, gibt selten das gesamte in den Poren befindliche Wasser ab. Es bleibt immer ein gewisser Teil zurück (bleibt haften). Die Zahl, die angibt, wieviel % Wasser aus dem Porenvolumen entzogen werden kann (Abfließen), bezeichnet man als *Wasserentzug*.

Füllt man ein Gefäß mit Sand und gibt Wasser hinzu, so daß die Poren mit Wasser gefüllt sind (z. B. 300 dm³ Wasser) und läßt es am Boden ablaufen, so

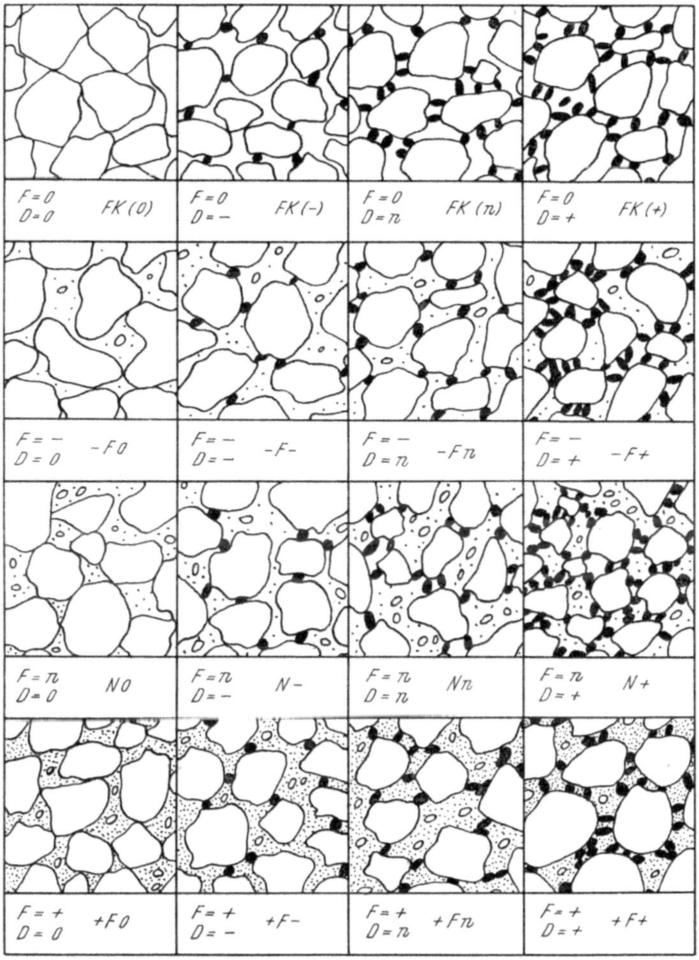

Abb. 102. Skelettkorn, Fullkorn und Distanzkorn (nach ABWESER); *F* Fullkorn, *D* Distanzkorn, 0 fehlt, (–) wenig, *n* normal, (+) viel

werden vielleicht nur 200 dm³ abfließen. Wären 300 dm³ Wasser abgeflossen, so wären dies 100%; 200 dm³ sind demnach 66,6%. Der Wasserentzug beträgt 66,66% vom Porenvolumen.

Aus dieser Zahl kann man ungefähr erkennen, wieviel Wasser man durch Pumpen entziehen kann. Feinkörnige Sande haben meist einen geringen Wasserentzug — oft nur bis 50%; hingegen zeigen grobkörnige Ablagerungen einen von 70 bis 80%.

Man bezeichnet die Wassermenge, die aus einem Grundwasserleiter effektiv gewinnbar ist, auch als *spezifische Wasserlieferung*. Der Wasserentzug zeigt deutlich, daß das Porenvolumen nicht immer ein Maßstab für den gewinnbaren Wasservorrat ist.

i) Skelettkorn — Füllkorn — Distanzkorn

Die Unterscheidung von *Skelettkorn, Füllkorn* und *Distanzkorn* (Abb. 102) erweist sich vielfach bei der Errichtung von Horizontal- und Filterrohrbrunnen von Wichtigkeit (Abweser 1961).

Unter *Skelettkorn* versteht man jenen Kornanteil, der in uberwiegendem Maße vorhanden ist. Er macht meist 50 bis 60% der Probe aus. Das *Füllkorn* sind kleinere und feinste Körner, welche die Hohlräume zwischen dem Skelettkorn zum Teil oder ganz ausfüllen. Es wird auch noch der Ausdruck *Distanzkorn* gebraucht; das sind jene Körner, welche die Skelettkörner auseinanderhalten und abstützen.

Abweser (1961) bringt über die Verteilung dieser Korntypen 16 verschiedene Möglichkeiten, die im Bilde wohl zu unterscheiden sind (z. B. Abb. 102), ob jedoch das Distanzkorn aus der Probe sicher feststellbar ist, bleibt fraglich.

Auch das Verteilungsbild dieser Kornarten im natürlichen Boden ist meist nicht sicher erkennbar. Um dies zu erkennen, müßte man die Verteilung der verschiedenen Kornarten im Lackfilm (Vogt 1937) fixieren, so daß man dann ein richtiges Bild erhält.

j) Entstehungsgeschichte und stratigraphischer Befund

Die Entstehungsgeschichte der Lockerablagerungen bedarf auch vom praktischen Standpunkt aus einer Untersuchung. Tertiäre Ablagerungen verhalten sich vielfach anders als eiszeitliche und rezente. Es bestehen nicht nur wesentliche Unterschiede im Porenvolumen, sondern auch im petrographischen Bestand, so daß der Chemismus des Wassers in den verschieden alten Ablagerungen deutliche Unterschiede aufweist. Auch der Wasserentzug und die k-Werte weisen meist beträchtliche Unterschiede auf. Es zeigt sich oft als notwendig, besonders in gespannten Wässern, das *Alter* durch Fossilien (Mikrofossilien) zu bestimmen, um die Parallelisierung gleicher Horizonte zu ermöglichen.

II. Niederschläge, Verdunstung, Versickerung

Die Niederschläge, die auf ein Grundwasserfeld niederfallen, erleiden das gleiche Schicksal wie die auf Hartgesteinen niedergehenden.

Es gilt auch hier die Beziehung

$$N = A + V + S.$$

N = Niederschlagshöhe; A = Abfluß; V = Verdunstung; S = Versickerung.

Der direkte Abfluß, jene Niederschlagsmenge, die nicht in den Boden eindringt, sondern sofort abfließt, kann in der üblichen Art gemessen werden (siehe 1. Teil).

1. Verdunstung

Die *Verdunstung* ist meist nur annäherungsweise festzustellen. Lysimeterversuche geben wertvolle Anhaltspunkte.

Einige Erfahrungswerte können zum Vergleich herangezogen werden (siehe 1. Teil).

Grazerfeld	Verdunstung	etwa 39—40%
Gurktal	,,	etwa 59—60%
bei Liezen.	,,	etwa 18—20%
Bayern	,,	etwa 50—60%
Illergebiet	,,	etwa 15—20%

Die Verdunstung ist im Winter kleiner als im Sommer. Einzelheiten s. 1. Teil, S. 22.

Die *Verdunstung* an Grundwasserfeldern hängt wesentlich von dem Bodenprofil ab. Sind die losen Lockerablagerungen mit tonigen Schichten bedeckt (Lehme, Tone, Schluff), so bleiben die Niederschläge auf der Oberfläche verhältnismäßig lange stehen und es können große Mengen verdunsten; fehlt jedoch die Deckschicht, so versickern die Niederschläge rasch und die Verdunstung kommt weniger zur Auswirkung. In einem Grundwasserfeld können daher, wenn die Überdeckung wechselt, verschiedene Verdunstungsauswirkungen auftreten.

2. Versickerung

Die *Versickerung* auf einem Grundwasserfeld hängt wesentlich von der Beschaffenheit der Deckschicht ab.

Liegen die Lockerablagerungen frei zutage oder liegt nur eine gering mächtige Bodenschicht vor (Erde), dann versickern die Niederschläge rasch, meist schon vor unseren Augen. Auch nach starken Regenfällen bilden sich Pfützen, die nur kurze Zeit Bestand haben. Ausnahmen gibt es jedoch, wenn der Grundwasserspiegel bis an die Oberfläche reicht.

Breitet sich über den Lockerablagerungen eine Bodenschicht (Humus) aus, so geht die Versickerung ebenfalls meist rasch vor sich. Der ausgetrocknete Boden nimmt das Wasser rasch auf, es bleibt als Haftwasser, hygroskopisches Porenwinkelwasser, haften. Erst dann, wenn diese Zone gesättigt ist, versickert es in vielfach geschlängelten Wegen in die Tiefe, wobei aber über dem Grundwasserspiegel Haftwasser und Kapillarwasser an den Körnern hängen bleiben.

Sind jedoch die Schotter, Kiese und Sande mit tonigen Gesteinen (Lehme, Tone, Mergel) bedeckt, dann besteht geringe Versickerungsmöglichkeit. Das Wasser versickert in den feinsten Hohlräumen dieser Gesteine nur sehr langsam. Nur in ausgetrockneten gelangt es in Trockenrissen, die jedoch bei Durchfeuchtung wieder verschwinden, rascher in die Tiefe. Sonst bleibt es dann in Pfützen, Tümpeln an der Oberfläche stehen und es verdunstet mehr als versickert. Die Erneuerung des Grundwassers erfolgt daher dann vornehmlich von den angrenzenden Hängen oder vom Fluß.

Die *Versickerungsgeschwindigkeit* im Sand, Kies und Schotter zeigt große Verschiedenheiten. Sie hängt wesentlich von der Korngröße und von der Weite der Poren ab; doch spielen dabei auch die Niederschlagsmenge, die Bewachsung und der Feuchtigkeitsgrad des Bodens eine Rolle.

Koehne (1930) berichtet über einige Sickergeschwindigkeiten, die Spöttler 1911 veröffentlichte.

Humoser Kalksand	20 mm/Std.
Isarkalksand	32 mm/Std.
Ziegellehm bei München	33 mm/Std.

Im Durchschnitt beträgt sie aus vorstehenden Angaben 80 cm im Tag. Sand bei Frankfurt a. M. 0,5 bis 1 m/Tag (nach Scheelhasen 1911).

Im Grazerfeld beträgt die Versickerungsgeschwindigkeit 150 bis 200 cm im Tag.

III. Die Grundwasserbewegungen

Das Grundwasser in Lockergesteinen ist selten in Ruhe. Auch in sogenannten stehenden Grundwasserbecken stellen sich Bewegungen ein, die den Grundwasserspiegel verändern. Dieser zeigt zeitweise einen höheren oder tieferen Stand. Man spricht von *Grundwasserschwankungen.*

Es treten dann horizontale Fließbewegungen auf, der Grundwasserstrom fließt zwischen den Poren mit größerem oder kleinerem Widerstand dahin. Daraus ergibt sich vor allem die *Strömungsrichtung* und die *Strömungsgeschwindigkeit.*

1. Der Grundwasserspiegel

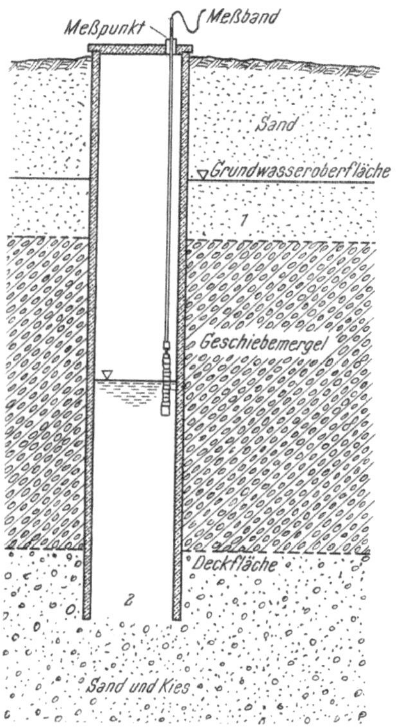

Abb. 103. Die Brunnenpfeife (aus DIN 4049)

Die oberste Grenzfläche des Grundwassers bezeichnet man als *Grundwasserspiegel.* Er stellt im Brunnenschacht eine ebene Fläche dar (Abb. 92). Er hat nun von der Oberfläche einen bestimmten Abstand, der gemessen und als Grundwasserspiegel-Abstand bezeichnet wird.

Das Messen des Grundwasserspiegels erfolgt mit verschiedenen Meßgeräten.

Bei seicht liegendem Grundwasserspiegel (1 bis 3 m) benützt man eine Latte, an der man mit dem Meterstab die Tiefe ablesen kann.

Das Messen mit einem Maßband (bis 20 m) hat den Vorteil, daß man die Tiefe rasch ablesen kann. Damit das Band straff gespannt ist, befestigt man an seinem Anfang ein Gewicht, dessen Höhe jedoch zu berücksichtigen ist.

Die *Brunnenpfeife* erweist sich besonders dann vorteilhaft, wenn man mit dem Maßband nicht sicher das Eintauchen ins Grundwasser ermitteln kann (Abb. 103).

Sie besteht aus einem 27 mm weiten Rohr, in das am unteren Ende eine Pfeife (Schlitz) eingebaut ist. Diese ertönt, sobald das Rohr 1 cm tief in das Wasser eintaucht. Um das Eintauchen der Pfeife genau festzustellen, benützt man gerne Brunnenpfeifen, die außen in Abständen von 1 cm ringförmige Wülste besitzen, die sich im Wasser füllen, so daß man genau den Wasserstand ablesen kann.

Die Brunnenpfeife findet nur mehr selten Verwendung. Es gibt heute bereits eine Reihe von tragbaren Meßapparaten, die einwandfrei genau die Tiefenlage angeben. Fur Dauermessungen haben sich Schreibpegel (Abb. 104) und Pegel mit

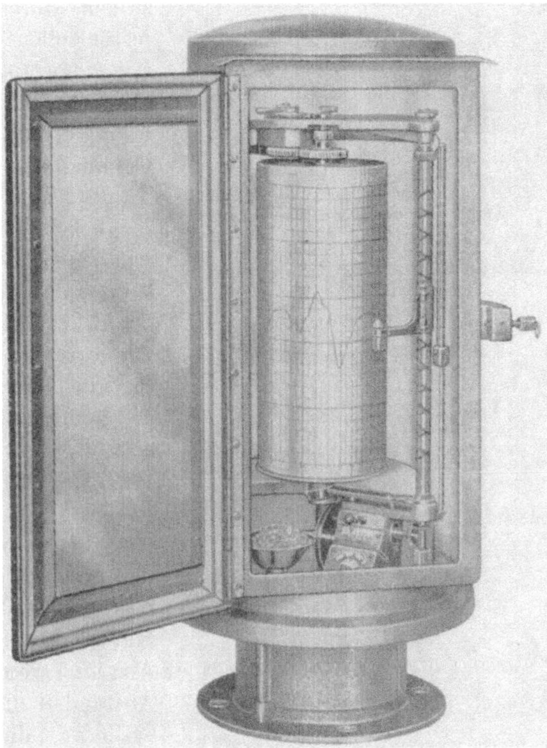

Abb. 104. Vertikaler Schreibpegel fur Grundwassermessungen (Alpina Werk Kaufbeuren)

Fernübertragung bewahrt. Sie sind mit einem Uhrwerk verbunden, so daß Spiegelschwankungen zeitlich registriert werden. Ausgezeichnete *Meßapparate* liefert *die Firma Alpina* in Kaufbeuren. Die Abb. 105 zeigt ein tragbares und sehr handliches Gerät. Der Firma danke ich für die Überlassung der Abbildung.

Für Grundwassermessungen ist folgendes zu beachten:

a) Die Messungen in einem Brunnen sollen nicht sofort nach einer Entnahme erfolgen, sondern erst nach einer gewissen Zeit, bis der normale Wasserstand erreicht ist.

b) Die *Messungen* müssen vom *Brunnenrand* stets von einer bestimmten Stelle aus erfolgen, die mit einem deutlichen Zeichen zu versehen ist. Stimmt diese nicht genau mit der Oberfläche überein, so ist der Abstand bei der Messung entsprechend zu berücksichtigen.

c) Sind die Grundwasserspiegel von mehreren Brunnen zu messen und in Beziehung zu bringen, so bezieht man alle Meßstellen auf einen gemeinsamen Höhepunkt, so daß man die Tiefe dann nicht in Metern angibt, sondern die trigonometrisch vermessenen Seehöhen.

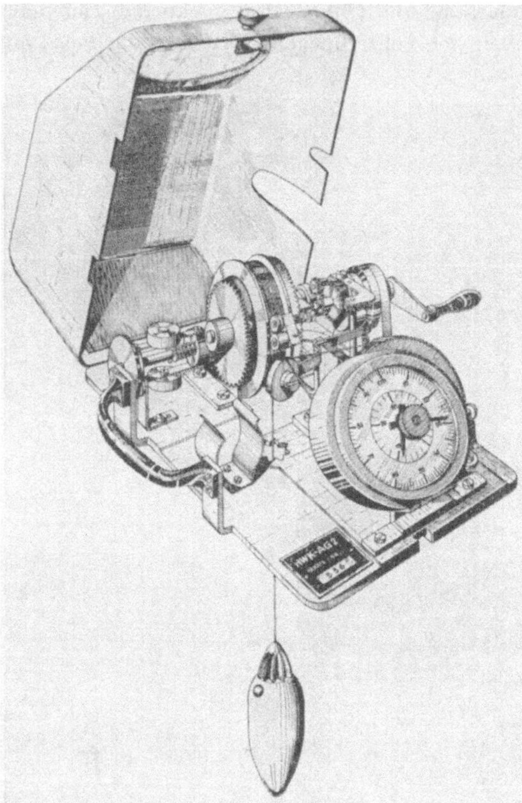

Abb. 105. Ablesegerat fur Grundwassermessungen (Alpina Werk Kaufbeuren)

Um diese Beziehungen zum Ausdruck zu bringen, sind die Hohenunterschiede der Meßstellen durch *Nivellierungen* festzustellen und auf einen trigonometrischen Punkt zu beziehen (Abb. 106). Die Ablesung erfolgt auf Zentimeter-Genauigkeit.

d) Die Messungen sollen moglichst oft — mindestens jeden Monat — auch für Hausbrunnen vorgenommen und schriftlich festgehalten werden. Diese Angaben sind nicht nur fur die Beurteilung des gesamten Grundwassers wichtig, sondern bilden auch bei Rechtsstreitigkeiten wertvolle Belege.

Sehr vorteilhaft ist es, die Grundwasser-Meßergebnisse eines Jahres in einer Kurve darzustellen. In der Abszisse werden in gleichen Abständen die Monate in der Ordinate die Wasserstände aufgetragen (Abb. 107).

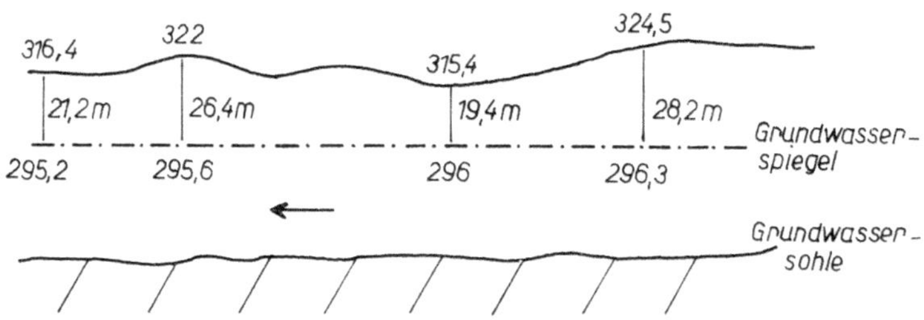

Abb. 106 Einnivellierung der Meßpunkte

Vielfach erfolgen von den hydrologischen Landesamtern Messungen der Grundwasserspiegel. Diese Grundwassermessungen werden im *Hydrologischen Jahrbuch für Österreich* veröffentlicht.

Die Grundwasserstände in einigen Orten Österreichs in cm unterm Meßpunkt

	Januar	Februar	März	April	Mai	Juni	Juli	August	September	Oktober	November	Dezember	Mittel
Wiener Neustadt (Fischeraug.)	248	290	343	376	414	420	395	344	298	278	278	277	341
Graz, Hauptplatz	901	898	882	861	861	874	818	765	782	781	796	801	837
Abtissendorf (Grazer Feld)	450	491	460	434	432	434	438	438	436	440	430	436	
Wildon (1948)	240	250	220	226	245	251	242	243	239	210	229	214	235
Mitterndorf nordöstlich Bohrloch I	106	116	114	116	117	123	123	122	119	120	120	121	118
St. Egyden auf Steinfeld I	373	433	439	420	285	286	244	263	405	376	396	401	357
Eichhof (südliches Wiener Becken)	2063	2063	2064	2065	2064	2064	2064	2062	2061	2058	2057	2063	2055
Stockerau (nördliches Tullnerfeld)	494	496	495	489	501	511	522	530	537	541	545	517	549
Tulln, Brunnen I	721	554	510	488	488	492	493	487	497	632	761	563	658

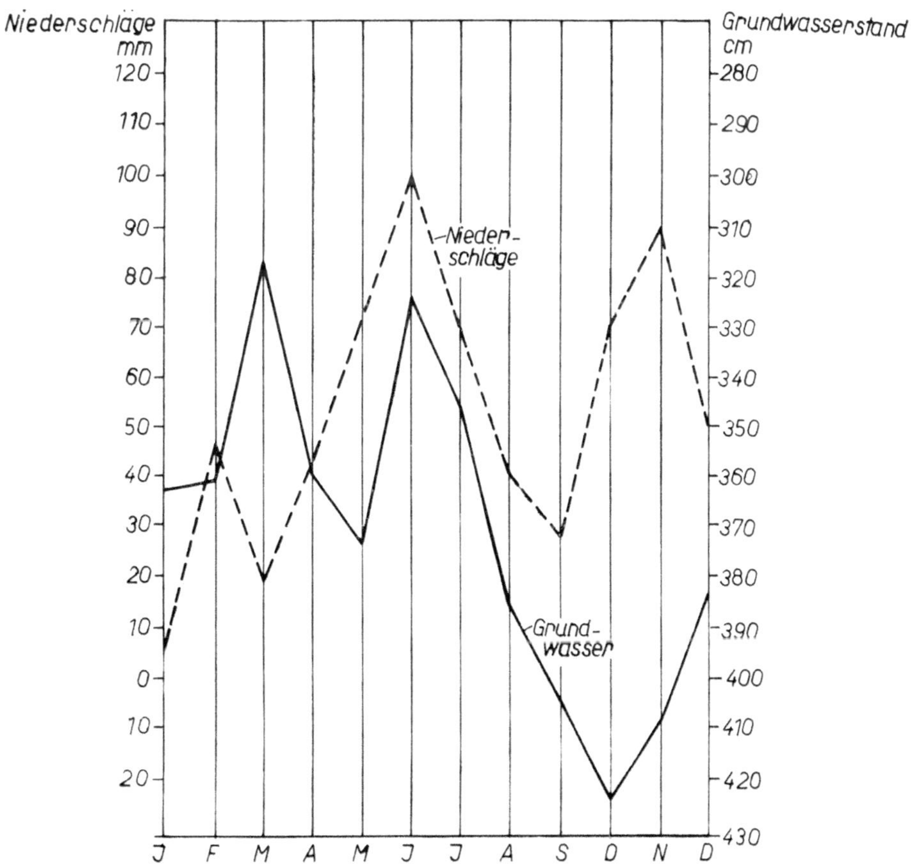

Abb. 107 Darstellung der Grundwasserschwankungen im Jahre 1961 von Fischamend

2. Die Grundwasserschwankungen und deren Ursachen

Die Höhenlage des Grundwasserspiegels bleibt nicht gleich, sondern ändert sich. Er steigt und sinkt. Wenn er normal ziemlich hoch ist, also nur 1 bis 2 m unter der Oberfläche, so kann es vorkommen, daß das Grundwasser bis an die Wiesen und Felder überflutet.

Die Ursachen der Spiegelschwankungen. a) *Stärkere Niederschläge,* die auf das Grundwasserfeld niederfallen, versickern im Schotter-Sand ziemlich rasch und können ein Steigen des Grundwasserspiegels verursachen. Die Zusammenhänge zwischen Niederschlägen und Grundwasserschwankungen ersieht man deutlich in einer Kurvendarstellung (Abb. 107). Man erkennt die Maxima- und Minima der Niederschläge, ebenso den Höchst- und Tiefstand des Grundwassers. Da zwischen Niederschlag und Änderung des Grundwasserspiegels eine Zeitdifferenz besteht, kann man auf die Versickerungsgeschwindigkeit schließen; doch ist dabei Vorsicht geboten. Sehr oft sind mit erhöhten Niederschlägen auch Änderungen des Flußwasserspiegels verbunden, die gleichzeitig zur Auswirkung kommen können (Abb. 108a).

b) Die Grundwasserschwankungen konnen durch die *Verdunstung* beeinflußt werden.

Es gibt Fälle, wo die Grundwasserschwankungen nicht mit den Niederschlägen in Beziehung gebracht werden konnen. So zeigen manche Orte (z. B. Bremen, Berlin, Frankfurt usw.) die höchsten Niederschläge in den Monaten Juli, August, bringen aber in dieser Zeit nicht die hochsten Grundwasserstände hervor, da die Verdunstung zu stark ist. Die kleinsten Niederschlagsmengen fallen im April bis Mai, in der gleichen Zeit scheinen hohe Grundwasserstände auf (Abb. 108b).

Diese Erscheinung findet in der Verdunstung eine Erklärung. Sie ist in den Monaten Juli—August bedeutend großer als in den Monaten April—Mai. Trotz der größeren Niederschläge versickert weniger Wasser, weil durch die Verdunstung viel verlorengeht.

c) Sehr häufig werden *Schwankungen* des Grundwassers *durch die Flüsse* bewirkt.

Das Grundwasser steht häufig mit dem Wasser des Flusses in Verbindung. Die Schotter und Sande wirken wie ein Sieb, so daß Grundwasser in den Fluß und umgekehrt Flußwasser ins Grundwasser gelangen kann. Steigt nun der Fluß, so kann das Grundwasser nicht mehr eindringen, es wird gestaut und sein Spiegel steigt.

Fällt hingegen der Wasserspiegel des Flusses, so erfolgt ein stärkerer Austritt von Grundwasser und der Grundwasserspiegel fällt.

Genaue Einzelheiten folgen später; doch wir ersehen daraus, daß der Grundwasserspiegel durch die offenen Gewässer beeinflußt werden kann.

d) Die Höhenlage des *Grundwasserspiegels* kann auch durch *Tiefbauten* verändert werden.

Die Anlage eines Kanales, Mühlganges, der das Grundwasser anschneidet, hat oft ein Absinken desselben zur Folge. So wurden durch den Bau des Nord-Ostsee-Kanals die Grundwasserspiegel abgesenkt und viele Brunnen in der Nachbarschaft trockengelegt.

Auch *Bergbaue* bewirken solche Veränderungen. So hat der Braunkohlenbergbau in der Niederlausitz durch den Tagbau der Kohle eine Absenkung des Grundwassers hervorgerufen.

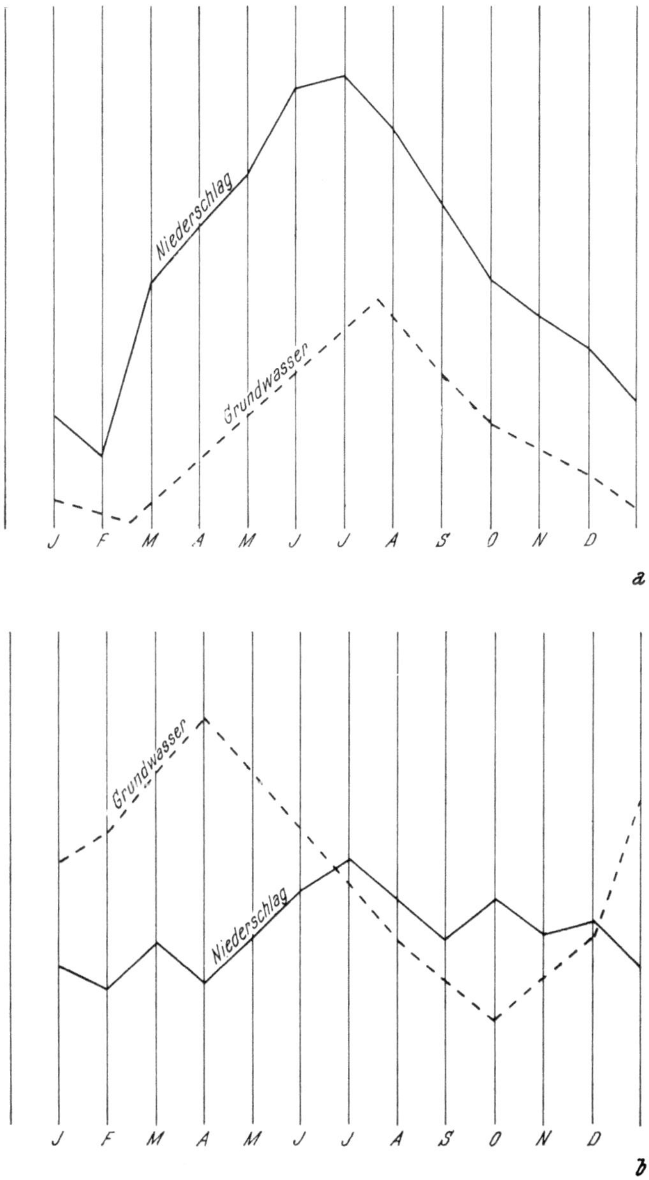

Abb. 108. Grundwasserschwankungen und Niederschläge; a) die Niederschläge wirken sich verzogernd auf das Grundwasser aus, b) die Niederschläge zeigen mit dem Grundwasser keine Zusammenhänge

In einem Großbrunnen kann durch das Pumpen so viel Wasser entzogen werden, daß im weiteren Umkreis der Grundwasserspiegel sinkt, so daß kleinere Nachbarbrunnen versiegen.

Flußbegradigungen, die eine Verstärkung der Erosion, des Tiefenschurfes, verursachen, bewirken häufig ein Absenken des Grundwasserspiegels.

Künstliche Eingriffe führen aber auch zu einer Erhöhung des Grundwasserspiegels. So bewirken Wehr- und Stauanlagen an Flüssen ein Ansteigen desselben. Auch ein Kanal oder Mühlgang, der uber ein seicht liegendes Grundwasser aufgebaut ist, kann durch Wasserverluste an der Sohle zur Erhohung des Grundwasserspiegels beitragen. Ebenso können Dämme fur Straßen und Eisenbahnen ein Steigen verursachen.

e) In der Nähe des Meeres bewirken *Ebbe und Flut* Änderungen des Grundwasserspiegels und zwar je weiter weg vom Meer, desto geringer sind die Spiegelschwankungen.

Auf der Insel Borkum beträgt die Differenz zwischen Ebbe und Flut 2,7 m. Die Brunnen zeigen nach 4 Stunden Spiegeldifferenzen von 30 cm.

In Lille befindet sich 62,5 km vom Meer entfernt ein Brunnen, welcher mit 8 Stunden Verspätung Ebbe und Flut mitmacht.

Die Zusammenhänge sind noch nicht restlos geklärt. Seit man jedoch weiß, daß Ebbe und Flut sich auch am Festland auswirken, auch die Gesteinskruste bis zu 25 cm Ebbe- und Flutwirkung mitmacht, muß man in Erwägung ziehen, ob nicht auch der Grundwasserspiegel ihr ausgesetzt ist.

3. Die Grundwasserschwankungen im Laufe der Zeit

a) Die jährlichen Spiegelschwankungen

Werden die Grundwasserspiegel regelmaßig gemessen, so ersieht man meist deutliche Zusammenhange mit den Niederschlagen und mit dem Bodenzustand.

Beim *kontinentalen Typus* ist der Boden im Winter gefroren und Schnee und Eis kommen fur die Versickerung nur in geringen Mengen in Betracht. Es herrscht meist ein abfallender Grundwasserspiegel vor. Zur Schneeschmelze (März–April) hingegen versickern die Schmelzwässer, der Grundwasserspiegel steigt; ebenso kommen die sommerlichen Regen verhältnismaßig rasch dem Grundwasser zugute, der Grundwasserspiegel steigt. Den Verlauf zeigt Abb. 109a.

Beim *ozeanischen Typus* ist die Frostperiode kurz, die Verdunstung gering, so daß schon im Januar oder Februar ein Ansteigen des Grundwasserspiegels zu beobachten ist. Mit zunehmender Verdunstung läßt die Versickerung nach, der Grundwasserspiegel sinkt und beginnt sich erst wieder im Herbst zu heben. Den Verlauf zeigt Abb. 109b.

b) Langjährige Schwankungen des Grundwasserspiegels

Wenn auch verläßliche Messungen des Grundwasserspiegels aus der Zeit vor 50 und mehr Jahren fehlen oder auf Genauigkeit keinen Anspruch erheben, so geht immerhin aus gut verbürgten Nachrichten hervor, daß in manchen Gegenden sich der Grundwasserspiegel geändert hat. So hat sich die Oder bei Breslau nach Zunker in 10 Jahren 2 m tief eingefressen, wodurch eine Absenkung entstand. Das Auflassen einer Wehranlage unter Graz bewirkte oberhalb eine Absenkung um 1 bis 2 m.

Durch den Bau eines Kanals von Märkt bis Straßburg im Elsaß (Grand canal d'Alsace) wird zeitweise Wasser vom Rhein abgeleitet, so daß dem Strom große Wassermengen verloren gehen; der Flußwasserspiegel sank um etwa 3 m; ebenso fiel der Grundwasserspiegel, wodurch katastrophale Folgen für die Land- und Forstwirtschaft entstanden.

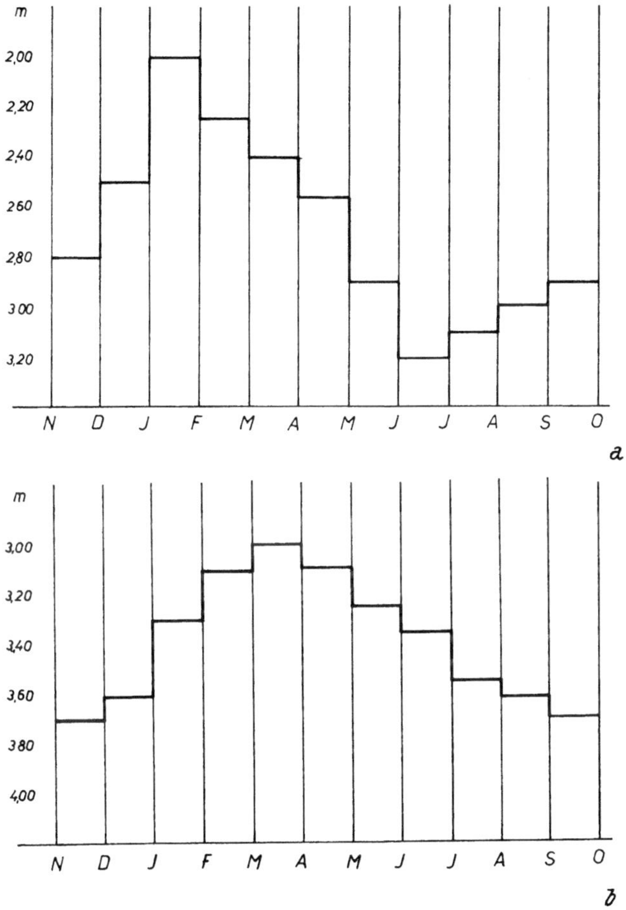

Abb. 109. Grundwasserschwankungen; a) beim kontinentalen Typ, b) beim ozeanischen Typ

Die Ursachen konnen in Veränderungen des Flußwasserspiegels liegen. Tieferlegungen der Sohle (Erosion, Begradigungen usw.) bedingen ein Absinken des Grundwassers. Umgekehrt können Ablagerungen im Flußbett eine Erhöhung des Flußwasserspiegels und damit des Grundwassers zur Folge haben.

Auch durch Änderungen der jährlichen Niederschlagsmengen (Nasse oder trockene Jahre) kann der Grundwasserspiegel beeinflußt werden.

Vielfach nimmt man auch an, daß Kahlschlägerungen ein Sinken des Grundwassers bewirken; denn dadurch wird der oberflächliche Abfluß vergrößert und die Versickerung verkleinert.

Die Spiegelschwankungen einiger Beobachtungsstellen von Grundwasserstanden in Österreich
(Mittlerer Grundwasserstand in cm unter dem Meßpunkt) im Laufe der Jahre

		1960	1950	1958
Grazer Feld	Graz, Hauptplatz	837	810	814
	Abtissendorf I	443	442	453
	Puntigam	552	537	566
	Wildon	235	229	232
	Baden	364	366	371
	Fischamend	348	311	361
	Mitterndorf	118	112	114
Sudliches Wiener Becken	Moosbrunn	173	166	167
	St. Egyden, Steinfeld I	357	290	321
	Sollenau	236	235	237
	Wiener Neustadt	341	209	230
Welser Heide	Marchtrenk	911	824	833
	Pernau	1006	979	960

4. Die Beziehungen des Grundwasserspiegels zum Fluß

Liegt ein Flußbett in einem Schotter-Sandfeld, das Grundwasser fuhrt, so können verschiedene Beziehungen eintreten:

a) Der Grundwasserspiegel liegt in gleicher Höhe wie der Spiegel des Flusses. Er schließt sich an den Flußspiegel an.

b) Der Grundwasserspiegel liegt unter dem Flußspiegel.

c) Der Grundwasserspiegel liegt über dem Flußspiegel.

a) Der Grundwasserspiegel liegt in gleicher Hohe mit dem Flußwasserspiegel (Abb. 110)

Es besteht eine Verbindung zwischen Fluß- und Grundwasser und alle Veränderungen des einen oder des andern verursachen eine gegenseitige Beeinflussung.

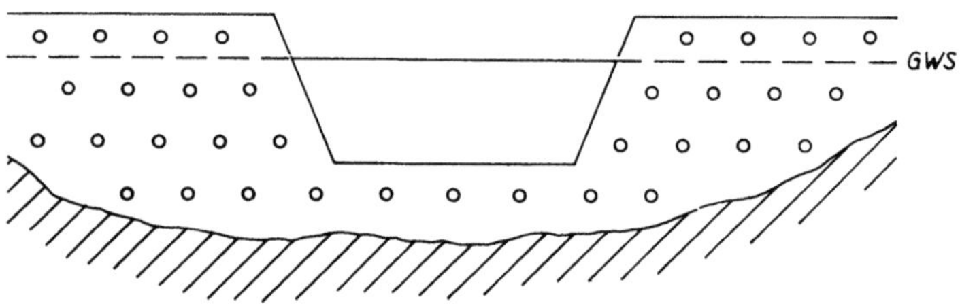

Abb. 110. Der Grundwasserspiegel liegt in gleicher Hohe wie der Flußwasserspiegel

Sinkt der Spiegel des Flusses, so erfolgt ein rasches Abfließen des Grundwassers, der Grundwasserspiegel sinkt ebenfalls. Steigt hingegen der Fluß, so kann das Grundwasser infolge des Wasserdruckes nicht ausfließen, sein Spiegel steigt. Es kann auch der Fall eintreten, daß Flußwasser ins Grundwasser gelangt.

Die Schwankungen des Flußwasserspiegels machen sich im Grundwasser oft auf weite Entfernung bemerkbar. In der Abb. 111 sind die Zusammenhänge zwischen Flußwasserspiegel der Havel und dem Grundwasser ersichtlich. Zur Darstellung kamen die Brunnen in der Nähe der Havel (11 und 20) und ein

Brunnen (12) in 200 m Entfernung (Koehne). Bei Köln macht sich ein Anschwellen des Rheins in 550 m Entfernung noch stark, in 1600 bis 3500 m Entfernung noch schwach bemerkbar (Fliegel). Im Grazer Feld wirkt sich das Ansteigen der Mur gegen W bis auf 200 m aus. Am Niederrhein machen sich Schwankungen des Rheins in folgenden Entfernungen bemerkbar.

0,5 km	Entfernung	mehr als 2 m
1,5 km	"	1,5–2 m
2,7 km	"	1 –2 m
7 km	"	0,5–1 m
8 km	"	0,5 m

Nach Grahmann: Münster S. 73.

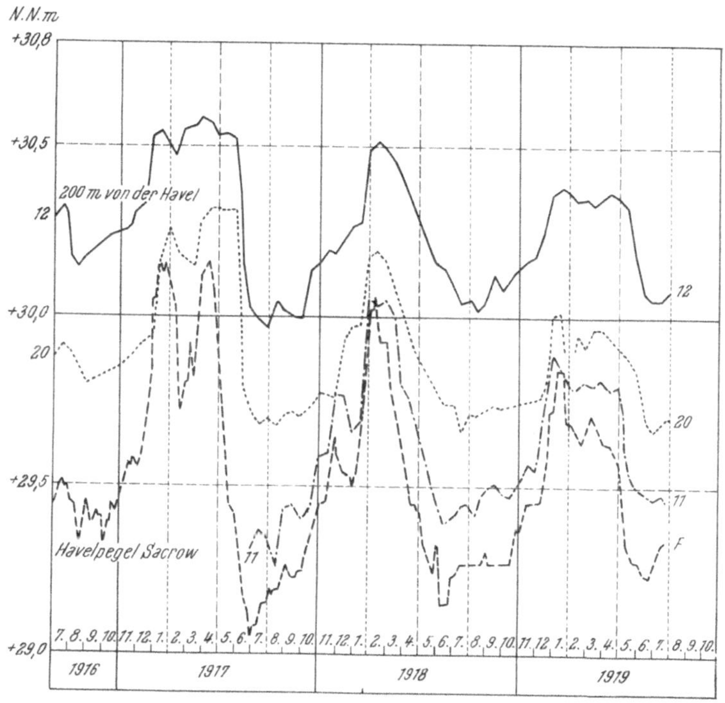

Abb. 111. Die Auswirkung des Anstieges der Havel auf das Grundwasser in den Brunnen 11; 12 und in 200 m Entfernung (nach Koehne)

Sehr unangenehm wirken sich die Hochwässer der Donau auf das Grundwasser der Seitentäler aus. Die Donau staut das Wasser der Seitentäler (Enns, Ybbs, Erlauf, Traun u. a.) zurück, so daß durch das Ansteigen der Flüsse das Grundwasser längs der Täler ansteigt und oft an der Oberfläche breite Überflutungen erzeugt.

b) Der Grundwasserspiegel liegt unter dem Flußspiegel (Abb. 112)

Spiegelschwankungen des Flusses haben auf das Grundwasser keinen Einfluß, wohl aber kann Flußwasser ins Grundwasser versickern.

Vielfach ist die Sohle des Flusses durch Schwebestoffe, besonders bei den heute so stark verunreinigten Flüssen, abgedichtet, so daß die Versickerung unbedeutend ist; doch gibt es immerhin Fälle, wo größere Verluste an Flußwasser nachzuweisen sind. KOEHNE (1928) bringt einige Beispiele, die kurz wiedergegeben werden.

„Der Hachinger Bach schneidet bei Deisenhofen (Oberbayern) einen Grundwasserstrom an, der in diluvialen Schottern über schwer durchlässigem tertiärem

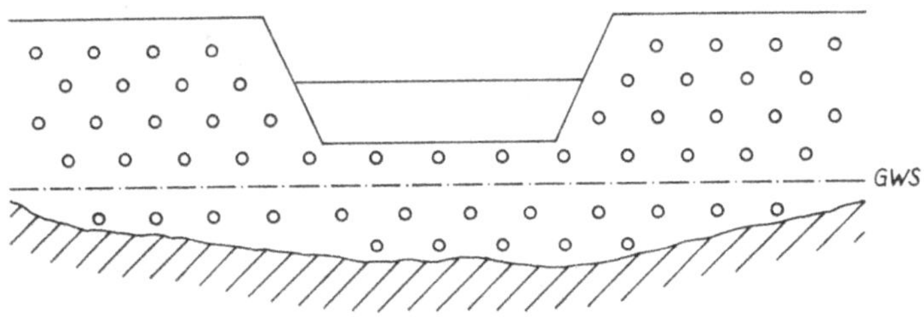

Abb. 112. Der Grundwasserspiegel liegt unter dem Flußwasserspiegel

Flinz dahinfließt. Auf einer 5 km langen Strecke bei Unterhaching erhält der Bach Zulauf aus dem Grundwasser. Seine Wasserführung beträgt hier in trockenen Zeiten 185 l/sec, in wasserreichen bis 343 l/sec. Bei Unterhaching fällt die Sohle des Grundwassers steil ab und demzufolge sinkt auch sein Spiegel unter die Bachsohle. Die Abgabe von Grundwasser an den Bach hört nun nicht nur auf, sondern es tritt der umgekehrte Fall ein, so daß dieser meist sein ganzes Wasser auf dem Weg bis Berg am Laim bei München wieder verliert.“

Die Oder durchfließt bei Pöhlde ein Schotterfeld, dessen Grundwasserspiegel unter dem Flußspiegel liegt. Unter den Schottern liegen Buntsandstein und Zechstein, in denen teilweise die Salz- und Gipslagen ausgelaugt sind, so daß Hohlräume entstehen. Die Oder gibt nun Wasser ins Schotterfeld ab, das jedoch rasch in dem durchhöhlten Untergrund versickert. Bei niedrigem Wasserstand versiegt die Oder sogar völlig.

Durch diese Stellung des Grundwassers unter der Flußsohle können verschiedene Möglichkeiten entstehen. Liegt der Grundwasserspiegel nur 1 bis 2 m tiefer, so kann beim Steigen des Grundwassers die Flußsohle erreicht werden, so daß bei weiterem Ansteigen dasselbe von unten aus ins Flußwasser gelangt. Sinkt das Grundwasser, so erfolgt der umgekehrte Vorgang. Es können auf diese Weise Änderungen in der Wassermenge des Flusses entstehen, die durch Niederschläge nicht erklärt werden können.

c) Der Grundwasserspiegel liegt über dem Flußspiegel (Abb. 113)

Es tritt dann das Grundwasser an Hängen als Quelle aus. Solche Fälle bestehen dort, wo Terrassenschotter von wasserundurchlässigen Schichten unterlagert sind und der Fluß unter den Schottern eingeschnitten ist. Bei Judenburg (Steiermark) schneidet die Mur streckenweise Lehme unter den Terrassenschotter an, so daß Quellen zum Vorschein kommen.

Im Schöttelbach bei Oberwölz liegen 40 bis 50 m mächtige Terrassenschotter über Granatglimmerschiefern, in denen der Bach eingeschnitten ist. An der Grenzfläche erscheinen vielfach Quellen, die austretendes Grundwasser darstellen.

Die Stellung des Grundwasserspiegels zum Flußspiegel ist besonders bei Flußregulierungen (Vertiefungen, Begradigungen) zu beachten. Wird in einem Grundwasserfeld das Bachbett vertieft bzw. durch Begradigung die Erosion verstärkt, so kann es zum Absinken des Grundwasserspiegels und damit zu einer Verringerung des Grundwasservorrates kommen. Das muß nicht immer mit Schädigungen verbunden sein; doch sind allfällige Auswirkungen wohl zu überlegen.

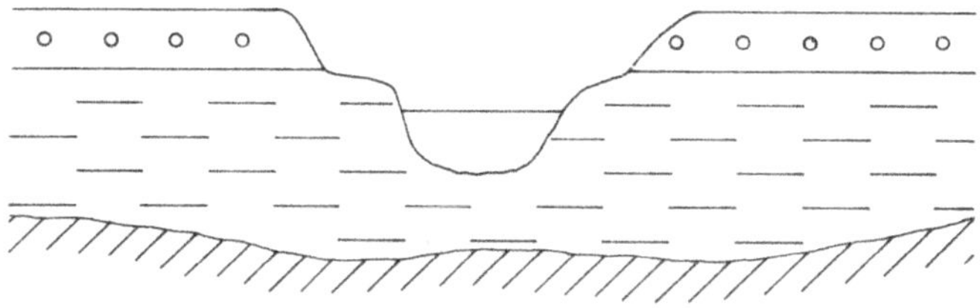

Abb. 113. Der Grundwasserspiegel liegt über dem Flußwasserspiegel

Dauernde oder vorübergehende Veränderungen des Grundwasserspiegels entstehen durch Stauungen des Flußwassers. Der Stau erzeugt wie bei Hochwasser oberhalb ein Ansteigen, unter ihm stellt sich meist eine Absenkung ein. Diese Höhenunterschiede im Grundwasserstand ober und unter dem Stau führen jedoch meist zu einem Ausgleich des Grundwasserspiegels.

5. Die Grundwasser-Höhenlinie

Verbindet man die Punkte des Grundwasserspiegels mit gleicher Seehöhe durch eine Linie, so erhält man die Grundwasser-Höhenlinien oder Grundwasser-Isohypsen.

Für die *Konstruktion der Grundwasser-Höhenlinien* gilt folgende Anleitung (Abb. 114, 115):

a) Es werden in einem Grundwasserfeld die vorhandenen Brunnen, Schlagbrunnen, Bohrlöcher, die für die Messung in Betracht kommen, auf einem Katasterplan, auf Karten 1:1000 oder 1:500 eingezeichnet und mit Nummern oder Buchstaben versehen.

b) Jede Meßstelle erhält eine *Marke*, von der aus die Tiefe des Grundwasserspiegels gemessen wird. Jede Messung hat stets von dieser Marke aus zu erfolgen.

c) Die Höhenlage der Marke wird durch ein *Nivellement* auf einen Fixpunkt bezogen und wenn möglich nach einem trigonometrischen Punkt in Meereshöhen ausgedrückt.

d) Die Tiefenlage des Grundwasserspiegels wird auf Zentimeter genau ermittelt. Die Messungen an den Meßstellen müssen an einem Tage erfolgen, da sonst allfällige Schwankungen ein falsches Bild ergeben.

e) Die gemessenen Werte trägt man auf der Karte ein und führt danach die Konstruktion der Grundwasser-Höhenlinien in folgender Weise durch (Abb. 114).

Man verbindet nun Punkt 1 und 3 und teilt die Höhendifferenz von 6 dm in 6 Teile und bestimmt durch Interpolation den Punkt für 421.

Nun verbindet man Punkt 2 und 3, teilt den Höhenunterschied von 10 dm in 10 Teile und bestimmt wieder die Höhe 421. In der gleichen Weise verfährt man mit Punkt 3 und 4 und mit Punkt 3 und 5.

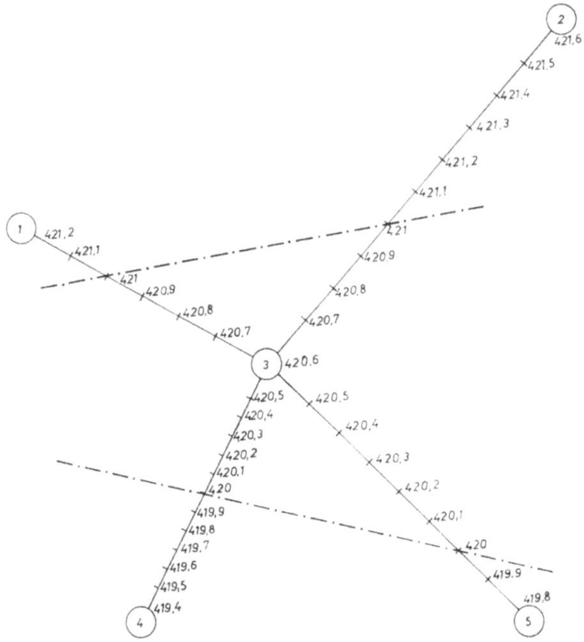

Abb. 114. Konstruktion der Grundwasser-Hohenlinien mit 5 Meßpunkten

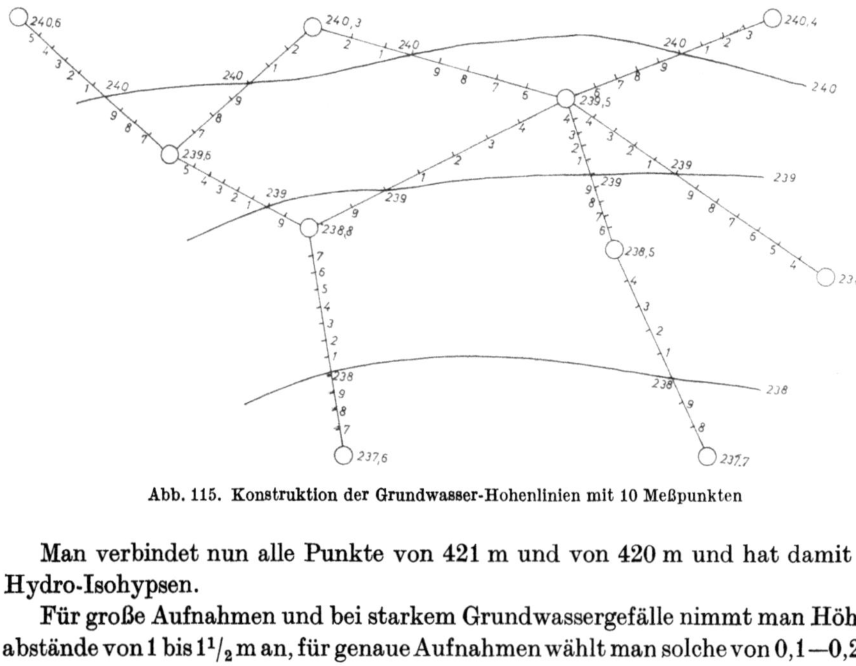

Abb. 115. Konstruktion der Grundwasser-Hohenlinien mit 10 Meßpunkten

Man verbindet nun alle Punkte von 421 m und von 420 m und hat damit die Hydro-Isohypsen.

Für große Aufnahmen und bei starkem Grundwassergefälle nimmt man Höhenabstände von 1 bis $1^1/_2$ m an, für genaue Aufnahmen wählt man solche von 0,1—0,2 m.

Die Gesamtheit der in einem Grundwasserfeld verzeichneten Hydro-Isohypsen ergeben die *Hydro-Isohypsenkarte*. Sie stellt jedoch keine bleibende Lage dar, sondern zeigt im Laufe der Zeit Veränderungen, die sich bei Schwankungen des Grundwasserspiegels einstellen.

6. Die Bedeutung der Grundwasser-Isohypsen

Mit Hilfe der Grundwasser-Isohypsen ermittelt man:

a) die Strömungsrichtung
b) das Gefälle
c) die Beziehung des Grundwassers zum Fluß
d) die Beziehung zum Einzugsgebiet
e) günstige Bohrpunkte für die Wassererschließung
f) die Herkunft von Verunreinigungen

a) Strömungsrichtung

Die Senkrechten auf die Hydro-Isohypse geben die Strömungsrichtungen des Grundwassers an (Abb. 116).

Obwohl das Grundwasser in einem breiten, verschieden hohen Körper dahinfließt, erkennt man aus den Isohypsen, daß stellenweise der Grundwasserkörper auseinanderfließt oder zusammenströmt.

Wir sehen, daß in einem großen Grundwasserfeld die Strömungsrichtungen sich ändern. Von Seitentälern einströmendes Grundwasser wirkt sich auf die Formung der Isohypsen aus, auch das von den Hängen zusickernde Wasser beeinflußt oft die Lage.

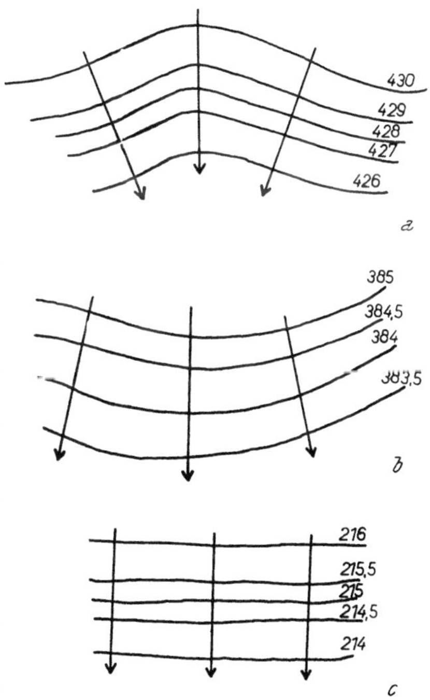

Abb. 116. Grundwasser-Hohenlinien und Stromungsrichtung; a) das Grundwasser stromt zusammen, b) das Grundwasser stromt auseinander, c) das Grundwasser zieht in parallelen Stromen

b) Gefälle

Aus den Hydro-Isohypsen kann man das Gefälle ablesen.

Schon das Kartenbild zeigt, daß die Hydro-Isohypsen entweder gleiche oder verschiedene Entfernungen aufweisen. Weisen die Hydro-Isohypsen gleiche Abstände auf (Abb. 116b), so liegt ein gleichmäßig abfallender Grundwasserspiegel vor. Haben jedoch die Hydro-Isohypsen verschiedene Abstände (Abb. 116a, c), so erkennt man daraus, daß sich das Gefälle ändert. Weite Abstände zeigen ein geringes Gefälle an, nahe nebeneinander liegende Isohypsen weisen auf ein großes Gefälle hin. (Siehe „Gefälle“, S. 181.)

c) Stellung zum Fluß

Mittels der Hydro-Isohypsen kann man die Beziehungen des Grundwassers zu einem Fluß erkennen. Es lassen sich drei Fälle festhalten (Abb. 117).

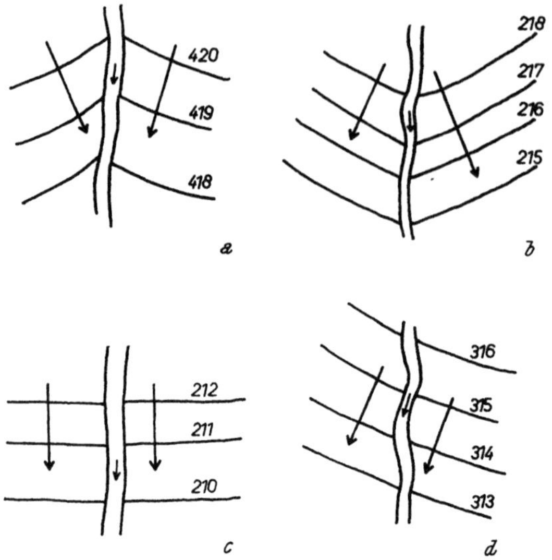

Abb. 117. Die Strömungsrichtungen des Grundwassers in Beziehung zum Fluß; a) Flußwasser fließt ins Grundwasser, b) Grundwasser fließt in den Fluß c) Grundwasser fließt parallel zum Fluß, d) das Grundwasser zu beiden Seiten des Flusses zeigt verschiedene Richtungen

α) Bilden die Hydro-Isohypsen mit der Flußrichtung einen *spitzen Winkel* (Abb. 117 b), dann fließt Flußwasser ins Grundwasser, d. h. die oberste Haut des Grundwassers wird von Flußwasser gespeist.

β) Treffen die Isohypsen auf die Flußrichtung in einem *stumpfen Winkel* auf (Abb. 117 a), dann zeigen die Senkrechten die Strömungsrichtung zum Fluß an. Das Grundwasser fließt dem Gewässer zu. Auch in diesem Fall ist diese Strömungsrichtung nur für den Flußbereich gegeben. Wenn jedoch das Grundwasser unter der Flußsohle durchzieht, bestehen andere Strömungsrichtungen.

γ) Die Hydro-Isohypsen stehen senkrecht auf die Flußrichtung. In diesem Fall verläuft die Strömungsrichtung für die oberste Haut des Grundwassers *parallel zum Fluß* (Abb. 117 c).

Es kann auch vorkommen, daß die Hydro-Isohypsen auf beiden Ufern verschieden verlaufen, so daß die Strömungsrichtungen verschiedene Richtungen anzeigen (Abb. 117 d).

Nun sind die Stellungen der Hydro-Isohypsen zum Fluß durchaus nichts Beständiges, sie können sich ändern; es können Umkehrungen eintreten. Wenn zum Beispiel bei normalen Verhältnissen das Grundwasser zum Fluß hinzieht, so kann bei Hochwasser ein Rückstau eintreten und Flußwasser kann sogar ins Grundwasser gelangen. Abb. 118 zeigt die Verhältnisse bei normalem Wasserstand und bei Hochwasser.

Es sind daher *Grundwasser-Isohypsenkarten bei niedrigem und hohem Flußwasserstand* auszuführen. Will man die Auswirkung einer Flußstauung auf das Grundwasser erkennen, so sind Isohypsenkarten vor und nach der Stauung anzufertigen.

d) Beziehungen zum Einzugsgebiet

Mittels der Hydro-Isohypsen erkennt man ungefähr die Beziehungen zum Einzugsgebiet eines Grundwasserfeldes; doch erhält man nur dann einen richtigen Überblick, wenn große Teile des Grundwasserfeldes mit Hydro-Isohypsen versehen sind.

In Abb. 119 erhält man im großen den Eindruck, daß im N Flußwasser ins Grundwasser eindringt und im S Grundwasser wieder ins Flußwasser zurückfließt. Greift man jedoch eine kleine Fläche (z. B. *A*) heraus, so lassen die Strömungsrichtungen auf ein Einzugsgebiet aus dem NW schließen.

Die Hydro-Isohypsen beziehen sich vor allem auf die Strömungsrichtung des Grundwassers, das mit dem Fluß in Beziehung steht. Die Strömungsrichtungen unter der Flußsohle werden jedoch vom Relief des Untergrundes beeinflußt.

e) Höhenlinien und die Lage der Brunnen

Mit Hilfe der Hydro-Isohypsen kann man günstige Stellen für Grundwasserbrunnen ausfindig machen.

Liegt z. B. ein Hydro-Isohypsenplan wie in Abb. 120 vor, so erkennt man, daß bei a die Strömungsrichtungen auseinanderlaufen, das Grundwasser strömt auseinander und verteilt sich auf eine größere Fläche. Ein Brunnen bei a wird daher einen geringen Zulauf haben.

Bei b hingegen strömt das Grundwasser zusammen. Es wird daher im Brunnen ein stärkerer Zulauf von Grundwasser zu erwarten sein, er wird mehr Wasser erhalten als einer bei a.

f) Herkunft der Verunreinigungen

Mit Hilfe der Hydro-Isohypsen kann man oft die Herkunft der Verunreinigungen

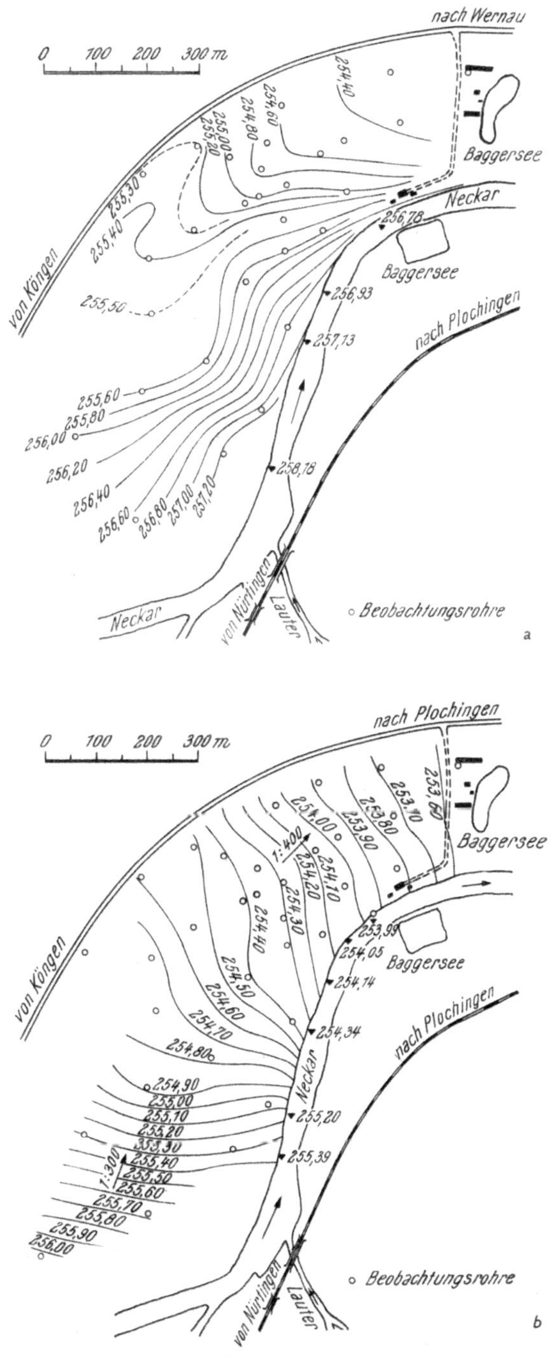

Abb. 118. Lage des Grundwasserspiegels bei Niedrig- und Hochwasser in den Neckarauen bei Höngen (nach FRANCKE)

ermitteln bzw. die allfälligen Zusammenhänge mit Gefahrenherden herausfinden. Höfer (1912) berichtet:

In Wolfsberg in Kärnten bestand für die Eisenbahn ein Brunnen, der ungewöhnlich hartes Wasser führte, während die in der Umgebung weicheres enthielten. Durch Konstruktion der Hydro-Isohypsen ersah man die Strömungsrichtung, die aufwärts zu einer Mulde wies, die mit Asche von Schwefelkies führender Kohle gefüllt war. Durch die Niederschläge wurden die Sulfate in der Halde gelöst und gelangten ins Grundwasser. Durch Verlegung des Brunnens wurde dieses harte Wasser ausgeschaltet.

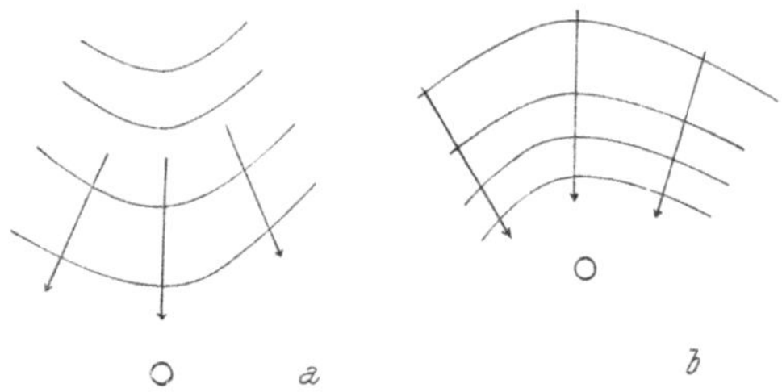

Abb. 120. Grundwasser-Hohenlinien und Ansatzpunkte für Brunnen; a) günstige Ansatzpunkte, b) ungünstige Ansatzpunkte

Abb. 121a zeigt eine Fabrik, deren giftige Abwässer durch einen Kanal in den Fluß geleitet werden. 300 m südlich soll für eine Siedlung ein Brunnen errichtet werden. Es erhebt sich die Frage, ob allfällig in das Grundwasser eindringende Abwässer zum Brunnen gelangen können.

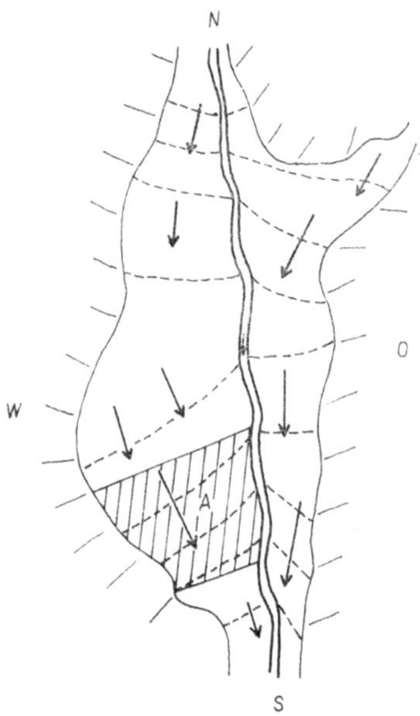

Abb. 119. Grundwasser-Hohenlinien und Einzugsgebiet. Im Feld A erhält man den Eindruck, das Grundwasser kommt von NW

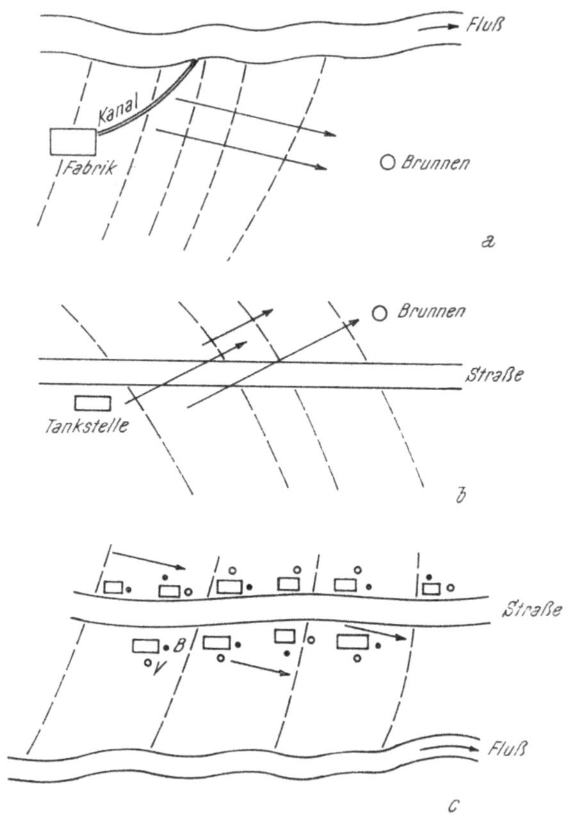

Abb. 121. Grundwasser-Hohenlinien und die Herkunft der Verunreinigungen, a) Abwasser einer Fabrik und die Lage eines Brunnens, b) Tankstelle und Brunnen, c) Brunnen und Siedlung

Die Grundwasserrichtungen zeigen an, daß allenfalls verunreinigtes Grundwasser am Brunnen vorbeizieht; doch gleichzeitig ist ersichtlich, daß Flußwasser zu ihm hinzieht, so daß auf diese Weise die Verunreinigungen zum Brunnen gelangen können. Außerdem muß bedacht werden, daß sich die Strömungsrichtungen ändern können (es genügen in diesem Fall geringe Abweichungen) und das Brunnenwasser kann unbrauchbar werden. Die Anlage des Brunnens ist in diesem Fall nicht zu empfehlen.

Ein Brunnen für eine Siedlung liefert 5 l/sec einwandfreies Trinkwasser. In 150 m Entfernung soll eine Tankstelle errichtet werden. Es ist die Frage zu beantworten, ob der Brunnen durch diese gefährdet erscheint. Die Konstruktion der Hydro-Isohypsen ergibt folgendes Bild (Abb. 121 b). Die Grundwasserströmung geht von der Tankstelle zum Brunnen hin. Ausfließendes Benzin (Öle u. a.) kann daher den Brunnen gefährden. Die Tankstelle kann an dieser Stelle nicht genehmigt werden.

Sehr häufig besitzt in ländlichen Siedlungen jedes Haus einen eigenen Brunnen, der ins Grundwasser eintaucht; die Abwässer werden nicht in Kanäle abgeleitet, sondern zur Versickerung gebracht. Liegen nun die Wasserentnahmestellen in der Richtung des Grundwasserstromes, dann besteht für die tiefer liegenden Brunnen höchste Verunreinigungsgefahr (Abb. 121 c).

Obwohl in solchen Fällen häufig die Zusammenhänge klar erkenntlich sind, fehlt leider oft die Einsicht zur Behebung dieser Gefahrenstellen. Die Gefahr ist um so größer, je seichter der Grundwasserspiegel liegt.

7. Die Geschwindigkeit des Grundwassers

a) Die Beziehungen der Geschwindigkeit zum k-Wert und dem Gefälle

Die Geschwindigkeit ($= v$) des Grundwassers wird durch den k-Wert und durch das Gefälle $\frac{h}{l}$ bestimmt.

$$v = k \cdot \frac{h}{l}$$

Die Geschwindigkeit ist daher um so größer, je größer der k-Wert und das Gefälle sind.

b) Das Gefälle

Das Gefälle bestimmt man durch Konstruktion aus den Hydro-Isohypsen (Abb. 122).

Man trägt auf einer Horizontalen den Abstand $A - B$ in mm auf und vermerkt die Entfernungen der einzelnen Hydro-Isohypsen und errichtet in jedem Punkt eine Senkrechte. Auf der Senkrechten bei A trägt man im gleichen Maßstab oder besser mit entsprechender Überhöhung die Höhen des Grundwasserspiegels auf.

Schnittpunkt der Waagrechten mit der Senkrechten ergeben Punkte, die verbunden das Gefälle des Grundwasserspiegels zeigen.

Die Konstruktion läßt sich rechnerisch auswerten. Gefälle $= t$, $h =$ Höhenunterschied.

$$t = \frac{h}{l}$$

$$l = 1000\ \mathrm{m}; \quad h = 5\ \mathrm{m}; \quad t = \frac{5}{1000} = 0{,}005$$

$$\text{oder in ‰} = \frac{5000}{1000} = 5‰.$$

Hat man jedoch keine Hydro-Isohypsenkarte, so kann man *mit Hilfe von 3 Bohrungen* oder Brunnen, die einen Mindestabstand von 50 m haben, das Gefälle und die Strömungsrichtung bestimmen.

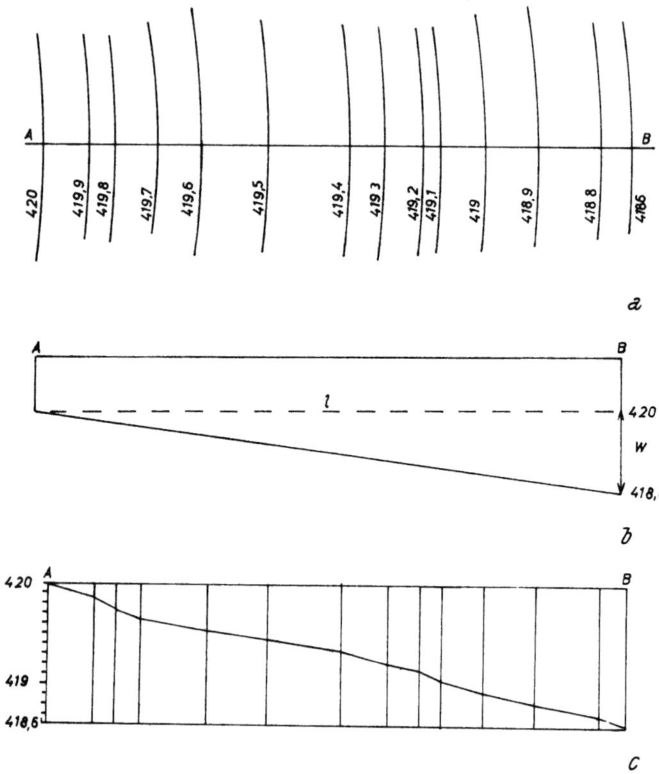

Abb. 122. Die Konstruktion des Gefälles; a) die Lage der Grundwasser-Isohypsen, b) Übersichtskonstruktion des Gefälles, c) Konstruktion mit Hilfe der Grundwasser-Isohypsen

Es können *drei Möglichkeiten* eintreten.

1. Die Grundwasserspiegel der drei Brunnen liegen gleich hoch. In diesem Fall besteht kein Gefälle, es ist ein stehender Grundwassersee (Abb. 123a).

2. Zwei Punkte liegen gleich hoch, dagegen ist der 3. Grundwasserspiegel höher oder tiefer (Abb. 123b).

Man verbindet die gleich hoch gelegenen Grundwasserspiegel durch eine Gerade (= Hydro-Isohypse) und zieht vom höher gelegenen Punkt eine Senkrechte auf diese; dies ist dann die Grundwasserrichtung, aus der man das Gefälle berechnen kann.

$$l = 100\ \text{m}, \qquad h = 2\ \text{m}$$

$$t = \frac{h}{l} = \frac{2\ \text{m}}{100\ \text{m}} = 20‰.$$

3. Alle drei Grundwasserspiegel liegen verschieden hoch (Abb. 123c).

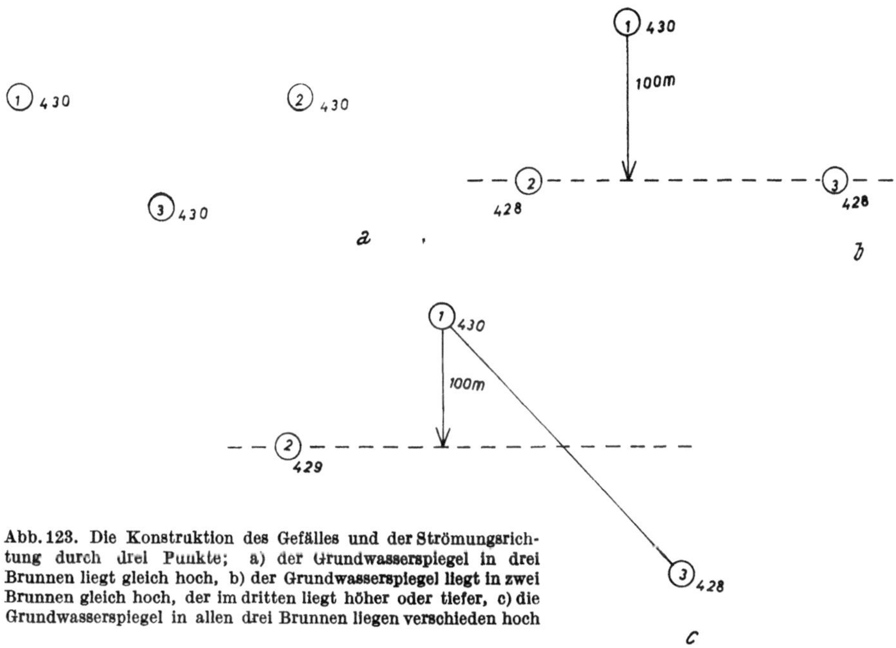

Abb. 123. Die Konstruktion des Gefälles und der Strömungsrichtung durch drei Punkte; a) der Grundwasserspiegel in drei Brunnen liegt gleich hoch, b) der Grundwasserspiegel liegt in zwei Brunnen gleich hoch, der im dritten liegt höher oder tiefer, c) die Grundwasserspiegel in allen drei Brunnen liegen verschieden hoch

In diesem Fall verbindet man den höchsten Punkt mit dem niedrigsten durch eine Gerade, teilt diese Strecke in m und ermittelt die Höhe „429". Man verbindet nun den Punkt 2 (429) mit dem ermittelten Punkt 429 durch eine Gerade und erhält damit eine Hydro-Isohypse. Von Punkt 1 fällt man eine Senkrechte auf die „429" Hydro-Isohypse und erhält damit die Grundwasserrichtung. Rechnerisch kann man dann das Gefälle berechnen.

$$l = 100\ \text{m}, \qquad h = 1\ \text{m}$$

$$t = \frac{1}{100} = 10‰.$$

Der senkrechte Abstand zweier Hydro-Isohypsen, die einen Höhenunterschied von 1 m aufweisen, wird als *spezifisches Gefälle* bezeichnet.

Es beträgt z. B.

in Leitendorf bei Leoben	300 m
bei Wels	393,6 m
20 km unterhalb Linz	400 m
bei Diesenhofen (Oberbayern)	365 m
Aschheim bei München	307 m
nördlich Mannheim	1350 m
Straßburg	1700 m

Das Grundwassergefälle beträgt z. B.

oberhalb Straßburg	0,6 ‰
bei Köln	0,6 ‰
bei Trier	0,67‰
Maintal bei Aschersleben	1,43‰
Müggelsee bei Berlin	2,5 ‰
Lechtal bei Augsburg	3 ‰
Aaretal bei Olten (Schweiz)	6 ‰

8. Die Geschwindigkeitsbegriffe des Grundwassers

In DIN 4049 werden drei Geschwindigkeitsbegriffe erläutert (Abb. 124).

a) Bahngeschwindigkeit

Die Bahngeschwindigkeit ($= B$) eines Grundwasserteilchens erhält man, wenn man die wahre Weglänge in der Strömungsrichtung durch die Zeit, die zwischen dem Durchfließen von I bis II vergeht, dividiert (Abb. 124a).

$$B = \frac{\text{Wahre Weglange}}{\text{Zeit zwischen } I \text{ und } II}$$

Da diese wahre Weglänge eine meist vielfach gewundene Linie darstellt, ist sie praktisch nicht genau erfaßbar und die Bahngeschwindigkeit rechnerisch auch nicht bestimmbar.

b) Abstandsgeschwindigkeit

Die Abstandsgeschwindigkeit ($= A$) (Abb. 124b) der Grundwasserteilchen erhält man, wenn man den horizontalen Abstand von I und II ($= a$) in der Strömungsrichtung durch die Zeit, die zwischen dem Durchfließen von I und II vergeht, dividiert.

$$A = \frac{\text{Abstand } a}{\text{Zeit zwischen } I \text{ und } II}$$

Diese Geschwindigkeit kann mittels Färb- und Salzungsversuche ermittelt werden; die weiter unten erläutert werden.

c) Durchgangsgeschwindigkeit

Die Durchgangsgeschwindigkeit (= Filtergeschwindigkeit) erfaßt die Geschwindigkeit des Grundwasserkörpers für einen bestimmten Querschnitt (Abb. 124c).

Ausgehend von der Darcyschen Formel $Q = k \cdot \frac{h}{l} \cdot F$ stellt $k \cdot \frac{h}{l}$ die Geschwindigkeit ($= v$) dar.

$$v = \frac{Q}{F} \text{ oder } k \cdot \frac{h}{l}$$

Man kann daher die Durchgangsgeschwindigkeit berechnen.

Beispiel:

$h = 0{,}04\,\text{m}$; $l = 250\,\text{m}$; $k = 0{,}0059\,\text{m/sec}$;

$$v = k \cdot \frac{h}{l} = \frac{0{,}0059 \cdot 0{,}04}{250} = \frac{0{,}000236}{250}\,\text{m}$$

$$v = 0{,}094\,\text{mm/sec},$$

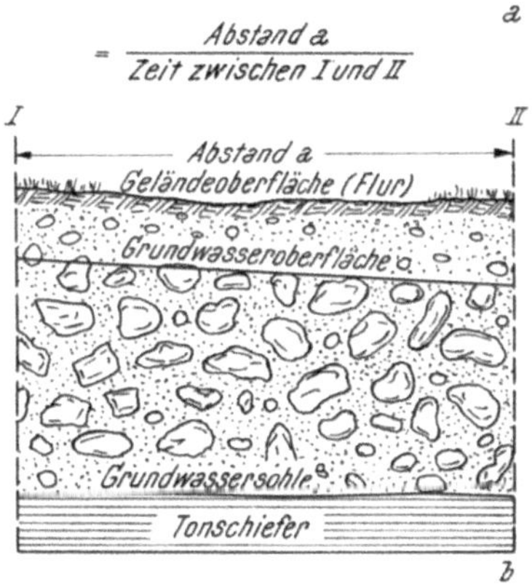

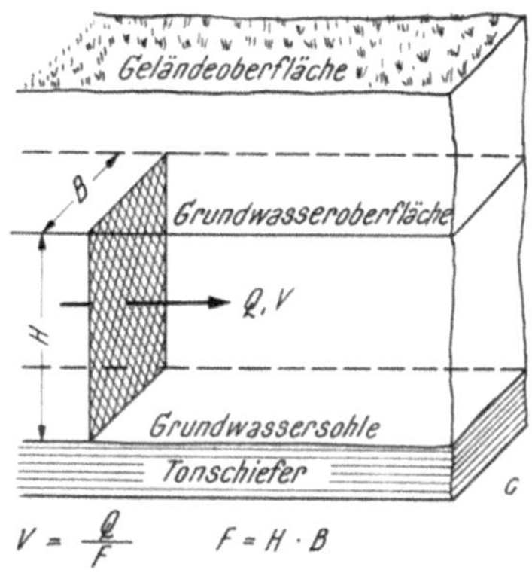

Abb. 124. Die drei Geschwindigkeitsbegriffe beim Grundwasser (nach DIN 4049); a) die Bahngeschwindigkeit eines Grundwasserteilchens, b) die Abstandsgeschwindigkeit eines Grundwasserteilchens, c) die Durchgangsgeschwindigkeit (Filtergeschwindigkeit) eines Grundwasserkörpers

d. h. in einem Tag bewegt sich das Grundwasser 8,146 m fort oder für die 250 m lange Strecke benötigt das Grundwasser etwa 30 Tage.

Um die Durchgangsgeschwindigkeit berechnen zu können, braucht man mindestens zwei Schlagbrunnen in der Strömungsrichtung, mit deren Hilfe man die Höhenlage des Grundwasserspiegels und damit das Gefälle $\left(\frac{h}{l}\right)$ festlegt. Außerdem muß der k-Wert des Grundwasserleiters bestimmt werden. Da jedoch dieser Wert in einem Querschnitt selten gleich bleibt, sondern oft bedeutende Unterschiede aufweist, läßt die Genauigkeit dieser Rechnung oft sehr zu wünschen übrig.

9. Die Bestimmungen der Abstandsgeschwindigkeit durch Färb- und Salzungsversuche

a) Färbversuche

(Siehe auch 1. Teil, Lukas 1959). Man verwendet Uranin, Fluorescin und Fuchsin. Sehr gut hat sich Uranin AP bewährt.

Für die Einspeisung und Entnahme benützt man durchlochte Schlagbrunnen, die in der Strömungsrichtung in einer Entfernung von 1 bis 2 m liegen. Für die Entnahme empfiehlt es sich, zwei Schlagbrunnen zu nehmen, da immerhin Abweichungen von der konstruierten Strömungsrichtung möglich sind.

Die Zeit des Einfärbens wird genau bestimmt und nach einiger Zeit entnimmt man aus der Entnahmestelle die Probe. Die Zeit des ersten Eintreffens wird aufgenommen, ebenso werden Zwischenzeiten und das Ende der Färbung festgehalten. Da die Farbstoffkonzentration nicht gleich bleibt, sondern anfangs zunimmt und dann abnimmt, so erweist es sich oft als zweckmäßig, die Konzentration der Probe an Vergleichslösungen (mg/l) festzustellen.

Die Ergebnisse können in einer Kurve zur Darstellung kommen. Auf der Abszisse erfolgt die Auftragung der Zeit, auf der Ordinate die der Farbstoffkonzentration von 0,1 bis 1 mg/l. Für die Berechnung der Geschwindigkeit gilt dann die Formel:

$$v = \frac{\text{Weglänge}}{\text{Zeit zwischen } I \text{ und } II}$$

Für die Zeit ergeben sich drei Werte: 1. Eintreffen des Farbstoffes; höchste Konzentration des Farbstoffes; Ende des Farbdurchganges.

Die Geschwindigkeitsangabe wird daher entweder angegeben auf Grund des Ergebnisses des ersten Eintreffens ($v = 0{,}09$ mm/sec) oder in Werten vom ersten Eintreffen bis zum Ende (z. B. $v = 0{,}09$ bis 0,12 mm/sec).

b) Die Salzungsversuche mit und ohne elektrolytischem Verfahren (Abb. 125)

Es werden ein durchlochter Schlagbrunnen für die Einspeisung und in 1 bis 2 m Entfernung in der Strömungsrichtung ein oder besser zwei Schlagbrunnen für die Entnahme errichtet. Für die Einspeisung verwendet man Kochsalz- oder Salmiaklösung. Die Durchgangsgeschwindigkeit bestimmt man auf elektrolytischem Weg.

Man gibt in beide Brunnen *A* und *B* Elektroden, die an eine Batterie angeschlossen sind und ein Milliamperemeter bzw. einen Widerstandsmesser zwischengeschaltet haben. Gelangt die Salzlösung zum Bohrloch *B*, so wird der Widerstand verkleinert, er wird um so kleiner, je mehr Salz im Wasser gelöst ist.

Die gesamte Durchgangszeit kommt wieder in einer Kurve zur Darstellung. Auf der Abszisse erfolgt die Auftragung der Durchgangszeiten, auf der Ordinate die Widerstandswerte in Ohm. Die Berechnung der Geschwindigkeit erfolgt wieder nach der Formel $v = \frac{\text{Weglänge}}{t}$ (Platzl 1956).

Hat man keine elektrische Apparatur zur Verfügung, dann bestimmt man den Salzgehalt an der Probe mit Silbernitrat.

c) Andere Methoden

Ein besonderes Gerät zur Bestimmung der Fließrichtung und Fließgeschwindigkeit entwickelt Andrae (1961).

Es gibt nun Methoden zur Bestimmung der Grundwassergeschwindigkeit und der Grundwasserrichtung mit Hilfe radioaktiver Isotope.

Über Grundwassergeschwindigkeiten liegen von verschiedenen Gebieten Messungen vor.

Einige Angaben:

Diluviale Sande bei Frankfurt a. M.	0,274 m im Tag
Diluviale Sande bei Mannheim	1,2—1,6 m im Tag
Schotter bei München	43 m im Tag
Schotter bei Schaffhausen	17 m im Tag
KOEHNE schätzt die Geschwindigkeit im Sand auf	1 m im Tag
Graz — Wasserwerk N	200 m im Tag

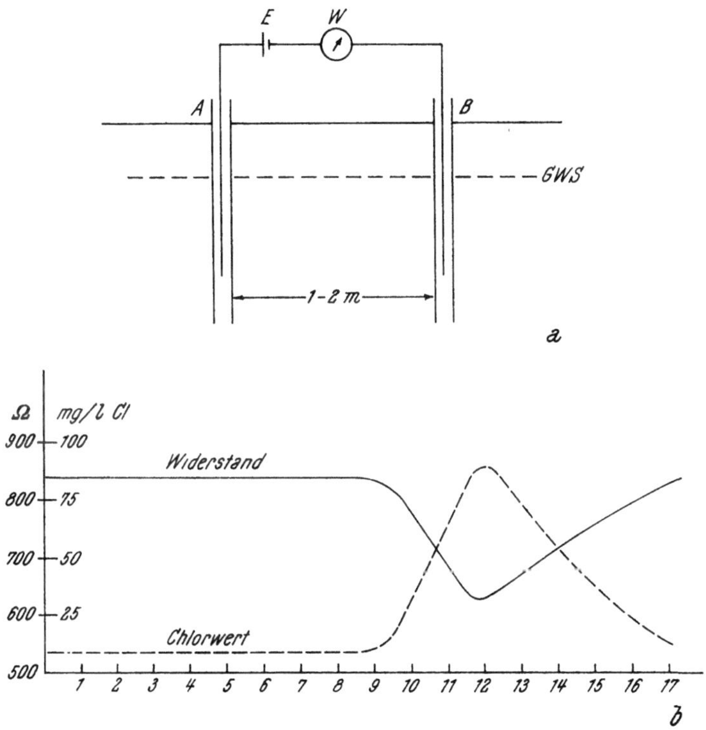

Abb. 125. Schematische Darstellung eines Salzungsversuches mittels elektrischer Widerstandsmessung, a) die Meßeinrichtung, b) die Darstellung des Ergebnisses

10. Die Ursachen der Geschwindigkeitsänderungen

Aus der Formel $v = k \cdot \frac{h}{l}$ ersieht man, daß Geschwindigkeitsänderungen durch Veränderungen des k-Wertes und des Gefälles auftreten können.

Veränderungen im k-Wert entstehen, wenn *grobkörnige* in *feinkörnige Ablagerungen* und umgekehrt übergehen (Abb. 126). Kommt das Wasser von grobkörnigen in feinkörnige, so wird der k-Wert kleiner, die Geschwindigkeit nimmt ab. Fließt jedoch Grundwasser von *feinkörnigen Ablagerungen in grobkörnige,* so wird die Geschwindigkeit vergrößert. Mit diesen Kornveränderungen sind meist auch Gefällsveränderungen verbunden.

Dafür geben die Grundwasserverhältnisse in der Oberbayrischen Hochebene gute Beispiele. Die Ablagerungen werden von S nach N immer feiner und geringmächtiger. Sie werden immer weniger durchlässig und der immer kleiner werdende Querschnitt kann das Wasser nicht mehr aufnehmen, so daß zahlreiche Quellen austreten (= Grundwasserquellen).

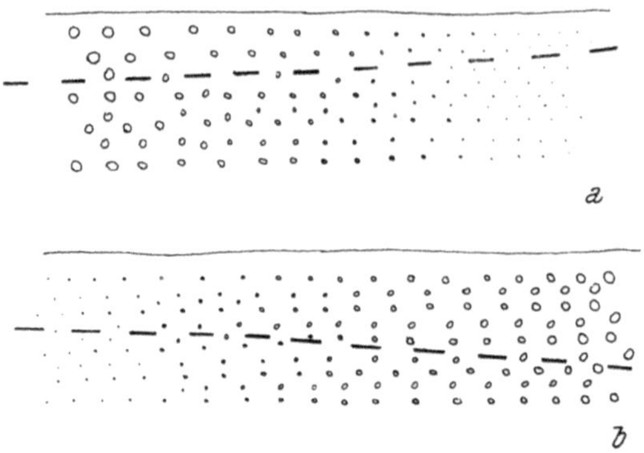

Abb. 126. Veränderungen der k-Werte durch die Korngrößen; a) das Grundwasser fließt vom groben Korn in feines Korn; der k-Wert wird kleiner, b) das Grundwasser fließt vom feinen Korn in grobes Korn; der k-Wert wird großer

Ein ähnliches Beispiel bietet die Ebene bei Wiener Neustadt (Stini 1933). Es gehen dort ebenfalls die aus den Alpen kommenden Schotter in Sande über, so daß das Wasser zum Austritt gezwungen wird.

Auch *Einlagerungen von Tonlinsen* im Grundwasserleiter, Talverengungen können Änderungen der Geschwindigkeit verursachen.

Wenn der Grundwasserstand nicht allzu mächtig ist, beeinflußt das *Relief* des Untergrundes das Gefälle. Schwellen, Mulden, Verflachungen und Aufragungen wirken sich demnach auf das Gefälle bzw. auf die Geschwindigkeit aus. Solche Unregelmäßigkeiten kommen meist auch im Hydro-Isohypsenplan zum Ausdruck (Abb. 127).

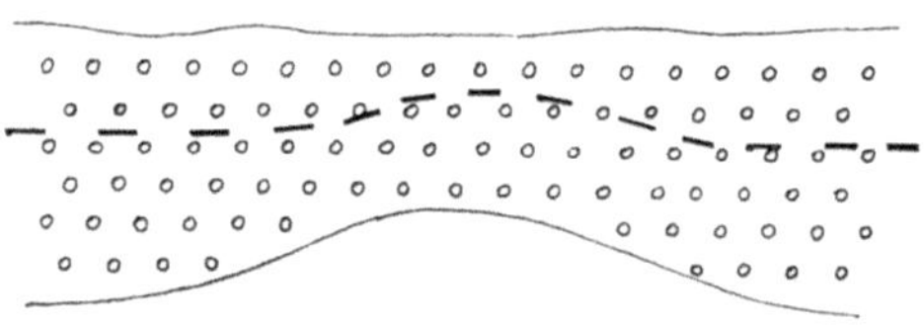

Abb. 127. Das Gefälle wird durch das Relief des Untergrundes beeinflußt

Gefälls- bzw. Geschwindigkeitsänderungen werden oft durch Wehren und Staudämme verursacht. Durch die Stauung erfolgt ein Ansteigen des Grundwasserspiegels, unter dem Wehr jedoch ein Absinken, so daß bedeutende Gefällsveränderungen und damit eine Erhöhung der Geschwindigkeit eintritt.

11. Die Bedeutung der Geschwindigkeit

a) Aus den Änderungen der Geschwindigkeit kann man auf *wechselnde Durchlässigkeit* schließen. Geschwindigkeitszunahme kann durch große, Geschwindigkeitsabnahme durch geringere Durchlässigkeit verursacht sein. Diese Tatsache spielt auch bei der Anlage von Großbrunnen eine Rolle.

Liegen in einem großen Grundwasserfeld die Grundwasser-Isohypsen weit auseinander, an einer Stelle jedoch auffallend eng, so ersieht man daraus die Änderung des Gefälles und damit der Geschwindigkeit. In dem Raum mit den engen Grundwasser-Isohypsen strömt demnach in der Zeiteinheit dem Brunnen mehr Wasser zu als in einem solchen mit weit abstehenden.

b) Die Ermittlung der Geschwindigkeit ist oft wichtig, um zu erfahren, wie lange *Verunreinigungen* des Grundwassers (z. B. durch Benzin, Öle u. a.) brauchen, um zu einem Brunnen zu gelangen.

Beispiel: Im N der Stadt Graz liegt das Wasserwerk Andritz, das täglich ungefähr 400 l/sec Wasser liefert. 600 m nördlich, also grundwasserstromaufwärts liegt eine Benzintankstelle. Die Grundwassergeschwindigkeit beträgt 200 m im Tag. Wenn also von der Tankstelle Benzin oder Öle ins Grundwasser gelangen, so können die Verunreinigungen binnen 3 Tagen beim Wasserwerk sein.

Diese Untersuchungen über die Grundwassergeschwindigkeit liefern daher für die Abgrenzung des Schutzgebietes wertvolle Anhaltspunkte.

c) Die Grundwassergeschwindigkeiten beeinflussen die *Reichweite des Absenkungstrichters*. Bei gleicher Entnahmemenge entsteht bei großer Geschwindigkeit ein kleinerer Absenkungstrichter als bei geringer.

IV. Die Zusammenhänge im Grundwasser

1. Das Einzugsgebiet eines Grundwasserfeldes

Der Inhalt eines Grundwasserfeldes ist meist in Bewegung. Es besteht ein Zufluß (= eine Erneuerung) und ein Abfluß. Der Zufluß, die Erneuerung, erfolgt aus dem Einzugsgebiet. Dafür bestehen folgende Möglichkeiten (Abb. 128):

a) *Speisung durch die direkten Niederschläge* auf die Oberfläche des Grundwasserfeldes,

b) *Speisung* durch Grundwasser *aus den Seitentälern*,

c) *Speisung aus Gesteinen, welche die Hänge bilden, besonders durch Karstwasser*,

d) *Speisung aus dem Hangschutt*,

e) *Speisung durch Flußwasser*.

Die *direkte Oberfläche* bringt, wenn keine wasserabdichtende Überdeckung vorhanden ist, meist einen großen Teil der Niederschläge zur Versickerung. Im Grazerfeld, wo oberflächliche Abflüsse fast fehlen, versickern durchschnittlich 50 bis 60% der Niederschläge. Ungünstiger sind die Verhältnisse, wenn eine Überdeckung vorhanden ist, weil eine sehr langsame Versickerung besteht und daher der Verdunstungsbetrag sehr hoch ansteigt (60 bis 70%).

Als Zubringer für das Grundwasser kommen oft auch die Grundwässer aus den *Seitentälern* in Betracht. So erhält z. B. das Mürztal-Grundwasser beachtliche Zuflüsse aus dem Pretul-, Trabach- und Stanzgraben. Auch das Murtal-Grundwasser wird oft durch das der Seitentäler mächtig angereichert (z. B. Pöls-, Liesing- und Mürztal). Das Grundwasser der Seitentäler gelangt meist durch die Schuttkegel in das des Haupttales.

Die *Zuflüsse aus den Hartgesteinen* von den angrenzenden Hängen sind selten genau zu erfassen, da verschiedene Wasserwege vorliegen. Es besteht jedoch immerhin die Möglichkeit, daß Wasser aus Spalten, Schichten, Röhren und Schläuchen ins Grundwasser gelangt.

Im Braunkohlen-Bergbau Köflach hat man auf der Sohle deutliche Waller aus den Kalken der Tertiärs erkannt. Auch die Brunnen von Köflach am Eingang in das Gradener Tal beziehen die größte Wassermenge aus dem Kalk, von dem das Wasser am Grunde in die Schotter einströmt.

Der Nachweis ist nicht immer leicht zu erbringen. Bei seicht liegendem Grundwasser können Färbversuche (Einspeisung von Sporen) Erfolge zeitigen. Auch chemische Untersuchungen, Messen der Ergiebigkeit, geben Anhaltspunkte.

Von großer Bedeutung für die Speisung des Talgrundwassers sind die *Hangschuttmassen*, der Hangfußschutt, die Schutthalden und Schuttkegel.

Der Hangschutt speichert verhältnismäßig viel Niederschlagswasser und gibt es langsam in kleinen Strähnen ab, wodurch im Hangfußschutt eine Anreicherung

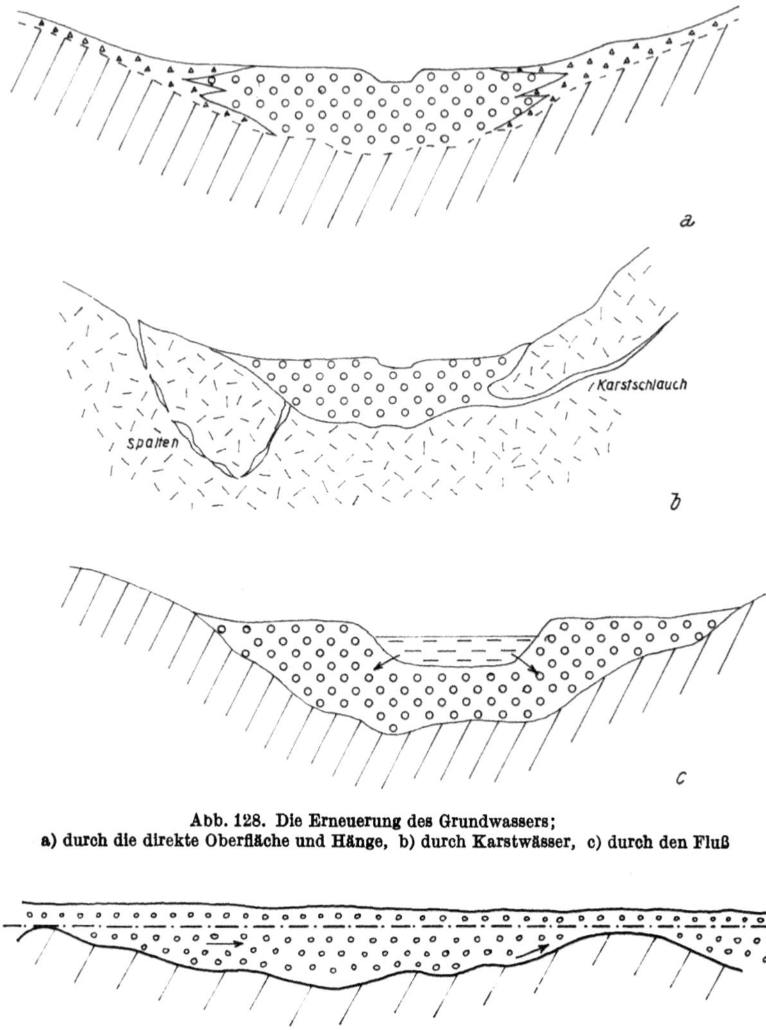

Abb. 128. Die Erneuerung des Grundwassers; a) durch die direkte Oberfläche und Hänge, b) durch Karstwässer, c) durch den Fluß

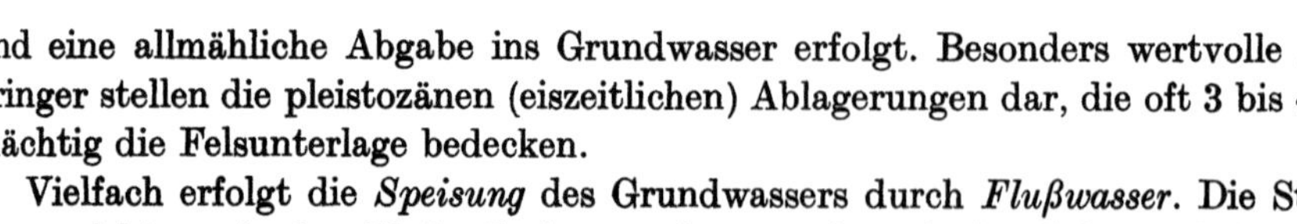

Abb. 129. Speicherung von Grundwasser in den Becken des Murtales

und eine allmähliche Abgabe ins Grundwasser erfolgt. Besonders wertvolle Zubringer stellen die pleistozänen (eiszeitlichen) Ablagerungen dar, die oft 3 bis 4 m mächtig die Felsunterlage bedecken.

Vielfach erfolgt die *Speisung* des Grundwassers durch *Flußwasser*. Die Strömungsrichtung in den Hydro-Isohypsenplänen zeigt oft deutlich an, daß Flußwasser ins Grundwasser gelangt.

Die Schotterfelder längs der Mur weisen fast stets an der oberen Enge ein Einströmen von Flußwasser ins Grundwasser und am unteren Ende ein Abströmen ins Murwasser auf. Das Becken, dessen Sohle meist 10 bis 20 m unter dem Murspiegel liegt, bildet demnach einen wertvollen Speicher, der nicht direkt vom Abfluß betroffen wird (Abb. 129).

Die Abgrenzung des Einzugsgebietes erfolgt daher vor allem nach den Wasserscheiden (= morphologisches Einzugsgebiet); grenzen jedoch verkarstete Gesteine an das Schotterfeld, so wird sich oft eine Einbeziehung des Karstgebietes, das außerhalb der Wasserscheiden liegt, für notwendig erweisen.

Eine genaue Abgrenzung des Einzugsgebietes ist aber nicht immer möglich. besonders dann nicht, wenn mehrere Grundwasserfelder durch Engen getrennt aneinander schließen; denn dann besteht zwischen den einzelnen Feldern meist ein gewisser Zusammenhang. So läßt sich das Grazer Grundwasserfeld durch die Enge bei Weinzöttl nicht von dem Gratweiner-Peggauer Becken trennen, das oberhalb der Badlwand wieder mit dem von Frohnleiten in Zusammenhang steht.

Die Größe des Einzugsgebietes gibt nun wertvolle Grundlagen für die Errechnung des gesamten Wasserhaushaltes und für die Abgrenzung des Schutzgebietes.

2. Der Abfluß des Grundwassers

Über stehendes Grundwasser, das keinen Abfluß besitzt, sind die Nachrichten unsicher.

Es besteht ohne weiteres die Möglichkeit, daß sich in abgeschlossenen Schotter-Sandbecken Grundwasserbecken bzw. -seen erhalten können; auch die Mitteilungen über fossiles Wasser sprechen dafür, doch können trotzdem immer wieder Strömungen auftreten, die eine Erneuerung ermöglichen.

Im allgemeinen gelangt jedes Grundwasser nach einer gewissen Strecke an die Oberfläche ins offene Gewässer, in den Fluß oder ins Meer. Wir sehen, wie das Grundwasser des Rheintales gegen abwärts immer seichter zu liegen kommt, der Grundwasserstand immer mehr abnimmt, so daß schließlich alles in den Rhein oder ins Meer übergeht.

Das Grundwasser in der Oberbayrischen Hochebene tritt gegen N wegen Verfeinerung des Korns aus dem Grundwasserleiter in zahlreichen Quellen aus (= Grundwasserquellen). Auch in den Alpentälern mit seicht liegendem Grundwasserspiegel kommt es an Geländeknicken oft zum Austritt von Grundwasserquellen.

Sehr klar ist der Abfluß des Grundwassers von Graz gegen S zu erkennen. Im nördlichen Teil des Grazer Feldes liegt der Grundwasserspiegel 6 bis 8 m tief, und der Grundwasserstand beträgt 12 bis 18 m. Gegen S zu vermindert sich der Abstand; bei Wildon befindet sich der Grundwasserspiegel nur mehr 4 bis 6 m unter Niveau, und der Grundwasserstand beträgt 6 bis 8 m. Die Murauen lassen einen bedeutenden Zustrom von Grundwasser zur Mur erkennen. Im Leibnitzer Feld liegt 4 bis 6 m mächtiges Grundwasser 2 bis 3 m unter der Oberfläche.

Gegen Radkersburg verringert sich der Grundwasserstand auf 3 bis 4 m, die Mur schneidet stellenweise schon die wasserundurchlässigen Tegel an, so daß große Teile des Grundwassers in die Mur gelangen.

Fast überall erkannte man, daß das Grundwasser allmählich ins Flußwasser gelangt.

Es gibt aber einige Fälle, in denen der Abfluß noch nicht restlos geklärt ist. Im Mur- und Mürztal treten Grundwasserbecken auf, die durch Engen abgeschnürt werden, so daß nur sehr wenig durch die Enge hindurchkommt (Abb. 129).

Wir sehen z. B. solch ein Becken von Frohnleiten bis zur Badlwand, dann vom Südausgang der Badlwand (Peggau) bis Gratkorn und nach der Enge bei Raach das breite Grazer Feld. In diesem Becken liegt ein Grundwasserstand von 10 bis 20 m vor. Es kann dadurch sicher ein Teil des Grundwassers abfließen, der Abfluß für das ganze Becken jedoch ist ungeklärt. Wahrscheinlich ist es dauernd mit Wasser gefüllt, doch finden durch das Zufließen im oberen Teil des Beckens und dem oberflächlichen Abfluß doch so viel Bewegungen statt, daß auch eine Erneuerung des Grundwassers in der Tiefe stattfindet.

3. Der Grundwasserhaushalt

Jedes Grundwasserfeld enthält auf Grund des Porenvolumens eine gewisse Speicherfähigkeit, die nach GRAHAM (1956) als *Höffigkeit* bezeichnet wird. Sie kann ungefähr aus dem Kubikinhalt des mit Wasser gefüllten Grundwasserleiters und dem Porenvolumen berechnet werden.

a) Die Grundwasserfelder erhalten dann stets einen Zufluß durch die versickernden Niederschläge aus dem Einzugsgebiet, der als *Erneuerung* bezeichnet wird.

Der *natürliche Abgang* ist durch den unterirdischen Abfluß gegeben, der meist nicht in Rechnung gestellt wird oder nur in Ausnahmefällen (künstliche Grundwasserabsenkung), weil der Grundwasserspiegel im allgemeinen nur geringe Schwankungen aufweist, die bei Überschlagsrechnungen vernachlässigt werden können.

Von Bedeutung für die Aufstellung des Wasserhaushaltes ist jedoch die künstliche Entnahme durch Brunnen. Im allgemeinen soll nicht mehr entnommen werden als zufließt (als erneuert wird).

Die Höffigkeit. Die Rechnung stellt eine grobe Inhaltsberechnung dar.

Das *Grazerfeld* (ohne verbaute Stadt) nimmt eine Fläche von 131 km² ein. Die Mächtigkeit des Grundwassers beträgt durchschnittlich 15 m, das Porenvolumen kann mit 20% angenommen werden:

$$V = \frac{131\,000\,000 \cdot 15 \cdot 20}{100} = 393 \text{ Mill. m}^3,$$

d. h. das Grazerfeld kann in den Poren 393 Mill. m³ Wasser speichern, d. h. wenn Graz täglich 1000 l/sec verbrauchte, so könnten wir rund 10 Jahre mit dem Vorrat auskommen.

Für das Grundwasserfeld der Mitterndorfer Senke (inneres Wiener Becken) gibt KÜPPER (1954) folgende Zahlen an: Oberfläche 206 km², mittlere Tiefe ± 75 m, Porosität 15%. Es ergibt sich daher ein Wasservorrat von 2,3 Milliarden m³ Wasser.

Für die *Halterner Sande* in der Münsterländer Bucht liegen folgende Zahlen vor (WIEGEL und Erläuterung zu Blatt Münster):

Grundwasseroberfläche 900 km²
durchschnittliche Mächtigkeit 100 m
Porenvolumen 25%

$$\text{Höffigkeit} = \frac{900000000 \cdot 100 \cdot 25}{100} = 22500 \text{ Mill. m}^3.$$

Wenn auch diese Zahlen mit Vorsicht aufzunehmen sind, so geben sie immerhin eine Vorstellung vom möglichen Vorrat.

Schwieriger ist die Speicherfähigkeit in geklüfteten Gesteinen zu erkennen, weil die durch die Klüftung entstandenen Hohlräume selten voll erfaßt werden können. Geklüftete Quarzite (z. B. Taunus-Quarzit) geben bei 1 m Stollenvortreibung und bei einer Überdeckung von 50 bis 100 m etwa 2 m³ Wasser im Tag.

Erneuerung. Einen wichtigen Begriff stellt die *Erneuerung* dar. Sie ist durch den Betrag der Versickerung gegeben, die wieder einen Teil der Regenhöhe darstellt, sie wird meist in l/sec auf 1 km² angegeben.

Obwohl der Versickerungsbetrag im freien Gelände selten genau ermittelt werden kann, die Lysimeterversuche nur Anhaltspunkte geben, so lassen sich doch oft Überschlagsrechnungen ausführen, wenn die Größe des Einzugsgebietes bekannt ist.

Beispiele:	*Münchener Schotterfeld*	1800 km²
	Versickerung	38%
	Niederschlag	900 mm

Auf Grund dieser Zahlen werden dem Schotterfeld im Jahr folgende Wassermengen zugefuhrt:

$$Q = 1800000000 \cdot 342 \text{ l}.$$

Die Erneuerung in l/sec je km² beträgt

$$\text{l/sec} = \frac{1800000000 \cdot 342}{1800 \cdot 360 \cdot 86400} = 11 \text{ l/sec je km}^2,$$

d. h. dem Munchener Schotterfeld werden 11 l/sec je km² Wasser zugeführt.

Für die *Halterner Sande* stellt sich die Erneuerung folgendermaßen:

Einzugsgebiet	900 km²
Niederschläge	600 mm
Versickerung	100 mm

Grundwassererneuerung in l/sec je km² = 3,16.

In der *Kölner Bucht* versickern 120 mm, das sind 4 l/sec je 1 km².

Im *Bereich von Cleve* (Niederrheinisches Tiefland) kommen für die Erneuerung 5,5 l/sec bis 6,5 l/sec je km² in Betracht.

Im *Gebiet der Ems* (850 bis 1000 mm Niederschlagshöhe) gelangen in dem fast abflußlosen Gebiet 300 mm zur Versickerung, das sind 10 l/sec je km².

Grazer Feld	131 km²
Niederschlag	970 mm (1958)
Versickerung	388 mm (rund 390 mm)

Erneuerung auf 1 km² 12 l/sec.

Der Erneuerungsbetrag durch die Niederschläge gibt nun ungefähr den Wert an, welche Wassermenge entnommen werden kann.

Zum Beispiel *Halterner Sande:*

Einzugsgebiet 900 km², Niederschlag 750 mm, Versickerung 150 mm; daraus ergibt sich

Jährliche Erneuerung auf 900 km²	135000 km³
Jährlicher Verbrauch	56900 km³
Überschuß	78100 km³.

Es besteht demnach ein Überschuß von 78100 km³/Jahr.

Ist jedoch der Verbrauch größer als die Erneuerung, dann geht entweder der Vorrat (Höffigkeit) mit der Zeit zurück, oder es bestehen andere Zuflüsse (z. B. Flußwasser, Karstwasser).

Sehr häufig wird der Grundwasserhaushalt mit Hilfe der Darcyschen Formel entwickelt, wodurch aber oft übertriebene Vorstellungen für die Entnahme entstehen.

$$Q = p \cdot F \cdot v.$$

Ein Beispiel von Worsch (1963): Fohnsdorfer Raum.

p = Porenziffer 0,3
F = Querschnittsfläche des Grundwasserstromes 7950 m²
v = Geschwindigkeit = 6 m/Tag

$$Q = 0{,}3 \cdot 7950 \cdot 6 = 14310 \text{ m}^3,$$

d. h. durch diesen Querschnitt fließen 14310 m³/Tag, das sind 1601 l/sec.

Die Erneuerung beträgt auf der 3 km² großen Grundfläche bei 800 mm jährlichem Niederschlag und 118,4 mm Versickerung (= 14,8%) demnach 3,7 l/sec je km², nachdem 3 km² Einzugsgebiet zur Verfügung stehen, ist mit einer Erneuerung von 11,1 l/sec zu rechnen. In diesem Raum werden jedoch rund 30 l/sec verbraucht. Obwohl große Vorräte vorliegen, kann also die Erneuerung nicht den Bedarf decken; es müssen daher Zuflüsse von der Mur und der Pöls angenommen werden.

Für das gesamte Aichfeld (Oberfläche = 30 km²) errechnet Worsch ein Grundwasserangebot von 700 l und schätzt das Gesamtangebot auf 1000 bis 1200 l/sec. Der Verbrauch in diesem Raum beträgt 120 bis 140 l/sec. Worsch nimmt daher an, daß noch beträchtliche Mengen ungenützt bleiben. Betrachtet man jedoch die Erneuerung auf der 30 km² großen Fläche, so beträgt diese 110 l/sec. Da der Grundwasserspiegel in diesem Gebiet keine merklichen Änderungen zeigt, so kommt man zum Ergebnis, daß die Entnahme durch die Niederschläge nicht gedeckt wird, sondern daß Zuflüsse von der Mur, der Pöls und von den benachbarten Hängen erfolgen. Auf keinen Fall dürfen diese Zahlen über das Grundwasserangebot (1000 bis 1200 l/sec) zur gleichen Entnahme verleiten, denn auch die Zuflüsse von den Flüssen sind beschränkt.

4. Absenkungen und Hebungen des Grundwassers

Absenkungen. Außer den normalen Grundwasserschwankungen stellen sich manchmal dauernde oder zeitweise Absenkungen des Grundwassers ein.

Diese können durch natürliche oder künstliche Eingriffe in den Boden entstehen.

Durch *natürliche Eingriffe* entwickeln sich Absenkungen, wenn die Sohle eines Flusses durch die Erosion vertieft wird. Solche Sohlvertiefungen wurden besonders vom Rhein, von der Elbe und von der Oder bekannt. So wurde der Rhein bei Düsseldorf von 1845 bis 1930 jährlich um 2,4 cm vertieft, von Kehl bis Mannheim um 0,2 bis 1,5 m; die Oder um Breslau von 1810 bis 1910 um 2 m. Die Erosion kann auch durch Begradigungen von Flüssen ausgelöst werden.

Meist jedoch treten Absenkungen durch *künstliche Eingriffe* in den Boden auf. So können Schiffahrtskanäle, Werkskanäle, Mühlgänge, wenn sie ins Grundwasser einschneiden, eine Absenkung verursachen, welche sich in der Nachbarschaft in Brunnen auswirkt. Der Mittellandkanal rief Absenkungen bis 175 cm hervor.

Großbrunnen bewirken oft einen großen Absenkungstrichter, dessen Radius bis 500 m beträgt. Liegen in diesem Bereich kleinere Brunnen, so wird deren Ergiebigkeit beeinflußt.

Ebenso kann das Auspumpen von Baugruben, die ins Grundwasser reichen, zeitweise bedeutende Absenkungen hervorrufen.

In Bergbauen ist man oft gezwungen, um Kohlenflöze unter dem Grundwasserspiegel abbauen zu können, diesen durch Pumpung abzusenken. Die Auswirkungen auf die Nachbarschaft sind dabei in Betracht zu ziehen.

Grundwasserhebungen. Vorübergehende Erhöhungen des Grundwasserspiegels entstehen meist durch Anstieg des Flußwasserspiegels, dauernde bilden sich jedoch, wenn die Flußsohle durch Ablagerung von Lockermaterial erhöht wird.

Unsere Alpenbäche bringen nach heftigen Niederschlägen unglaublich viel Lockermaterial mit, das streckenweise meterhohe Aufschüttungen bildet, in denen der Fluß ein neues Bett einschneidet, das aber meist höher liegt als vorher. Damit ist eine Erhöhung des Grundwasserspiegels verbunden.

Besonders unangenehm wirken sich diese Anschwemmungen an der Einmündung der Flüsse in Seen und in das Meer aus. Die Lockermassen des Deltas wachsen rasch in die Höhe, so daß der Grundwasserspiegel bis an die Oberfläche ansteigt. Diese Veränderungen erkannte man an der Einmündung des Rheins in den Bodensee.

Besonders großes Ausmaß zeigen die Erhöhungen des Grundwassers an den Deltas der großen Flüsse (z. B. Rhein, Oder, Po, Wolga, Mississippi). Die Verbauungen können selten einen Dauerzustand herstellen, sondern bedürfen ständiger Erneuerungen, weil immer wieder neues Lockermaterial zugeführt wird.

Künstliche Stauungen von Flußwasser führen ebenfalls oft zu einer Erhöhung des Grundwasserspiegels, die jedoch mit der Zeit wieder zurückgeht oder nur auf eine kleine Fläche in der unmittelbaren Nähe des Staus beschränkt bleibt.

Vielfach können auch Katastrophen, wie Bergstürze, Muren, Rutschungen, eine Erhöhung des Grundwasserspiegels bewirken.

5. Uferfiltriertes Wasser

Wie die Hydro-Isohypsen zeigen, kann Flußwasser ins Grundwasser gelangen. Dies kann ein Dauerzustand, oft aber auch nur ein vorübergehender sein, z. B. bei Hochwasser, künstlichen Stauungen (Wehranlagen, Stauwerke).

WECHMANN (1965) bezeichnet das Wasser, das vom Fluß ins Grundwasser zieht, als *Seihwasser*. Ich halte diese Bezeichnung nicht für notwendig, genau so wenig wie die Bezeichnung *Sinkwasser* für jene Wässer, die in Spalten und Klüften versickern.

Solange das Flußwasser rein ist, haben diese Vermengungen auf die Beschaffenheit des Grundwassers wenig Einfluß, denn die Sand-Schotterschicht bewirkt stets eine gewisse Seihung; wenn jedoch die Flüsse verschmutzt sind, was leider heute vielfach der Fall ist, können die Sande und Schotter diese Verunreinigungen nicht mehr zurückhalten, und es besteht große Gefahr für das Grundwasser.

Es ist daher wichtig, die Zusammenhänge zwischen Flußwasser und Grundwasser rechtzeitig zu erkennen. Hierzu verhelfen vor allem die Hydro-Isohypsen.

Auch rechnerisch kann der Zufluß von Flußwasser (Karstwasser) ins Grundwasser ermittelt werden. Wenn z. B. der Betrag für die Erneuerung aus dem Einzugsgebiet kleiner ist als die Entnahme, so kann man, vorausgesetzt daß der Grundwasserspiegel gleichbleibt, auf die Speisung von anderen Wasserspendern rechnen, z. B. Flußwasser, Karstwasser.

Anhaltspunkte geben auch die *Temperaturmessungen* in Brunnen, die vom Fluß verschieden weit entfernt sind. Ist das Flußwasser kälter als das Grundwasser (z. B. im Winter), so stellen sich in der uferfiltrierten Zone Mischtemperaturen ein. Im Sommer, wo das Flußwasser meist wärmer ist als das Grundwasser. kann man einen Temperaturabfall vom Grundwasser zum Flußwasser feststellen.

Sehr wertvolle Angaben liefern aber chemische und *biochemische Untersuchungen*. Das verschmutzte Flußwasser, das mit dem Grundwasser in Berührung kommt, verändert oft den Chemismus des letzteren.

Nöring (1954) berichtet darüber. Wenn Flußwasser ins Grundwasser gelangt. so entsteht am ufernahen Streifen eine *Mischzone*, die je nach den Spiegelunterschieden und der Durchlässigkeit verschiedene Breite besitzt

Im Wasserwerk I der Stadt Hanau am Main bestand 50 m vom Fluß entfernt eine Brunnenreihe mit einem Grundwasserstrom, der zum Main hinfloß. Er enthielt etwas Eisen und Mangan. Um das Jahr 1920 wurde im Main in unmittelbarer Nähe eine Staustufe errichtet, wodurch das Flußwasser ins Grundwasser eindrang. In den Brunnen nahm nun der Eisen- und Mangangehalt des Wassers zu, so daß sie stillgelegt werden mußten.

Recht deutlich ersah man den Zusammenhang des Grundwassers mit dem Flußwasser auf einer 0,5 km² großen Insel im Rhein zwischen Mainz und Wiesbaden. Ein Horizontalbrunnen in 8,70 m Tiefe wurde hauptsächlich von infiltriertem Rheinwasser gespeist, wie folgende Analysen zeigen:

(Nach Nöring)	Rhein	Brunnen
Fe	1 mg/l	2 mg/l
Mn	0	0,3 mg/l
$KMnO_4$-Verbrauch	19 mg/l	11 mg/l
Karbonathärte	7,7° dH	10,4° dH
Nichtkarbonathärte	2,1° dH	2,6° dH

Mit Hilfe biochemischer Methoden lassen sich Zusammenhänge ermitteln. Im Flußwasser sind oft verschiedene Bakterien, Algen, Protozoen enthalten, die als Saprobien (Fäulniserreger) zusammengefaßt werden. Gelangen diese ins Grundwasser, so kann auf Zusammenhänge geschlossen werden.

6. Grundwasseranreicherungen

Es kommt leider vielfach vor, daß mehr Grundwasser entnommen wird, als zufließt; der Grundwasserspiegel sinkt und der Wasservorrat geht zurück.

Um nun die Ergiebigkeit wieder zu vergrößern, läßt man Flußwasser in den Untergrund versickern. Es muß vor allem getrachtet werden, daß man schlammfreies Wasser zur Versickerung bringt, denn sonst werden die Poren rasch verstopft, und die Wirkung geht verloren. Meist wird das Wasser vorher einer mechanischen Filtrierung unterzogen.

Die Versickerung kann in Brunnen oder in breiten flachen Becken erfolgen.

Bei der Anlage der künstlichen Versickerung ist die Lage des Brunnens zu den Versickerungsstellen zu beachten. Die Hydro-Isohypsen und die Strömungsrichtungen geben ein Bild, ob das Wasser von der Versickerungsstelle auseinander- oder zusammenströmt. Die Auswirkungen sind daher zu überlegen. Gehen die Strömungsrichtungen vom Versickerungsbecken zum Entnahmebrunnen auseinander, so können große Wasserverluste auftreten.

Wirkungsvolle Anreicherungen legte man in der Hütte Braunschweig an. Entlang des kleinen Flusses Oker hob man eine Reihe von flachen Becken, jedes 10 m $\times$ 20 m, aus und leitete das Wasser ohne wesentliche Klärung ein. Zwischen den Becken errichtete man in ebenso langen Reihen die Brunnen normaler Bauart.

In Holland leitete man das Wasser des Leek bis an die Dünen und brachte es zur Versickerung, so daß man ergiebige Brunnen erhielt.

In Los Angeles verbrauchte man derart viel Grundwasser, daß salziges Meerwasser in dasselbe eindrang. Man brachte nun Flußwasser aus dem Gebirge in einem Streifen zur Versickerung (5000 m^3/Tag). Das Meerwasser wurde zurückgedrängt und die Ergiebigkeit erhöht. (Georg Beurle: Grundwasseranreicherung. GWW 1959, 1958.)

Bei der Versickerung sind jedoch zu beachten:

a) Die versickernden Wassermengen sollen zum Brunnen möglichst konzentriert hinströmen und sich nicht allzu sehr in die Breite verteilen, denn sonst wirkt sich die Versickerung nicht aus. Die Hydro-Isohypsen sind genau zu konstruieren und die Strömungsrichtung abzuleiten.

b) Die durch den Bach mitgeführten Feinteilchen (Schlamm — Ton), besonders bei Hochwasser (braunes Wasser), bilden mit der Zeit am Boden der Versickerungsanlage eine wasserundurchlässige Schicht, die zeitweise abgehoben werden muß.

c) Da die Seihung im Grundwasserleiter nie eine sichere ist, so ist das Wasser ständig einer hygienischen Prüfung zu unterziehen.

d) Die Versickerungsanlage ist einzufrieden, so daß weder Menschen noch Tiere (Tränke) dazukommen.

Der Bach, welcher der Versickerung zugeführt wird, darf nicht für die Ableitung von Abwässern benützt werden.

7. Grundwasserstockwerke

Unter Grundwasserstockwerken versteht man Grundwasser führende Horizonte in verschiedenen Tiefen, die durch wasserundurchlässige Schichten getrennt sind (Abb. 130).

Solche Grundwasserstockwerke findet man in eiszeitlichen Ablagerungen, besonders dort, wo Geschiebelehme mit Moränen wechsellagern. Sie stellen sich häufig in tertiären Ablagerungen (z. B. Pliozän der Oststeiermark) ein.

Im Pliozän der Oststeiermark wechseln ständig lehmig-tonige Ablagerungen mit Sand-Kieshorizonten, die am Hang zu Quellaustritten Anlaß geben (Abb. 130a).

Es liegen in diesem Profil drei wasserführende Horizonte übereinander. Wenn auch die Speicherung in den einzelnen gering ist, weil das Grundwasser an den Hängen als Quellen austritt, so sammelt sich in jedem Wasser an, das durch Brunnen gewonnen werden kann.

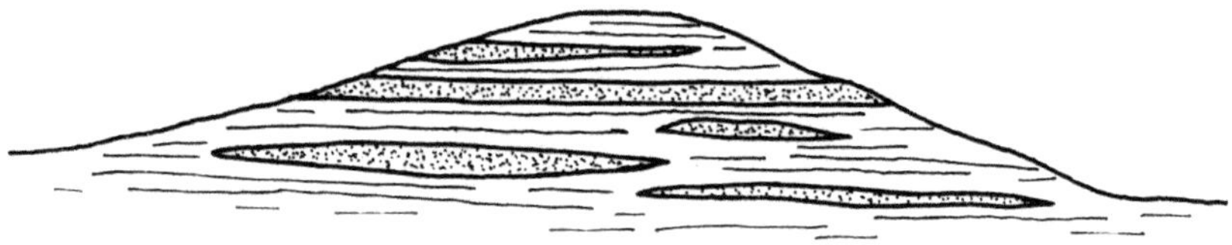

a

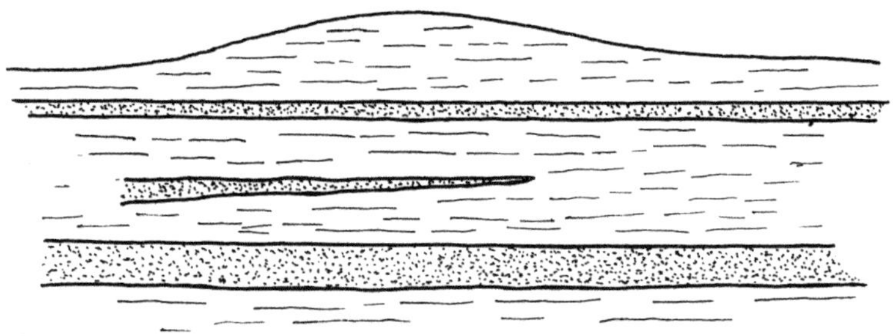

b

Abb. 130. Grundwasserstockwerke; a) über dem Talboden, b) unter dem Talboden

Bessere Grundwasserverhältnisse stellen sich ein, wenn die wasserführenden Horizonte unter dem Talboden liegen (Abb. 130b).

Bekannt ist das Profil von Fürstenfeld, wo man bis 245 m Tiefe 3 Grundwasserhorizonte angetroffen hat, die für die Wasserversorgung der Stadt herangezogen werden.

Fast bei allen Bohrungen in der Oststeiermark kann man mehrere Grundwasserstockwerke antreffen, doch nicht alle liefern genügend Wasser; deshalb ist man vielfach gezwungen, mehrere Horizonte zu erfassen. Dies hat bei größerer Tiefe den Nachteil, daß die Temperatur von 15 bis 18° für Trinkwasser nicht mehr angenehm ist.

V. Gespanntes Grundwasser

1. Definition

Gespanntes Grundwasser bildet sich in wasserführenden Schichten, die in ihrer ganzen Mächtigkeit vom Wasser erfüllt und von wasserdurchlässigen Schichten über- und unterlagert sind; sie stehen demnach unter Druck (Abb. 131).

Wird eine solche Schicht durch eine Bohrung aufgeschlossen, so steigt das Wasser höher als die Deckschicht. Es kann sogar über Tage austreten und meterhoch wie ein Springbrunnen aufsteigen.

Das gespannte Wasser wird artesisches Wasser genannt. Dieser Name stammt von der französischen Provinz *Artois*, wo im Jahre 1126 im Kloster Lilles zum erstenmal in Europa ein Brunnen mit solchem Wasser gegraben wurde. Doch schon die alten Ägypter, 2000 bis 3000 Jahre v. Chr. gruben 200 bis 300 m tiefe Brunnen, in denen Wasser emporstieg.

Sind im Grundwasserleiter undurchlässige Schichten (Tone, Mergel) eingelagert, so steht das darunterliegende Wasser unter Druck, es entsteht gespanntes Wasser. Hier herrschen die gleichen Verhältnisse wie auf einem Schiff: durchbohrte man den Schiffsboden und setzte ein Rohr ein, so stiege das Wasser bis zum freien Wasserspiegel.

Gespanntes Wasser findet man in den verschiedensten Gesteinen. Sehr häufig treten sie in Schichtpaketen auf, die aus tonig-mergeligen Ablagerungen mit sandig-kiesigen Einlagerungen bestehen. Sie kommen auch in Hartgesteinen vor, wenn die Klüfte mit Wasser gefüllt und von wasserundurchlässigen Schichten (z. B. Tonschiefer) unter- und überlagert sind.

2. Begriffe

Die Höhe, bis zu der das Grundwasser steigt, wird *Druckspiegel* oder *piezometrischer Spiegel* genannt (Abb. 131). Dieser kann unter der Oberfläche liegen und wird dann als negativer Druckspiegel bezeichnet; liegt er jedoch über der Oberfläche, so spricht man von einem positiven.

Die Höhe des Druckspiegels ist der Abstand von der obersten Fläche des Grundwasserträgers bis zur Steighöhe. Er kann in Metern gemessen werden, wobei man aber bei positivem Druckspiegel das Rohr so weit verlängert, bis das Wasser nicht mehr ausfließt.

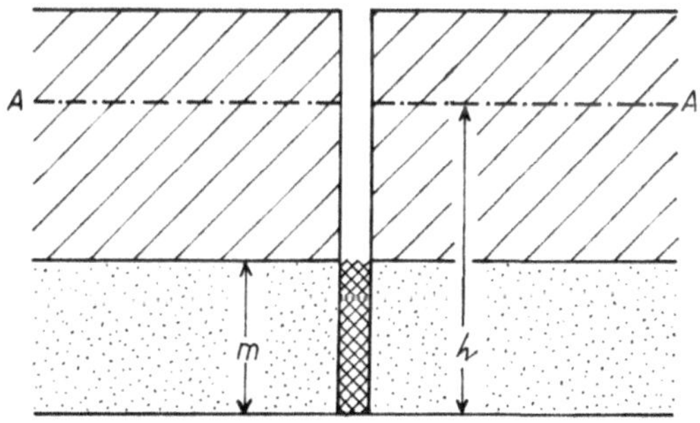

Abb. 131. Gespanntes Grundwasser — Grundbegriffe; *A* – *A* Piezometrisches Niveau, *h* Höhe der Druckspannung, *m* Mächtigkeit der wasserführenden Schicht

Meist mißt man den Druckspiegel mittels eines Manometers, das man in jeder beliebigen Stelle des Steigrohres anbringen kann. Jede Atmosphäre entspricht einem Wasserdruck einer 10 m hohen Wassersäule. Besitzt man von einem Grundwasserfeld genügend Bohrungen, so kann man eine *Drucklinienkarte* zeichnen. In dieser werden die Punkte gleicher Druckhöhe durch Linien verbunden. Diese Karten können leider nur selten angelegt werden, weil meist die entsprechende Anzahl von Bohrungen bzw. Brunnen fehlt. Liegen aber solche vor, lassen sich oft wichtige Schlüsse über die Strömungsrichtung, über Änderung der Durchlässigkeit und über die Abflußrichtung ziehen.

3. Die Lagerungsformen, die gespanntes Wasser bedingen

Keilhack bringt in seiner Grundwasserkunde die wichtigsten Möglichkeiten, die hier kurz wiedergegeben werden.

a) Mulden

Gespanntes Wasser erscheint, wenn die grundwasserführende Schicht *mulden- oder schüsselförmig* gelagert ist. Es können in der Tiefe auch mehrere Grundwasser führende Horizonte — also Grundwasserstockwerke — auftreten (Abbildung 132).

Die artesischen Brunnen im Pariser Becken finden in der breiten Muldenform ihre Erklärung. In ähnlicher Stellung befinden sich viele Brunnen im Londoner und Moskauer Becken.

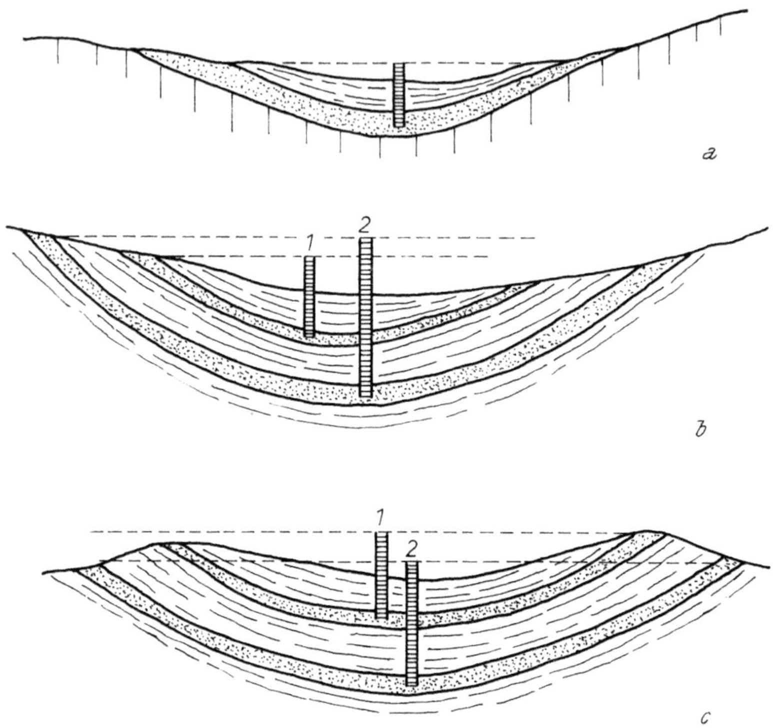

Abb. 132. Gespanntes Grundwasser entsteht in muldenformig gelagerten Schichten; a) mit einer wasserführenden Schicht, b) mit zwei wasserfuhrenden Schichten (Stockwerke)

Doch ist dieser Idealfall selten verwirklicht, es stellen sich oft Unregelmäßigkeiten ein. Auskeilende Schichten und Grundwasserstockwerke treten auf, auch andere tektonische Formen (sekundäre Faltungen, Brüche usw.) beeinflussen oft die Wasserführung.

Liegen Grundwasserstockwerke vor, also zwei oder mehrere grundwasserführende Horizonte, so ist die Steighöhe der einzelnen verschieden. Sie hängt von der Höhenlage des Einzugsgebietes ab.

Im Falle Abb. 132b wird das Wasser des tieferen Horizontes höher steigen als das des höheren, weil die tiefere Schicht in höhere Lagen ausbeißt als die hangende. Erbohrt man jedoch beide Horizonte, so wird das Wasser eine Mittelstellung zwischen den beiden Druckspiegeln einnehmen. Im Falle Abb. 132c wird das Grundwasser im obersten Horizont höher steigen als im tieferen. Werden beide Stockwerke erbohrt, so bleibt der Druckwasserspiegel gleich.

Unangenehme Überraschungen können sich jedoch einstellen, wenn die Grundwassersohlen nicht vollständig wasserundurchlässig sind, sondern stellenweise Verluste durch Versickerung eintreten; dann kann es zu Druckverminderungen kommen.

b) Flexuren

Flexurartige Verbiegungen können zur Bildung gespannten Wassers führen (Abb. 133). Wird solch ein Horizont angeschnitten, so fließt das Wasser unter

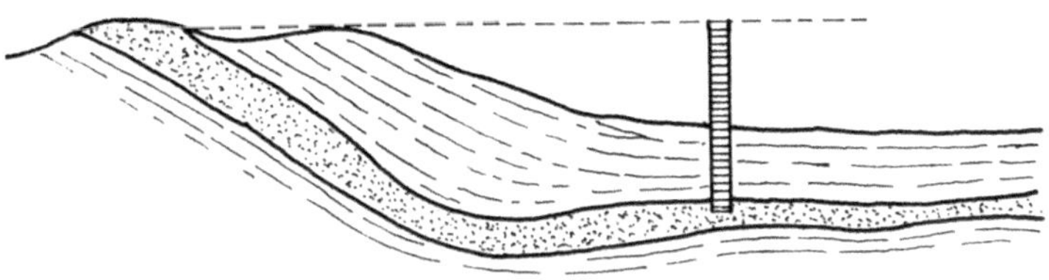

Abb. 133. Flexuren erzeugen gespanntes Grundwasser

Druck aus. Die Drucklinie ist aber selten eine Horizontale, sondern meist eine abfallende Linie, denn die wasserführende Schicht ist am unteren Ende nur in wenigen Fällen geschlossen wie in einem kommunizierenden Gefäß, sondern offen, so daß durch den Abfluß eine Druckverminderung eintritt.

Ein besonders eindrucksvolles artesisches Wasser, das durch tektonische Flexuren entsteht, findet sich in Dakota (Nordamerika). Die porenreichen Sande und Sandsteine im Felsengebirge bringen es bis in die 500 km südlich gelegene Ebene von Dakota, wo zahlreiche Brunnen erbohrt wurden, die große Mengen gespannten Wassers oft meterhoch emporschleudern.

c) Geneigte Schichten

Gespanntes Wasser entsteht auch bei geneigten Schichten (Abb. 134). Die Druckhöhe hängt von der Lage des Grundwasserspiegels im Einzugsgebiet ab. Sinkt dieser, stellt sich in den Brunnen eine Druckverminderung ein.

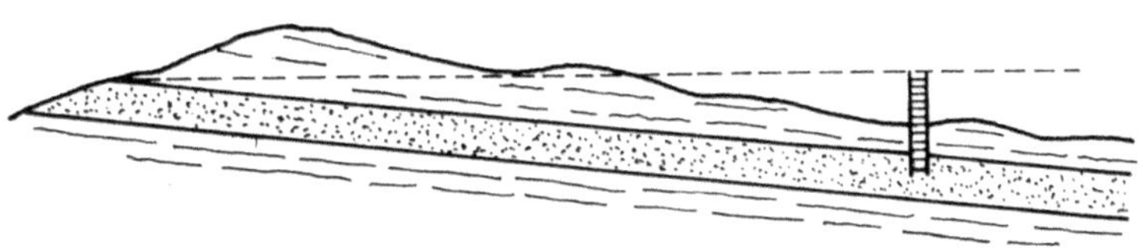

Abb. 134. Geneigte Schichten erzeugen gespanntes Grundwasser

Die Druckwirkung hängt auch von der Beschaffenheit des Endes der wasserführenden Schicht ab. Besteht ein Abfluß, so zeigt sich eine abfallende Drucklinie. Ist jedoch das Ende geschlossen (auskeilende Lage), so tritt die Wirkung eines kommunizierenden Gefäßes ein, und es bildet sich ein horizontaler Druckspiegel, der jedoch selten mit vollständiger Klarheit aufscheint. Solchem gespannten Grundwasser begegnet man häufig im Tertiär der Oststeiermark.

d) Einlagerungen von Kies- und Sandlinsen

Auch Einlagerungen von Sand- und Kieslinsen in tonigen Schichten können gespanntes Wasser erzeugen (Abb. 135). Sie besitzen verschiedene Ausmaße in der Mächtigkeit und in der horizontalen Verbreitung und weisen verschiedene Ergiebigkeiten und Druckhöhen auf. Man ist selten über die Größe dieser Linsen genau orientiert, da gewöhnlich entsprechende Bohrungen fehlen; auch über die Herkunft des Wassers (Einzugsgebiet) bestehen vielfach Unklarheiten.

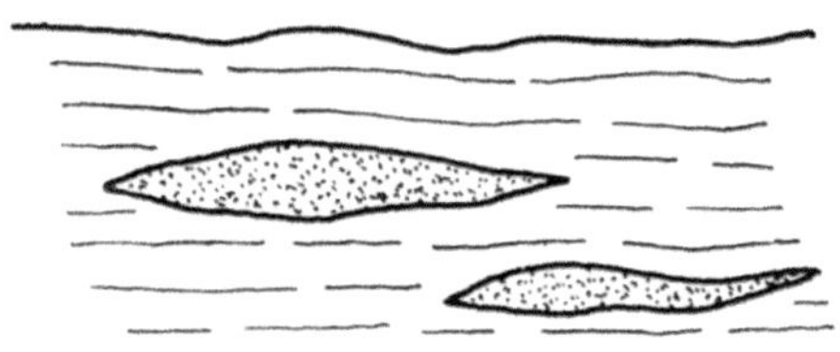

Abb. 135. Wasserführende Linsen in wasserundurchlässigen Schichten enthalten gespanntes Wasser

e) Eingeschwemmte Hanglehme

Am Rande eines Grundwasserfeldes stellen sich oft Einlagerungen von eingeschwemmten oder eingerutschten Hanglehmen ein, die verzahnt in den Tal-

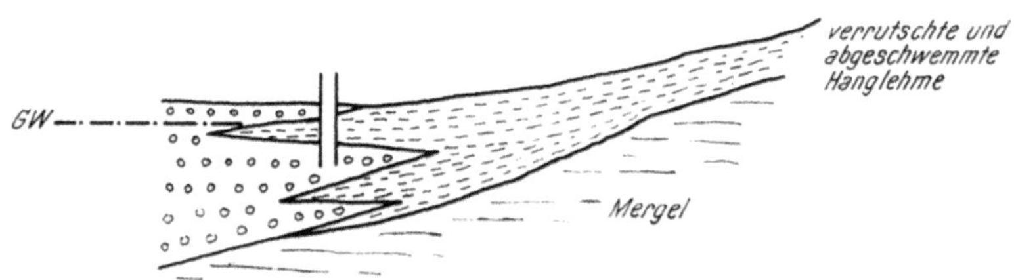

Abb. 136. Verrutschte Hanglehme im Talschutt bedingen gespanntes Grundwasser

schutt eingreifen (Abb. 136). Durchbohrt man am Rand des Schotterfeldes die Hanglehme, so geben die darunter liegenden Schotter-Sande oft artesisches Wasser mit geringer Druckhöhe. Solche Fälle finden sich am Südrand des Laßnitztales, östlich von Deutschlandsberg.

f) Anlagerungen von Hanglehmen

Auch durch Anlagerungen von Hanglehmen, welche die Wasseraustritte von wasserführenden Schichten überdecken, entsteht gespanntes Wasser (Abb. 137).

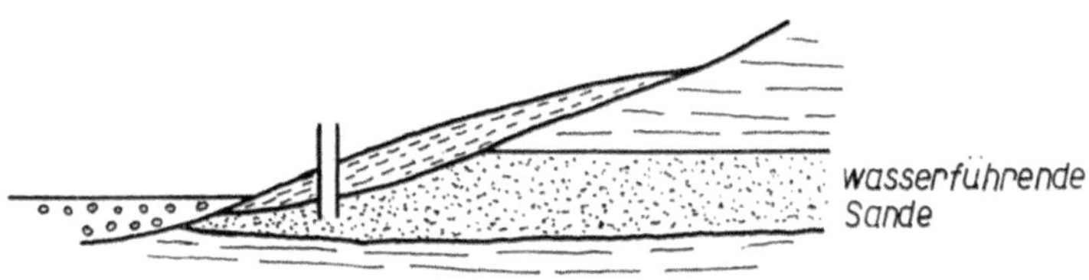

Abb. 137. Anlagerungen von Hanglehmen führen zur Bildung von gespanntem Grundwasser

Durch die Anlagerung wird der Austritt verhindert und das Wasser unter Druck gesetzt, der es bei einer Bohrung emporhebt.

4. Die Ergiebigkeit des gespannten Grundwassers

a) Messen der Ergiebigkeit

Die aus einem artesischen Brunnen ausfließende Wassermenge wird in l/sec angegeben. Steigt es bis an die Oberfläche, so wird das aus dem Rohr ausfließende Wasser gemessen. Handelt es sich aber um Wasser mit negativem Druckspiegel, dann wird die Ergiebigkeit durch einen Pumpversuch festgestellt. Man pumpt so viel Wasser ab, bis im Grundwasserspiegel ein Beharrungszustand eintritt. Die abgepumpte Menge wird gemessen, wobei gleichzeitig die Absenkung des Spiegels zu ermitteln ist; z. B. Ergiebigkeit 5 l/sec bei einer Spiegelabsenkung von 3,6 m.

b) Abhängigkeit der Ergiebigkeit

Die Ergiebigkeit ($= Q$) eines Brunnens mit gespanntem Wasser hängt besonders von der Mächtigkeit der wasserführenden Schicht ($= m$), von der Höhe der Absenkung ($= S$) und vom k-Wert ab, wie aus folgender Formel hervorgeht:

$$Q = \frac{2{,}73\,kmS}{\log R - \log r}.$$

R stellt die Reichweite des Absenkungstrichters dar, d. h. bis zu welcher Entfernung das normale piezometrische Niveau durch die Entnahme beeinflußt wird (Abb. 131). Um also R zu bestimmen, müßten im Umkreis entsprechende Bohrungen niedergebracht werden, aus denen man die Auswirkung der Absenkung ablesen kann. Solche Bohrungen werden selten durchgeführt, weil sie wegen des tiefliegenden Grundwasserleiters zu teuer kommen. Es lassen sich Annäherungswerte gewinnen, wenn in der Nähe mehrere artesische Brunnen liegen, die den gleichen Horizont erfassen.

Wir ersehen aus dieser Formel, daß die Ergiebigkeit um so größer ist, je größer der k Wert, die Mächtigkeit der wasserführenden Schicht und die Absenkung ist.

Der k-Wert hängt wesentlich von den Korngrößen und dem Porenvolumen ab. In einer wasserführenden Schicht mit gespanntem Wasser treten häufig Änderungen in der Korngröße auf. Es stellen sich Übergänge von Feinkorn in Grobkorn ein und umgekehrt. Damit ändern sich die Druckverhältnisse und die damit zusammenhängende Ergiebigkeit. Tritt das gespannte Wasser von feinkörnigen Ablagerungen mit kleinem k-Wert in grobkörnige mit großem k-Wert ein, so vermindert sich die Druckhöhe und damit die Ergiebigkeit. Im umgekehrten Falle (grob — feinkörnig) erhöht sich der Druck und auch die Ergiebigkeit.

Änderungen im Druck und in der Ergiebigkeit treten auch bei Mächtigkeitsänderungen der wasserführenden Schicht ein. Fließt das gespannte Wasser von einer geringmächtigen Schicht in eine mit größerer Mächtigkeit, so tritt eine Druckabnahme ein und im umgekehrten Falle eine Druckzunahme.

c) Ursachen der Ergiebigkeitsverminderung

Vielfach zeigen die artesischen Brunnen mit der Zeit ein *Nachlassen der Ergiebigkeit*. Dies kann verschiedene Ursachen haben.

α) Gespannte Wasserhorizonte haben ein *Einzugsgebiet*, von dem aus die Niederschläge versickern, und die Erneuerung des Vorrates erfolgt. Da die Strömungsgeschwindigkeiten meist sehr gering sind, geht die Erneuerung sehr langsam vor sich. Wird nun aus dem Brunnen mehr Wasser entnommen als zufließt, so sinkt der Grundwasserspiegel im Einzugsgebiet, und es stellt sich eine Druckverminderung ein (Abb. 138). Das Wasser im Brunnen wird daher ein Absinken der Druckfläche zeigen. Das erweckt den Anschein, daß die Ergiebigkeit zurückgegangen ist. In Wirklichkeit ist die wasserführende Schicht im Bereich des

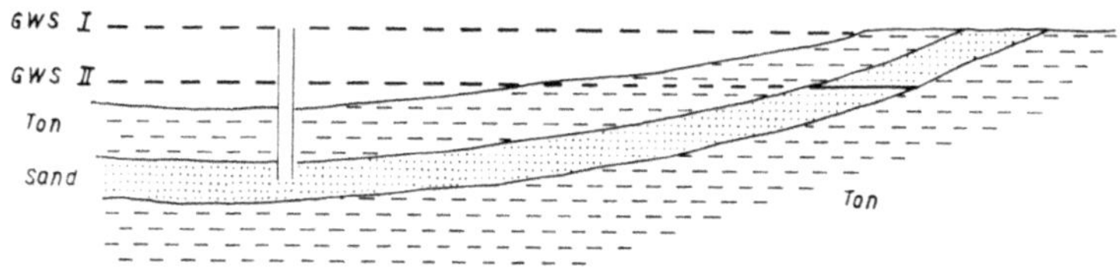

Abb. 138. Das Absinken des Grundwasserspiegels im Einzugsgebiet verursacht eine Druckverminderung

Brunnens genauso mit Wasser gefüllt wie vorher. Man erhält daher wieder die gleiche Menge, jedoch in einer tieferen Lage. Wohl aber läßt die Druckverminderung auf ein Nachlassen des Gesamtwasservorrates schließen.

β) *Beeinflussung artesischer Brunnen untereinander.* Es ist eine bekannte Tatsache, daß ein bestehender Brunnen durch einen neuen in seiner Ergiebigkeit geschwächt werden kann.

Besonders auffallend war diese Erscheinung im Pariser Becken. Der im Jahre 1842 in Grenelle bei Paris errichtete 500 m tiefe artesische Brunnen lieferte ständig — unabhängig von Niederschlägen — 907 m^3/Tag = rund 10 l/sec. Im Jahre 1961 wurde in 3 km Entfernung in Passy eine zweite Bohrung in denselben Horizont niedergebracht, die ebenfalls beträchtliche Mengen artesisches Wasser ergab; doch schon einen Tag darauf sank die Ergiebigkeit des Brunnens in Grenelle auf 806 m^3/Tag und nach weiteren zwei Monaten gar auf 662 m^3/Tag. Als man den Brunnen in Passy sperrte, stellte sich wieder die alte Ergiebigkeit ein.

Die Beeinflussung eines artesischen Brunnens durch einen anderen ist aus vielen Gegenden bekannt. Die Leute helfen sich dadurch, daß sie entweder den Auslaufhahn tiefersetzen oder bei negativem Druckspiegel die Pumpe tiefer hängen. Es handelt sich in diesen Fällen meist um ein Nachlassen der Druckhöhe, das sich auf die Nachbarbrunnen auswirkt.

Besonders deutlich kam die Beeinflussung durch einen neuen artesischen Brunnen in *Gleisdorf* und Feldbach zur Auswirkung. Durch den Pumpversuch in Gleisdorf erhielt man eine Ergiebigkeit von 12 l/sec bei einer Spiegelabsenkung von 8 m, die sich auf die benachbarten alten artesischen Hausbrunnen im Umkreis von 200 bis 300 m auswirkte, d. h. der Druck reichte in den alten Brunnen nicht mehr aus, das Wasser so hoch emporzupressen, daß es mit den alten Pumpen gehoben werden konnte. Nach Beendigung der Probepumpung stellte sich wieder der alte Zustand ein.

Eine ähnliche Auswirkung verursachte die Probepumpung in *Feldbach,* bei welcher nach 22 l/sec Entnahme eine Absenkung von 12 m eintrat, so daß alle Brunnen im Umkreis bis 400 m Entfernung betroffen wurden. Als man die Entnahme auf 15 l/sec bei einer Spiegelabsenkung von 8 m einstellte, war für die anderen Brunnen der alte Zustand wieder hergestellt.

Es erhebt sich daher immer wieder die Frage, wie weit sollen die artesischen Brunnen entfernt sein, daß sie sich nicht gegenseitig beeinflussen. Die Frage läßt sich theoretisch mit der oben angeführten Formel lösen, indem man R ausrechnet. Sie müssen so weit entfernt sein, daß sich die abgesenkten Druckspiegel (Absenkungstrichter) nicht berühren. Nur ist diese Rechnung selten ausführbar, weil die entsprechenden Werte fehlen.

Um daher zu brauchbaren Ergebnissen zu kommen, empfiehlt es sich, die Erfahrungen an den bestehenden Brunnen auszuwerten und durch entsprechende Pumpversuche, Drosselungen von Brunnen mit positivem Druckspiegel und durch Messen der Druckhöhe brauchbare Werte zu erhalten.

5. Höffigkeit, Erneuerung und Einzugsgebiet

Die Schicht mit gespanntem Wasser hat einen bestimmten Inhalt, der durch das Porenvolumen gegeben ist und als *Höffigkeit* bezeichnet wird. Diese ist selten in Zahlen ausdrückbar, weil die entsprechenden Angaben fehlen.

Die meisten gespannten Grundwasserhorizonte haben ein Einzugsgebiet und einen Abfluß. Im *Einzugsgebiet* erfolgt durch die versickernden Niederschläge die Erneuerung. Entnimmt man aus diesem Horizont Wasser, so wird die Wassermenge verringert, die jedoch durch die Erneuerung wieder ersetzt wird. Es wird lediglich eine geringe Druckverminderung eintreten, die jedoch gleichbleibt, solange die Erneuerung gleich der Entnahme ist. Wird aber mehr Wasser entnommen als zufließt (erneuert wird), tritt eine Druckverminderung ein, aber keine Ergiebigkeitsabnahme, d. h. im Bereich der artesischen Brunnen sind die Schichten noch voll mit Wasser; es steht noch genügend Wasser zur Verfügung, doch der Grundwasserspiegel im Einzugsgebiet sinkt ab, weil mehr entnommen wird als zufließt. Die Druckabnahme besagt demnach, daß die Gesamtwassermenge zurückgeht.

Für ein Gebiet mit artesischen Brunnen ist daher die Größe des Einzugsgebietes von besonderer Bedeutung; je größer dieses ist, desto größer ist die Erneuerung und um so mehr Wasser kann entnommen werden.

Die *Bestimmung und Abgrenzung des Einzugsgebietes* bereitet jedoch oft große Schwierigkeiten, weil die Verbindung der Entnahmestelle mit dem Einzugsgebiet nicht immer ersichtlich ist. Die Grundlage bilden geologische Karten, aus denen der Schichtbestand, die Stratigraphie, die Petrographie und die Lagerung erkannt werden können. Aus den Angaben des Bohrprofils ergibt sich oft die Möglichkeit, die Verbindung mit den Schichten im Einzugsgebiet herzustellen. So konnte man im *Pariser Becken,* wo der Schichtbestand und die muldenförmige Lagerung gut bekannt sind, die wasserführenden Schichten im Brunnenprofil und am Außenrand der Mulde wieder erkennen und das Einzugsgebiet festlegen.

Auch im berühmten artesischen *Grundwasserfeld von Dakota* führte die Parallelisierung der Sandsteine und Sande mit denen im Felsengebirge zur Klärung des Einzugsgebietes. Doch vielfach, besonders in Tertiärgebieten, stößt eine Feststellung auf Schwierigkeiten, weil die Angaben aus dem Bohrprofil meist so ungenau sind (Tone, Sande, Kiese), daß damit eine Parallelisierung mit den Schichten im Einzugsgebiet, das ähnlich zusammengesetzt ist, unmöglich ist. Es wird sich daher als notwendig erweisen, das Bohrprofil genauer zu kennzeichnen und allenfalls *Horizontbestimmungen mit Mikrofossilien* durchzuführen. Die Methoden in der Erdölgeologie könnten bei artesischen Grundwasserhorizonten sicher wesentliche Erfolge erzielen.

Unklarheiten im Einzugsgebiet bestehen bei grundwasserführenden *Sand- und Kieslinsen,* die vollständig von wasserundurchlässigen Schichten umgeben sind. Es ist hier möglich, daß fossile Wasser vorliegen; doch muß auch in Erwägung gezogen werden, ob nicht aus tonigen Gesteinen, die oft etwas Wasser führen, durch eine Art Schwammwirkung Wasser in die Sande gelangt.

6. Der Abfluß

Das artesisch gespannte Wasser befindet sich so wie das übrige Grundwasser in Bewegung, die je nach dem Gefälle und nach der Größe der Poren verschieden ist. Es besteht demnach eine Strömungsrichtung vom Einzugsgebiet gegen abwärts, so daß das Wasser einem Abfluß zustrebt. Dieser kann nun entstehen, wenn die wasserführenden Schichten bei absinkender Oberfläche allmählich zutage kommen.

Bei sehr flacher Wellung der Schichten und großer unterirdischer Verbreitung kann der Fall eintreten, daß das unterirdische Wasser zwei Abflußrichtungen aufweist und nach zwei Senken fließt. Man spricht in einem solchen Fall von einem *Grundwasserscheitel.* Ein solcher besteht zwischen Raab- und Murtal, der östlich des Gleichenberger Kogels zu liegen kommt. Auch das große Grundwasserfeld der Halterner Sande wird durch einen Grundwasserscheitel geteilt.

Ein gespannter Wasserhorizont kann durch einen Fluß angeschnitten werden oder im Talgebiet in *freies* Grundwasser übergehen. Liegen in diesem Wasserhorizont artesische Brunnen, so kann man beobachten, wie die Druckhöhe mit Annäherung an den Abfluß immer kleiner wird. Von der Druckabnahme kann daher auf einen Abfluß geschlossen werden.

Ungeklärt sind die Abflußverhältnisse in eingelagerten Linsen. Da die Grenzen zwischen den wasserführenden Schichten und den wasserundurchlässigen keine scharfen sind, die Sande in lehmige Sande und sandige Lehme übergehen, so besteht immerhin die Möglichkeit, daß ein sehr langsamer Abfluß stattfindet.

7. Temperatur und Chemismus des gespannten Grundwassers

Das Grundwasser bis zur neutralen Zone (etwa 20 m) unterliegt noch den Einflüssen der Oberflächentemperatur. Darunter macht sich der *Einfluß der Erdwärme* geltend, die von der geothermischen Tiefenstufe abhängig ist.

Für die Berechnung der Temperatur gilt die auf S. 210 angeführte Formel. Die artesischen Wässer in der Oststeiermark zeigen folgende Temperaturen:

60— 80 m Tiefe	11—13 °C
80—110 m Tiefe	13—15 °C
110—150 m Tiefe	15—17 °C
150—200 m Tiefe	17—19 °C

Es kommen immer wieder Abweichungen vor, die meist mit lokalen Änderungen der geothermischen Tiefenstufe zusammenhängen.

Temperaturmessungen sind während der Bohrung laufend durchzuführen, besonders sollen die Temperaturen aus den einzelnen Stockwerken und schließlich die des Mischwassers erfaßt werden. Auch die Temperaturen des Wassers in Brunnen, die im Betrieb sind, sollen in bestimmten Zeitabschnitten gemessen werden. Veränderungen geben oft Anhaltspunkte für Störungen im Wasserzulauf.

Der *Chemismus* des gespannten Grundwassers weicht meist bedeutend von dem des Grundwassers mit freiem Wasserspiegel ab. Es ist arm an Sauerstoff, aber meist reich an mineralischen Stoffen. In der Steiermark zeigen diese Wässer häufig einen hohen Eisen- und Hydrocarbonatgehalt. Die Wässer in den einzelnen Stockwerken weisen bedeutende Unterschiede im Chemismus auf. Es empfiehlt sich, daß für gespanntes Grundwasser, das eine größere Ergiebigkeit zeigt (über 5 l/sec) und für die Versorgung von Ortschaften dient, große technisch-chemische Analysen durchgeführt werden. Sehr zu empfehlen wäre solche in größeren Zeitabschnitten, so daß allfällige Änderungen erkannt werden.

Von hygienischem Standpunkt aus ist das gespannte Grundwasser meist einwandfrei; es ist frei von Ammoniak, Nitraten, Nitriten und organischen Stoffen. Bakterien konnten nur selten beobachtet werden. Das Schutzgebiet umfaßt daher lediglich die Fassungsanlage.

8. Die Aufschließung gespannten Wassers

Gespanntes Grundwasser wird durch Bohrungen aufgeschlossen. Für Wasserversorgungen von Einzelhäusern verwendet man meist einen Bohrdurchmesser von 4 bis 6 cm. Handelt es sich jedoch um Bohrungen, die über 3 bis 5 l/sec Wasser aufschließen, so sind Durchmesser über 25 cm erforderlich, so daß ein Einsetzen einer Pumpe (Probepumpung) möglich ist. Sehr oft erweist es sich notwendig, besonders wenn Mengen über 10 l/sec erwartet werden, vorher eine Probebohrung durchzuführen, aus der man die einzelnen wasserführenden Horizonte und deren Ergiebigkeit erkennt, so daß danach der endgültige Ausbau des Brunnens erfolgen kann. So zeigte z. B. die Probebohrung mit 26 cm Rohrdurchmesser in Feldbach folgendes Ergebnis:

1. Horizont	22— 31,4 m	3,2 l/sec	2,20 m Absenkung
2. Horizont	45— 58 m	2,4 l/sec	2,00 m Absenkung
3. Horizont	88—106 m	3,0 l/sec	1,60 m Absenkung

Es stellte sich hiermit eine Gesamtergiebigkeit von 8,6 l/sec ein.

Die Hauptbohrung, die bis 40 m mit 400 mm Rohrdurchmesser, dann bis 103 m mit 200 mm verrohrt wurde, lieferte insgesamt 22 l/sec bei 12 m Absenkung. Die Förderung wurde jedoch auf 15 l/sec gedrosselt.

Die *Verrohrung der Bohrung* wird bei Hausbrunnen vielfach vernachlässigt oder nur zum Teil durchgeführt. Dadurch können die Bohrlochwände abbröckeln, es kommt zu einer Verlegung und damit zu einer Abnahme der Ergiebigkeit. Man glaubt dieser Gefahr zu entgehen, wenn man die Brunnen ständig rinnen läßt. Dies mag bei unverrohrten Brunnen vielleicht das Abbröckeln verzögern, doch bedeutet es einen großen, unnützen Wasserverbrauch, der sich mit der Zeit unangenehm auswirken kann.

Verschiedene Auffassungen bestehen über die Drosselung artesischer Brunnen. Es soll vorkommen, daß die Ergiebigkeit zurückgeht; wahrscheinlich deshalb, weil durch das stoßweise Ausfließen die Verlegung fortschreitet und auch Wasserverlust durch seitliche Auswege eintritt (Brandl — Hauser 1956). Um in gespanntem Grundwasser keinen Raubbau zu betreiben, sind vollständige Verrohrungen und Drosselungen geboten.

Von größter Bedeutung bei Bohrungen ist die *Aufnahme des Bohrprofils*. Sie ist nicht nur wegen der Grundwasserstockwerke, wegen der Korngröße wichtig, sondern auch wegen der Vergleiche mit benachbarten Brunnen und mit dem Schichtbestand im Einzugsgebiet. Außer den Aufzeichnungen durch den Bohrmeister (Schichtbestand, Mächtigkeit der wasserführenden Schicht, grobe Feststellung der Korngrößen) sind die *Proben im Laboratorium* einer genauen Untersuchung zu unterziehen. Es sollen untersucht werden: *Korngrößen*, *Kornverteilungskurve*, *Kornformen*, *k-Wert* (womöglich an ungestörten Proben), *Wasserentzug*, *petrographischer Bestand* (Achtung auf verrostete Bestandteile), *Festlegung der stratigraphischen Stellung*. Von jedem wasserführenden Horizont sind *Wasserproben* für die *chemische Analyse* zu entnehmen.

Die Zusammenhänge der gespannten Grundwässer, besonders in Tertiärgebieten (z. B. Oststeiermark), sind heute noch viel zu wenig bekannt. Es fehlen nicht nur genaue Angaben über die Verbindung und die stratigraphische Stellung der einzelnen Horizonte, über den Chemismus, über die Temperatur usw., sondern es mangelt auch an genauen Angaben über die Strömungsrichtung, Strömungsgeschwindigkeit und über die Größe und Lage des Einzugsgebietes. Neue Methoden wie die mit Radio-Isotopen C^{14} können zur Anwendung kommen.

9. Artesische Grundwässer in Österreich

Am häufigsten finden wir artesisches Grundwasser im Tertiär, nur vereinzelt kommt es in den Tälern mit eiszeitlichen Ablagerungen vor, wie im Inntal, Ennstal, Drautal usw.

Im *Tertiär der Steiermark* hat Winkler-Hermaden (1949) die Verbreitung der artesischen Brunnen zusammengestellt und zahlreiche Profilangaben verzeichnet. In der Oststeiermark befinden sich die meisten Wasserhorizonte im Pannon, verhältnismäßig wenige im Sarmat. Die meisten Brunnen dienen der Versorgung von Einzelhöfen und haben eine Tiefe von 50 bis 100 m, doch gibt es zahlreiche bis 200 m und vereinzelt sogar über 200 m Tiefe (z. B. Fürstenfeld 248,8 m).

Im Pannon stehen die Brunnen meist in Schotter-Kieshorizonten, die den „Kapfensteiner Schottern" angehören. Vielfach liegen mehrere wasserführende Horizonte vor. Die Ergiebigkeit ist gering, sie bewegt sich zwischen 0,05 und 5 l/sec. Nur einzelne Brunnen liefern mehr Wasser, z. B. Fürstenfeld 10 l/sec; Feldbach, alter Brunnen 9,11 l/sec; der neue Brunnen 15 l/sec; Bayrisch Kölldorf 15 bis 20 l/sec.

Die Spannung des Wassers wird durch die flache Neigung der Schichten bewirkt, das Einzugsgebiet liegt nahe den Gebirgsrändern.

Angaben über die Tiefe einiger Brunnen:

Fehring	150 m	Pinkafeld	125 m
Feldbach		Gr. Wilfersdorf	144 m
alter Brunnen	135 m	Ilz: Gasthaus Rad	130 m
neuer Brunnen	103 m	Ebersdorf bei Söchau	219 m
Furstenfeld	245,8 m	Gleisdorf	
Burgau	122 m	alter Brunnen	125 m
Bierbaum	65 m	neuer Brunnen	200 m

Im *Burgenland* liegen im Tertiär ebenfalls artesische Brunnen; einige Beispiele:

Oberwarth	212 m	0,2 l/sec
Gussing	130 m	0,4 l/sec
Tobay	80 m	2,0 l/sec
Oberschutzen	30 m	6,0 l/sec

Auch in *Niederösterreich* tritt im Bereich der tertiären Ablagerungen im Gebiet Felixdorf—Matzersdorf—Erlaa, Bad Vöslau, Mödling, Brunn am Gebirge, Liesing artesisches Wasser auf (GRUBINGER: Österreichische Wasserwirtschaft, 1951).

In den eiszeitlichen Ablagerungen des *Ennstales*, die streckenweise in Stauseen entstanden, breiten sich — besonders ab Irdning — zwischen den groben Sand-Kies-Ablagerungen feinste Schluffhorizonte aus, so daß 2 bis 3 Lagen mit artesischem Wasser entstanden. Im Wörschacher Moor beträgt die Druckhöhe über Gelände 1 bis 2 m, gegen Admont 10 bis 14 m (Abb. 139).

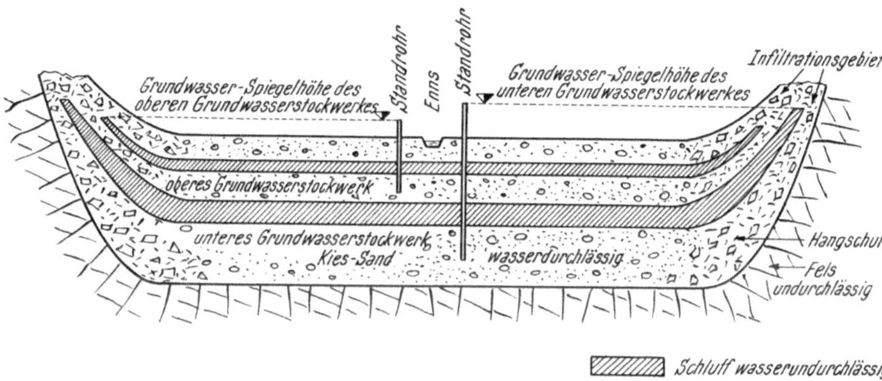

Abb. 139. Gespanntes Wasser im Ennstal (schematisch) (nach „100 Jahre Ennsregulierung")

In *Kärnten* beobachtete KAHLER artesische Brunnen bei Nötsch, Klagenfurt und am Westende des Millstätter Sees.

Die eiszeitlichen Ablagerungen im Inntal ergaben bei einer Bohrung bei Rum in 199 m Tiefe artesisches Wasser mit 6,6 l/sec bei 20 atm Druck.

10. Fossiles Wasser

Gespanntes Wasser liegt vielfach in Sand-Kieslinsen vor, die von wasserundurchlässigen Schichten umgeben sind, so daß scheinbar jeder Zu- und Abfluß fehlt. Es entstand daher die Vermutung, daß diese Schichten schon frühzeitig, als sie noch höher lagen, mit Niederschlagswasser gefüllt wurden, das sich bis heute erhalten hat. Untersuchungen mit der C^{14}-Methode bestätigen diese Ansicht. So hat z. B. KNETSCH mit der vorhin erwähnten Methode aufgezeigt, daß die artesischen Wässer in den ägyptischen Oasen ein Alter von 3000 bis 30000 Jahren haben.

So wie sich das Erdöl in verschiedenen Schichten der Erdzeitalter als Flüssigkeit erhalten hat, so wäre dies auch beim Wasser vorstellbar. Wir können daher annehmen, daß die mächtigen tertiären Schichten, die 2000 bis 3000 m tief hinabreichen, noch fossiles Wasser enthalten.

VI. Die Eigenschaften des Grundwassers in Lockergesteinen

Die Temperatur, das Seihvermögen, die Retention und der Chemismus unterscheiden sich prinzipiell nicht von denen anderen unterirdischen Wassers, doch da in den Poren meist enge Wasserwege vorliegen, stellen sich einige Besonderheiten ein, die im folgenden hervorgehoben werden.

1. Die Temperatur

Je oberflächennaher das Grundwasser liegt, desto größer sind die Temperaturschwankungen. Bis zu Tiefen von 2 m kommen die täglichen Temperaturschwankungen der Oberfläche etwas verzögert zur Auswirkung. In Tiefen zwischen 2 bis 5 m stellt man größere monatliche Schwankungen fest. Zwischen 5 bis 15 m Tiefen machen sich größere jahreszeitliche Schwankungen abgeschwächt und verzögert bemerkbar (GRUBINGER 1951).

In Tiefen zwischen 15 und 20 m treten Schwankungen von 1 bis 2° auf. Von einer bestimmten Tiefe an, die örtlich verschieden ist, stellt sich die *Zone der konstanten Temperatur* oder die *neutrale Zone* ein, die meist 1 bis 3° höher als die mittlere Jahrestemperatur ist.

Unter der Zone der konstanten Temperatur wirkt sich die Erdwärme, die durch die Temperatur der geothermischen Tiefenstufe zum Ausdruck kommt, aus. Durchschnittlich beträgt die geothermische Tiefenstufe 30 bis 33 m.

Da es sehr viele Brunnen gibt, die Grundwasser unter der neutralen Zone entnehmen, so erweist sich die Vorausberechnung der Temperatur des Grundwassers manchmal für notwendig.

$$tm = to + \frac{m - h}{l}$$

tm = Temperatur der Tiefe
to = mittlere Jahrestemperatur
m = Tiefe der Schicht, für die die Wassertemperatur bestimmt wird
h = Tiefe der neutralen Zone
l = geothermische Tiefenstufe

Beispiel: Ein 200 m tiefer Brunnen fuhrt Wasser. Neutrale Zone 20 m, geothermische Tiefenstufe 30 m, mittlere Jahrestemperatur 9,5 °C.

$$tm = 9{,}5 + \frac{200 - 20}{30} = 15{,}5\,°\mathrm{C}.$$

Die Temperatur in der Tiefe wird nun wesentlich beeinflußt
durch die Pflanzenbedeckung,
durch die Bedeckung von wasserundurchlässigen Schichten,
durch die Versickerungsgeschwindigkeit und
durch die Einwirkung des Flußwassers.

Die *Pflanzenbedeckung* verzögert das Eindringen der Oberflächentemperatur. Beträgt z. B. die Oberflächentemperatur 20 °C, so herrscht bei 0,5 m Tiefe bei einem Boden ohne Pflanzenbedeckung eine Temperatur von 15 °C, unter Pflanzenbedeckung von 12 °C (nach BOGOMOLOW 1963).

Die Bedeckung mit wasserundurchlässigen Schichten hemmt ebenfalls das Eindringen der Oberflächentemperatur.

Die *Versickerungsgeschwindigkeit* beeinflußt wesentlich die Temperatur der Grundwässer. Je langsamer die Niederschläge versickern, desto besser kann sich das Wasser der Temperatur in der Tiefe angleichen. Sickert das Wasser rasch durch, z. B. in Schottern, so gelangt im Winter das kalte und im Sommer das warme Wasser zum Grundwasser, und es machen sich bedeutende Temperaturschwankungen bemerkbar.

Dringt *Flußwasser ins Grundwasser* ein, so zeigen sich ebenfalls oft auffallende Temperaturschwankungen, die mit der Entfernung vom Fluß abnehmen.

Es kann vorkommen, daß benachbarte Brunnen im gleichen Grundwasserfeld verschiedene Temperaturen aufweisen. Das kann damit zusammenhängen, daß das Wasser aus verschiedenen Grundwasserstockwerken stammt. Das aus dem tieferen Stockwerk hat meist eine höhere Temperatur; es kann jedoch auch die Beeinflussung des Flußwassers die Ursache sein. Es besteht ebenso die Möglichkeit, daß der eine Brunnen einen Zufluß aus einem Seitental erhält, das vielleicht kühleres Grundwasser ins Hauptfeld bringt.

2. Seihvermögen

Das Seihvermögen der Schotter, Kiese und Sande hängt von der Weite der Poren ab.

Das Seihvermögen der reinen Schotter (Korngröße 2 bis 20 cm) ist gering. Die Poren haben eine Weite von 1 bis 2 mm und halten höchstens grobe mechanische Beimengungen zurück.

Die Kiese (0,02 cm bis 2 cm) filtrieren mechanische Beimengungen, doch Teilchen unter 0,02 mm werden selten zurückbehalten. Mikroorganismen gehen meist ungehindert durch.

Im Sand (2 mm bis 0,02 mm) herrscht im allgemeinen eine gute Filterwirkung. Mikroorganismen werden in Mittel- und Feinsand vielfach zurückbehalten.

In gemischten Lockerablagerungen (Schotter mit Kiesen und Sanden) hängt die Filterwirkung vom Kornanteil der Sandkörner ab. Werden die Lücken zwischen dem Stützkorn und dem Füllkorn ganz oder zum größten Teil ausgefüllt, dann bestehen günstige Seihwirkungen, so daß auch Mikroorganismen zurückgehalten werden; doch muß mit unsicherer Seihwirkung gerechnet werden.

Alle diese Angaben sind mit Vorsicht zu verwenden, denn es gibt Ausnahmefälle. Maßgebend ist lediglich der bakteriologische Befund.

Durch die *Seihung* werden vor allem *mechanische Beimengungen* bis zu den feinsten Teilchen zurückbehalten, also feinste Tonteilchen, Kolloide, Humusstoffe und Mikroorganismen. Nicht zurückgehalten werden gelöste Stoffe, also aufgelöste mineralische Stoffe (Steinsalz, Ammonium, Nitrite, Nitrate usw.) auch bei Detergenzien, Benzin, Treibstoffen, Ölen, Fetten und dergleichen ist die Filterwirkung nur im geringen Maße zu sehen. Diese Stoffe werden verdünnt, oder sie bleiben an der Oberfläche der Körner haften.

Bei *Übertritt von Oberflächenwasser* (Flußwasser) ins Grundwasser wird in den meisten Fällen eine biologisch wirksame Filterschicht, die sich an die Flußbettwandungen anschließt, durchflossen. Organisch abbaubare Teilchen (Eiweiß, Fette,

Öle) erfahren in den meisten Fällen durch die anwesenden Mikroorganismen (= Biotop) eine Mineralisierung.

Im allgemeinen wird von hygienischer Seite angenommen, daß für Bakterien die *Verweildauer im Boden von 60 Tagen* genügt, um sie zum Absterben zu bringen. Doch auch da bestehen Bedenken, denn das Grundwasser erhält beständig von der Oberfläche aus neues Sickerwasser, das für den senkrechten Weg von der Oberfläche bis zum Grundwasserspiegel (1 bis 20 m) nur einige Tage braucht, so daß dadurch lebensfähige Bakterien herangebracht werden können. Es läßt sich bis zu Tiefen von 20 bis 30 m daher nie mit Sicherheit angeben, ob das Wasser frei von Mikroorganismen ist, schon garnicht zu reden von den Viren.

Für das Haften von Ölen, Fetten, verschiedenen Treibstoffen spielen die Kornoberfläche und die Kornform eine wesentliche Rolle. Obwohl systematische Versuche mir nicht bekannt sind, scheinen an Körnern mit rauher Oberfläche die Stoffe besser zu haften als an Körnern mit glatter Oberfläche. In Sandschichten, in denen viel stengelige und blätterige Formen enthalten sind, scheint ebenfalls für Öle, Fette und dergleichen ein günstiges Haftvermögen zu bestehen.

In den Kiessanden des Oberrheingrabens wirken sich bei einer 5 bis 10 m tief liegenden Grundwasseroberfläche die üblichen Stalldüngungen bakteriologisch nicht aus, auch wenn keine schützende Lehmschicht vorhanden ist (Becksmann Z. O. Ge. G. 1951, 103 Bl., S. 142).

3. Chemismus

Der Chemismus der Grundwässer wird vor allem durch den mineralischen Bestand der Körner und Bodenbestandteile und durch die Lösungskraft des Wassers bestimmt, doch im einzelnen erscheinen verschieden einwirkende Faktoren, wie

a) die wechselnde Beschaffenheit der Niederschläge,

b) Einfluß der Vegetation (besonders bezüglich CO_2-Gehalt),

c) wechselnde künstliche Einflüsse, wie Abwässerversickerung, Siedlungseinflüsse, Düngungsauswirkungen, Auswirkung von zugeschütteten Schotter-Sandgruben mit Abfallstoffen und Asche,

d) mineralogischer Bestand der Körner im Grundwasserleiter,

e) Einwirkung der Spiegelschwankungen.

Beurteilt man den Chemismus vor allem nach der petrographischen Beschaffenheit des Grundwasserleiters, so unterscheidet Nöring (1950) folgende Grundwassertypen:

den *salinarischen Typ*,
den *karbonatischen Typ*,
den *Eisen-Mangantyp* und
den *basenarmen Typ* (= saures Wasser).

Jeder derselben kann in den anderen übergehen.

Zum *salinarischen Typ* gehören Wasser mit Chloriden, Sulfaten und Nitraten.

Zum *karbonatischen Typ* werden Wasser mit Karbonaten (Ca, Mg), Sulfiden und Oxyden gestellt. Das Maß der Karbonate hängt vor allem vom Vorhandensein der freien Kohlensäure ab. Diese wird nicht nur durch die Niederschläge geliefert, sondern auch von der Pflanzendecke durch die Wurzeln und durch die Bodenbakterien.

Der *Eisen-Mangantyp* stellt sich häufig in Grundwasserleitern ein, die viel Material aus kristallinen Glimmerschiefern führen und Wässer aus lehmigen Ablagerungen, Mooren und Sümpfen enthalten.

In Bayern unterschied man folgende Grundwassertypen: Kalkschotterwasser, Kalkalpenwasser und Schlierwasser (Erläuterungen zum Blatt München, Augsburg; GRAHMANN-TRAUB 1956).

Die *Kalkschotterwässer* sind durch einen großen Anteil an Kalziumhydrokarbonaten mit 13 bis 19°dH, durch freie Kohlensäure (20 bis 40 mg/l) und wenig Alkali-Ionen gekennzeichnet. Oft macht sich ein größerer Gehalt an MgO bemerkbar, der vom Dolomit ableitbar ist. Der pH-Bereich schwankt zwischen 7,3 ± 0,2. Die Analyse einiger Kalkschotterwässer weist folgende Werte auf:

	In deutschen Hartegraden		In % Mg-Anteil der Harte	Freie CO_2 in mg/l
	Karbonatharte	Gesamtharte		
Landshut	17,6	19,8	32,8	48,5
Rosenheim	13,6	15	34	20
Holzhausen	14,7	16,2	31	352

Die *Kalkalpenwässer* kommen als Quellen aus Kalk- und Dolomitgesteinen. Die Niederschlagswässer fließen daher meist rasch durch Klüfte und Spalten hindurch, so daß der Kontakt mit den Gesteinen ein geringer ist. Die Karbonathärte schwankt daher zwischen 7 und 9°dH und steigt gelegentlich auf 10 bis 12°dH an; auch der Gehalt an freier Kohlensäure ist geringer und beträgt 6 bis 14 mg/l. Einige Analysen der Kalkalpenwässer:

	In deutschen Hartegraden		In % MgO-Anteil der Harte	Freie CO_2 in mg/l
	Karbonathärte	Gesamthärte		
Traunstein Schmolzquelle	7,8	8,2	30,9	7
Mittenwald Brunnen	8,9	10,1	33,6	13,2

Die *Schlierwässer* kommen aus sandig-mergeligen Gesteinen und stellen einen besonderen Grundwassertypus dar. Sie sind durch Alkalisalze, durch Hydrogen-Karbonate und Chloride des Natriums gekennzeichnet, freie Kohlensäure fehlt meist.

Die Schlierwässer enthalten Hydrogen-Karbonate zwischen 16 und 24°dH (Kalkschotterwässer 13 bis 19°), Chlorionen zwischen 35 und 350 mg/l; Natriumionen 25 bis 250 mg/l; freier Sauerstoff und freie Kohlensäure fehlen meist.

In der Steiermark treten in den Grundwasserfeldern der Weststeiermark, die viel Kristallingerölle und Sand führen (Granatglimmerschiefer, Amphibolite, Gneis) und vielfach auch in den tertiären Sanden der Oststeiermark sehr eisenhaltige Wässer auf, die einen Eisengehalt bis 8 mg/l aufweisen.

Wenn auch im großen der chemische Typus eines Wassers durch die Gesteinskomponente gegeben ist, so treten lokal oft Veränderungen durch künstliche Verunreinigungen auf. Besonders durch Versickerung der Abwässer in den Untergrund, durch Auflösung verschiedener Stoffe in Abfallgruben (zugeschüttete Sand- und Schottergruben) entstehen oft Veränderungen im Chemismus.

So zeigt z. B. das Grundwasser im N der Stadt Graz einen anderen Chemismus als im S der Stadt. (Der Grundwasserstrom verläuft im großen von N—S.)

	Wasser vom N der Stadt	Wasser vom S der Stadt
pH	7,3	7,4
Karbonathärte	9 —13	14 —16
Chloride mg	4,4 — 8,9	13,2 —22,5
Kaliumpermanganatverbrauch mg/l	2,92— 8,59	1,47— 8,60
Temperatur	9,7 —12,8	8,3 —13,1
Keimzahl	0 — 2	0 — 6

(Krevets 1946)

Sehr deutlich hat sich bei einem Brunnen die Änderung des Sulfatgehaltes bemerkbar gemacht, der in der Nähe einer Schottergrube stand, die mit Asche zugeschüttet wurde. Der Sulfatgehalt stieg sprunghaft an.

Der *Chemismus* eines Wassers ist häufig *Änderungen* unterworfen. Das kann verschiedene Ursachen haben (Niederschläge, Jahreszeiten, Pflanzenbedeckung, menschlich-tierische Einflüsse). Unangenehm können sich auch die in das Grundwasser eindringenden Flußwässer auswirken, worüber Nöring (1954) berichtet.

Merkbare Änderungen im Chemismus können auch entstehen, wenn in ein Grundwasserfeld Grundwasser von Seitentälern einmündet, die aus anderen Gesteinskomponenten wie das Haupttal bestehen. Solche Fälle treten in den Alpen häufig auf. Im Ennstal kommen vom S her, aus den Niederen Tauern, auffallend weiche Wasser mit 2 bis 5 °dH. Auch im Mürztal zeigten die Grundwasser, die vom N kommen, einen anderen Chemismus als die vom S.

VII. Das Schutzgebiet für Grundwasserfelder

Wenn keine wasserdichtende Überdeckung vorhanden ist, sollten auch Hausbrunnen ein kleines Schutzgebiet mit Einzäunung besitzen, damit nicht die gröbsten Verunreinigungen (Abwässer) zum Grundwasser gelangen. Doch leider bestehen selten irgendwelche Schutzmaßnahmen. Besonders wäre die Stellung der Dungstätten, Abortanlagen zum Brunnen zu berücksichtigen (Strömungsrichtung).

Die Abgrenzung des Schutzgebietes für Großbrunnenanlagen, die für die Trinkwasserversorgung Verwendung finden, erfordert umfangreiche Vorarbeiten:

1. *Feststellung des Einzugsgebietes* auf Grund der Geologie und Morphologie.

a) Abgrenzung des Schotterfeldes von den anders aufgebauten Hängen.

b) Geologie der Hänge, durchlässige — undurchlässige Gesteine (Kalke, Dolomite, Sandstein). Hydrogeologisches-tektonisches Einzugsgebiet. Wasserscheiden.

2. *Herstellung einer Überdeckungskarte.* Mittels Handbohrgeräten bohrt man das Grundwasserfeld bis etwa 6 m tief ab und trägt die über den durchlässigen Schichten befindlichen Deckschichten je nach der Mächtigkeit auf einer Karte (1 : 2880 oder 1 : 1000) ein (Überdeckungskarte Abb. 140).

Es wird manchmal notwendig sein, daß die Durchlässigkeit an ungestörten Proben untersucht wird.

3. Bestimmen der *Reichweite des Absenkungstrichters.*
4. *Konstruktion der Hydro-Isohypsen* mit den Strömungsrichtungen (Berücksichtigung der Hydro-Isohypsen bei Hoch- und Niederwasser).
5. *Bestimmen der Strömungsgeschwindigkeiten* und *k*-Werte.
6. Festlegung jener Punkte, von denen besondere Verunreinigungen ausgehen können (z. B. Fabrikbetriebe mit schädlichen Abwässern, Tankstellen, Straßen, Schottergruben, Steinbrüche usw.).

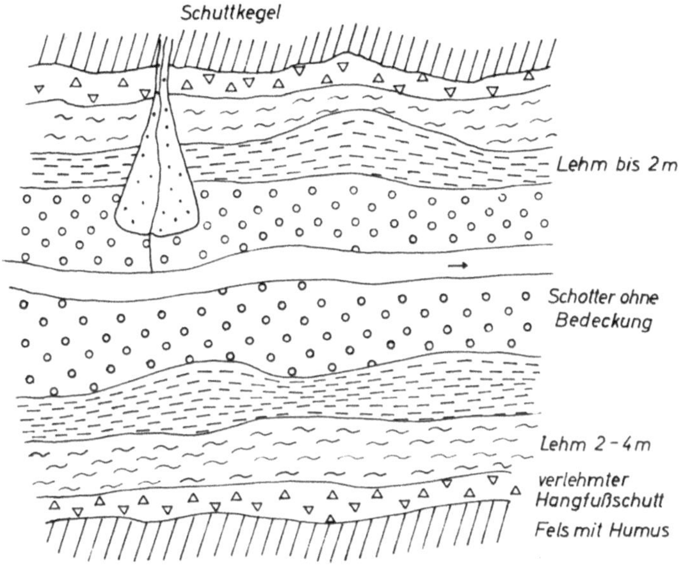

Abb. 140. Überdeckungskarte für ein Grundwasserfeld

Meist werden für das Schutzgebiet drei Zonen unterschieden: das engste, das weitere Schutzgebiet und das Schongebiet. Für jedes von ihnen werden bestimmte Einschränkungen verfügt.

Es ist schwierig, präzise Angaben über die Größe eines Schutzgebietes zu liefern, da selten die Verunreinigungsgefahr in Metern genau angegeben werden kann; auch müssen oft wirtschaftliche Belange beachtet werden.

Die *Vereinigung der Gas-Wasserfachleute Deutschlands* gab nun für die Aufstellung von Schutzgebieten Richtlinien heraus, die ich etwas gekürzt wiedergebe (G.W.F. 1953).

Es werden *drei Schutzzonen* unterschieden.

I. Der *Fassungsbereich.* Die unmittelbare Umgebung der Fassung muß vor jeder Verunreinigung geschützt werden.

II. Die *engere Schutzzone* umfaßt jene Gebiete, die vor solchen Verunreinigungen zu schützen sind, die auf ihrem Weg zum Brunnen nicht mit Sicherheit durch die Reinigungskraft des Untergrundes beseitigt werden.

III. Die *weitere Schutzzone*, die nur vor solchen Verunreinigungen schützen soll, die der Untergrund überhaupt nicht beseitigen kann (z. B. chemische Stoffe, Treibstoffe und dergleichen).

Das Schutzgebiet bestimmt man vor allem nach der Beschaffenheit der Deckschicht, der Tiefenlage des Grundwasserspiegels, der Durchlässigkeit und der Filterwirkung.

a) Ein *günstiger Untergrund* ist anzunehmen, wenn über dem Grundwasserleiter undurchlässige oder gut reinigende Deckschichten in flächenhafter Ver-

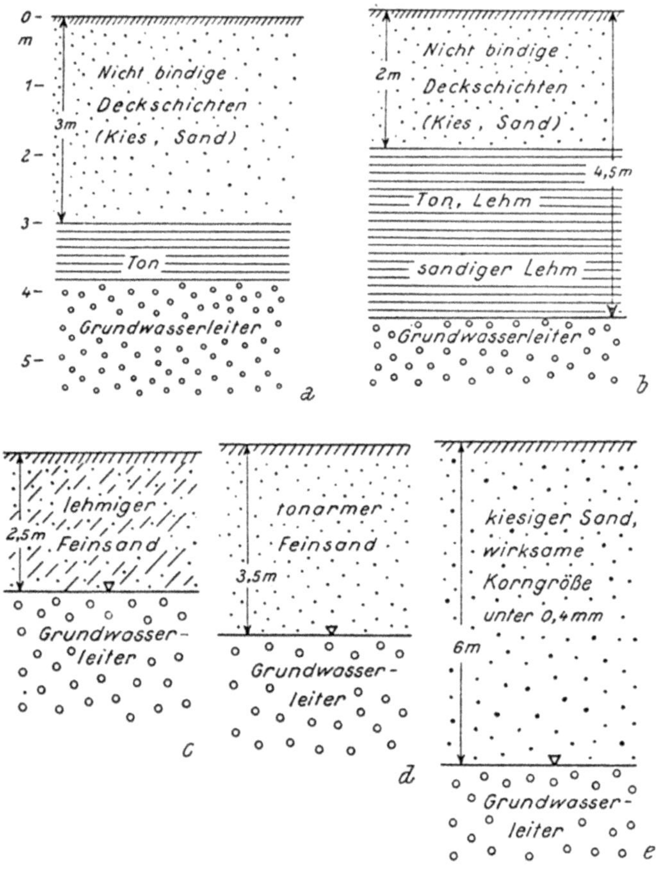

Abb. 141. Das Grundwasserfeld weist eine günstige Überdeckung auf (nach DIENEMANN); a) der Grundwasserleiter ist von einer Tonschicht und mindestens 3 m Kies-Sand überlagert, b) der Grundwasserleiter ist von mindestens 2,5 m Ton, Lehm, sandigem Lehm und 2 m Kies-Sand überlagert, c) die Deckschicht besteht aus mindestens 3,5 m tonarmem Feinsand, e) die Deckschicht besteht aus mindestens 6 m kiesigem Sand mit einer wirksamen Korngröße kleiner als 0,4 mm

breitung liegen (Abb. 141). Als undurchlässige Deckschicht wird eine Tonschicht (ohne Angabe einer Mindestmächtigkeit) betrachtet, die ihrerseits als Schutz gegen Austrocknung (Rißbildung) von mindestens 3 m nicht bindiger Schichten (Kies, Sand) bedeckt ist (Abb. 54); oder wenn diese Bedeckung geringer ist, dann muß die Ton-Lehmschicht weiter als 4 m in die Tiefe reichen (Abb. 141).

Als gut reinigende Deckschichten werden noch angegeben:
lehmiger Feinsand (mindestens 2,5 m),
tonarmer Feinsand (mindestens 3,5 m),
kiesiger Sand mit wirksamer Korngröße unter 0,4 mm (mindestens 6 m).

Als wirksame Korngröße bezeichnet man diejenige, welche zu 10% im Sand enthalten ist.

b) Ein *mittlerer Untergrund* liegt vor, wenn der Grundwasserleiter selbst gut reinigend ist, d. h. wenn am Rande des Fassungsbereiches eine wirksame Korn-

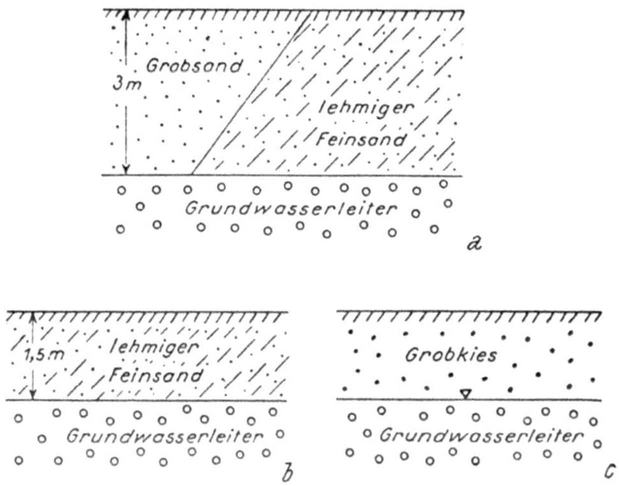

Abb. 142. Das Grundwasserfeld weist eine mittlere (minder gute) Deckschicht auf (nach DIENEMANN); a) die Deckschicht besteht aus mindestens 3 m Grobsand-lehmigem Feinsand, b) die Deckschicht besteht aus mindestens 1,5 m lehmigem Feinsand, c) die Deckschicht besteht aus Grobkies und zeigt keine reinigende Wirkung

größe unter 0,4 mm besteht und die Fließgeschwindigkeit in ihm weniger als 3 m am Tag beträgt oder die Aufenthaltsdauer des Grundwassers in ihm größer als 30 Tage ist.

Als reinigende Deckschichten gelten lehmiger Feinsand, tonarmer Feinsand und kiesige Sande mit wirksamer Korngröße unter 0,4 mm (Abb. 142). Die Mächtigkeit ist jedoch geringer als bei a.

c) Ein *ungünstiger Untergrund* liegt vor, wenn der Grundwasserleiter selbst kein oder nur ein geringes Reinigungsvermögen besitzt, d. h. am Rande der Fassungsanlage die wirksame Korngröße größer als 0,4 mm und die Fließgeschwindigkeit größer als 3 m am Tage ist oder die Aufenthaltsdauer des Grundwassers kürzer als 30 Tage ist. Die Deckschichten fehlen und sind nur in geringer Mächtigkeit oder nur stellenweise vorhanden (Abb. 143).

Die Ausdehnung der Schutzzonen

	Günstiger Untergrund	*Mittlerer Untergrund*	*Ungünstiger Untergrund*
Fassungsbereich	10— 50 m	20—100 m	100 m bis zur Grenze des Einzugsgebietes
Engeres Schutzgebiet	50—250 m	100—500 m	bis zur Grenze des Einzugsgebietes
Weitere Schutzzone	ohne Zahlenwert		

Diese Richtlinien geben sicher wertvolle Anhaltspunkte für die Abgrenzung der Schutzzone, wenn auch die Feststellung mancher Bedingungen auf Schwierigkeiten stößt (DIENEMANN 1955, S. 57). Immer wieder ergeben sich jedoch Besonderheiten, die zu berücksichtigen sind. Ein besonderes Augenmerk ist auf die Tankstellen im Grundwasserfeld zu richten. Austretende Treibstoffe, Öle usw. können derart unangenehme Verunreinigungen des Grundwassers bewirken, daß dieses oft jahrelang ungenießbar bleibt. Die Fachzeitschriften bringen zahlreiche Beispiele.

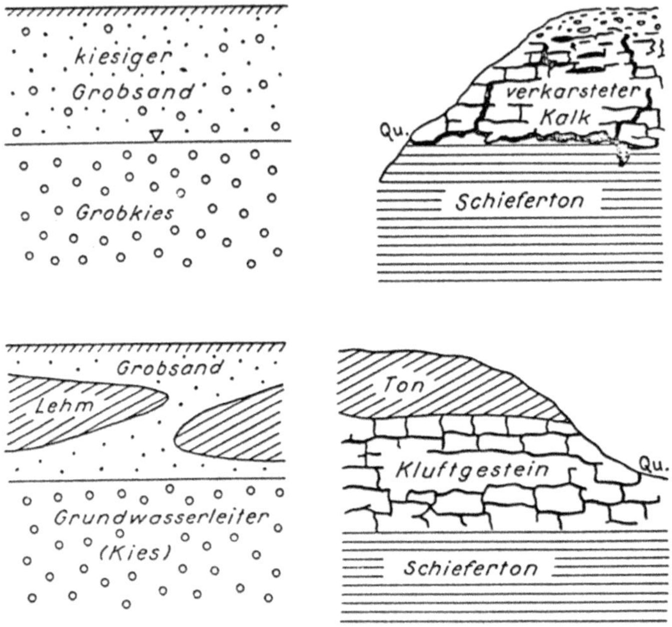

Abb. 143. Das Grundwasserfeld besitzt keine günstige Deckschicht (nach DIENEMANN)

Einige besonders krasse Fälle sollen die Gefährlichkeit der *Verunreinigung durch Treibstoffe* illustrieren. Die Stadtwerke Graz haben zahlreiche Fälle aus der Literatur zusammengestellt, wovon einige herausgegriffen werden. Dafür danke ich dem Wasserwerk herzlichst.

In der *Stadt Andernach* wurden im Jahre 1951 neue Bohrungen auf Grundwasser durchgeführt. Das Wasser war jedoch ungenießbar.

Ursache: Im Jahre 1914 bis 1918 bestand ein *Notlandeflugplatz*, auf dem beim Tanken der Flugzeuge Treibstoff und Schmieröl in reichlichem Ausmaß in den Boden versickerten. Noch nach 40 Jahren mußte das ganze Gebiet für Wassergewinnungszwecke ausscheiden. (G. W. W. Mai 1955.)

Bei *Deutsch-Wagram* trat zu Beginn des 2. Weltkrieges in 2 Brunnen im Trinkwasser ein ekelerregender Geschmack auf. Es wurde festgestellt, daß im Bahnhof Deutsch-Wagram Ölreste aus Zisternenwagen in eine Erdgrube abgelassen wurden. Der 2. Brunnen befindet sich in einer Entfernung von 500 m und das Wasser war im Jahre 1946 noch ungenießbar. (Zuschrift d. Niederösterr. Landesregierung 7. 11. 1956.)

In *Untermühlham*, Gemeinde Pondorf, wurde an der Wiener Bundesstraße eine Tankstelle errichtet. Am 30. 4. 1956 wurde am Lagerbehälter ein Schweißriß festgestellt, durch den etwa 1700 l Benzin in den Untergrund ausliefen. Das Wasser eines Brunnens in 20 m Entfernung wurde unbrauchbar. (Zuschrift O.-Ö. Landesregierung 16. 11. 1956.)

Eine Verchromerei in *Abtissendorf* ließ Betriebsabwasser in den Untergrund versickern. Nach einiger Zeit trat Grünfärbung in einigen Hausbrunnen bis rd. 300 m Entfernung auf.

Am *Nordrand der Stadt Munchen* flossen aus einem unterirdischen Tank einer Fabrik 4000 l Benzin aus. Die Verunreinigung des Grundwassers war bis zu einer Entfernung von 3 km in einer Breite von 600 bis 700 m bemerkbar.

Über die Verunreinigung des Grundwassers durch Treibstoffe besteht eine umfangreiche Literatur, die in den verschiedenen Fachzeitschriften enthalten ist (z. B. DANER, E., 1955; STOESSEL, H., 1954; WIETSCH, B., 1956; WURZ, F., 1955; ZIMMERMANN, W., 1955; usw.).

Es werden für Tankstellen entsprechende Sicherungseinbaue (Betonwanne, doppelwandige Behälter mit elektrischer bzw. optischer Warnanlage) verlangt. Für besonders gefahrdete Stellen mit großer Grundwassergeschwindigkeit ist die Errichtung von Warnbrunnen zu empfehlen, an denen Verunreinigungen rasch nachgewiesen werden und allenfalls durch Abpumpen vom Hauptbrunnen ferngehalten werden können.

Eine große Gefahr stellen *Unfalle von Tankwagen* dar, wodurch oft bedeutende Mengen von Treibstoff ins Grundwasser und in offene Gewässer gelangen können. Es ist dann rasche Hilfe erforderlich. Wenn die Unfallstelle so liegt, daß durch das Feuer keine Gefährdung möglich ist, dann ist das Verbrennen der Treibstoffe geboten. Ist dies nicht möglich, dann erfolgt mittels Grabmaschinen das Abheben des durchtränkten Materials und Ablagern an einem Ort, wo die Versickerung keinen Schaden anrichten kann (wasserundurchlässige Schichten). Sehr oft erweist es sich als notwendig, daß man in unmittelbarer Nähe der Unfallstelle eine Bohrung bis zum Grundwasser niederbringt, so daß man Wasserproben auf allfällige Verunreinigungen untersuchen kann und durch Abpumpen eine Entfernung der Treibstoffe erreicht.

In diesem Zusammenhang muß auch auf die *Verunreinigung durch radioaktive Stoffe* verwiesen werden. Sie können im Inneren der Körper gefährlich zerstörende Wirkungen ausüben, die von der Intensität und Reichweite der Strahlung abhängen. Besonders die Beta- und Gammastrahlen bewirken oft beträchtliche Störungen an Zellen.

Auf Grund der bisherigen Erfahrungen ist von einer internationalen Kommission für die Radioaktivität des Trinkwassers eine Toleranz von $10^7 \mu c/mm^3$ festgesetzt, das ist diejenige Aktivität, die, wenn sie dauernd überschritten wird, im menschlichen Körper Schadigungen hervorrufen kann (SAAG, Gas-Wasserf. 1957, S. 777).

Radioaktive Substanzen können nun ins Wasser gelangen:

1. durch radioaktiven Niederschlag,
2. durch Einfuhrung von radioaktiven Abwässern aus Reaktoren und Atomkraftwerken,
3. aus Betrieben, in denen radioaktive Isotopen Verwendung finden.

Es ist daher unbedingt zu verhindern, daß diese radioaktiven Stoffe ins Oberflächen- und Grundwasser gelangen.

VIII. Hydrogeologische Karten

Die hydrogeologischen Karten haben vor allem die Aufgabe, die *Vorräte an unterirdischem Wasser* in Verbindung mit den Gesteinsverhältnissen festzustellen und kartenmäßig zur Darstellung zu bringen. Es handelt sich meist um Übersichtskarten, aus denen verschiedene Abstufungen der vorhandenen Wassermenge ersichtlich sind und die Beziehung zu den Niederschlagen zum Ausdruck kommen. Vielfach finden auch verschiedene Einzelheiten wie Tiefenlage des Grundwasserleiters, besondere Quellhorizonte, Aufnahme.

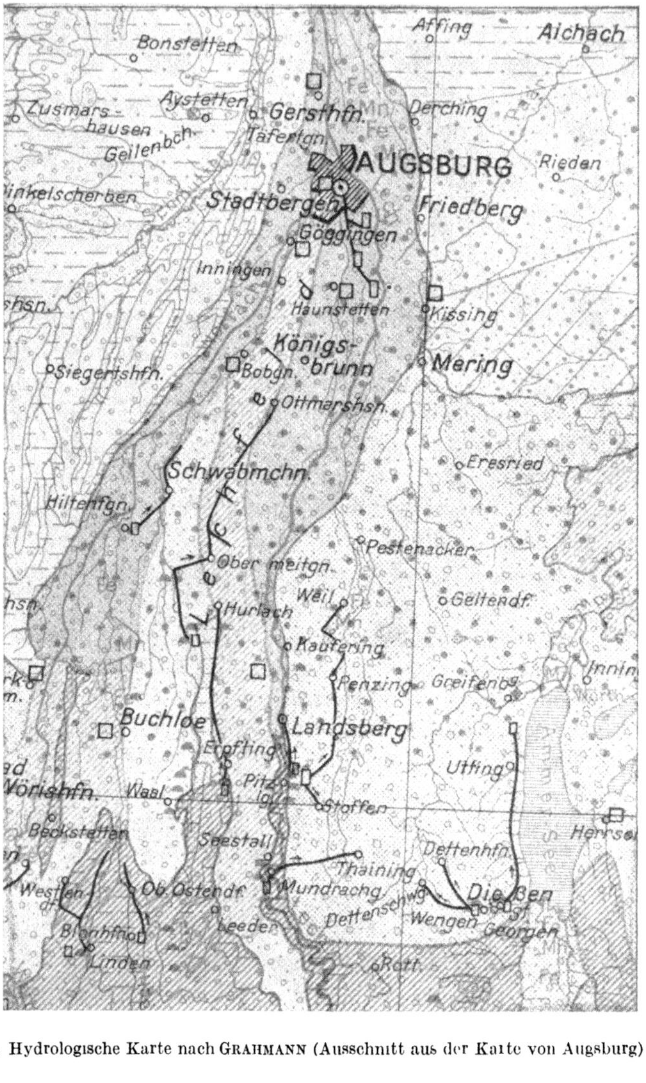

Abb. 144. Hydrologische Karte nach GRAHMANN (Ausschnitt aus der Karte von Augsburg) 1 500000

Diese Karten können nicht die hydrogeologischen Vorarbeiten fur eine Wasserversorgung ersetzen, sondern bilden wertvolle Unterlagen fur Planungen aller Art und auch die Grundlagen für Großwasserbeschaffungen.

Die Karten wurden in verschiedenem Maßstab und in verschiedener Ausführung dargestellt.

1. Die *hydrogeologischen Übersichtskarten von Deutschland 1 · 500000*, herausgegeben unter der Leitung von R. GRAHMANN, Verlag der Bundesanstalt für Landeskunde (Abb. 144).

Auf dieser Karte kommen die Grundwasserergiebigkeiten in Abstufungen von 10000 m³/Tag bis 20 m³/Tag in Verbindung mit der Geologie zur Ausscheidung. Die Tiefenlage, die Art des Grundwasserleiters, der Chemismus der Wässer, die bedeutendsten Wasserwerke werden oft durch Zeichen erkenntlich gemacht. In den beigegebenen Erläuterungen findet die Geologie, die Wasserführung in den einzelnen Schichtkomplexen, die bedeutendsten Wasservorkommen, der Chemismus, die Niederschläge, die Wasserwerke, eine übersichtliche Erklärung. Ein Literaturverzeichnis weist auf Spezialarbeiten. Es sind die Blätter Freiburg, Augsburg, München, Karlsruhe, Stuttgart, Regensburg, Köln, Frankfurt, Dresden, Münster, Hannover, Hamburg erschienen.

2. *Hydrogeologische Karte 1:100000* herausgegeben vom Geologischen Landesamte Nordrhein-Westfalen. Ausgeschieden werden die verschiedenen Grundwasserleiter (Gesteinsverhältnisse) und die Grundwasserführung (ähnlich wie in der 500000 Karte). Auch die Grundwasserstockwerke wurden durch verschiedene Signaturen dargestellt. Ebenso werden die Versickerungsmöglichkeiten (Darstellung der in den obersten Metern anstehenden Bodenarten), die für die Erneuerung des Grundwassers wichtig sind, verzeichnet. Außerdem finden verschiedene Einzelheiten wie Tiefe des Grundwasserspiegels, Grundwassermächtigkeit, Hydro-Isohypsen, Bohrpunkte usw. in verschiedenen Zeichen Erwähnung. Grundwasser-, chemische Daten und technische Angaben wurden auf verkleinerten Nebenkarten eingetragen (Karrenberg).

3. Die gleiche Geologische Landesanstalt von Nordrhein-Westfalen bearbeitet nun *Hydrogeologische Karten 1:25000.*

In einer Hauptkarte werden die Lagerungsverhältnisse der verschiedenen Grundwasserleiter in allen bekannt gewordenen Einzelheiten wiedergegeben. Auf die Petrographie und Wasserführung ist in der Hauptkarte verzichtet worden.

Außerdem finden dann die hydrogeologisch wichtigen Grenzflächen eine Darstellung, so daß man die Mächtigkeit des Grundwasserleiters, der Deckschichten und die Tiefenlage unter Gelände ablesen kann. Das oberste Grundwasserstockwerk wird besonders hervorgehoben.

Die Grundwasserführung ausgedrückt durch die Hoffigkeit wird in Nebenkarten dargestellt. In beigegebenen Profilen sind rechnerisch k-Werte eingetragen. Die chemischen Werte finden ebenfalls in einer Nebenkarte eine Darstellung.

4. Von großter Bedeutung sind *hydrogeologische Karten für Planungsgebiete* (1:200000).

Es handelt sich dabei vor allem um die Darstellung der Tiefenlage des Grundwasserspiegels, um Wasserbeschaffungsgebiete, um die Verbreitung der Deckschichten und um die Hydro-Isohypsen, aus denen man die Grundwasserrichtung und das Gefalle erkennen kann. Diese Karten geben Anhaltspunkte für die Errichtung von Brunnen und fur die Abgrenzung der Schutzgebiete.

5. Eine besondere Art von *hydrogeologischen Karten* entwirft Breddin[1] (1954) von der niederrheinischen Bucht, wo hauptsächlich flach gelagerte Quartär- und Tertiarschichten vorkommen (Abb. 145).

---

[1] Breddin, H.: Ein neuartiges geologisches Kartenwerk fur die sudliche Niederrheinische Bucht. Z. dtsch. geol. Ges. 1954, 106. H.

Es wird der Untergrund in zahlreichen NO—SW-verlaufenden Profilen im Maßstab 1:25000 dargestellt; die Profile haben etwa 1000 m Abstand, der Höhenmaßstab ist 1:2000.

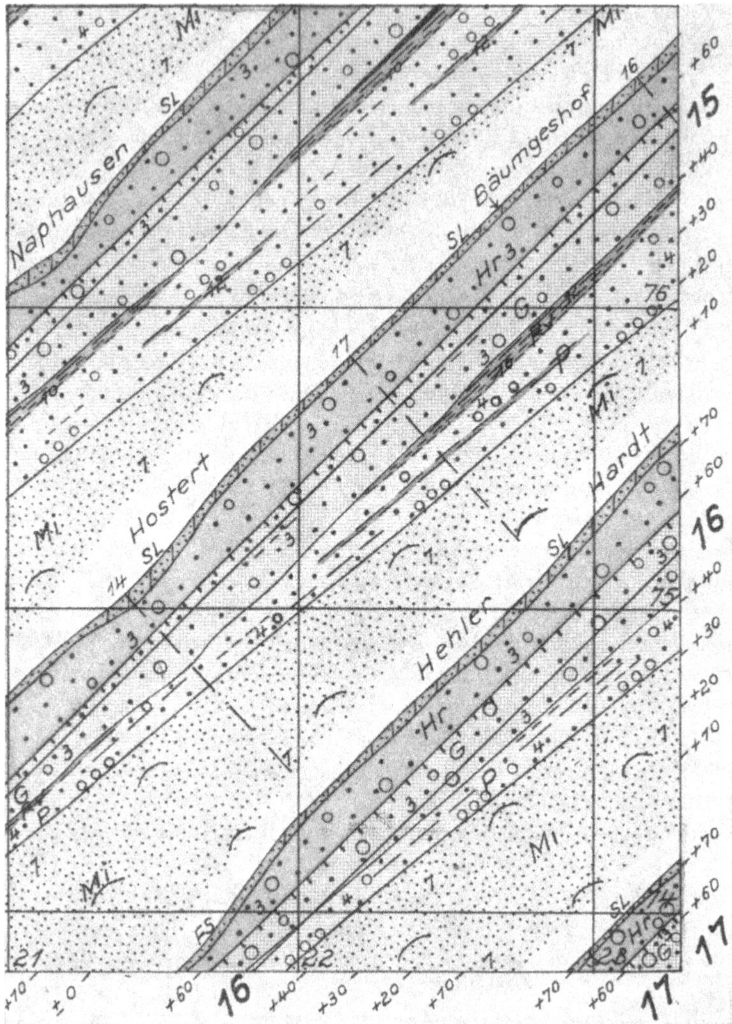

Abb. 145. Hydrogeologische Karte nach BREDDIN (Ausschnitt aus der Karte von WALNIEL)

Diese sicher übersichtlichen Karten mit zahlreichen Eintragungen lassen sich in diesem Gebiet anfertigen, weil zahlreiche Aufschlusse und Bohrungen durch den Bergbau zur Verfügung standen.

In Farben wurden die Grundwasserleiter mit petrographischen Beziehungen und die Grundwasserstauer eingezeichnet, wobei mit schwarzer Signatur die Gesteinsausbildung zur Darstellung kommt. Es heben sich dadurch die verschieden ergiebigen Grundwasserleiter, die Deckschichten und Grundwasserstauer deutlich ab und man ersieht, durch Höhenangaben ersichtlich gemacht, die Mächtigkeit der Grundwasserleiter. Es kommt auch das Bodenprofil klar zur Darstellung, das ungefähr 80 bis 100 m in der Senkrechten erfaßt.

Mit Buchstaben bezeichnet man die stratigraphischen Schichtglieder. An Einzelheiten erscheinen Korngrößen, Tiefenlage des Grundwasserspiegels, Bohrpunkte mit senkrechten Strichen.

Diese Art der Darstellung, die freilich nur in einem so gut bekannten Gebiet durchführbar ist, bedeutet sicher eine wertvolle Unterlage für hydrogeologische Arbeiten aller Art.

IX. Der ständige Grundwasserdienst und die Grundwasserforschung

Die Grundwasserfelder gehören zu unseren bedeutendsten und wichtigsten Trinkwasserspendern. Es lassen sich daraus oft große Mengen mit verhältnismäßig geringen Schwankungen gewinnen.

In Österreich sind wir noch in der glücklichen Lage, größere Grundwasserfelder zu besitzen, die nicht oder nur zum Teil ausgenützt sind. Es ist jedoch notwendig, diese Felder genau zu untersuchen, da sie einst sicher für die Wasserversorgung benötigt werden.

1. *Grundwassermessungen.* Um die Grundwasserschwankungen und die Beziehungen zum Fluß kennen zu lernen, sind Messungen der Grundwasserspiegel unerläßlich.

Der hydrogeologische Landesdienst führt bereits zahlreiche Messungen durch, und die Ergebnisse werden im Hydrographischen Jahrbuch laufend veröffentlicht.

2. *Bohrungen,* die Aufschluß über den Grundwasserstand und über die Ergiebigkeit geben, sind dringend notwendig.

In den letzten Jahren hat das Steiermärkische Landesbauamt Abt. IIIa zahlreiche Bohrungen im Mur- und Mürztal niedergebracht, die verrohrt wurden, so daß Pumpversuche durchgeführt werden konnten. Die Grundwasserspiegel werden regelmäßig gemessen und die Wässer chemisch untersucht. Es hat sich dabei gezeigt, daß in manchen Feldern Wassermengen vorliegen, welche die Erwartungen übertroffen haben (Tronko 1964).

3. Die *Aufschließung von Grundwasserfeldern* bedarf in Zukunft eines weiteren Ausbaus, so daß vor allem das Relief des Untergrundes, das für die Errichtung von Brunnen von Wichtigkeit ist, ersichtlich wird. Elektrische bzw. seismische Messungen könnten wertvolle Angaben liefern.

4. Im weiteren Verlauf ist die Herstellung von *Grundwasser-Isohypsen-Karten,* die Feststellung der Hoffigkeit, der Grundwassergeschwindigkeiten, der k-Wert usw. von Bedeutung.

5. *Chemische und bakteriologische Untersuchungen* des Grundwassers bringen wichtige Anhaltspunkte über die Beschaffenheit, die zeitlichen Veränderungen und die Beziehungen zum Fluß.

6. Aus all den Untersuchungen ergeben sich wertvolle Grundlagen für die *Aufstellung von Schongebieten,* die für künftige Wasserentnahmestellen zu reservieren und vor der Verbauung zu schützen sind.

X. Die Vorarbeiten für die Erschließung eines Grundwasserfeldes für größere Wassermengen

Soll für eine Stadt eine großere Grundwassermenge (über 100 l/sec) erschlossen werden, so sind gründliche Vorarbeiten nötig. Planlos durchgeführte Brunnenanlagen können oft zu großen Unzukömmlichkeiten führen, die nicht mehr gutzumachen sind. Die Kosten der Vorarbeiten betragen meist im Verhältnis zu den Gesamtkosten nur wenige Prozent, die sich aber später rentieren.

Einige Beispiele: Fur die Wasserversorgung der Stadt Magdeburg wurden bei den Vorarbeiten auf einem Gebiet von 300 km² 241 Brunnen, 76 Wasserlaufe untersucht, 21 Bohrungen niedergebracht und 434 Wasserproben entnommen.

Die Vorarbeiten fur die Stadt Schweinfurt dauerten 2 Jahre und es wurden 20 Bohrungen niedergebracht.

Fur die Vorarbeiten der Stadt Prag brauchte man 520 Bohrlocher mit insgesamt 72000 m Lange.

Die Stadt Wien untersuchte das große Grundwasserfeld von Moosbrunn im inneren Wiener Becken bereits durch 15 Jahre durch Zusammenarbeit der verschiedensten Fachleute in einer Studienkommission.

Die Vorarbeiten erfolgen in *Zusammenarbeit von Geologen, Hydrologen, Chemikern, Hygienikern und Technikern.* Oft jedoch werden auch Landesplaner, Botaniker und Geographen zu Rate gezogen.

Im folgenden bringe ich eine übersichtliche Aufstellung der wichtigsten Vorarbeiten. Damit ist jedoch nicht gesagt, daß alle Untersuchungen erfaßt sind, denn jedes Grundwasserfeld hat Besonderheiten, die zu berücksichtigen sind.

Feststellung des Wasserbedarfes

Die entsprechenden Angaben liefert im allgemeinen das zuständige Wasserwerk, wobei der gegenwärtige und der zukünftige Bedarf in den nachsten 20 bis 30 Jahren zu berücksichtigen ist.

Aufsuchen der Wasserhoffnungsgebiete

In den meisten Fällen ist bereits ein in der Nähe liegendes Grundwasserfeld bekannt, doch liefert das nicht mehr die erforderliche Menge, oder es kann wegen Verbauung oder Verunreinigungsgefahr nicht ausgenützt werden; dann ist nach neuen Feldern Ausschau zu halten.

Es kommen vor allem große Schotter-Sandfelder in Betracht, denen ein entsprechendes Einzugsgebiet zur Verfügung steht. Es handelt sich meist um eiszeitliche Schotterfelder. Die Erschließung tertiärer Grundwasserfelder in Österreich bedarf jedoch besonders gründlicher Vorarbeiten, weil die wasserführenden Horizonte vielfach nicht auf weite Strecken gleichmäßig durchzuverfolgen sind.

Die Entfernung von der Stadt ist wegen der Kostenfrage zu berücksichtigen.

Hydrogeologische Vorarbeiten

1. *Literaturbeschaffung*

a) Beschaffung der geologischen Literatur; geologische Karten.

b) Beschaffung von meteorologischen und hydrologischen Angaben: Jahrbücher der Zentralanstalt für Meteorologie und Geodynamik; Hydrographisches Jahrbuch.

c) Beschaffung des topographischen Kartenmaterials: Karte 1:25000; Katasterblatt 1:2880; Luftbildaufnahmen.

2. Geologische Aufnahme des Grundwasserfeldes und des anschließenden Gebietes

a) Geologische Gliederung des Schotterfeldes: Talschutt, Terrassenschutt, Schuttkegel.

b) Geologie der benachbarten Hänge — Übersichtsaufnahme; Berücksichtigung des Hangschuttes; des Hangfußschuttes, Rutschungen, Quellaustritte usw.

3. Hydrogeologische Aufnahme

a) Einzeichnen sämtlicher *Wasserentnahmestellen* im Grundwasserfeld mit fortlaufender Numerierung.

b) *Messen der Tiefe des Grundwasserspiegels* in allen Brunnen und Einnivellierung auf einen Meßpunkt. (Die Messungen sind mehrmals zu wiederholen und besonders bei wechselndem Flußspiegel durchzuführen.) Allenfalls Errichtung von Schlagbrunnen. Pegelmessungen am Fluß sind gleichzeitig festzuhalten.

c) *Einzeichnung der Hydro-Isohypsen* auf Grund der vorhandenen Spiegelmessungen. Konstruktionen bei hohem und niedrigem Grundwasserstand.

d) *Aufstellung des Wasserhaushaltes* — Niederschläge; Versickerung; Verdunstung; oberflächlicher Abfluß.

4. Chemisch-bakteriologische Untersuchung

Aus den vorhandenen Brunnen entnimmt man Proben zur chemisch-bakteriologischen Untersuchung, um bereits vor Beginn der Aufschlußarbeiten ein Urteil über die Güte des Wassers zu erhalten. Die Unterschiede in den einzelnen Brunnen sind zu berücksichtigen.

Vorläufige Aufschlußarbeiten

Da die vorhandenen Brunnen selten Aufschluß über die Mächtigkeit des Grundwasserleiters und über das Relief der Sohle geben, erweisen sich vor allem Aufschlußbohrungen bis zur undurchlässigen Sohle als notwendig. Der Durchmesser der Bohrung soll 20 bis 30 cm betragen, so daß eine Pumpe eingesetzt werden kann.

1. Es sollen womöglich in einem Querschnitt so viele Bohrungen niedergebracht werden, daß man *Anhaltspunkte für das Relief* der Sohle erhält.

Sehr zu empfehlen sind systematische elektrische oder seismische Messungen, die dann ein zusammenhängendes Profil vom Untergrund ergeben.

2. *Die Bohrproben* (etwa 5 kg) sind in Dosen oder Kistchen aufzubewahren und für Spezialuntersuchungen (Korngrößen, Porenvolumen, Wasserentzug, k-Wert) bereitzustellen.

3. An jeder Bohrung ist ein *Pumpversuch* durchzuführen, so daß annähernd die Ergiebigkeit und der Wasserentzug festgestellt werden können. Die Spiegelabsenkungen sind zu berücksichtigen; Wassertemperatur zu bestimmen.

4. Abermalige Aufstellung des Wasserhaushaltes: Niederschlag, Versickerung, Verdunstung, Mächtigkeit des Grundwasserleiters, Porenvolumen, Grundwassergeschwindigkeit, Abfluß. Hydrologische Rechnungen.

5. Probeentnahme für chemisch-bakteriologische Untersuchungen.

6. Der Grundwasserspiegel an den Bohrlöchern ist laufend zu messen; ebenso sind laufend Temperaturmessungen notwendig.

Festlegung des Ansatzpunktes für einen Probebrunnen

Um die günstigste Stelle für einen Probebrunnen zu bestimmen, sind folgende Punkte zu berücksichtigen:

1. Das Relief des Untergrundes (Schwellen, Mulden).
2. Die Ergebnisse der Kornanalyse (grobes Korn, Einstreuung von Feinmaterial — grober Schotter — Filterwirkung beachten!)
3. Der Verlauf der Hydro-Isohypsen.
(Wenn notwendig neu bestimmen; Schlagbrunnen benützen, um eine möglichst große Genauigkeit zu erreichen.)
4. Beachten der Zusammenhänge mit dem Fluß bei Hoch- und Niederwasser.
5. Die Grundwasserrichtung und Beachtung der Oberfläche (Besiedlung, Sand-Schottergruben, Straßen, Tankstellen usw.), Grundwassergefälle.
6. k-Wert-Bestimmung an allen Bohrproben und Ermittlung des durchschnittlichen k-Wertes.
7. Die Grundwassergeschwindigkeit an mehreren Brunnen (Schlagbrunnen).
8. Berücksichtigung der Lage des Brunnens zum Einzugsgebiet und zum notwendigsten Schutzgebiet. (Überdeckung des Grundwasserfeldes mit wasserundurchlässigen Schichten; Verunreinigungsmöglichkeiten.)

Nach gründlicher Erwägung aller dieser Punkte wird die günstigste Stelle für den Ansatz eines Probebrunnens ausgewählt. Dafür ist die wasserrechtliche Genehmigung erforderlich.

Der Probebrunnen wird mit einem Durchmesser von 1 bis 2 m bis zur Sohle ausgebaut.

Wenn jedoch absolut klare Verhältnisse vorliegen, kann auch mit dem Ausbau des endgültigen Brunnens begonnen werden.

1. Die Bodenproben des Probebrunnens werden wieder aufbewahrt und im Laboratorium untersucht (Korngrößen, Porenvolumen, k-Werte von der Probe; Wasserentzug, petrographischer Befund).
2. Probepumpung durch mindestens 8 Tage. Aufzeichnen der Kurve.
3. Feststellung der Reichweite des Absenkungstrichters mittels Schlagbrunnen.
4. Ermittlung der Zuströmgeschwindigkeit.
5. Überprüfung der Ergebnisse durch hydraulische Rechnungen.
6. Knapp vor Beendigung des Pumpversuches Probeentnahme für chemische und bakteriologische Untersuchungen.

Festlegung des Schutzgebietes

Obwohl schon vor Errichtung die Möglichkeiten für die Abgrenzung des Schutzgebietes berücksichtigt wurden, ist doch vor der endgültigen Übergabe des Brunnens das Schutzgebiet genau nach Parzellengrenzen festzulegen, wobei meist ein engstes, weiteres Schutzgebiet und ein Schongebiet bestimmt werden. Die für jedes Schutzgebiet geltenden Verbote sind genau festzulegen.

Nach Abschluß der Arbeiten erfolgt die wasserrechtliche Kommissionierung, wobei die technischen Einrichtungen, die hygienischen Belange und die Anliegen der Anrainer überprüft werden und das Schutzgebiet genehmigt wird.

Anhang: Trinkwasser aus offenen Gewässern

Im allgemeinen stellt die Verwendung von offenen Gewässern (Seen, Stauanlagen, Flüsse) für die Trinkwasserversorgung eine *Notlösung* dar, doch müssen diese Wässer vorher einer gründlichen Aufbereitung (Reinigung) unterzogen werden. Auch wenn anscheinend klare Gebirgsbäche in Wasserversorgungsanlagen eingeleitet werden, ist eine sorgfältige Reinigung notwendig.

Die Verwendung offener Gewässer als Trinkwasser stellt in erster Linie ein biologisch-chemisches und ein hygienisches Problem dar und berührt die Hydrogeologen weniger. Trinkwasser aus offenen Gewässern soll nur dort Verwendung finden, wo keine andere Möglichkeit besteht.

London bezieht bis zu fünf Sechstel des Bedarfes, der 1,5 Mio. m^3 täglich beträgt, aus der Themse und aus dem Flusse Lee.

Berlin entnimmt das Trinkwasser aus dem Müggelsee, *Stuttgart* bezieht Wasser aus dem Bodensee. Auch die Orte *Lindau* (100 l/sec), *Friedrichshafen* (210 l/sec), *Überlingen* (30 l/sec) und *Konstanz* (200 l/sec) entnehmen Wasser aus dem Bodensee. Die Entnahme erfolgt aus 40 m Tiefe in 300 bis 1120 m Entfernung vom Seeufer.

Aus künstlich angelegten Stauseen erhalten die Städte im Wuppertal Wasser. Es bestehen dafür mehrere Stauseen, wie die Wuppertalsperre mit 30 Millionen m^3, die Eifgentalsperre mit 16 Millionen m^3 und die Dhünntalsperre mit 80 Millionen m^3 Stauraum. *Aleppo* bezieht Wasser aus dem Euphrat.

B. Der Brunnen — hydrologische Grundbegriffe

I. Die Brunnenarten

Die Brunnen haben die Aufgabe, das in der Tiefe befindliche Wasser an die Oberfläche zu befördern. Sie werden in verschiedenen Ausführungen hergestellt.

Der *Kesselbrunnen* oder *Schachtbrunnen* (Abb. 146a) gehört zu den ältesten Brunnenarten. Es wird ein Schacht, meist mit rundlichem Querschnitt, in die Tiefe gegraben, der mehrere Meter in das Grundwasser eintaucht (Grundwasserschwankungen werden berücksichtigt). Die Wände kleidet man mit Stein-, Ziegelmauern oder mit Beton aus. Das Wasser wird entweder mit Eimern durch Winden oder mit Pumpen gehoben. Der Abschluß übertags muß so beschaffen sein, daß keine Verunreinigungen in den Brunnen gelangen können.

Auf diese Art baute man schon im Altertum und Mittelalter Brunnen. Am Grazer Schloßberg ist der Brunnen 76 m tief und reicht bis zum Grundwasser der Mur, das in die Klüfte des Dolomites eindringt. Das Wasser wurde mit Eimern durch eine Winde gehoben.

Solche Schachtbrunnen errichtet man heute noch vielfach, besonders in Gegenden mit seicht liegendem Grundwasserspiegel.

Mannigfaltige Abarten gibt es bei den *Rohrbrunnen*.

Den Grundwasserträger schließt man durch eine Bohrung auf und verrohrt diese. Das Wasser wird durch Pumpen zutage gefördert.

a) Die einfachste Form stellt der *Rammbrunnen* oder *Schlagbrunnen* dar, der auch Abessinier- oder Nortonbrunnen genannt wird (Abb. 146b).

Diesen Brunnen, der sehr rasch gebrauchsfähig ist, benützte man im abessinischen Krieg (1867—1868) und im amerikanischen Sezessionskrieg (1861 bis 1865) zum Aufschließen des Grundwassers.

Er besteht aus einem eisernen Rohr von 25 bis 60 mm lichter Weite, das mit einer Stahlspitze versehen und darüber bis zu 2 m Höhe durchlöchert ist. Übertags wird der Ausfluß mit einer Pumpe eingebaut.

Diesen Brunnen rammt man in den Boden ein, so daß das durchlochte Rohr ins Grundwasser eintaucht. Abessinier mit Handpumpe wirken jedoch nur bis 6 bis 8 m Tiefe. Man verwendet sie häufig auch für Beobachtungen der Grundwasserverhältnisse. Die Pumpe fällt weg, so daß man den Grundwasserspiegel messen und allenfalls Wasserproben entnehmen kann. Diese Art der Brunnen nennt man auch Schlagbrunnen.

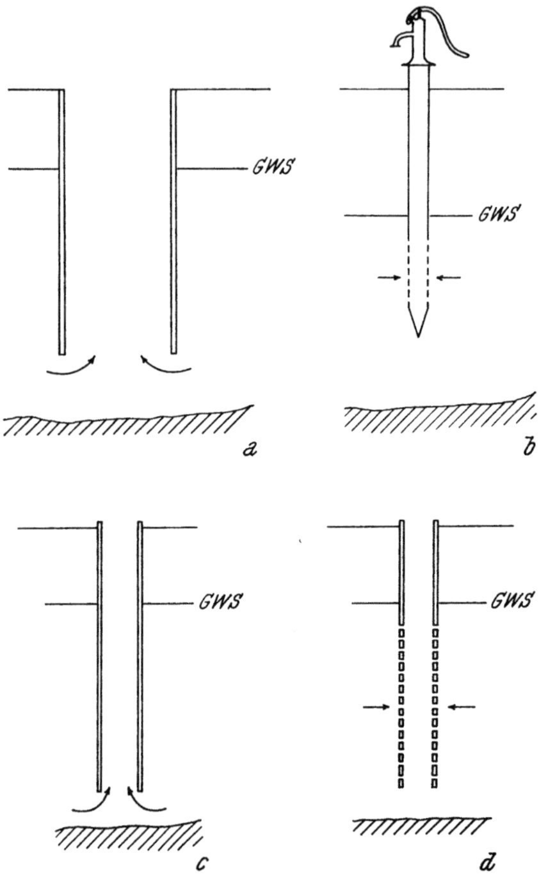

Abb. 146. Brunnenarten; a) Kesselbrunnen, b) Schlagbrunnen, c) Rohrbrunnen ohne Filter, d) Rohrbrunnen mit Filter

b) Häufige Verwendung erlangten auch die *Filterrohrbrunnen*, die bis zu Tiefen von 200 bis 300 m gebraucht werden können (Abb. 146c, d).

Es wird eine Bohrung in den Grundwasserleiter, meist bis zur Sohle, niedergebracht und ein Rohr (Guß-, Schmiedeeisen, Kupfer, Bronze) eingebaut. Der Durchmesser schwankt je nach dem Wasserbedarf zwischen 100 und 600 mm.

Das ins Wasser eintauchende Rohr ist entweder mit Löchern oder einem Drahtsieb oder Tressengewebe versehen, so daß das Wasser des gesamten Grundwasserleiters eindringen kann.

Diese durchlochten Rohre (Filter) stellt man in verschiedener Ausführung und aus verschiedenem Material (Kupfer, Stahl, Steinzeug, Porzellan, Glas, Holz, Kunststoff) und mit verschieden großen Löchern oder Schlitzen her.

Für die Auswahl der Filter sind vor allem die Korngrößen maßgebend, die durch Siebanalysen bestimmt werden. Die Filter ermöglichen das Eindringen des Wassers aus der gesamten wasserführenden Schicht in das Rohr. Gleichzeitig sollen die Feinteilchen zurückgehalten werden. Es soll also ein möglichst sandfreies Wasser gefördert werden.

Um jedoch das Eindringen des Wassers nicht zu erschweren, muß ein Filter gewählt werden, der einen möglichst geringen Widerstand (= Filterwiderstand) verursacht. Er soll außerdem aus einem Material bestehen, das auch durch aggressives Wasser nicht angegriffen wird (Korrosionsfestigkeit) und soll so konstruiert sein, daß er nicht verbogen, verdrückt werden kann (mechanische Festigkeit).

c) Eine besondere Art stellen die *Kiesfilterbrunnen* (Abb. 147) dar. Um das Filterrohr wird ein Sand-Kiesmantel gegeben, so daß ein Aussanden des Grundwasserleiters vermieden wird.

Die Bohrung muß demnach bedeutend weiter gemacht werden als bei gewöhnlichen Filterrohrbrunnen. Beträgt z. B. der Durchmesser des Filterrohres 300 mm, so muß ein Durchmesser von 1000 mm gewählt werden. Die Kiesschüttung besteht gewöhnlich aus drei Korngrößen, die äußere Schicht aus kleinem, die mittlere aus 4- bis 5fach größerem und die Innenschicht aus dem gröbsten Korn.

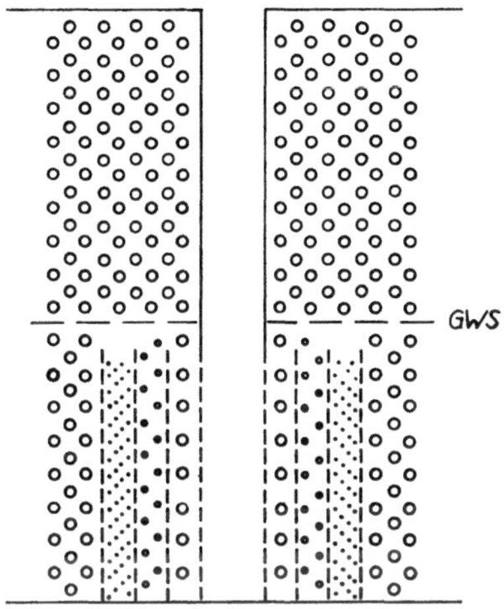

Abb. 147. Kiesfilterbrunnen

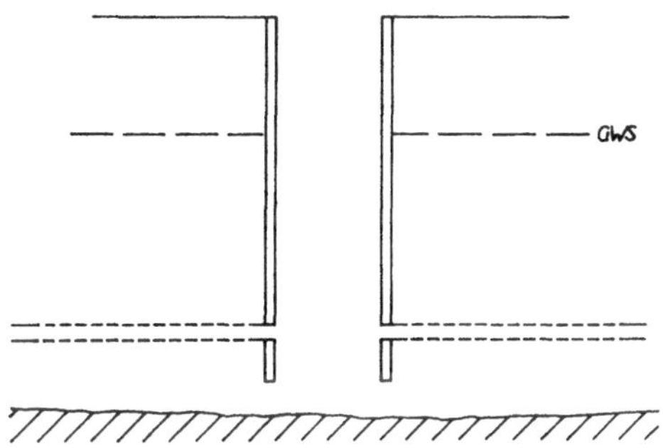

Abb. 148. Horizontalbrunnen

Für die Kiesschüttung benützt man reine Kiese, deren Korngrößen entsprechend sortiert sind. Im besonderen ist beim Kiesfilter die Kornform und die Kornoberfläche zu beachten. Längliche und blättrige Formen sind zu vermeiden, kugelige Körner sind hingegen günstig. Glatte Kornoberflächen erweisen sich als günstiger als Körner mit rauher Oberfläche. Splitt ist ungeeignet.

Die Körnung mit dem Sieb sortiert soll möglichst gleich große Körner enthalten. Der Anteil an Unter- und Überkorn darf 10 bis 15% nicht überschreiten. Der Kies muß frei von Verunreinigungen (organische Reste, Eisenhydroxydkrusten) sein und durch das Wasser nicht angreifbar. Am besten eigenen sich Quarzkiese. DIN 4929 bringt Normvorschläge für Filterkies.

Die Reihenbrunnen werden in einem Grundwasserfeld quer zur Strömungsrichtung aufgestellt, so daß sich die Absenkungstrichter etwas berühren. Man benützt hierzu Kesselbrunnen, welche den gesamten Querschnitt durch die Absenkungstrichter erfassen. Sie werden heute nur mehr selten gebaut und meist durch Horizontalbrunnen ersetzt.

4. Für Großwasserversorgungsanlagen mit mächtigem Grundwasserleiter werden vielfach *Horizontalbrunnen* in verschiedenen Abarten errichtet (Abb. 148). Sie sind unter dem Namen Ranney-Brunnen (nach dem englischen Ingenieur Ranney benannt) oder Horizontalbrunnen bekannt.

Bei den Ranney- und Horizontalbrunnen werden von einem geschlossenen Schacht bis zu 15 Filterrohre horizontal in den umgebenden Grundwasserträger vorgetrieben. Sie können in einer Höhe am Umfang der Schachtwand, aber auch etagenartig angebracht werden. Die Vortriebe betragen bis zu 80 m. Dadurch wird der Zuflußbereich bedeutend vergrößert und die Ergiebigkeit gesteigert. Das in den Schacht einströmende Wasser wird dann durch Pumpen gehoben.

Abarten stellen die Brunnen nach FEHLMANN und nach dem Preussag-Verfahren dar.

Beim *Tellerbrunnen*, der von Dipl.-Ing. ABWESER konstruiert wurde, werden in Sand-Schotterboden keine Filterrohre eingebaut, sondern der Boden wird durch einen Druckwasserstrahl zerlegt, so daß die Fein- und Feinstanteile nach oben abgeführt werden, während die Grobanteile unten verbleiben und absinken. so daß um den Schachtbrunnen eine vollständige Materialumlagerung eintritt: das grobe Material ist unten, das Feinmaterial oben. Dadurch entsteht im Grundwasserbereich ein Raum mit weiten Wasserwegen — eine Art Galerie —, so daß eine größere Ergiebigkeit erreicht wird. Weil um den Schacht ein tellerartiger poröser Einzugsbereich entsteht, wird dieser Brunnen „Tellerbrunnen" benannt.

II. Der Pumpversuch

(Schöpfversuch)

Durch den Pumpversuch stellt man vor allem die *Dauerergiebigkeit* fest, doch können gleichzeitig hydrologische Werte, wie *k*-Wert, Geschwindigkeit, Reichweite des Absenkungstrichters, bestimmt werden.

Vor Beginn des Pumpens bestimmt man die Tiefenlage des Grundwasserspiegels. Mit dem Beginn der Pumpung wird in bestimmten Zeitabständen die Absenkung des Wasserspiegels festgestellt. Die abgepumpte Wassermenge mißt man durch Überlaufgefäße. Das Wasser soll jedoch nicht auf dem Schotterfeld versickern, sondern weit ab davon, damit nicht durch die Versickerung falsche Werte entstehen.

Der Wasserspiegel nimmt allmählich in immer kleineren Beträgen ab, bis ein Beharrungszustand erreicht wird, d. h. in der Zeiteinheit fließt dem Brunnen so viel Wasser zu, als entnommen wird.

Die Pumpung muß jedoch weiter fortgesetzt werden, um die Dauerleistung zu erkennen. Es kann z. B. der Fall eintreten, daß man das Grundwasser aus einer größeren Schotter-Sandlinse entnimmt, die nur einen beschränkten Vorrat enthält. Wird die Probepumpung in einem solchen Grundwasserleiter fortgesetzt, so läßt mit der Zeit die Ergiebigkeit nach und man erkennt, daß der Vorrat zu Ende geht.

Bleibt jedoch auch nach längerem Pumpen 3 bis 8 Tage der Wasserspiegel gleich, dann kann man annehmen, daß eine gleichbleibende Wassermenge bei einer bestimmten Spiegelabsenkung erreicht wurde.

Nach Beendigung des Pumpversuches steigt der Grundwasserspiegel wieder allmählich an und man mißt in kurzen Zeitabständen die Tiefenlage des wieder ansteigenden Wassers.

Die durch den Pumpversuch gewonnenen Ergebnisse werden nicht nur schriftlich festgehalten (Tiefenlage des Grundwasserspiegels vor dem Pumpen:

Beginn der Pumpung; Spiegelabsenkung nach bestimmten Intervallen; Ergiebigkeit), sondern auch *graphisch dargestellt.* Auf der Horizontalen trägt man die Zeitabstände, auf der Senkrechten die Spiegelabsenkungen auf. Die Kurve zeigt, daß die Absenkung anfangs schnell, später jedoch langsamer verläuft. Der Anstieg hingegen geht anfangs rasch vor sich, am Ende langsam; doch zeigen sich stets recht verschiedene Bilder (Abb. 149).

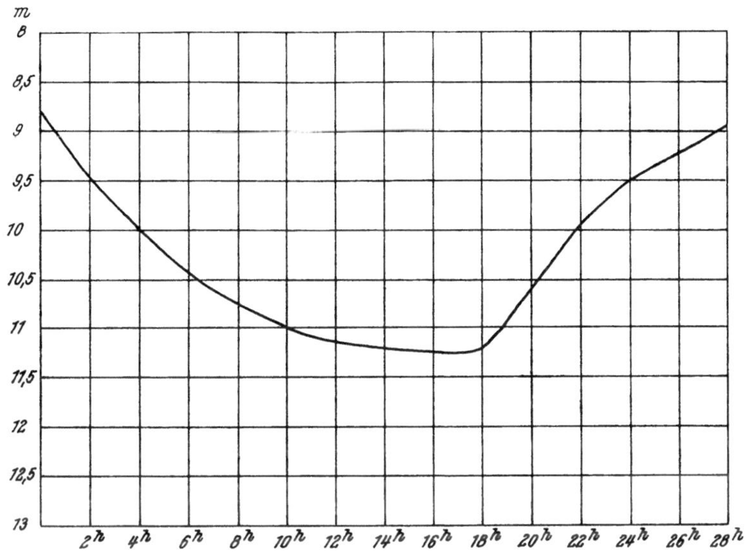

Abb. 149. Pumpversuch

Es kann nun der Fall eintreten, daß kein Beharrungszustand erreicht wird; das ist dann möglich, wenn dem Brunnen mehr Wasser entnommen wird als zufließt; dann ist die Pumpleistung so zu verringern, daß wieder der Beharrungszustand erreicht wird. Tritt dieser jedoch trotz mehrfacher Versuche nicht ein, zeigt der Grundwasserspiegel weiter fallende Tendenzen, dann ist anzunehmen, daß der Zufluß gering ist und ein stehendes Grundwasserbecken vorliegt.

Mit dem Pumpversuch gemeinsam kann die *Reichweite* der Absenkung gemessen werden. Es ist daher zu empfehlen, daß um den Brunnen in verschiedener Entfernung Schlagbrunnen errichtet werden, in denen während des Pumpens die Tiefenlage des Grundwasserspiegels festgestellt wird. Vor Beginn der Pumpung ist jedoch zu prüfen, ob in den Versuchsbrunnen der gleiche Grundwasserspiegel vorhanden ist.

Die Dauer des Pumpversuches soll mindestens 72 Stunden betragen, bei Großwasserversorgungsanlagen, die 500 l/sec und mehr entnehmen, ist jedoch ein solcher von 8 bis 14 und mehr Tagen zu empfehlen.

Es muß betont werden, daß Enttäuschungen eintreten können. Vielfach ist es vorgekommen, daß mit der Zeit die Ergiebigkeit zurückgeht. Anfangs sind im Untergrund große Wasservorräte vorhanden; sind diese aber aufgebraucht, so kommt für die Entnahme nur mehr die Einspeisung durch die Versickerung in

Betracht, die im Verhältnis zum dauernden Bedarf gering ist, so daß die Erneuerung längere Zeit in Anspruch nimmt.

Aus dem Ergebnis des Pumpversuches kann mittels folgender Formel der k-Wert berechnet werden:

$$k = 0{,}73 \frac{Q(\log R - \log r)}{(2H - S) \cdot S}.$$

Der Radius (R) wird bei grobkörnigem Sand mit 500 m, für mittelkörnigen Sand mit 100 bis 150 m, für feinkörnigen Sand mit 50 bis 75 m angesetzt (Bogomolow 1958, S. 168).
Q = Ergiebigkeit; R = Reichweite des Absenkungstrichters; r = Radius des Filterrohres; S = Absenkungsbetrag; H = Höhe des Grundwasserstandes.

III. Die Sandführung bei Brunnenanlagen

Enthält der Grundwasserleiter große Anteile von Feinsand (Korngrößen unter 1 mm), so können Körner durch die dem Brunnen zuströmenden Wasser mitgerissen werden und die Filteröffnungen verlegen, so daß die Ergiebigkeit abnimmt. Dieser Fall kann sowohl bei Filterrohr- als auch bei Schachtbrunnen eintreten.

Bei Schachtbrunnen kann durch starke Druckwirkung eine Kornumlagerung, welche ein Abwandern der Feinteile nach oben bewirkt (siehe Tellerbrunnen, System Abweser, S. 230), einen Erfolg versprechen; ob jedoch von Dauer, das bleibt dahingestellt. Bei einem Filterrohrbrunnen sind Kornumlagerungen nicht möglich, es muß ein neuer Brunnen mit einem Kiesfilter erbaut werden.

Auch bei mangelhaft ausgebauten Brunnen — besonders bei artesischen — kommt es vor, daß ständig Sand mit dem Wasser mitgeführt wird, der sich im Sammelbecken absetzt. Doch soll man diese Erscheinung nicht vernachlässigen, denn durch die ständige Sandabfuhr, die mit der Zeit beträchtliche Mengen ausmachen kann, entstehen Hohlräume, die öfter ein Nachbrechen verursachen, das sich häufig bis zur Oberfläche auswirkt. Ein besonders lehrreiches Beispiel dafür ist die *Katastrophe von Schneidemühl* 1843, wo durch ungewöhnliche Sandauswürfe eines artesischen Brunnens eine Anzahl von Häusern zum Einsturz kam.

IV. Einige hydrologische Grundbegriffe

Die folgenden hydrologischen Grundbegriffe sind auch für den Geologen erforderlich, da die Zusammenarbeit mit dem Hydrologen geboten ist.

Brunnen, welche den gesamten Grundwasserträger erfassen und bis zur Sohle reichen, heißen *vollständige Brunnen*, jene aber, die nur teilweise ins Grundwasser hineinreichen, werden *unvollständige* genannt.

Durch das Pumpen sinkt der Grundwasserspiegel; man spricht von der *Spiegelabsenkung* (S), die in Metern ausgedrückt wird.

Dadurch entsteht im Grundwasser ein *Absenkungstrichter*, der allmählich in leicht gebogenen Flächen zum normalen Grundwasserspiegel hinführt. Im Grundriß hat er eine kreisförmige bis ovale Fläche. Der Radius des Absenkungstrichters wird als Reichweite (= R) bezeichnet.

Er ist besonders für die Aufstellung des engsten Schutzgebietes von Bedeutung. Er ist auch notwendig, um allenfalls die Beeinflussung von Nachbarbrunnen zu erkennen. Die *Reichweite des Absenkungstrichters* bestimmt man gewöhnlich mit Hilfe von Versuchsbrunnen (Schlagbrunnen) während des Probepumpens.

Man schlägt um den Brunnen in verschiedenen Entfernungen (50 bis 200 m) Schlagbrunnen und mißt vor Beginn der Pumpung die Höhe des Grundwasserspiegels, so daß man die Gewißheit hat, daß das gleiche Niveau vorliegt. Während des Pumpens und beim Beharrungszustand mißt man die Spiegelhöhen bis zu jenem Punkt, an dem keine Absenkung mehr erkenntlich ist.

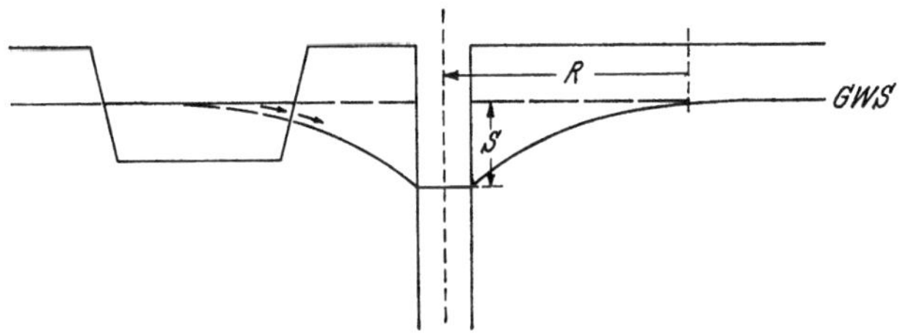

Abb. 150. Der Absenkungstrichter erreicht das Flußwasser. Es kann Flußwasser zum Brunnen gelangen

Der Absenkungstrichter ist selten kreisförmig, was der Fall wäre, wenn von allen Seiten gleich viel Wasser angezogen würde, sondern meist breitet er sich grundwasserstromaufwärts länger aus als abwärts, so daß ein elliptischer oder ovaler Grundriß entsteht. Änderungen der Korngrößen und des Porenvolumens können die Form des Absenkungstrichters beeinflussen. Er ist besonders in der Nähe von Flüssen in Betracht zu ziehen, denn durch die Absenkung kann das Flußwasser angeschnitten werden, so daß dieses zum Brunnen gelangen kann (Abb. 150).

1. Das Darcysche Filtergesetz

Das Grundwasser, das zwischen den Poren der Sande und Schotter hindurchfließt, erleidet einen Widerstand. DARCY hat nun durch Versuche die Gesetzmäßigkeiten erkannt und folgende grundlegende Formel aufgestellt:

$$Q = k \cdot F \cdot \frac{h}{l}$$

Q = Wassermenge in der Zeiteinheit
k = Bodendurchlässigkeitswert oder Filtrationskoeffizient
F = die durchflossene Fläche
$\frac{h}{l}$ = Gefälle

Der k-Wert hängt von der Eigenschaft des Lockermaterials, von der Temperatur und der Viskosität des Wassers ab. Er liegt bei den für Brunnen in Betracht kommenden Schottern und Sanden zwischen 0,0001 m/sec (feiner Sand) und 0,01 m/sec (grober Kies) und kann im Laboratorium oder beim Pumpversuch bestimmt werden.

Die Formel erfährt jedoch in der Praxis eine Änderung; denn es wird nicht der ganze Querschnitt angenommen, sondern die durch die Poren eingenommenen Flächen (Fp)

$$Fp = \frac{F \cdot \text{Porenvolumen}}{100}.$$

$$Q = k \cdot Fp \cdot \frac{h}{l}$$

Beispiel: In einem Grundwasserstrom von 2 km Breite, 10 m Tiefe ist das durchschnittliche Porenvolumen 30%; $\frac{h}{l} = 2‰$

$$k = 0{,}04\ \text{m/sec}$$

$$Q = \frac{0{,}04 \cdot 20000 \cdot 30 \cdot 2}{100 \cdot \quad 1000}$$

$$Q = 0{,}480\ \text{m}^3/\text{sec}.$$

2. Die Ergiebigkeit der Brunnen (Hydrologische Rechnungen)

Um die Ergiebigkeit zu errechnen, wurden nun in Anlehnung an die Darcysche Formel verschiedene Formeln für vollkommene und unvollkommene Brunnen entwickelt, von denen die wichtigsten angeführt werden (nach Bogomolow 1958).

1. Vollkommene Brunnen sind solche, welche aus der gesamten wasserführenden Schicht das Wasser entnehmen.

a) Die Entnahme erfolgt aus einem Brunnen mit freiem (ungespannten) Grundwasserspiegel (Abb. 151). Es gilt folgende Formel:

$$Q = 1{,}366\, k\, \frac{(H^2 - h^2)}{\log R - \log r}.$$

setzen wir für $h = (H - s)$ ein, so ergibt sich folgende Formel:

$$Q = \frac{1{,}366\, k \cdot (2H - s)s}{\log R - \log r},$$

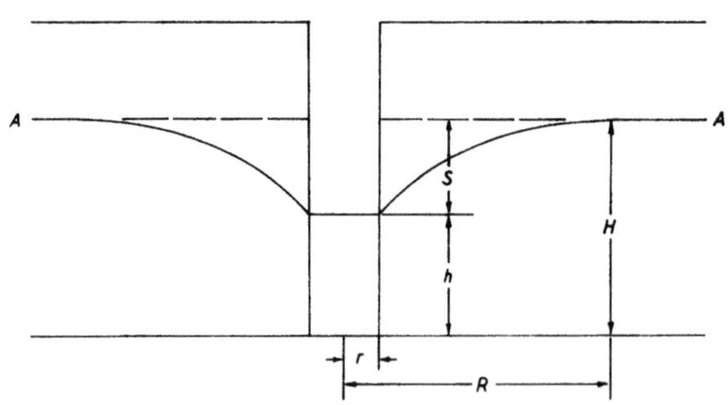

Abb. 151. Vollständiger Brunnen mit freiem Grundwasserspiegel

BOGOMOLOW führt folgendes Beispiel an:

$k = 20$ m/24 Std.
$H = 10$ m
$2r$ des Bohrloches 300 mm
$s = 2$ m
$R = 150$ m

$$Q = \frac{1{,}366\, k \cdot (2H - s)s}{\log R - \log r}$$

$$Q = \frac{1{,}366 \cdot 20(2 \cdot 10 - 2)2}{\log 150 - \log 0{,}15}$$

$$= 298{,}8 \text{ m}^3/\text{Std.}$$

b) Für gespanntes Wasser findet folgende Formel Anwendung (Abb. 152):

$$Q = \frac{2{,}73\, k \cdot m(H - h)}{\log R - \log r} = \frac{2{,}73 k \cdot m \cdot s}{\log R - \log r}.$$

$H - h = s$
m = Mächtigkeit der wasserführenden Schicht
H = Steighöhe von der Sohle bis zur Druckhohe
h = Höhe des Absenkungstrichters von der Sohle bis zum Wasserspiegel im Rohr

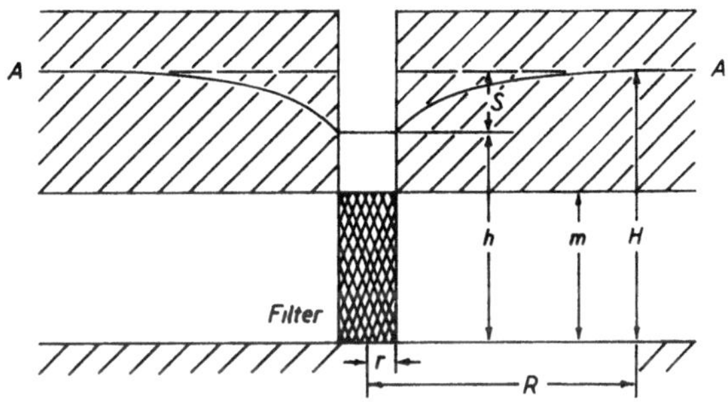

Abb. 152.
Vollständiger Brunnen mit gespanntem Grundwasserspiegel

Beispiel:

$m = 16$ m
$H = 25$ m
$s = 5$ m
$k = 10$ m/24 Std.
$R = 100$ m
$2r = 0{,}2$ m

$$Q = \frac{2{,}73 \cdot 10 \cdot 16 \cdot 5}{\log 100 - \log 0{,}1} = 1074 \text{ m}^3/24 \text{ Std.}$$

2. Die Formeln ändern etwas ab, wenn ein *unvollständiger Brunnen* vorliegt (Abb. 53 bis 56).

a) Der Wasseraufnahmeteil (Filter) bei freiem Grundwasserspiegel liegt ungefähr in der Mitte der wasserführenden Schicht (Abb. 153).

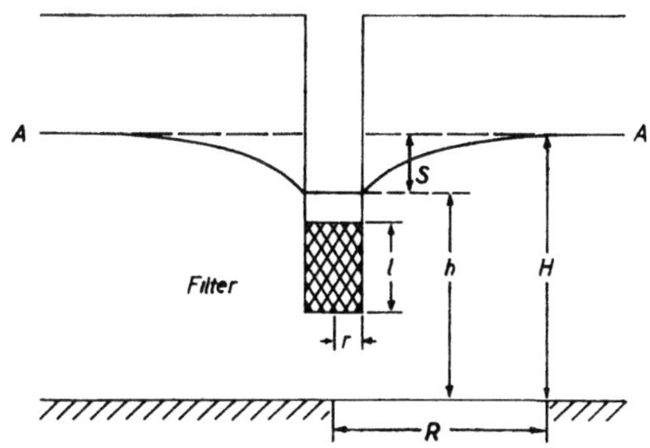

Abb. 153. Unvollständiger Brunnen mit freiem Grundwasserspiegel. Der Filter liegt ungefähr in der Mitte der wasserführenden Schicht

Es gilt dann folgende Formel:

$$Q = 2{,}73 \frac{k \cdot l \cdot s}{\log \dfrac{0{,}66 \cdot l}{r}}.$$

l = Länge des Filters
k = Durchlässigkeitswert
h = Wassertiefe nach der Absenkung
s = Absenkung
r = Brunnenradius

b) Die gleiche Formel findet bei gespanntem Wasser Anwendung, wo der Filter ungefähr in der Mitte des Grundwasserleiters liegt (Abb. 154).

$$Q = 2{,}73 \frac{k \cdot l \cdot s}{\log \frac{0{,}66 \cdot l}{r}}$$

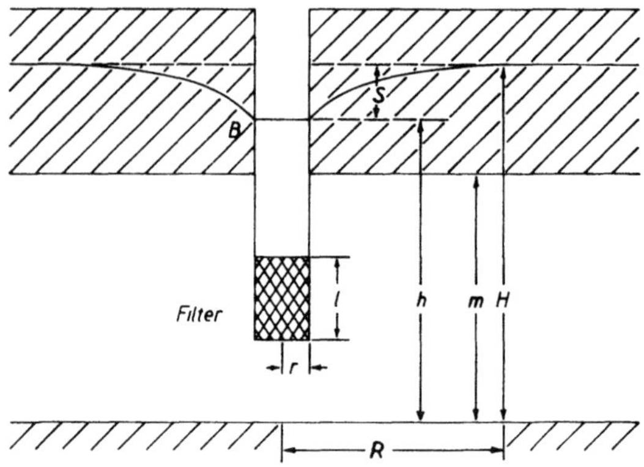

Abb. 154. Unvollständiger Brunnen mit gespanntem Grundwasser. Der Filter liegt in der Mitte

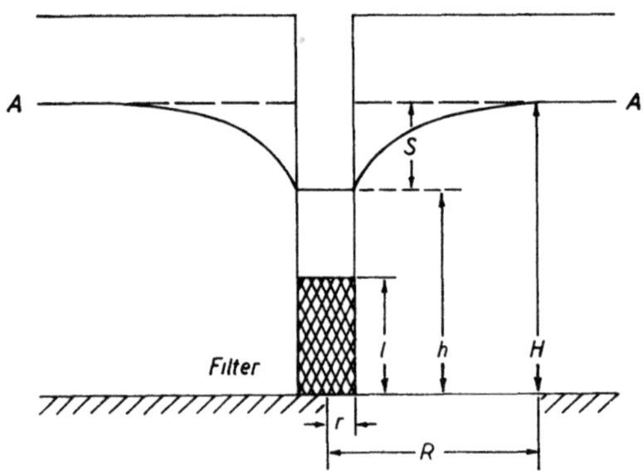

Abb. 155. Unvollständiger Brunnen mit freiem Grundwasserspiegel. Der Filter liegt der Sohle auf

c) Grenzt jedoch der Filter an die wasserstauende Sohlschicht, so gilt bei freiem Grundwasserspiegel folgende Formel (Abb. 155):

$$Q = 2{,}73 \frac{k \cdot l \cdot s}{\log \frac{\alpha \cdot l}{r}}.$$

Die Bezeichnungen s. Abb. 155.

α = Beiwert von der Größe 1,32 bis 1,6.

d) Befindet sich bei gespanntem Grundwasserspiegel der Filter unmittelbar unter der Deckschicht, so findet folgende Formel Anwendung (Abb. 156):

$$Q = 2{,}73 \frac{k \cdot l \cdot s}{\log \frac{\alpha \cdot l}{r}}$$

$\alpha = 1{,}32$ bis $1{,}6$.

Bogomolow führt folgendes Beispiel an: $l = 5$ m, $K = 10$ m/24 Std., $r = 100$ mm, $s = 6$ m, $\alpha = 1{,}32$

$$Q = 2{,}73 \frac{10 \cdot 5 \cdot 6}{\log \frac{1{,}32 \cdot 5}{0{,}1}} = 270 \text{ m}^3/24 \text{ Std.}$$

Aus diesen Formeln geht hervor, daß die Ergiebigkeit um so größer ist, je länger das Rohr in die wasserführende Schicht hineinreicht und je größer die Absenkung ist.

Die Ergiebigkeit, die bei 1 m Absenkung erreicht wird, nennt man *spezifische Ergiebigkeit*. Sie ist nach THIEM bei freiem Wasserspiegel

$$q = \frac{Q \cdot (2H - 1)}{(2H - s) \cdot s}.$$

Q = Gesamtlieferung in l/sec
H = Gesamthohe des Wasserstandes
s = Absenkung

Für gespanntes Wasser gilt die Formel

$$q = \frac{Q}{s}.$$

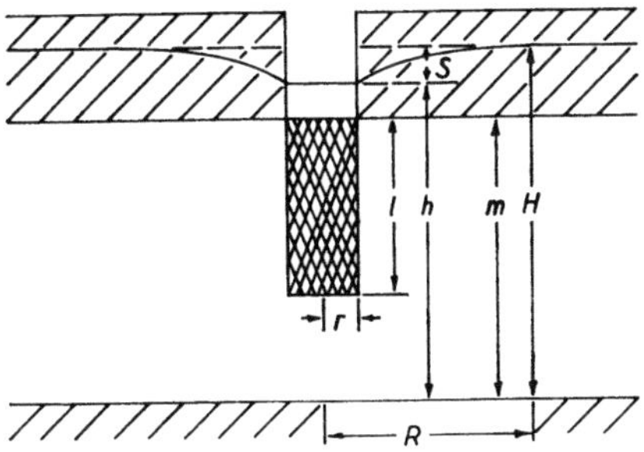

Abb. 156. Unvollstandiger Brunnen mit gespanntem Grundwasser. Der Filter grenzt an die Deckschicht

Die *Reichweite* kann auch mathematisch aus der Formel berechnet werden, doch handelt es sich nur um Annäherungswerte. Als eine rohe Faustformel gilt:

$$R = 3000 \cdot s\sqrt{k}$$

s = Absenkung; k = k-Wert.

Einige Beispiele für R

r	H	s	R (nach obiger Formel)	R (tatsächlich)
1 m	30 m	1 m	52 m	68 m
1 m	30 m	1,5 m	78 m	100 m
1 m	30 m	2 m	105 m	133 m

V. Das Bohr- bzw. Brunnenprofil

Um zum Grundwasser zu gelangen, ist eine Bohrung oder die Aushebung eines Brunnens erforderlich. Die Aufnahme all dieser Gesteine und Aufzeichnung in einem Profil ist — wie schon vorher aufgezeigt — von *größter Bedeutung* (Abb. 157).

1. Das Brunnen- bzw. Bohrprofil gibt einen Einblick in die *Zusammensetzung des Untergrundes*. Man ersieht daraus die Beschaffenheit der Schichten, aus denen Schlüsse auf die Seihwirkung gezogen werden können (hygienisch von Wichtigkeit — Deckschicht).

2. Das Profil erleichtert die Arbeiten im gleichen Grundwasserfeld, wo meist ähnliche Verhältnisse vorliegen. Die Brunnenmacher können daher die entsprechenden Arbeitsgeräte bereitstellen und die Kalkulation sicherer gestalten.

3. Die Brunnenprofile in einem Grundwasserfeld zusammengenommen und verglichen, können wesentlich zur Erkenntnis des geologischen Aufbaus beitragen.

Die Bezeichnung der Gesteine für Brunnenmacher und Bohrleute

Da das Grundwasser in Lockerablagerungen (Sanden, Schottern) auftritt, tonig-lehmige Schichten wohl Begleitsteine darstellen, so sind es verhältnismäßig wenig Gesteine, die in Betracht kommen.

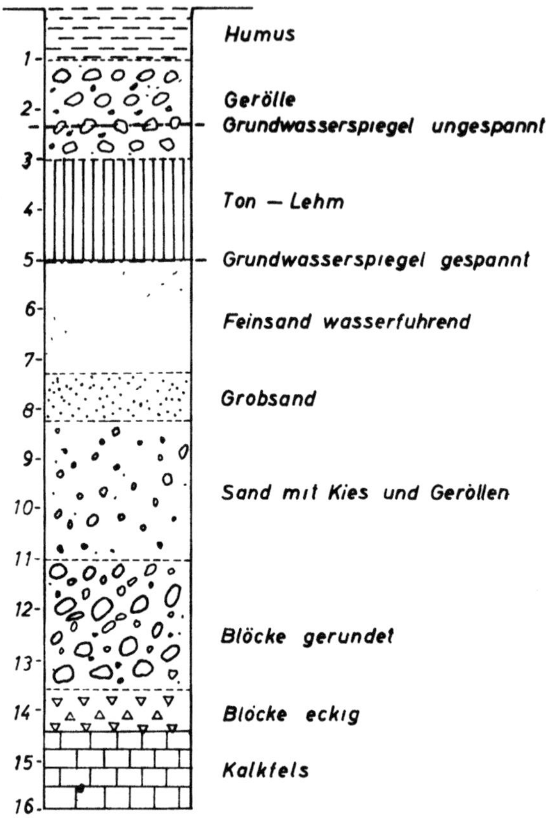

Abb. 157. Das Profil eines Brunnens oder einer Bohrung

Es werden folgende Hauptbodenarten unterschieden:

Steine über 70 mm
Grobkies 30–70 mm
Mittelkies 15–30 mm bis Walnußgröße
Mittelkies 5–15 mm bis Haselnußgröße
Feinkies 2–5 mm bis Erbsengroße
Grobsand 1–2 mm
Mittelsand 0,2–1 mm
Feinsand 0,1–0,2 mm
Mehlsand 0,002–0,1 mm
Schluff 0,002–0,0002 mm
Löß – Lößmehl
Lehm
Mergel
Schlick
Moorerde
Torf
Braunkohle

Unter Anmerkung kann die Farbe oder sonstige Beschaffenheit angegeben werden, z. B. brauner, eisenschüssiger Sand; lehmiger Sand; Schotter – Sand gemischt.

Wichtig sind die *Angaben über die Wasserführung* der durchteuften Schotter. Der Wasserspiegel in jeder durchbohrten Schicht ist daher genau zu messen und in der Spalte 4 einzutragen (Schichtenverzeichnis).

Die Messung des Wasserspiegels erfolgt stets nach längerer Arbeitspause, also am Morgen vor Beginn der Arbeit oder nach der Mittagspause; in jedem Fall erst dann, wenn das endgültige Einspiegeln stattgefunden hat.

Folgendes Schichtenverzeichnis zeigt ein Beispiel einer Probeaufnahme in einem Bohrloch.

Oft ist jedoch eine genaue Untersuchung der Proben im Laboratorium erforderlich, damit Korngrößen, Porenvolumen, Durchlässigkeit, Wasserentzug, petrographischer Bestand, Kornform usw. bestimmt werden können (S. 154 bis 160).

VI. Der Wasserverbrauch

Der Wasserverbrauch stieg in den letzten Jahren gewaltig an. Er beträgt im Durchschnitt 200 l pro Kopf und Tag; in Deutschland wird der künftige Bedarf mit 350 l pro Kopf und Tag angenommen.

DIN 4022 Blatt 2 Anlage 4
Ausgefülltes Beispiel

Schichtenverzeichnis
(für Wasserbohrungen)

Seite ....

Ort: *Muhlberg, im Kirchtale, 1 km westlich des Bahnhofes*

Bohrung Nr.: *1 (1954)* Zeit: *10.* bis *18. 3. 1954*

Bis m unter Ansatzpunkt	Mächtigkeit in Metern	Erbohrte Schichten a) Bodenhauptart b) Beimengungen c) Farbe d) Festigkeit beim Bohren e) Besondere Merkmale f) Übliche Benennung g) Geologische Kennzeichnung[1] *(Reihenfolge einhalten; a bis d stets ausfüllen, e bis g nach Bedarf)*	Bemerkungen besonders Angaben über Wasserführung
1	*2*	*3*	*4*
		Richtlinien für das Ausfüllen gibt Anlage 5 zu DIN 4022, Blatt 2	
		Mutterboden — *dunkelgrau*	
		—	—
0,40	*0,40*	*Ackererde* —	
		Mittelsand *Feinkies* *hellgrau*	*Grundwasserspiegel bei 2,00 m unter Gelände*
		lose gelagert *kalkfrei*	
2,35	*1,95*	— —	
		Schluff *Ton* *braun*	*trocken — Bei 7,60 m wurde ein Stein zermeißelt*
		festgelagert *kalkfrei*	
8,70	*6,35*	*Geschiebelehm* —	
		Schluff *viel Feinsand, etwas Humus* *blaugrau*	
		leicht zu bohren *kalkig, weich plastisch*	*trocken*
12,00	*3,30*	*Beckenton* —	
		Kies *stark grobsandig* *bunt*	*Grundwasserzufluß, Spiegel steigt bis 1,20 m unter Gelände an*
		dicht gelagert *kalkfrei*	
28,00	*16,00*	*Weserkies* —	
		Feinsand *schwach tonig* *grünlich*	*Mit einzelnen Muschelschalen*
		fest gelagert *kalkig*	
30,00	*2,00*	*Grünsand* —	
		Fels — *dunkel*	
		schwer zu bohren *kalkfrei, schiefrig*	*trocken*
30,50	*0,50*	*Schieferton*	

[1] Eintragung nimmt der wissenschaftliche Bearbeiter vor.

Einige Zahlen von Österreich, 1949 (KAHR 1951)

Weniger als 100 l/Tag verbrauchen z. B.	Eisenstadt, Feldbach, Neunkirchen, Schärding
100—150 l/tag	Braunau, Gloggnitz, Judenburg, Rottenmann
150—200 l/Tag	Bruck a. Mur, Deutsch-Wagram, St. Veit a. Glan, Wolfsberg
200—250 l/Tag	Graz, Hartberg, Lienz, Stockerau
250—300 l/Tag	Bregenz, Klagenfurt, Salzburg, St. Pölten, Dornbirn
300—350 l/Tag	Enns, Feldkirchen, Kufstein, Schwaz
350—400 l/Tag	Innsbruck, Mürzzuschlag
mehr als 400 l/Tag	Bad Gastein, Bad Ischl, Waidhofen a. d. Ybbs

Der *Wasserbedarf einiger Städte in Deutschland* pro Kopf und Tag

München	381 l/Tag
Hamburg	201 l/Tag
Berlin	194 l/Tag
Stuttgart	204 l/Tag

Wird für eine Siedlung eine Trinkwasserversorgungsanlage geplant, so muß vor allem der derzeitige und der künftige Wasserbedarf ermittelt werden. Man benützt folgende Erfahrungswerte

fur eine Person	150— 200 l/Tag
für ein Schulkind	20— 30 l/Tag
Gasthöfe je nach Zahl der durchschnittlichen Gäste je Gast	50 l/Tag
Übernachtungen je Gast	150 l/Tag
Gerbereien je große Haut	1500—2000 l
je kleine Haut	500—1000 l
Fleischereien je Großvieh	1000—1500 l
je Kleinvieh	500—1000 l
Großvieh je Stück	40— 60 l
Kleinvieh je Stück	15— 30 l

Folgendes Beispiel zeigt die Aufstellung des Wasserbedarfs eines Ortes mit 800 Einwohnern; Kanalisation vorhanden.

800 Personen à 200 l	160000 l/Tag
200 Schulkinder à 20 l (Schulhaus)	4000 l/Tag
2 Gasthöfe mit durchschnittlich 40 Gästen à 50 l	2000 l/Tag
und 10 Übernachtungen à 150 l	1500 l/Tag
2 Bäckereien im Tag je 1000 l	2000 l/Tag
1 Fleischhauerei	1000 l/Tag
kleinere Betriebe (Wäscherei)	2000 l/Tag
Automechaniker (pro Autowaschen 200—300 l)	2000 l/Tag
Mindest-Tagesverbrauch	174500 l/Tag
30% Zuschlag für künftigen Bedarf	52300 l/Tag
künftiger Bedarf	226800 l/Tag

Der Ort benötigt künftig 226800 l/Tag, das sind 2,8 l/sec Wasser; es ist demnach ein Wasserspender mit 2,8 l/sec Wasser nötig.

C. Grundwasser und Tiefbauten

Fast alle Arbeiten, die mit dem Boden zu tun haben, wie Haus-, Kanal-, Straßen- und Hohlgangsbauten, kommen mit dem unterirdischen Wasser in Berührung. Es erschwert und gefährdet oft die Arbeiten. Für die gesamte angewandte Geologie (Ingenieurgeologie) stellt daher dieses Wasser einen wesentlichen Faktor dar. Es ist in diesem Rahmen nicht möglich, all die Beziehungen der Eingriffe in den Boden zum Wasser anzuführen, darüber geben die entsprechenden Lehrbücher von STINI (Tunnelbaugeologie 1950), NEUMANN (Geologie für Bauingenieure 1964), BENDEL (Ingenieurgeologie 1948) usw. Auskunft. Ich greife nur einige Fälle heraus, welche die Beziehungen zum Grundwasser besonders aufzeigen.

I. Grundwasser und Baugrund

Wird ein Bau auf einem Grundwasserfeld errichtet, sind Angaben über die Lage des Grundwasserspiegels und dessen Schwankungen erforderlich.

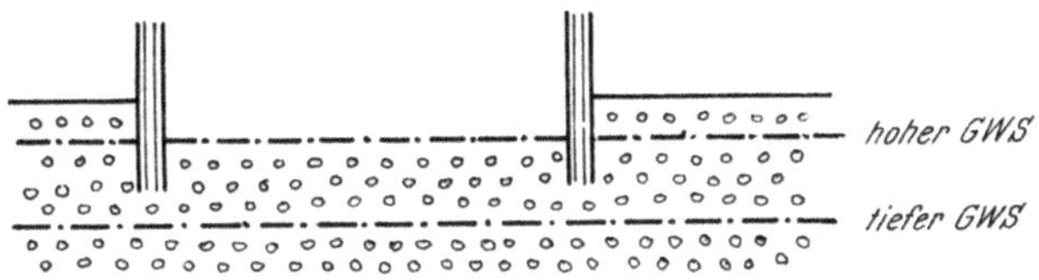

Abb. 158. Im Baugrund sind die Schwankungen des Grundwasserspiegels zu beachten

In Gegenden, wo Grundwasserbrunnen fehlen, wie z. B. vielfach in den Alpentälern, werden diese oft vernachlässigt. Man baut in der trockenen Jahreszeit auf einem tragfähigen Schotterboden. Nach starken Niederschlägen steigt das Grundwasser und es kommt dann vielfach vor, daß dieses dann im Keller steht (Abb. 158).

Fehlen auf diesem Grundwasserfeld Brunnen, an denen man die Grundwasserstände messen kann, sind unbedingt Bohrungen bis zum Grundwasserspiegel erforderlich, an denen entsprechende Messungen über 1 Jahr durchgeführt werden können. Die Gemeinden, welche Widmungen für Bauplätze erteilen, müßten die Grundwasserverhältnisse berücksichtigen.

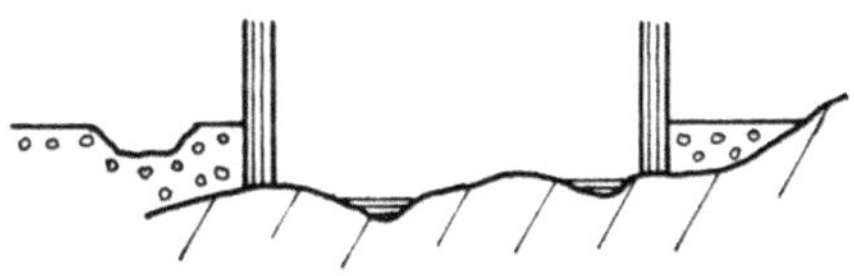

Abb. 159. Die Sohle des Grundwassers bildet ein Relief. In den Mulden sammelt sich das Wasser

Manchmal stellen sich jedoch besonders schwierige Fälle ein. In einem etwa 100 m breiten Tal, das von einem Gebirgsbach durchflossen wird, erbaute man ein Schulhaus. Unter 3 m mächtigem Grobschutt kommt der Fels zum Vorschein. Das Haus sitzt auf Fels auf; trotzdem stellt sich nach einiger Zeit im Keller Grundwasser ein. Die Untersuchung ergab, daß der Taluntergrund ein deutliches Relief bildet, in den Mulden blieben jedoch die Schotter liegen, so daß bei stärkerem Grundwasserandrang durch die Schotter das Wasser in den Keller gelangt. Der Fehler konnte durch Einbau von Drainagen außerhalb des Hauses behoben werden (Abb. 159).

Ein Gebirgsdorf liegt auf mächtigen Moränenablagerungen, die aus Schutt und Geschiebelehm bestehen. Ein Haus wird auf Schotter aufgesetzt und hat anscheinend einen tragfähigen Baugrund. Nach einer regenreichen Zeit zerreißt der Boden und die rückwärtige Mauer des Neubaues stürzt ein. Eine lehmig breiige

Masse füllt die Baugrube aus. Eine Probebohrung ergibt, daß unter der Sohle $^1/_2$ m Schotter, eine 40 cm dicke Lehmschicht und dann wieder Schotter den Baugrund zusammensetzen. Durch den starken Wasserandrang in den unteren Schottern ist die Lehmschicht zerrissen worden, so daß die Bausohle unbrauchbar wird. Hätte man den Baugrund vorher durch Bohrungen untersucht, wäre es möglich gewesen, entsprechende Vorkehrungen zu treffen (Abb. 160).

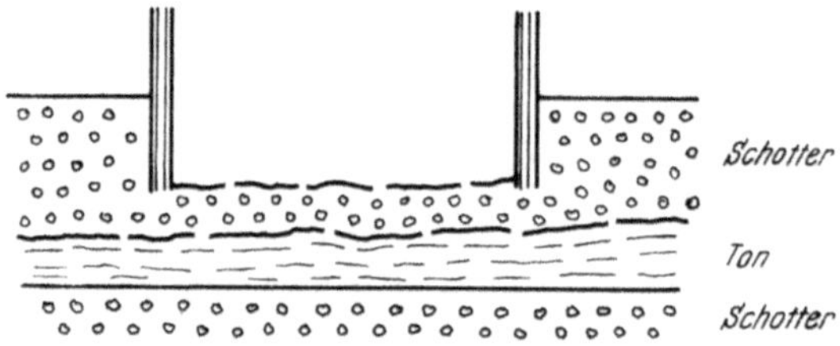

Abb. 160. Grundwasser unter einer Lehmschicht drückt nach aufwärts und zerreißt diese Schichte

Ähnliche Fälle ereignen sich manchmal am Rande von Schotterfeldern gegen den Berghang zu. Die Hanglehme verzahnen sich häufig infolge der Abrutschung oder Abschwemmung mit den Schotter-Sandablagerungen, so daß letztere gespanntes Wasser führen, welches die Lehmschicht aufpressen und zerreißen kann. Liegen stark verrutschte Lehme vor, so können die aufgelockerten Schichten der Bausohle zeitweise Wasser zuführen. In diesen Fällen sind gründliche Drainagierungen erforderlich.

II. Wasser in Hohlgangsbauten

Durch Hohlgangsbauten (Stollen, Tunnels) erfolgten oft schon gewaltige Wassereinbrüche, die nicht nur Menschenleben gefährdeten, sondern auch die Techniker oft vor große Schwierigkeiten stellten. Ich erinnere nur an einige Wassereinbrüche:

Bosrucktunnel	1100 l/sec
Simplontunnel	1300 l/sec
Mont d'Ortunnel	3000—10000 l/sec.

Es erhebt sich daher immer wieder die Frage, ob man solche Wassereinbrüche vorhersagen kann. Mit absoluter Sicherheit ist dies nicht möglich, doch aus vielen Erfahrungen, welche Tunnel- und Stollenbauten gegeben haben, lassen sich immerhin Angaben mit großer Wahrscheinlichkeit machen.

Für die Vorhersage spielt das Erkennen der Hohlgangstrasse eine wesentliche Rolle. Den Ausgangspunkt bildet die genaue geologische Aufnahme, die durch Bohrungen ergänzt, eine Prognose in die Tiefe ermöglicht, so daß die Gesteine, die Lagerungsformen, die Störungszonen bis zu einem gewissen Genauigkeitsgrad erkannt werden. Daraus ergeben sich die verschiedenen unterirdischen Wasserwege, die in Verbindung mit der Morphologie Schlüsse auf die unterirdische Wasserführung zulassen.

Überblickt man die Wassereinbrüche in den Tunnels und Stollen, so erscheinen besonders Schichtstauwässer gefährlich. Kalk- und Marmorlagen, die in den Klüften oft viel Wasser führen, können im Liegenden an den Grenzflächen Wassereinbrüche bedingen. In mächtigen Kalk-Dolomitschichtstößen muß man mit dem Austritt von Karstwässern aus Spalten, Schläuchen und Röhren rechnen.

Bruch- und Zerrüttungszonen, die oft auch morphologisch zu erkennen sind. stellen ebenfalls gefährliche Wasserzubringer dar.

Wenn auch jedes Gebirge seine Besonderheiten enthält, so geben doch die Erkenntnisse über die unterirdische Wasserführung Anhaltspunkte, die eine Vorhersage bis zu einem gewissen Grad ermöglichen.

III. Wasser im Bergbau

Schwierige Wasserprobleme treten im Bergbau auf. Wassereinbrüche haben schon oft zur Stillegung von Gruben geführt; so wurde der silberführende Bleibergbau in Oberzeiring im Jahre 1365 durch einen Wassereinbruch aus Kalkgesteinen (wahrscheinlich Karstwasser) vernichtet. Trotz verschiedener Versuche ist es nicht mehr gelungen, ihn wieder in Betrieb zu setzen.

Auch der berühmte Silberbergbau bei Röhrerbühel (westlich Kitzbühel), der im 16. Jahrhundert etwa 800 m tief war, mußte wegen des gewaltigen Wasserandranges stillgelegt werden.

Im Erzbergbau kommt das Wasser meist aus Spalten, Bruch- und Zerrüttungszonen, aus Grenzflächen und auch aus verkarsteten Gesteinen. Wenn über den Bergbau genaue Kenntnisse über die Gesteine, Lagerungsformen, über Klüftung und Störungszonen vorliegen, so kann der erfahrene Bergmann, der die Grube kennt, oft rechtzeitig Wasserzuflüsse vorhersagen und entsprechende Vorkehrungen treffen. Ein Zusammenarbeiten mit erfahrenen Hydrogeologen erweist sich als vorteilhaft. Durch eine systematische Erforschung der Wasserwege in Verbindung mit den Lagerungsformen können oft entsprechende Vorsichtsmaßnahmen getroffen werden.

Im Kohlenbergbau, besonders im Braunkohlenbergbau, liegen häufig zwischen den Kohlen oder Tonen wasserführende Schichten (z. B. Sande). Durch Bohrungen erhält man einen Einblick in den Aufbau. Es können daher rechtzeitig, wenn Flöze unter einer wasserführenden Schicht liegen und abgebaut werden sollen, entsprechende Planungen aufgestellt werden. Vielfach wird sich ein Abpumpen (= Senkung des Grundwasserspiegels) als notwendig erweisen.

Unangenehme Wassereinbrüche können entstehen, wenn unter einer geringmächtigen wasserundurchlässigen Schicht eine wasserführende mit gespanntem Wasser liegt. Es kann in diesem Fall zur Zerreißung der Sohle kommen, so daß das Wasser von unten aus eindringt. Diese Katastrophen können jedoch vermieden werden, wenn durch Bohrungen die Schichten und deren Wasserführung erschlossen werden.

Besondere Schwierigkeiten treten oft auch im Steinkohlenbergbau auf, wo nicht nur ein komplizierter Schichtwechsel zwischen wasserführenden und wasserundurchlässigen Schichten vorliegt, sondern auch Spalten, Bruch- und Zerrüttungszonen als Wasserwege auftreten. Im Ruhrkohlengebiet untersteht daher die gesamte unterirdische Wasserführung einer hydrogeologischen Abteilung, die aus den Aufnahmeergebnissen wertvolle Maßnahmen zur Bewältigung der Wässer angeben kann (Semmler 1964).

Sehr schwierige Wasserführungen treten in den deutschen Steinsalz- und Kalisalzlagerstätten auf, wo oft durch die Erdfälle größere Wassermassen in die Tiefe gelangen und Einbrüche verursachen.

Es ist im Rahmen dieses Buches nicht möglich, auf das Wasser im Bergbau weiter einzugehen. Ich drücke nur die Hoffnung aus, daß die reichen Erfahrungen. die hauptsächlich in Bergbau-Zeitschriften niedergelegt sind, von den Spezialisten. den Bergbau-Hydrogeologen, in Buchform zusammengefaßt werden.

IV. Versenkungen von Wasser in die Tiefe

Manchmal besteht die Möglichkeit, daß man Wasser von höher gelegenen Schichten in tiefere versenkt oder Oberflächenwasser (Abwässer) in die Tiefe ableitet.

Vielfach werden *Abwässer* von einzelnen Häusern durch *Versickerung* ins Grundwasser abgeleitet. Dies wird bei seichtliegendem Grundwasser von der Landwirtschaft begrüßt, weil Nährstoffe dem Boden zugeführt werden; doch im allgemeinen ist diese Abwässerbeseitigung abzulehnen. Es entstehen dadurch chemische Veränderungen (Zunahme der Nitrate; Ammoniak usw.) und auch bakteriologische Verunreinigungen treten ein.

Besonders in Einfamilienhaus-Siedlungen, in denen die Versorgung durch Einzelbrunnen erfolgt, kann durch diese Art der Versickerung das Trinkwasser arg gefährdet werden.

Ein gewagtes Experiment führt man im Werra-Kaligebiet durch, wo man die *Kalilauge* in die Tiefe, in wasseraufnahmefähige Dolomite, ableitet, aus denen auf Grund der Lagerung keine Wasserentnahme mehr erfolgt (Finkenwirth 1964).

Am Westwall versuchte man die Versenkung der Abwässer von den Bunkern in porenreichen Buntsandstein. Es stellte sich jedoch nur teilweise ein Erfolg ein.

Die Versenkung von Wasser könnte manchmal auch im Bergbau Erfolg haben, wenn in der Tiefe wasseraufnahmefähige Gesteine (z. B. verkarstete Kalksteine) vorliegen.

V. Bodenbewegungen

Bei den meisten Bodenbewegungen, wie *Rutschungen, Gleitungen, Muren. Bergstürzen* und *Setzungen*, spielt die Wasserführung eine wichtige Rolle. Um die Ursache der Bodenbewegungen festzustellen, ist das Material und die gesamte Wasserführung (Einzugsgebiet, unterirdische Wasserwege) zu untersuchen.

Bei dem bekannten *Bergsturz von Goldau* (Rigi-Schweiz), bei dem 457 Menschen ums Leben kamen und mehrere Ortschaften verschüttet wurden, gerieten Konglomerate, die über Mergel lagerten, in Bewegung. Die Ursache lag in der Durchfeuchtung der Mergellagen, wodurch die innere Reibung verringert wurde, so daß ein Absturz zustande kam.

Der *Bergsturz am Sandling* bei Aussee (1921) wurde durch Erweichung der liegenden tonigen Schichten (= Haselgebirge) bewirkt. Der erweichte Untergrund gab nach, so daß der darüber liegende Kalkschichtstoß zusammenbrach.

Bei *Ostrava* (Tschechoslowakei) kam eine Basaltplatte in Bewegung, die über Mergelschiefer lag. Durch Wasseraufnahme wurden diese Schichten derart erweicht, daß Aufpressungen der durchfeuchteten Mergelschiefer die Bewegungen im Basalt auslösten. In der *Stadt Algier* kamen Leithakalke über den stark durchfeuchteten Mergeln zum Absturz (Zaruba 1961).

In den meisten Fällen steht also ein Bergsturz mit der Wasserführung in Verbindung; die Ursachen liegen oft klar zutage, doch selten lassen sich dagegen wirksame Abwehrmaßnahmen ergreifen.

Unglaublich zahlreich sind Rutschungen in Gegegenden, die aus Lehmen, Tonen und Mergel aufgebaut sind. Nehmen diese Gesteine Wasser auf, werden sie plastisch, die innere Reibung wird verringert und es kommt zu Rutschungen. Besonders eindrucksvolle Rutschungen zeigen die alpine Flyschzone und die Keuper-Mergel bei Bingen am Rhein. Die Wasserzufuhr löst somit die Bodenbewegungen aus. Bei der Untersuchung ist daher der gesamten Wasserführung (Einzugsgebiet, Versickerungsmöglichkeiten) besondere Aufmerksamkeit zu widmen.

Abb. 161. Rutschungen entstehen durch starke Durchfeuchtung

Eine sehr große Anzahl von *Rutschungen* entstand im Jahre 1965 im *oststeirischen Tertiär*. Die Schichten des Pannon bestehen hauptsächlich aus Lehmen mit Sandeinlagerungen, über denen 3 bis 6 m mächtige periglaziale Ablagerungen liegen (= aufgelockerte Lehme, die nacheiszeitlich durch Auftauen und Wiedergefrieren entstanden sind). Durch die starken Niederschläge wurden diese aufgelockerten Hanglehme erweicht, so daß die innere Reibung verkleinert wurde. Besonders an Geländeknicken, wo ungleiche Mächtigkeiten vorliegen, ging der Zusammenhang verloren, und es kam zur Auslösung von Rutschungen (Abb. 161).

Durch Weg- und Straßeneinschnitte wird oft der Hangfuß zerstört, so daß die Hanglehme den Halt verlieren und zum Rutschen kommen.

Bodenbewegungen werden auch *durch Sandlagen* ausgelöst, aus welchen Wasser austritt, das jedoch nicht an die Oberfläche kommt, sondern unter den Hanglehmen an der Grenzfläche zwischen gewachsenem Boden und Hanglehm langsam abfließt; es verursacht jedoch eine Erweichung des Grenzhorizontes, so daß der

Zusammenhalt verloren geht und Rutschungen eintreten. Die Stabilisierung des rutschgefährlichen Geländes kann daher meist nur durch entsprechende Entwässerungsmaßnahmen erfolgen, wobei jedoch immer auch das Einzugsgebiet in Betracht zu ziehen ist.

Der moderne Straßenbau kommt vielfach mit dem Grundwasser in Berührung. Besonders in rutschgefährlichem Gelände (Flysch; Tertiär der Oststeiermark) erweisen sich oft Stabilisierungsmaßnahmen fur notwendig. Ein allgemein gültiges Rezept für diese Sicherungsbauten ist schwer zu geben; jeder Fall hat seine Besonderheiten; doch die Entwasserungsfrage spielt meist die wichtigste Rolle. Pilotierungen, Stutzmauern, Abgrabungen können nur vereinzelt wirksame Abhilfe schaffen. Es ist unbedingt notwendig, daß all diese gefährdeten Stellen von Fachgeologen untersucht werden, die die gesamten Zusammenhänge von Material, Wasserführung, Morphologie berucksichtigen.

Besondere Sorgfalt ist auf jene Straßenstucke und Damme zu legen, unter denen ein Grundwasserspiegel auftritt. Es sind vor allem die Grundwasserschwankungen zu beachten.

D. Überblick über einige Grundwasserfelder in Österreich

Im Alpengebiet werden für die Wasserversorgung in erster Linie Quellen herangezogen, nur im Alpenvorland, im Burgenland und in der West- und Oststeiermark (Tertiär) überwiegen Grundwasserbrunnen. Im Jahre 1960 bezogen in Österreich 67% das Wasser aus Quellen, 31% aus Grundwasser und 2% aus Oberflächenwasser.

Da die Ergiebigkeit vieler Quellen zu wunschen ubrig läßt, oft bedeutende Schwankungen auftreten, wurden in den letzten Jahren immer mehr Grundwasserfelder aufgeschlossen und der Wasserversorgung zugefuhrt. Wenn auch die Gewinnung teurer zu stehen kommt (elektrischer Strom — Pumpen) und auch die Schutzgebiete oft Schwierigkeiten bereiten, so stehen doch durch das Grundwasser meist bedeutend größere Mengen zur Verfügung als beim Quellwasser.

Vorarlberg[1]. In Voralberg stellt das Rheintal von Sargans bis zum Bodensee eine mächtige Auffüllung von Lockerablagerungen dar, die eiszeitliche Bildungen sind. Es handelt sich um rasch wechselnde, meist feinkornige, tonig lehmige — torfige Seeablagerungen, in denen verhältnismäßig wenig grobkörnige Kiese und Schotter enthalten sind. Nur die Seitentäler (Ill, Dornbirner- und Bregenzer Ache) bringen größere Schuttmassen ins Haupttal, wo sie sich mit feinsandigen verzahnen.

Die Mächtigkeiten der Lockerablagerungen schatzt man auf 200 bis 400 m, der felsige Untergrund wurde noch durch keine Bohrung erreicht. Die Bohrung bei Altstätten (linkes Rheinufer) im Jahre 1942 blieb bei 107 m Tiefe im Sand stecken; jene am rechten Rheintalrand bei Hartlerdorf endete bei 158 m im lehmigen Feinsand.

Infolge der feinkörnigen Zusammensetzung und der linsigen Einschaltungen von tonig lehmigen Ablagerungen entspricht also die Grundwasserfuhrung in

---

[1] KRASSER, L.: Die Grundwasservorkommen des Vorarlberger Bodensee-Rheintales. Mitt. geol. Ges. Wien 1953, 48. Bd.

diesem breiten Tal durchaus nicht den Erwartungen. Auch die Beschaffenheit läßt oft zu wünschen übrig, das Wasser ist gebietsweise sehr hart, stark eisenhältig und aggressiv.

Günstige Grundwasserfelder bestehen am Ausgang der Seitentäler in den breiten Schuttkegeln. Der Schuttkegel der Bregenzer Ache enthält bis 40 m mächtige Kiesablagerungen, die viel Grundwasser führen, doch fehlt die wasserabdichtende Deckschicht.

Der Schuttfächer der Dornbirner Ache zeigt mehrere Schotterhorizonte, die durch lehmige Ablagerungen unterbrochen werden, d. h. sie keilen in die feinen Seeablagerungen aus, so daß örtlich gespannte Wässer entstehen, die aufgeschlossen viel Feinsand mitfuhren.

Ein beachtenwertes Hoffnungsgebiet erstreckt sich von der alten Diepoldsauer Rheinschlinge flußaufwärts bis zum Westsporn des Kummenberges. Unter einer 4 m mächtigen Deckschicht liegen 24 m dicke wasserführende Kiessande. Es liegt wahrscheinlich uferfiltriertes Rheinwasser vor. Die Ergiebigkeit wird auf 100 l/sec geschätzt.

Günstige Grundwasserverhältnisse herrschen am Ausgang des Illtales, das einen breiten Schuttfächer auswirft. Der Grundwasserspiegel liegt am Gebirgsrand 10 bis 15 m, in der Ebene jedoch oberflächennahe. Die Ergiebigkeit wird auf 200 l/sec geschätzt.

Größere Hoffnungsgebiete werden im Kalkgebiet (Schrattenkalk) zwischen Feldkirch und Dornbirn vermutet.

Tirol. In Tirol führen die mächtigen Schotter des Inntales und der Seitentäler stets Grundwasser, das jedoch selten fur Trinkwasser Verwendung findet, weil meist genügend Quellen mit Schwerkraftleitung zur Verfügung stehen.

Die Mächtigkeit der Schotterablagerungen im Inntal weist großen Wechsel auf. Die Bohrung bei Rum durchörterte die Schotter und Sande bis 200 m Tiefe und erreichte nicht den Fels, hingegen stießen die Bohrungen bei Wörgl schon in 98 m und 12 m Tiefe auf Fels (KLEBELSBERG 1935).

Im Ötztal verursachte der Bergsturz von Köfels eine Stauung des Flusses, so daß in diesem Becken mächtige Ablagerungen zustande kamen. Man schätzt die Mächtigkeit auf 100 bis 200 m.

Auch im Gerlostal (Durlaßboden), wo ein neues E-Werk entsteht, liegen mächtige Schotter vor, deren Felsuntergrund bei Bohrungen nicht erreicht wurde.

Die *Trinkwasserversorgung von Innsbruck* erfolgt vor allem mit Quellwasser. Im S der Stadt liegen fünf Quellen, die zusammen 30 bis 70 l/sec Wasser ergeben; es besitzt 3 bis 15 °dH mit einer Temperatur von 5 bis 9 °C.

Im N der Stadt liegen sechs ergiebige Quellen, die aus dem Bereich der Hottinger-Breccie kommen und Folgequellen aus Karstwasser darstellen. Die Gesamtergiebigkeit beträgt 70 bis 80 l/sec; die Härte 12 bis 15 °dH; die Temperatur 5 bis 9 °C (E. HAAS 1958; KLEBELSBERG 1935).

Salzburg. Breite Schotterfelder begleiten die Salzach von Kriml bis Bischofshofen, sie enthalten stets seicht liegendes Grundwasser, das mit dem Flußwasser in Verbindung steht. Über die Mächtigkeit der Schotterablagerungen sind mir keine Angaben bekannt, doch läßt die Talbreite auf große Mächtigkeiten über

20 m schließen. Die Täler aus den Hohen Tauern mit den Schuttkegeln stellen günstige Zubringer dar.

Von Bischofshofen bis Werfen erkennt man nur schmale Schotterstreifen, die zwar Grundwasser führen, doch für die Wassergewinnung nur selten geeignet sind. Die Grundwasserfelder von Golling bis Salzburg zeigen stellenweise größere Grundwasservorkommen, die vielleicht für Salzburg herangezogen werden könnten. Es ist dabei auch an künstliche Anreicherungen durch Seitenbäche zu denken.

Die Wasserversorgung der Stadt Salzburg. Salzburg mit einer Einwohnerzahl von 100000 Bewohnern (1953) hat einen durchschnittlichen Wasserverbrauch von 290 l/sec; die sommerliche Tagesspitze beträgt 350 l/sec. Die Stadt bezieht heute das Wasser aus den Wasserwerken Fürstenbrunn, Glanegg, Aigen und Siezenheim.

Das Wasserwerk Fürstenbrunn (1875) entnimmt das Wasser aus Spalten des Untersberges (Karstwasser). Die Ergiebigkeit beträgt 96 bis 150 l/sec (zeitweiser Rückgang auf 70 bis 50 l/sec).

Im Wasserwerk Glanegg entnimmt man Grundwasser durch zwei Pumpwerke mit 140 l/sec. Die Mächtigkeit der grundwasserführenden Schotter beträgt 38 m. Der Grundwasserspiegel liegt 5 bis 9 m unter Terrain.

Das Grundwasserwerk Siezenheim liefert 140 l/sec und wird heute für die Taxamsiedlung verwendet.

Das Wasserwerk Aigen sammelt mehrere Quellen mit insgesamt 110 l/sec.

Für den weiteren Ausbau zieht man Grundwasserfelder bis Hallein und auch die Wasserentnahme aus dem Fuschlsee in Betracht.

Die breiten Flächen nördlich des Gebirgsrandes füllen eiszeitliche Ablagerungen aus. Es handelt sich hauptsächlich um interglaziale Seeablagerungen, die aus mächtigen Tonen, Mergeln, tonigen Sanden und lehmigen Schottern bestehen und nur wenig Grundwasser enthalten. Zum Schluß der Eiszeit erfolgte eine Zuschüttung mit Schottern, die 15 bis 20 m mächtig sind und Grundwasser führen.

Die Mächtigkeit der gesamten eiszeitlichen Ablagerungen wurde durch drei Bohrungen bekannt. Koglhof 169 m, Innsbrucker Bundesstraße 230 m; Stanhofen 176,5 m (SITTE 1955).

Oberösterreich. In Oberösterreich stellen das Eferdinger Becken, die Welserheide und das Machland (längs der Donau von Enns bis Grein) größere Grundwasserfelder dar.

Im nördlichen Eferdinger Becken liegt der Grundwasserspiegel 4 bis 10 m unter Terrain, im südlichen 3 bis 5 m. Die Schwankungen betragen 1 bis 2 m.

In der Welserheide besteht das Gebiet westlich der Traun hauptsächlich aus mergeligen, feinsandigen Ablagerungen (= Schlier), die nur wenig Grundwasser führen. Östlich der Traun liegen über dem Schlier vielfach eiszeitliche Ablagerungen, die Grundwasser enthalten. Die Speisung des Grundwassers erfolgt besonders durch Versickerung einiger Bäche (Grünbach, Perwenterbach, Hörschinger- und Staudacher Bach). Der Grundwasserstrom verläuft SW—NO und hat eine Geschwindigkeit von 12 bis 18 m/Tag; in der Nähe der Brunnen beträgt sie 40 bis 80 m/Tag.

Aus diesem Grundwasserfeld entnimmt die Stadt Linz 45000 m^3/Tag, die VÖEST-Werke 32000 m^3/Tag. Schwierigkeiten bereitet die zunehmende Besiedlung (ROSENAUER, STOLL 1959).

Im Machland (Enns—Grein) liegt nördlich und südlich der Donau der Grundwasserspiegel meist 2 bis 5 m unter Terrain, die Schwankungen betragen 1 bis 2 m.

Niederösterreich. In Niederösterreich breiten sich im nördlichen und südlichen Tullner Becken, im Marchfeld und im südlichen Wiener Becken Grundwasserfelder aus, die bedeutende Wassermengen führen; kleinere Grundwasserfelder, die nur örtliche Bedeutung haben, begleiten die Seitentäler der Donau, z. B. Ybbstal, Erlauf- und Traisental.

Im nördlichen Tullnerfeld liegt der Grundwasserspiegel meist 3 bis 5 m unter Terrain; im südlichen Tullnerfeld kommt der Spiegel 2,5 bis 8 m tief zu liegen. Das Marchfeld zeigt den Grundwasserspiegel von 2 bis 8 m unter Terrain an.

Von besonderer Bedeutung ist das Innere Wiener Becken, das sich von Gloggnitz gegen NO bis zur Donau ausbreitet. Es wird von tertiären und pleistozänen (eiszeitlichen) Ablagerungen ausgefüllt, die im NW und SO von Brüchen begrenzt sind, so daß in der Mitte ein Senkungstrog von 40 km Länge, 2 bis 8 km Breite vorliegt. Für die Grundwasserführung kommen die eiszeitlichen Schotter in Frage, die eine Mächtigkeit von 50 bis 150 m besitzen und in der Mitterndorfer Senke die größte Tiefe erreichen. KÜPPER (1954) schätzt den in Poren (15% Porenvolumen) befindlichen Wasservorrat auf 2,3 Milliarden m^3, den Abfluß zur Donau auf 5 bis 10 m^3/sec.

Als Einzugsgebiet wird weniger die direkte Oberfläche (206 km^2) angesehen, wie vielmehr die Versickerung von Flußwasser und der Zuzug aus dem Gebirge.

Der Grundwasserspiegel liegt je nach der Terraingestaltung 3 bis 20 m unter Niveau, die Spiegelschwankungen bewegen sich zwischen 50 cm und $1^1/_2$ m.

Die Gesamthärte liegt zwischen 13 und 17 °dH. Auffallende Verschiedenheiten bestehen längs des grundwasserführenden Troges in den Korngrößen und im Porenvolumen, so daß Unterschiede im Entnahmevermögen zu beobachten sind.

Die *Stadt Wien* verfügt über zwei Hochgebirgswasserleitungen. Die 1. Wiener Hochquellenleitung (1873 errichtet) entnimmt das Wasser aus 6 Quellen im Raxgebiet. Es liegen darüber folgende Angaben vor:

	Schuttung l/sec	Temperatur	Gesamtharte
Kaiserbrunnquelle	140—2200	6,2—6,6	7,2
Stixensteinquelle	55— 300	8,1—8,2	—
Hollentalquelle	170—1100	6,1—6,4	6,8
Fuchspaßquelle	30— 700	6,1—6,2	8,8
Reißtalquelle	70— 200	6,7	9,9
Wasseralmquelle	140— 700	4,6—6,1	8,1

Die Quellen haben eine Maximalleistung von 120000 m^3/Tag; es bestehen jedoch große Ergiebigkeitsschwankungen; es handelt sich um Karstquellen. Als Einzugsgebiet gilt vor allem das Gebiet des Schneeberges (DOSCH 1956 — Färbversuche).

Die 2. Hochquellenleitung (1910) bringt das Wasser aus den Nordabfallen des Hochschwabs, wo 5 Quellen gefaßt wurden:

Brunngrabenquelle	mit	20000 m^3/Tag Schuttung
Hollbachquelle	„	24000 „ „
Kläfferbrunnen	„	100000 „ „
Siebensee-Schreyer-Seisteinquelle	„	80000 „ „
Brunnseequelle		noch nicht eingeleitet

Diese Quellen fuhren maximal 240000 m^3/Tag Wasser der Stadt Wien zu.

Im Ausbau sind die ergiebigen „Sieben Quellen" bei Neuberg. Ferner wird das Grundwasser aus der Lobau erfaßt.

Da Wien einen Wasserbedarf von 300000 bis 500000 m^3/Tag hat, hofft man, das Auslangen zu finden (KÜPPER 1965).

Burgenland. Die Wasserversorgung im nordlichen Burgenland, 45 Gemeinden, wurde durch eine Gruppenwasserversorgung gelöst. Es wurden folgende Wasservorkommen herangezogen:

1. Das Grundwasserfeld der Mitterndorfer Senke bei Neudörfl	168—200 l/sec
2. Die Quellen von Winden	51 l/sec
3. Das Grundwasser beim Neufelder See	106 l/sec
Gesamtergebnis	325—357 l/sec

Der Bedarf wird auf 25550 m^3/Tag = 326 l/sec geschätzt, so daß in diesem wasserarmen Gebiet der Bedarf fur die nächsten 35 Jahre gedeckt erscheint (SEIDLING, Die Gruppenwasserversorgung im nördlichen Burgenland, GWW 1950).

Osttirol und Kärnten. Fast alle größeren Täler werden streckenweise von grundwasserführenden Schotter-Sandablagerungen begleitet. Besonders werden von ANDERLE (1954) folgende Grundwasserfelder hervorgehoben. Östlich Lienz, um Villach, um Klagenfurt und Teile des Lavanttales.

Das *Lienzer Becken* (= Osttirol) breitet sich zwischen Lienz und den Ortschaften Dölsach—Lavant aus und ist von mächtigen diluvialen und alluvialen Schotter-Sandablagerungen ausgefüllt; über die Mächtigkeit liegen keine Angaben vor. Zahlreiche auffallende Schuttkegel im N und S bringen reichlich Grundwasser ins Hauptfeld. Im Gebiet der Stadt Lienz liegt der Grundwasserspiegel 15 bis 30 m unter Niveau, also unter dem Flußbett der Drau, erst etwa 2 bis 3 km östlich von Lienz, wo sich körnige Ablagerungen einstellen, kommt der Grundwasserspiegel allmählich hoher und tritt am Ostrand bei Dölsach sogar zeitweise an die Oberfläche. Die Grundwasserschwankungen betragen 4 bis 10 m und zeigen eine deutliche Abhängigkeit von Einströmungen aus den Seitenbächen.

Das *Villacher Becken* weist mächtige diluviale Ablagerungen auf, die jedoch weitgehende Gliederung und Materialverschiedenheit zeigen. In dieses Becken münden vier Grundwasserströme ein, vom N bzw. NW der des Treffener- und Drautales, vom W der des Bleiberger Tales und vom SW der des Gailtales; sie bilden nach der Vereinigung einen zusammenhängenden Grundwasserstrom in SW—NO-Richtung mit 2 bis 3% Gefälle. Im O wird das Becken durch einen Stauwall abgeriegelt.

Der Grundwasserspiegel wird durch die Flußspiegel der Drau und Gail beeinflußt. Die größte Grundwassertiefe (Villacher Bahnhof) liegen bei 10 m unter Terrain. Die Mächtigkeit des obersten Grundwasserhorizontes beträgt etwa 30 m. Über die tieferen Grundwasserstockwerke liegen keine Angaben vor.

Die Grundwasserschwankungen betragen bis zu 5 m.

Das *Klagenfurter Becken.* Verschiedene eiszeitliche und nacheiszeitliche Lockerablagerungen füllen das Becken und die anschließenden breiten Talfurchen aus. Schotter und Sande in Verbindung mit tonigen und torfigen Ablagerungen beteiligen sich am Aufbau.

Das Grundwasser ist im allgemeinen an die Anlage der alten Täler gebunden und seine Strömungsrichtungen sind durch die Talrichtungen bestimmt.

Ins Becken zieht von NW her der Grundwasserstrom des Glantales, von W kommt das Grundwasser des Wörtherseebeckens, das von S her Zubringer vom Viktringer- und Steinbachtal erhalt. Sie alle vereinigen sich ostlich Klagenfurt bei Ebental, von wo aus ein gemeinsamer Grundwasserstrom nach O weiterführt.

Sudlich vom Worthersee bis zur Einmündung des Viktringbaches liegt ein seicht liegender Grundwasserspiegel (—2 m) vor. Im Stadtgebiet, wo sich ausgedehnte Schotterfluren der Grundmoräne ausbreiten, befindet sich der Grundwasserspiegel 7 m unter Niveau. Die Grundwasserschwankungen betragen in der Nahe des Ostufers des Wörthersees bis 0,5 m. Weiter gegen O jedoch bis Ebental stellen sich Schwankungen bis 4 m ein. Im Stadtgebiet wurden Spiegelschwankungen von 2 bis 3 m gemessen.

Über die Machtigkeit der Lockerablagerungen gibt es keine sicheren Angaben. Östlich vom Worthersee wurden 200 m mächtige Moränenablagerungen durchbohrt. Nördlich von Klagenfurt erreichte eine Bohrung bis 100 m nicht den Fels. Die Stadt *Klagenfurt* bezieht heute das Trinkwasser aus Brunnen, die im S des Worthersee-Abflusses stehen, und aus dem Glantal (Kahler 1961).

Im Lavanttal füllen vor allem tertiäre Schichten (Tone, Mergel, Kohlenflöze, Sande, Sandsteine, Schotter) die alte Längsfurche in einer Mächtigkeit von 400 bis 750 m aus. Darüber liegen eiszeitliche und nacheiszeitliche Bildungen, die vielfach in einem Stausee zur Ablagerung kamen und verschiedene Korngrößen aufweisen. Die obersten alluvialen Flußschotter enthalten den Grundwasserspiegel in 0 bis 2 m unter Terrain und am Rande unter 2 bis 4 m. Die Stauseesedimente, die eine Mächtigkeit von 10 bis 30 m besitzen, zeigen den Grundwasserspiegel 4 bis 7 m unter Terrain. In den älteren Schotterfächern zu beiden Seiten des Lavanttales liegt der Grundwasserspiegel 7 bis 15 m unter Niveau (Anderle 1954, Brunnlechner 1893, Steinhauser 1951, Kahler 1961).

Steiermark. Hier sind vor allem die Grundwasserfelder längs der Mur und Mürz und der Enns in Betracht zu ziehen. Das Murtal zeigt besonders von Katsch an Talerweiterungen mit 10 bis 20 m mächtigen Schotter-Sanden, die stets Grundwasser führen. Die wichtigsten Grundwasserfelder sind:

das Becken von Katsch bis Unzmarkt,
das Judenburger—Knittelfelder Becken (Murfeld—Aichfeld),
das Kraubather—St.-Michael-Becken,
das Becken von Leoben bis Bruck a. Mur,
das Becken von Frohnleiten bis zur Badlwand,
das Becken von Peggau—Gratwein,
das Grazerfeld bis Wildon,
das Leibnitzerfeld bis Ehrenhausen,
das Murfeld von Spielfeld bis Radkersburg.

Einige Seitentäler wie z. B. das Katsch-, Pöls- und Liesingtal stellen bedeutende Zubringer von Grundwasser dar.

Das Steiermärkische Landesbauamt hat von Frojach bis Peggau zahlreiche Bohrungen bis zur Sohle niedergebracht, so daß Pumpversuche, chemische und bakteriologische Untersuchungen von Wasserproben vorgenommen werden konnten. Die Ergebnisse werden vom Landesbauamt veröffentlicht. Die Schottermächtigkeit beträgt 15 bis 20 m, der Grundwasserspiegel steht meist mit dem Murspiegel in Verbindung. Vom Judenburger—Knittelfelder Becken liegt eine Spezialuntersuchung von Worsch (1963) vor. Die Mächtigkeit der Lockerablagerungen beträgt 20 bis 40 m.

Von Peggau bis zur Weinzotlbrücke zeigen Bohrungen (Flügel 1963) folgende Werte:

	Schottermachtigkeit	Machtigkeit des Grundwassers
Peggau S	43,50 m	35 m
Friesach	28,80 m	22,50 m

Von den Bohrungen im Grazerfeld (Clar 1931, Flugel 1963) seien nur einige Ergebnisse angeführt:

	Schottermachtigkeit	Machtigkeit des Grundwassers
Graz-Andritz	30,6 m	23,00 m
Graz-Roseggerkai	22,4 m	19,50 m
Graz-Sud	16,2 m	14,00 m
Brauerei Reininghaus	—	26,50 m
Brauerei Puntigam	—	15,00 m

Im südlichen Grazerfeld (Schachinger Wald) wurden Schottermachtigkeiten bis 18 bis 20 m erbohrt. Östlich Wildon wurden die Leithakalke, die Unterlage der Schotter, in 12 m Tiefe erreicht. Im Leibnitzerfeld beträgt die Schottermächtigkeit durchschnittlich 5 bis 10 m, bei Spielfeld 5 bis 6 m, bei Mureck 4 bis 5 m und bei Radkersburg 3 bis 5 m.

Das Leibnitzerfeld wird derzeit von der STEWEAG hydrogeologisch untersucht, so daß auch für dieses Gebiet bald genaue Angaben zu erwarten sind.

Auf jeden Fall enthält das Murtal an einigen Stellen noch größere Grundwasservorräte, die besonders zu beachten und vor Verbauung zu schützen sind.

Im Murtal bis ungefähr zur Mitte der Stadt Graz zeigt die Sohle ein deutliches Relief mit Schwellen und Senken, die jedoch gegen S verflachen und nicht mehr klar in Erscheinung treten (Flügel 1961).

Dort, wo die Mur das paläozoische Kalkgebirge durchbricht, ist mit Karstwässern zu rechnen. Auch in der Gegend um Wildon sind Wasservorräte in den zerklüfteten Leithakalken zu erwarten.

Das breite *Mürztal* ist mit gemischten Sanden — Schottern ausgefüllt, die eine durchschnittliche Mächtigkeit von 18 bis 20 m besitzen. Der Grundwasserspiegel liegt 2 bis 3 m unter Terrain und steht mit dem Mürzspiegel in Verbindung — die Grundwasserschwankungen bewegen sich zwischen 1 bis 2 m (Tronko 1964).

Das breite Schotterfeld (= Krieglacher—Wartberger Schotterfeld) beginnt 1 km westlich Mürzzuschlag und reicht bis zur Wartberger Enge, wo nur geringe Mengen von Grundwasser durchfließen (Schottermächtigkeit 5 bis 6 m).

Doch gleich westlich der Enge verbreitert sich das Mürztal wieder und die grundwasserführenden Schotter haben eine Mächtigkeit von 15 bis 20 m. Es dringt Flußwasser ins Grundwasser ein. Dieses Kindberger—St. Mareiner Grundwasserfeld erstreckt sich bis gegen Kapfenberg, wo wieder eine Einengung erfolgt, In der Erweiterung bis Bruck reichert sich neuerlich Grundwasser an, das bei der Papierfabrik 6 m unter Niveau liegt.

Das Mürztal stellt demnach eine sehr ergiebiges Grundwasserfeld dar; es erhält hauptsächlich aus den südlichen Seitentälern (Pretul-, Trabach-, Freßnitz- und Stanzgraben) ergiebige Zuflüsse.

Die Wasserversorgung der Stadt Graz. Für die Wasserversorgung bestehen zwei Brunnenanlagen, die Grundwasser aus dem Grazer Feld entnehmen. Im N der Stadt liegt das Wasserwerk Andritz, das ungefähr 400 bis 600 l/sec liefert. Das Südwerk liegt in der Nähe von Feldkirchen und spendet ungefähr 400 l/sec. Das Wasser ist chemisch und bakteriologisch einwandfrei. Die Härte beträgt 8 bis 11 °dH.

Die Grundwasserverhältnisse des Ennstales. Das Ennstal ist von Schladming an mit verschiedenen Lockergesteinsmassen ausgefüllt, die vielfach, besonders vom S, von breiten Schuttkegeln überdeckt sind. Wertvolle Angaben über die Geschiebe- und Grundwasserführung sind in dem Buch „100 Jahre Ennsregulierung" (Festschrift, Verlag Natur und Volk 1960) enthalten.

Im Ennstal herrschen hauptsächlich nacheiszeitliche Ablagerungen vor, welche die großen Schmelzwasser aus dem oberen Haupttal und den Seitentälern mitbrachten. Sie füllten die alte Erosionsrinne aus und erreichen Mächtigkeiten von 150 bis 200 m.

Eine Tiefbohrung bei Wörschach erreichte in 195 m Tiefe den Untergrund. Es kamen jedoch nicht nur Schotter, Kiese und Sande zur Ablagerung, sondern auch feinstkörnige Schluffe, die wohl beweisen, daß seenartige Becken vorlagen. Von Irdning bis Admont besitzen wir mehrere Profile, die BISTRISCHAN (1956) veröffentlicht hat.

Im Irdninger Moor wurden Sande, Schotter, Konglomerate und Schluffe in Wechsellagerung bis 114 m Tiefe erbohrt. Von Wörschach an schalten sich in die wasserführenden Sandschichten Schluffhorizonte ein, so daß gespanntes Grundwasser entsteht. Die Druckhöhe beträgt im Wörschacher Moor 1 bis 2 m, bei Liezen 10 m, bei Frauenberg 14 m. Für den Talquerschnitt Selztal—Admont wurden Grundwassergeschwindigkeiten von 20 bis 30 m pro Jahr ermittelt.

Die Schotterfelder längs der Laßnitz (Deutsch-Landsberg), Kainach, Sulm führen sehr oberflächennahes Grundwasser (0 bis 2 m unter Niveau), das meist sehr eisenreich ist und selten Verwendung findet. Über die Mächtigkeit der Schotter gibt es nur wenig Angaben. Im Querschnitt Frauental (östlich Deutschlandsberg) haben die Schotter-Sandablagerungen eine Mächtigkeit von 5 bis 6 m.

Flußabwärts werden die Ablagerungen toniger und für die Grundwassergewinnung besteht wegen der Sandführung Schwierigkeiten.

Das Raabtal weist stellenweise ebenfalls 3 bis 5 m mächtige alluviale Schotter-Sandablagerungen auf, die Grundwasser führen, das aber meist sehr eisenhaltig ist.

Vierter Teil

Mineralwasser – Heilwasser

A. Chemie der Heilwässer

I. Begriff Heilwasser

Schon in den ältesten Zeiten der Menschheitsgeschichte fielen Wässer auf, die durch besonderen Geschmack, durch aufperlende Gase (CO_2) und durch auffallende Wärme gekennzeichnet waren. Sie fanden schon frühzeitig als Heilwasser Verwendung.

Mit der Entwicklung der Chemie im 19. Jahrhundert erschienen die ersten chemischen Analysen, die zeigten, daß viele dieser Wässer durch besonderen Gehalt an mineralischen Stoffen charakterisiert sind. Es ergab sich jedoch die Notwendigkeit, Richtlinien für die Verwendung des Begriffes Heilwasser aufzustellen.

In den *Nauheimer Beschlüssen*[1] (1911) wurden für den Begriff „Mineralwasser" Festlegungen getroffen, die man später weiterentwickelte und als Grundlage für die heute in Österreich und Deutschland geltenden Bestimmungen nahm.

Allgemein legte man fest: ein Mineralwasser gilt als Heilwasser, wenn es z. B. mehr als 1 g/kg gelöste Bestandteile enthält und klinisch erprobte balneologische Eigenschaften besitzt.

In *Österreich* wurden durch das *Bundesgesetz* vom 2. Dezember 1958 Nr. 272 (Rahmengesetz) die Voraussetzungen zur Anerkennung eines Wassers als Heilwasser festgelegt und durch Landesgesetze die Durchführungsbestimmungen erlassen.

Das *Steiermärkische Landesgesetz vom 4. Juli 1962* (33. Stück) bestimmt in § 1 den Begriff Heilvorkommen:

„Unter natürlichen Heilvorkommen im Sinne des Gesetzes werden ortsgebundene natürliche Vorkommen, die auf Grund besonderer Eigenschaften und ohne jede Veränderung ihrer natürlichen Zusammensetzung eine wissenschaftlich anerkannte Heilwirkung ausüben oder erwarten lassen."

§ 3: „Eine Quelle darf nur dann als Heilquelle anerkannt werden, wenn nachgewiesen wird,

a) daß sie eine für die beabsichtigte therapeutische Anwendung hinreichende Ergiebigkeit besitzt,

b) daß das Wasser die im Anhang I bestimmte spezifische Beschaffenheit aufweist oder pharmakologisch bereits in kleinsten Mengen wirksame Inhaltsstoffe

---

[1] Beschlüsse des Vereines der Kurorte und Mineralquellen-Interessenten Deutschlands, Österreich-Ungarns und der Schweiz.

in den im Anhang I bestimmten Mindestmengen enthält. (Über die Menge der Inhaltsstoffe Anhang I, siehe unten),

c) daß das Wasser ohne Änderung seiner natürlichen Zusammensetzung eine wissenschaftlich anerkannte Heilwirkung ausübt oder erwarten läßt."

Anhang I: Als Voraussetzung zur Anerkennung als Heilquelle[1] *muß Quellwasser folgende spezifische Beschaffenheit bzw. Inhaltsstoffe in* folgenden Mindestmengen aufweisen:

1. ein Mindestgehalt von 1 g fester Stoffe im kg des Wassers oder
2. eine gleichbleibende Temperatur von mindestens 20 °C am Quellaustritt oder
3. einen Mindestgehalt an natürlichem freiem Kohlendioxyd am Quellaustritt von 500 mg für Trinkkuren bzw. 1000 mg für Badekuren im kg des Quellwassers oder
4. unabhängig von der Gesamtmineralisierung einen Mindestgehalt an einem der folgenden angeführten pharmakologisch wirksamen Inhaltsstoffen

a) Eisenquellen: Eisen 10 mg/kg

b) Jodquellen: Jod 1 mg/kg

c) Schwefelquellen: 1 mg/kg titrierbarer Schwefel

d) Arsenquellen: Arsen 0,7 mg/kg

e) Radon-Wasser für Trinkkuren: Radon (Rn) entsprechend $100 \cdot 10^{-9}$ Curie (c)/kg[2]; Radonwässer für Badekuren: Radon (Rn) entsprechend $10 \cdot 10^{-9}$ Curie (c)/kg[2]

II. Die Heilwasseranalyse

Die Grundlage für die Bestimmung eines Heilwassers bildet eine chemische Vollanalyse, die je nach der Bedeutung des Wasservorkommens als Große oder als Kleine Heilwasseranalyse auszuführen ist.

1. Die Große Heilwasseranalyse

muß folgende Angaben umfassen:

a) *Sinnesprüfung* bei der Probeentnahme und im Laboratorium mit Datum;

b) *physikalische* und *physikalisch-chemische Untersuchung:* Quellschüttung, Quelltemperatur, Lufttemperatur, Wetter und vorausgegangene Witterung, Luftdruck, pH-Wert, elektrometrisch an der Quelle bestimmt, elektrolytische Leitfähigkeit bei Quelltemperatur sowie bei 20 °C, Dichte bei 20 °C, Trockenrückstand bei 105 und 180 °C, radioaktive Spurenstoffe Uran, Radium und Radon, Menge der gelösten sowie der frei aufsteigenden Quellgase, spektralanalytische Untersuchung auf Spurenelemente.

c) *chemische Untersuchung:* Ionen in mg/kg, mval/kg, mval-%; nicht dissoziierte Bestandteile in mg/kg und mmol/kg; gelöste Gase in mg/kg, mmol/kg und ml/kg bezogen auf 0 °C und 760 Torr; Summenbildung in den genannten Stoffgruppen; frei aufsteigende Quellgase in % der Gesamtmenge; Kaliumpermanganatverbrauch; Charakteristik des Quellwassers;

[1] Der Ausdruck „Quelle" ist nicht immer richtig, denn vielfach sind es unterirdische Wässer, die nicht als Quelle in Erscheinung treten.

[2] 10^{-9} Curie (c)/kg kann einfacher gleichbedeutend nC/kg (= Nanocurie/kg) geschrieben werden.

d) *Gehalt der wertbestimmenden, balneotherapeutisch* maßgebenden *Inhaltsstoffe* am Ort des Gebrauches (badefertig gefüllte Wanne, Trinkauslaß, Inhalationsnebel);

e) *biologische Untersuchung* (die am Heilwasserursprung in natürlicher Biozönose lebenden Mikroorganismen);

f) *hygienisch-bakteriologische Untersuchung;*

g) Bewertung des Analysenbefundes und Diskussion etwaiger seit der vorausgegangenen Analyse eingetretener Veränderungen des Quellwassers.

2. Die Kleine Heilwasseranalyse

muß folgende Angaben umfassen:

a) *Sinnesprüfung* bei der Probeentnahme und im Laboratorium mit Datum;

b) *physikalische* und *physikalisch-chemische Untersuchung:* Quellschüttung, Quelltemperatur, Lufttemperatur, Wetter und vorausgegangene Witterung, Luftdruck, Dichte bei 20 °C, elektrolytische Leitfähigkeit bei 20 °C, Trockenrückstand bei 180 °C, pH-Wert elektrometrisch an der Quelle bestimmt, radioaktive Spurenstoffe Radium und Radon, Menge der frei aufsteigenden Quellgase;

c) *chemische Untersuchung:* mindestens die Ionen: Kalium, Natrium, Ammonium, Calcium, Magnesium, Eisen, Mangan, Nitrit, Nitrat, Chlorid, Sulfat und Hydrogencarbonat, gegebenenfalls sonstige, die Quelle charakterisierende Bestandteile wie Jod (Jod-Ion), Arsen (als Arsenit- oder Arsenat-Ion, Hydrogensulfid in mg/kg, mval/kg und mval%; von nichtdissoziierten Bestandteilen meta-Kieselsäure in mg/kg und mmol/kg; von Quellgasen freies Kohlendioxyd und, falls charakterisierend, Schwefelwasserstoff in mg/kg, mmol/kg und ml/kg bezogen auf 0 °C und 760 Torr; Summenbildung in den genannten Stoffgruppen; Zusammensetzung der frei aufsteigenden Quellgase, falls für die Quellnutzung wesentlich (z. B. Nutzung zu Kohlensäure-Gasbädern); Kaliumpermanganatverbrauch; Charakteristik des Quellwassers;

d) *Gehalt an wertbestimmenden, balneotherapeutisch maßgebenden Inhaltsstoffen* am Ort des Gebrauches (badefertig gefüllte Wanne, Trinkauslaß, Inhalationsnebel).

3. Graphische Darstellung der Analysenwerte nach Udluft (Abb. 162)

Der Gesamtgehalt der Kationen und Anionen in mg/kg (= I) laut Analyse werden durch den Flächeninhalt eines Kreises in mm² ausgedrückt.

Der Radius dieses Kreises

$$r = \sqrt{\frac{I}{\pi}}$$

Da der Radius oft sehr groß ist, wird er um die Hälfte, ein Drittel oder ein Viertel verkleinert.

Zum Beispiel: $I = 60272$ mg (= Summe der Kationen und Anionen)

$$r = \sqrt{\frac{60272}{3{,}14}} = 138 \text{ mm} \quad 1 \text{ mm}^2 = 1 \text{ mg}.$$

Dieser Radius ist zum Zeichnen zu groß, daher wird er um ein Drittel verkleinert.

$$r = 46 \text{ mm} \qquad 1 \text{ mm}^2 = 9 \text{ mg}.$$

Würde man den Radius um die Hälfte verkleinern, so wäre $1 \text{ mm}^2 = 4$ mg.

Bei einer Verkleinerung um ein Viertel wäre $1 \text{ mm}^2 = 16$ mg.

Anal. 72

Bad:	BAD SALZUFLEN
Mineralwasser:	Leopold-Thermalsprudel (1955)
Charakter.	Eisenhaltiger, jodhaltiger Natrium-Chlorid-Sole-Sauerling (Therme)
Untersuch.-Stelle	Labor f. Wasseruntersuchungen Hameln

Probenahme: 1955
Wassertemp.: 21,7 °C, Lufttemp.: °C, Luftdr.:
Spez. Gew. 1,0542 bei 15 °C; bezogen auf 4 °C, pH: 5,92

1 kg Mineralwasser enthalt	mg	mval-%
Kationen:		
Lithium ($Li^{\cdot}$)	1,75	0,020
Natrium ($Na^{\cdot}$)	23175	83,04
Kalium ($K^{\cdot}$)	313,0	0,66
Ammonium ($NH^{\cdot}$)	2,44	0,011
Magnesium ($Mg^{\cdot\cdot}$)	532,06	3,61
Calcium ($Ca^{\cdot\cdot}$)	3020,0	12,43
Strontium ($Sr^{\cdot\cdot}$)	45,50	0,08
Barium ($Ba^{\cdot\cdot}$)		
Aluminium ($Al^{\cdot\cdot\cdot}$)	3,38	0,031
Mangan ($Mn^{\cdot\cdot}$)	0,11	0,0003
Eisen ($Fe^{\cdot\cdot}$)	38,44	0,114
		100,0
Anionen:		
Fluor (F')		
Chlor (Cl')	39458	92,65
Brom (Br')	32,55	0,034
Jod (J')	1,35	0,0008
Sulfat (SO_4'')	2959,6	5,13
Nitrit (NO_2')	0	
Nitrat (NO_3')	0,50	0,007
Hydrogenphosphat (HPO_4'')	0,10	
Hydrogenarsenat ($HAsO_4''$)	0,366	0,0004
Hydrogencarbonat (HCO_3')	1616,50	2,20
Hydrogensulfid (HS')		
Summe der ionisierten Teile:	71201	100,0
Nichtionisierte Teile:		
Kieselsäure (meta) (H_2SiO_3)	4,56	
Titansäure (meta) (H_2TiO_3)		
Borsäure (meta) (HBO_2)	7,80	
Summe der festen gelösten Teile:	71213	
Gelöste Gase:		
Freies Kohlendioxyd (CO_2)	1298	
Fr. Schwefelwasserstoff (H_2S)		
Summe aller gelösten Teile:	72511	

In geringer Menge nachgewiesen:
Wert für H_2SiO_3 enthält auch HBO_2

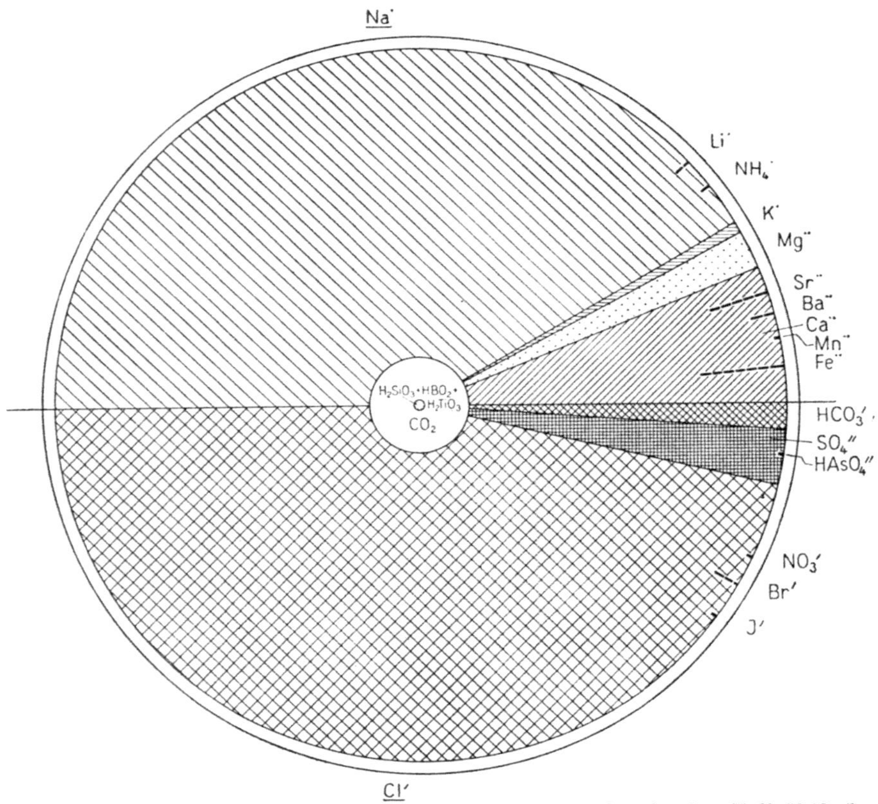

1 mm² = 9 mg NaCl: 58,83 g/kg

Abb. 162. Graphische Darstellung nach UDLUFT (aus FRICKE 1965)

Der Kreis wird durch einen Horizontaldurchmesser in zwei Halbkreise zerlegt, der obere ist für die Kationen, der untere für die Anionen. Den gesamten Kreis faßt man als 400-Grad-Einteilung auf. Es stehen für jeden Halbkreis 200° zur Verfügung. 1 mval ist daher 2°.

Als Beispiel folgt die Analyse von Salzuflen (Abb. 162, aus DIENEMANN-FRICKE 1965)

$$r = \sqrt{\frac{71\,201}{3{,}14}} = 150 \text{ cm}.$$

Da dieser Radius zum Zeichnen zu groß ist, wird er auf ein Drittel verkleinert.

$$r = 50 \text{ mm} \qquad 1 \text{ mm}^2 = 9 \text{ mg}.$$

Auf Grund der mval-% ergeben sich folgende Gradeinteilungen:

	mval-%		
Na	83,04		166°
K	0,66	1,32° =	1°
Mg	3,61	7,22° =	7°
Ca	12,43	24,86° =	25°
Fe	0,114	0,22° =	–
Cl	92,65	185,30° =	185°
SO_4	5,13	10,26 =	10°
HCO_3	2,20	4,4° =	4°

Anteile von weniger als 0,5 mval% werden durch die Striche des Radius dargestellt.

Die nicht dissozierten Bestandteile wie CO_2, KSO_3 usw. kommen in einem Innenkreis zur Darstellung. Der Radius wird getrennt berechnet. Zum Beispiel für $CO_2 = 1248$ mg

$$r = \frac{1268}{3{,}14} = 410 = 20 \text{ mm},$$

$$r/3 = 6 \text{ mm}.$$

Die chemischen Symbole werden für die Ionen an der Außenseite der Kreisbögen angeschrieben, für die nicht dissoziierten Anteile in die zugehörigen Kreise eingeschrieben. Die Symbole der mit wenigstens 20 mval% beteiligten Ionen werden unterstrichen, so daß man die Charakterisierung des Heilwassers erkennen kann. Thermen erhalten für je 20 °C einen weiteren Außenkreis.

III. Die Einteilung der Heilwässer

1. Alte Einteilung

Nach der alten Einteilung unterschied man folgende *Heilwässer:*

1. *Einfache kalte Quellen oder Akratopegen* und Wasser mit einem Gehalt an gelösten festen oder gasförmigen Bestandteilen von weniger als 1 g pro kg.

2. *Einfache warme Quellen oder Akratothermen* sind Wasser, die weniger als 1 g/kg mineralische Stoffe gelöst enthalten, jedoch durch eine konstante Temperatur über 20° gekennzeichnet sind. Die Wasser über 25 °C werden auch als *Thermalwasser* bezeichnet (Wiesbaden, Aachen, Bad Gastein), sie enthalten oft mineralische Stoffe.

3. Die *radioaktiven Wässer* enthalten mindestens 80 ME Emanation (Bad Gastein, Joachimstal, Oberschlema).

4. Die *Säuerlinge* enthalten mindestens 1 g CO_2 in 1 kg Wasser. Reine Säuerlinge sind verhältnismäßig selten, meist sind noch andere mineralische Stoffe gelöst, so daß erdige, alkalische, muriatische Säuerlinge usw. unterschieden werden.

5. In den *erdigen Quellen* herrschen die erdigen Ionen Kalzium und Magnesium vor.

6. Die *alkalischen Quellen* zeichnen sich durch den Gehalt an Natrium aus (z. B. Ems, Godesberg, Marienbad).

7. Die *Kochsalz-* oder *muriatischen Quellen* enthalten mehr als 1 g Chlor- und Natriumionen. Sind mehr als 5 g/l NaCl gelöst, so spricht man von *Solquellen* (Aussee, Ischl, Wiesbaden, Nauheim, Kreuznach, Reichenhall, Harzburg usw.).

8. Die *Bitter- und Glaubersalzquellen.* Als Bittersalzwasser bezeichnet man Wasser mit gelöstem Magnesiumsulfat ($MgSO_4$), als Glaubersalzquellen jene mit Natriumsulfat ($NaSO_4$).

Es gibt jedoch auch Wässer, die $MgSO_4$ und $NaSO_4$ enthalten, das sind Bittersalz-Glaubersalzquellen (Mergentheim, Karlsbad, Marienbad, Schuls-Tarasp).

9. Die *Eisenquellen* enthalten mindestens 1 g Ferri- oder Ferro-Ionen in 1kg Wasser. Es sind dies sehr häufig Quellen, die oft auch CO_2 (Eisensäuerlinge, Stahlquellen) und auch andere Bestandteile enthalten (Franzensbad, Marienbad).

10. *Arsenquellen* müssen mindestens 0,7 mg/kg Arsen aufweisen (Dürkheim, Kreuznach, Baden-Baden).

11. Die *Schwefelquellen* enthalten mindestens 1 mg/kg Hydrosulfit. Da der Schwefelgehalt meist aus Gips ($CaSO_4 + 2H_2O$) entstammt, sind diese Wässer verhältnismäßig häufig (Baden bei Wien, Wörschach, Schallerbach, Aachen, Aix-les Bains in Frankreich).

12. Die *Jodquellen* haben mindestens 1 mg/kg Jod gelöst (Hall, Bad Tölz).

2. Neue Bezeichnung

Diese Bezeichnungsweise ist durch eine genaue Charakterisierung des Wassers ersetzt worden. Als Grundlage hierfür dienen die relativen Gehalte der Wässer an gelösten Kationen und Anionen, die in mval-% (oder Val-%) bezeichnet werden.

Zur Charakteristik werden alle Ionen herangezogen, die sich mit wenigstens 20 mval-% an der Gesamtkonzentration beteiligen. Dabei werden erst die Kationen und dann die Anionen nach fallender Konzentration aufgezählt.

In *Österreich* werden die Heilwässer nach den Bestimmungen des Heilwassergesetzes (s. S. 254) gegliedert.

In der *Deutschen Bundesrepublik* wurde die Nomenklatur und Einteilung vor allem durch den Deutschen Bäderverband geregelt; die wichtigsten Bestimmungen:

Natürliche Heilwässer sind aus ursprünglichen oder künstlich erschlossenen Quellen (Heilquellen) gewonnene Wässer — ohne Zusatz oder Entzug irgendwelcher Bestandteile —, die medizinisch nachgewiesene krankheitsheilende, -lindernde oder -verhütende Eigenschaften haben.

Für die Einteilung der Bäder gelten als Voraussetzung:

A. Wässer, die mehr als 1 g/kg gelöste feste Mineralstoffe enthalten. Demnach werden unterschieden:

1. *Chlorid-Wasser*
   a) Natrium-Chlorid-Wasser
   b) Calcium-Chlorid-Wasser
   c) Magnesium-Chlorid-Wasser
   Natrium-Chlorid-Wasser, die in 1 kg über 5,5 g Natrium- und 8,5 g Chlorid-Ionen enthalten, führen die Bezeichnung „Sole".

2. *Hydrogencarbonat-Wasser*
   a) Natrium-Hydrogencarbonat-Wasser
   b) Calcium-Hydrogencarbonat-Wasser
   c) Magnesium-Hydrogencarbonat-Wasser

3. *Carbonat-Wasser*

4. *Sulfat-Wasser*
   a) Natrium-Sulfat-Wasser
   b) Magnesium-Sulfat-Wasser
   c) Calcium-Sulfat-Wasser
   d) Eisen-Sulfat-Wasser
   e) Aluminium-Sulfat-Wasser

B. Wässer, die unabhängig vom Gesamtgehalt an gelösten festen Mineralstoffen besonders wirksame Bestandteile enthalten. Dieser Gehalt an wirksamen Bestandteilen muß mindestens folgende Grenzwerte aufweisen:

1. Eisenhaltige Wässer 10 mg/kg Eisen
2. Arsenhaltige Wässer 0,7 mg/kg Arsen, entsprechend 1,3 mg/kg Hydrogenarsenat
3. Jodhaltige Wässer 1 mg/kg Jod
4. Schwefelhaltige Wässer 1 mg/kg titrierbaren Schwefel
5. Radonhaltige Wässer 18 nC/l = 50 ME
6. Radiumhaltige Wässer 10^{-7} mg/kg Radium
7. Kohlensäure-Wässer oder Säuerlinge 1000 mg/kg CO_2

C. Wässer, deren Temperatur von Natur aus höher als 20 °C ist (= *Thermen*)

D. Wässer, die keine der angeführten Voraussetzungen erfüllen (= *mineralarme* Quellen oder *Akratopegen*), die jedoch durch klinische Gutachten nachgewiesene anerkannte Heilwirkung besitzen

Man bezeichnete Quellen mit vorwaltendem Gehalt an

1. Natrium- und Hydrogencarbonation als *alkalisch*,
2. Calcium-Magnesium- und Hydrogencarbonation als *erdig*,
3. Natrium- und Chloridion als *muriatisch* (muria = die Salzlake),
4. Calcium- oder Magnesium- und Chloridion neben Natriumion als *erdmuriatisch*,
5. Natrium- und Sulfation als *salinisch*,

6. Calcium- und Sulfation als *sulfatisch*,
7. Magnesium- und Sulfation als *Bitterwässer*.

Als *hypotonisch* werden Heilwässer bezeichnet, welche weniger als 8 g gelöste Salze im kg enthalten. Bei diesen Mengen ist der osmotische Druck des Heilwassers kleiner als der des Blutes oder der Körpersäfte. Akratische Wässer führen weniger als 1 g/kg gelöste Mineralstoffe.

3. Heilbäder in verschiedenen Ländern

1. Die wichtigsten Heilwässer (Mineralwässer) in *Österreich*

Bad Abtenau (NB)	Natrium-Calcium-Chlorid-Sulfat-Wasser
Bad Aussee	Natrium-Chlorid-Sole
Baden bei Wien	Calcium-Natrium-Magnesium-Sulfat-Chlorid-Therme (35 °C)
Badgastein	akratische radioaktive Therme (17 nC, 44,3 °C)
Bad St. Daniel im Gailtal	Calcium-Magnesium-Sulfat-Hydrogencarbonat-Wasser
Bad Hofgastein	akratische radioaktive (radonhaltige) Therme (46,8 °C)
Deutsch-Altenburg	Natrium-Calcium-Chlorid-Sulfat-Schwefel-Therme (23,9 °C)
Deutsch-Goritz	Natrium-Calcium-Hydrogencarbonat-Säuerling (Peterquelle)
Eisenkappel	muriatisch-alkalischer Säuerling
Fentsch	Natrium-Chlorid-Hydrogencarbonat-Säuerling
Gleichenberg Bad	drei Natrium-Hydrogencarbonat-Chlorid-Säuerlinge
Goisern	akratisches Schwefelwasser
Güns/Tirol	Magnesium-Calcium-Sulfat-Hydrogencarbonat-Wasser
Bad Hall/Oberösterreich	Natrium-Chlorid-Jod-Quelle
Hall in Tirol (Solbad)	Solquelle (26,5 Gew.-% Salze)
Hallein	Sole mit 26,69% Salzen
Hengsberg	Natrium-Hydrogencarbonat-Chlorid-Säuerling
Hintertux/Zillertal	Akrato-Therme (20,2 bis 21,5 °C)
Hohenems/Vorarlberg	einfache kalte Schwefelquelle
Bad Ischl	Natrium-Chlorid- und Natrium-Chlorid-Schwefelquelle
Kalsdorf	Natrium-Hydrogencarbonat-Chlorid-Säuerling
Ladis	akratische Schwefelquelle
St. Leonhard/Lavanttal	akratische Schwefelquelle
Mitterndorf/Salzkammergut	Akratotherme (23,4 °C)
Mörbisch am Neusiedlersee	Natrium-Magnesium-Hydrogencarbonat-Wasser
Bad Obladis	Calcium-Magnesium-Sulfat-Hydrogencarbonat-Säuerling
Preblau	Natrium-Hydrogencarbonat-Magnesium-Säuerling Natrium-Hydrogencarbonat-Säuerling
Radkersburg	Magnesium-Calcium-Hydrogencarbonat-Säuerling

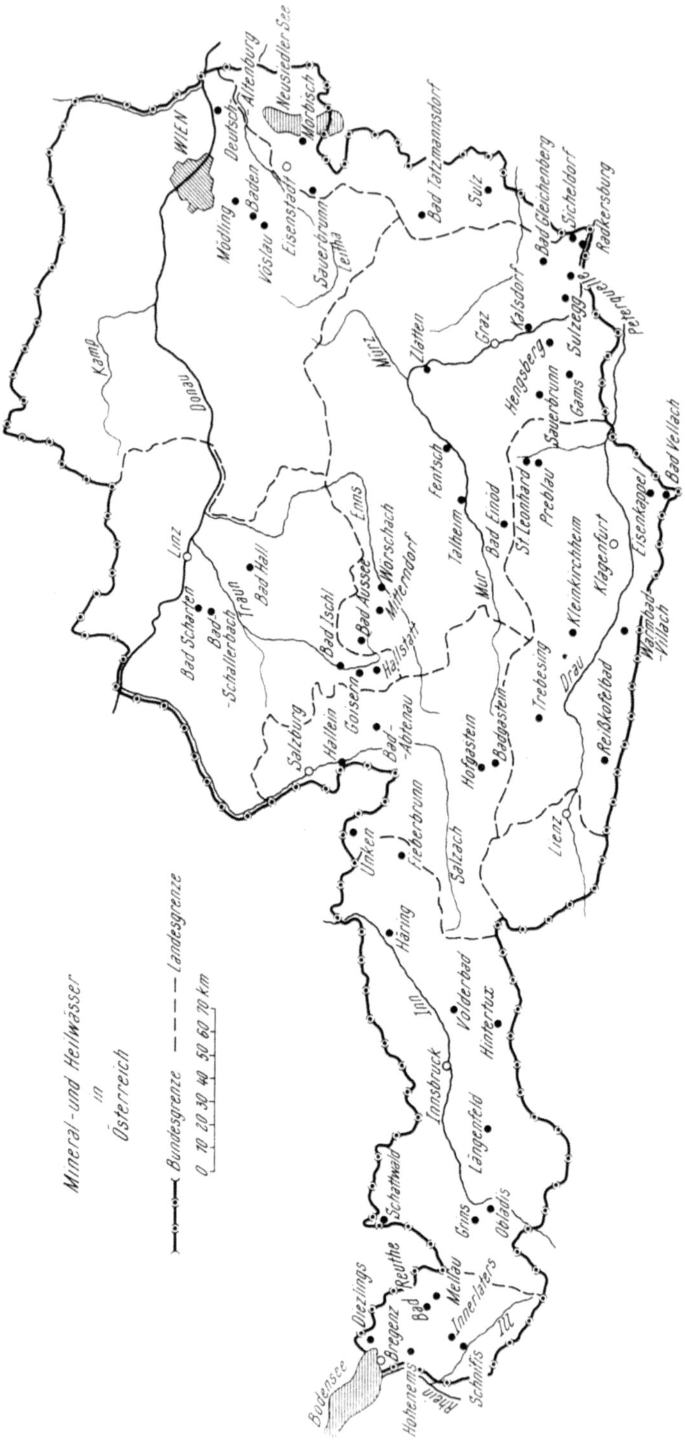

Abb. 163. Die Heilbäder in Österreich (aus Österreichisches Bäderbuch 1928)

Reuthe/Vorarlberg	akratische Eisenquelle
Sauerbrunn/Burgenland	Calcium-Hydrogencarbonat-Sulfat-Säuerling
Schallerbad	akratische Schwefeltherme (36,25 °C)
Sicheldorf	Natrium-Hydrogencarbonat-Chlorid-Säuerling
Sonnenberg/Vorarlberg	Calcium-Sulfat-Quelle
Steingraben bei Güssing	Natrium-Calcium-Hydrogencarbonat-Chlorid-Säuerling
Sulz bei Güssing	Natrium-Calcium-Hydrogencarbonat-Chlorid-Säuerling
Sulzegg/Steiermark	Calcium-Magnesium-Hydrogencarbonat-Eisen-Säuerling
Tatzmannsdorf	zwei Natrium-Calcium-Hydrogencarbonat-Säuerlinge ein Natrium-Calcium-Magnesium-Hydrogencarbonat-Säuerling
Thalheim	erdalkalischer Säuerling
Warmbad Villach	Akratotherme (29 °C)
Wildbad Einöd	Calcium-(Natrium-Magnesium)-Hydrogencarbonat-Sulfat-Thermal-Säuerling (25 °C)
Wörschach	Calcium-Magnesium-Sulfat-Hydrogencarbonat-Schwefelquelle
Zlatten bei Pernegg	alkalischer Säuerling

2. *Deutschland* (*Westdeutschland*)

Der Deutsche Badekalender (1958) verzeichnet gegen 230 Orte als Heilbäder, doch ist die Zahl der Heilwässer, besonders der Kochsalzquellen, bedeutend höher (s. Karte Abb. 164).

Die wichtigsten Heilbäder:

Aachen	schwefelhaltige Natrium-Chlorid-Hydrogencarbonat-Therme (bis zu 75 °C)
Baden-Baden	Natrium-Chlorid-Therme (bis zu 68 °C)
Badenweiler	Thermalquelle
Betrich	Natrium-Hydrogencarbonat-Sulfat-Therme (32,9 °C)
Bocklet	eisenhaltiger Natrium-Calcium-Magnesium-Hydrogencarbonat-Chlorid-Sulfat-Säuerling
Brückenau	Calcium-Magnesium-Sulfat-Hydrogencarbonat-Wasser
Daun	Natrium-Magnesium-Hydrogencarbonat-Säuerling
Driburg	eisenhaltiger Calcium-Sulfat-Hydrogencarbonat-Säuerling
Dürkheim	Arsenquelle
Ems	Kohlensäure-Therme
Godesberg	Natrium-Hydrogencarbonat-Chlorid-Säuerling
Gögging	Schwefelquellen
Hamm	Natrium-Chlorid-Thermal-Sole
Harzburg	Solequellen
Heidelberg	radiumhaltige Solquelle

Hersfeld	Natrium-Calcium-Sulfat-Chlorid-Wasser
Hönningen	Natrium-Magnesium-Hydrogencarbonat-Chlorid-Thermalsäuerling
Holzhausen	sulfatisches Bitterwasser
Homburg	Natrium-Chlorid-Säuerling
Honnef	eisenhaltiger Natrium-Magnesium-Hydrogencarbonat-Chlorid-Säuerling
Kissingen	eisenhaltiger Natrium-Chlorid-Säuerling
Kreuznach	radioaktive Solbäder
Krozingen	Calcium-Sulfat-Säuerling
Liebenzell	Natrium-Chlorid-Hydrogencarbonat-Therme
Lippspringe	Calcium-Sulfat-Hydrogencarbonat-Therme
Meinberg	trockene Kohlensäure; Calcium-Sulfat- und Natrium-Chlorid-Sulfat-Wasser
Mergentheim	Magnesium-Natrium-Chlorid-Sulfat-Säuerling
Münster a. St.	radiumhaltige Natrium-Calcium-Chlorid-Therme
Nauheim	eisenhaltige Natrium-Chlorid-Kohlensäure-Therme
Neuenahr	Natrium-Magnesium-Hydrogencarbonat-Thermal-Säuerling
Neustadt a. d. S.	eisenhaltiger Kochsalz-Säuerling
Oeynhausen	eisenhaltiger Natrium-Chlorid-Thermalsäuerling
Orb	kohlensäurereicher eisenhaltiger Natrium-Chlorid-Säuerling
Pyrmont	eisenhaltiger Sole-Säuerling
Reichenhall	Sole
Salzuflen	Natrium-Chlorid-Säuerling
Soden	Kochsalz-Säuerling
Stuttgart-Cannstadt	Calcium-Natrium-Chlorid-Sulfat-Hydrogencarbonat-Säuerling
Tölz	Jodquellen
Überkingen	Natrium-Hydrocarbonat-Säuerling
Waldliesborn	Thermalsole (34 °C)
Wiesbaden	27 Natrium-Chlorid-Thermen (bis 66 °C)
Wiessee	jodhaltige Natrium-Chlorid-Therme
Wildbad	Thermalwasser (33 bis 37 °C)
Wildungen	Natrium-Magnesium-Calcium-Hydrogencarbonat-Chlorid-Säuerling

3. Die *Schweiz* verzeichnet 250 Heilquellen, doch nur etwa 20 werden in Badeorten ausgenützt (z. B. Rheinfelden, Schuls-Tarasp, Vulpera, Bex, Leukabad).

4. *Frankreich* gibt 114 Orte mit Heilquellen an. Zum Beispiel

Plombières-les-Bains	Akratotherme
Vichy	alkalische Quelle
Brides-les-Bains	alkalische Quelle
Salies-les-Bains	Kochsalzquelle
Aix-les-Bains	Schwefelquelle

Abb. 164. Die Heilbäder in Deutschland (aus Deutsches Bäderbuch, Kalender 1958)

Forges-les-Bains	Eisenquelle
Enghin	Schwefelquelle
Bagnères-de-Luchon	Schwefelquelle

5. *Italien* soll in etwa 1000 Orten Heilquellen besitzen; in den Werbeschriften werden 63 ausgewiesen.

6. Arm an Heilwässern ist *Großbritannien*, es verfügt nur über 12 Vorkommen. Die bekanntesten Orte sind

Harrowgate	Schwefelquelle
Bath	

7. Berühmte Heilquellen liegen in der *Tschechoslowakei* mit 26 Badeorten, von denen sind die bekanntesten:

Karlsbad	Bitter-, Glaubersalzquellen
Marienbad	Bitter-, Glaubersalzquellen
Franzensbad	
Teplitz	

8. *Jugoslawien* zählt etwa 300 Mineralwässer, von denen jedoch nur gegen 40 genützt werden. Besonders bekannt sind

Radenska slatina (Radein)	alkalische muriatische Säuerlinge (bis 3100 mg CO_2)
Rogaska slatina (Rohitsch-Sauerbrunn)	Natrium-Magnesium-Sulfat-Hydrocarbonat-Säuerlinge (mit 160 bis 2000 mg CO_2)
Varazdinske Toplice	Natrium-Calcium-Sulfat-Hydrocarbonatradonhaltige Thermalquelle
Krapinske Toplice	4 Thermalquellen, leicht radioaktiv, mit Kalium, Magnesium und Hydrogencarbonat
Tuheliske Toplice	Thermalwasser bis 32,5 °C
Stubicke Toplice	Calcium-Magnesium-Hydrogencarbonat-Sulfat-Thermalquelle
Daruvar	Calcium-Magnesium-Hydrogencarbonat-Therme mit 37 bis 50 °C
Lipik	Natrium-Chlorid-Hydrocarbonat-Sulfat-Thermalquelle
Topusko	Calcium-Magnesium-Hydrogencarbonat-Sulfat-Thermalquelle bis 55 °C

9. Besonders reich an Heilwässern ist *Japan*; es sind gegen 950 Thermalwässer und 145 Mineralquellen bekannt.

B. Geologie der Mineralwässer

I. Einzugsgebiet — unterirdische Wasserwege

Heilwässer sind unterirdische Wässer, die überwiegend von Niederschlagswässern — vadosen Wässern — gespeist werden. Ob auch juvenile Wässer auftreten, wie es bei Säuerlingen oder bei Thermalwasser der Fall sein kann, ist selten sicher beweisbar.

Bei jedem Heilwasser unterscheidet man das *Einzugsgebiet*, die Gesteine mit den *unterirdischen Wasserwegen* und die *Entnahmestelle*.

Das *Einzugsgebiet* stellt jene Geländeoberfläche dar, in der die Niederschläge versickern, die der Entnahmestelle zugute kommen. Die Abgrenzung ist nicht nur durch die Morphologie bedingt, sondern hängt vielfach von der Verbreitung und Lagerung des Gesteines ab. Besonders Brüche und Zerrüttungszonen beeinflussen es. Es handelt sich daher meist um ein Einzugsgebiet mit tektonischen Grenzen. Die Festlegung desselben ist nicht nur für die Ergiebigkeit des Heilwassers, sondern auch für die Abgrenzung des Schutzgebietes von Bedeutung. Einzelheiten folgen später (S. 314).

Die Niederschläge versickern längs der mannigfaltigen unterirdischen Wasserwege je nach deren Weite verschieden schnell und schlagen diesen folgend die verschiedensten Richtungen ein. Dadurch kommen die Wässer mit den Gesteinen in Berührung, wobei je nach der Löslichkeit die verschiedensten mineralischen Stoffe aufgenommen werden. Vor allem fallen die leichtlöslichen Mineralien wie Steinsalz (NaCl), Gips ($CaSO_4 + 2H_2O$), Anhydrit ($CaSO_4$), die verschiedensten Begleitmineralien der Steinsalzlager wie Polyhalit, Kalk und Dolomit dem Wasser zum Opfer. Es entstehen die verschiedenen Chlorid-, Hydrogencarbonat- und Sulfatwässer. Wenn jedoch das Wasser sehr langsam durch die unterirdischen Wege hindurchsickert, eine entsprechende Verweildauer hat und vielleicht noch mit Agenzien (CO_2, Säuren) beladen ist, welche die Löslichkeit beschleunigen, können auch schwerer lösliche Stoffe, wie Dolomite, Mergel, Erze, Feldspate und andere Silikate gelöst werden.

II. Heilwässer und Gesteine

Überblickt man die Verbreitung der Mineralwässer in Verbindung mit den *Gesteinen*, so ersieht man, daß sie sich vor allem in Gebieten konzentrieren, wo leicht lösliche Mineralanhäufungen vorhanden sind. In Österreich enthalten die Werfener Schichten Steinsalz- und Gipslagerstätten, und damit sind die Mineralwässer von Baden bei Wien, von Aussee, Wörschach, Ischl, Hall i. T. verbunden.

In Deutschland treten besonders im Gebiet des Zechsteins, Muschelkalks und Keupers die verschiedenen Chlorid-, Hydrogencarbonat- und Sulfatwässer auf, die aus *Salz- und Gipslagerstätten* herrühren.

Erzlagerstätten, besonders Eisenkies-, Arsenkieslagerstätten, die als Ganggesteine Baryt, Spateisen, Dolomit, Calcit führen, können ebenfalls mineralische Wässer liefern. In stark durchbewegten Zonen (Zerrüttungs- und Bruchzonen) bestehen oft aufgelockerte und oxydierte Mineralanhäufungen, die von den durchsickernden Wässern teilweise gelöst werden.

Kohlensäurewässer, die stets aus der Tiefe kommen, vielfach mit erloschenen tertiären Vulkanen oder mit markanten Störungen in Verbindung stehen, bewirken eine Erhöhung der Löslichkeit, so daß in ihnen auch schwerer lösliche Stoffe enthalten sein können. Die meisten Säuerlinge, auch die, welche in kristallinen Schiefern auftreten, führen verschiedene mineralische Stoffe mit, wie Na-, Ca-, K-Ionen, die man nicht immer von Salz- und Gipslagerstätten ableiten kann, sondern die wahrscheinlich aus Feldspatgesteinen stammen.

Jodwässer treten vereinzelt aus tertiären Ablagerungen auf, die oft noch Jod aus den ehemaligen Meeresablagerungen enthalten.

Die Ableitung von *radioaktiven Wässern* setzt das Vorhandensein von radioaktiven Mineralien voraus, die z. B. in Joachimstal durch die Uranpechblende gegeben sind. In Badgastein werden für die Radioaktivität fein verteilte radioaktive Mineralien (pleochroitische Höfe) verantwortlich gemacht. Vielfach ist jedoch die Ausgangsstelle nicht mit Sicherheit erkennbar, weil der Herd in der Tiefe liegt.

Eisenhaltige Wässer besitzen große Verbreitung, werden jedoch nicht immer als Heilwässer verwendet. Sie stammen meist aus Verwitterungsprodukten und aus Mooren, sie können jedoch auch von Kieslagerstätten herrühren.

Für die Herkunft der in den Wässern enthaltenen mineralischen Stoffe ist durchaus nicht immer nur ein Herd — eine Mineralanhäufung — zuständig, sondern die Lösungen können in verschiedenen Stockwerken erfolgen, so daß beim Durchfließen verschiedene Mischwässer entstehen.

Überblickt man die Verbreitung der Mineralwässer, so erkennt man, daß sie in allen Gesteinsarten auftreten können. Wir finden sie in verschiedenen Erstarrungsgesteinen, in kristallinen Schiefern und in den verschiedensten Sedimentgesteinen (Sandsteine, Kalksteine, Dolomite, Tonschiefer und Lockerablagerungen).

Im Granit entspringen die radioaktiven Wässer von Badgastein, der Eisensäuerling von Ebriach in Kärnten. Die Therme von Baden-Baden begünstigt die Nähe eines Granites. Der Porphyr von Bad Kreuznach zeigt Natrium-Chlorid-Wasser, die Basalte führen in der nächsten Umgebung vielfach Säuerlinge.

Die *kristallinen Schiefer* sind im allgemeinen arm an Mineralwässern, denn die Silikatgesteine enthalten meist nur schwer lösliche Mineralien. Einige Säuerlinge in Österreich treten aus diesen Gesteinen aus und enthalten an mineralischen Stoffen Alkalien, Sulfate und Eisen (z. B. Preblau, Bad Einöd, St. Leonhard im Lavanttal).

Im Kristallin des Schwarzwaldes liegen die Heilwässer von Liebenzell (Natrium-Chlorid-Hydrogencarbonat-Therme), Wildbad (Natrium-Chlorid-Hydrogencarbonat-Therme), Badenweiler (Thermalquelle).

Zahlreiche Mineralquellen kommen aus verschiedenen Sedimentgesteinen. Aus Sandsteinen und tonigen Sandsteinen entspringen z. B. die Wässer in Mergentheim, Pyrmont; aus Tonschiefern und Quarziten die von Ems; aus Kalk- und Dolomitgesteinen die von Cannstadt. Aus Lockerablagerungen (Sanden) dringen die Schwefeltherme von Schallerbach, die Säuerlinge von Bad Gleichenberg empor. Es zeigt sich, daß aus allen Gesteinen Mineralwässer austreten können.

III. Mineralwässer und Erdzeitalter

Das österreichische *Paläozoikum* ist arm an Mineralwässern, obwohl mannigfaltige Gesteine (Kalke, Sandsteine, Eisenerze, Tonschiefer, Porphyroide u. a.) vorkommen. Die Ursache mag wohl darin liegen, daß diese Wässer chemisch viel zu wenig untersucht sind. Zu erwähnen ist, daß im Schacht des alten Bergbaues in Röhrerbüchl bei Kitzbühl Schwefelwasser auftritt.

Die *mesozoischen Ablagerungen* in Österreich enthalten in den Schichten der unteren Trias, in den Werfener Schichten vielfach Salz- und Gipslagerstätten, die Sol- und Sulfatwässer liefern.

In Deutschland konzentrieren sich zahlreiche Mineralwässer um die Zechstein-Buntsandstein-Muschelkalk-Ablagerungen, die vom Wesergebirge über Kassel gegen S bis nach Württemberg ziehen. Es handelt sich meist um Natrium-Chlorid-Wässer und Sulfatwässer, die jedoch vielfach mit Kohlensäure verbunden sind.

Auffallend ergiebige Natrium-Chlorid-Wässer liegen in der Kreidebucht von Münster. Die *tertiären Ablagerungen* in der Oststeiermark enthalten im Sarmat und Pannon vielfach Säuerlinge, die mit den erloschenen Basaltvulkanen zu verbinden sind (z. B. Bad Gleichenberg, Sulz bei Güssing, Radkersburg u. a.).

In der Molassezone finden wir die Schwefelthermen von Schallerbach, die Jodquellen von Hall in Oberösterreich. Auch in der bayrischen Molassezone treten Schwefelquellen und Jodwässer auf (z. B. Pilzweg, Gögging, Abbach).

Im Tertiär der Oberrheinischen Tiefebene entspringen die Thermalquellen von Badenweiler, die arsenhaltige Natrium-Chlorid-Quelle von Dürkheim und viele unbedeutende Kochsalz- und Schwefelquellen.

Vereinzelt treten auch aus den *holozänen Lockerablagerungen* Mineralwässer aus. Es handelt sich dann um Folgequellen, die aus dem tieferen Untergrund ins oberflächennahe Grundwasser einmünden (z. B. Säuerlinge). Liegt jedoch die Mineralisation in der Ablagerung selbst, so ist diese meist auf Auslaugungen von Verwitterungsprodukten zurückzuführen (z. B. Eisenwasser, Hydrocarbonatwasser).

Wir sehen aus dieser kurzen Zusammenfassung, daß Mineralwässer aus verschiedenen Gesteinen der verschiedenen Altersstufen herstammen können; bevorzugt werden aber jene, die leicht lösliche Mineralanhäufungen wie Steinsalz, Gips, Kalk, Dolomit enthalten.

IV. Die unterirdischen Wasserwege

1. Klüfte, Spalten, Zerrüttungszonen, Brüche, Schichtflächen, Karsthohlräume, Poren

Für die unterirdischen Wasserwege kommen die gleichen Hohlräume wie beim Grundwasser in Frage. Es handelt sich um Klüfte, Spalten, Zerrüttungszonen und Bruchzonen, Schichtflächen, Karsthohlräume und Poren.

Von besonderer Bedeutung sind die *Klüfte und Spalten*, die eng- bis weitwegige Bahnen darstellen und in allen Hartgesteinen auftreten. Besonders engscharige Kluftzonen begünstigen die Wasserbewegungen. Es bestehen in den Klüften meist komplizierte zickzackförmige Wege, die das Wasser nicht nur in die Tiefe führen, sondern auch vom Einzugsgebiet weit wegleiten. Sie ermöglichen oft eine längere unterirdische Verweildauer, so daß günstige Löslichkeitsbedingungen entstehen. Die Klüfte und Spalten bieten auch günstige Speicherungsmöglichkeiten, so daß andauernde Ergiebigkeiten mit geringen Schwankungen aufscheinen.

Zahlreiche Heilwasser benützen *Zerrüttungszonen* und *Brüche* als unterirdische Wasserwege, die oft die Herleitung aus größerer Entfernung ermöglichen. Viele Thermalquellen entstammen den Bruchzonen (z. B. Baden bei Wien, Wiesbaden, Aachen). Auch Säuerlinge benützen oft die Brüche als Wasserwege (Preblau i. K., Talheim).

Verhältnismäßig selten bilden *Karsthohlräume* (Spalten, Höhlen, Schläuche, Röhren) unterirdische Wasserwege für Heilwässer; die weiten Hohlräume führen zu einem raschen Durchfließen, so daß meist nur wenig Mineralien zur Lösung kommen.

Häufig sind die *Poren* in Lockergesteinen (Schotter, Kiese, Sande) die unterirdischen Wasserwege für die Heilwässer, z. B. die Schwefeltherme in Schallerbach, die Jodwässer von Hall in Oberösterreich, die Säuerlinge der Oststeiermark).

Die Feststellung der unterirdischen Wasserwege ist besonders für die Fassung der Heilwässer von Bedeutung. Auch für die Auffindung neuer Vorkommen sind sie zu berücksichtigen. Besonders der Verlauf der Bruchzonen gibt oft wichtige Hinweise für den Ansatz neuer Bohrungen.

Von größter Bedeutung sind die unterirdischen Wasserwege für die Abgrenzung des Schutzgebietes.

All das sind geologische Arbeiten, und es ist unerläßlich, daß Neuaufschließungen oder Veränderungen an Heilquellen nur unter Beiziehung von Geologen ausgeführt werden sollen. Leider ist im Österreichischen Heilbädergesetz die Begutachtung durch Geologen nicht verpflichtend. Es wäre jedoch oft wichtig, die Heilwassergenehmigung nicht nur vom chemischen und medizinischen Standpunkt aus zu erteilen, sondern auch vom geologischen.

Es gibt z. B. Eisenquellen, welche zwar die notwendige Eisenmenge enthalten, jedoch derart seicht im Talgrundwasser liegen, daß sie infolge der Grundwasserschwankungen einen wechselnden Eisengehalt aufweisen und oft leicht verunreinigt werden können; vom geologischen Standpunkt betrachtet sind sie daher als Heilwasser ungeeignet.

2. Ab- und aufsteigende Heilwässer

Die Niederschläge versickern der Schwerkraft folgend in die Tiefe; sie folgen den Klüften, Zerrüttungszonen, Bruchzonen und Poren nach abwärts. Sie können die Hohlräume ausfüllen, irgendwo stehende Ansammlungen bilden oder irgendwo als Quelle zutage kommen. Diese *absteigenden Wässer* findet man häufig bei jenen Heilwässern, die durch Salz- und Gipslagerstätten entstehen. Sie können meist durch Bohrung erschlossen werden.

Vielfach aber begegnet man *aufsteigenden Heilwässern*. Kohlensäurehaltige Wässer haben infolge des Gasdruckes das Bestreben, längs der unterirdischen Wasserwege aufzusteigen. Sie können die Oberfläche erreichen und wie ein Springbrunnen austreten; oft jedoch reicht der Gasdruck nicht aus, und sie verbleiben in tiefer liegenden Grundwasserhorizonten.

Heilwässer, die in tiefer liegenden Sandlagen oder -linsen enthalten und von undurchlässigen Schichten bedeckt sind, stehen unter Spannung. Werden diese angebohrt, so bilden sich artesische Wässer, die bis zum piezometrischen Niveau ansteigen. Die Schwefeltherme von Schallerbach kommt auf diese Weise an die Oberfläche.

Aufsteigende Thermalwässer entstehen häufig in *Bruchzonen* (z. B. Thermenlinie mit den Schwefelthermen von Baden bei Wien, Wiesbaden, Aachen). Es besteht dabei oft ein absteigender Ast, der die Niederschlagswasser in Kluft-,

Zerrüttungs- und Bruchzonen in die Tiefe führt. Durch einen aufsteigenden Ast, dessen Wasserwege ähnlich wie die absteigenden sind, gelangt es wieder in die Höhe. Das Einzugsgebiet für diese Wässer läßt sich jedoch nicht immer mit Sicherheit feststellen.

3. Die Entnahmestellen für Heilwässer

Viele *Heilwässer treten frei zutage* und sind dann meist schon von den ältesten Siedlungszeiten her bekannt. Die heißen Quellen von Badgastein fließen aus Spalten des Granitgneises aus. Auch im oststeirischen Vulkangebiet kommen manche Säuerlinge bis an die Oberfläche. Von den Schwefelthermen von Baden bei Wien erreichen einige ebenfalls die Oberfläche. Ich erinnere an die aufsprudelnden Heilwässer von Karlsbad, Marienbad, an die lebhaft aufperlenden Quellen von Wiesbaden und Aachen.

Doch viele Heilwässer kommen von selbst nicht an die Oberfläche, sie bleiben als Grundwasser in der Tiefe und müssen erbohrt oder durch Brunnen erschlossen werden. Durch *Bohrungen* wurden z. B. Heilwässer in mesozoischen und tertiären Schichten aufgeschlossen. Auf Grund der Stratigraphie und der Tektonik konnte man durch Bohrungen die Heilwässer aus den Salz- und Gipslagerstätten erschließen.

So benützte man z. B. in Bad Nauheim anfangs nur die kleinen Quellaustritte aus den obersten Schotterbedeckungen. Auf Grund der geologischen Erforschung erkannte man eine NNW—SSE verlaufende Verwerfung, an der man Bohrungen bis 210 m Tiefe durchführte und große Mengen konzentrierter Sole mit 32 bis 37 °C erhielt.

Manchmal erfolgt die Aufschließung von Heilwässern durch *Stollen*. Im Heilstollen bei Böckstein-Badgastein kommt die radioaktive Luft zur heilbringenden Wirkung. Die Quellen von Baden-Baden wurden durch Stollen aufgeschlossen.

C. Hydrogeologie einzelner Heilwässer

Vom hydrogeologischen Standpunkt aus kann man drei Gruppen von Heilwässern unterscheiden:

1. *Mineralwässer*, die mineralische Stoffe gelöst enthalten,
2. *Säuerlinge*, die aus der Tiefe emporsteigend Kohlensäure führen,
3. *Thermalwässer*, die durch erhöhte Temperatur ausgezeichnet sind und daher hydrogeologisch aus dem Bereich der Erdwärme kommen.

Diese Trennung ist jedoch keine scharfe, und es bestehen zahlreiche Übergänge. Die Säuerlinge enthalten meist auch gelöste mineralische Stoffe, man spricht dann von Mineral-Säuerlingen; es führen auch die Thermalwässer vielfach mineralische Stoffe, so daß Mineralthermen vorliegen. Es gibt ebenso Thermalwässer, die Kohlensäure und mineralische Stoffe enthalten.

In der Besprechung wird jedoch diese Trennung eingehalten, um die hydrogeologischen Unterschiede, die Herkunft der Mineralisation, der Kohlensäure und der Thermalwässer zum Ausdruck zu bringen.

I. Mineralwässer

In den Schichten des Perm und der Trias, manchmal auch in tertiären Ablagerungen, sind vielfach leicht lösliche Salze, wie Steinsalz, Anhydrit, Polyhalit, Bittersalz, Carnallit, Sylvin, Kainit usw. eingeschaltet, die von Kalk-, Dolomit-, Ton- und Mergelgesteinen begleitet werden.

Werden diese Mineralanhäufungen durch die versickernden Niederschlagswässer aufgelöst und in den verschiedenen unterirdischen Wasserwegen mitgeführt, so entstehen die verschiedenen

Chlorid-Wässer,
Hydrocarbonat-Wässer,
Carbonat-Wässer
Sulfat-Wässer,
Jod-Wässer und
Eisen-Wässer.

Oft bilden sich verschiedene Mischwässer, auch Vermengungen mit Kohlensäure können vorkommen. Auch in Thermalwässern findet man manchmal diese Salze, von denen die Herkunft nicht immer mit Sicherheit gegeben ist.

1. Mineralwässer in Österreich

a) Natrium-Chlorid-Wässer

Sie treten im Bereich der Steinsalzlager von Bad Aussee, Ischl, Hallein, Hallstadt und Hall in Tirol auf. Als Heilbäder sind Bad Aussee, Ischl und Hall in Tirol bekannt.

Es werden meist Solen als Heilwässer benützt, die über 5,5 g/kg Natrium- und 8,5 g/kg Chloridionen enthalten. Diese werden aus dem Bergbau den Kuranstalten zugeführt.

Außerdem gibt es noch Natrium-Chlorid-Wässer in Hall bei Admont und im Halltal bei Mariazell, die aber weder für die Salzgewinnung noch als Mineralwasser Verwendung finden.

All diese Steinsalzlager liegen in den Werfener Schichten, die der untersten Trias angehören. Sie treten nicht mehr im ursprünglichen Ablagerungsverband auf, sondern wurden mit den tonigen Begleitgesteinen (= Haselgebirge) durch Gebirgsbildungen verfaltet, verknetet, so daß das Steinsalz in mehr oder minder großen Blöcken wie eine Riesenbreccie darin eingebettet ist.

Die Solwässer werden in den Steinsalzbergbauen in großen wannenartigen Hohlräumen durch Auflösung des Steinsalzes gewonnen und in Rohrleitungen den Kurhäusern zugeführt.

Bad Aussee

Der Salzbergbau liegt am Ostabfall des Sandling bei Altaussee. Die Sole enthält 92 mval-% Na-, 93 mval-% Cl-, 4,63 mval-% Mg- und 6,54 mval-% Sulfat-Ionen.

Bad Ischl

Die Sole enthält	86 mval-%	Na-Ion,	8,73 mval-%	Mg-Ion,
	88,61 mval-%	Cl-Ion,	9,28 mval-%	SO_4-Ion

Die Sole wird aus zwei Quellen, aus der Klebelsberg- und der Marie-Luisen-Quelle, in Leitungen dem Kurhaus zugeführt. Die Klebelsberg-Quelle kommt aus dem Gebiet der Zwerchwand, die Marie-Luisen-Quelle liegt bei Pfandl (2 km von Ischl entfernt). Im Salzbergbau tritt aus den Spalten Schwefelwasserstoffwasser aus, das in Fässern dem Kurhaus zugestellt wird.

In *Hall in Tirol* liegt am Nordabfall des Zunderkopfes im Buntsandstein (= Werfener Schichten) Steinsalz und Gips mit Haselgebirge vermengt in stark gestörter Lagerung.

Durch den Bergbau ist das Salzvorkommen in einer Länge von 2 km und in 1 km Breite erschlossen. Das Salz wird im Berg in wannenartigen Vertiefungen aufgelöst und nach Hall geleitet.

Die Sole enthält 96 mval-% Na und 98 mval-% Cl, außerdem ist noch etwas Mg (1,75 mval-%) und SO_4 (1,52 mval-%) enthalten.

Die Salzbergbaue in Hallstatt und Hallein liefern ebenfalls Solwässer, die jedoch für Heilzwecke weniger Verwendung finden. Mit dem Salzbergbau von Hallein hängt der von Berchtesgaden zusammen.

b) Schwefelquellen

Die Schwefelquellen in Österreich sind von Gipslagerstätten abzuleiten. Gipsvorkommen finden sich an vielen Stellen im Bereich der Werfener Schichten (z. B. Seewiesen, Admont, Grundlsee, Wörschach, Aufgespreizter bei Weichselboden usw.).

Vereinzelt führen auch die Raibler Schichten Gipslager, so im oberen Lechtal, nördlich Lech, dann bei Unter-Gaicht und bei Weißenbach und am Lünersee.

Die Gipswässer finden jedoch nur an wenigen Stellen für Heilzwecke Verwendung. Von großer Bedeutung sind die Schwefelthermen von *Baden bei Wien.*

Das Heilwasser tritt an der markanten Badener Bruchzone in 15 Quellen zutage, wovon 13 therapeutisch verwendet werden. Es handelt sich meist um muriatische sulfatische Schwefelthermen, die eine Temperatur von 27 bis 36 °C haben (s. auch S. 304). Die Austrittstellen liegen im Hauptdolomit. Die mineralischen Salze kommen wahrscheinlich aus Gipsablagerungen der Werfener Schichten (s. auch S. 267).

Das *Schwefelbad Wörschach* im Ennstal bekommt das Sulfatwasser aus kleinen Gipsvorkommen, die nördlich vom Ort in Werfener Schichten liegen. Es treten mehrere Quellen aus dem Talgrundwasser aus, so daß stellenweise starke Verdünnungen aufscheinen. Eine genaue geologische Untersuchung dieser Quelle fehlt.

In *Goisern* wurde durch eine 600 m tiefe Bohrung eine brom- und jodhaltige Schwefelquelle erschlossen, die in 24 Stunden 1440 hl fördert; sie findet als Heilquelle Verwendung.

Schwefelwasser findet man weiter bei *Mitterndorf* im steirischen Salzkammergut. Es tritt mit 23 °C aus den Spalten des Kalkes aus und steigt wahrscheinlich aus den Werfener Schichten auf. Dieses Heilwasser wurde im Jahre 1965 wieder neu gefaßt und dem Badebetrieb zugänglich gemacht.

Im *Salzerbad bei Lilienfeld* kommt aus den Werfener Schichten eine Sulfatquelle zum Vorschein.

Bei *Grins in Tirol* (Bezirk Landeck) treten aus Rauhwacken, die im Buntsandstein stecken, sulfatische Bitterwässer aus.

Im Engadin entspringen bei *Ladis* und *Obladis* aus dem Verukano (Konglomerat von Perm) sulfatische Schwefelwässer, bei Obladis auch CO_2 enthaltend.

Einige Schwefelquellen in Vorarlberg stehen mit der Flyschzone in Verbindung, so Hohenems bei Feldkirch, Hopfreben, Innerlatens, Schnifis, Sonnenberg bei Nüziders. Hydrogeologische Angaben über diese Wässer sind nicht bekannt.

Im kristallinen Gebirge sind Mineralquellen selten. Das Österreichische Bäderbuch 1928 führt eine Schwefelwasserstoffquelle bei *Längenfeld* (Ötztal) an, die aus Amphibolit austreten soll.

Bei *St. Leonhard im Lavanttal* finden Schwefelwasserstoffquellen für Bade- und Trinkkuren Verwendung (92 mval-% Ca, 27 mval-% Sulfat). Der Schwefelgehalt stammt wahrscheinlich von Eisenkiesanreicherungen, die in den anstehenden Glimmerschiefern und Marmoren enthalten sind.

In *Bad Einöd* südlich Neumarkt steigen Calcium-Sulfat-Säuerlinge mit 25 °C empor. Sie stehen mit einer N—S-streichenden Bruchzone in Verbindung. Der Gehalt an freier Kohlensäure beträgt 1210 mg/kg.

In den *tertiären Ablagerungen* finden sich öfter Anreicherungen von Steinsalz und Gips, die selten kompakte Lagen bilden, sondern körnig verteilt in den Sedimenten vorkommen.

Die bedeutendste Schwefeltherme tritt bei *Schallerbach* mit 36 °C zu Tage, die im Jahre 1918 anläßlich einer Erdölbohrung in 461 m Tiefe gefunden wurde. Sie gehört heute zu den bedeutendsten Schwefelquellen. Es handelt sich um eine alkalische Schwefeltherme mit 93 mval-% Na, 16 mval-% Cl, 78 mval-% Hydrocarbonat, 2 mval-% Sulfat und 3 mval-% Hydrosulfid. Sie wird als eine Natrium-Hydrogencarbonat-Chlor-Hydrosulfid-Therme bezeichnet. Die mineralischen Stoffe stammen aus den Ablagerungen der Molasse.

Die gleichen Schichten führen schwefelhaltige Wässer in *Bad Scharten* bei Eferding (Oberösterreich). Sie wurden in 185 m Tiefe erbohrt und steigen artesisch gespannt auf. Aus den tertiären Schichten kommt auch bei *Leithaprodersdorf* (Burgenland) eine eisenhaltige Schwefelquelle. In *Meidling bei Wien* liegt im Tertiär ein erdalkalisch-sulfatisches Wasser, das derzeit jedoch nicht genützt wird.

In *Deutsch-Altenburg* entspringen warme Natrium-Calcium-Chlorid-Schwefelthermen (23,9 °C), die zu Trink- und Badekuren verwendet werden (Abb. 165). Die Wasseraustritte befinden sich am Westrand des aus mesozoischen Kalken und Dolomiten aufgebauten Kirchenberges, über denen tertiäre Sande und Tone (höheres Torton) und quartäre Ablagerungen folgen.

Die Schwefelwasserstoffwässer wurden im Kurhaus in 6 m Tiefe erfaßt und kommen aus den tertiären Ablagerungen mit 22 °C zum Vorschein. Die Ergiebigkeit wird mit 5184 hl/Tag angegeben.

Auf Grund der erhöhten Temperatur liegt wohl die Vermutung nahe, daß die Mineralwässer aus Klüften der mesozoischen Kalke aufsteigen und im Grundwasser des Tertiärs und Quartärs sich lateral verteilen. Es ist daher bemerkenswert, daß auch in größerer Entfernung noch schwache Schwefelwasserstoffwasser auftreten. Die Grundwasserschwankungen im Quartär können daher die Konzentration der Mineralwässer beeinflussen (Küpper 1961).

Eine Ausnahme bilden die erdig-sulfatischen Thermen von Häring in Tirol, die aus den tertiären Häringer Schichten austreten. Die Temperatur beträgt 38,8 °C, sie wird mit dem Kohlenbrand in dem unmittelbar unter den Wasseraustritten liegenden Kohlenlager in Verbindung gebracht (KLEBELSBERG 1935).

c) Jodquellen

Jod findet sich vereinzelt in geringen Mengen in jüngeren Meeresablagerungen wie in der Molasse.

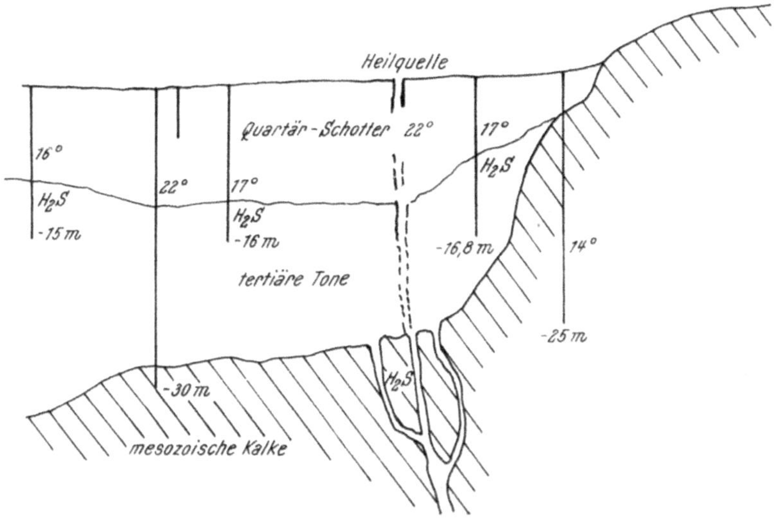

Abb. 165. Die Schwefelwasserstoffquelle von Deutsch-Altenburg (nach KÜPPER 1962)

In *Bad Hall* (Oberösterreich) wurden aus verschiedenen Tiefen Jod-Kochsalz-Quellen gewonnen. Es bestanden bis 1924 5 Entnahmestellen: die Tassilo-, Günther-, Marie-Valerie-, Margareten- und Johannesquelle (= 576 m tief mit 23 °C). Die Quellaustritte erwiesen sich in der Ergiebigkeit bald als zu gering, so daß neue Bohrungen niedergebracht wurden.

Im Jahre 1941/42 konnte in Feyregg eine 273 m tiefe Bohrung 20 bis 25 l/min Jodwasser mit 44 mg/kg Jod erbringen, welche Ergiebigkeit auf 10 bis 12 l/min zurückging.

Bei Mäderndorf wurde im Jahre 1944 die Eiselsbergquelle in 423 m Tiefe mit 14 l/min erbohrt; das Wasser enthielt 47 mg/l Jod (Abb. 166).

Die Bohrungen im Jahre 1949 trafen bei der Zehrmühle 5 in 176,6 m Tiefe und bei der Zehrmühle 11 in 215,6 m Tiefe auf Jodwasser (bis 58 mg/l). Es konnte damit nicht nur die Gesamtmenge bedeutend erhöht, sondern gleichzeitig auch der Beweis erbracht werden, daß die Jodwasser nicht im gleichen Horizont vorkommen, sondern verschiedenen Lagen angehören (GRILL 1958).

d) Eisenwässer

Eisenhaltige Wässer sind im Grundwasser der Weststeiermark weit verbreitet. Sie enthalten durchschnittlich 5 bis 10 mg Eisen, so daß bei Luftzutritt in kurzer Zeit die Rohre mit Eisenhydroxyd verlegt werden und daher die Trinkwasserversorgung aus Grundwasser sehr erschwert wird. Das Eisen stammt aus den verwitterten Geröllen der kristallinen Gesteine (Gneise, Glimmerschiefer, Amphibolite). Für Heilzwecke findet nur das eisenhaltige Wasser von *Gams bei Stainz* Verwendung.

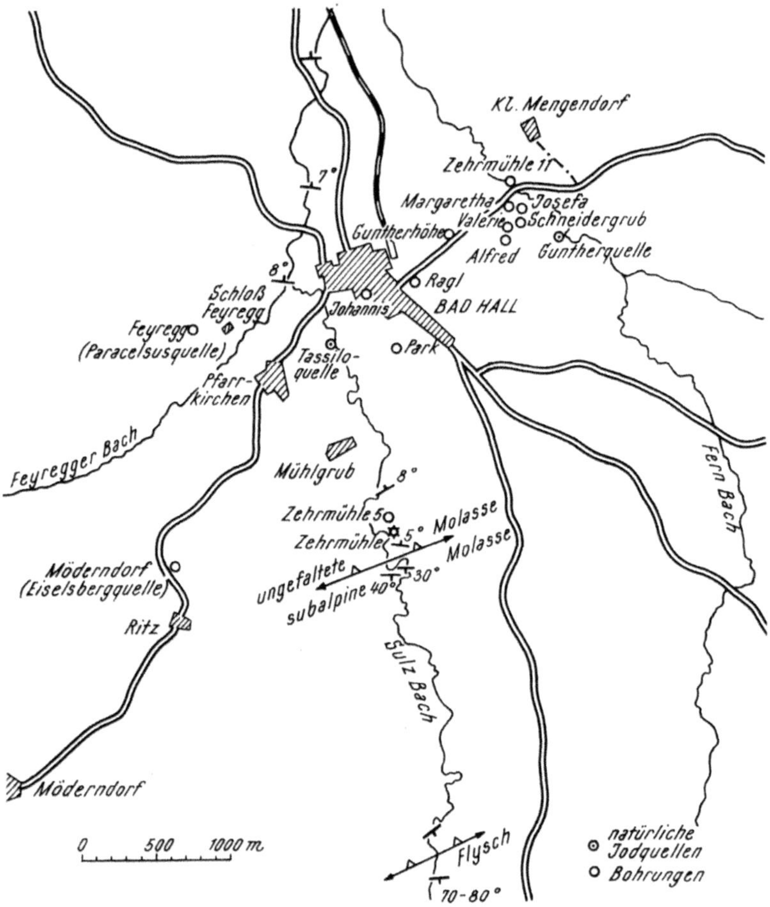

Abb. 166. Die Jodquellen in Bad Hall (nach GRILL 1958)

Im Österreichischen Bäderbuch (1928) werden folgende Eisenwässer angegeben:

Maria Luisental im Brixental, das Wasser tritt aus paläozoischen Schichten aus.
Iselsberg (Osttirol), Eisencarbonatquelle und Schwefelquelle.
Mellau (Vorarlberg), Eisencarbonatquelle aus Kreideschichten austretend.
Bad Diezling (Vorarlberg), erdalkalische Eisencarbonatquelle aus tertiären Molassegesteinen.
Reuthe (Vorarlberg), Eisencarbonatquelle aus Schichten der helvetischen Kreide.
Ladendorf (N. Ö.), Eisencarbonatquelle aus tertiären Schichten.
Burgwies (Salzburg), „Eisenquelle" im oberen Salzachtal, am Nordrand der Hohen Tauern.
Andelsbach (Vorarlberg), Eisensäuerling aus Flyschgesteinen austretend.
Kobersdorf (Burgenland), alkalischer Eisensäuerling, aus tertiären Ablagerungen.
Stahlquelle in der *Klausen bei Bad Gleichenberg*, Eisensäuerling, aus Klüften des Trachyts austretend.

Über alle diese Mineralwässer fehlen genaue geologische Angaben über die Herkunft der Mineralisation und die hydrogeologischen Verhältnisse.

2. Mineralwässer in Deutschland

Die Chlorid-, Hydrogencarbonat-, Carbonat- und Sulfatwässer gruppieren sich hauptsächlich um die Schichten des Zechsteins, des Buntsandsteins, Muschelkalks und Keupers, die vielfach Steinsalz- und Gipslager enthalten. Auch in tertiären Ablagerungen (z. B. Molasse; oberes Rheintal) erscheinen vereinzelt solche Mineralwässer. Es gibt jedoch immer wieder Heilwässer, die in größerer Entfernung von Salz- und Gipslagerstätten auftreten und daher die Mineralisation von entfernten Gebieten zugeführt erhalten (z. B. Bad Kreuznach; Ems; Baden-Baden u. a.).

Es ist in diesem Rahmen nicht möglich, auf die Hydrogeologie der einzelnen Bäder einzugehen, es werden nur einzelne Beispiele herausgegriffen, die Besonderheiten aufweisen und zeigen sollen, daß die Heilwasservorkommen vom Gestein und von der Lagerung abhängig sind.

Eine vortreffliche Darstellung über die Heilwässer Niedersachsens gibt das Buch von W. Dienemann und K. Fricke: „Mineral- und Heilwasser, Peloide und Heilbäder in Niedersachsen und seinen Nachbargebieten." Von Württemberg bringt M. Frank in seinem Buch: „Der Wasserschatz im Gesteinskörper Württembergs" zahlreiche wertvolle Angaben.

a) In Nordrhein-Westfalen

Zwischen *Wiehen- und Wesergebirge* und *Teutoburger Wald* liegen über den Zechsteinablagerungen Schichten des Buntsandsteins, des Muschelkalks und des Keupers, die zwischen Kalken und Dolomiten und tonigen Gesteinen Steinsalz- und Gipslager bergen. An der Spitze der Mineralwässer stehen *Natrium-Chloridwässer*, die oft als Solen austreten, zahlreiche schwefelhaltige, Sulfat-, Hydrogencarbonat- und Bitterwässer stellen sich ein. Vielfach gesellt sich auch Kohlensäure dazu, die stets aus größerer Tiefe kommt und mit erloschenen tertiären Vulkanen (Basalte) zu verbinden ist.

Häufig sind die Entnahmestellen mit Kluft- und Bruchzonen und mit Sattelformen verbunden, welche das Aufsteigen der Mineralwässer begünstigen.

Auf Abb. 164 sind die Heilwasservorkommen verzeichnet. Die bekanntesten Bäder sind *Salzuflen*, *Oeynhausen*, *Pyrmont*, *Holzhausen*, *Minden*, *Hüsede*, *Bentheim*, *Herste*, *Driburg*, *Meinberg* und *Iburg*. Einige Vorkommen, die an tektonischen Störungen liegen, seien besonders besprochen.

Heilwässer im Bereich der Pyrmont-Achse. Von Oeynhausen bis Pyrmont stellt sich eine Aufwölbungszone ein, die sich gegen NW in mehrere Falten auflöst. Es handelt sich um mesozoische Schichten, besonders kommen Buntsandstein und Muschelkalk zur Geltung. An dieser Pyrmont-Achse finden wir die Mineralquellen von Oeynhausen, Salzuflen und Bad Pyrmont.

Bad Salzuflen liegt an der SW-Flanke eines lokalen Sattels. Die Mineralwässeraustritte konzentrieren sich an einer Störungszone, die senkrecht zur Faltenachse steht (Abb. 167, 168). Der Mineralgehalt stammt vorwiegend aus dem Oberen Zechstein, doch kommen auch aus dem Oberen Buntsandstein und Mittleren Muschelkalk, die Salz- und Gipslager führen, Mineralwässer dazu. Als Speichergesteine dienen die Schichten des Keupers und Muschelkalks. Durch 9 Bohrungen, von denen eine bis 1023 m Tiefe reichte, wurden verschiedene Natrium-Chloridwässer, eisenhaltige Chloridwässer, Calcium-Natrium-Sulfat-Chloridwässer und in tieferen Zonen auch entsprechende Säuerlinge erschlossen. Im tiefsten Bohrloch (1023 m) wurde eine Natrium-Chlorid-Sole mit 37 °C und einer Ergiebigkeit von 1500 l/min gefunden. Vier Bohrungen bringen kohlensäurehaltige Wässer zutage.

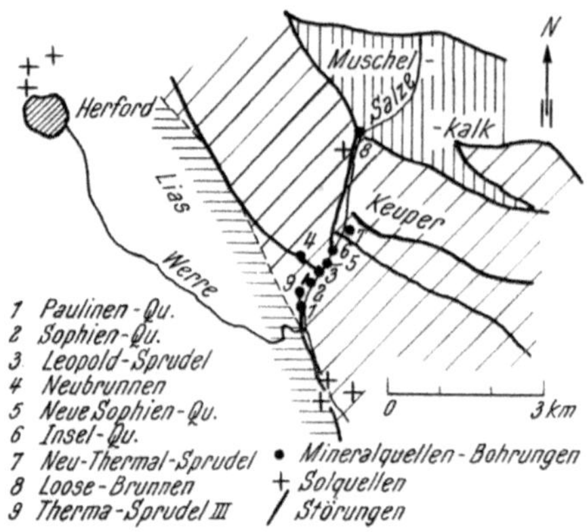

Abb. 167. Die geologische Lage der Heilwässer in Salzuflen (nach FRICKE 1961)

Bad Oeynhausen liegt südlich vom Wiehengebirge, und das Heilwasser wurde durch neun Bohrungen aufgeschlossen. Hauptsächlich handelt es sich um eisenhaltige Natrium-Chloridwässer bzw. Säuerlinge und vereinzelt um Natrium-Chlorid-Sulfatwässer.

Die Bohrungen durchörterten die Schichten vom Lias bis zum Muschelkalk, die eine leichte Sattelform bilden und von Störungen durchschnitten sind. Als Speichergesteine dienen Muschelkalk und teilweise auch Buntsandstein. Das Aufsteigen der Mineralwässer, stellenweise sogar bis an die Tagesoberfläche, erfolgt längs der Querstörungen. Die Mineralwässerzuflüsse erfolgen im Gipskeuper und Muschelkalk. Aus dem Lias stammt nur der Süßwasserzufluß (FRICKE 1965).

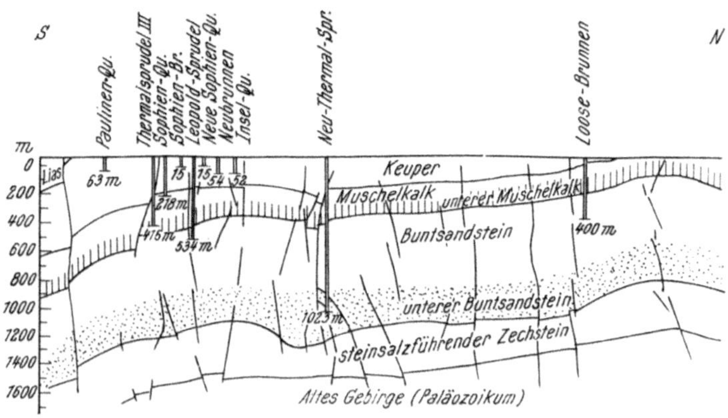

Abb. 168. Geologischer Schnitt durch das Salzetal mit den Mineralwasserbohrungen von Bad Salzuflen

Die Mineralquellenaustritte von *Bad Pyrmont* liegen im Zentrum der Pyrmonter Achse, die in SE—NW-Richtung über den Ort hinwegstreicht. Es sind 15 Vorkommen bekannt, von denen 9 therapeutisch genutzt werden; außerdem ist noch ein Austritt von CO_2-Gas (Dunsthöhle) bemerkenswert. Die Austritte liegen meist in 4 bis 15 m Tiefe. Es handelt sich um eisenhaltige Calcium-Magnesium-Sulfat-Hydrocarbonat-Säuerlinge, um Natrium-Chlorid-Säuerlinge und Natrium-Chlorid-Sulfatwässer. Bad Pyrmont gehört zu den ältesten und berühmtesten Heilbädern (Abb. 169, 170).

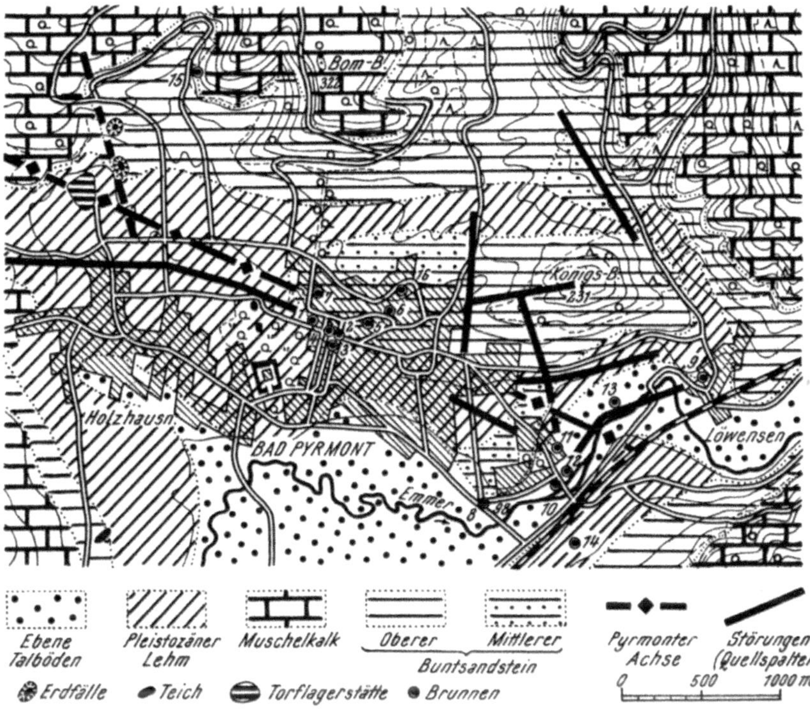

Abb. 169. Geologische Karte des Pyrmonter Kessels (nach FRICKE 1961); *1* Helenenquelle, *2* Hauptquelle (Hylliger Born), *3* Brodelbrunnen, *4* Augenbrunnen, *5* Trampelsche Quelle, *6* Säuerling, *7* Friedrichsquelle, *8* Neubrunnen, *9* Säuerling in Lowensen, *10* Wolfgangquelle I, *11* Wolfgangquelle II, *12* Hufelandquelle I, *13* Hufelandquelle II (Schäferbrunnen), *14* Salinenquelle, *15* Thermalbohrung II am Iberg, *16* Dunsthöhle

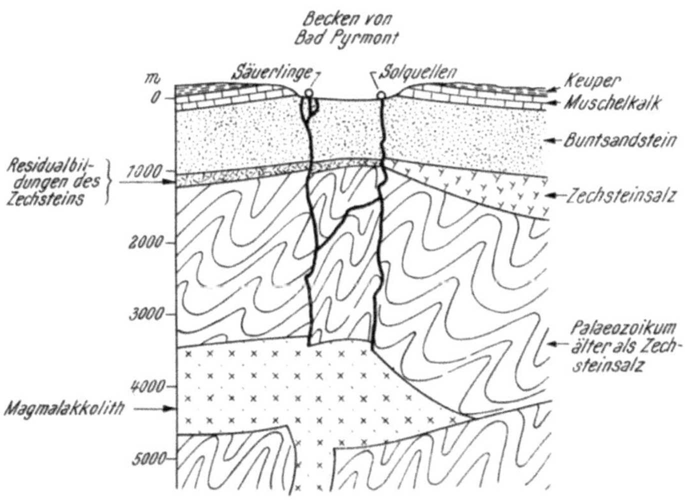

Abb. 170. Idealprofil durch den Pyrmonter Kessel (nach FREBOLD)

An *tektonischen Linien* liegen die *Bäder Meinberg, Hermannsborn, Driburg, Herste.*

Im Westen des Eggegebirges erscheinen in mesozoischen Schichten Quellen, die an NW—SE verlaufende tektonische Linien gebunden sind; es handelt sich um die Germeter-, Driburger- und Osning-Achse (Abb. 171).

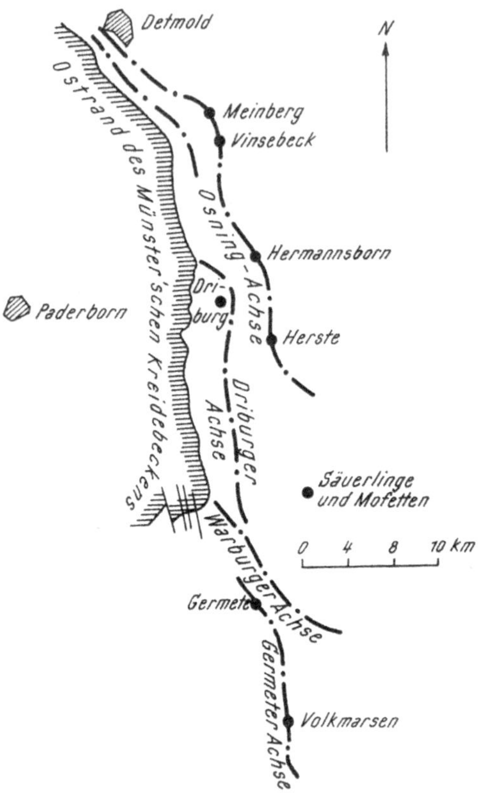

Abb. 171. Die „Kohlensäure-Linien" an der Osning-Driburger Achse (nach FRICKE)

An der Germeter-Achse entspringen die Säuerlinge von *Germeter, Volkmarsen*; an der Driburger Achse und an der Osning-Achse die Säuerlinge von *Herste, Hermannsborn, Vinsebeck, Bellenberg, Meinberg* und *Detmold.*

In *Driburg* wird der poröse, klüftige Buntsandstein von 100 bis 150 m mächtigen Letten und Tonen des Oberen Buntsandsteins überlagert, die steinmergelartige, klüftige Lagen mit Grundwasser enthalten, in die Kohlensäure eindringt. Die Säuerlinge kommen an gestörten Lagen frei zutage, oder sie wurden durch seichte Bohrungen (3 bis 11 m) erschlossen. Die vier Quellen in Driburg sind durch hohen Kohlensäuregehalt (1750 bis 3900 mg/kg) ausgezeichnet.

Hermannsborn liegt auf dem Osning-Sattel, der durch Querstörungen zerschnitten ist. Die Quellen treten aus dem Mittleren Buntsandstein aus und wurden durch seichte Bohrungen bis 21 m Tiefe aufgeschlossen. Es werden heute sieben Quellen für den Kurbetrieb benützt, wovon zwei trockene Kohlensäure liefern.

Bei *Herste* tritt trockene Kohlensäure aus. Geringe Gasmengen liefern auch die Mofetten von Hermannsborn und Meinberg (FRICKE 1965).

b) Im Gebiet der Ruhrkohle und des Deckgebirges

Der *Ruhrbergbau* ist unglaublich reich an Wasser. Es werden jährlich etwa 220 Millionen m^3 zutage gefördert, der Gesamtwasserumsatz wird mit 500 Millionen m^3 berechnet (SEMMLER 1965). Auch die Kohlenflöze, die weit gegen N reichen und von den mächtigen Kreideschichten (Turonkalke, Emscher Mergel) bedeckt sind, weisen noch bedeutende Wassermengen auf.

Die Grubenwässer enthalten vielfach ansehnliche Mengen von Natrium-Chlorid, das in hoher Konzentration als Sole aufscheint. Diese Salzwässer kommen von N aus den Ablagerungen des Zechsteins.

Stellenweise treten auch Sulfatwässer auf, die durch Umsetzung von Eisenkies entstanden sind. Vereinzelt finden wir Säuerlinge (z. B. Burgwallbrunnen bei Essen) und Thermalwasser bis 53 °C.

Die unterirdischen Wasserwege sind durch zahlreiche Klüfte und Bruchzonen gegeben. Sie ermöglichen nicht nur Bewegungen des Wassers längs der Klüfte, sondern auch Wanderungen von N nach S und umgekehrt.

Damit sind nun die *Mineralwässer im Kreide-Deckgebirge* verbunden, wo ebenfalls zahlreiche Natrium-Chloridwässer bis Solen vorliegen, z. B. Westernkotten, Salzkotten, Waldliesborn, Hammen, Sassendorf u. a. Auch die Schächte, die vom Deckgebirge in die Kohlenlagen reichen, treffen häufig auf hochmineralisierte Wässer (z. B. Zeche August V., Viktoria, Zeche Waltrop, Zeche Werner).

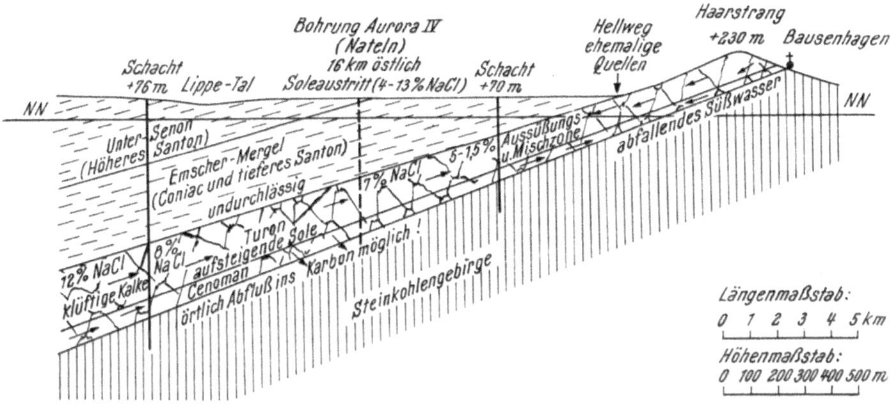

Abb. 172. Der Bewegungsmechanismus des Wassers im Deckgebirge des Steinkohlengebietes (nach Wolansky 1964)

Die Solen treten in den stark zerklüfteten Kalken des Turon unterhalb der Emscher Mergel auf. Diese Kalke sind nicht nur ausgezeichnete Speichergesteine, sondern ermöglichen auch Wanderungen, die durch große Störungszonen noch begünstigt werden.

Die Niederschläge versickern im S im Haarstranggebiet, wo die Schichten des Cenomans und Turons an die Oberfläche kommen. Von N fließen die Salzwässer her, die ihr Salz aus dem Zechstein beziehen. Das Zusammentreffen dieser beiden Wässer führt zum Aufstieg der Solen und stellenweise zum Austritt von Quellen an den Ausbißstellen des Turon (z. B. im Hellweg). Es zeigt sich, je mehr die Wässer sich dem südlichen Kreiderand nähern, desto geringer ist der Salzgehalt. Die Konzentration nimmt von N nach S ab und hängt wesentlich von den Niederschlägen ab (Abb. 172; Wolansky 1964). So beträgt der Salzgehalt im Raume Hamm etwa 8% und weiter gegen N 12%. Durch die Bohrungen, die den Emscher Mergel durchörtern, steigt die Sole artesisch bis an die Oberfläche.

c) In den Triasschichten von der Werra bis zum Main

Dieser Raum wird von Buntsandstein und Muschelkalk aufgebaut. Stellenweise erscheinen auch noch Schichten des Keupers. Im nördlichen Teil (Kassel) treten an zahlreichen Stellen tertiäre Basalte hervor.

In diesem Raum liegen folgende Heilbäder:

Wildungen, Hersfeld, Salzschlirf, Salzhausen, Brückenau, Neustadt an der Saale, Bocklet, Kissingen und *Mergentheim.* Es handelt sich hauptsächlich um Natrium-Chlorid-Sulfat-Hydrocarbonat-Bittersalzquellen, die häufig Kohlensäure enthalten.

Einzelheiten von einigen Heilwässern:

Bad Kissingen: Die Heilwässer liegen im Buntsandstein, der an beiden Talseiten von Röt und Muschelkalk überlagert ist. Durch Bohrungen wurden sechs Vorkommen erschlossen.

Bad Mergentheim ist wegen der muriatischen salinischen sulfatischen Bitterquellen bekannt. Die Geologie wurde von W. CARLÉ eingehend dargelegt (1950). Durch Bohrungen und Brunnenfassungen wurden in den obersten Buntsandsteinschichten (Röt) diese Wässer gewonnen. Sie treten aus Poren, Schichtfugen und Klüften aus. Die Salze entstammen zum größten Teil den in Rötmergel feinverteilten Steinsalz- und Gipseinstreuungen. Eine wesentliche Rolle spielt auch das NW streichende Bruchsystem, das das gesamte Gebiet um Mergentheim in Schollen zerlegt, so daß das Einzugsgebiet (= Königshofen—Lauda) scharf von der Nachbarschaft abgegrenzt wird.

Auffallend ist die Einwirkung des Grundwassers des Talbodens (Tauber) auf die Mineralwässer. Je höher das Grundwasser ansteigt, desto stärkeren Druck übt es auf die unter ihm liegenden Mineralwässer aus; es vermag dort einzudringen und das Heilwasser zu verdünnen. Daher muß es ständig überwacht werden, daß sein Stand durch ein Regulierwehr in gleicher Höhe erhalten bleibt.

Die Mineralwässer aus verschiedenen Stockwerken. Das oberste Stockwerk führt Grundwasser mit erhöhtem Gehalt an Natrium und Chlorid. Im Wellendolomit und obersten Rötmergel mischt sich Sulfat-Hydrogencarbonatwasser des Wellenkalkes mit Chlorid-Sulfatwasser des Rötmergels, der Gipsknollen und fein verteiltes Steinsalz enthält.

Im mittleren Stockwerk überwiegen die Natrium-Chloridwässer, die Sulfatwässer nehmen ab. Im unteren (Mittlerer Buntsandstein) nimmt die Konzentration ab, es ist reine Sole vorhanden. Die Kohlensäure kommt aus größeren Tiefen und bewirkt das Emporsteigen der Mineralwässer. Die unterirdischen Wasserwege sind durch Klüfte und durch ein NW streichendes Bruchsystem gegeben.

Einer ähnlichen Gliederung der Mineralwässer nach Stockwerken begegnet man vielfach in Gebieten, wo mehrere Steinsalz und Gips führende Horizonte übereinanderliegen. Es können dann aus dem Zechstein, aus dem Buntsandstein und Muschelkalk entsprechende Mineralwässer austreten.

Ein sehr anschauliches Bild entwirft W. CARLÉ (1955) von *Kirchberg an der Jagst.* Dort treten an der Kreuzungsstelle zweier Verwerfungen Natrium-Chlorid-Sulfat-Wässer aus. Bei einer Bohrung wurde festgestellt, daß sich der Chemismus ändert. Die Deutung zeigt Abb. 173. In 20 m Tiefe tritt schwach konzentriertes Natrium-Hydrogencarbonatwasser auf, das als Mischwasser aus Calcium-Hydrogencarbonat- mit geringen Mengen von Natrium-Chlorid-Wasser erklärt wird. In 57 m Tiefe stellt sich infolge stärkerer Zufuhr von Natriumchlorid ein Natrium-Hydrogencarbonat-Chlorid-Wasser ein. In der Tiefe erfolgt dann aus Gipslinsen die Zufuhr von Calcium-Sulfat.

Solche Fälle von Wässern aus verschiedenen Stockwerken sind im Muschelkalk- und Buntsandsteingebiet häufig anzutreffen. CARLÉ (1955) beschreibt sie von Enzberg bei Pforzheim, von Haßmersheim (Nedda), Lauda, Mergentheim.

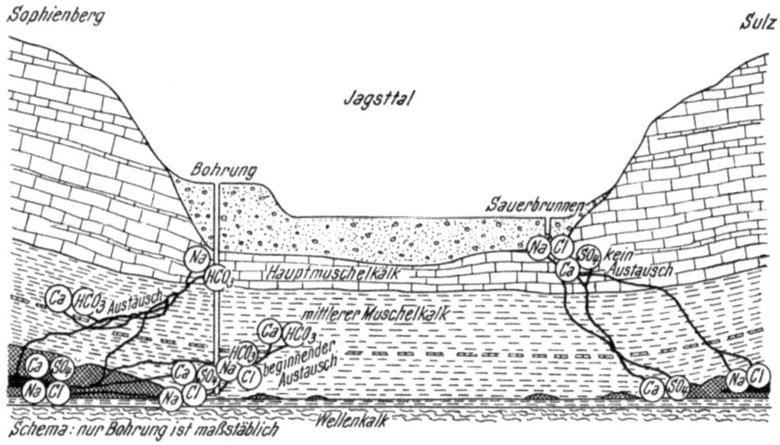

Abb. 173. Deutung der Entstehung der Mineralwässer in den verschiedenen Stockwerken Schräg gekreuzt = Gips, schwarz = Steinsalz (nach CARLÉ)

d) Im Gebiet des oberen Neckars

Eine auffallende Konzentration von Mineralwässern stellt sich im Raume des oberen Neckartales und im östlichen Teil des Schwarzwaldes ein; in welchem Gebiet Buntsandstein, Muschelkalk und Schichten des Keupers mit Steinsalz- und Gipslagen zur Geltung kommen. FRANKE (1951) gab darüber Auskunft.

Aus dem *Buntsandstein* kommen die Mineralquellen von Liebenzell, Teinach, Ludwigsburg, Ingelfingen. Bei Liebenzell treten mehrere Natrium-Chlorid-Thermen mit 22 bis 27 °C längs einer Störungszone aus. Die Thermalwässer kommen wahrscheinlich aus dem Granit und wandern in den Buntsandstein.

Im *Muschelkalk* erscheinen besonders um *Bad Cannstadt—Stuttgart* an 22 Stellen ergiebige muriatische sulfatische Säuerlinge, die in Tiefen von 16 bis 53 m erbohrt wurden.

In diesen Schichten liegen dann noch die Mineralwässer im oberen Remstal (Beinstein, Bad Niederau, Immau). Es handelt sich hauptsächlich um Wässer, die Na, Ca, HCO_3 und SO_4 enthalten und oft Kohlensäure führen. Die einzelnen Quellen weisen jedoch verschiedene Zusammensetzung auf.

Vereinzelt erscheinen auch in den Ablagerungen des *Keupers* Mineralwässer mit verschiedener Zusammensetzung (hauptsächlich mit NaCl, HCO_3, SO_4) so z. B. bei Schwäbisch Hall, Baad, Nürtingen, Göppingen, Hattenhofen, Sebenhausen, Eislingen, Gingen.

Aus den Schichten des *Lias* treten hauptsächlich Schwefelquellen aus, die aus den in den Tonen enthaltenen Schwefelkiesen entstanden sind; z. B. bei Baling, Bad Hall, Bad Sebastianweiler.

Im *Braunen Jura* (*Dogger*) finden wir die Natrium-Hydrogencarbonat-Säuerlinge von Bad Überkingen und Bad Ditzenbach.

Überblickt man die zahlreichen Mineralwässer in diesem Gebiet, so erkennt man, daß die mineralischen Stoffe aus den Steinsalz- und Gipseinlagerungen des Buntsandsteins, des Muschelkalks und Keupers abzuleiten sind. Die verschiedene Zusammensetzung läßt den Schluß zu, daß die Wässer aus verschiedenen Stockwerken entstehen. Die Kohlensäure wird mit den tertiären Vulkanen in der Alb in Verbindung gebracht.

Aus den Ausführungen ist ersichtlich, daß die Triasschichten (Buntsandstein, Muschelkalk, Keuper) die verschiedensten Mineralwässer liefern. Der Schwefelgehalt (Sulfatwässer) stammt sicher zum größten Teil aus den Gipseinlagerungen, doch gibt es vielfach Schwefelwässer, die durch Zersetzung des Schwefelkieses entstehen. Dieser wird durch sauerstoffhaltige Sickerwasser in Eisensulfat umgewandelt. Aus dem Kalk wird Calciumcarbonat gelöst, so daß sich Calciumsulfat und kohlensaures Eisenoxyd bilden.

Auf diese Weise sind z. B. die Schwefelquellen im Lias von Württemberg (Bad Boll, Sebastiansweiler) und die südlich vom Wiehengebirge (Hüllhorst, Luisenmühle) zurückzuführen.

e) Im Paläozoikum

Im Raume des Rheinischen Schiefergebirges und der Eifel finden sich die Mineralwässer von *Bad Kreuznach*, *Münster am Stein*, *Neuenahr*, *Ems*, *Hornburg*, *Soden*, *Homburg*, *Nauheim*, *Wiesbaden*, *Schwalbach* u. a. Da es sich meist um Säuerlinge handelt, so werden die bedeutendsten Bäder in den Abschnitten „Säuerlinge — Thermalwässer" besprochen. Ich greife nur einige heraus, deren Mineralisation von besonderem Interesse ist.

Bad Ems. Die Emser Thermen kommen mit 49 °C an die Oberfläche und sind hauptsächlich Natrium-Hydrogencarbonat-Chlorid-Säuerlinge. Die Austrittstellen liegen in devonischen Gesteinen, den Emser Quarziten, die intensiv gefaltet, geklüftet und von Störungen durchzogen sind. Die Kohlensäure kommt sicher aus großen Tiefen und kann mit dem in der Nähe liegenden Basaltvorkommen in Verbindung stehen. Die Entstehung der mineralischen Salze aus den anstehenden schwer löslichen Gesteinen ist noch nicht sicher geklärt (Abb. 174).

In früherer Zeit waren 30 Quellen bekannt, heute sind nur mehr sechs in Benutzung. Durch den in der Nähe liegenden Blei-Zink-Silberbergbau wurden die Mineralwässer in größere Tiefen abgesümpft, wodurch schwere Schädigungen in der Ergiebigkeit, der Temperatur eintraten (s. S. 312; S. Denner 1958).

Neuenahr besitzt Natrium-Magnesium-Hydrocarbonat-Säuerlingsthermen, die mit 34 °C zutage treten. Die Wasser kommen aus devonischen Schichten (Sandsteine, Tonschiefer), die gefaltet und stark geklüftet sind; außerdem durchsetzen NE—SW gerichtete Bruchlinien das Gebiet. In unmittelbarer Nähe durchbrechen Basalte die devonischen Gesteine. Die Mineralwässer werden aus zwei Stellen durch Bohrungen bis 300 m Tiefe entnommen.

f) In tertiären Ablagerungen

Die Molasseablagerungen enthalten stellenweise Steinsalz- und Gipslagen, die vereinzelt zur Mineralisation von Grundwasser führten.

Bei *Künzig an der Donau* wurde eine Natrium-Chlorid-Hydrocarbonatquelle in der Süßwassermolasse gefaßt, die eine Temperatur von 18 bis 19 °C hat. Sie

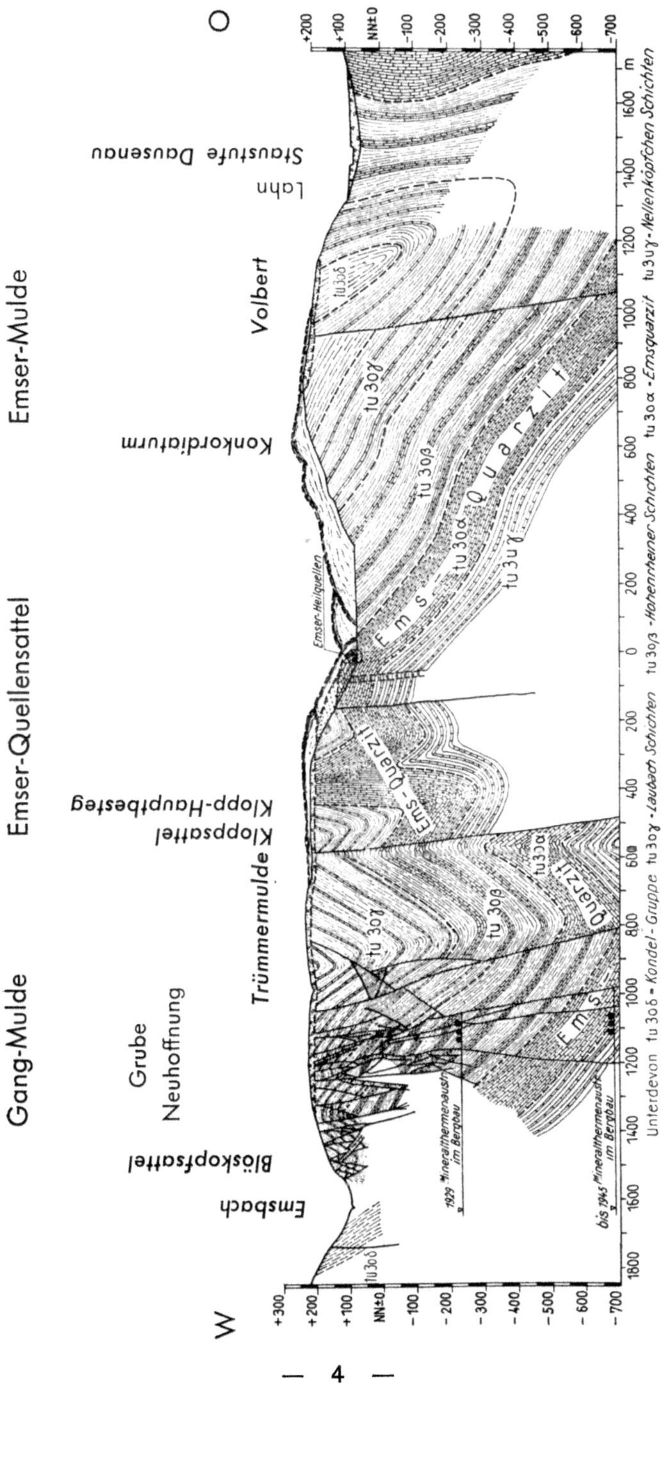

Abb 174. Geologischer Schnitt durch das Emser Quellengebiet (nach DENNER 1958)

fand zeitweise für Badezwecke Verwendung. In *Pilzweg* kommen schwefelhaltige Wässer aus der oberen Meeresmolasse. Schwefelwasserstoff tritt auch in Gasform aus. In *Bad Höhenstadt* (SW von Passau) werden Schwefelwässer und schwefelhaltiger Schlamm für Heilzwecke benützt.

Bei Kempten liegt das Jodbad *Sulzbrunn*. Das Wasser wurde in einem 20 m langen Stollen im Molasse-Sandstein gefaßt. Außer Jod enthält es noch Natriumchlorid (BODEN 1936, S. 131).

Im Oberrheintal treten an zahlreichen Stellen wenig konzentrierte Schwefelwässer aus, so in *Bad Dürkheim*, Büchelberg, Dirmstein, Freinsheim, Haimfeld, Insheim u. a. Sie stammen aus bituminösen und gips- oder schwefelkieshaltigen Schichten der tertiären Rheintalfüllung und haben meist eine sehr kleine Ergiebigkeit.

Tiefbohrungen, besonders auf Erdöl, haben aus den miozänen bituminösen Schichten chloridische Wasser erschlossen; es handelt sich um Bohrungen bei Büchelberg, Mettenheim, Osthofen, Worms, Elch u. a. (GRAHMANN, Blatt Karlsruhe 453).

Nahe am Westrand des Rheintalgrabens kommen bei *Neustadt an der Weinstraße* aus einer 144 m tiefen Bohrung arsenhaltige Natrium-Chlorid-Wässer.

Bei Bergzabern entströmt aus einer 210 m tiefen Bohrung am Westrand der Rheintal-Verwerfung an der Grenze zwischen Tertiär und Buntsandstein eine Natrium-Chlorid-Therme mit 21,2 °C.

Am Alpenrand in Bayern liegen die *Jodwässer* von *Bad Tölz* und *Bad Wiessee*. Die Jodquelle von Bad Tölz wurde im Jahre 1845 entdeckt und durch Bohrungen weiter aufgeschlossen. Die Bohrung im Jahre 1924 (= Sauerberg-Bohrung) brachte aus 29,5 m Tiefe Mineralwässer. Es wurden die Schichten an der Grenze zwischen Flysch und helvetischer Kreide durchörtert; das Wasser scheint aus Nummulitenkalken des Helvetikums zu kommen. Im Jahre 1937 wurde dann noch eine Bohrung bis 1045 m Tiefe niedergebracht, die aus drei Horizonten Jodwasser förderte.

In *Wiessee*, am Westufer des Tegernsees, brachte man seit 1881 bis 1912 eine Reihe von Bohrungen auf Erdöl nieder. Obwohl vom Jahre 1906 bis 1919 4147642 l Erdöl gewonnen wurden, stellte man die Arbeiten ein; doch brachten 5 Bohrungen aus Tiefen von 613 bis 840 m jod- und schwefelhaltige Salzwässer zutage, die seit 1910 für Heilzwecke ausgenützt werden.

Das Wasser wird heute aus zwei Bohrungen entnommen. Sie verlaufen an der Grenze von Flysch und helvetischer Kreide und treten aus Seeverkalk (helvetische Kreide) aus.

Außer Jod enthalten die Wässer von Wiessee noch Natrium-Chlorid und Hydrocarbonat.

3. Radioaktive Wässer

Es werden radioaktive und radonhaltige Wässer unterschieden. Als Maß diente früher die Bezeichnung Mache-Einheiten, heute jedoch Curie.

Bad Gastein. Die radioaktiven Thermalwässer kommen aus NNE streichenden Klüften der Syenitgneise. Es sind 19 Austrittstellen bekannt, die auf beiliegendem Plan verzeichnet sind. Die ergiebigsten Quellen sind in Stollen gefaßt; die Austritte an Klüften können an der Franz-Josef-Quelle und der Wasserfall-Quelle beobachtet werden. Die Elisabeth-, Rudolf-, Doktor- und Grabenbäckerquelle treten an Bankungsfugen und Ruschelzonen aus (Abb. 175).

Die *Temperatur* der Thermalwässer beträgt 48°C, sämtliche Thermalquellen haben eine Ergiebigkeit von 50 bis 60 l/sec, wobei nur sehr geringe jahreszeitliche

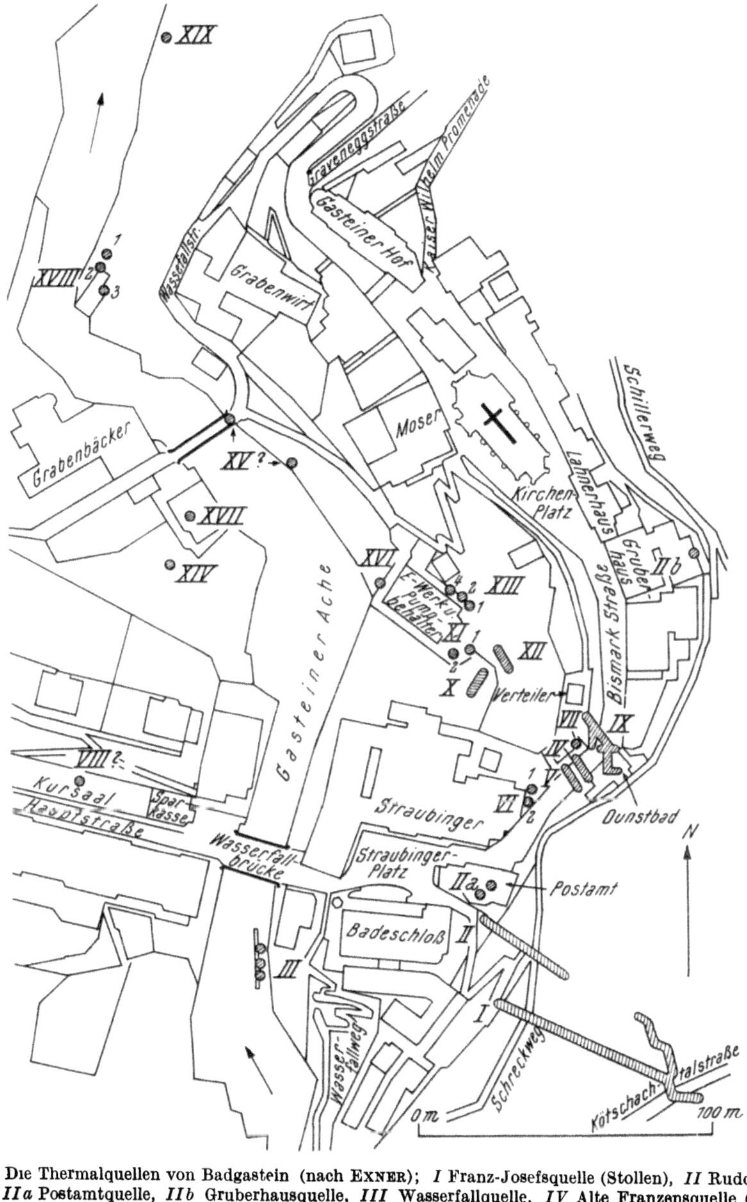

Abb. 175. Die Thermalquellen von Badgastein (nach EXNER); *I* Franz-Josefsquelle (Stollen), *II* Rudolfsquelle (Stollen), *IIa* Postamtquelle, *IIb* Gruberhausquelle, *III* Wasserfallquelle, *IV* Alte Franzensquelle (Stollen), *V* Lainerquelle, *VI* Doktorquelle, *VII* Neue Franzensquelle, *VIII* vermutliche Lage eines noch unterirdisch vorhandenen Riesels der ehemaligen Wandelbahnquelle, *IX* Elisabeth-Quelle (Stollen), *X* Fledermausquelle (Stollen), *XI* Mitteregg-Quelle, *XII* Reissacher-Quelle (Stollen), *XIII* Handlquelle, *XIV* Grabenäcker-Quelle, *XV* Warmwasseraustritt, vermutlich Reste der ehemaligen Spritzwand-Quelle, *XVI* Sophien-Quelle, *XVII* Mesnil-Quelle, *XVIII* Grabenwirt-Quelle, *XIX* Strochner-Quelle

Schwankungen bemerkbar sind. Die Radioaktivität wurde im Jahre 1904 gleichzeitig von P. CURIE—A. LABORDE (Paris) und H. MACHE (Wien) entdeckt und beträgt bis 142 · 10^{-9} Curie pro Liter, das sind 390 M.E. (= Mache-Einheiten). Mineralische Stoffe sind auffallend wenig gelöst, rund 0,4 g im Liter, und zwar weisen diese auf ein Natrium-Calciumsulfat-Hydrogencarbonat-Wasser hin; außerdem ist es auffallend reich an Spurenelementen, darunter die radioaktiven Stoffe wie Radium, Radium-Emanation (= Radon), Thorium, Thoron sowie Uran.

Die *Herkunft des Radiums* ist im einzelnen noch nicht restlos geklärt. In den Klüften sammelt sich ein stark manganhaltiges Quellsediment, der Reissacherit, an, in dem Radium, Thorium und Uran enthalten sind. Der Reissacherit bildet sich an den Spaltaustritten stets immer neu, denn er wird vom aufsteigenden Thermalwasser mitgeführt und gibt bedeutende Emanationen an dieses ab. Die Radioaktivität scheint daher aus dem Granitgneis zu kommen. Exner ist der Meinung, daß Uran und Thorium als Beimengungen in den Orthit-, Epidot-, Titanit- und Zirkonkörnern enthalten sind, welche in den radioaktiven Höfen als Einschlüsse in Biotit, Hornblenden und Chlorit beobachtet wurden. Es zeigt sich, daß besonders die Granosyenite reich an pleochroitischen Höfen, hingegen die anderen Granitgneise, die keine radioaktiven Wässer führen, arm an solchen sind.

Das *Einzugsgebiet* für das vadose Wasser ist nicht sicher bekannt, man vermutet es im Gletschergebiet der Siglitz und des Hölltors. Die Frühsommerschneeschmelze scheint sich mit Verzögerungen von einigen Monaten in der Ergiebigkeit der Gasteiner Quellen auszuwirken. Die Temperatur des Wassers von 48 °C hängt zum Teil sicher mit der geothermischen Tiefenstufe zusammen, doch spielt dabei, wie der Heilstollen zeigt, auch die Radium-Emanation eine Rolle.

Seit dem Jahre 1929 werden 950000 l/Tag Thermalwasser von Bad Gastein nach Hofgastein geleitet.

Der Heilstollen von Böckstein bei Bad Gastein. Dieser Stollen wurde in den Jahren 1940 bis 1944 vorgetrieben, um die Golderzgänge zu untersuchen. Es entstand dabei ein Stollensystem von 5 km Länge und es wurden nicht nur erzführende Gänge, sondern auch zahlreiche NNE-streichende Klüfte angeschnitten, und es stellten sich, besonders vom Stollenkilometer 1880 m bis 2088 m Temperaturen bis 44 °C und Luft mit Radium-Emanation bis 6,2 · 10^{-9} Curie ein.

Die Temperatur ist durch die geothermische Tiefenstufe nicht erklärbar. Die Untersuchungen unter Leitung von Prof. Dr. F. Scheminzky zeigten, daß sowohl Wärme als auch die radioaktive Luft den Klüften entströmt, die als Hitzeklüfte bezeichnet wurden (Exner 1950).

Die radioaktive Warmluft im Stollen findet heute für Heilzwecke, besonders bei rheumatischen Erkrankungen, Verwendung (Heilstollen).

Baden-Baden (Abb. 176). Die radioaktiven Thermalwässer entspringen aus Klüften von Arkosen, Sandsteinen, Konglomeraten und Schiefertonen (= Oberkarbon) in unmittelbarer Nähe eines Granits, der durch einen Bruch von den Karbonablagerungen getrennt ist.

Die meisten Quellen wurden in einem Hauptstollen gefaßt. Drei Quellen, die Brühl-, Juden- und Friedrichsquelle, liefern zusammen 440 m³ Thermalwasser im Tag mit 65 °C. Die neue Stollenquelle mit 53,7 °C spendet täglich 16 m³. Außerdem liegen noch mehrere Quellen außerhalb des Stollensystems.

Die Thermen kommen zwar aus den Klüften des Oberkarbons, doch wird das Aufsteigen durch das NE—SW verlaufende Bruchsystem, das den Granit anschneidet, begünstigt. Einige Quellen sind durch radioaktive Emanation (Radongehalt) gekennzeichnet (bis 60,7 M. E.)

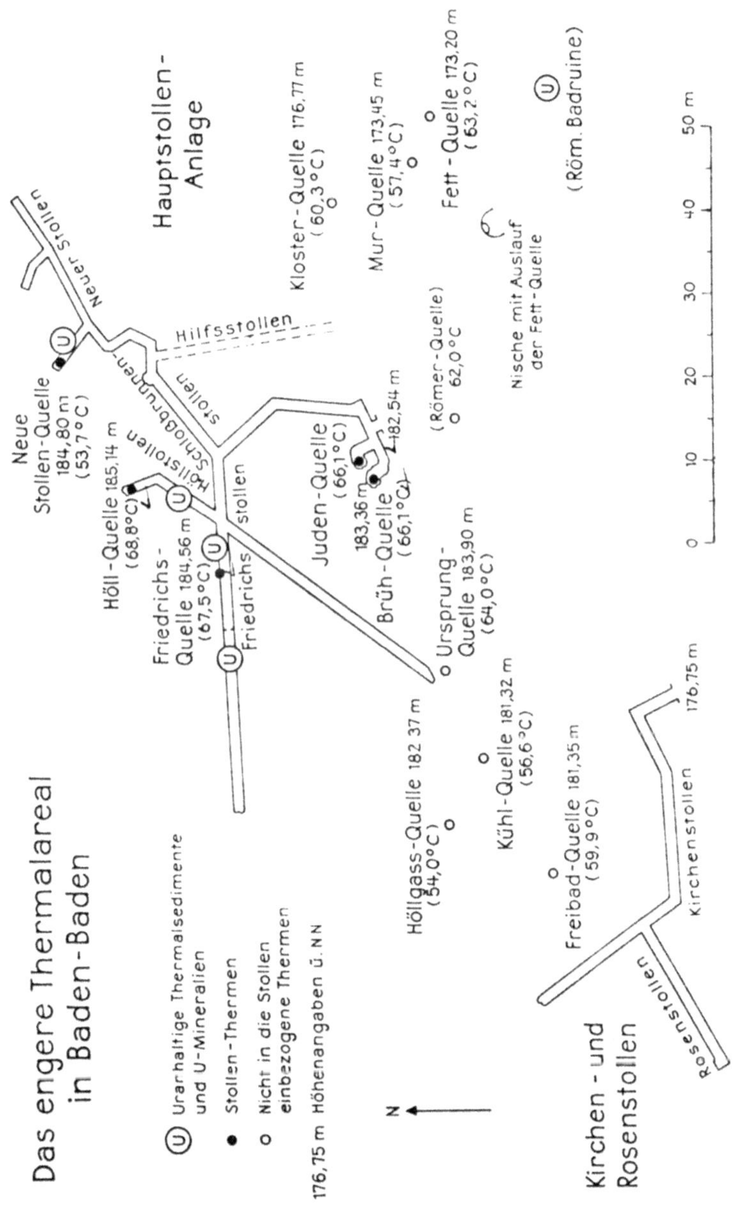

Abb. 176. Die Thermalquellen von Baden-Baden (nach KIRCHHEIMER)

Die umliegenden Gesteine, wie die Arkosen, Sandsteine, Hornsteine und Granite zeigen keine besonders auffallende Radioaktivität. Nur an den Austrittstellen der Thermalwässer findet sich manganhaltiger Schlamm mit höherer Radioaktivität.

II. Die Säuerlinge

1. Entstehung

Als Säuerlinge bezeichnet man natürliche Wässer, die mindestens 1000 mg freie Kohlensäure (= CO_2) in 1 l Wasser enthalten.

Die Untersuchungen der vielen Säuerlinge zeigten, daß die Kohlensäure aus großen Tiefen kommt. Ihr Aufsteigen ist mit vulkanischen oder mit tektonischen Vorgängen in Verbindung zu bringen. Die Ableitung der Kohlensäure durch Einwirkung von Säuren auf Karbonatgesteine (Kalk, Dolomit) kann stellenweise zur Entstehung von CO_2 führen, doch eine regelmäßig andauernde Förderung ist durch diesen Vorgang bisher nicht mit Sicherheit nachgewiesen worden.

Die Kohlensäure erscheint selten in Gasform (z. B. Meinberg, Herste), sondern fast immer im Wasser gelöst. Meist handelt es sich nicht um reine Säuerlinge, sondern sie enthalten auch verschiedene mineralische Salze; so gibt es Natrium-Chlorid-Säuerlinge, Eisensäuerlinge, schwefelhaltige Säuerlinge, Calcium-Magnesium-Hydrogencarbonat-Säuerlinge usw. Auch Thermalsäuerlinge wurden vielfach bekannt.

2. Säuerlinge in Österreich (Abb. 178)

a) In tertiären Vulkangebieten

In Österreich finden wir zahlreiche Säuerlinge in der näheren und der weiteren Umgebung des tertiären Vulkangebietes in der Oststeiermark und im Burgenland. Es sind dies vor allem die berühmten Säuerlinge von Gleichenberg und Johannisbrunn; dann die Säuerlinge von Sicheldorf, Radkersburg, Deutschgoritz (Peterquelle), Sulzegg, Sulz bei Güssing; in weiterer Entfernung liegen die Säuerlinge von Kalsdorf und Hengsberg. Außerdem gibt es in diesem Gebiet noch

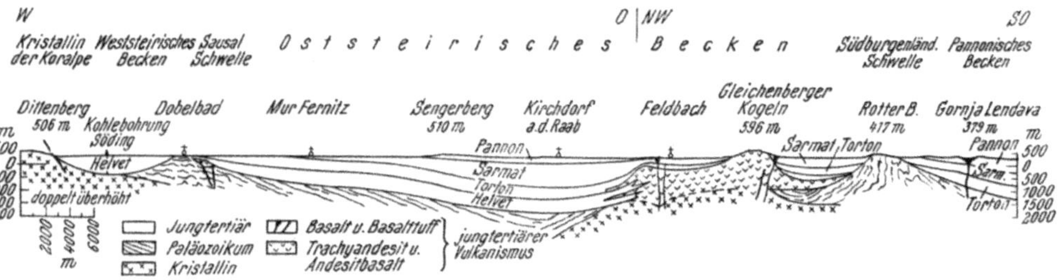

Abb. 177. Geologisches Profil durch das steirische Becken (nach JANOSCHEK-KOLLMANN 1957)

zahlreiche Säuerlinge, die wirtschaftlich nicht genützt werden, wie z. B. „Wiese bei Straden", „auf der Tratten", Oberkarla, Brodelsulz bei Klapping, Gruisla, Fluttendorf, Laafeld u. a. Besonders reich an Säuerlingen ist das anschließende jugoslawische Gebiet um Radein-Woritschau, Stainztal, wo die meisten Hausbrunnen kohlensäurehaltiges Wasser besitzen.

Überblickt man die Lage dieser Säuerlinge in Verbindung mit der Tektonik, so ersieht man, daß sie wohl mit den Nachwirkungen des tertiären Vulkanismus zusammenhängen, doch an Stellen empordringen, wo eine besondere Mobilisierung bzw. Auflockerung des Untergrundes verursacht wurde.

Durch die reflexionsseismischen Messungen, die von der Rohöl-AG durchgeführt wurden und durch die geologische Kartierung von KOLLMANN (1964) konnten Schwellen und Senken erkannt werden (Abb. 177, JANOSCHEK). So liegt

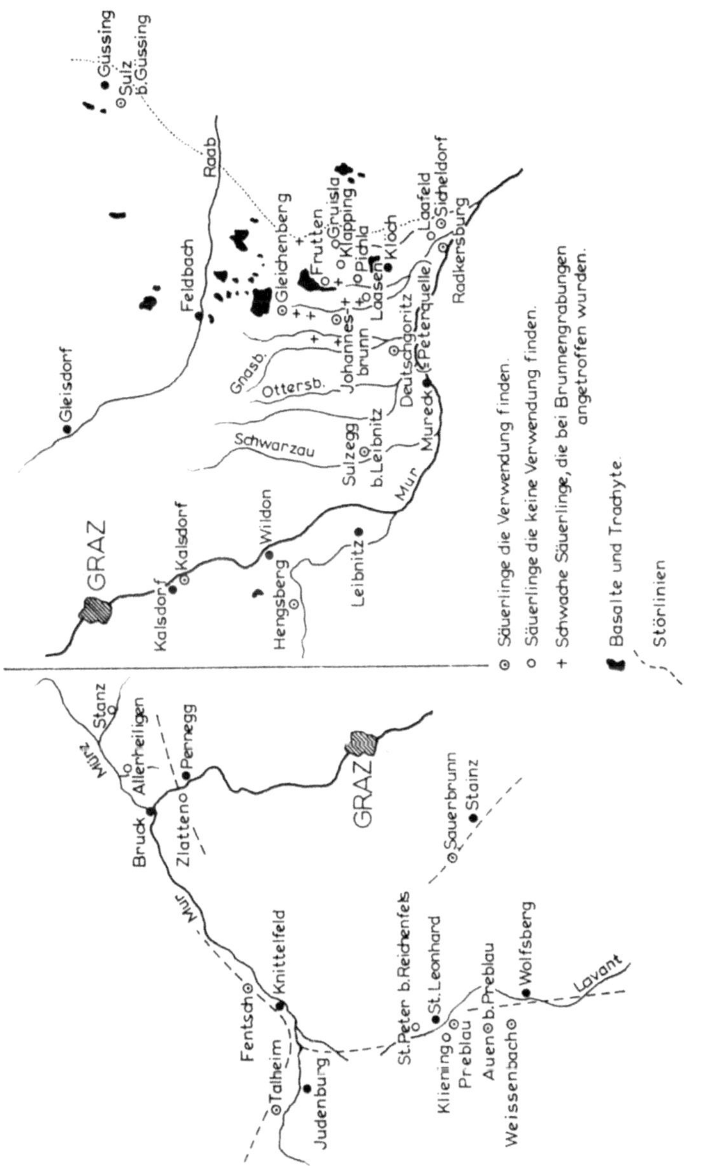

Abb. 178. Die Sauerlinge von Österreich

im W die *Plabutsch-Sausalschwelle*, dann folgt die *Gleisdorf-Fünfing-Schwelle* und die *burgenländische Schwelle*.

Es zeigt sich nun, daß auf der Sausalschwelle, welche den Basalt von Weitendorf enthält, die Säuerlinge von Hengsberg und Kalsdorf entspringen.

Auf der Gleisdorfer Schwelle finden sich die Säuerlinge von *Bad Gleichenberg*, *Deutschgoritz* und etwas abseits die von *Sulzegg*. Auf der burgenländischen Schwelle konzentrieren sich die Säuerlinge von *Sulz* bei Güssing, *Sicheldorf* und *Radkersburg*. Man erhält demnach den Eindruck, daß die Austritte die Schwellen, die Aufwölbungen des Untergrundes darstellen und damit eine Auflockerung verursachen, bevorzugen.

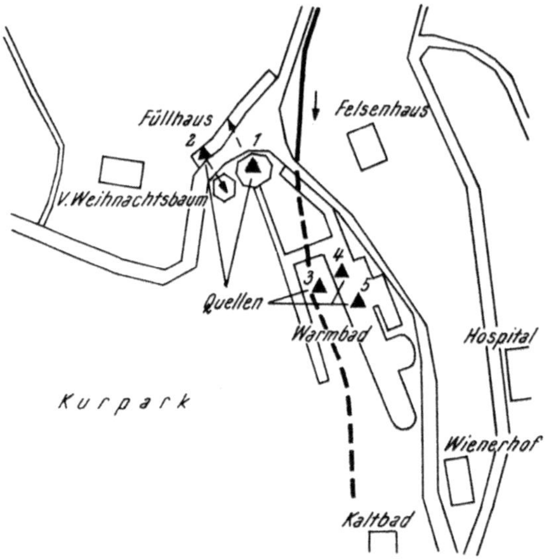

Abb. 179. Die Lage der Quellen in Bad Gleichenberg (nach LEOPOLD); *1* Konstantin-Quelle, *2* Emma-Quelle, *3*–*5* Badhaus Quellen, und zwar *3* Maria-Theresien-Quelle, *4* Werlé-Quelle, *5* Romer-Brunnen

Die Säuerlinge kommen nur selten direkt aus dem Basalt hervor, sondern liegen im Grundwasser von Lockerablagerungen. Sie erreichen stellenweise den obersten Grundwasserhorizont, doch häufig sind auch tiefere Stockwerke im Tertiär kohlensäurehaltig.

In *Sicheldorf* erfaßte man die Kohlensäure in 6 m Tiefe. Es ist jedoch nicht geklärt, ob das kohlensäurehaltige Grundwasser aus den tertiären Ablagerungen oder aus rezenten Anschwemmungsprodukten austritt. Der „Sicheldorfer Säuerling" findet als Tafelwasser (Flaschenversand) Verwendung.

Den *Säuerling von Radkersburg* erschloß man bei einer Erdölbohrung im Jahre 1921. Er kommt aus sarmatischen Ablagerungen und fließt frei über Tag aus. Im Jahre 1963 hat die Stadtgemeinde Radkersburg die Heilwassergenehmigung erhalten.

In diesem Raum zwischen Sicheldorf und Radkersburg treten noch an einigen Stellen Säuerlinge frei zutage, die aber derzeit nicht genutzt werden.

In *Sulz* bei Güssing entspringen im Grundwasser des Talbodens drei Kohlensäurequellen, wovon die mittlere als *Vitaquelle* Verwendung findet (Flaschenversand). Mit der Entfernung von der Austrittstelle nimmt der Kohlensäuregehalt ab. Das Schutzgebiet umfaßt vor allem das Gebiet um den Kohlensäureaustritt, da aber alle drei Quellen aus einem gemeinsamen Grundwasserhorizont kommen, ist es auf eine größere Fläche auszudehnen.

Bad Gleichenberg gehört in Österreich zu den bedeutendsten Heilbädern. Es finden Säuerlinge Verwendung, die an mineralischen Stoffen Natrium, Chlorid, Hydrocarbonat und manchmal auch etwas Magnesiumsulfat enthalten. Der Kohlensäuregehalt schwankt zwischen 1030 bis 2050 mg/kg.

Im Bereich des Kurhauses (Badehaus) liegen im engen Raum auf etwa 300 bis 400 m Länge 5 Säuerlingsaustritte (Abb. 179), die als Konstantins-, Emma-, Maria-Theresien-, Werle- und Römerquelle bezeichnet werden.

Die schachtförmigen Fassungen reichen von 3 bis 10 m Tiefe; die Temperaturen bewegen sich zwischen 11 und 14 °C. Es bestehen verhältnismäßig geringe

Unterschiede in der Zusammensetzung, es handelt sich demnach um Natrium-Chlorid-Hydrocarbonat-Säuerlinge.

Die Geologie dieses Quellgebietes wurde vor allem durch WINKLER-HERMADEN festgestellt. Den Ostrand des Heilquellengebietes (Wierberg) nehmen vulkanische

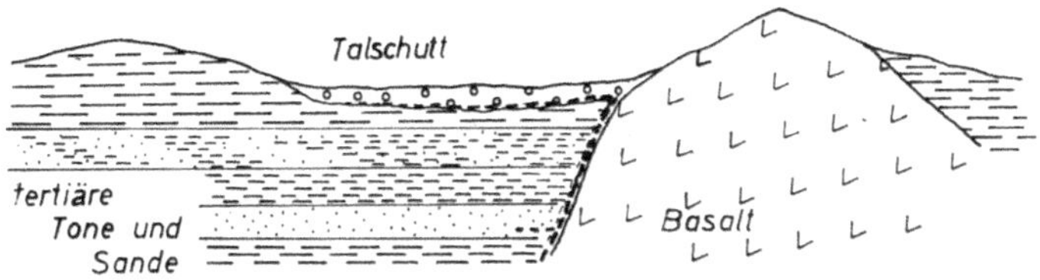

Abb. 180. Geologischer Querschnitt durch das Säuerlingsfeld von Bad Gleichenberg

Tuffe ein, die am Westrand des Steilabfalles durch einen N—S-Bruch abgeschnitten sind. Daran schließen sich gegen W sarmatische Tone und Sande an, die im Quellgebiet von rezenten Ablagerungen (Sande, Gerölle, verrutschte Lehmmassen) bedeckt sind. Im N von Gleichenberg bestehen die Gleichenberger Kogel aus Trachyten und Andesiten, die etwas älter als die Basaltgesteine sind.

Die Kohlensäure hängt aufs innigste mit dem Basaltvulkanismus zusammen; sie kommt längs von Klüften und Spalten (Bruchzone) aus der Tiefe und vermischt sich mit dem Grundwasser in den tertiären und rezenten Ablagerungen (Abb. 180).

Auch über das Einzugsgebiet des vadosen Wassers bestehen Unstimmigkeiten (SCHOUPPÉ), obwohl auf Grund der gesamten Geologie und der Morphologie die nördlich anschließenden Gleichenberger Kogeln dafür in Betracht kommen.

Da die Ergiebigkeiten verhältnismäßig gering sind, versucht man durch Bohrungen diese zu erhöhen; vorerst müßten jedoch die Grundwasserverhältnisse geklärt werden, denn sonst besteht Gefahr, daß durch neue Bohrungen die bestehenden Quellen gestört werden.

Der *Säuerling von Sauerbrunn* (Abb. 181) im Burgenland tritt aus tertiären Schichten (Torton-Sarmat) aus, die in unmittelbarer Nähe an kristalline Gesteine anliegen. Der Rand des Kristallins gegen das Tertiär ist durch ein System von zum Teil fiederförmig angeordneten Randbrüchen gekennzeichnet (KÜPPER 1962). Die älteren Bohrungen waren 10 bis 12 m tief und brachten einen erdigen Sulfat-Säuerling zutage. Die neue bis 228 m Tiefe fuhr zwischen Tegel eine Spalte an, die mit Kristallinschotter erfüllt war und reichlich CO_2-Wasser lieferte (2210 mg/kg). Nach der Analyse handelt es sich um einen Calcium-Hydrogencarbonat-Sulfat-Säuerling.

b) Säuerlinge in tektonischen Störungslinien

Außerdem treten in Österreich *Säuerlinge in kristallinen Gesteinen* auf, also abseits von Vulkangebirgen. Sie perlen aus Klüften von Glimmerschiefern, Graniten, Amphiboliten in geringen Mengen auf. Die Untersuchung hat nun gezeigt, daß sie an auffallende, jugendliche, tektonische Störungslinien gebunden sind. Hierher gehören die Säuerlinge von Sauerbrunn bei Stainz, Zlatten bei Bruck/Mur, Fentsch bei Knittelfeld, Talheim bei Judenburg; Preblau, Eisenkappel, Ebriach, Allerheiligengraben bei St. Marein im Mürztal, Stanz bei Kindberg.

In *Sauerbrunn bei Stainz* tritt die Kohlensäure aus feinen Klüften des Stainzer Plattengneises aus. Der in der Nähe befindliche Marmor beeinflußt den Chemismus; wir haben dort einen Hydrogencarbonat-Sulfat-Säuerling.

Auch bei Marhof, etwa 2 km südlich von Sauerbrunn, konnten Austritte dieser Wässer aus dem Plattengneis beobachtet werden.

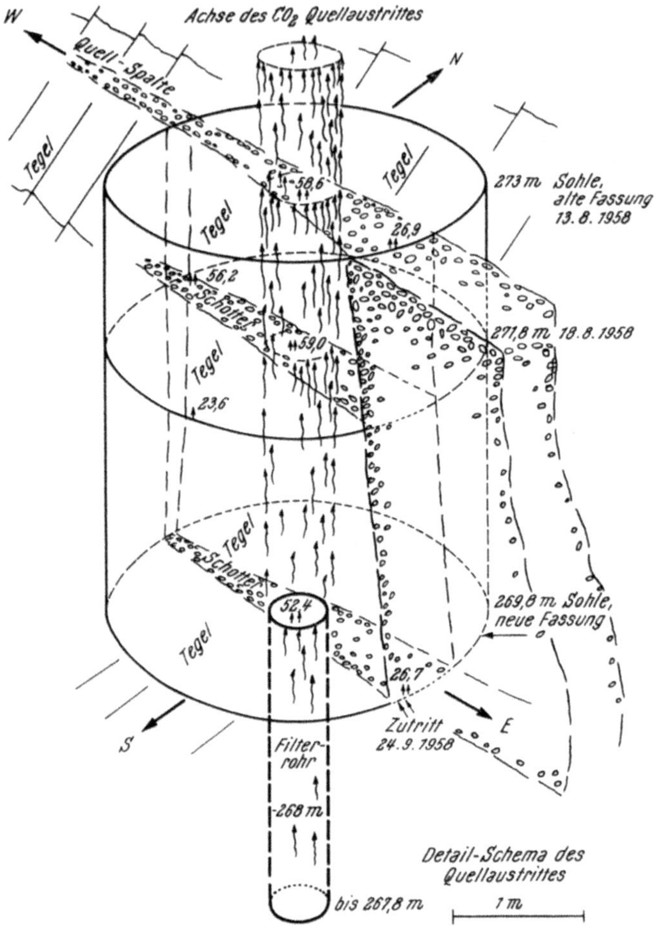

Abb. 181. Die Säuerlinge von Sauerbrunn im Burgenland (Schema des Austrittes) (nach KÜPPER)

Diese Säuerlinge liegen an einer NW—SE verlaufenden Bruchlinie, an deren SE-Ende der Basalt von Weitendorf liegt. Die tiefgreifende Störung mit dem Vulkanismus von Weitendorf verursachte Lockerungen im tiefen Untergrund und damit das Aufsteigen der Kohlensäure.

Nördlich Kirchdorf a. d. Mur, *bei Zlatten*, sind zwei Austritte von Säuerlingen bekannt. Der eine lag nahe der Mur und wurde beim Aushub des E-Werk-Kanals verschüttet, wobei sich jedoch gezeigt hat, daß die Kohlensäure die Betonsohle des Kanals stark beschädigt. Das andere Vorkommen liegt im Zlattengraben etwa 2 km einwärts. Ein ungefähr 2 m tiefer Brunnenschacht auf der Südseite des Tales kennzeichnet die Stelle. Das Profil weist 2 m Schutt auf und darunter kommt Amphibolit zutage, aus dem aus feinen Rissen die Kohlensäure aufperlt. Die Ergiebigkeit beträgt derzeit nur 864 l/Tag, doch bin ich überzeugt, daß durch Vertiefung eine Druckentlastung eintritt und damit eine Erhöhung der Tagesförderung. Die Temperatur beträgt 10 bis 11 °C. Der Kohlensäuregehalt wurde von Prof. Hölzl mit 1430 mg/kg angegeben. Es handelt sich um einen Natrium-Magnesium-Hydrogencarbonat-Chlorid-Säuerling.

Diese beiden Säuerlinge liegen an einer tiefgreifenden Störungslinie, der Trassatlinie, die E—W streichend sich bis gegen Kraubath fortsetzt und östlich der Mur am Südabfall des Rennfeldes in der Eyweglinie aufscheint. An ihr sind keine jungvulkanischen Gesteine bekannt. Auffallend ist, daß am Westende der Serpentin von Kraubath liegt, bei Kirchdorf ebenfalls ein kleines Serpentinvorkommen ist und am Südabfall des Rennfeldes in der Eyweglinie, zwar unsicher aufgeschlossen, gleichfalls Serpentin angetroffen wurde.

Auf jeden Fall treten diese Säuerlinge an einer markanten Störungslinie auf; ob dabei auch die Serpentine (Olivingesteine) eine Bedeutung haben, ist schwer zu entscheiden.

Daß auf dieser Linie nur zwei Säuerlinge bekannt wurden, beruht wohl darauf, daß der Druck nicht mehr ausreichte, die Klüfte und Spalten bis 1500 m Höhe zu durchdringen; doch muß diese Störungszone als ein Kohlensäurehoffnungsgebiet angesehen werden.

Vor einigen Jahren wurde von Thurner unmittelbar westlich von *Stanz* in einem Tümpel aufsteigendes Kohlensäurewasser entdeckt, das in der Gegend seit langem bekannt war. Die Analyse weist auf einen schwefelhaltigen Säuerling hin. Der Schwefel kann von Gipsablagerungen, die in der Nähe anstehen, abgeleitet werden. Das Aufsteigen der Kohlensäure erfolgt wieder an einer NE—SW-streichenden Bruchzone.

Im südlichen Paralleltal, im *Allerheiligengraben*, fließt aus einem Brunnen ein schwacher Säuerling aus. Durch die Neufassung des Brunnens scheint auffallend viel Grundwasser dazugekommen zu sein, so daß eine starke Verdünnung entstand. Auch hier fällt die Kohlensäure mit einer NE—SW-streichenden Bruchzone zusammen.

Die Säuerlinge von *Talheim bei Judenburg* liegen am Kreuzungspunkt einer W—E-streichenden Längsstörung, die längs des Murtales verläuft, und einer N—S-verlaufenden Querstörung, die über den Pölshals in die auffallende Pölslinie einmündet (Stini 1931, Metz 1957). Dazu kommt noch, daß etwas nördlich über Oberzeiring-Fohnsdorf eine Störung zieht, die das Tertiär von Fohnsdorf betroffen hat und Absenkungen verursachte (Petrascheck 1022—24, Metz 1957).

Die Säuerlingsaustritte aus den kristallinen Gesteinen (Granatglimmerschiefer, Marmore und Amphibolite) sind demnach an tiefgreifende Störungen gebunden. Auffallend sind die geringen Ergiebigkeiten. Der Säuerling kommt mit 15 °C zutage und enthält 2795 mg freie Kohlensäure. Es liegt ein Natrium-Magnesium-Hydrocarbonat-Sulfat-Säuerling vor.

In *Bad Einöd* südlich Neumarkt/Steiermark steigt der Säuerling mit 25 °C in einem Bohrrohr bis an die Oberfläche; benachbarte Austritte zeigen an, daß CO_2 mit dem Grundwasser in Berührung kommt. Die geologische Aufnahme (Thurner

1963) brachte den Beweis, daß auch diese Säuerlinge in einer auffallenden tiefgreifenden Bruchzone liegen. Es fehlen leider auch hier noch entsprechende geologische Untersuchungen, welche die Stellung des oberflächennahen Grundwassers zu den Säuerlingen aufzeigen (Abb. 182).

Am eindrucksvollsten erscheinen die Säuerlinge im Lavanttal längs der Lavanttaler Störung (KIESLINGER 1928). Wir begegnen hier denen von *Weißenbach*, *Auen*, *Preblau*, *Kliening*, *St. Leonhard* und *St. Peter Reichenfels*. Sie treten aus feinen Spalten und Rissen von Injektionsglimmerschiefern aus, manchmal stellen sich auch Marmore und Pegmatite ein. Die Klüfte zeigen stets eine bestimmte Richtung und sind an den Austrittstellen meist eng geschart, doch nicht alle führen Säuerlinge. Wenn Marmore in der Nähe sind, wird die Wegsamkeit

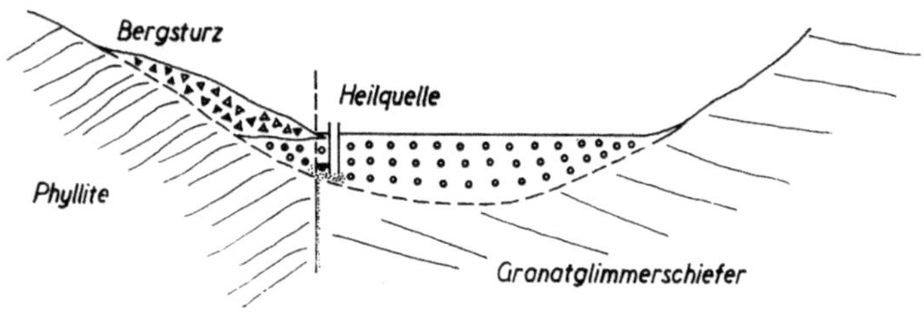

Abb. 182. Die Säuerlinge von Bad Einod

erhöht und die Mineralisation durch $CaCO_2$ stark beeinflußt. An den Austrittstellen sind die Gesteinspartien oft stark zersetzt, so daß auch die härtesten Gesteine, wie die Pegmatite, mit den Fingern zerreibbar sind. In Preblau treten Natrium-Hydrogencarbonat-Säuerlinge aus.

All diese Säuerlinge sind an die *Lavanttaler Störung* gebunden, die von Lavamünd bis Obdach zu verfolgen ist und sich wahrscheinlich in die Pölslinie fortsetzt. Das kohlenführende Tertiär von St. Stefan und von Wiesenau wurde hunderte Meter tief abgesenkt, das Tertiär von Obdach liegt eingeklemmt zwischen dem Kristallin des Ammering und des Zirbitz.

Die Lavanttaler Störung stellt eine tief hinabreichende junge Störung dar, die bis heute noch nicht vollständig zur Ruhe gekommen ist, da Erdbeben gelegentlich beweisen, daß noch Spannungsauslösungen erfolgen. Sie bewirkte in Verbindung mit dem Basalt von Kollnitz eine Auflockerung, Mobilisierung des Untergrundes, so daß der Kohlensäure Aufstiegsmöglichkeiten geboten wurden.

Diese Säuerlinge liegen nun nicht in einer Linie, sondern treten in voneinander getrennten Kluftscharen aus. Die Lavanttal-Störung zeigt sich demnach nicht in einer gerade verlaufenden Bruchlinie, sondern in einem breiten Streifen, der mehr oder minder heftig zerschnitten ist und dessen Teile verschiedene Absenkungen erlitten haben. Den Säuerlingen stehen daher zum Aufstieg verschiedene von einander getrennte Wege offen. Vielfach reicht der Druck jedoch nicht mehr aus, daß sie die Oberfläche erreichen. Es besteht daher berechtigte Hoffnung, längs der Lavanttaler Störung in besonders durchbewegten Zonen durch künstliche Aufschlüsse Kohlensäure zu gewinnen, doch sind für solche Hoffnungsgebiete gründliche geologische Vorarbeiten nötig.

Bei *Ebriach* in Kärnten zeigt der Granit an Spalten austretendes kohlensäurehältiges Wasser, das stark eisenhaltig ist. Durch Vertiefung der Austrittstelle konnte die Ergiebigkeit beträchtlich erhöht werden. Die Quelle wird derzeit nicht ausgenützt.

In unmittelbarer Nähe von *Eisenkappel* treten aus dem Granit zwei Säuerlinge mit einer Temperatur von 9 °C aus. Sie enthalten besonders Natrium, Hydrocarbonat, Chlor und Sulfat. Bemerkenswert ist der Gehalt an Lithium (3 mg) und Borsäure (32 mg). Sie können als sulfatische Natrium-Hydrocarbonat-Chlor-Säuerlinge angesprochen werden.

Diese Säuerlinge in Kristallin beweisen, daß sie aus jugendlichen, tiefgreifenden Störungen emporsteigen. Es besteht die Möglichkeit, daß irgendwo in der Tiefe vulkanische Gesteine liegen, doch ist eher anzunehmen, daß diese Störungen den Untergrund mobilisierten, so daß Kohlensäure frei wurde, die längs der zerrütteten Bruchzone in die Höhe steigt.

Diese Annahme läßt jedoch die Erwartung zu, daß in den Ostalpen noch an anderen Stellen, wo solche jugendliche tiefgreifende Störungen vorliegen, die vielfach durch schwache Erdbeben gekennzeichnet sind, Säuerlinge erschlossen werden könnten. Auch im Ötztal, wo bei Kötsch ein Bimsstein auftritt, könnten unter der mächtigen Bergsturzmasse CO_2-Austritte möglich sein.

3. Säuerlinge in Deutschland

Auffallend viel Säuerlinge gibt es in Deutschland. Sie gruppieren sich hauptsächlich um die *erloschenen tertiären Vulkangebiete* der Eifel, des Westerwaldes, des Vogelsberges, der Rhön, und um Kassel usw. Hummel und Knetsch haben auf diese Verbindung überzeugend hingewiesen, und es besteht wohl kein Zweifel, daß die Kohlensäure-Austritte Nachwirkungen der vulkanischen Tätigkeit darstellen. Es gibt nun Säuerlinge, die etwas abseits von Vulkangebieten liegen (z. B. Holzhausen, Salzuflen, Ems, Neuenahr); man muß dann entweder annehmen, daß die Kohlensäure aus tiefer liegenden Basalten aufsteigt, oder auf unterirdischen Wegen von weiter hergewandert ist. Es muß jedoch auch in Erwägung gezogen werden, daß so wie in den Alpen tiefgreifende Störungen ihre Mobilisierung bewirkten.

Die meisten Säuerlinge enthalten mineralische Salze; verhältnismäßig selten sind reine Säuerlinge (z. B. Bad Hermannsborn). Vereinzelt tritt auch trockene Kohlensäure aus, z. B. bei Meinberg und Herste (Mofetten).

Nahezu alle sind an Störungszonen (Bruchzonen) gebunden und bilden infolge des Grasdruckes aufsteigende Wasser. Die Speichergesteine, vielfach Buntsandstein, zeichnen sich durch starke Klüftung aus.

Eine auffallend starke Ballung von Säuerlingen (etwa 90) stellt sich in einem W—E-streichenden Streifen ein, der vom Mittelrhein (Godesberg, Ems) über Nauheim—Soden—Homburg—Bad Orb und Kissingen zieht. Er lehnt sich an die zahlreichen tertiären Basaltvorkommen des Westerwaldes, des Vogelsberges, der Rhön an (Udluft: Erläuterungen zum Blatt Frankfurt, Hydrologische Übersichtskarte). Die Säuerlinge werden für Heilzwecke und als Tafelwasser (Flaschenversand) benützt.

Die Säuerlinge im Rheintal bei Godesberg und Honnef sind an besonders auffallende tektonische Linien gebunden, die von Fricke (1961) nachgewiesen wurden (Abb. 183). Die in der Nähe liegenden jungvulkanischen Gesteine in Verbindung mit der Störungszone machen das Aufsteigen der Kohlensäure verständlich.

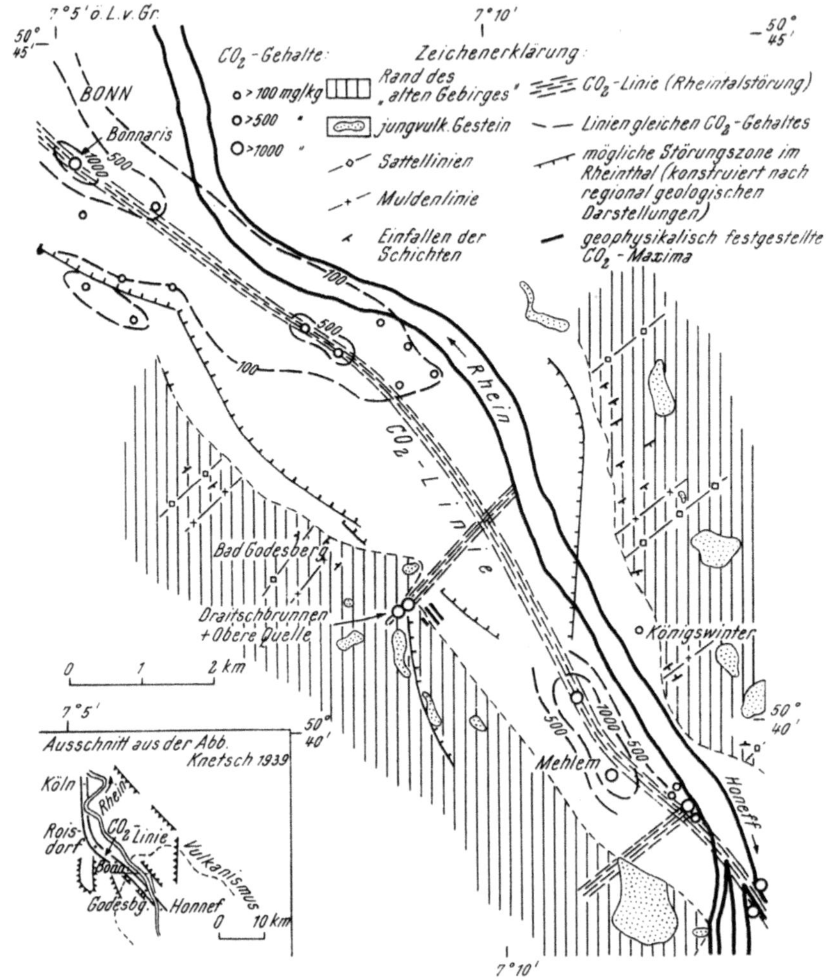

Abb. 183. Die Säuerlinge längs der Störung am Mittelrhein (nach Fricke)

Etwas abseits vom Vulkangebiet erscheinen *Säuerlinge* längs *der Pyrmont-Achse* und der *Osning-Driburg-Störung* (Oeynhausen, Salzuflen, Pyrmont, Driburg, Meinberg u. a.).

Eine andere Gruppe konzentriert sich im oberen Neckartal (Frank 1951) (Cannstadt, Teinach, Immau). Die Wasser treten aus Muschelkalk aus und die Gesamtschüttung der Cannstädter Mineralquellen wird mit 220 l/sec angenommen.

Der Austritt der Kohlensäure im Neckargebiet wird mit dem Vulkanismus in der Schwäbischen Alb in Verbindung gebracht, obwohl das eigentliche Vulkan-

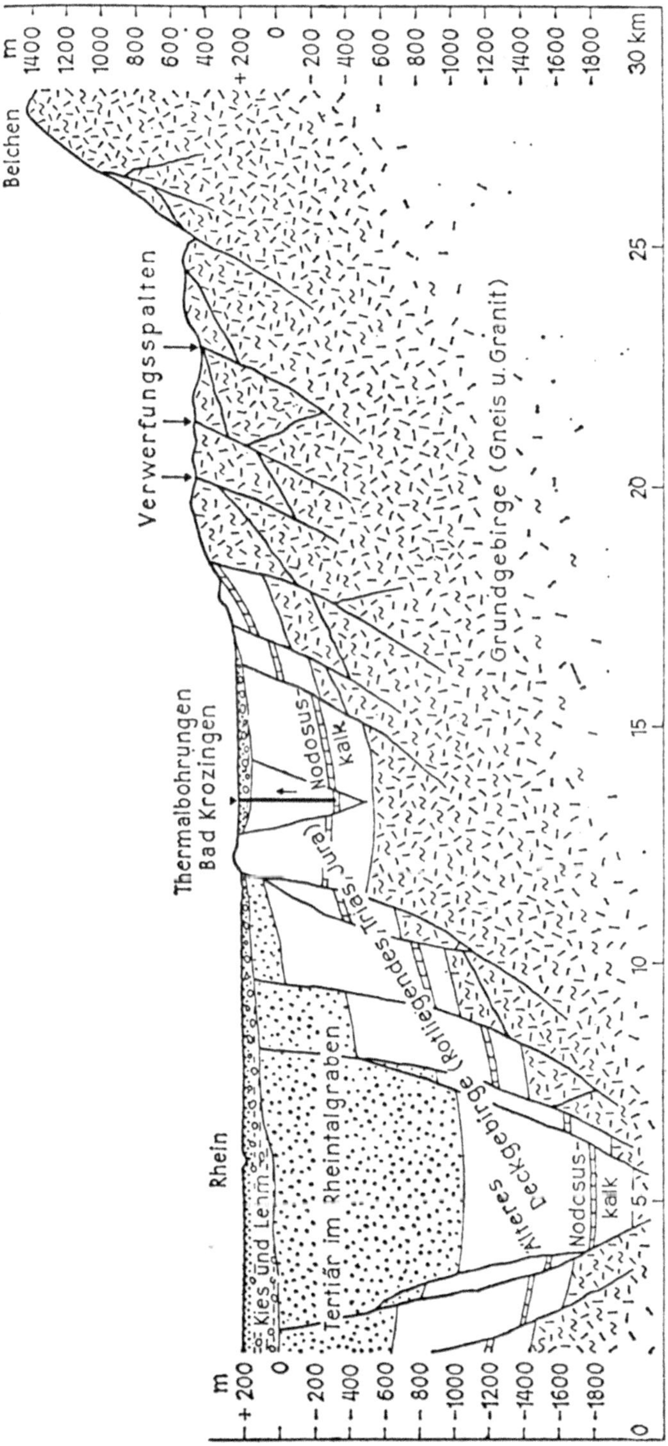

Abb. 184. Geologischer Schnitt über Bad Krozingen (nach Remmlingen)

gebiet frei von Kohlensäure ist. Es handelt sich daher wahrscheinlich um tiefliegende Basaltvorkommen, welche die Kohlensäure liefern.

Auffallend für die Säuerlinge in diesem Raum sind die niedrigen Temperaturen, z. B. Teinach 7,4 °C, Immau 8 bis 10 °C, Niederau 15 °C. Es scheint also die Vermischung der Kohlensäure mit dem Grundwasser sehr nahe der Oberfläche vor sich zu gehen; so daß bereits Abhängigkeiten von der Außentemperatur bestehen.

Am Ostrand des Oberen Rheintales liegt *Bad Krozingen*, das ergiebige Thermalsäuerlinge (40,5 °C) besitzt. Die Bohrung bis 596 m Tiefe durchhörterte Schichten von Dogger bis zum Muschelkalk, aus dem das Thermalwasser austritt. (REMMLINGER, Bad Krozingen 1959, Abb. 184.)

Messungen von Kohlensäurekonzentrationen an der Erdoberfläche. Die aus der Tiefe aufsteigende Kohlensäure kann sich stellenweise auch in der obersten Bodenschicht bemerkbar machen. Der Kohlensäuregehalt nimmt dann meist mit der Entfernung von der Austrittstelle ab. Wird also aus einem Kohlensäure-Hoffnungsgebiet aus dem Boden die Bodenluft entnommen und der CO_2-Gehalt gemessen, so stellt sich mit Annäherung an die Austrittstelle eine Erhöhung desselben ein. Dadurch ist es möglich, das Hoffnungsgebiet entsprechend einzuengen und die Ansatzpunkte für neue Bohrungen leichter zu bestimmen.

Diese Messungen wurden erstmalig im Kurpark zu Meinberg mit Erfolg durchgeführt (BUDDE, FRICKE, WOLF). Mittels einer Sonde wurde aus etwa 70 cm Tiefe 1 l Bodenluft angesaugt und in eine Meßkammer geleitet. Da Kohlensäure eine geringere Wärmeleitfähigkeit als Stickstoff und Sauerstoff besitzt, so kann mit einem eingebauten Brückeninstrument, Wheatstonische Brücke, diese bestimmt werden. Die Meßwerte wurden im Geländeplan eingetragen und die Punkte mit gleicher Kohlensäurekonzentration durch Linien verbunden. Es zeigte sich deutlich, daß in NW–SE-Richtung eine Zone höchster CO_2-Werte streicht, die auch von FRICKE auf Grund der geologischen Untersuchungen vermutet wurde.

Auffallend war, daß im NW des Kurparks die Kastanienbäume abstarben; es scheint dies mit dem hohen CO_2-Gehalt zusammenzuhängen. Durch diese Messungen konnte die Bohrstellenauswahl entsprechend eingeengt werden.

III. Thermalwasser

1. Begriff

Die Thermalwässer kommen aus dem Untergrund mit einer Temperatur, die über dem Jahresdurchschnitt der Lufttemperatur liegt. Man unterscheidet:

lauwarme Quellen	20–25 °C
warme Quellen	25–32 °C
heiße Quellen	über 32 °C

Es können reine Thermalwässer sein, die keine mineralischen Salze gelöst haben, die sogenannten Akratothermen. Vielfach enthalten sie aber mineralische Salze und werden dann nach diesen benannt, z. B. Thermalschwefelwasser (Baden bei Wien), Thermal-radioaktive Wasser (Gastein), Natrium-Chlorid-Thermen (Baden-Baden) usw.

2. Die Entstehung der Thermalwässer

Sie wird auf folgende Ursachen zurückgeführt:

a) Erwärmung des Wassers durch die Erdwärme
b) Erwärmung durch chemische Vorgänge
c) Erwärmung durch Gase
d) Erwärmung durch radioaktive Stoffe
e) Erwärmung durch Reibung
f) Erwärmung durch Zufuhr von juvenilem Wasser

a) Erwärmung durch die Erdwärme

Wohl die meisten Thermalwässer entstehen durch die Einwirkung der Erdwärme. Sobald das in dem Untergrund versickernde Wasser unter die neutrale Zone (meist 20 m unter Terrain) kommt, erfolgt die Anpassung an die Temperaturen der Tiefe. Je tiefer es absinkt, desto stärker wird es erwärmt. Die geothermische Tiefenstufe gibt annähernd die Temperatur in der Tiefe an. Sie beträgt durchschnittlich 30 m, in der Nähe von Vulkangebieten stellen sich jedoch meist kleinere Werte ein. CARLÉ (1958) gibt vom Vulkangebiet der Schwäbischen Alb folgende Werte an:

	Tiefe des Aufschlusses m	Geothermische Tiefenstufe m
Neuffen	342,3	11,1
Grafenberg	102	11,4
Gomaringen	119,8	16,5
Dettingen	549,5	18,5
Sulz (Neckar)	901	24,1
Heilbronn	203,8	32,5

Im oststeirischen Vulkangebiet fand WINKLER-HERMADEN (1949) folgende Werte:

Feldbach	22—23 m
Bayrisch-Kolldorf	24 m
Eisenhüttl westlich Güssing	17 m

Der Einfluß der Erdwärme kommt besonders auch in tiefliegenden Tunnels zur Geltung, z. B.

	Überlagerung m	Hochsttemperatur °C
Tauerntunnel	1567	49
Arlbergtunnel	715	18,5
Karawankentunnel	956	15
Gotthardtunnel	1752	30,4
Simplontunnel	2135	55,4
Lötschbergtunnel	1673	34
Mont-Cenis-Tunnel	1610	29,5

Gelangen die Niederschlagswässer längs von Spalten und Bruchzonen in große Tiefe, so nehmen sie infolge der Erdwärme erhöhte Temperatur an. Dies ist wohl bei den meisten Thermalwässern der Fall, z. B.

Schallerbach	36,25 °C	Aachen	37—73 °C
Baden bei Wien	34—35,7 °C	Karlsbad	49,7—73,8 °C
Wiesbaden	69,0 °C	Abano bei Padua	83,7 °C
Baden-Baden	68—86,2 °C	Algier	86—96 °C
Nauheim	30 °C		

b) Erwärmung unterirdischer Wässer durch chemische Vorgänge

Wärme kann auch durch Oxydationsvorgänge entstehen. In Kohlenlagern, die Pyrit enthalten, wird durch Umwandlung Wärme frei, so daß es zur Selbstentzündung der Kohle kommt. Auch in gelagerter Kohle kann auf diese Weise ein Kohlenbrand ausbrechen.

Die erhöhte Temperatur der Wässer bei Häring in Tirol ist auf diesen Vorgang zurückzuführen. (Siehe S. 274.)

c) Erwärmung durch Gase

Aus großer Tiefe kommt die Kohlensäure meist in Gasform, sie könnte bei der Vermischung mit Wasser ohneweiteres zur Erwärmung desselben beitragen. Sichere Angaben darüber fehlen jedoch.

Ob das in Kohlenlagern enthaltene Methangas die Temperatur des Wassers verändern kann, liegt sicher im Bereich der Möglichkeit, doch handelt es sich dann meist nur um lokale Erwärmungen, die von geringer Bedeutung sind. Stini (Kober-Festschrift) vertritt bei den Thermalquellen von Baden bei Wien die Ansicht, daß trockene Wärme oder Wasserdampf aus der Tiefe die Erwärmung des versickernden Wassers verursacht.

Obwohl die Kohlensäure stets aus großer Tiefe kommt, zeigen die Säuerlinge nur selten erhöhte Temperatur. Dies läßt sich wohl darauf zurückführen, daß die Vermischung mit dem Grundwasser meist sehr oberflächennahe vor sich geht, so daß ein Temperaturausgleich stattfindet.

d) Erwärmung durch Radioaktivität

Durch die Einwirkung der Radioaktivität bzw. Radium-Emanation entstehen erhöhte Temperaturen, die auch zu einer Steigerung der Wassertemperatur führen können.

Im Radhausberg-Unterbaustollen bei Bad Gastein strömt aus Klüften Radium-Emanation, die eine Erwärmung bis 43 °C bewirkt. Diese Temperatur läßt sich mit der Erdwärme nicht erklären, denn es zeigt sich deutlich, daß bergeinwärts die Wärme abnimmt, obwohl die Überlagerung zunimmt. Die Erwärmung in den Stollen ist daher auf die aus den „Hitzeklüften" austretende Radium-Emanation zurückzuführen.

Daher ist es auch wahrscheinlich, daß die Temperatur der Thermalwässer von Bad Gastein (48 °C) nicht nur durch die geothermische Tiefenstufe hervorgerufen wird, sondern daß sie auch durch die Radium-Emanation bedingt ist.

Auch in Baden-Baden, wo Temperaturen von 68 bis 86 °C herrschen, besteht die Möglichkeit, daß diese durch den Radiumgehalt verursacht sind.

e) Erwärmung durch Reibung

Aus physikalischen Gründen hat man auch an eine Erwärmung durch Reibung gedacht; doch ist kein sicheres Beispiel bekannt, wo sich die Reibungswärme auf die Wassertemperatur auswirkt.

f) Juvenile Wässer

Juveniles Wasser, das aus großer Tiefe kommt, könnte sicher mit erhöhter Temperatur austreten, doch ist der Beweis dafür sehr schwer zu erbringen. KAMPE (1934) ist der Meinung, daß die Thermalwässer von Nauheim, Karlsbad juveniles Wasser enthalten und daß dadurch deren erhöhte Temperatur bedingt sei. Zur Begründung führt er den Ausbruch des Vulkans Katmai in Alaska an, wo im „Tal der zehntausend Dämpfe" mehrere zehntausend Fumarolen mit Temperaturen von 100 bis 645 °C dem Boden entströmen. Tausende dieser Dampfsäulen werden bis 150 m Höhe emporgeschleudert. Es besteht hier die Wahrscheinlichkeit, daß diese Wasserdämpfe juvenilen Ursprungs sind.

Zahlreiche Thermalwässer treten in den Phlegräischen Feldern bei Neapel aus (CARLÉ 1965). Bei Bagnol haben Natrium-Chlorid-Hydrogencarbonat-Wässer eine Temperatur von 54 °C, bei Agnano treten Wässer mit 72 °C aus. Bei Pozzuoli traf man Wasser mit 50 °C, die Therme von Pisciarelli hat eine Temperatur von 85 °C; in der Umgebung mißt man in den Spalten 70 bis 96 °C. CARLÈ führt noch eine Reihe weiterer Beispiele an. Er kommt zu dem Ergebnis, daß juvenile Wässer nicht zwingend anzunehmen sind. Es ist vielmehr wahrscheinlich, daß es sich um vadoses Wasser handelt und bringt die hohe Temperatur mit den seicht liegenden vulkanischen Herden in Beziehung.

3. Die geologische Lage der Thermalwässer

Die bekannten Thermalquellen erhalten ihre Wärme meist durch die Erdwärme, eine Ausnahme bilden die radioaktiven Quellen bei Gastein. Die Lagerungsformen bedingen oft die erhöhte Temperatur. So sehen wir Thermalwasser vielfach aus Bruchzonen austreten, so daß aufsteigende Quellen entstehen (z. B. Baden bei Wien, Wiesbaden, Aachen, Baden-Baden). Der Quellmechanismus ist im einzelnen oft sehr schwer zu erkennen. Meist sind es absteigende Wasserwege, welche die versickernden Niederschläge längs von Klüften, Zerrüttungszonen und Bruchzonen in die Tiefe bringen und sie anschließend in ähnlichen Wegen aufsteigend in die Höhe führen. Schematisch dargestellt können folgende Fälle vorliegen.

In Abb. 185 liegt ein Kluftsystem oder eine Bruchzone vor, deren Ausbisse an der Oberfläche höher gelegen sind, als die benachbarte Kluft- oder Bruchzone. Das Wasser versickert von der höher gelegenen Zone längs der Wasserwege nach abwärts und erwärmt sich allmählich. Irgendwo in der Tiefe gehen die Wege zu Ende, das Wasser staut sich und findet in benachbarten Klüften oder in einer zweiten Bruchzone einen Ausweg, so daß es infolge des Druckes aufsteigen kann.

Es kann jedoch auch nur ein Bruch- und Kluftsystem vorliegen, das in der Streichungsrichtung eine muldenförmige Einsenkung zeigt. Das Wasser kann sich in dieser Störungszone in der Tiefe ansammeln, es füllt die unterirdischen

Klüfte und Spalten aus und bildet einen Kluftwasserspiegel, der verschieden hoch zu stehen kommt; er kann auch bis an die Oberfläche reichen. Wird nun ein solcher angebohrt, so kann man auf Thermalwasser stoßen.

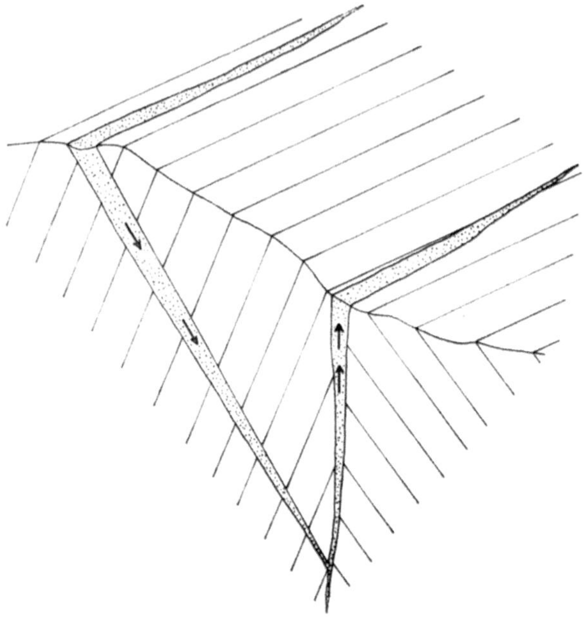

Abb. 185. Schematische Darstellung der Entstehung von Thermalwasser

Thermalwässer können auch in tiefliegenden Kies- und Sandlagen entstehen, die bereits im Bereich der Erdwärme auftreten. Sie stehen meist unter Druck, sind artesisch gespannt und können durch Bohrungen aufgeschlossen werden, wo sie dann entsprechend den Druckverhältnissen verschieden hoch aufsteigen. Bad Schallerbach bezieht sein Thermalwasser aus solch tiefliegenden Sandlagen.

Einzelheiten über Thermalwässer

Die Schwefeltherme von Baden bei Wien. Im Gebiet von Baden entströmen aus der Tiefe 15 Thermalquellen, wovon 13 therapeutisch Verwendung finden. Es handelt sich meist um muriatisch-sulfatische Schwefelthermen mit einer Temperatur von 27 bis 36 °C und einer auffallend großen Ergiebigkeit. (Nach Österr. Bäderbuch 1928).

Ursprungsquelle	6912 hl/Tag	34,8 °C
Mariazellerquelle	derzeit geschlossen	
Peregrinusquelle	6393 hl/Tag	29 °C
Leopoldsbadquelle	4665 hl/Tag	32 °C
Johannesbadquelle	6652 hl/Tag	32,5 °C
Josefsbadquelle	4147 hl/Tag	35,7 °C
Frauenbadquelle	2332 hl/Tag	35,6 °C
Karolinenquelle	1123 hl/Tag	34,7 °C
Marienquelle	3974 hl/Tag	35,1 °C
Engelsbadquelle	2332 hl/Tag	33,5 °C
Sauerhofbadquelle	4147 hl/Tag	35,5 °C
Petersbadquelle	1123 hl/Tag	35,5 °C
Ferdinandsquelle	?	33,5 °C

Wenn auch bedeutende Schwankungen in der Ergiebigkeit auftreten, die darauf schließen lassen, daß die Einzugsgebiete in einem Karstgebiet liegen, so ergeben die Zahlen laut Bäderbuch 1928 immerhin eine Schüttung von 501 l/sec.

Die Untersuchungen von KÜPPER (1950) und STINI haben gezeigt, daß die berühmte Thermenlinie am Ostabfall nicht eine durchlaufende Störung (= Bruchlinie) darstellt, sondern daß mehrere Brüche in N—S-Richtung einander ablösen. Im südlichen Teil erscheint der *Badener Bruch*, der nördlich vom Orte Baden zu Ende geht. Er bewirkt eine deutliche Absenkung des östlich anschließenden Tertiärgebietes, so daß die Hauptdolomite des Kalvarienbergs bei Baden an einer steil nach E fallenden Störung mit tertiären Sedimenten in Berührung kommen.

Die Thermalquellen liegen unmittelbar westlich vom Badener Bruch und treten aus dem Hauptdolomit aus. Das Aufsteigen scheint durch die Abriegelung der tertiären Sedimente bedingt zu sein.

Ungeklärt ist das Einzugsgebiet; STINI vermutet, daß der Anninger der Wasserlieferant ist, die mineralischen Stoffe mit der Wärme jedoch aus größeren Tiefen zuströmen. Er schreibt: „Mir scheint es viel natürlicher und naheliegend zu sein, wenn wir annehmen, daß die Hitze aus der Tiefe aufsteigt und irgendwo im Bergleibe das Kaltwasser anwärmt; ob sie nun eine trockene Wärme ist oder heißen Wasserdampf als Träger benützt, vermögen wir derzeit nicht zu entscheiden. Auch über die Herkunft des Schwefels vermag ich keine Meinung zu äußern."

STINI ist in seinen Äußerungen unglaublich vorsichtig; doch die Anschauung, daß trockne Wärme oder Wasserdampf die Erwärmung besorgt, ist auf Grund der Erfahrungen an anderen Thermalwässern, die mit Störungszonen zusammenhängen, kaum wahrscheinlich.

Die gesamte Geologie dieses Gebietes läßt vielmehr den Schluß zu, daß die versickernden Niederschlagswasser aus einem größeren Einzugsgebiet stammen (Kalkalpen) und in große Tiefe absinken, an der Basis mit gipsführenden Werfener Schichten in Berührung kommen und an benachbarten Störungs-(Kluft-)zonen, die im Hauptdolomit im reichen Ausmaß vorhanden sind, aufsteigen.

Wenn auch die Austritte nicht an der Bruchlinie selbst erfolgen, sondern in Kluftzonen, so darf die Bedeutung des Badener Bruches nicht vernachlässigt werden. Er bewirkt eine Stauung des aufsteigenden Wassers, das an den Kreuzungsstellen der Bruchzone mit den Klüften zum Austritt kommt.

Bad Gastein. Die radioaktiven Thermalwässer von Bad Gastein wurden auf S. 286 besprochen. Die Wärme scheint vor allem, wie der Heilstollen von Böckstein beweist, durch die Radium-Emanation verursacht zu sein. Die Temperatur beträgt 48 bis 49 °C.

Die Thermalquellen von Aachen. In Aachen-Burtscheid kommen Thermalwasser bis zu 73 °C zutage. Sie werden wegen ihres Gehaltes an Na, HCO_3Cl und Schwefelverbindungen zu den alkalisch-muriatischen Schwefelthermen gestellt.

Die Thermalwässer treten aus devonischen Kalken aus, die in zwei Lagen, die 150 m entfernt sind, mit SW—NE-Streichen anstehen. Dazwischen liegen Schieferpartien, die zuweilen Kalkknollen enthalten. Diese Schichtserie ist stark gefaltet und geklüftet. Entsprechend den zwei Kalkzügen bestehen zwei Quellgruppen, die Aachener und die Burtscheider Thermalquellen.

Zu den Aachener Thermalwässern gehören drei Quellen mit 53,2 °C, zu den Burtscheider Thermalquellen fünf mit 68,1 °C.

Bad Nauheim besitzt Natrium-Chlorid-Säuerlinge mit 30 bis 34 °C, sie gelten daher als Thermen (Abb. 186).

Die wertvollen Quellen sind durch eine SW nach NE verlaufende Verwerfung bedingt. Die unterdevonischen Quarzite und Tonschiefer des Taunus werden durch eine Bruchzone von klüftigen Kalken des Mitteldevons getrennt. Diese Schichten sind von eiszeitlichen Schottern überdeckt und führen Grundwasser.

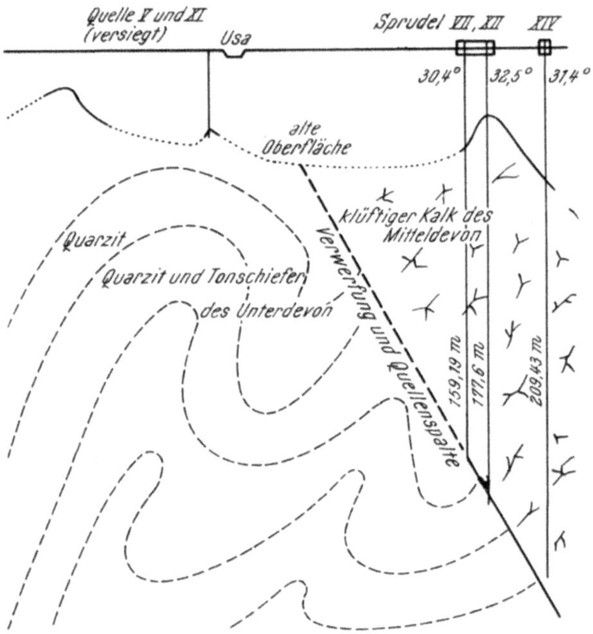

Abb. 186. Geologischer Schnitt durch das Quellengebiet von Bad Nauheim (nach WAGNER)

An dieser Verwerfung steigen die mit Kohlensäure beladenen Mineralwässer auf und wurden durch Bohrungen in verschiedenen Tiefen an die Oberfläche gebracht.

Das Einzugsgebiet für das Wasser, es ist zum größten Teil vadoses Wasser, ist mit Sicherheit nicht erkennbar; man vermutet es im Rhön-Vogelsbergareal. Es versickert in große Tiefe, nimmt die Temperatur der Erdwärme an, vermischt sich mit Kohlensäure, die den Auftrieb bewirkt.

Die Heilwässer werden durch Bohrungen aus verschiedener Tiefe (160 bis 209 m) entnommen. (MICHELS 1926, SCHÖNHALS 1933.)

Die Thermal-Natrium-Chlorid-Wässer von Wiesbaden (MICHELS 1954). Die Thermalquellen von Wiesbaden entspringen aus einem SW—NE streichenden Störungssystem am Südrand des Rheinischen Schiefergebirges. Die Wässer treten nicht direkt an der Hauptverwerfung aus, sondern auf Parallelsystemen innerhalb des alten Gebirges im Serizitgneis. Der Auftrieb erfolgt nicht gleichmäßig auf der ganzen Spalte, sondern anscheinand nur dort, wo Querstörungen die Hauptstörung schneiden. Bisher sind 27 Quellen gefaßt, wovon die östlichste, der Hochbrunnen, eine Temperatur von 67 °C hat und rund 500 m³/Tag schüttet. Die SW-Quelle zeigt 49 °C.

Über die Herkunft der Therme wird folgende Auffassung vertreten: es handelt sich um Niederschlagswasser, das in Klüften und Spalten in die Tiefe dringt durch die Erdwärme erwärmt wird und dann konzentriert an der Hauptstörung aufsteigt.

Thermalquellen treten verhältnismäßig häufig auf und sind meist mit auffallenden Störungszonen zu verbinden, z. B.

Salzuflen:	einige Quellen mit 21,6 bis 27 °C
Oeynhausen:	einige Quellen mit 30 bis 35 °C
Ems:	bis 49 °C
Soden:	34 °C
Krozingen:	40,2 °C

D. Verschiedene Begleiterscheinungen bei Heilwässern

I. Die Quellabsätze

1. Mineralische Absätze

Die im Wasser gelösten mineralischen Stoffe werden oft in den unterirdischen Wasserwegen, in den Fassungsanlagen und Leitungen abgelagert. Es handelt sich hauptsächlich um *Calciumcarbonat* (Kalk oder Aragonit $CaCO_3$), um *Eisenhydroxyd, Kalziumsulfat* ($CaSO_4 + 2\,H_2O$), *Schwefel* und *Steinsalz* (NaCl). Es können aber auch mitgeführte Feinstteilchen (Schlamm, Sand) zum Absatz kommen.

Verursacht werden die Ausscheidungen meist durch Abnahme des CO_2-Gehaltes, wodurch die Lösungskraft verringert wird und das Hydrocarbonat in Carbonat übergeht, das zur Ausfällung kommt. Auch die Verdunstung bewirkt die Ablagerung mineralischer Salze, so daß sich besonders bei aufwallenden Quellen Sinter bilden. Ebenso fördert die Abkühlung (z. B. an den Wänden der Rohrleitungen) die Ausscheidung.

Die Eisensäuerlinge setzen an der Quelle oder nahe der Ausflußöffnung rostig gelbliche Niederschläge in Form von Eisenhydroxyd ab. Der Prozeß der Umwandlung beginnt mit der Berührung des Mineralwassers mit dem Sauerstoff der Luft.

Solche *Eisenhydroxydausscheidungen* markieren oft den Austritt von Säuerlingen, z. B. in der Nähe des Säuerlings von Sauerbrunn bei Stainz zeigen die Stainzer Plattengneise feine, streifenförmige rostige Belage, die von kleinen Säuerlingsaustritten stammen. Auch im Granit von Ebriach sind Spalten, aus denen Säuerlinge aufperlen, durch rostige Krusten gekennzeichnet.

Besonders auffallend sind die Ausscheidungen im Thermalwasser von Karlsbad. Die *Krustenbildungen* bestehen aus Aragonit, der durch streifenförmige Eisenhydroxydablagerungen eine Bänderung zeigt. Es kommt auch zur Ausscheidung von Erbsensteinen, das sind kleine Kugeln aus Sand, die durch Aragonit verkittet sind. Die Sinterbildungen wachsen so rasch, daß jährlich 30 m³ mit der Spitzhaue abgebrochen werden (Prinz-Kampe).

Ablagerungen aus Kieselsäure (Opal-Chalcedon) treten besonders an den Geysiren Islands und Nordamerikas (Yellowstone-Park) in Erscheinung. Die Ausscheidung erfolgt durch Temperaturerniedrigung, wodurch die Lösungskraft abnimmt (warme Wasser lösen mehr Salze auf als kalte).

Diese aus Quellen ausgeschiedenen Sinterablagerungen (Aragonit, Kalk) können oft zu ansehnlicher Mächtigkeit anwachsen und merkwürdige Formen, Stufen, Terrassen, Kegel, bilden.

2. Die Bedeutung der Quellablagerungen (= Sinterbildung)

Die Ausscheidungen der Mineralwässer können die Rohre und Ausflußöffnungen derart verlegen, daß der Durch- bzw. Abfluß verengt wird. Zeitweise Reinigung ist daher erforderlich. Anderseits können durch Versinterung Zuflüsse verlegt werden, so daß Schwankungen der Ergiebigkeit oder des Chemismus eintreten. So ist z. B. der Karlsbader Sprudel von einer mächtigen Aragonitschale umgeben, so daß seitliche Zuflüsse unterbunden werden.

Auch die Badener Schwefelthermen haben sich mit solch einem Schutzpanzer aus Calciumcarbonat umgeben, so daß das anschließende Grundwasser nicht eindringen kann.

3. Schlammabsätze

Die Mineralwässer können manchmal Feinstteilchen (Schlamm) mitbringen, die eine besondere Anreicherung an mineralischen Stoffen oder radioaktiven Emanationen besitzen.

Die Schlammteilchen stammen entweder aus der Tiefe und werden vom Wasser aus den unterirdischen Wasserwegen mitgerissen oder kommen von der Oberfläche aus hinein.

So setzt sich in den radioaktiven Thermalquellen von Gastein der Reissacherit ab, ein Mineralschlamm, der durch die besondere Anreicherung von Radiumgehalt gekennzeichnet ist.

In *Pistyan* (Slowakei) liefert die Therme radioaktive, sulfatische, schwefelwasserstoffführende Bitterwässer, die aus kleinen, kraterförmigen, Öffnungen hervortreten. Sie führen Schlamm mit, der die mineralischen Stoffe anreichert, an der Oberfläche durch die Überschwemmungsablagerungen des Waagflusses biochemisch verändert wird und besondere Heilkraft besitzt.

Von einer besonderen Schlamm-Thermalquelle berichten PRINZ und KAMPE. In *Heviz* (Ungarn) entspringt eine Thermalquelle mit 1000 l/sec, die sich in einen Teich von 5 ha Größe mit trichterförmigem Profil ergießt. Die 36 °C heiße Quelle stößt aus 36 m Tiefe empor und bringt das Wasser ständig in Bewegung. Der Teich liegt in einem Torfbecken, dessen Unterlage 5 bis 6 m mächtige Tone bilden. Durch sprudelnde Bewegungen wird der Torf mit den mineralischen Stoffen durchsetzt, so daß der Schlamm („Hevizer Kleie") für Heilzwecke Verwendung findet. Die Radioaktivität beträgt 44 M. E., der Mineralgehalt beträgt 0,5166 g im Liter.

II. Veränderungen der Mineralwässer

Die Mineralwässer zeigen häufig Änderungen in der Ergiebigkeit, im Chemismus, in der Temperatur und im Druck. In den meisten Fällen handelt es sich um geringfügige Veränderungen, die kurzfristig in mehr oder minder regelmäßiger

Zeitfolge auftreten. Es gibt jedoch auch Fälle, wo Veränderungen im günstigen, wie auch im ungünstigen Sinne längere Zeit andauern oder überhaupt von Dauer bleiben.

Damit rechtzeitig den Ursachen der verschiedenen Abweichungen nachgegangen werden kann, sind ständige Messungen der Ergiebigkeit, der Temperatur und des Druckes, sowie chemische Überprüfungen erforderlich (Kontrollanalysen).

Veränderungen der Ergiebigkeit und damit auch des Chemismus können erfolgen:

1. durch Niederschläge,
2. durch Zutritt von unterirdischem Süßwasser,
3. durch Abfließen in neue unterirdische Wasserwege,
4. durch Luftdruckänderungen,
5. durch Veränderungen des Gasdruckes,
6. durch Erdbeben,
7. durch Versinterung der Austrittstelle,
8. durch künstliche Eingriffe.

1. Durch Niederschläge

Heilquellen, die aus großer Tiefe kommen, z. B. aus Bruch- und Zerrüttungszonen, zeigen selten eine direkte Auswirkung der Niederschläge. Die unterirdischen Wasserwege sind meist derart lang, so daß die damit verbundene Speicherung in den Klüften längere Trockenzeiten ohne nennenswerte Ergiebigkeitsänderungen überdauert oder erst nach Wochen und Monaten geringe Schwankungen bemerkbar sind, z. B. Gastein.

Anders ist es jedoch mit Mineralwässern, die seicht liegen und mit dem Einzugsgebiet direkt in Verbindung stehen, z. B. bei oberflächennahen Gips- und Steinsalzlagen. Sie zeigen oft bedeutende Ergiebigkeitsschwankungen, die mit Veränderungen der Niederschläge zu verbinden sind.

Die Säuerlinge, deren Kohlensäure in das Grundwasser von Lockerablagerungen eindringt, zeigen in der Ergiebigkeit oft auch deutliche Zusammenhänge mit den Niederschlägen, deren Auswirkungen Veränderungen in der Konzentration nach sich ziehen.

Unangenehmer können die Ergiebigkeitsveränderungen sein, wenn in dem Grundwasserpolster, der die aus der Tiefe austretende Kohlensäure aufnimmt, durch Naturkatastrophen, wie Rutschungen, Anrisse durch Bäche usw. Veränderungen im Grundwasserstand entstehen. Auch Grabungen, Aufschließen von Süßwasserquellen im Einzugsgebiet können den Grundwasserhaushalt beeinträchtigen.

2. Durch Zutritt von unterirdischem Süßwasser

Es kann vorkommen, daß in die unterirdischen Wasserwege, besonders in stark geklüfteten Gesteinen, weniger mineralisierte oder Süßwässer eindringen, zum Mineralwasser gelangen und dessen Ergiebigkeit erhöhen. Nachdem damit eine Verminderung der Konzentration verbunden ist, besteht in der Vermehrung der Ergiebigkeit kein Vorteil. Die Behebung dieser Erscheinung ist nicht immer leicht. Wenn der Bewegungsmechanismus des Heilwassers bekannt ist, Bohrprofile vorliegen, allenfalls die Stockwerke mit den Mineralwässern unterschieden werden können, so besteht die Möglichkeit, durch entsprechende Vorkehrungen die Süßwassereintritte abzuriegeln.

Wenn Kohlensäure ins Grundwasser eindringt, so können oft Grundwasserschwankungen die Ergiebigkeit und den Kohlensäuregehalt ändern. Eine Entnahme des kohlensäurehaltigen Wassers aus möglichst tiefliegenden Grundwasserhorizonten kann manchmal Abhilfe schaffen.

3. Durch Abfließen in neue unterirdische Wasserwege

Die Gesteine, durch die die Heilwässer hindurchwandern, sind von Klüften und Spalten durchsetzt, die durchaus nichts Stabiles darstellen, sondern Veränderungen durch chemische und mechanische Kräfte unterworfen sind. Durch Stauungen des unterirdischen Wassers, durch Abbröckeln von Gesteinsteilchen, durch Erweiterungen bestehender Hohlräume u. a. können alte unterirdische Wasserwege verlegt und neue gangbar gemacht werden. Erdfälle in Gipsablagerungen, Auflösungserscheinungen in Kalkgesteinen (z. B. im Muschelkalk) führen manchmal zu Änderungen der Ergiebigkeit.

Die Behebung derselben ist meist schwer durchzuführen, weil der Mechanismus nicht immer mit Sicherheit zu erkennen ist; es wird in solchen Fällen eine Neuaufschließung nötig sein, wobei aber besonders die Beschaffenheit des Gesteins und die tektonische Beanspruchung (Klüftung, Störungszonen u. a.) zu berücksichtigen sind.

4. Durch Luftdruckänderungen

Der Luftdruck übt sehr oft, besonders bei gasreichen Quellen, einen Einfluß auf die Ergiebigkeit aus. Hoher Luftdruck vermindert, geringer Luftdruck erhöht sie. Sehr klar kam dies beim Schloßbrunnen von Karlsbad zum Ausdruck, wo jeder Tiefstand des Luftdruckes eine Erhöhung der Ergiebigkeit bedingte.

In Bad Nauheim wurde 1839 ein Bohrloch niedergebracht, das aber 1841 wegen zu schwacher Sole und geringen Auftriebes eingestellt wurde. Am 21. und 22. 12. 1946 brach zur Zeit, als über Nauheim auffallend niedriger Luftdruck herrschte, plötzlich aus dem Bohrrohr ein starker Solesprudel hervor.

Auch in Bad Gleichenberg konnte man Zusammenhänge zwischen Luftdruck und Ergiebigkeit erkennen.

5. Durch Veränderungen des Gasdruckes

Der Gasdruck der Kohlensäure kann ebenfalls Veränderungen in der Ergiebigkeit und im Chemismus bewirken. Die Kohlensäure dringt aus der Tiefe nicht immer gleichmäßig empor, sondern oft stoßweise und in wechselnder Konzentration (kohlensäurereiche und -arme Wässer). Nun können durch den Gasdruck neue Wege eingeschlagen werden und neue Austrittstellen entstehen, so daß die Ergiebigkeit der alten Quelle zurückgeht. Ebenso ist auch der umgekehrte Fall möglich, die Wegsamkeit wird verbessert und der Zustrom vergrößert, so daß die Ergiebigkeit und Konzentration zunehmen.

Regelmäßige Messungen des Gasdruckes mittels Manometer sind daher empfehlenswert.

6. Durch Erdbeben

Auch Erdbeben rufen Veränderungen im Gefüge der Gesteine hervor, besonders in solchen, die reich an Klüften sind. Bestehende Wege können verlegt und neue geöffnet werden, so daß die Ergiebigkeit zunehmen, jedoch auch abnehmen kann.

Bosnische Heilquellen erfuhren durch ein Erdbeben im Jahre 1926 eine wesentliche Steigerung der Schüttung (Kampe).

R. Hoernes (1910/11) berichtet, daß durch Erdbeben die Mineralwässer in der ehemaligen Untersteiermark Veränderungen in der Ergiebigkeit erlitten haben.

7. Durch Versinterung der Austrittsstelle

Die Versinterung der Quellen, besonders in der Nähe der Austrittstelle, kann eine Ergiebigkeitsverminderung oder sogar eine vollständige Drosselung der Quelle zur Folge haben.

Je mehr die Austrittstelle versintert, um so kleiner wird die Öffnung, desto größer wird jedoch der Druck des austretenden Wassers. Je rascher es aber ausfließt, desto weniger Sinter kann sich bilden und es wird dann kaum zum Versiegen der Quelle kommen. Doch kann auch der Fall eintreten, daß durch die Verengung der Austrittstellen Stauungen auftreten und das Wasser in benachbarten Wegen, die meist vorhanden sind, einen Ausweg sucht, so daß die Ergiebigkeit abnimmt.

Über einen besonderen Fall von Versinterung berichtet Kampe (1934). Durch Versinterung der Austrittstellen stieg der Druck derart an, daß sich das Wasser an einer Stelle mit geringem Widerstand explosionsartig einen Ausweg verschaffte.

8. Durch künstliche Eingriffe

Künstliche Eingriffe verursachen oft Veränderungen in der Ergiebigkeit und im Chemismus des Heilwassers.

Sprengungen in der Nähe der Heilquellen können zur Verlegung von Wasserwegen führen, besonders wenn stark geklüftete Hartgesteine vorliegen. Steinbrüche in der Nähe von Mineralquell-Austritten bedeuten stets eine gewisse Gefahr und sind bei der Aufstellung der Schutzgebiete zu berücksichtigen.

Bohrungen in der Nähe von Heilquellen bedürfen einer gewissenhaften hydrogeologischen Überlegung. Falsch angesetzt führten sie mehrmals schon zum Versiegen vorhandener Entnahmestellen. Es sind nicht nur die Gesteinsverhältnisse, die Lagerungsformen, die Störungszonen zu berücksichtigen, sondern auch die Strömungsrichtung der unterirdischen Wässer.

Besondere Vorsicht ist bei Säuerlingen geboten, die in ein Grundwasserfeld einmünden. Durch die Errichtung neuer Brunnen (Kessel- oder Rohrbrunnen) entsteht durch das Abpumpen bzw. durch die Entnahme ein Absenkungstrichter, der die Ergiebigkeit des benachbarten Brunnens beeinflussen kann.

Sehr empfindlich sind Heilwässer, die artesisch aus der Tiefe kommen. Durch die starke Beanspruchung tritt fast bei allen mit der Zeit eine Abnahme ein. Durch Bohrungen in unmittelbarer Nähe bis zum gleichen Horizont können bedeutende Ergiebigkeitsabnahmen und auch ein Nachlassen des Druckes eintreten. Neue Aufschließungen, die eine Vergrößerung der Wasserwege erreichen sollen, sind daher stets in größerer Entfernung vom bestehenden Brunnen vorzunehmen.

Empfindliche *Störungen* können *Bergbaue* in der Nähe von Mineralquellen verursachen. Darüber bringt KAMPE von den *Teplitzer Thermen* ein lehrreiches Beispiel (LOCKE 1899, SUESS 1893, STUR 1888). Die heißen Quellen kommen aus einem Porphyrstock mit Basaltdurchbrüchen, sind also vulkanischen Ursprungs und steigen an einer Bruchzone empor. In der Nähe, etwa 6 km entfernt, liegt Tertiär mit Braunkohlen, die abgebaut wurden und die direkt an den Verwurf anstoßen. Als man im „Dollingerschacht" (1879) diesem nahe kam, erfolgte ein katastrophaler Wassereinbruch, der in 5 Tagen die ganze Grube überschwemmte. 64 Stunden darnach versiegte die Therme. Durch schwierige Ab-

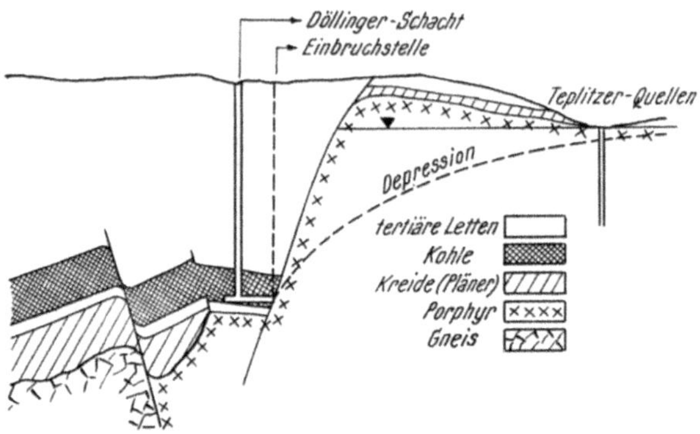

Abb. 187. Schädigung der Teplitzer Thermen durch den Wassereinbruch im Dollinger Schacht (nach KAMPE 1934)

dämmungsarbeiten im Stollen sperrte man den weiteren Abfluß ab und die Teplitzquelle stieg wieder bis 1,6 m unter dem früheren Niveau (Abb. 187).

Im Jahre 1887 erfolgte ein zweiter Wassereinbruch im benachbarten Viktoriaschacht ,und zwar in Form eines Sohlenaufbruches; auch diesmal zeigte die Quelle empfindliche Rückgänge in der Ergiebigkeit. Die Abdämmungsarbeiten gestalteten sich schwierig, die Einbruchstelle mußte mit Beton ausgefüllt werden.

Obwohl strenge Schutzvorschriften erlassen wurden, ereigneten sich im Jahre 1892 und 1897 weitere Einbrüche, welche die Quellen in Mitleidenschaft zogen.

Die *Karlsbader Therme* wurde durch einen in der Nähe liegenden Braunkohlenbergbau ebenfalls in Mitleidenschaft gezogen. Im Jahre 1901 zeigte sich ein geringer, jedoch stetiger Rückgang in der Ergiebigkeit. Es stellte sich heraus, daß in dem 15 km entfernten Braunkohlenbergbau ein Einbruch von warmem Wasser erfolgte. Der Zusammenhang zwischen der Thermalquelle und dem Bergbau konnte schwer erbracht werden, denn viele Gründe, wie Chemismus, Druckverhältnisse sprachen dagegen. Erst als durch Aufstau des Einbruchswassers (Ersäufen der Grube) die Ergiebigkeit der Karlsbader Therme nach 3 Monaten wieder zunahm, ersah man klar die Zusammenhänge.

In *Bad Ems* bestehen etwa 30 Quellen, die Natrium-Hydrogencarbonat-Chlorid-Säuerlinge mit Temperaturen bis 49 °C zutage bringen. Sie treten aus stark geklüfteten Emserquarziten aus, die in einem gefalteten devonischen Schichtpaket liegen (DENNER 1958).

Westlich von Bad Ems finden sich im sogenannten Emser Gangzug Blei-Zink- und Silbererze, die in zahlreichen Gruben abgebaut wurden. Die Erzgänge sind von Spalten, Klüften und Hohlräumen durchzogen, in denen sich das Wasser sammeln, stauen und bewegen kann, so daß mehrmals Mineralwässer im Stollen angeschnitten wurden. Sie wurden damit vom höheren Niveau in tiefere abgesümpft.

Die Ergiebigkeit der Thermalwässer ging zurück. Man behob diese Fehler durch eine Neufassung, doch es dauerte nicht lange und es traten abermals Rückgänge in der Ergiebigkeit und der Temperatur ein. In den Jahren 1908/12 versiegten die Quellen in der Brunnenhalle vollständig. Wieder wurden neue Fassungen in tiefere Horizonte durchgeführt und damit vorübergehend Besserungen erreicht. Es zeigte sich immer wieder, daß durch Tieferlegung des Bergbaues Versümpfungen eintraten und die Thermalquellen zurückgingen. Die Zusammenhänge zwischen den Erzgruben und den Thermalquellen wurden jedoch vom Bergbau nicht anerkannt, so daß keine Schutzmaßnahmen ergriffen werden konnten. Es schien, daß Bad Ems aus der Bäderliste verschwinden sollte. Doch im Jahre 1945 trat plötzlich eine Änderung ein. Die Sümpfungspumpen kamen wegen Stromunterbrechung zum Stillstand, die Gruben ersoffen. Das Wasser stieg in den Stollen und Schächten anfangs sehr rasch, dann allmählich langsamer hoch. bis in den Jahren 1948/49 der alte Zustand wieder erreicht wurde. Die Quellen treten nun wie früher mehrere Meter über dem Lahnspiegel aus. Es war damit eindeutig der Beweis erbracht, daß der Bergbau die Ursache des Ergiebigkeitsrückganges in den Thermalquellen war.

Auch bei Stollenbauten für E-Werke, die im Gebiet mit Heilquellen errichtet werden, ist Vorsicht geboten. So brach z. B. im E-Werksstollen bei Lend (Salzachtal) eine große Menge Thermalwasser ein. Es tauchte auch sofort die Vermutung auf, daß Zusammenhänge mit den Thermalquellen von Gastein bestehen könnten, was sich zum Glück nicht bewahrheitete.

9. Temperaturänderungen

Nahezu alle Mineralwässer, auch die Thermalwässer, weisen stets Temperaturschwankungen auf, die regelmäßig auftreten und in den meisten Fällen von geringer Bedeutung sind. Besonders dort, wo Mineralwasser mit oberflächennahem Grundwasser in Berührung kommt, sind sie deutlich erkennbar. Es ist auffallend, daß die meisten Säuerlinge in Österreich, die aus kristallinen Gesteinen austreten, nur Temperaturen von 6 bis 12 °C haben; es zeigt sich eine deutliche Beeinflussung durch oberflächennahes Grundwasser.

Auffallend größere Temperaturabweichungen sind aber stets zu beachten; sie besagen, daß irgendwelche Veränderungen vor sich gegangen sind. Temperaturabnahme läßt den Schluß zu, daß kaltes Wasser eingedrungen ist, das meist auch eine Steigerung der Ergiebigkeit bedingt, leider dann aber auch eine Verdünnung der Konzentration. Temperaturerhöhungen stellen sich ein, wenn Thermalwässer aus anderen Kluftsystemen zum Durchbruch kamen.

Es ist daher empfehlenswert, an Mineralwässern regelmäßig Temperaturmessungen vorzunehmen. Sie erfolgen gewöhnlich am Auslauf der Quelle, deren Temperatur für den Kurgebrauch in Betracht kommt. Diese Messung hat den Vorteil, daß bei Änderungen auch Leitungsschäden in Erwägung gezogen werden können. Für wissenschaftliche Zwecke jedoch empfiehlt sich, die Temperatur direkt an der Austrittstelle zu messen.

10. Änderungen des Chemismus

Meist sind auch mit Änderungen der Ergiebigkeit solche im Chemismus verbunden. Ergiebigkeitserhöhungen führen häufig zum Nachlassen der Konzentration, Rückgänge zeigen dagegen oft eine höhere Konzentration des Heilwassers an.

Der Chemismus kann sich auch mit der Zeit ändern, wenn in den Mineralanhäufungen, welche die Salze liefern, Abweichungen eintreten. Es können längs der unterirdischen Wasserwege die Angriffsflächen an die lösbaren Mineralien zu- oder abnehmen; es kann auch zur vollständigen Auslaugung der vorhandenen Salze kommen, oder umgekehrt größere Lagerstätten mit der Zeit erschlossen werden.

Änderungen des Chemismus treten auch ein, wenn neue Wasserwege Süßwasser zubringen, so daß die Konzentration vermindert wird. Kontrollanalysen sind daher unbedingt erforderlich (Heilwassergesetz).

III. Das Schutzgebiet für Heilwässer

Das Schutzgebiet hat die Aufgabe, das Wasser vor Verunreinigungen und vor unbefugter Entnahme in der Nachbarschaft zu schützen.

Meist wird es in ein *engstes*, *weiteres* und *erweitertes* Schutzgebiet eingeteilt und für jeden Teil werden besondere Schutzmaßnahmen erlassen. In Österreich bedarf es der Genehmigung durch die Landesregierung.

Der Schutz vor Verunreinigungen bereitet meist keine Schwierigkeiten; kommen die Heilwässer aus Tiefen unter 10 m, d. h. erfolgt die Fassung durch Rohr- oder Kesselbrunnen und besteht über den Wasseraustritten eine entsprechende Deckschicht (Lehme, Tone), dann ist von der Oberfläche aus eine geringe Verunreinigungsgefahr gegeben. Es ist lediglich die Fassungsstelle entsprechend zu sichern. Liegt diese jedoch oberflächennahe bis 10 m unter Terrain und fehlen die nötigen Deckschichten, dann ist die Aufstellung eines *engsten Schutzgebietes*, das zu umzäunen ist und nicht betreten werden darf, unerläßlich.

Vielfach liegen die Heilquellen mitten im Badeort oder im Kurpark und es ist kein Schutzgebiet ersichtlich. Dies ist meist dann zu billigen, wenn die Heilwässer erbohrt wurden und aus Tiefen unter 10 m austreten. Es besteht also keine Verunreinigungsgefahr. Auch Heilwässer, die aus der Tiefe aus artesisch gespannten Wasserhorizonten emporsteigen, also 100 m und mehr unter Tag liegen, können von der Oberfläche aus nicht verunreinigt werden. Es ist nur die Fassungsanlage entsprechend auszubauen, daß keine Verunreinigungen zum Wasser gelangen können.

Das weitere und erweiterte Schutzgebiet hat vor allem die Aufgabe, die *Ergiebigkeit* der bestehenden Entnahmestellen zu schützen. Es soll dadurch verhindert werden, daß in der Nachbarschaft Eingriffe in den Boden erfolgen, welche die Schüttung der bestehenden Quellen vermindern könnten. Es handelt sich gleichzeitig um einen wirtschaftlichen Schutz, denn es soll damit auch verhindert werden, daß in unmittelbarer Nähe ein neuer Badeort oder eine Entnahmestelle ausgebaut wird, welche dem bestehenden wirtschaftlich schaden könnten.

Die Abgrenzung dieses Schutzgebietes erfordert gewissenhaft durchgeführte hydrogeologische Untersuchungen; da aber vielfach Angaben fehlen oder nicht zu erbringen sind, stößt die Grenzziehung auf Schwierigkeiten. Es werden daher, um ja sicher zu gehen, zu große Schutzgebiete festgelegt. Es kommt aber auch vor, daß die Umgrenzung zu klein ist und die hydrogeologischen Verhältnisse unberücksichtigt bleiben.

Für die Abgrenzung des weiteren und erweiterten Schutzgebietes gelten folgende Anhaltspunkte:

1. Das Einzugsgebiet, das die Niederschläge dem Untergrund zuführt.
2. Der Gesteinskörper, der die mineralischen Stoffe liefert.
3. Die unterirdischen Wasserwege.
4. Die Lagerungsformen (Sattel, Mulden, Klüfte, Bruchzonen).
5. Die Tiefenlage der Entnahmestelle.

Verhältnismäßig einfache Fälle liegen bei den *Gips- und Steinsalzquellen* in den Ostalpen vor, wo der Gipskörper und das Wassereinzugsgebiet genau umgrenzt werden können. Es geht dann hauptsächlich darum, daß zwischen Gips und der Entnahmestelle der Gipswässer Grabungen, Entnahme von Wasser jeder Art (auch Süßwasser) zu untersagen sind. Herrscht im allgemeinen Wassermangel, dann können auch im Wassereinzugsgebiet Einschränkungen der Süßwasserentnahme auferlegt werden.

Bei *artesischen Heilwässern* sind Bohrungen bis zum gleichen mineralwasserführenden Horizont in einem Umkreis, der sich nach der Ergiebigkeit und Lagerungsform dieser Schicht richtet, zu untersagen.

Sehr viele Streitfragen haben die *Schutzgebiete* im oststeirischen und burgenländischen Säuerlingsgebiet gebracht. Wir müssen dort zwei Gruppen *von Säuerlingen* unterscheiden: 1. Säuerlinge, die im obersten oberflächennahen Grundwasser einmünden, und 2. Säuerlinge, die in verschiedenen Tiefen in tertiaren Sanden erbohrt wurden.

Bei der ersten Gruppe liegen einzelne punktförmige Austrittstellen von CO_2 vor, von denen aus das Gas ins Grundwasser einströmt, so daß mit der Entfernung von dieser Austrittstelle der Kohlensäuregehalt abnimmt.

In diesem Fall ist meist ein größeres Schutzgebiet notwendig, das vor allem verhindert, daß aus dem Grundwasser größere Mengen von Süßwasser oder schwach kohlensäurehaltigem Wasser entnommen werden. Das Schutzgebiet wird daher bei diesen Fällen das Grundwasserfeld des Talbodens umfassen. Besonders ist darauf zu achten, daß aufwärts des Grundwasserstromes keine wesentliche Entnahme erfolgt.

In Sulz bei Güssing liegen drei Kohlensäureaustritte vor, wovon einer, die Vitaquelle, wirtschaftlich ausgenützt wird. Die zweite Quelle liegt etwas abwärts des Grundwasserstromes, die dritte aufwärts. Es erwies sich als notwendig, auch die zweite und dritte Austrittstelle ins Schutzgebiet einzubeziehen, weil nur ein sehr gering mächtiger, langsam fließender Grundwasserstrom im Feinsand vorliegt, so daß eine Entnahme beim dritten eine Ergiebigkeitsabnahme beim zweiten Brunnen zur Folge haben könnte. Die Schutzgebietsgrenzen sind im allgemeinen durch den Talverlauf gegeben.

Liegen die Säuerlinge in tertiären Sanden, dann ist die Abgrenzung des Schutzgebietes nicht immer mit Sicherheit durchzuführen. Anhaltspunkte geben allenfalls Profile des Nachbargebietes, aus denen man vielleicht die gleichen Horizonte ersehen kann.

Die *Säuerlinge im Kristallin* der Ostalpen (Talheim, Preblau, Fentsch u. a.) perlen aus den Klüften der kristallinen Gesteine aus und sind von mehr oder minder mächtigen Schotterpolstern bedeckt, welche die Wasserspeicher für die Kohlensäure darstellen. Diese Schotterpolster sind unbedingt in das Schutzgebiet einzubeziehen. In diesem Gebiet ist die Entnahme von Süßwasser (Fassung von Süßwasserquellen), ferner Grabungen, Straßenbauten, die Errichtung von Schotter-Sandgruben, die Ableitung von Abwässern zu verbieten.

Vielfach richtet sich die Abgrenzung des Schutzgebietes nach den Störungszonen und nach der Strömungsrichtung des Grundwassers. CARLÉ hat z. B. für Mergentheim ein Schutzgebiet abgegrenzt, das die wasserführenden Schotter erfaßt, die von Störungen begrenzt werden. Ebenso ist das Schutzgebiet für die Heilwässer in Salzuflen durch die N—S verlaufende Störungszone bestimmt. Auch Thermalwässer, die aus markanten Bruchzonen austreten (Baden bei Wien, Wiesbaden, Aachen u. a.) können durch Schutzgebiete längs der Störungszonen bis zu einem gewissen Grade geschützt werden. Das Einzugsgebiet, das jedoch in weiterer Entfernung liegt und nicht immer mit Sicherheit bekannt ist, bleibt in den meisten Fällen ungeschützt. Das mutmaßliche Einzugsgebiet sollte aber trotzdem ständig unter Beobachtung gehalten werden, daß nicht durch Bergbaue, Steinbrüche, größere Siedlungen Schädigungen des Heilwassers entstehen.

Im allgemeinen sind im weiteren und erweiterten Schutzgebiet *folgende Einschränkungen* geboten:

1. *Bohrungen und Grabungen* sind von einer bestimmten Tiefe an, die sich nach dem wasserführenden Horizont richtet, zu untersagen. Werden trotzdem in diesem Schutzgebiet Mineralwässer gefunden, so unterliegt die wirtschaftliche Nutzung der Genehmigung der Wasserrechtsbehörde im Einvernehmen mit dem Besitzer der bestehenden Heilquelle.
2. *Bergbaue* im Tag- oder Stollenbau sind im Schutzgebiet zu untersagen.
3. *Steinbrüche* bedürfen einer besonderen wasserrechtlichen Genehmigung.
4. *Treibstoffanlagen*, Lagerplätze von chemischen Stoffen, Teeren usw. sind dort in den meisten Fällen nicht zu gestatten.
5. Die *Abwasserfrage* ist so zu gestalten, daß keine Verunreinigung des Mineralwassers möglich ist.
6. *Straßenbauten* sind mit dem geologischen Bau in Übereinstimmung zu bringen, so daß für das Heilwasser keine Schädigungen entstehen können.

Da das Schutzgebiet für die Grundeigentümer Einschränkungen auferlegt, so ergeben sich oft Entschädigungsansprüche, die vielfach bei der Abgrenzung zu berücksichtigen sind.

IV. Aufschließung neuer Mineralquellen

Es erhebt sich sehr oft die Frage nach neuen Heilwässern; besonders Fremdenverkehrsorte ersehnen eine Heilquelle und so taucht immer wieder das Ansuchen auf, nach einer solchen zu suchen.

Sehr oft benötigen bestehende Heilbäder wegen der steigenden Zahl der Kurgäste eine Erhöhung der Ergiebigkeit.

Diese Probleme können nicht durch Wünschelrutengänger und durch einfaches Probieren gelöst werden, sondern bedürfen einer geologischen Untersuchung.

Es muß ausdrücklich festgestellt werden, daß die Mineral-Heilwässer mit den Gesteinen und deren Lagerung zusammenhängen und daher Forschungsgegenstand der Hydrogeologie sind.

1. Neuaufschließungen

Handelt es sich um die Aufschließung von Mineralquellen, so ist vor allem die Frage zu erörtern, ob in dem zu untersuchendem Gebiet leicht lösbare Mineralanhäufungen vorhanden sein können. In den meisten Fällen geben die geologischen Karten irgendwelche Anhaltspunkte, doch gibt es immer wieder Überraschungen, so daß man im vorhinein auf keinen Fall eine absolut verneinende Antwort geben kann.

Die bekannten Mineralwässer zeigen deutlich, daß sie in allen Gesteinen vorkommen können. Man erkennt immer wieder, daß oft in der Tiefe Gesteine auftreten, die an der Oberfläche nicht sichtbar sind (z. B. Marmore, Erzlagerstätten), die aber Mineralwässer liefern können. Besonders die Wässer, die aus alten, verlassenen Bergbauen kommen (Arsen-, Eisenkies-, Kupferkieslagerstätten) und vielfach mit leicht löslichen Ganggesteinen (Baryt, Dolomit, Kiese, Spateisenerz, Calcit) vergesellschaftet sind, können mineralisiert sein.

Auch markante Störungszonen (Görtschitztalstörung, Pölslinie, Mürztal u. a.) stellen gewisse Hoffnungsgebiete dar. Dort könnte die chemische Untersuchung von Wässern sicher an einzelnen Stellen Erfolg haben.

Die Probeaufschließung solcher Mineralwässer bedeutet ähnlich wie bei den Erdölbohrungen trotz geologischer Vorarbeiten immer ein gewisses Risiko, denn nicht immer können durch Grabungen und Bohrungen sofort die richtigen Austrittstellen gefunden werden.

Die einfachsten und billigsten Grabarbeiten stellen *Gräben* bzw. *Röschen* dar, die seicht liegende Wasseraustritte aufschließen.

Manchmal können auch *Schächte und Kesselbrunnen* zum Erfolg führen, wenn Tiefen von 10 bis 20 m erforderlich sind.

Meist sind aber Bohrungen notwendig, die aber so beschaffen sein müssen, daß das Profil ersichtlich ist und Wasserproben entnommen werden können. Das Ansetzen von Bohrungen kann selten so erfolgen, daß schon bei der ersten Erfolge erzielt werden. Soll z. B. eine Bohrung in eine Bruchzone niedergebracht werden, so zeigt die Oberfläche meist eine mehr oder minder mächtige Bedeckung von Talschutt. Es ist daher der Ansatzpunkt nicht mit Sicherheit richtig zu bestimmen; doch sind aus den Bohrungen, die keinen Erfolg haben, wichtige Anhaltspunkte (über Chemismus, Beschaffenheit der Gesteine usw.) gewonnen worden, so daß weitere Aufschlußarbeiten mit größerer Wahrscheinlichkeit zum gewünschten Ziel führen.

Grundbedingung bei all diesen Arbeiten ist jedoch, daß das Bohrprofil nicht nur vom Bohrmeister, sondern auch vom Geologen überprüft, und wenn notwendig, petrographisch und stratigraphisch bestimmt wird.

Elektrische oder seismische Messungen können in manchen Gegenden wertvolle Anhaltspunkte für Bohrungen geben. In Kohlensäuregebieten kann die Kohlensäurebestimmung der Bodenluft (FRICKE 1957) zur Einengung der Bohrfelder beitragen.

Manchmal können auch Aufschließungen durch Stollen zu einem Ergebnis führen. Die aus Spalten, Klüften, Zerrüttungs- und Bruchzonen austretenden Wässer sind laufend chemisch zu untersuchen.

2. Vermehrung der Ergiebigkeit

Sehr oft wäre es in bestehenden Heilbädern notwendig, die Ergiebigkeit zu erhöhen. Diesem Problem kann näher getreten werden, wenn die geologischen Verhältnisse genau bekannt sind. FRICKE (1965) hat an einer Reihe von Beispielen gezeigt, daß die Mineralwässer aus Störungszonen austreten, an denen vielfach durch Bohrungen neue Zuflüsse aufgeschlossen werden können. Ich erinnere an Salzuflen, Mergentheim, Meinberg, Nauheim u. a.

Die Verbreitung und Lagerung der Gesteine, die Kluft- und Streichungsrichtungen der Bruchzonen geben wertvolle Anhaltspunkte. Das Einzugsgebiet und dessen Größe, die unterirdischen Wasserwege sind zu berücksichtigen. Liegen Lockerablagerungen vor, so sind die in Profilen erkannten wasserführenden Horizonte zu beachten. Genaue geologische Aufnahmen, in denen auch Einzelheiten wie rezente Ablagerungen, Rutschmassen usw. berücksichtigt werden, geben meist wertvolle Unterlagen.

Doch ist bei all den neuen Aufschlußarbeiten Vorsicht geboten, denn es hat sich schon oft gezeigt, daß eine neue Bohrung zwar Heilwasser zutage bringt, doch die Ergiebigkeit der benachbarten Quellen zurückgeht. Viele Heilbäder beziehen das Wasser aus mehreren Stockwerken; bei Neubohrungen sind diese zu beachten und mit denen der alten Bohrung in Beziehung zu bringen.

Vertiefungen von alten Bohrungen können sicher oft neue Heilwässer aufschließen, doch ist dabei die Schichtfolge, Schichtlagerung usw., die meist stratigraphisch bekannt sind, zu beachten.

Von den unterirdischen Wasserwegen muß man sich eine körperliche Vorstellung machen und die Verbindung mit dem Einzugsgebiet herstellen. Ergibt sich z. B., daß das Einzugsgebiet auffallend klein ist, so daß es durch bestehende Entnahmestellen bereits erschöpft wird, dann sind Neuaufschließungen meist zwecklos.

V. Einige Anregungen zu den Fassungen

Die Grundlage für die Fassung von Mineralquellen richtet sich nach den geologischen Verhältnissen der unterirdischen Wässer. Es ist ein besonderes Verdienst von R. KAMPE, dem Altmeister der Heilwasserfassung, daß er darauf immer wieder hingewiesen hat. Seinem Weitblick war es zu danken, daß die Quellen von Karlsbad und Teplitz nach den Schädigungen durch den Bergbau wieder in Ordnung gebracht wurden.

Für die Fassung von Heilwässern gibt es kein Schema, wohl gewinnt man aus bekannten Bädern wertvolle Anregungen. Doch jede Quelle, besonders die aufsteigenden, erfordert eine eigene Anpassung an die hydrogeologischen Verhältnisse. *Eine Zusammenarbeit von Quelltechniker und Geologen ist daher unerläßlich.*

Seicht liegende Heilwässer werden meist durch Schacht- und Kesselbrunnen erfaßt. Es ist dabei besonders zu beachten, daß oberflächennahe Süßwässer nicht zum Heilwasser gelangen. Der Durchmesser des Brunnens richtet sich nach der Ergiebigkeit. Bei Säuerlingen sind Durchmesser über 1 m nicht empfehlenswert, weil die Gefahr besteht, daß zuviel CO_2 entweicht. Meist werden vollkommene Brunnen gebaut, welche die gesamte heilwasserführende Schicht erfassen.

Für Entnahmestellen, die durch Bohrungen aufgeschlossen wurden, verwendet man meist Rohrbrunnen mit Löchern, wobei die Heilwasseraustritte aus verschiedenen Stockwerken berücksichtigt sind. Auf das Material ist besonders bei aggressiven Wässern zu achten.

Säuerlinge, die aus Klüften austreten, werden häufig in Trichter- und Glockenform aufgefangen. Bei zu großen Auffanggefäßen stellt sich ein Vorauseilen der Gase ein (Kampe 1933). Am günstigsten erweisen sich Trichterformen, die mit Gesteinsgrus von Erbsen- bis Haselnußgröße ausgefüllt sind.

Die Ergiebigkeit solcher aus Spalten austretenden Säuerlinge kann oft durch Vertiefung der Austrittstellen um 1 bis 3 m erhöht werden, denn der stärkere Gasdruck bringt mehr Wasser zutage.

Es besteht manchmal die Möglichkeit, daß man ein Spaltensystem, aus dem Kohlensäure austritt, durch einen Stollen unterfährt, so daß der stärker wirksame Gasdruck mehr Wasser in die Höhe treibt. Doch ist dabei besondere Vorsicht geboten, denn es kann auch der Fall eintreten, daß in der Tiefe trockene Kohlensäure austritt.

Vereinzelt können Heilwässer durch Stollen aufgeschlossen werden, z. B. Bad Gastein, Baden-Baden. Es wurde damit eine Erhöhung der Ergiebigkeit erreicht. Bei diesen Arbeiten ist jedoch das Kluftsystem zu beachten.

In diesem Zusammenhang soll nochmals ausdrücklich betont werden, daß Aufschlußarbeiten und Fassungen von Heilwässern stets nur nach Beachtung der gesamten hydrogeologischen Verhältnisse erfolgen sollen. Der Untergrund stellt kein Durcheinander dar, sondern zeigt im Material und in der Lagerung Eigenheiten, die zu berücksichtigen sind. So wie der Arzt auf Grund der Anatomie und Physiologie des Menschen Krankheiten diagnostiziert, so muß auch der Hydrogeologe die Anatomie des Untergrundes und den Mechanismus des fließenden unterirdischen Wassers erkunden und dementsprechend in Zusammenarbeit mit dem Quelltechniker die Erschrotung und Fassung festlegen.

Literatur

ABEL, G.: Der alpine Karst als Wasserspeicher. Gas-Wasser-Wärme 1950.

— Die Wasserversorgung der Stadt Salzburg und das neue Seilbahnprojekt auf den Untersberg. Mitt. Ver. Höhlenkunde Österr. 1955.

ABEL, O., und G. KYRLE: Die Drachenhöhle bei Mixnitz. Spelaeol. Mitt. Wien 1931.

ABWESER, C.: Die bodenmechanischen Grundlagen des Umspülverfahrens. Mitt. Institut f. Grundbau u. Bodenmechanik Wien 1961.

AHRENS, W.: Hydrogeologische Grundlagen der Wasserversorgung im linksrheinischen Schiefergebirge und seiner Umrandung. Abh. Reichsanst. Bodenforsch. Berlin 1944.

ALKER, A.: Der Chlornachweis bei der 2. Chlorierung des Lurbaches. Mitt. naturw. Ver. f. Steierm. 81/82, 1952.

AMPFERER, O.: Die Bohrung von Rum. Jb. geol. Bundesanst. Wien 1922.

— Geologische Erfahrungen in der Umgebung und beim Bau des Ybbstal-Kraftwerkes. Jb. geol. Bundesanst. Wien 1930.

— und H. ASCHER: Über geologisch-technische Erfahrungen beim Bau des Spullerseewerkes. Jb. geol. Bundesanst. Wien 1925.

— und K. PINTER: Über geologische und technische Erfahrungen beim Bau des Achenseekraftwerkes in Tirol. Jb. geol. Bundesanst. Wien 1927.

ANDERLE, N.: Zur Kenntnis der Grundwasserverhältnisse der Umgebung von Lienz, Villach, Klagenfurt und Wolfsberg. Jb. geol. Bundesanst. Wien 1954.

ANDRAE, H.: Hydrometrische Verfahren. Berlin: Deutscher Verlag d. Wissenschaft. 1961.

ARNDT, H.: Die geologischen Grundlagen der Wasserversorgung des rechtsrheinischen Bayerns mit besonderer Berücksichtigung der Fränkischen Alb. Abh. Reichsanst. Bodenforsch. 209, 1944.

AUERBACH, M.: Der Bodensee als Trinkwasserspender. Gas-Wasserf. 1953.

BACHMANN, G., und F. REUTER: Eine Klassifikation der unterirdischen Wässer für ingenieurgeol. Zwecke. Z. angew. Geol. Berlin 1952.

BAECK, F.: Zur Wasserversorgung der Stadt Salzburg. Amtsblatt d. Landeshauptstadt Salzburg vom 4. April 1955.

BAHLSEN, R.: Das Wasser. München: Oldenbourg. 1952.

BAUER, F.: Quellwassergefährdung im Karstgebiet. Österr. Wasserw. 1958.

— Aktuelle Karstwasserprobleme in Österreich. Österr. Wasserw. 1959.

—, J. ZÖTL und A. MAYR: Neue karsthydrographische Forschung und ihre Bedeutung für Wasserwirtschaft und Quellschutz. Wasser u. Abwasser 1959.

BECK, S.: Die Seewasserversorgung der Stadt Lindau. Gas-Wasserf. 1951.

BECKSMANN, E.: Grundwasserchemismus und Speichergestein. Z. dtsch. geol. Ges. 1954.

— Hydrogeologie und Wasserversorgung in Nordbaden. Jb. geol. Landesamt Baden-Württemberg 1955.

BENDEL, L.: Ingenieurgeologie. Wien: Springer. 1948.

— Geologie und Hydrologie des Axentunnels der SBB. Schweizer Bauzeit. 1942.

BERG, G.: Grundwasserverhältnisse in Niederschlesien. Abh. Reichsanst. Bodenforsch. Berlin 1944.

Bericht des Ausschusses der Wasserversorgung für Wien. Z. Österr. Ing. u. Arch. Verein 1895.

BERZ, K. C.: Die Grundwasserverhältnisse im Versickerungsgebiet der oberen Donau. Jber. geol. Abt. württemb. statist. Landesamt 1928.

— Über die Entwicklung der europäischen Wasserscheide im Gebiet des heutigen Neckars. Jber. oberrhein. geol. Ver. 1927.

BEURLEN, K.: Die Wasserversorgung und ihre Abhangigkeit vom geologischen Bau des Untergrundes. Gas-Wasserf. 1939.
BEYER, W.: Die Erfassung von Grundwasserfließvorgangen mittels Farbstoffen in Verbindung mit Pumpversuchen. Z. angew. Geol. Berlin 1964.
BIESKE, E.: Rohrbrunnen. München: Oldenbourg. 1953.
BIEZOK, J.: Hydrologie im Tiefbau. Wasserwirtschaft, Wassertechnik 1957.
BINDEMANN, N.: Die Verhältnisse an den Grenzen wasserführender Schichten. Z. angew. Geol. 1965.
BINDER, H.: Der Hungerbrunnen. Mitt. Ver. Naturw. Ulm 1957.
— Niederschlag, Abfluß und Verdunstung im Gebiet des Blautopf in den 35 Abflußjahren von 1925 bis 1959. Mitt. oberrhein. geol. Ver. Stuttgart 1960.
— Die Wasserfuhrung der Lone. Jb. Karst- u. Hohlenkd. Stuttgart 1960.
BISTRISCHAN, K.: Ein Beitrag zur Geologie und Hydrologie der osterr. Alpentaler. Z. dtsch. geol. Ges. 1955.
BOCK, H.: Die Hohlenforschung in Österreich. Mitt. d. Hohlenkd. Graz 1911.
— Der Karst und seine Gewasser. Mitt. d. Hohlenkd. Graz 1913.
— Charakter des mittelsteir. Karstes. Mitt. d. Hohlenkd. Graz 1913.
— Das Lurloch in der Steiermark. Mitt. d. Hohlenkd. Graz 1913.
— Hohlen im Dachstein. Graz: Verein f. Hohlenkd. 1913.
— Die Drachenhohle bei Mixnitz (Steiermark). Hohle, Wien 1950.
BODE, K.: Zur Hydrologie des Ruhrgebietes. Abh. Reichsanst. Bodenforsch. Berlin 1944.
— Die Hydrologischen Verhaltnisse am Sudrand des Beckens von Munster. Geol. Jb. Hannover 1955.
BOGOMOLOW, G. W.: Grundlagen der Hydrogeologie. Berlin: Deutscher Verlag d. Wissenschaften. 1958.
BOHRINGER, A.: Denkschrift zur wasserwirtschaftlichen Lage des Landes Wurttemberg-Hohenzollern. Jber. geol. Abt. wurttemb. statist. Landesamt 1928.
BOLGAN, E.: Le Sorgenti à Aurisina. Triest 1906.
BRANDL, W.: Schüttungs- und Temperaturmessungen an den Quellen der Wasserleitung von Hartberg am Ringkogel. Beitr. Hydrogeol. Steierm. 1954.
BRANNEKÄMPER, TH.: Das Munchener Grundwasser und die Wirkung seiner Bewegung auf den Baugrund. Wasserkraft und Wasserwirtschaft 1931.
BRANTNER, J., und W. BRANDL: Ein Beitrag zur Hydrogeologie des Gebietes von Friedberg. Beitr. Hydrogeol. Steierm. 1954.
BRAUN, K., L. ERB und K. SAUER: Die offentliche Wasserversorgung in Sudbaden. Gas-Wasserf. 1953.
BREDDIN, H.: Ein neuartiges geologisches Kartenwerk fur die sudliche niederrhein. Bucht. Z. dtsch. geol. Ges. 1954.
BRINKHAUS, A.: Die Grundwasserentziehung durch den Bergbau. Wochenschrift dtsch. Bergwerkszechen 1927.
BRINKMANN, R., K. O. MUNNICH und S. VOGEL: C^{14}-Altersbestimmungen von Grundwasser. Naturw. 1959.
— Anwendung der C^{14}-Methode und Bodenbildung und Grundwasserkreislauf. Geol. Rdsch. 1960.
BRIX, J., H. HEYD und E. GERLACH: Die Wasserversorgung. Munchen: Oldenbourg. 1922.
BRUNNLECHNER, A.: Das Grundwasser im Becken von Klagenfurt. Z. prakt. Geol. 1893.
BUCHTELA, K., J. MAIRHOFER, V. MAURIN, PAPADIMITROPOULOS und J. ZOTL: Vergleichende Untersuchungen an neueren Methoden zur Verfolgung unterirdischer Wässer. Österr. Wasserw. 1964.
BURRE, O.: Über die hydrogeologischen Grundlagen der Wasserversorgung in der Westmark. Abh. Reichsanst. Bodenforsch. Berlin 1944.
BUSCH, H. T.: Wasserversorgung in Stadt und Land. Leipzig: Teubner. 1956.
CARLÉ, W.: Zur Geologie und Hydrologie des mittleren Taubertales. Jber. geol. Abt. wurttemb. statist. Landesamt 1951.
— Ein aufschlußreicher Färbversuch im Karstgebiet. Aus der Heimat 1956.
— Die geologischen Grundlagen der Wasserversorgung des Triasgebietes im Albvorland von Nordost-Württemberg. Jber. geol. Abt. württemb. statist. Landesamt 1952.

CLAR, E.: Zur Kenntnis des Tertiärs im Untergrund von Graz. Verh. geol. Bundesanst. Wien, 1951.
— Geologische Beobachtungen von der steirischen Unwetterkatastrophe vom August 1958. Geol. u. Bauw. 1959.
CRAMER, H.: Höhlenbildung und Karsthydrographie. Z. f. Geomorph. 1935.
— Die Wasserführung der Koppenbrühler Höhle bei Obertraun. Mitt. Höhlen- u. Karstforsch. 1940.
— Grundwasser und Quellen des bayrischen Alpengebietes. Geol. bavar. 1953.
CVIJIĆ, S.: Das Karstphänomen. Geol. Abh. hrsg. A. PENCK, 1893.
— Circulation des eaux souterrains et l'erosion karstique. Festschrift f. Gorjanović-Kramberger, Agram 1925.
DACHLER, R.: Grundwasserströmung. Wien 1936.
DAHLGRÜN, FRITZ, KEGEL, WICKELI: Hydrogeologie und Wasserversorgung. Abh. Reichsanst. Bodenforsch. Berlin 1944.
DAHLHAUS, C.: Wasserversorgung. Stuttgart: Teubner. 1954.
DANER, E.: Die Verseuchung des Untergrundes durch Benzin und Öl. Gas-Wasserf. 1955.
DAUR, E., und F. RÖHRER: Die Pforzheimer Typhusepidemie vom Jahre 1919. Gas-Wasserf. 1921.
DECHANT, M., V. MAURIN und J. ZÖTL: Die Triftung gefärbter Sporen — eine neue Methode zur Untersuchung unterirdischer Karstgerinne. Steir. Beiträge Hydrogeol. Graz 1958.
Denkschrift der Bad. Geol. Landesanstalt über die geolog. Verhältnisse der Donauversickerung zwischen Immendingen und Fridingen. Freiburger Berichte 1924.
DENNER, S.: Die Grundwasserabsenkung und Bauschäden. Bautech. 1941.
— Unterirdische Wasserspeicher. Gas-Wasserf. 1961.
— u. W. KOEHNE: Richtlinien f. d. Erforschung d. Grundwasserverhaltnisse. Berlin 1938.
DEUBEL, F.: Geologische Grundlagen und derzeitiger Stand der Wasserversorgung in Thüringen. Abh. Reichsanst. Bodenforsch. Berlin 1944.
DIENEMANN, W.: Erfahrung bei der Streckung von Schutzgebieten für Trinkwassergewinnungsanlagen an Hand von Richtlinien d. DVGW v. Januar 1953. Z. dtsch. geol. Ges. 1955.
Die Wasserversorgung der Stadt Wien. Denkschrift, verfaßt vom Stadtbauamt, 1961.
Die Wasserversorgung Wiens, nach dem öffentlichen Protokoll d. k. k. Ges. d. Ärzte, Wien 1892.
Die zweite Franz Joseph-Hochquellenleitung der Stadt Wien, Wien 1910.
DOSCH, F.: Färbversuch Hochschneeberg. Gas-Wasser-Wärme 1956.
DROLZ, K.: Der Kohlensäurewassereinbruch beim Teufen des Friedrich-Schachtes in Zaberch an der Oder. Mont. Rdsch. 1928.
EISSELE, K.: Über einige Färbversuche mit Uranin an Karstquellen der Schwäbischen Alb. Gas-Wasserf. 1957.
ENGELHARDT, W.: Der Porenraum der Sedimente. Berlin-Göttingen-Heidelberg: Springer. 1960.
ERB, L.: Über d. Mechanismus d. Donauversickerung u. d. Aachquelle. Gas-Wasserf. 1953.
FALKE, H.: Die Grundwasserverhältnisse im Deckgebirge des Aachener Steinkohlengebietes. Pumpen- u. Brunnenbau, Bohrtechnik, 1942.
FEY, R.: Die Fuschlsee-Trinkwasserleitung. Gas-Wasser-Wärme 1954.
FISCHER, K.: Niederschlag, Abfluß und Versickerung in ihrem Verhältnis von Jahr zu Jahr. Naturw. Wochenschrift 1919.
FLIEGEL, G.: Die Durchlässigkeit des Untergrundes beim Bau von Talsperren. Die Wasserwirtschaft 1936.
— Über das Grundwasser des Rheintales bei Köln und die auftretenden Mineralquellen. Z. prakt. Geol. 1920.
FLÖGL, H.: Grundwasserverunreinigungen durch Halden. Österr. Wasserw. 1959.
FLÜGEL, H.: Die hydrogeologischen Verhältnisse zwischen Rein und St. Oswald. Beitr. Hydrogeol. Steierm. 1950.
— Die hydrogeologischen Verhältnisse der Platte bei Graz. Beitr. Hydrogeol. Steierm. 1951.
— Die Quellen des Hunds- und Rauchenberges zwischen Passail und Arzberg. Beitr. Hydrogeol. Steierm. 1953.
— Die Geologie des Grazer Berglandes. Mitt. Mus. Bergb. Graz 1961.
— Die jungtertiäre Entwicklung des Grazerfeldes. Mitt. Österr. Geogr. Ges. Wien 1961.

FORSTER, A.: Hydrographische Forschungen in Inner- und Unterkrain. Mitt. geol. Ges. Wien 1922.
FOURMARIER, P.: Hydrogeologie. Paris 1958.
FRANK, M., und W. GAUDENBERGER: Die Wasserversorgung der Stadt Stuttgart. Gas-Wasserf. 1953.
— Zur Entwicklung der Wasserversorgung in Württemberg. Jber. geol. Abt. württemb. statist. Landesamt 1951.
— Der Wasserschatz im Gesteinskörper Württembergs. Stuttgart: Schweizerbarth. 1951.
— Die hydrogeologischen Verhältnisse im Eyachtal zwischen Wildbad und Herrenalb. Jber. geol. Abt. württemb. statist. Landesamt 1938.
— Die hydrogeologischen Grundlagen und die Entwicklung der Wasserversorgung Württembergs. Abh. Reichsanst. Bodenforsch. 1944.
FRICKE, K., und KRAUSE-WICKMANN: Starke Grundwasserverunreinigung durch Benzin bei Wesel. Gesundh. Ing. 1953.
FRIEDRICH, W.: Über die Wechselwirkung zwischen Wald und Wasser. Gas-Wasserf. 1953.
— Lysimetermessungen und andere gewässerkundliche Verfahren zur Ermittlung der Grundwassererneuerung. Z. dtsch. geol. Ges. 1954.
FULDA, E.: Die Wasserzuflüsse der Steinkohlen- und Erzbergwerke des oberschlesischen Industriegebietes. Abh. Reichsanst. Bodenforsch. 1944.
GÄRTNER, A.: Die Quellen und ihre Beziehungen zum Grundwasser und zum Typhus. Jena 1902.
— Die Hygiene des Wassers. Braunschweig 1915.
GEILHOFER, F.: Grundzüge der Wasserversorgung von Wien. Gas-Wasserf. 1961.
GENSER, C.: Technische Probleme der Mineralöllagerung. Heilbad und Kurort 1964.
GERABECK, K.: Die Grundwasserverhältnisse und Quellen Österreichs und ihre Bedeutung für die Wasserwirtschaft. Österr. Wasserwirtsch. 1949.
GIECK, G.: Die Grundwasseranreicherung in der Letzlinger Heide. Wasserwirtschaft-Wassertechnik 1961.
GIESSLER, A.: Mineralquelle und Geotektonik in Mitteleuropa. Z. ang. Geol. 1959.
— Grundlagen der Wassererschließung in Mitteldeutschland. Berlin: Verlag Technik. 1955.
— Begriffssystematik auf dem Gesamtgebiet des Wassers. Wasserwirtschaft-Wassertechnik 1953.
GIRARD, R.: Aggressivität des Wassers gegenüber Kalk. L'Eau 1960.
GOGUEL, S.: Géologie et Fondations des Barrages. Ann. Ponts et Chaussées 1951.
— Application de la Géologie aux travaux de l'ingenieur. Paris 1959.
GOSSAUER, A.: Die Donauversickerung im Gebiet zwischen Immendingen und Tuttlingen. Leben und Umwelt 1952.
GÖTZINGER, G.: Der voralpine Karst und seine Gesetzmäßigkeiten. Mitt. geol. Ges. Wien 1956.
— Hydrogeologische Beobachtungen im Weizer Karst. Jb. geol. Bundesanst. Wien 1925.
— Das Drachenhöhlenflußsystem und dessen Alter. Spelaeol. Mitt. Wien 1931.
— Die Quellen des Gebietes der Lunzer Seen. Anz. Österr. Akad. Wiss. Wien 1959.
— Die Quellen des Gebietes der Lunzer Seen. Anz. Österr. Akad. Wiss. Wien 1960.
GRAHMANN, R.: Hydrogeologische Grundlage der Wasserversorgung in Deutschland. Z. dtsch. geol. Ges. Hannover 1954.
— Hydrogeologische Übersichtskarte 1 : 500000 mit Erläuterungen. Erläuterungen zu Blatt Stuttgart, Karlsruhe, Freiburg i. Breisgau, Hamburg, Schleswig, Dresden, Emden, Hannover, Köln, München, Frankfurt, Münster, Regensburg 1952—1957.
— Witterung und Grundwasser im Bundesgebiet während des Abflußjahres 1949 und im Winter 1949/50. Gas-Wasserf. 1950.
— Schwankungen des Grundwasserspiegels im Bundesgebiet, 1950 bis zum Frühjahr 1951. Gas-Wasserf. 1950.
— Die hydrogeologischen Grundlagen der Wasserversorgung Sachsens und des nördlichen Sudetenlandes. Abh. Reichsanst. Bodenforsch. Berlin 1944.
GRAUPNER, A.: Die Grundwasserverhältnisse im nordwestlichen Lothringen. Abh. Reichsanst. Bodenforsch. Berlin 1944.
GRAVELIUS, H.: Beziehungen zwischen Niederschlag und Quellenergiebigkeit. Z. Gewässerk. 1930.

GREUL, E.: Die Versalzung der Flüsse durch Kaliabwässer und ihre Bedeutung für die Trinkwasserversorgung. Stadthygiene 1955.
GROSS, E.: Handbuch der Wasserversorgung. Berlin und München 1928.
GRUBINGER, K.: 100 Jahre Ennsregulierung. Österr. Wasserw. 1960.
— Gespannte Grundwässer im südlichen Wiener Becken. Österr. Wasserw. 1951.
— Temperaturmessungen im Grundwasser bei Stixenstein im Sierningtal. Verh. geol. Bundesanst. Wien 1951.
GRÜBNAU, E., und C. WEBER: Hauserschäden durch Grundwasserabsenkung. Bautech. 1938.
GRUND, A.: Die Karsthydrographie. Geogr. Abh. 1903.
— Zur Frage des Grundwassers im Karst. Mitt. geogr. Ges. Wien 1910.
GUGENHAM, M.: Über die Versickerung der Donauwässer zwischen Immendingen und Möhringen im Großherzogtum Baden. Monatsschr. württ. Ver. f. Baukunde, Stuttgart 1894.
GUNTSCHL, E.: 100 Jahre Ennsregulierung. Festschrift. Wien: Verlag Natur und Technik. 1960.
GUREWITSCH, W. T.: Über die Verbreitung von Brom in chlorhaltigem Wasser. Z. angew. Geol. 1962.
GYÖRGI, D.: Der Kleinhorizontalbrunnen. Gas-Wasser-Wärme 1963.
HALBFASS, W.: Niederschlag und Abfluß. Petermanns geogr. Mitt. 1930.
HARRER, L.: Die Hochquellenleitung vom Fürstenbrunn am Untersberg in der Stadt Salzburg. Salzburg: Selbstverlag. 1903.
HASEMANN, W.: Geologie und Wasserversorgung in Baden und Elsaß. Jb. Reichsanst. Bodenforsch. Berlin 1942.
— Die Bedeutung der Oberrheinischen Tiefebene für die Wasserversorgung. Abh. Reichsanst. Bodenforsch. Berlin 1944.
HAUSER, A.: Zur Wünschelrutenfrage. Beitr. Hydrogeol. Steierm. 1953.
— Die hydrogeologischen Verhältnisse im Becken von Rein bis Gratwein. Beitr. Hydrogeol. Steierm. 1944.
— und W. BRANDL: Fragen um die Nutzung artesischer Wässer in Steiermark. Gas-Wasser-Wärme 1954.
— und J. ZÖTL: Morphologische Bedeutung der unterirdischen Erosion durch Gesteinsausspülung. Petermanns geogr. Mitt. 1955.
HEIM, A.: Geologie der Schweiz. Leipzig 1922.
HEISSL, W.: Beiträge zur Quartärgeologie des Inntales. Jb. geol. Bundesanst. Wien 1954.
HESEMANN, A.: Über die Grundwasserverhältnisse im Warthegau. Abh. Reichsanst. Bodenforsch. Berlin 1944.
HIBSCH, J. E.: Das Auftreten des gespannten Wassers von höheren Temperaturen in den Schichten der oberen Kreideformation Nordböhmens. Jb. geol. Reichsanst. Wien 1912.
HOERNES, R.: Die Karsthydrographie und die Wasserversorgung Istriens. Adria 1910.
HÖFER, H.: Grundwasser und Quellen. Braunschweig 1912.
HOFFER, M.: Unterirdisch entwässerte Gebiete in den Nördlichen Kalkalpen. Mitt. geogr. Ges. Wien 1909.
— Unterirdisch entwässerte Gebiete in Innerbosnien. Mitt. geogr. Ges. Wien 1911.
HOFFMANN, E.: Der Schutz von Grund- und Quellwassergewinnungsanlagen gegen Verunreinigung. Gas-Wasserf. 1941.
HOHL, R.: Zur Klassifikation der Grundwasservorräte. Z. angew. Geol. 1961.
— Wasserbohrungen im nord- und mittelsächsischen Porphyrgebiet. Z. angew. Geol. 1960.
— Hydrogeologische Untersuchungen in Lockergesteinen. Z. angew. Geol. 1962.
HOLLER, H.: Gruppenwasserversorgung im Bayrischen Jura. Gas-Wasserf. 1935.
HÖLZL, H.: Die Möglichkeit der Gewinnung von Quellwasser aus ehemaligen Bergwerkstollen. Österr. Wasserw. 1954.
HOPPE, E.: Regenmessungen unter Baumkronen. Mitt. forstl. Versuchswesen Österr. 1884.
HOPPE, W.: Die hydrogeologischen Grundlagen der Wasserversorgung von Thüringen. Jena: Fischer. 1951.
— Die Grundwasserführung der Gesteine Thüringens. Geologie 1960.
HORNSMANN, E.: Wasser — ein Problem jeder Zeit. Dalp-Taschenbücher 1956.
HOYNINGER-HUENE: Ingenieurgeologische Bedeutung von Grundwasserschäden. Z. angew. Geol. 1957.

HUBER, U.: Über das Wesen von Quellen. Österr. Wochenschrift f. Ö. B. Wien 1917.
HUMMEL, K.: Beziehungen der Mineralquellen Deutschlands zum jungen Vulkanismus. Z. prakt. Geol. 1930.
Hydrographisches Jahrbuch von Österreich. Bund.-Min. f. Land- u. Forstw.
JAAG, O.: Radioaktivität und Gewässerschutz. Gas-Wasserf. 1957.
Jahrbücher der Zentralanstalt für Meteorologie und Geodynamik Wien.
JETTMAR, L.: Über Verunreinigung des Grundwassers durch schwer abbaufähige Substanzen. Österr. Wasserw. 1957.
JILG, O.: Wirtschaftliche und technische Probleme der Wasserversorgung in Kärnten. Gas-Wasser-Wärme 1959.
KAHLER, F.: Die geologischen Grundlagen der Wasserversorgung in Kärnten. Gas-Wasser-Wärme 1964.
— Einige Forschungsaufgaben im Gebiet des Grundwassers, dargestellt an Kärntner Beispielen. Österr. Wasserw. 1962.
KAISER, P., und W. MARTEN: Die Frage der Schutzgebiete für öffentliche Trinkwasserversorgungsanlagen. Die Wasserwirtschaft 1950/51.
KALÄHNE, H.: Die Entwässerung im Braunkohlenbergbau der Lausitz. Z. angew. Geol. 1963.
KALWEIT, H.: Der Wasserhaushalt, Bd. I, II. Berlin 1953.
KAR, J.: Betriebsergebnisse der Wasserwerke Österreichs 1949. Gas-Wasser-Wärme 1951.
KARRER, F.: Die Geologie der Kaiser Franz Joseph-Hochquellenleitung. Abh. geol. Reichsanst. Wien 1877.
KASSECKER, P.: Über die Verschmutzung von Grundwasser durch ausgeronnene Treibstoffe nach Tankwagenunfallen. Gas-Wasser-Wärme 1961.
KATZER, F.: Zur Karsthydrographie. Petermanns geogr. Mitt. 1908.
— Karst und Karsthydrographie zur Kunde der Balkanhalbinsel. Sarajevo 1909.
KEGEL, K.: Bergmannische Wasserwirtschaft, Berg- und Aufbereitungstechnik, Bd. III. Halle 1950.
— Ein Beitrag zur Frage der Bergschäden durch Wasserentziehung. Glückauf 1913.
— Über aufsteigende Quellen. Z. prakt. Geol. 1923.
KEIL, K.: Geotechnik, 3. Auflage. Halle 1959.
KEILHACK, K.: Das Brunnenunglück in Schneidemühl. Prometheus 1893.
— Lehrbuch der Grundwasser und Quellenkunde. Berlin 1912, 1935.
— Geologie der Mineralquellen und Thermen. Leipzig 1916.
KELLER, H.: Niederschlag, Abfluß und Verdunstung in Mitteleuropa. Jb. Gewässerk. Norddeutschl. 1906.
— Gespanntes Wasser. Halle/Saale 1928.
KELLER, R.: Das Wasserdargebot in der Bundesrepublik Deutschland, Teil I. Forsch. dtsch. Ldkd. 1958.
KERN, H.: Niederschlags-, Verdunstungs- und Abflußkarte von Bayern 1901/51. Veröff. Arbeitsbereich d. bayr. Landesstelle für Gewässerkunde in München 1954.
KERNER, F.: Untersuchungen über die Abnahme der Quelltemperatur mit der Höhe im Gebiet der mittleren Donau und des Inns. Sitz.-Ber. Akad. Wiss. Wien 1909.
— Einfluß geologischer Verhältnisse auf die Quelltemperaturen in der Tribulaungruppe. Verh. geol. Reichsanst. Wien 1911.
KETTNER, R.: Allgemeine Geologie, 4. Bd. Berlin 1958.
KIESER, A.: Gewässerkundliche Grundlagen der Anlagen und Projekte der Vorarlberger Illwerke der Stadt Bregenz. Schriftenreihe des österreichischen Wasserwirtschaftsverbandes 1944.
KIESLINGER, A.: Höhlen und Steinbrüche. Höhle 1957.
KIRWALD, E.: Wald und Wasserhaushalt im Ruhrgebiet. Gas-Wasserf. 1956.
KITTL, E.: Die Sieben Brunnen und Sieben Seen, die Hauptquellen der 2. Franz Joseph-Hochquellenleitung. Mitt. Sekt. f. Naturk. d. Österr. Touristenklubs 1904.
KLEBELSBERG, R.: Über die Geologie der Umgebung von Innsbruck in bezug auf die Wasserversorgung. Gas-Wasser-Wärme 1951.
KLIR, S.: Hydrogeologische Probleme bei den Aufschlußarbeiten in der Nähe von Krasno. Z. angew. Geol. 1963.
KLUT-OLSZEWSKI: Untersuchung des Wassers an Ort und Stelle. Berlin: Springer. 1945.

KNETSCH, G.: Geologische Überlegung zu der Frage des artesischen Wassers der westlichen ägyptischen Wüste. Geol. Rdsch. 1962.
KOEHNE, W.: Das Grundwasser in der südbayrischen Hochfläche. Mitt. geogr. Ges. München 1916.
— Grundwasserkunde. München: Oldenbourg. 1948.
KOLLMANN, K.: Jungtertiär im Steirischen Tertiär. Mitt. geol. Ges. Wien 1964.
KOZENY, J.: Beiträge zur Theorie der Grundwasserbewegung. Ing. Z. 1921.
— Das Wasser im Boden und seine Bindung. Österr. Bauztg. 1952.
KRANZ, W.: Geologisch-hydrogeologische Feststellungen in südwestdeutschen Karstgebieten. Bohrtechnik-Brunnenbau 1942.
KRAUS, F.: Einige Erfahrungen an Trinkwasserfassungen im Karst. Gas-Wasserf. 1941.
KREBS, N.: Neue Forschungen zur Karsthydrographie. Petermanns geogr. Mitt. 1908.
— Näherungsverfahren bei hydrometrischen Feldarbeiten und ihre Auswertung. Österr. Wasserw. 1954.
KREVETS, G.: Die Auswirkung von Pumpversuchen in Grundwasserfeldern. Gas-Wasser-Wärme 1951.
— Schutzgebiete für Wasserversorgungsanlagen. Gas-Wasser-Wärme 1954.
— Maßnahmen für Schutz- und Schongebiete der Wasserversorgungsanlagen. Gas-Wasser-Wärme 1961.
KROL, O.: Die ländliche Wasserversorgung im Lande Oberösterreich. Schriftenreihe d. O.Ö. Landesbaudirektion 1958.
— Die Welser Heide als Wasserwirtschaftsraum. Wels: O.Ö. Landesverlag. 1954.
KRUSE, H.: Die Typhusepidemie in Westerode. Gas-Wasserf. 1952.
KÜPPER, H.: Die hydrologische Situation des Wiener Beckens südlich der Donau. Gas-Wasser-Wärme 1952.
— Die Grundwasserverhältnisse im Schwarzatal zwischen Neunkirchen und Gloggnitz. Österr. Wasserw. 1952.
— Die Charakterisierung von Gewässern durch Temperaturmessungen. Österr. Wasserw. 1954.
— Grundwasser im Rahmen der Wiener Wasserversorgung. Gas-Wasser-Wärme 1955.
— Geologie und Grundwasserbildung im südlichen Wiener Becken. Z. dtsch. geol. Ges. 1955.
— Zur Kenntnis des Alpenbruches am Westrand des Wiener Beckens. Jb. geol. Bundesanst. Wien 1949/50.
— W. PRODINGER und W. WEINHANDL: Geologie und Hydrogeologie einiger Quellen am Ostabfall des Leithagebirges. Verh. geol. Bundesanst. Wien 1955.
KYRIELEIS, W., und W. SICHARDT: Grundwasserabsenkung bei Fundierungsarbeiten, 2. Aufl. Wien: Springer. 1930.
KYRLE, G.: Grundriß der theoretischen Speläologie. Spel. Monogr. 1923.
— Kombinierte Chlorierung von Kohlengewässern. Spel. Monogr. 1928.
LECHNER, S.: Quellengeologische Beobachtungen aus dem Südrand des Toten Gebirges. Verh. geol. Bundesanst., Wien 1954.
— Neue karst- und quellengeologische Forschungen im Toten Gebirge. Bundes-Höhlenkomm., Wien 1949.
LEHMANN, O.: Über Grundwasser und Quellen. Geogr. Jber. aus Österr. 1925.
— Die Hydrographie des Karstes. Wien: Deuticke. 1932.
LEHMANN, W. S.: Praktische Geologie für Bauingenieure. Wiesbaden 1960.
LORENZ, S.: Wassereinbrüche im Kupferschieferbergbau. Z. angew. Geol. 1962.
LOTZE, F.: Über Bewegungen des Wasserstandes in Wasserbohrungen bei Roßleben an der Unstrut. Abh. Reichsanst. Bodenforsch. Berlin 1944.
— Übersicht über die Hydrogeologie des Alpen-Donaugebietes. Abh. Reichsanst. Bodenforsch. Berlin 1944.
LUEGER, E., und R. WEYRAUCH: Die Wasserversorgung der Städte. Leipzig: Kröner. 1916.
LUGER, M.: Die Gruppenwasserversorgung Vorarlbergs. Gas-Wasser-Wärme 1953.
MARGUART, E.: Die zentrale Wasserversorgung aus den verschiedenen Wasserarten. Gas-Wasserf. 1961.

MARTINI, K. S.: Hydrogeologische Grundlagen für die Wasserversorgung im Protektorat Böhmen und Mähren. Abh. Reichsanst. Bodenforsch. Berlin 1944.
MARTONNE, E. DE: L'hydrographie du Karst. Ann. de Géogr. 1933.
Maßnahmen gegen Verunreinigung von Gewässern im Gebiet der Bundesrepublik. Gas-Wasser-Warme 1955.
MAURIN, V.: Ein Beitrag zur Hydrogeologie des Lurhöhlensystems. Mitt. naturw. Ver. Steierm. 1952.
— Untersuchung am unterirdischen Lauf des Lurbaches zwischen Semriach und Peggau. Mitt. Hohlenkomm. 1952.
— Die hydrogeologischen Verhaltnisse im Raum des Garracher Waldes und seinem nordlichen Vorland. Steir. Beitr. Hydrogeol. 1958.
— Hydrogeologische Untersuchung im Grazer Bergland. Steir. Beitr. Hydrogeol. 1962.
— und J. ZOTL: Die Untersuchung der Zusammenhänge unterirdischer Wässer mit besonderer Berucksichtigung der Karstverhältnisse. Steir. Beitr. Hydrogeol. 1959.
— — Hydrologie und Verkarstung der Steiermark (Karte im Maßstab 1 : 300000). Graz: Akademische Druck- und Verlagsanstalt. 1964.
— — Karsthydrologische Untersuchungen im Toten Gebirge. Österr. Wasserw. 1964.
MAUZ, S.: Wasserzirkulation in Karstlandschaften. Bohrtechnik-Brunnenbau 1950.
MAYR, A.: Blutenpollen und pflanzliche Sporen als Mittel zur Untersuchung von Quellen und Karstwasser. Anz. Akad. Wissensch. Wien 1953.
— Neue Wege zur Erforschung von Quellen und Karstwasser. Mitt. Hohlenkomm. 1953.
MELAUN, K.: Probleme zur Betreuung der Quellschutzgebiete der Stadt Wien. Gas-Wasser-Warme 1953.
METZ, K.: Lehrbuch der tektonischen Geologie. Stuttgart 1958.
METZGER, CH.: Über Grundwasser und Quelltemperatur. Gesundheitsing. 1914.
— Die Quelltemperatur in ihren Beziehungen zur Seehöhe. Gesundheitsing. 1916.
MICHELS, F.: Trinkwassergewinnung im südöstlichen Rheinischen Schiefergebirge (Taunus). Z. dtsch. geol. Ges. 1933.
MUEHLBERGER, C.: Die Bedeutung der Grundwasser-Organismen für hydrogeologische Erkundung. Z. angew. Geol. 1960.
MÜLLER, F.: Resultate der Färbung des Hohlenflusses Recka im Karst mit Fluorescin. Mitt. D.Ö.A.V. 1881.
MÜLLER, L.: Der Kluftkörper. Geol. u. Bauw. 1949.
— Felstektonik. Stuttgart: Schweizerbarth. 1940.
MÜLLER, P., und S. RENSCH: Die Quellen des Ursacher Wasserfalls. Jb. Ver. vaterl. Naturk. Württ. Stuttgart 1936.
MÜLLER, S.: Bedeutsame Feststellung bei Grundwasserverunreinigung durch Benzin. Gas-Wasserf. 1952.
MULLER-DELITSCH, S.: Zur Ermittlung der natürlichen Grundwassergeschwindigkeit. Wasserwirtschaft-Wassertechnik 1933.
NEMECEK, P. E.: Der Horizontalfilterbrunnen, die moderne Grundwassergewinnung fur Industrie und Großstadt. Gas-Wasser-Wärme 1960.
NEUMANN, R.: Geologie für Bauingenieure. Berlin: Ernst u. Sohn. 1964.
NEUWIRTH, E.: Bericht zur hydrogeologischen Aufnahme im Höhenzug Plesch-Pfaffenkopf. Beitr. Hydrogeol. Steierm. 1949.
NEUZIL, H.: Die Wassermessung in Gebirgsflüssen. Wasserwirtsch. 1929.
NIETSCH, B.: Die Verunreinigung naturlicher Gewässer durch Erdölprodukte und die Möglichkeit ihres analytischen Nachweises. Gas-Wasser-Warme 1956.
NÖRING, FR.: Geologische und hydrologische Voraussetzungen für Horizontalfilterbrunnen. Gas-Wasserf. 1953.
— Geologie als Grundlage der Grundwasserkunde, wasserfachliche Aussprachetagung d. D.V. Gas-Wasserf. 25. Hannover 1952 (Sonderheft).
— Chemische und physikalische Erscheinungen bei infiltriertem Grundwasser. Z. dtsch. geol. Ges. 1954.
OBERZILL, W.: Grundwassergefahrdung durch Kiesgruben. Österr. Wasserw. 1950.
ORMANDY, I.: Hydrogeologische Probleme im Steinkohlenrevier von Ostrava Karvina. Z. angew. Geol. 1963.

PAECKELMANN, W.: Die Wasserversorgung im Bergischen Land und im Sauerland. Abh. Reichsanst. Bodenforsch. Berlin 1944.

PANTLE, R.: Karsterscheinungen in den Gewässern Württembergs. Gas-Wasserf. 1953.

PATZELT, G.: Zu Fragen der Karstmorphologie und Hydrogeologie. Z. angew. Geol. 1964

PENCK, A.: Über das Karstphänomen. Vortr. Verbr. naturw. Kenntnisse. Wien 1904.

PFALZ, R.: Grundwasserkunde. Halle: Knapp. 1951.

PICARD, E.: Wasserversorgung aus Tiefbohrungen im Mittleren Buntsandstein im Geiseltal bei Merseburg. Abh. Reichsanst. Bodenforsch. Berlin 1944.

PLATZL, M.: Die elektrochemische Abflußmessung. Österr. Wasserw. 1957.

PRESS, H.: Taschenbuch der Wasserwirtschaft. Hamburg 1960.

PRETSCHOLD, H., R. SPENGLE und E. WIEDENROTH: Untersuchungen zur Erfassung des Grundwasserhaushaltes im Warthegebiet. Z. angew. Geol. 1963.

PRINZ, E.: Handbuch der Hydrologie. Berlin: Springer. 1923.

— und R. KAMPE: Handbuch der Hydrogeologie. Berlin: Springer. 1934.

QUITZOW, H. W.: Tektonik und Grundwasserstockwerke im Erftbecken. Geol. Jb. Hannover 1955.

RAMSAUER, B.: Das Wasser im Boden. Österr. Wasserw. 1950.

REDLICH, TERZAGHI, KAMPE: Ingenieur-Geologie. Wien: Springer. 1929.

REHBOCK, T.: Wassermessungen mit scharfkantigem Überfallwehr. Z. Ver. dtsch. Ingenieure 1929.

REICH, H.: Grundlagen der angewandten Geophysik für Geologen. Leipzig 1960.

REINACH, A.: Über die zur Wassergewinnung im mittleren Taunus angelegten Stollen. Abh. preuß. geol. Landesanst. 1904.

REINERT und POTSCHIGMANN: Die Donauversickerung. Tuttlinger Heimatblatter 1949.

REITHOFER, O.: Geologische Beschreibung des Druckstollens Vallüla-Vermunt. Jb. geol. Bundesanst. Wien 1951.

— Der Berglerstollen am Westrande des Unterengadiner Fensters. Jb. geol. Bundesanst. Wien 1955.

— Geologische Beschreibung des Predigtstollens. Jb. geol. Bundesanst. Wien 1955.

— Geologische Beschreibung des Breitspitzstollens. Jb. geol. Bundesanst. Wien 1955.

REUTER, F.: Zur Klassifizierung von Karsterscheinungen fur ingenieurgeologische Zwecke. Z. angew. Geol. 1963.

— Die geologischen Grundlagen zur Wasserversorgung im Bayrischen Jura. Z. Gasbeleuchtung u. Wasservers. München 1921.

— Geologische Ausführungen über die Grund- und Quellwasservorrate Südbayerns. Gas-Wasserf. 1924.

— Die Grund- und Quellwasservorrate im sudbayrischen Tertiärgebiet. Gas-Wasserf. 1929.

— Die Hydrologie des Illtales. Gas-Wasserf. 1952.

RICHTER, G.: Zur Kennzeichnung unterirdischer fließender Wässer. Abh. Reichsanst. Bodenforsch. Berlin 1944.

— Richtlinien für die Errichtung von Schutzgebieten für Trinkwasserversorgungsanlagen. Gas-Wasserf. 1953.

RÖHRER, F.: Über Quellenuntersuchungsmethoden. Gas-Wasserf. 1929.

— Zur Hydrologie der Quellen von Dürkheim. Z. wissensch. Bäderkunde 1930.

ROSSKOTHEN, A.: Die Wasserversorgung der Stadt Salzburg. Gas-Wasserf. 1932.

RUTHE, E.: Sammlung geologischer Führer: Mainfranken, Rhön. Berlin: Borntraeger. 1965.

SAAR, R.: Die Dachstein-Rieseneishöhle. Wien 1922.

SAUER, K.: Die Grundwasserlandschaft in Freiburg im Breisgau. Freiburg 1956.

SCALAPINO, R.: Künstliche Anreicherung von Grundwasserbecken. Gas-Wasserf. 1957.

SCHARDT, F.: Über Färbversuche mit Fluorescin in unterirdischen Wässern. Ecl. geol. Helv. 1910.

SCHAUBERGER, O.: Über die vertikale Verteilung der nordalpinen Karsthöhlen. Mitt. Höhlenkom. Wien 1958.

— und H. TRIMMEL: Das österreichische Höhlenverzeichnis. Hohle, Wien 1952.

SCHAUFELBERGER, P.: Geologische und hydrologische Verhältnisse zwischen Donauversickerung und Aachquelle. Mitt. bad. geol. Landesanst. 1929.

SCHIECK, K.: Über den Einsatz radioaktiver Isotope bei der Untersuchung von Grundwasserstromungen. Wasserwirtschaft-Wassertechnik 1958.

SCHIMPF, H.: Über den Stand der hydrographischen Erfahrungen der Grundwasservorkommen in Österreich. Österr. Wasserw. 1960.

SCHINZEL, A.: Kalkgebirgsquellenstudien. Arch. Hyg. u. Bakt. 1958.

SCHMEHLE, E.: Zur Trinkwasserversorgung der Schwäbischen Alb. Gas-Wasserf. 1949.

SCHMIDEGG, O.: Geologische Ergebnisse beim Bau des Wasserkraftwerkes Prutz-Imst. Jb. geol. Bundesanst. Wien 1959.

SCHMIDT, K.: Über die Vollversickerung der Donau. Gas-Wasserf. 1956.

SCHMIDT-THOMÉ, P.: Der Einfluß der Alpengletscher auf den Wasserhaushalt der süddeutschen Flusse. Gas-Wasserf. 1950.

SCHMIEDT, H.: Flußgrundwasser. Gesundheitsing. 1951.

SCHNEIDER, H., F. TRUSHEIMCEK und H. THIEB: Die Wassererschließung. Essen 1952.

SCHOELLER, H.: Les Eaux Souterraines. Paris: Masson. 1962.

SCHOLLMAYER-LICHTENBERG: Wasserversorgung im Karstgebiet. Mitt. Musealverein f. Krain 1902.

SCHONBRUNNER, F.: Die Sicherungsmaßnahmen im Quellgebiet der 1. Wiener Hochquellenleitung. Z. osterr. Ing. u. Arch. Verein 1926.

— Beitrage zur Hydrologie der Kalkalpen und des Karstes. Gas-Wasser-Warme 1952.

SCHOTTLER, W.: Der hessische Wasserschatz und seine Nutzung. Abh. Reichsanst. Bodenforsch. Berlin 1944.

SCHOUPPÉ, A.: Elektrische Widerstandsmessungen zur Feststellung der Verbindungswege in Hohlengewassern. Mitt. naturw. Ver. Steierm. 1952.

— Ein neues Widerstandsmeßgerat mit automatischer Umpolung zur Feststellung von Wasserwegen. Neues Jb. Geol. u. Paläont. 1953.

SCHRÖDER, G.: Eine grundwasserkundliche Untersuchung besonderer Art im Kölner Raum. Gas-Wasserf. 1953.

— Die Grundwasserneubildung. Wasserw. 1960.

SCHULTZE, S.: Die Grundwasserabsenkung in Theorie und Praxis. Berlin 1924.

SCHULZ, F.: Die Trinkwasserversorgung und seuchenhygienische Vorkehrungen bei Überschwemmung. Österr. Wasserw. 1950.

SCHULZ, G.: Untersuchungen an Karstwässern der mittleren Schwäbischen Alb. Ber. schwäb. Albverein 1950.

— Färb- und Salzungsversuche an unterirdischen Wässern in Süddeutschland. Jb. geol. Landesanst. Baden-Württemb. 1957.

— Farbversuche an Quellen im Muschelkalk des oberen Neckartales. Gas-Wasserf. 1954.

SEELMEIER, H.: Trink- und Nutzwasserversorgung von Deutsch-Feistritz durch Quellwasser. Z. prakt. Geol. 1942.

SEIDLING, J.: Die Gruppenwasserversorgung im nördlichen Burgenland. Gas-Wasser-Wärme 1950.

SEMMLER, W.: Quellen und Grundwasser im Deckgebirge des Saarbrücken-Steinkohlenvorkommens. Z. Berg-, Hütten- u. Salinenw. 1940.

— Untersuchungen, Wassermessungen und Farbversuche zur Ermittlung der Herkunft der Wasserzuflusse im Felde der Grube Viktoria, Tuttlingen. Bergbau 1932.

— Farbversuche zur Ermittlung hydraulischer Zusammenhänge. Glückauf 1953.

— Aggressive Grundwässer als Bergschaden. Z. dtsch. Bergbau 1960.

— Verdorbenes Grundwasser. Schlägel und Eisen 1960.

— Landwirtschaftlicher Mindorertrag als scheinbarer Bergschaden. Gluckauf 1960.

— Die Herkunft der Grubenzuflüsse im Ruhrgebiet. Glückauf 1960.

— Unreines Grundwasser und Grundwasserentzug als vorübergehender Bergschaden. Bergbauw. 1961.

— Die Trockenheit des Jahres 1959/60 als scheinbarer Bergschaden. Z. dtsch. Bergbau 1961.

— Mangan im Grundwasser als scheinbarer Bergschaden. Z. dtsch. Bergbau 1961.

SIEHLER, H.: Blautopf und Karsthydrographie. Jb. Ver. vaterl. Naturk. Württemb. 1929.

SMECHOW, E.: Über klüftige Speichergesteine. Z. angew. Geol. 1961.

SONS, E.: Die Messungen von Fließzeiten in Wasserläufen mit Hilfe radioaktiver Stoffe. Wasserw. 1952.

SPERLING, W.: Zusammenhang zwischen Niederschlag, Abfluß, Verdunstung und den Schwankungen der Grundwasservorräte. Gas-Wasserf. 1955.
SPÖCKER, R. G.: Das obere Pegnitz-Gebiet, die hydrologischen Voraussetzungen für eine Wassererschließung im Fränkischen Jura. Nürnberg 1959.
STEINHÄUSSER, H.: Wasserhaushalt und Verdunstung im Gurktal. Österr. Wasserw. 1962.
— Langjährige Schwankungen des Abflusses und Niederschlages im Draugebiet. Klagenfurt: Carinthia. 1951.
— Abfluß und Verdunstung in den Österreichischen Südalpen. Gas-Wasser-Wärme 1962.
STILLE, H.: Geologisch-hydrologische Verhältnisse im Ursprungsgebiet der Paderbornquelle. Abh. preuß. geol. Landesanst. 1938.
STINI, J.: Die Muren. Innsbruck 1920.
— Technische Geologie. Stuttgart: Enke. 1922.
— Die Quellen. Wien: Springer. 1933.
— Zur Frage der Wärme der Quellen. Geol. u. Bauw. 1933.
— Wann sollen wir Quellen messen? Geol. u. Bauw. 1933.
— Zur Kenntnis der Quellen. Geol. u. Bauw. 1935.
— Die Wasserwärmemessung als Hilfsmittel von Zusammenhangen zwischen Quellen und offenen Gerinnen. Geol. u. Bauw. 1948.
— Tunnelbaugeologie. Wien: Springer. 1950.
— Randbemerkungen zur Entstehung der Höhlen. Geol. u. Bauw. 1951.
— Wasserspeicherung in Karsthohlformen. Geol. u. Bauw. 1952.
— Zur Frage des Berggrundwassers und des Karstwassers. Österr. Wasserw. 1957.
— Gespanntes Wasser im Gebirge. Österr. Wasserw. 1952.
— Gestein und Warmwassereinbruch in dem Lendner Druckstollen. Geol. u. Bauw. 1958.
STOESSEL, H.: Wasserwirtschaftliche Probleme bei Transport und Lagerung von Mineralol. Gas-Wasserf. 1953.
— Verschmutzung der Flüsse durch Öl — eine zunehmende Gefahr für die Trinkwasserversorgung. Gas-Wasserf. 1954.
STRELE, G.: Grundriß der Wildbach- und Lawinenverbauung. Wien: Springer. 1950.
STUNDL, K.: Das Ergebnis der Untersuchung von Wasserproblemen aus dem Gebiet der Breitenau. Beitr. Hydrogeol. Steierm. 1950.
— Der Chemismus der Quellen im Raume des Buchkogels bei Graz. Beitr. Hydrogeol. Steierm. 1953.
— Der Chemismus von Wässern von Thal bei Graz. Beitr. Hydrogeol. Steierm. 1954.
— Behinderung der bakteriellen Abbauvorgänge im Boden. Gas-Wasser-Wärme 1956.
— Beeinflussung von Bodenorganismen durch versickernde Treibstoffe. Österr. Wasserw. 1958.
— Das Ergebnis der chemischen Untersuchung von Wasserproben aus dem Gebiet des Garracher Waldes. Steir. Beitr. Hydrogeol. 1958.
— Der Chemismus der Quellwässer aus dem Plabutsch-Kollerbergzug bei Graz. Steir. Beitr. Hydrogeol. 1958.
STUR, D.: Geologische Verhältnisse der wasserführenden Schichten des Untergrundes in der Umgebung der Stadt Fürstenfeld. Jb. geol. Reichsanst. Wien 1883.
THENIUS, E.: Niederösterreich. Wien: Jb. geol. Bundesanst. 1962.
THIEM, G.: Die Entwicklung der Gleichungen für die Ergiebigkeit von Grundwasser. Bohrtechnik-Brunnenbau 1956.
— Hydrologische Methoden. Leipzig 1906.
— Berechnete und beobachtete Grundwassermengen. Gas-Wasserf. 1940.
— Die Grundlage der Grundwasserforschung. Leipzig: Dietrich. 1941.
THIERNER, K.: Geologisch-hydraulische Betrachtung der Wasserdurchlässigkeit von Lockergesteinsgrundwasserleitern. Z. angew. Geol. 1962.
THURNER, A.: Geologisches zur Wasserversorgung. Die Gemeinde, Graz 1950.
— Erfahrungen mit der Wünschelrute. Furche 1950.
— Vorarbeiten für die Aufschließung großer Grundwasserfelder. Durit 1960.
— Die Wasserversorgung in den Nördlichen Kalkalpen. Gas-Wasser-Wärme 1952.
— Die Retention des unterirdischen Wassers. Gas-Wasser-Wärme 1965.
TODD, D. W.: Ground-water Hydrology. New York 1959.

Traub, F.: Hydrogeologischer Überblick über Unter- und Mittelfranken. Gas-Wasserf. 1953.
Trimmel, H.: Internationale Bibliographie fur Speläologie. Höhle 1953.
— Ergänzungen 1953 des Höhlenverzeichnisses von Niederösterreich. Höhle 1955.
Tronko, W.: Versorgungswasserwirtschaftliche Projektierung und Vorarbeiten im Gebiete der Tauplitzalm und der Turracher Höhe. Durit 1965.
— Wasser, ein Gradmesser der Kultur. Steir. Gemeindenachrichten 1963.
— Die wasserwirtschaftliche Rahmenplanung im Mürztal. Steir. Beitr. Hydrogeol. 1962.
— Die Gemeinde und das Wasserbauförderungsgesetz. Österr. Burgermeister-Ztg. 1965.
Trossbach, G.: Die Niederschläge im oberen Donaugebiet und ihre Bedeutung in der Donauversickerungsfrage. Wasserkraft-Wasserwirtschaft 1930.
Türk, W.: Rechnerische Behandlung des Donauversickerungsproblemes. Karlsruhe 1932.
Udluft, H.: Die hydrogeologischen Verhältnisse des Münsterländischen Kreidebeckens und ihre Bedeutung für die Wasserversorgung. Abh. Reichsanst. Bodenforsch. Berlin 1944.
— Die geologischen Grundlagen für den Wasserkreislauf und die Wasserversorgung des mittleren Norddeutschen Flachlandes. Abh. Reichsanst. Bodenforsch. Berlin 1944.
Vetters, H.: Die Wasserversorgung von Retz. Jb. geol. Reichsanst. Wien 1916.
Voit, W.: Das periodische Steigen und Fallen des Grundwassers. Wasserw. 1931.
Volk, H.: Die Wasserversorgung von Bayern. Gas-Wasserf. 1960.
Vormann, F.: Die Dolinenwelt des mittelsteirischen Karstes. Z. Geom. 1940.
Waagen, L.: Karsthydrographie und Wasserversorgung in Istrien. Z. prakt. Geol. 1910.
— Die unterirdische Entwässerung im Karst. Geogr. Ges. Wien 1911.
— Karsthydrographische Mitteilungen aus Unterkrain. Verh. geol. Reichsanst. Wien 1914.
— Thermalquellen von Baden bei Wien. Z. prakt. Geol. 1914.
— Das Thermalgebiet von Baden. Int. Z. Bohrtechnik 1928.
Wagner, G.: Die Donauversickerung erzeugt Deutschlands größte Karstquelle. Geogr. Rdsch. 1950.
— Der Karst als Musterbeispiel der Verkarstung. Aus der Heimat 1954.
Wagner, R.: Über das Karstwasser im Bereich der Schwäbischen Alb. Gas-Wasserf. 1935.
Wechmann, A.: Hydrologie. München: Oldenbourg. 1964.
Weidenbach, F.: Grundwasservorräte und Wasserversorgung in Nordwürttemberg. Raumforsch. u. Raumordnung 1950.
— Die geologischen Grundlagen für die Festlegung von Schutzgebieten für Wasserversorgungsanlagen. Gas-Wasserf. 1951.
— Trinkwasserversorgung aus Karstwasser der östlichen Schwäbischen Alb. Jb. Karst- u. Höhlenkd. 1960.
— Über einige Wasserbohrungen im Jura. Jber. oberrhein. geol. Ver. 1954.
Wilhelm, F.: Physikalisch-chemische Untersuchung der Quellen in den Bayrischen Alpen. München: Geogr. Mitt. 1956.
Winkler-Hermaden, A.: Entwurf einer Übersichtskarte der Wassermangelgebiete und wasserärmeren Bereiche in der Steiermark. Mitt. d. Reichsanst. Bodenforsch. Wien 1944.
— Hydrogeologische Studien über Grundwasser in Steiermark. Steir. Beitr. Hydrogeol. 1958.
— Die Bedeutung des gespannten Grundwassers für die Wasserversorgung der Steiermark. Österr. Wasserw. 1961.
— und W. Rittler: Erhebungen über artesische Wasserbohrungen im steirischen Becken unter Berücksichtigung ihrer Bedeutung für die Tertiärgeologie. Geol. u. Bauw. 1949.
Wonisch, F.: Die Temperaturverhaltnisse im Andritz-Ursprung. Mitt. dtsch. naturw. Vereins beider Hochschulen, Graz 1910.
Wundt, W.: Grundwasservorkommen im Gebiet der oberen Donau. Gas-Wasserf. 1951.
— Gewässerkunde. Berlin-Göttingen-Heidelberg: Springer. 1953.
Wurz, F.: Gefährdung von Grund- und Oberflächenwasser durch Lagerflüssigkeit. Gas-Wasserf. 1955.
Zaruba, Qu., und V. Mencl: Ingenieursgeologie. Berlin: Akademie-Verlag. 1964.
Zieschang, J.: Grundsätze komplexer hydrogeologischer Untersuchungen im Bereich der Lockergesteine. Z. angew. Geol. 1959.
— Zur Grundwasserklassifikation und zur Analyse des Grundwasserdargebotes. Z. angew. Geol. 1963.

Zimmermann, W.: Gefährdung der Trinkwasserversorgung durch Benzin und andere Treibstoffe. Stadthyg. 1955.
Zötl, J.: Die hydrogeologischen Verhältnisse im Einzugsgebiet des Tobelbaches bei Graz. Beitr. Hydrogeol. Steierm. 1958.
— Die hydrogeologischen Verhältnisse im Becken von Thal bei Graz. Beitr. Hydrogeol. Steierm. 1954.
— Beitrag zu den Problemen der Karsthydrographie mit besonderer Berücksichtigung der Frage des Erosionsniveaus. Mitt. Geogr. Ges. Wien 1958.
— Die hydrogeologischen Verhältnisse des Plabutsch-Kollerbergzuges bei Graz. Steir. Beitr. Hydrogeol. 1958.
— Die Hydrographie des nordostalpinen Karstes. Steir. Beitr. Hydrogeol. 1960.
— Der Einzugsbereich von Quellen im Karstbereich. Österr. Wasserw. 1957.
— Neue Ergebnisse der Karsthydrologie. Erdkunde 1957.
Zschocke, W.: Hydrogeologische Studien im Gebiet der Gemeinde Breitenau. Beitr. Hydrogeol. Steierm. 1952.
Zunker, F.: Das Verhältnis des Bodens zum Wasser. In Blank: Handbuch der Bodenlehre. Berlin: Springer. 1929.

Heilwässer

Abele, W.: Die Heil- und Mineralquellen Südbayerns. Geol. bav. Munchen 1950.
Ahrens, W.: Der junge Vulkanismus der Eifel. Geol. Rdsch. 1954.
Baecker, P.: Solevorkommen und Grubenwasser im Raume Westfalen. Vom Wasser XX. Bd., 1953.
Beck-Mannagetta, P.: Zur Genese der Mineralquellen im Raume der Lavanttaler Storung. Verh. geol. Bundesanst. Wien 1947.
Becksmann, E.: Grundwasserchemismus und Speichergestein. Z. dtsch. geol. Ges. 1955.
Berck, E.: Quellenbeobachtung und Quellenforschung. Balneologe, Berlin 1938.
Bösenberg, K., und G. Lüttig: Zur Methodik hydrochemischer Untersuchungen im Wesergebiet. Geol. Jber. 1959.
Brusselle, A., G. Leopold und F. Blumauer: Bad Gleichenberg, seine Heilquellen und Kuren. Wien: Springer. 1950.
Budde, E., K. Fricke und W. Wolf: Geophysikalische Messungen im Kurpark von Bad Meinberg zur Feststellung von Kohlensäure-Konzentrationen an der Erdoberfläche. Heilbad u. Kurort 1958.
Cadisch, S.: Zur Geologie alpiner Thermal- und Sauerquellen. Jber. Naturk. Ges. Graubünden 1927/28.
Carlé, W.: Geologie und Hydrogeologie der Heilwässer von Mergentheim. Geol. Jb. Hannover 1950.
— Stockwerke und Wanderwege von Mineralwässern in Franken. Z. dtsch. geol. Ges. 1955.
— Die wissenschaftlichen Ergebnisse der Tiefbohrung in Bad Mergentheim. Jber. geol. Abt. württemb. statist. Landesamt 1956.
— Eigenschaften und Entstehung des Schwefelwasserstoffwassers von Roigheim, Landkreis Heilbronn. Jber. geol. Abt. württemb. statist. Landesamt 1957.
— Kohlensäure, Erdwärme und Herdlage im Uracher Vulkangebiet und seiner weiteren Umgebung. Z. dtsch. geol. Ges. 1958.
— Bewegte und ruhende vorwiegend salinare Tiefenwässer in Süddeutschland. Heilbad u. Kurort 1958.
— Rezente und fossile Mineral- und Thermalwässer im Oberrheingraben und seiner weiteren Umgebung. Jber. geol. Abt. württemb. statist. Landesamt 1959.
— Bad Mergentheim. Kurverw. Bad Mergentheim 1960.
— Die Mineralwasser im unteren Remstal. Erläuterungen zur geologischen Karte Stuttgart und Umgebung, Stuttgart 1960.
— Die Radium-Soltherme von Heidelberg. Heilbad u. Kurort 1961.
— Die Mineral-Thermalquellen am Golf von Neapel. Heilbad u. Kurort 1964.

CARLÉ, W.: Die Salzsuche in der Markgrafenschaft und im Großherzogtum Baden. Ber. Naturforsch. Ges. Freiburg, 1964.
— Die Salinenversuche im Herzogtum Württemberg. Z. f. württemb. Landesgeschichte, Stuttgart 1964.
— Salinare Tiefenwasser in Süddeutschland. Wiss. Arbeiten aus d. Burgenland 1965.
DEGENS, E. T.: Geochemische Untersuchungen von Wässern aus der ägyptischen Sahara. Geol. Rdsch. 1962.
DENNER, S.: Geologie der Emser Thermen und die Emser Bergwerksfrage. Schriftenreihe des deutschen Bäderverbandes, Gütersloh 1958.
Deutscher Bäderkalender 1958. Gütersloh 1958.
DIENEMANN, W., und K. FRICKE: Mineral- und Heilwässer in Niedersachsen und seinen Nachbargebieten. Göttingen 1961.
DOMBROWSKI, H.: Paläontologische Untersuchungen in Soleeinbrüchen im Bergbau an der Ruhr. Heilbad u. Kurort 1965.
FRANK, M.: Die Mineralwässer von Bad Ingelfingen im Kochertal. Jber. geol. Abt. württemb. statist. Landesamt 1952.
— Der Wasserschatz im Gesteinskörper Württembergs. Stuttgart: Schweizerbarth. 1951.
FRESENIUS, R.: Chemische und physikalisch-chemische Untersuchung des Luitpoldsprudels in Bad Kissingen. Wiesbaden: Kreidel. 1932.
— Zur Nomenklatur der Heilwasser. Vom Wasser XVIII. Bd., 1950/51.
FRICKE, K.: Zur Geologie und Bewirtschaftung der Mineral- und Heilquellen. Schriftenreihe des Deutschen Bäderverbandes, Gütersloh 1952.
— Herkunft des Salz- und Kohlensäuregehaltes der Mineralwässer im weiteren Ruhrgebiet. Bergbau-Rdsch. 1952.
— Der Schwermetallgehalt der Mineralquellen. Heilbad u. Kurort 1953.
— Entstehung, Beschaffenheit und räumliche Verbreitung der Heil- und Mineralquellen von Nordrhein-Westfalen. Heilbad u. Kurort 1956.
— Kohlensäurelinien und Basaltzonen in Ostwestfalen. Heilbad u. Kurort 1955.
— Karte der Mineralquellen und Heilbäder 1:500000 in Nordrhein-Westfalen. Geol. Jb. Hannover 1954.
— Die geologischen Ergebnisse der neuen Mofettenbohrung in Bad Meinberg. Heilbad u. Kurort 1957.
— Entstehung und Beschaffenheit der Heilquellen von Bad Driburg. Ärzteschrift Bad Driburg 1959.
— Tiefenwasser, Solquellen und Solewanderung im Bereich des Münsterschen Beckens. Z. dtsch. geol. Ges. 1960.
— Kohlensäurelinien am Mittelrhein. Heilbad u. Kurort 1960.
— Geologische Vorarbeiten für das Ansetzen einer Mineralwasser-Neubohrung und deren geologische Überwachung. Heilbad u. Kurort 1961.
— Vergleichende Betrachtung über Druck- und Mengenverhältnisse in CO_2-Gasvorkommen unter besonderer Berücksichtigung genutzter Mofetten. Heilbad u. Kurort 1962.
— Bemerkungen zu den Solquellen des Hellwegs. Z. dtsch. geol. Ges. 1964.
— Die neuen Solebohrungen der Saline und des Solbades Sassendorf. Heilbad u. Kurort 1963.
— Quellenbeobachtungen. Heilbad u. Kurort 1962.
— und A. MESTWERDT: Aufgaben und Probleme der Heil- und Mineralquellengeologie. Heilbad u. Kurort 1951.
— und W. SEMMLER: Hydrogeologie des Ruhrgebietes. Z. dtsch. geol. Ges. 1964.
— und W. WEVELMEYER: Die Neubohrung des Thermalsprudels III in Salzuflen. Heilbad u. Kurort 1959.
— Neue Thermal-Sole Bohrung in Bad Waldliesborn. Heilbad u. Kurort 1960.
GENSER, C.: Entstehung und Natur radioaktiver Heilquellen und Stand des Radiumbäderwesens in Deutschland. Schriftenreihe des Deutschen Bäderverbandes, Gütersloh 1953.
— Die praktische Handhabung des Schutzes der Heilquellen in Bayern gegen die Verunreinigung durch Lagerflüssigkeit. Heilbad u. Kurort 1960.
— Technische Probleme der Mineralöllagerung. Heilbad u. Kurort 1964.
GERB, K. W.: Über die mutmaßliche Fortsetzung der Kurparkverwerfung am östlichen Teil des Kreuznacher Porphyrmassivs. Notizblatt Hess. Landesamt Bodenforsch. 1952.

GIESSLER, A.: Mineralquellen und Geotektonik in Mitteleuropa. Z. angew. Geol. 1954.
GRILL, R.: Neue Jodwasserbohrung in Bad Hall. Verh. geol. Bundesanst. Wien 1952.
HENN, O.: Die Stollentherapie von Böckstein. Kurverwaltung Bad Gastein.
HERBST, G.: Untersuchungen an der Burtscheider Thermalquelle in Aachen. Z. dtsch. geol. Ges. 1955.
HORNSMANN, E.: Wasser, ein Problem jeder Zeit. Dalp-Taschenbücher 1956.
HUMMEL, K.: Beziehungen der Mineralquellen Deutschlands zum jüngsten Vulkanismus. Z. prakt. Geol. 1930.
KAHLER, F.: Die Therme von Reifnitz am Wörthersee. Verh. geol. Bundesanst. Wien 1930.
KAMPE, R.: Hydrologie mit besonderer Berücksichtigung der Mineralquellen. In: Handbuch der Lebensmittelchemie. Berlin 1940.
— Heilquellen und Bergbau. Jena: Fischer. 1924.
— und G. KNETSCH: Geologie und Naturgeschichte der Mineralwässer und Moore. In VOGT: Lehrbuch der Bäder- und Klimaheilkunde. Berlin: Springer. 1940.
KIDERLEN, H.: Zur Entstehung der Schwarzwaldtherme. Neues Jb. Geol. 1953.
KIRCHHEIMER, F.: Über radioaktive und uranhaltige Thermalsedimente insbesondere von Baden-Baden. Abh. geol. Landesamt Baden-Württemberg 1959.
KLIR, S.: Wärmegehalt von Thermalwässern in der ČSSR. Z. angew. Geol. 1965.
KNETSCH, G.: Kohlensäure, Vulkane und Erzlagerstätten des Rheinischen Schiefergebirges. Geol. Rdsch. 1939.
— Geologische Überlegungen zu der Frage der artesischen Wässer in der westlichen ägyptischen Wüste. Geol. Rdsch. 1962.
KOMMA, E.: Einfluß des Luftdruckes auf den Kohlensäuregehalt von Säuerlingen. Heilbad u. Kurort 1960.
KRAMER, F.: Geologische und chemische Verhältnisse der Schallerbacher Riesentherme und ihre medizinische Bedeutung. Wiss. Arbeiten a. d. Burgenland 1965.
KÜPPER, H.: Geologie der Heilquelle Deutsch-Altenburg. Jb. geol. Bundesanst. Wien 1961.
— Geologie der Heilquelle Sauerbrunn Burgenland. Jb. geol. Bundesanst. Wien 1962.
LORENZ, R.: Kulturgeschichte der burgenländischen Heilquelle. Wiss. Arbeiten a. d. Burgenland 1965.
MARTINI, G. P. R.: Die Homburger Mineralquelle. Heilbad u. Kurort 1964.
MESTWERDT, A.: Die Mineralquellen des nordwest-deutschen Berglandes nach ihrer Entstehung und räumlichen Verbreitung. Der Balneologe 1941.
MICHELS, F.: Von der Wiesbadner Thermalspalte. Jb. nass. Ver. f. Naturkunde 1964.
MORAWETZ, S.: Die periodischen Quellen von Warmbad Villach und ihre Beziehungen zu den Niederschlägen. Mitt. Geogr. Ges. Wien 1958.
NÖRING, F.: Die Solquellen in Gelnhausen. Notizblatt Hess. Landesamt Bodenforsch. 1952.
Österreichisches Bäderbuch. Wien 1928.
OTT, R.: Bad Nauheim. Balneol. Monographie 1962.
PRINZ, E., und R. KAMPE: Handbuch der Hydrologie. Berlin: Springer. 1934.
QUENTIN, K. E.: Die Heilquellen von Bad Wiessee. Schriftenreihe des Deutschen Bäderverbandes, Gütersloh 1958.
REMMLINGER, H.: Bad Krozingen. Stuttgart: Schattauer. 1952.
SAUER, K.: Die Therme von Badenweiler in geologischer Sicht. Kurblatt Badenweiler 1958.
— Geologie und Mineralgehalt der Margaretenquelle in Säckingen. Mitt. bad. Landesverband f. Naturkunde 1958.
— Der Glaubersalz-Thermalsäuerling von Bad Krozingen. Heilbad u. Kurort 1960.
SCHEMINZKY, F.: Der Radhaus-Unterhausstollen bei Bad Gastein und seine unterirdische Therapiestation. Bad Gasteiner Badeblatt 1950.
— Der Thermalstollen von Bad Gastein-Böckstein. Univ. Innsbruck 1963.
SCHLAGINTWEIT, E.: Bad Wiessee. Stuttgart: Schattauer. 1958.
SCHMIDT-THOMÉ, P.: Molasse Untergrund und Helvetikum-Nordgrenze im Tegernsee-Bereich und die Frage der Herkunft von Erdöl und Jodwasser in Oberbayern. Geol. Jb. Hannover 1957.
SCHOUPPÉ, A.: Hydrogeologische Studien zur Genesis der Heilquellen von Gleichenberg. Berg- u. Hüttenm. Monatshefte 1952.
SCHWILLE, FR.: Die Geologie der Heilquelle in Bad Neuenahr. Stuttgart: Schattauer. 1954.

SEMMLER, W.: Die Mineralquellen des Saarlandes. Z. dtsch. geol. Ges. 1951.
STROBEL, W.: Die Mineralwässer von Stuttgart-Cannstadt. Erläuterungen zur geologischen Karte Stuttgart und Umgebung, Stuttgart 1960.
STUR, D.: Der zweite Wassereinbruch in Teplitz-Osseg. Jb. geol. Reichsanst. Wien 1888.
THURNER, A.: Hydrogeologie der Säuerlinge in Österreich. Naturwissenschaften 1965.
TRACEJUS, H.: Bad Driburg. Ärzteschrift 1959.
UDLUFT, H.: Über eine Darstellungsweise von Mineralwasseranalysen. Notizblatt Hess. Landesamt Bodenforschung. 1953.
VENDEL, M.: Über die Entstehung der Therme in Budapest. Wiss. Arbeiten a. d. Burgenland 1965.
— und P. KISHAZI: Beziehungen zwischen Karstwässern und Thermen auf Grund der beobachteten Verhaltnisse im transdanubischen Mittelgebirge. Mitt. geol. Ges. Wien 1962.
WILD, H.: Mineralwasserausbruche im Stadtgebiet von Heilbronn im Mittleren Muschelkalk. Jb. u. Mitt. oberrhein. geol. Vereinigung 1957.
WILDEN, P.: Das Bitterwasser in Purbad, Burgenland. Wiss. Arbeiten a. d. Burgenland. 1965.
WINKLER-HERMADEN, A.: Die Entstehung der Gleichenberger Mineralprovinz im Rahmen der jungen erdgeschichtlichen Entwicklung der südlichen Steiermark. Wien. Med. Wochenschr. 1953.
— Erläuterungen zum geologischen Spezialkartenblatt Gleichenberg. Geol. Bundesanst. Wien 1927.
WOLANSKY, D.: Die Hydrogeologie des Deckgebirges im niederrheinisch-westfälischen Revier in Bedeutung für den Bergbau. Z. dtsch. geol. Ges. 1964.
ZORKENDORFER, W.: Bad Salz. Stuttgart: Schattauer. 1954.

Ortsnamenverzeichnis

Sachverzeichnis

GPSR Compliance

The European Union's (EU) General Product Safety Regulation (GPSR) is a set of rules that requires consumer products to be safe and our obligations to ensure this.

If you have any concerns about our products, you can contact us on ProductSafety@springernature.com

In case Publisher is established outside the EU, the EU authorized representative is:

Springer Nature Customer Service Center GmbH
Europaplatz 3
69115 Heidelberg, Germany

Batch number: 10584556

Printed by Printforce, the Netherlands